PROJETOS DE
Sistemas Fluidotérmicos

Dados Internacionais de Catalogação na Publicação (CIP)
(Câmara Brasileira do Livro, SP, Brasil)

Janna, William S.
  Projetos de sistemas fluidotérmicos / William S. Janna ; tradução Noveritis do Brasil, Luiz Felipe Mendes de Moura. - São Paulo : Cengage Learning, 2016.

Título original: Design of fluid thermal systems.
4. ed. norte-americana
Bibliografia.
ISBN 978-85-221-2536-4

1. Mecânica dos fluidos I. Título.

16-01928
CDD-620.106

Índice para catálogo sistemático:

1. Mecânica dos fluidos : Engenharia   620.106

PROJETOS DE
Sistemas Fluidotérmicos

WILLIAM S. JANNA

Tradução
Noveritis do Brasil

Revisão técnica
Luiz Felipe Mendes de Moura
Doutor em Engenharia Mecânica
Professor Titular da Universidade Estadual de Campinas (Unicamp)

Austrália • Brasil • Japão • Coreia • México • Cingapura • Espanha • Reino Unido • Estados Unidos

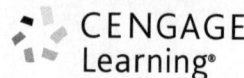

Projetos de sistemas fluidotérmicos
4ª edição norte-americana
1ª edição brasileira
William S. Janna

Gerente editorial: Noelma Brocanelli

Editora de desenvolvimento: Salete Del Guerra

Editora de aquisição: Guacira Simonelli

Supervisora de produção gráfica: Fabiana Alencar Albuquerque

Especialista em direitos autorais: Jenis Oh

Tradução: Noveritis do Brasil

Revisão técnica: Luiz Felipe Mendes de Moura

Copidesque: Sandra Scapin

Revisões: Marileide Gomes

Diagramação: Triall Composição Editorial

Capa: Buono Disegno

Ilustração da capa: Shuterstock/cherezoff

Ilustração das aberturas de capítulo: Shuterstock/cherezoff

© 2017 Cengage Learning Edições Ltda.

Todos os direitos reservados. Nenhuma parte deste livro poderá ser reproduzida, sejam quais forem os meios empregados, sem a permissão por escrito da Editora. Aos infratores aplicam-se as sanções previstas nos artigos 102, 104, 106, 107 da Lei no 9.610, de 19 de fevereiro de 1998.

Esta editora empenhou-se em contatar os responsáveis pelos direitos autorais de todas as imagens e de outros materiais utilizados neste livro. Se porventura for constatada a omissão involuntária na identificação de algum deles, dispomo-nos a efetuar, futuramente, os possíveis acertos.

A Editora não se responsabiliza pelo funcionamento dos links contidos neste livro que possam estar suspensos.

Para informações sobre nossos produtos, entre em contato pelo telefone **0800 11 19 39**

Para permissão de uso de material desta obra, envie seu pedido para **direitosautorais@cengage.com**

© 2017 Cengage Learning. Todos os direitos reservados.

ISBN 13: 978-85-221-2536-4
ISBN 10: 85-221-2536-8

Cengage Learning
Condomínio E-Business Park
Rua Werner Siemens, 111 – Prédio 11 – Torre A – conjunto 12
Lapa de Baixo – CEP 05069-900 – São Paulo –SP
Tel.: (11) 3665-9900 – Fax: (11) 3665-9901
SAC: 0800 11 19 39

Para suas soluções de curso e aprendizado, visite
www.cengage.com.br

Impresso no Brasil
Printed in Brazil
1 2 3   19 18 17

A Ele, que é nossa fonte de graça, nossa fonte de amor e nossa fonte de conhecimento, e a Marla, cujo amor é uma fonte de alegria.

Sumário

Prefácio xiii

CAPÍTULO 1

Introdução 1
- 1.1 O processo do projeto 4
- 1.2 O processo de licitação 8
- 1.3 Abordagens para projetos de engenharia 9
- 1.4 Exemplo de um projeto 10
- 1.5 Gerenciamento do projeto 13
- 1.6 Dimensões e unidades 18
- 1.7 Resumo 19
- 1.8 Perguntas para discussão 20
- 1.9 Mostrar e contar 21
- 1.10 Problemas 21

CAPÍTULO 2

Propriedades dos fluidos e equações básicas 25
- 2.1 Propriedades dos fluidos 25
- 2.2 Medida da viscosidade 31
- 2.3 Medida de pressão 37
- 2.4 Equações básicas de mecânica dos fluidos 42
- 2.5 Resumo 59
- 2.6 Mostrar e contar 60
- 2.7 Problemas 60

CAPÍTULO 3

Sistemas de tubulação I 69

- 3.1 Padrões de canos e tubulação 70
- 3.2 Diâmetros equivalentes para dutos não circulares 71
- 3.3 Equação de movimento para escoamento em um duto 74
- 3.4 Fator de atrito e aspereza do tubo 76
- 3.5 Perdas localizadas 90
- 3.6 Sistemas de tubulação em série 104
- 3.7 Escoamento através de seções transversais não circulares 110
- 3.8 Resumo 121
- 3.9 Mostrar e contar 125
- 3.10 Problemas 125

CAPÍTULO 4

Sistemas de tubulação II 139

- 4.1 O processo de otimização 140
- 4.2 Diâmetro do tubo econômico 149
- 4.3 Comprimentos equivalentes das conexões 167
- 4.4 Símbolos gráficos para sistemas de tubulação 172
- 4.5 Comportamento do sistema 173
- 4.6 Sistemas de suporte para tubos 178
- 4.7 Resumo 180
- 4.8 Mostrar e contar 180
- 4.9 Problemas 180

CAPÍTULO 5

Tópicos selecionados em mecânica dos fluidos 195

- 5.1 Escoamento em redes de tubulação 195
- 5.2 Tubulação em paralelo 205
- 5.3 Medição da vazão em dutos fechados 210
- 5.4 O problema da drenagem transiente de um tanque 231
- 5.5 Resumo 238
- 5.6 Mostrar e contar 238
- 5.7 Problemas 239

CAPÍTULO 6

Bombas e sistemas de tubulação 251

6.1	Tipos de bombas	251
6.2	Métodos para testar a bomba	252
6.3	Cavitação e carga positiva líquida de sucção	261
6.4	Análise dimensional das bombas	264
6.5	Velocidade específica e tipos de bomba	268
6.6	Práticas de projeto do sistema de bombas	271
6.7	Ventiladores e desempenho de ventiladores	288
6.8	Resumo	297
6.9	Mostrar e contar	297
6.10	Problemas	297
6.11	Problemas de grupo	305

CAPÍTULO 7

Alguns conceitos fundamentais sobre transferência de calor 317

7.1	Condução de calor em uma parede plana	317
7.2	Condução de calor em uma parede cilíndrica	324
7.3	Transferência de calor por convecção: o problema geral	327
7.4	Problemas de transferência de calor por convecção: formulação e solução	328
7.5	Espessura ideal do isolamento	341
7.6	Resumo	346
7.7	Problemas	346

CAPÍTULO 8

Trocadores de calor de tubos duplos 353

8.1	Trocador de calor de tubos duplos	353
8.2	Análise de trocadores de calor de tubos duplos	361
8.3	Análise da efetividade-NUT	377
8.4	Considerações de projeto do trocador de calor de tubo duplo	384
8.5	Resumo	391
8.6	Mostrar e contar	391
8.7	Problemas	391

CAPÍTULO 9

Trocadores de calor casco e tubo 399

9.1	Trocador de calor casco e tubo 399
9.2	Análise dos trocadores de calor casco e tubo 405
9.3	Análise da efetividade-NUT 418
9.4	Recuperação de calor aumentada em trocadores de calor casco e tubo 424
9.5	Considerações do projeto do trocador de calor casco e tubo 428
9.6	Análise da temperatura ideal de saída da água 434
9.7	Mostrar e contar 438
9.8	Problemas 438

CAPÍTULO 10

Trocadores de calor de placas e escoamento cruzado 443

10.1	Trocador de calor de placas 443
10.2	Análise de trocadores de calor de placas 446
10.3	Trocadores de calor de escoamento cruzado 459
10.4	Resumo 472
10.5	Mostrar e contar 472
10.6	Problemas 473

CAPÍTULO 11

Descrições do projeto 475

Apêndice – Tabelas 527

Nomenclatura 552

Referências bibliográficas 556

Índice remissivo 558

Prefácio

O curso para o qual este livro foi destinado é uma pedra fundamental da área de sistemas de energia (ou ciências térmicas) que corresponde ao curso de projeto de máquinas na área de sistemas mecânicos. Esse texto é escrito para engenheiros que estão cursando o último ano e pretendem praticar projeto fluidotérmico. Mecânica dos fluidos e transferência de calor são pré-requisitos ou pelo menos deveria estar incluído neste curso.

Conteúdos

O texto está organizado em duas partes maiores. A primeira é sobre sistemas hidráulicos, misturada com economia na seleção do tamanho de tubos e dimensão das bombas para sistemas hidráulicos. A segunda é sobre trocadores de calor, ou, em termos gerais, dispositivos disponíveis para trocar calor entre dois fluxos de processos. A lista de tópicos que podem ser incluídos é quase interminável.

O texto começa com um capítulo introdutório, que fornece exemplos de sistemas fluidotérmicos. Um sistema de bomba e tubulação, um aparelho de ar-condicionado doméstico, um aquecedor de rodapé, um toboágua e um aspirador de pó são usados como exemplos. Também estão presentes as dimensões e sistemas de unidade na prática da engenharia convencional (ou seja, sistemas de engenharia e gravitacional britânico). O sistema de unidade SI também está presente. Espera-se que o aluno conheça os sistemas de unidade, apresentados no Capítulo 1, que introduz tabelas com fator de conversão no apêndice e para familiarizar o leitor com a notação deste texto. O Capítulo 1 também contém uma descrição do processo de projeto. Um exemplo de projeto é fornecido e as etapas envolvidas na conclusão dele são apresentadas. Essas etapas incluem o processo de licitação, o gerenciamento do projeto, a construção de um gráfico de barras das atividades do projeto, relatórios escritos ou orais, documentação interna e avaliação dos resultados.

O Capítulo 2 é uma revisão das propriedades dos fluidos e as equações da mecânica dos fluidos. Esse capítulo foi incluído para familiarizar os alunos com as tabelas de propriedades dos fluidos no apêndice. Ele pode ser omitido em um curso de um semestre se os alunos estiverem confiantes em suas habilidades para resolver problemas de mecânica dos fluidos. Os dados de viscosidade dos diversos gêneros alimentícios encontrados normalmente (ketchup, manteiga de amendoim etc.) estão incluídos para estimular o interesse dos alunos.

O Capítulo 3 é sobre os sistemas hidráulicos. Espera-se que no momento em que os alunos fizerem esse curso, aprendam sobre os sistema hidráulicos no primeiro curso em mecânica dos fluidos. Aqui, entretanto, o assunto dos sistemas hidráulicos é coberto de forma bem detalhada e em profundidade. Especificações dos dutos e tubos são discutidas. São apresentadas peças circulares, quadradas, retangulares e anulares. O fluxo laminar e turbulento em cada uma dessas peças é modelado.

O Capítulo 4 começa com uma nova seção sobre otimização. Vários tipos de problemas são cobertos para ilustrar como é obtida a otimização do sistema. Isso fornece um impulso à economia na seleção do tamanho dos tubos, já que o método de custo anual é introduzido e desenvolvido. A próxima seção é sobre o comprimento equivalente das tubulações, apresentado como uma alternativa para a apresentação de perdas localizadas no Capítulo 3.

O Capítulo 4 também contém padrões ANSI sobre como os sistemas de tubulações devem ser desenhados em visualizações isométricas. Também é apresentado o comportamento do sistema, em que a vazão em um determinado sistema de tubulações é determinada como uma função da força condutora. Os Capítulos 3 e 4 contêm diagramas de fricção de tubos modificados, úteis na resolução de diversos tipos especiais de sistemas.

O Capítulo 5 aborda tópicos selecionados em mecânica dos fluidos. Este capítulo começa com uma seção sobre fluxo em redes de tubulações, focando especialmente no método de solução Hardy Cross. A próxima seção é sobre fluxo em sistemas de tubulação paralela. Em seguida, há uma seção sobre como medir a vazão em dutos fechados, em que são descritos medidores do tipo Venturi, placa-orifício, turbina, área variável e cotovelos. O capítulo continua com equações para modelar escoamento transiente em problemas de drenagem de tanque. O Capítulo 5 é incluído como um capítulo de referência e pode ser omitido em um curso de um semestre.

O Capítulo 6 é sobre bombas. Tipos de máquinas são discutidos e são apresentados métodos de teste para bombas centrífugas. Os gráficos típicos que podemos encontrar nos catálogos dos fabricantes são descritos e usados para ilustrar as etapas sobre como dimensionar uma bomba para um sistema hidráulico. Ventiladores e tamanho dos ventilados também são discutidos. Na conclusão do estudo desses capítulos, um engenheiro seria capaz de projetar um sistema de tubulação otimizado; ou seja, a partir de um layout e uma vazão desejada, o aluno poderia selecionar o tamanho dos dutos de maior economia, as junções, a bomba, o espaçamento de suportes e as presilhas.

O Capítulo 7 fornece uma introdução aos fundamentos de transferência de calor, apresentando as propriedades de transferência de calor e tabelas de transferência de calor no apêndice. Condução e convecção estão descritas, mas radiação não. Este capítulo pretende introduzir os trocadores de calor encontrados no capítulo seguinte. O Capítulo 7 demonstra como o problema de transferência de calor geral, incluindo condução e convecção, pode ser modelado com êxito.

O Capítulo 8 é sobre trocadores de calor de tubos duplos. O método DTML (diferença de temperatura média logarítmica) é derivado e usado para analisar os trocadores existentes. O método efetividade-NUT também é derivado e usado para análise. Considerações do projeto, como o dimensionamento de um trocador de calor de tubo duplo, estão descritas e um procedimento é desenvolvido. O Capítulo 9 continua com trocadores de calor de placa e tubo. Novamente, os métodos DTML e efetividade-NUT são usados para analisar trocadores de calor existentes. Também incluído aqui estão os métodos usados para aumentar a quantidade de calor que pode ser transferida em tais trocadores. A temperatura de saída da água ideal para um custo mínimo também é apresentada.

O Capítulo 10 é sobre o trocador de calor de placa compacto, bem como trocador de calor de fluxo cruzado. Ambos são analisados usando métodos tradicionais. As considerações do projeto também são apresentadas. A ênfase nos capítulos de trocador de calor está no projeto e na seleção.

A maioria dos capítulos contém uma seção intitulada "Mostrar e contar". Os alunos são solicitados a fornecer apresentações sobre tópicos selecionados. Por exemplo, no Capítulo 3, uma seção "Mostrar e contar" requer que o aluno apresente os vários tipos de válvulas geralmente utilizados. As válvulas disponíveis são trazidas para a aula e separadas (ou cortadas na metade antes da aula) para ilustrar como cada uma funciona. A utilização do "Mostrar e contar" nesse e em muitos tópicos é muito mais eficiente do que uma fotografia, e traz aos alunos algumas práticas sobre como fazer uma apresentação oral.

O Capítulo 11 é uma introdução aos projetos. O curso para o qual este texto é destinado requer que os alunos concluam os projetos específicos. Cada projeto está associado a uma descrição que começa com alguns comentários introdutórios e termina com diversas tarefas necessárias. Cada projeto tem uma estimativa do número de engenheiros necessários para concluí-lo num determinado período do curso. Os alunos são responsáveis por selecionar parceiros do projeto e, como um grupo, decidir em quais desejariam trabalhar. Cada grupo elege seu próprio gerente de projeto ou líder.

Projetos

Quanto aos projetos, o instrutor é um tipo de empreiteiro geral que apresenta vários projetos/problemas que precisam de solução. Os grupos de alunos são um tipo de pequenas empresas de consultoria e devem decidir quem assume qual projeto. A contemplação dos projetos é feita com base no "menor preço da licitação". Todos os membros do grupo recebem o mesmo salário (por exemplo, $55.000 por ano ou conforme designado). Todos os líderes do grupo recebem o mesmo salário (um pouco maior do que os membros). Com base na estimativa do número de pessoas/horas de cada grupo necessária para concluir as tarefas do projeto, é calculado um custo pessoal. Outros custos incluem benefícios, taxa para especialistas, tempo de computador e despesa geral.

Cada grupo preenche uma folha de orçamento (veja um exemplo no Capítulo 1) para cada projeto em que o grupo está interessado — geralmente não menos que três. As licitações são seladas em envelopes, e um período da aula é reservado para a "cerimônia de abertura da licitação". A proposta licitatória mais baixa de cada projeto tem a opção de aceitar (ou não) o trabalho, lembrando que um projeto do qual o grupo apresentou a proposta mais baixa pode não ser aquele em que o grupo mais desejaria trabalhar. Cada grupo, então, terá um projeto para se dedicar e concluir dentro do período da escola.

Os projetos devem ser gerenciados para assegurar que todo o trabalho seja feito antes da última ou das duas últimas semanas de aula, quando a qualidade será prejudicada devido à pressa do último minuto. Cada grupo deve preencher uma folha de planejamento da tarefa. Cada tarefa é mostrada em uma folha, juntamente com quem concluirá essa tarefa e quando ela será finalizada. Todo aluno deve ter um caderno espiral (ou equivalente) no qual deverá registrar tudo, desde um trabalho real do projeto até uma mera chamada telefônica, e o tempo gasto. Os líderes do projeto devem assegurar que cada membro responsável do grupo conclua sua tarefa de acordo com a folha de planejamento dela. A folha de planejamento da tarefa pode ser alterada durante o período do curso, mas uma divisão de tarefa comparável deve ser assumida e as tarefas individuais concluídas. No final do período, os alunos apuram suas horas e comparam o custo real da conclusão do projeto ao custo estimado no momento da licitação.

Os relatórios do projeto são feitos de duas formas: por escrito e oral. O relatório escrito deve detalhar a solução em todas as fases do projeto, conforme destacado na descrição original ou modificado nas sessões de discussão com o instrutor. O relatório oral deve resumir as constatações e dar recomendações; isso deve ter tempo limitado.

Deve ser enfatizado que esse texto não fornece uma descrição completa de qualquer uma das áreas. O objetivo aqui é fornecer alguns conceitos do projeto atualmente usados pelos engenheiros praticantes na área de sistemas fluidotérmicos. O aluno deve se lembrar que os detalhes do projeto real, em vários sistemas, devem ser encontrados em livros, referências e periódicos.

Usando unidades SI neste livro

Neste livro, foram usadas unidades MKS e CGS. Unidades USCS ou FPS usadas na edição americana do livro foram convertidas para unidades SI no texto e problemas. Entretanto, no caso de dados provenientes de livros de referências, padrões governamentais e manuais de produtos, não é apenas extremamente difícil converter todos os valores para SI, como também invade a propriedade intelectual da fonte. Por isto, alguns dos dados em figuras, tabelas e referências permanecem em unidades FPS. Para leitores não familiarizados com a relação entre os sistemas FPS e SI, veja "Conversões", no final do livro.

Para resolver problemas que requerem o uso de dados com fontes, os valores podem ser convertidos de unidade FPS para unidades SI antes de serem usados nos cálculos. Para obter quantidades padrões e dados de manufatura em unidades SI, os leitores podem consultar as agências governamentais apropriadas ou as autoridades do seu país.

Agradecimentos

Agradeço a muitas pessoas, alunos e companheiros da faculdade, que forneceram sugestões valiosas sobre como melhorar o texto. Além disso, devo muito aos seguintes revisores, que leram todo o manuscrito e fizeram sugestões que muito me ajudaram: Ray W. Brown, *Christian Brothers University*; Don Dekker, *Rose Hulman Institute of Technology*; Gerald S. Jakubowski, *Loyola Marymount University*; e Edwin P. Russo, *University of New Orleans*.

Agradeço também a Edward Anderson, *Texas Tech University*; Don Dekker, *Rose-Hulman Institute of Technology*; Gerald S. Jakubowski, *Loyola Marymount University*; Ovid A. Plumb, *Washington State University*; e Gita Talmage, *Penn State University*.

E, ainda, a Hilda Gowans, da Cengage Learning, que sempre estava lá com sugestões úteis e orientação quando necessárias. Estendo meu agradecimento a outras pessoas, sem citar nomes, da Cengage Learning, que me ofereceram suporte para este projeto e que trabalharam para sua conclusão. Às pessoas que fizeram muitas sugestões úteis para a melhoria do manuscrito: Kendrick Aung, *Lamar University*; Erik R. Bardy, *Grove City College*; Bakhtier Farouk, *Drexel University*; A. Murty Kanury, *Oregon State University* e Charles Ritz, *California State Polytechnic University, Pomona*. A Heng Ban, *Utah State University*, Bakhtier Farouk, *Drexel University*, Darrell Guillaume, *California State University, Los Angeles*, Martin Guillot, *University of New Orleans*, Hisham Hegab, *Louisiana Tech University*, Kunal Mitra, *Florida Institute of Technology*, Ron Nelson, *Iowa State University* e Steven Pinoncello, *University of Idaho*.

Também estendo minha gratidão à Universidade de Memphis por fornecer ajuda com várias tarefas ligadas a este projeto. Finalmente, agradeço o encorajamento e apoio de minha amada esposa, Maria, que fez muitos sacrifícios enquanto escrevia o texto.

William S. Janna

CAPÍTULO 1

Introdução

Sistemas fluidotérmicos é uma designação muito ampla que se refere a muitos projetos e dispositivos. Uma combinação de bomba e tubulação é um exemplo de um sistema de fluido em que um fluido é transportado. Um ar-condicionado é um dispositivo em que um fluido é transportado, portanto, é um exemplo de sistema de fluido. Além disso, como os efeitos da transferência de calor são importantes no ar-condicionado, podemos considerá-lo um sistema fluidotérmico.

A título de ilustração, suponha que, em uma operação de processamento de alimento, se busque mover ervilhas de um local a outro, onde elas serão empacotadas e congeladas. Isso pode ser realizado por meio de uma *tubulação de transporte*. Um esboço desse sistema é mostrado na Figura 1.1. O ar é movido em um sistema de tubulação, por meio de um ventilador, e um funil de alimentação soltará as ervilhas no fluxo de ar em movimento. A combinação ar/ervilha finalmente seguirá o curso para um separador, no qual o ar será descartado e as ervilhas, acumuladas.

Para projetar esse sistema, é preciso conhecer as propriedades físicas das ervilhas, como: faixa de diâmetro, peso de um volume de ervilhas e sua densidade,

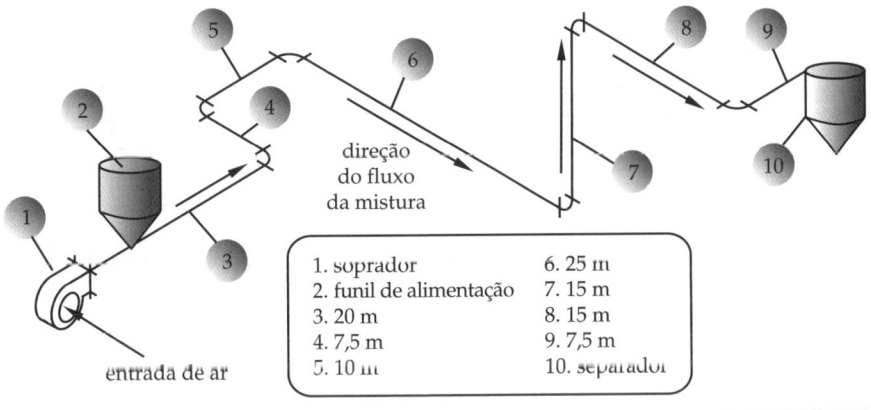

■ Figura 1.1 Esboço de uma tubulação de transporte.

e será necessário dimensionar a tubulação, com muita atenção nas questões relativas a problemas de saúde e segurança – o uso de aço inoxidável para gêneros alimentícios, por exemplo, é o recomendado. O ventilador, o funil de alimentação e o separador devem ser selecionados. Depois de concluído o projeto, selecionam-se os ganchos e suportes para a tubulação e o projeto todo deve ser verificado e revisado para garantir que funcionará adequadamente, entregando o volume de ervilhas necessário ao separador. Como o investimento nessa operação será considerável, o custo geral do sistema deve ser mantido em um limite aceitável. É importante considerar não apenas os custos iniciais e operacionais, como também a expectativa de vida útil da instalação. O projeto desse sistema de fluido incomum não é trivial, requerendo um planejamento cuidadoso – o engenheiro que for projetar tal sistema terá de se preocupar com isso.

Consideremos um ar-condicionado ou uma unidade de refrigeração, cujo esboço se encontra na Figura 1.2, a seguir. O fluido interno, conhecido como *refrigerante*, passa por um ciclo à medida que se move pelo sistema: ele é comprimido pelo compressor e sai como um vapor superaquecido, que entra no *trocador de calor* (igual a um radiador de carro); então um ventilador move o ar atmosférico sobre a serpentina ou sobre os tubos do condensador e o calor é transferido do refrigerante que se encontra dentro dos tubos para o ar fora deles. Durante esse processo, o refrigerante se condensa. Em seguida, o líquido refrigerante segue para um tanque (não mostrado), onde, por gravidade, ele é separado de qualquer vapor restante. O líquido refrigerante então é retirado da parte inferior desse tanque e segue por um tubo capilar (um tubo longo de diâmetro bastante reduzido), no qual experimenta significativa perda de pressão e proporcional queda de temperatura. O refrigerante líquido frio é então transportado para um *evaporador* (dispositivo semelhante ao condensador). O ar que passa por fora da serpentina do evaporador perde energia para o refrigerante que se encontra no seu interior, o qual ganha energia suficiente para se vaporizar. Depois de passar pelo evaporador, o refrigerante segue para um tanque acumulador (não mostrado), no qual o líquido e o vapor são separados por gravidade. O vapor, então, é retirado pela parte de cima desse tanque, retornando ao compressor, e o ciclo se repete.

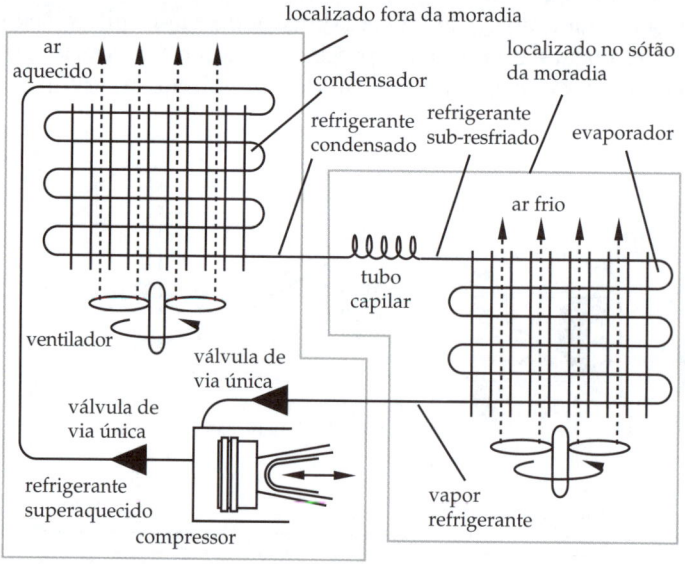

■ **Figura 1.2** Esboço de uma unidade de condicionamento de ar.

Quando se usa esse sistema para resfriar o ar em uma casa ou em um refrigerador, o evaporador fica localizado dentro da casa ou do refrigerador, e o ar interno passa pela serpentina. O condensador e o compressor geralmente ficam localizados fora, e o ar ambiente escoa pela serpentina do condensador. Assim, o refrigerante transfere energia do evaporador dentro da casa, e também do compressor, para o condensador.

Como vimos, o compressor move o fluido por todo o sistema. O fluido em si passa mudanças de fase em diversos locais dentro do sistema, disso resultando uma transferência de energia do evaporador para o condensador. A energia do compressor deve ser determinada, as linhas que conduzem o fluido devem ser dimensionadas, os trocadores de calor devem ser selecionados, o sistema inteiro deve ser posicionado, e o fluido deve ser escolhido entre os muitos tipos disponíveis, o que requer rigorosa atenção às diretrizes relativas ao ambiente. Além disso, o custo geral do sistema deve ser mantido dentro de limites competitivos e razoáveis, devendo-se considerar tanto os custos inicial e operacional quanto a expectativa de vida do sistema. Obviamente, o projeto desse sistema fluidotérmico comum não é trivial; portanto, requer planejamento cuidadoso e amplo, e o engenheiro que for projetá-lo terá de cuidar desse planejamento.

Em seguida, considere a operação de uma usina de energia. Em sistemas convencionais, o vapor é produzido e passa por uma turbina, abaixo da qual se encontra um trocador de calor cuja função é condensar o vapor em água líquida. O calor do vapor é transferido para a água, que é tirada de um rio ou lago próximo; entretanto, em razão de preocupações ambientais, é melhor dissipar o calor rejeitado pelo sistema em um reservatório de resfriamento do que em um rio próximo. Reservatório de resfriamento é aquele feito pelo homem, com dimensões de um pequeno lago e contendo pulverizadores que boiam na superfície da água, espalhando-a para cima – uma parte da água vaporizada transfere calor para o ar acima do reservatório. Outros modos de transferência de calor também podem estar presentes.

A Figura 1.3 apresenta o esquema de um condensador de uma usina de energia e de um reservatório de resfriamento. Seja qual for a temperatura do ar, é preferível

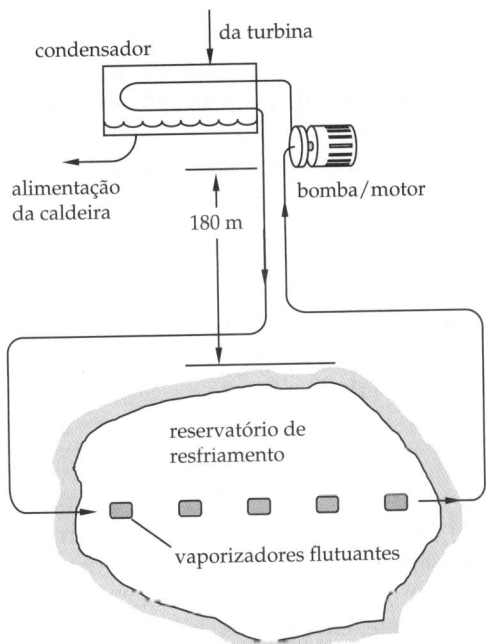

■ Figura 1.3 Esboço de uma instalação de reservatório de resfriamento

resfriar a água até a temperatura mais baixa possível com o reservatório de resfriamento. Decisões necessárias a se tomar incluem: a quantidade de calor a ser rejeitada, a temperatura da água no reservatório, assim como a temperatura de bulbo úmido do ar, a proximidade do reservatório em relação à usina de energia, a quantidade de terra disponível para o reservatório, o tamanho do reservatório, o tamanho de bomba necessário para mover a água do condensador para o reservatório e vice-versa, e, entre outras coisas, o tamanho da tubulação necessária. O engenheiro de projeto tomará essas decisões ao projetar esse sistema fluidotérmico.

A tubulação de transporte, o ar-condicionado e o reservatório de resfriamento são três exemplos de muitos sistemas fluidotérmicos que existem e que devem ser projetados. Outros exemplos incluem:

- Um *layout* de um sistema de tubulação para fornecer tinta a vários locais em uma loja de impressão.
- Um jato de areia que usa gelo em vez de areia para minimizar os riscos à saúde e fazer uma limpeza fácil.
- Um medidor que oferece leitura instantânea de milhas/galão para um automóvel.
- Um funil que sinaliza ao usuário para interromper o abastecimento antes que ocorra uma sobrecarga.
- Um sistema para recuperar o calor de uma lareira convencional.
- Um sistema de tubulação para fornecer remoção de calor suficiente para criar uma pista de gelo.
- Um sistema para testar a eficiência das pás do ventilador de teto.
- Um sistema de ventilação para minas.
- Um dispositivo para produzir espuma quente para barbear.
- Um sistema útil para medir o empuxo desenvolvido por um mergulhador que está testando nadadeiras (ou pé-de-pato).
- Um dispositivo para testar projetos propostos de chuveiros pulsantes.
- Um projeto de toboágua de um parque de diversões.
- Um projeto de tanque de separação de água e de óleo para ajudar na limpeza de derramamentos de óleo.

A lista pode ser expandida, incluindo muito mais exemplos. Cada sistema requer um considerável trabalho de projeto, refinamentos extensivos, inevitável replanejamento e análise econômica. Durante esse processo, haverá reuniões e discussões, devendo-se manter registro de todas as deliberações.

O objetivo deste texto é discutir alguns conceitos aprendidos em cursos de engenharia e de economia, sintetizando-os em uma apresentação coerente, com ênfase nas aplicações práticas. Conceitos fundamentais de mecânica dos fluidos, termodinâmica, transferência de calor, ciências de materiais, métodos de fabricação e economia são combinados para ilustrar a maneira como os dispositivos e sistemas são projetados. Esperamos, assim, fornecer ao engenheiro ideias e conceitos de projeto que aprimorem a sua prática futura.

1.1 O processo do projeto

O processo do projeto – da aceitação de um "trabalho" à produção de um relatório final – envolve mais do que simplesmente encontrar uma solução. Portanto, nesta seção discutiremos vários aspectos associados à obtenção de uma solução para um projeto. É prudente observar que, em projetos de engenharia, há muitas soluções possíveis para um determinado problema. Discutiremos aqui a natureza do projeto de engenharia, o processo de licitação, o gerenciamento do projeto e a avaliação do desempenho.

Natureza do projeto de engenharia

A atividade do projeto pode incluir observar os desenhos, tomar decisões, coletar informações, participar de reuniões, considerar alternativas e muito mais. O projeto não é necessariamente uma tarefa única, mas um processo inteiro pelo qual um engenheiro passa a fim de determinar qual a melhor forma de usar os recursos para chegar a determinado resultado. Engenheiros projetam sistemas ou dispositivos que podem ser de interesse público, assim como podem atender aos anseios ou necessidades de um único cliente.

Um aspecto infeliz do projeto é que, em muitos casos, o que o cliente deseja pode não estar claro para ambos, nem para o engenheiro nem para o cliente. Declarações de problemas costumam ser acompanhadas de incertezas e serem mal articuladas, motivo pelo qual um bom engenheiro de projeto dedicará um tempo considerável para definir o problema e planejar a maneira de resolvê-lo. O trabalho em um projeto não pode ser adiado nem feito de última hora, quando não haverá tempo para corrigir eventuais falhas ou atender a um requisito imprevisto. Trata-se de um trabalho que requer planejamento cuidadoso e métodos de gerenciamento sólidos; do contrário, prazos serão perdidos e uma solução viável pode não ser realizada. Assim, um projeto envolve o uso de métodos de engenharia para produzir a "melhor" alteração em uma situação de pouco entendimento, alteração esta que deve ser realizada com os recursos disponíveis e dentro do prazo.

Uma característica única dos problemas de projeto é que não há uma "resposta correta". Por exemplo, ao dimensionar um trocador de calor para fornecer temperaturas de saída especificadas, descobre-se que diversos trocadores de calor funcionariam da mesma maneira e que cada solução terá aspectos bons e ruins do projeto associados a ela. Um grupo muito grande de fatores inter-relacionados e complexos geralmente deve ser considerado, e alguns pontos positivos podem ter de ser negligenciados para atender a outras necessidades.

As necessidades que devem ser consideradas em um projeto são referidas como **restrições**. Além das considerações de engenharia, as restrições podem incluir efeitos sobre o ambiente e efeitos sobre a saúde dos indivíduos que trabalham no projeto, além de fatores econômicos, incluindo o custo inicial e o custo operacional, fabricação, sustentabilidade e efeitos da opinião pública sobre o resultado.

Fases do projeto

O processo do projeto compreende, muitas fases: reconhecimento da necessidade, identificação do problema, síntese da solução, reformulação do projeto (se necessário) para otimizá-lo e comunicação dos resultados. A Figura 1.4 ilustra uma das inúmeras maneiras em que as etapas em um projeto podem ser sintetizadas.

O projeto começa quando um cliente reconhece uma necessidade e começa a trabalhar para satisfazê-la. A necessidade pode ser algo óbvio ou apenas a sensação de que algo "não está certo", e o reconhecimento dela pode ocorrer em circunstâncias adversas.

Reconhecer uma necessidade e identificar ou definir um problema são coisas diferentes. Podemos reconhecer a necessidade de ar mais puro em um edifício e o problema pode estar em um sistema de filtragem inadequado. Para definir o problema é preciso detalhar todas as especificações do sistema a ser projetado, o que inclui suas dimensões, características, localização, custos, vida útil esperada, condições operacionais e limitações. As restrições muitas vezes encontradas incluem processos de fabricação disponíveis, habilidades de mão de obra, material a ser usado e tamanhos em estoque.

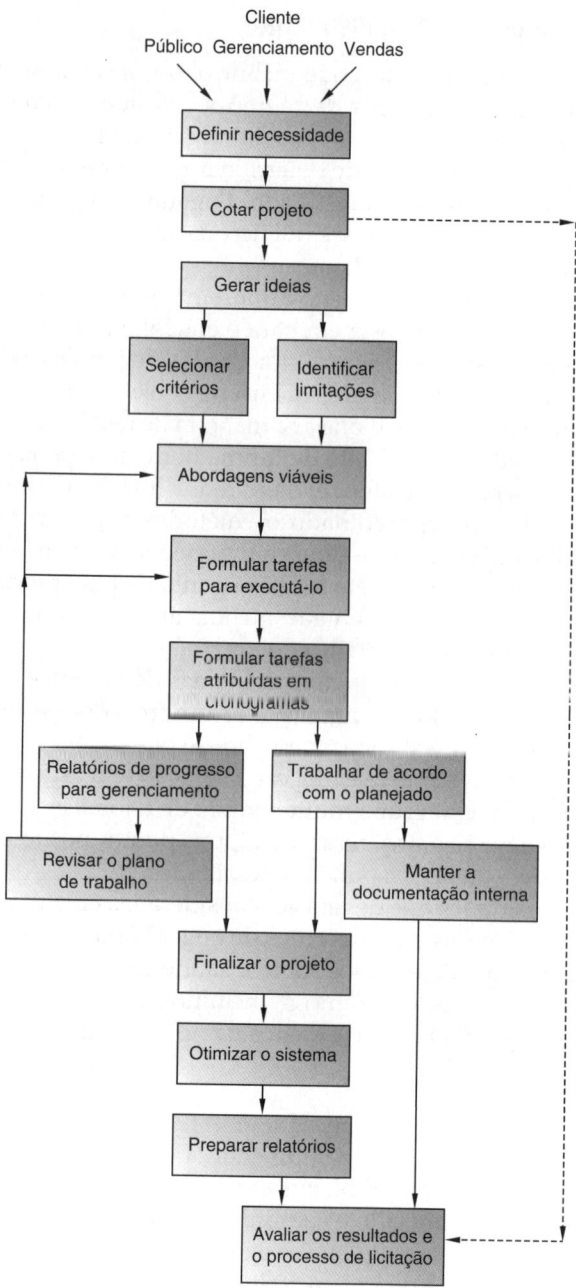

■ **Figura 1.4** Processo de um projeto, desde a definição de uma necessidade até a avaliação dos resultados.

Uma solução ideal pode ser procurada depois que o problema tiver sido definido e suas limitações, identificadas. A síntese da solução ideal requer análise e otimização. O projeto deve atender às especificações e, caso não esteja nos moldes ideais, uma reformulação é necessária. Essa parte do processo é de natureza iterativa e contínua, até que a solução "ideal" seja encontrada.

A avaliação de um projeto é um aspecto significativo do processo, constituindo a prova de que ele foi bem-sucedido.

Comunicar o resultado é a etapa final no processo do projeto. A comunicação é feita oralmente e/ou por meio de um detalhado relatório escrito. Apresentar os resultados é uma tarefa de vendas, em que o engenheiro busca convencer o cliente de que a solução é a "melhor" possível. Se a venda não for bem-sucedida, todo o esforço terá sido em vão. Um engenheiro que obtém sucesso de venda repetidas vezes, em geral será bem-sucedido na profissão, mas, para isso, ele deve ter habilidades de comunicação oral e escrita bem desenvolvidas, as quais incluem escrita, discurso e desenho, habilidades essas que podem ser desenvolvidas e aprimoradas com a prática *orientada*.

Um engenheiro competente não deve ter medo de falhar ao vender uma ideia. Uma falha ocasional é esperada, e muito se aprende a partir dela; aliás, pessoas que se arriscam mais costumam obter mais ganhos. De fato, a falha real é não tentar. Uma falha no senso tradicional deve ser vista como um retorno necessário para fazer melhorias em um ciclo futuro de projeto e de venda.

Em muitos casos, a abordagem matemática racional é um pouco abandonada quando se tem informações que podem tornar a venda mais fácil. O uso de parafusos ou quadros superdimensionados, por exemplo, pode criar uma impressão de durabilidade e resistência, o que é um bom ponto na hora da venda, assim como um estilo atraente também é algo de que os clientes costumam gostar. Mas como esses fatores referem-se mais à aparência, eles não devem interferir na operação do projeto em si.

Normas e padrões

Uma **norma** é uma especificação para análise, projeto ou construção de algo que especifica o nível mínimo aceitável de segurança dos projetos construídos. Por exemplo, cada localidade tem uma norma para o tamanho dos tubos a serem usados na tubulação de uma casa. A finalidade de uma norma é garantir um certo grau de segurança, desempenho e qualidade. Por certo, a norma não fornece segurança *absoluta*, mas permite que se alcance um nível razoável. Há muitos padrões e normas estabelecidos, legalizados pela autoridade apropriada. Cada organização lida com uma área específica, como hidráulica, construção civil, estacionamentos e calçadas. As normas e os padrões podem ser estabelecidos por fabricantes ou por engenheiros que trabalhem no setor, e sua determinação, em quase todos os casos, ocorre em resposta a uma necessidade percebida.

Um **padrão** é uma especificação de tamanho para peças, tipos de materiais ou processos de fabricação, a fim de fornecer ao público ou cliente uma uniformidade em proporções e qualidade. Em relação a parafusos e porcas, por exemplo, a especificação ¼-20 define um padrão, isto é, todos os parafusos e porcas ¼-20 possuem as mesmas especificações de rosca. Há padrões para tamanhos de roupa, de papel, de fio, de sapato, de vasilhas, de equipamentos, de jornais, assim como para parafusos e porcas.

Economia

As considerações de custos, que às vezes são imprevisíveis, são muito importantes no processo do projeto. Imprevisíveis porque o projetista pode deixar passar um custo oculto, pois alguns custos sofrem variações de um ano para outro, de acordo com a economia do país. Mesmo assim, deve-se trabalhar para obter a máxima precisão possível em relação à custos.

Usar tamanhos padronizados é quase uma necessidade para se manter os custos baixos. Um bom exemplo são dutos e tubos, ambos disponíveis em diversos tamanhos, assim como bombas, motores, presilhas e similares; tudo isso é fabricado em determinados padrões, e usar tamanhos disponíveis em catálogo é uma excelente ideia.

Segurança do produto

O engenheiro deve empenhar-se em garantir que o projeto seja seguro e isento de defeitos, pois ele, ou o fabricante, pode ser responsabilizado por defeitos imprevistos, mesmo aqueles que aparecerem anos após o projeto ter sido finalizado. A segurança pública deve ser a principal preocupação do engenheiro.

1.2 O processo de licitação

Contratos de projeto e construção, na maioria das vezes, são obtidos mediante um concorrido processo de licitação. Licitação é a oferta feita por uma empresa (em geral, referida como **empreiteiro**) para a realização do serviço solicitado por um cliente (em geral, referido como **agência contratante**). O objetivo de se realizar um processo de licitação é localizar a empresa que fará o trabalho pelo menor custo. Licitações costumam ser feitas tanto para a realização de trabalho para um proprietário particular quanto para o governo.

A agência contratante inicia o processo licitatório emitindo um convite para a licitação. No setor privado, o convite pode ser na forma de avisos enviados a empreiteiros individuais, descrevendo o trabalho a ser realizado e solicitando uma cotação para realizá-lo, ou na forma de anúncio em revistas especializadas ou jornais. Já as licitações governamentais estão sujeitas a extensas regulamentações.

Após um decidir participar de uma licitação mediante o envio de uma proposta, o empreiteiro deve determinar o custo total para concluir o trabalho. Isso pode levar semanas de preparação para revisar as especificações, determinar o número de pessoas-horas necessárias, calcular as despesa gerais e o lucro, e assim por diante. Concluído o levantamento de custos, o empreiteiro preparará os documentos da licitação, conforme exigido pelo cliente ou agência contratante, e os colocará em um envelope ou recipiente selado, que será enviado ao cliente, geralmente obedecendo uma data prevista de encerramento para envio de propostas. Licitações são abertas e lidas em cerimônia pública, sendo interessante que cada empreiteiro participante tenha um representante nesse ato de abertura das propostas. Qualquer proposta apresentada após a data de encerramento pode ser rejeitada.

Todas as propostas são abertas e avaliadas pelo cliente ou por um agente por ele determinado. As estimativas de custos são tornadas públicas e todos os empreiteiros saberão o que foi enviado. No setor privado, o cliente pode selecionar qualquer empreiteiro para realizar o trabalho, independentemente de ele ter ou não o menor preço. O governo, entretanto, é obrigado a conceder o contrato ao licitante de menor preço, a menos que algum motivo constrangedor justifique a não contratação deste.

Exceções para licitações de concorrência na área governamental podem existir em algumas circunstâncias: quando se torna impraticável realizar concorrência aberta; quando somente um fornecedor atende às exigências; quando há uma urgência incomum e de força maior; quando impedido por contrato; quando autorizado por lei; ou quando a concorrência aberta não é o melhor interesse do público.

Antes de vencer um contrato, é prudente que a agência contratante reveja o histórico do suposto empreiteiro, a fim de determinar com a máxima precisão possível se ele tem condições de concluir com êxito o trabalho. Nesse processo, cabe avaliar o seguinte:

- O empreiteiro é responsável?
- Há alguma ação trabalhista correndo contra ele na Justiça?

- O empreiteiro é financeiramente estável?
- Em quais trabalhos em andamento o empreiteiro está envolvido que possam interferir nesse contrato?
- Como foi o desempenho do empreiteiro em trabalhos anteriores?
- O empreiteiro é capaz de cumprir prazos?
- O empreiteiro apresenta integridade e padrão ético?
- O empreiteiro apresenta habilidades técnicas para concluir o projeto?

Uma vez escolhido e aceito, o empreiteiro torna-se responsável por cumprir os termos do contrato.

Em algumas circunstâncias, um empreiteiro pode desejar retirar seu lance em razão de algum erro técnico ou administrativo. Nesses casos, há procedimentos estabelecidos para a retirada de uma proposta ou para a sua correção. Erros de julgamento, no entanto, não podem ser corrigidos. Esse tipo de erro inclui falhas em estimar precisamente a duração do empreendimento, bem como falhas na estimativa geral de custos, lucratividade e maneiras de desempenhar o serviço. (Fonte: Genberg, I. "Competitive bidding". *Construction Business Review*, set.-out. 1993, p. 31-34.)

1.3 Abordagens para projetos de engenharia

Há duas abordagens para resolver um problema de projeto: a *abordagem dos sistemas* e a *abordagem individual*. A abordagem dos sistemas envolve estabelecer uma **função objetiva** para o problema em questão. Em alguns casos, a função objetiva em problemas de engenharia é uma equação para o custo total de um sistema, o qual incluirá um custo inicial (para equipamentos, por exemplo) e custos operacionais (para eletricidade ou combustível), sendo o custo inicial modificado para ser transformado em um custo anual. Em seguida, somam-se o custo inicial anual e o custo operacional para se obter o custo total anual. Em um projeto "bom", tenta-se minimizar o custo total, podendo, assim, diferenciar a expressão de custo total e defini-la igual a zero. Dessa forma, é possível obter uma equação que possa funcionar para um determinado parâmetro. Por exemplo, suponha que queremos minimizar o custo de um oleoduto. Podemos expressar todos os parâmetros de custo em termos de diâmetro do oleoduto. Diferenciamos a expressão de custo total com relação ao diâmetro e optamos pelo diâmetro ideal, que é aquele que nos oferece o custo anual total mínimo para o sistema.

Para um problema de projeto envolvendo muitos dispositivos, a função do custo total pode ser bastante complexa. Em geral, outras equações, chamadas **equações de restrições**, são necessárias para resolver a equação de custo diferenciada, e elas podem consistir em equações de continuidade e energia, escritas para cada dispositivo no sistema. Uma vez escritas as equações de função objetiva e de restrições, terminamos com um sistema de equações que devem ser resolvidas simultaneamente. Vários métodos podem ser usados para resolver essas equações. A abordagem dos sistemas é usada no Capítulo 4 para dimensionamento dos tubos. (Para obter uma descrição da abordagem dos sistemas aplicada a muitos problemas e métodos de solução, consulte: *Design of thermal systems*, de W. F. Stoecker, publicado pela McGraw-Hill Co., 2. ed., 1980.)

A outra abordagem para problemas de projeto é considerar cada dispositivo em um sistema individualmente. Desta forma, o custo de cada dispositivo é reduzido, minimizando assim o custo total do sistema inteiro. A vantagem desse método é que as equações são simplificadas.

1.4 Exemplo de um projeto

Ilustraremos alguns pontos descritos nas seções anteriores com exemplo e algumas ideias específicas. Considere que você está interessado em trabalhar em um problema que envolve a recuperação de calor residual em uma fábrica. O problema está descrito a seguir.

Recuperação de calor em uma fábrica de placas de gesso

Um dos componentes necessários na fábrica de placas de gesso é água. O processo requer 0,00442 m³/s de água em temperatura de aproximadamente 29,5 °C. Durante os meses de verão, o sistema de abastecimento de água da cidade a fornece em temperaturas que podem chegar a 32,2 °C, e durante os outros meses, a temperatura média da água fornecida pela cidade é de aproximadamente 7,2 °C, de modo que ela deve ser aquecida para ser usada no processo. A água é aquecida pelos queimadores a gás natural enquanto ela está em um reservatório.

Uma das fases finais da produção de placa de gesso é o estágio de secagem. Um ventilador faz o ar aquecido circular em torno da placa de gesso em um forno. O ar então é esgotado. Espera-se recuperar a energia do ar de exaustão quente e úmido e usa-se essa energia para pré-aquecer a água de entrada da cidade, de 7,2 °C (pior caso) para o mais quente possível. A energia recuperada reduziria a necessidade de gás natural a ser usado como principal meio de aquecimento. As condições indicam que o sistema de recuperação de calor estará em operação 24 horas por dia (seis dias por semana), durante oito meses.

A Figura 1.5 mostra a posição do forno de secagem e o tanque de reservatório. Como mostrado, o tanque de água está a 91,4 m do forno.

Suponha que esse projeto de recuperação de calor seja em uma fábrica que não possui muitos engenheiros disponíveis para trabalhar nele e a gestão decidiu chamar uma empresa de consultoria em engenharia para resolver o problema ou, pelo menos, avaliar se o que se pretende é viável. Alguns consultores foram contatados e convidados para participar da licitação pública do projeto. Isso quer dizer que cada um foi convidado a enviar ao corpo gestor (o cliente, nesse exemplo) uma proposta

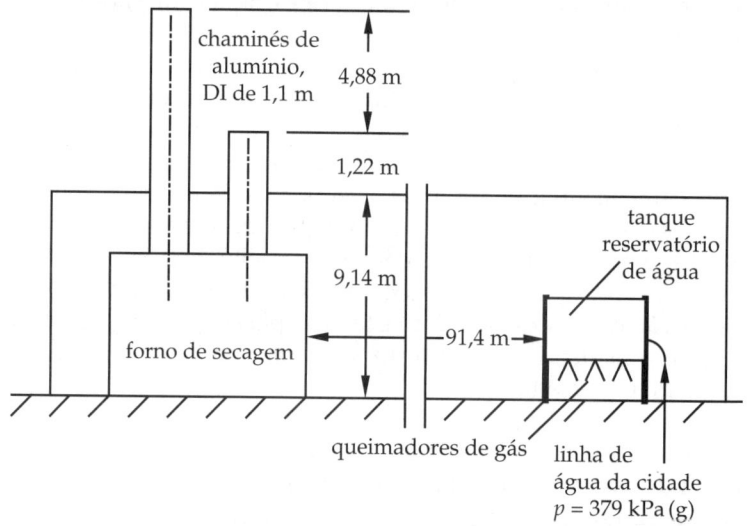

■ **Figura 1.5** Layout mostrando o forno de secagem e o tanque reservatório.

destacando o que pretende fazer e quanto cobrará para executar *somente* o trabalho do projeto. A construção ou a instalação real também fará parte da licitação, dependendo do que o cliente acertar com os proponentes.

"Nossa" empresa foi convidada a enviar uma proposta de licitação para realizar o trabalho de projeto. Antes de preparar uma oferta, entretanto, precisamos ter alguma ideia do que precisa ser feito. Assim, revisamos a declaração do problema, presumindo que o cliente nos passou todas as informações disponíveis. Examinamos várias coisas com referência aos comentários feitos.

Informações insuficientes

A descrição do problema parece clara o suficiente, mas faltam informações que nos serão necessárias. À primeira vista, podemos substituir o trocador de calor em cada chaminé. No entanto, para dimensionar os trocadores de calor precisaremos conhecer a temperatura dos gases da exaustão nas chaminés e a vazão de ar que passa por elas. O cliente pode não ter nenhuma ideia do que seria isso, e talvez precisemos ter acesso ao telhado, levando um termopar, um termômetro digital, um tubo pitot e um medidor de pressão diferencial. Temos de descobrir a altura do teto entre o tanque reservatório e as chaminés, caso queiramos instalar o tubo com ganchos ao longo do teto, ou ao longo de uma parede, em vez de instalá-lo no chão. Para realizar uma análise econômica, devemos ter informações sobre o gás natural usado e a temperatura da água da cidade, mensalmente, pelo menos durante um ano (de preferência três anos). Certamente, há informações insuficientes sobre isso, e um dos motivos possíveis é que quem elaborou a declaração do problema desconhece o que um engenheiro precisará saber para resolvê-lo.

Sem solução única

Nossa empresa pode projetar um sistema com trocador de calor em somente uma chaminé, enquanto outra pode propor um trocador de calor em cada chaminé ou, ainda, um sistema de fluido separado, contendo etilenoglicol e água poderia ser usado para transferir calor de um trocador de calor na chaminé para a água no reservatório. Alternativamente, também, a água da cidade poderia fluir para o trocador de calor na chaminé, primeiro, e, depois, para o tanque reservatório. Obviamente, esse problema de projeto tem muitas soluções.

Restrições

Muitas soluções podem funcionar para esse problema, e descobrir a melhor delas é questão de analisar algumas, no papel, e determinar qual atende às restrições. O cliente deseja economizar o máximo possível instalando esse sistema? Órgãos de proteção ambiental determinaram algum limite de temperatura dos gases de exaustão nessa instalação? Enfim, os objetivos e as restrições precisam ser identificados.

Envio de uma licitação

Decidimos que a nossa empresa apresentará a perícia necessária, o tempo e a habilidade para resolver esse problema; agora desejamos enviar uma proposta. Para isso, precisaremos considerar com mais especificidade as tarefas envolvidas. Conseguimos as informações adicionais das quais precisávamos com a agência contratante.

Parece que precisaremos projetar o sistema hidráulico do tanque para uma das chaminés e seu retorno. Precisaremos especificar o tamanho dos dutos, determinar o percurso da linha em si, selecionar uma bomba para essa tarefa e dimensionar um trocador de calor para ser disposto em uma das chaminés. Mais especificamente, as coisas que precisaremos realizar são:

1. Identificar o tipo apropriado para o trocador de calor, seu tamanho e o material de construção.
2. Identificar o tamanho da bomba (se necessária), localização e material de construção.
3. Saber a respeito de tubulações, suporte da tubulação, tamanho, percurso e material. (Considere o uso de um medidor de vazão e/ou isolamento da tubulação pode ser necessário).
4. Calcular o custo total do sistema, incluindo instalação, operação e manutenção.
5. Calcular o período de retorno do investimento.
6. Usar dimensões padronizadas sempre que possível.
7. Investigar as normas locais e segui-las.
8. Analisar o sistema para as considerações de segurança.

Essa lista de itens compreende a fase de engenharia do projeto, que é uma pequena parte do processo do projeto todo.

Licitação

Identificamos o que nos pareceu ser necessário fazer de acordo com nosso conceito de como esse problema deve ser resolvido. Podemos levar vários dias até preparar os esboços preliminares, fazer reuniões, visitar a fábrica etc. Agora, estamos prontos para preparar os documentos da licitação. Em muitos casos, esses documentos são fornecidos pelo cliente e nós apenas os preenchemos. Em outros casos, porém, cada proponente pode elaborar um formulário interno e enviar ao cliente.

Nesse exemplo, suponha que utilizaremos um formulário bem simplificado para isso, como mostrado na Figura 1.6. Observe cuidadosamente o que é solicitado nesse formulário. Primeiro, é necessário que o título do projeto venha acompanhado de um valor estimado para a licitação (o valor estimado é calculado completando-se esse formulário).

Observe que há uma coluna anexada a esse formulário, chamada "Real". Essa coluna é adicionada para registro interno e não será enviada ao cliente.

Lembremos que essa licitação deve ser enviada até a data de encerramento que aparece na segunda linha da folha licitatória. A data de conclusão é quando concordamos em ter todo o trabalho concluído. O número de horas necessárias para concluí-lo é nossa estimativa de pessoa/hora a ser dedicada ao projeto, e a lista de pessoas do grupo de projetistas que trabalhará nesse projeto é fornecida na Parte A, juntamente com pessoa/hora e salário. Na melhor das hipóteses, o número de pessoas/hora é uma estimativa, mas um proponente experiente pode fazer uma avaliação precisa. Os **benefícios complementares** de cada funcionário alocado no projeto, tais como seguro, assistência médica, seguridade social e afins, saem diretamente do orçamento do projeto. **Custos diversos**, incluindo materiais, suprimentos, se um molde precisa ser construído etc.) são cobrados no projeto. **Viagem** feita pelo grupo (para a fábrica, por exemplo) é cobrada no projeto. Pode ser necessário ao grupo do projeto usar os serviços de um perito (**serviços de consultoria**), e o pagamento deste também será cobrado no projeto. Os **custos indiretos**, como despesas gerais referentes a utilitários, espaço de escritório, ajuda administrativa, lucro etc., também são parte do custo do projeto. O total desses itens é o custo que nós, como proponentes, pretendemos cobrar do cliente para concluir o projeto - não para construí-lo, mas simplesmente para projetá-lo. Observe que muitos desses itens estão vinculados diretamente a pessoa/hora estimada no início; portanto, uma estimativa precisa é altamente crítica.

			Estimado	Real
Título do projeto			Valor da licitação	
Data de fechamento	Horas necessárias para conclusão			
Data da conclusão				
Diretor do projeto				
A. Pessoal Nome	Telefone	Pessoa/hora	Salário	
1.			$	$
2.			$	$
3.			$	$
4.			$	$
5.			$	$
6. Subtotal			$	$
B. Benefícios complementares (35% de A.6)			$	$
C. Salário total, remunerações e benefícios complementares (A.6 + B)			$	$
D. Custos diversos 1. Materiais e suprimentos			$	$
2. Outro			$	$
3. Subtotal			$	$
E. Viagem			$	$
F. Serviços de consultoria 1.			$	$
2.			$	$
3. Subtotal			$	$
G. Total de custos diretos (C + D.3 + E + F.3)			$	$
H. Custos indiretos (50% de G)			$	$
I. Valor dessa licitação (G + H)			$	$
Assinaturas dos engenheiros		Data		Iniciais
1.				
2.				
3.				
4.				
5.				

■ **Figura 1.6** Exemplo de um orçamento de licitação.

1.5 Gerenciamento do projeto

Suponha agora que o nosso projeto de recuperação de calor tenha sido vencedor por ter apresentado o menor orçamento (ou porque conhecemos pessoalmente o gerente da fábrica!). A conclusão da tarefa requer um esforço organizado e bem gerenciado. O projeto deve ser dividido em várias tarefas menores, que são finalmente sintetizadas na solução global. Essa fase envolve identificar as tarefas menores, atribuir a conclusão de cada uma delas a um indivíduo ou a vários, e solicitar que cada tarefa seja concluída em um determinado tempo. Essa distribuição de tarefas pode ser feita pelo **Gerente de projeto** ou **Diretor do projeto**, que é o responsável por assegurar que as tarefas sejam concluídas no prazo previsto e dentro do orçamento.

Assim, nesse momento, o diretor do projeto já deve ter sido selecionado, e sua tarefa será gerenciar a equipe para que o projeto seja concluído a tempo.

É conveniente que diretor do projeto componha um gráfico de barras das atividades do projeto, de modo a destacar as tarefas ou os trabalhos secundários que precisarem ser feitos durante o projeto. O **gráfico de barra** é aquele em que o tempo fica na linha horizontal e as atividades do projeto aparecem no eixo vertical. As vantagens desse gráfico são que todas as atividades ficam mapeadas e atribuídas, podendo ser rapidamente acompanhadas, e assim também se tem sempre à mão um quadro geral e de fácil leitura do tempo de conclusão esperado. Uma desvantagem desse gráfico é que, provavelmente, precisará ser sempre atualizado, o que requer tempo.

Um gráfico de barras para o projeto de recuperação de calor é mostrado na Figura 1.7. Esse é um "primeiro rascunho", que inclui todas as tarefas que pudemos identificar, as quais estão listadas como **atividades** na coluna à esquerda. O gráfico mostra quais atividades ou tarefas precisam ser concluídas antes de outras. O projeto todo é mapeado em um período de oito semanas, com *estimativas* de quanto tempo será necessário para cada atividade. Além disso, as letras que aparecem em cada retângulo cinza representam as iniciais do(s) engenheiro(s) responsável(is) pela conclusão da tarefa. Esses retângulos são ligados por linhas e setas que indicam uma sucessão de eventos. Assim, antes de selecionar uma bomba, por exemplo, o tamanho da linha, sua rota e o trocador de calor precisam, primeiro, ser especificados.

Suponha que, após algum tempo, tenhamos (ou nos serão atribuídas) algumas outras tarefas para executar ou que algumas tarefas sejam concluídas antes da respectiva data de conclusão. Então, é aconselhável retrabalhar o gráfico, a fim de incluir os novos eventos, atribuindo-lhes uma responsabilidade e atualizando a conclusão das tarefas ainda menores que já tiverem sido terminadas. Suponha também que tudo indique que o projeto possa ser concluído antes (ou depois) da programação original. Isso também vai requerer modificações no gráfico.

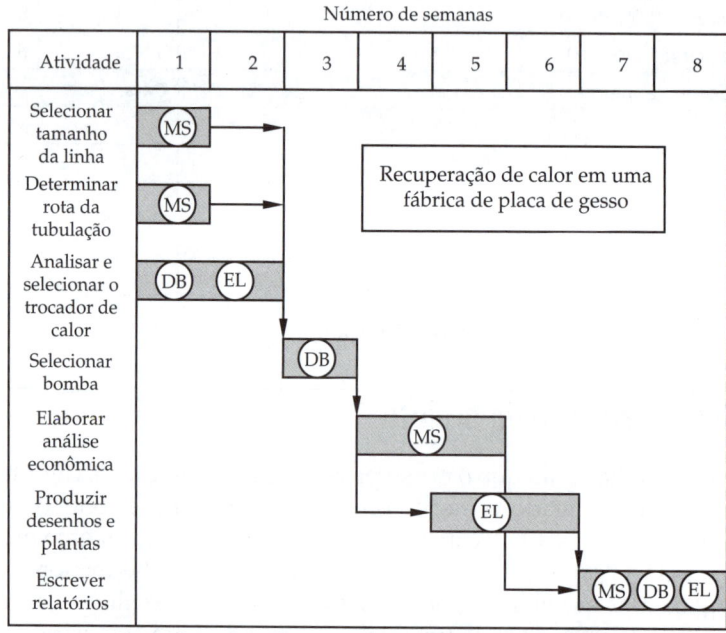

■ **Figura 1.7** Gráfico de barras de pequenas tarefas a serem executadas durante o projeto de recuperação de calor.

Digamos que, após muito estudo, descobrimos que precisaremos usar o trocador em duas chaminés para recuperar a energia necessária (a Figura 1.8 mostra um gráfico modificado). Observe que as novas atividades foram adicionadas nas posições apropriadas, mostrando sua relação com as outras tarefas.

O diretor do projeto também responde pela manipulação do orçamento aprovado para a conclusão do projeto. Isso inclui direcionar todas as solicitações para pagamento e manter o controle de como os fundos do orçamento do projeto serão gastos.

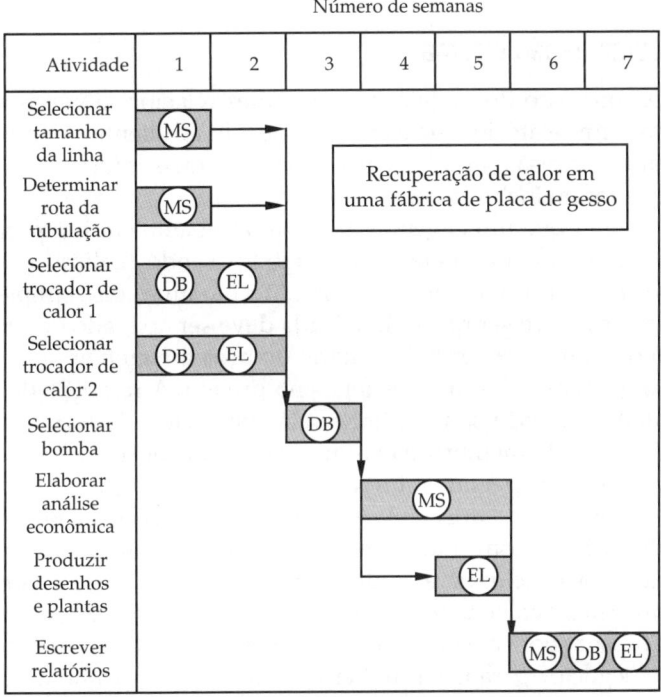

■ **Figura 1.8** Modificação das barras de pequenas tarefas a serem executadas durante o projeto de recuperação de calor.

O diretor do projeto deve fazer reuniões frequentes, conforme a necessidade, com os membros da equipe para oferecer ajuda, caso precisem.

Gerenciamento de projeto tem sido assunto de muito estudo. Como resultado, verificou-se que algumas das tarefas mais importantes de uma equipe de projeto relaciona-se à forma como os membros dessa equipe lidam uns com os outros, em vez de ser a forma como o trabalho de engenharia é concluído. As habilidades profissionais, como conhecimentos técnicos, exigem refinamento constante. Sobre esses comentários, é prudente lembrar que as principais funções do diretor de projeto e dos membros da equipe são:

- Ter sempre em mente o objetivo total do projeto.
- Saber exatamente como cada membro da equipe contribuirá para o sucesso geral no esforço do projeto, ou seja, cada membro da equipe deve saber de cor exatamente qual é a sua responsabilidade.
- Identificar quaisquer obstáculos que venham a impedir que um membro da equipe conclua uma tarefa.
- Remover os obstáculos.

- Lembrar-se de que os membros da equipe estão "sendo pagos" também para manter uma relação de trabalho eficiente com os companheiros.

Para isso, o diretor do projeto deve programar reuniões regulares com a equipe e preparar umas minutas pormenorizadas dessas reuniões, incluindo amplos detalhes, como a agenda e quem é responsável por apresentar as informações. O diretor do projeto também deve preparar relatórios de progresso semanalmente e apresentá-los ao cliente, oralmente ou por escrito. O cliente precisa ser mantido informado sobre o progresso da obra.

Documentação interna

O processo do projeto descrito antes relacionou várias atividades que no final geram um relatório, que é então fornecido ao cliente. A empresa de consultoria, no entanto, precisa manter em arquivo muito mais informações sobre o projeto do que as que foram incluídas no relatório escrito.

Depois que um engenheiro inicia o trabalho em um projeto, ele deve obter um caderno no qual anotará tudo o que for sendo realizado nesse projeto, incluindo especialmente datas e tempo gasto. Mesmo uma coisa simples, como uma chamada telefônica, deve ser registrada. Nada deve ser apagado ou retirado do caderno. Esse caderno, que é na verdade o diário do projeto, também deve conter todo o trabalho de engenharia e os cálculos feitos no projeto. A remoção de "erros" do diário deve ser feita traçando-se uma linha reta sobre eles, de forma que ainda permaneçam legíveis. Cada membro da equipe terá seu próprio caderno para cada projeto, e o progresso feito pelo membro da equipe pode ser apurado revisando-se esse diário.

A cópia do relatório final que fica nos arquivos da empresa de consultoria deve conter a folha com o orçamento enviado originalmente, e no momento em que o projeto for concluído, a coluna intitulada "Real" será preenchida para mostrar os custos reais dos itens solicitados como parte do projeto, o que inclui o cálculo gasto por pessoa/hora e o lucro obtido nessas pessoa/horas. Lembre-se de que se trata de um "negócio" para fazer dinheiro, e que o desempenho do projeto será avaliado na mesma proporção em que o lucro real tiver sido obtido.

Os cadernos dos engenheiros, o relatório final e a folha de orçamento original compõem a documentação que a empresa de consultoria precisará manter em arquivo para referência futura. Caso o projeto precise ser revisto futuramente, os detalhes necessários estarão prontamente disponíveis.

Os relatórios

Em seguida, suponha que a fase de engenharia do projeto tenha sido concluída e que agora é necessário comunicar os resultados. Em geral, o consultor deve oferecer ao cliente um **relatório por escrito** e uma **apresentação oral**. O relatório escrito inclui vários itens; a Figura 1.9, a seguir, apresenta um formato *sugerido* contendo os seguintes itens:

Carta de transmissão — Escrita para transmitir ao cliente a informação de que o projeto foi concluído e que os resultados estão apresentados no relatório correspondente.

Página de rosto — Contém o título do projeto, a data em que ele foi concluído, o nome dos engenheiros que trabalharam nele e o da empresa de consultoria. Observe que o relatório deve ser feito em papel timbrado da empresa de consultoria e que todas as suas páginas precisam ser numeradas e datadas.

■ **Figura 1.9** Elementos do relatório escrito.

Declaração de problema — Repete sucintamente o problema, para que todos os interessados possam saber o que levou ao desenvolvimento e à implantação do projeto ora concluído.

Resumo das constatações — Resume os detalhes da solução encontrada, podendo incluir uma lista na qual se relacionem informações como que tipo de bomba comprar, que tamanho de linha usar, qual a rota da tubulação, que trocador de calor usar, quais os fornecedores sugeridos e o custo de todos os componentes. As plantas do sistema devem ser incluídas nesta seção do relatório. O resumo deve ser suficientemente detalhado, a ponto de permitir que qualquer empreiteiro contratado pela empresa seja capaz de concluir a instalação de todos os componentes.

Índice — Traz orientações para remeter o leitor a qualquer parte do relatório.

Narrativa — Apresenta os detalhes de todos os componentes especificados no resumo, explicando cada um deles. Detalhes de como a bomba foi escolhida, por exemplo, devem estar contidos aqui. O grau de detalhamento deve ser suficiente para que o leitor possa seguir *cada* etapa do desenvolvimento do projeto. A organização da narrativa e os títulos de todas as seções podem variar de acordo com quem tiver escrito; no entanto, *se o público a que o relatório se destina não conseguir compreender tudo o que foi escrito, é porque você não conseguiu se fazer claro o suficiente*. Escreva para o público.

Bibliografia/Materiais de referência — Relaciona títulos de textos e publicações usadas para chegar às particularidades do projeto. Esta seção também deve incluir informações dos catálogos de fornecedores, como curvas de desempenho da bomba, se apropriado.

O relatório escrito deve ter uma aparência profissional em todos os sentidos. Uma apresentação bem escrita mostrará que o escritor é meticuloso e convincente, mostrando ao cliente uma boa dose de cuidado na elaboração do trabalho. Texto, gráficos, plantas e fluxogramas, tudo é feito por computador, nada é feito à mão. O relatório inteiro deve estar encadernado, e o cliente deve receber mais de uma cópia.

O relatório oral deve ser curto e não precisa ser detalhado. Bastam uma declaração do problema e um resumo das constatações, incluindo os custos iniciais e operacionais. Se surgirem perguntas, o apresentador deve referir-se aos detalhes encontrados na narrativa. Portanto, o apresentador deve estar preparado para fornecer detalhes do estudo *inteiro*, mas só deve apresentar a declaração do problema e o resumo.

Avaliação e constatação dos resultados

O ideal é que o trabalho executado em um projeto seja avaliado em pelo menos dois pontos, que são os mais importantes: se o sistema funcionará de acordo com o que foi projetado e se foi possível obter lucro mediante a entrega de um bom produto.

Em alguns casos, o cliente não construirá o sistema de imediato, podendo passar alguns meses ou mesmo anos até que isso aconteça. Além disso, é pouco provável que o sistema instalado contenha a instrumentação necessária para a avaliação de desempenho (por exemplo, termopar, medidor de vazão etc.). Mesmo após a instalação, pode levar anos para se determinar se o sistema está funcionando conforme projetado. No projeto de recuperação de calor de que trata este capítulo, é necessário aguardar um ano após a instalação para constatar se houve alguma economia com os gastos de gás natural.

Suponha que o sistema, por algum motivo, não venha a funcionar conforme projetado e que alguma pessoa que tenha trabalhado nele não se lembre de todos os detalhes ou tenha se desligado da empresa. Então, tendo-se os diários dos engenheiros guardados, é possível consultá-los e trabalhar com o cliente no sentido de corrigir o problema de maneira adequada.

Se um bom produto tiver sido entregue, pode ser que ele nunca seja avaliado. O lucro obtido, no entanto, pode ser avaliado, e ele, em geral, é medido por um sistema de contabilidade elaborado fora do escopo da engenharia.

É evidente que a fase de engenharia de qualquer projeto requer uma quantidade relativamente menor de tempo em relação ao tempo total gasto. Igualmente importantes são o tempo e o esforço gastos nas atividade de documentação e nas especificidades da comunicação.

1.6 Dimensões e unidades

Os sistemas de unidades usados neste texto são principalmente o sistema gravitacional britânico, o sistema tradicional norte-americano ou de engenharia e o sistema de unidade SI. As unidades e dimensões fundamentais em cada um desses sistemas estão relacionadas na Tabela 1.1, que também mostra as dimensões e unidades em outros sistemas que foram desenvolvidos, a saber, o absoluto britânico e o absoluto CGS.

Para se usar as unidades do sistema tradicional norte-americano é necessário usar um fator de conversão entre unidades de força e de massa. O fator de conversão é

$$g_c = 32{,}2 \frac{\text{lbm} \cdot \text{ft}}{\text{lbf} \cdot \text{s}^2} \qquad \text{(Tradicional norte-americano)} \qquad (1.1)$$

Em outros sistemas de unidades relacionados na Tabela 1.1, a conversão g_c não é necessária e nem é usada. As equações neste texto contêm g_c, e se unidades tradicionais norte-americanas não forem usadas, o leitor é aconselhado ignorar g_c ou defini-lo igual a

$$g_c = 1 \frac{\text{unidade de massa·unidade de comprimento}}{\text{unidade de força·unidade de tempo}^2} \quad \text{(Outros sistemas de unidades)} \quad (1.2)$$

Quando resolver problemas, um sistema de unidade deve ser selecionado para uso. Todas as equações escritas devem ter dimensões consistentes. Portanto, todos os parâmetros que substituímos nas equações devem estar nas unidades apropriadas, que são unidades fundamentais em cada sistema.

Com o enorme volume de parâmetros que adquiriram unidades especializadas (por exemplo, cavalos de potência, tonelada de ar condicionado, BTU, colher de sopa etc.), vemos que o processo de conversão de unidades fundamentais é uma necessidade interminável, mas sempre presente. Para facilitar esse encargo, o Apêndice fornece um conjunto de tabelas com fator de conversão, além dos prefixos usados quando se trabalha com unidades SI.

■ **Tabela 1.1** Sistemas de unidade convencional.

Dimensão	Britânica gravitacional	SI (Sistema Internacional)	Engenharia	Britânica absoluta	CGS absoluta
Massa (M) (derivada)	slug				
Massa (M) (fundamental)		kg	lbm	lbm	grama
Força (F) (derivada)		N		libra	dyna
Força (F) (fundamental)	lbf		lbf		
Comprimento (L)	pé	m	pé	pé	cm
Tempo (T)	s	s	s	s	s
Temperatura (t)	°R / °F	K+ / °C	°R / °F	·R / °F	°K / °C
Fator de conversão g_c			$32{,}2 \frac{\text{lbm·ft}}{\text{lbf·s}^2}$		

+Observe que, em SI, o grau Kelvin está corretamente escrito sem o símbolo °.

1.7 Resumo

Neste capítulo, examinamos alguns sistemas fluidotérmicos e os definimos indiretamente. Também discutimos o processo do projeto, incluindo a natureza e fases do projeto, normas e padrões, economias, segurança do produto e processo de licitação. Além disso, descrevemos os métodos de gerenciamento do projeto, bem como o de escrita de relatório e de avaliação dos resultados. Esses tópicos são ampliados nas questões e problemas que se seguem.

Também discutimos brevemente sistemas de unidades, que incluem SI, sistema tradicional norte-americano e sistema gravitacional britânico, e mencionamos algumas unidades especializadas que surgiram no mercado, além daquelas fundamentais, que devem ser usadas para a resolução de problemas.

1.8 Perguntas para discussão

As perguntas a seguir devem ser abordadas por grupos de quatro ou cinco pessoas que devem dedicar 10 minutos a cada pergunta que lhe for atribuída. No final das discussões, as conclusões devem ser compartilhadas com outros grupos na forma de relatórios orais sucintos, de três minutos ou menos.

1. Discuta as propriedades de um plástico que deve ser usado para CDs.
2. Que fatores influenciam a decisão relacionada ao tamanho de uma calculadora de mão?
3. Quais são as propriedades desejáveis de um material usado como banheira?
4. Discuta as propriedades desejadas do tubo – ou dos tubos – usado em um coletor solar, lembrando que sua função é conduzir a água que é aquecida pelo Sol.
5. Quais são as propriedades desejadas de um material destinado à fabricação de botes infláveis para uso em piscinas?
6. Quais as propriedades desejadas de um amortecedor de carro capaz de absorver o impacto de um acidente a 8 km/h?
7. Quais deveriam ser as propriedades de um material usado nas tubulações de freios em um carro convencional?
8. Discuta os fatores envolvidos na decisão de quanto peso uma escada deve suportar e de que material ela deve ser feita.
9. Discuta os fatores que contribuem para a decisão sobre quão apertada deve ser a rosca de um pote de maionese.
10. Prataria, geralmente, refere-se a talheres, mas há talheres de prata e de aço inoxidável. Qual desses materiais é a melhor opção para se produzir tais utensílios? Por quê?
11. Que propriedades são esperadas de uma tinta que é usada em ruas como marcadora de faixas?
12. Discuta as propriedades de um material usado para fazer balão inflável, do tipo que é usado em festas.
13. Discuta as propriedades desejadas de um tanque destinado ao armazenamento de oxigênio líquido.
14. Quanto tempo as solas dos sapatos devem durar? Quais devem ser as propriedades de solas dos sapatos?
15. É sempre apropriado escolher a proposta mais baixa para a realização de um trabalho? Relacione as exceções e forneça os motivos de quando isso é apropriado e de quando não é. É justo que o empreiteiro seja contemplado em uma licitação simplesmente por "conhecer pessoalmente o gerente da fábrica"? É preciso ser justo no setor privado? É preciso ser justo quando o governo está envolvido? Defina "justo".
16. O lucro sempre deve ser um motivo em negócios de consultoria?
17. Considere a questão "é possível obter lucro quando se entrega um bom produto?" Defina "bom produto" em relação ao Projeto de Recuperação de Calor.
18. Um fabricante de aspiradores de pó diz que seu produto é "duplamente bom" com relação aos demais existentes no mercado. Com relação a essa afirmação, responda:
    a) Como avaliar o desempenho dos aspiradores de pó, levando em conta a quantidade de fatores que forem necessários para isso?
    b) De que forma um aspirador de pó pode ser "duas vezes bom" em relação a outro, se possível?
19. O que torna um sabão em pó "melhor" que os demais disponíveis no mercado? Como você avaliaria o desempenho de um sabão em pó? O que torna um sabão em pó um "bom" produto? Em termos bem específicos, descreva como um sabão em pó pode ser "melhor" que outro. Isso significa que um sabão em pó limpa "duas vezes mais" que o outro? Se positivo, o que "duas vezes mais" significa nesse contexto?
20. Cera automotiva é um produto interessante e muitos fabricantes a disponibilizam no mercado. Você deseja verificar uma cera de carro antes de decidir-se pela compra. O que torna uma cera automotiva "melhor" que outra? Determine como avaliar uma cera automotiva, ou seja, defina o que torna uma cera "boa" para encerar automóveis.
21. Você foi contatado como especialista por uma colega que abriu o próprio negócio. Ela é química, está produzindo e comercializando tintura para cabelo e acredita que pode con-

tratar seus serviços de especialista por um valor razoável para divulgar que sua tintura de cabelo é "melhor" do que qualquer outra disponível no mercado. Ela gostaria que você a ajudasse a planejar um programa de teste. Determine como avaliar uma tintura de cabelo e uma maneira de conduzir um programa de teste. Quais são as propriedades desejadas de uma substância comercializada com a finalidade de colorir cabelos?

22. Determine como avaliar um produto químico que divulga ser "resistente a manchas". O que significa "resistência a manchas" em relação a algo que não mancha de jeito nenhum? Determine um programa de teste para definir e avaliar a resistência a manchas. Uma escala numérica seria apropriada para esses produtos químicos?

23. Você deseja determinar quão eficiente são certas combinações de cores em relação ao olho humano e ao tempo de reação. Dados sobre essa classificação são importantes para assinalar às empresas e aos governantes quando precisam fazer sinalizações de trânsito. Por exemplo, a letra preta em um fundo branco é melhor que a amarela em fundo verde? Se as sinalizações forem feitas com essas (ou outras) combinações de cores, qual delas será reconhecida primeiro por um observador? Determine um método de teste para medir o contraste de cor que poderia ser usado em sinalizações que possuem várias combinações de cores.

1.9 Mostrar e contar

As perguntas a seguir devem ser abordadas pelos estudantes individualmente e as respostas, apresentadas na forma de relatório oral.

1. No projeto de recuperação de calor, qual instrumentação é necessária, caso seja conduzida uma avaliação de desempenho do sistema? Explique a função de cada instrumento e os cálculos necessários para usá-los.
2. Quais são os fatores de segurança humana a considerar no projeto de recuperação de calor deste capítulo? Há alguma norma de segurança local?
3. Obtenha um conjunto de documentos licitatórios de um empreiteiro ou agência empreiteira e elabore uma apresentação sobre os itens contidos.
4. Localize uma norma local que se aplique ao trabalho hidráulico e elétrico. Faça uma apresentação sobre os itens contidos nessa norma.
5. Forneça diversos exemplos de padrões usados na indústria.

1.10 Problemas

Conversões e sistemas de unidade

1. Consulte uma fonte apropriada para determinar os fatores de conversão associados às seguintes conversões:
   a) número de traços por colher de chá
   b) número de *colheres de chá* por colher de sopa
   c) número de *colheres de sopa* por xícara
   d) número de *xícaras* por quarto de galão
   e) número de *quartos* de galão por galão
2. Consulte uma fonte apropriada para determinar o significado das seguintes unidades (lembre-se de observar também a pronúncia correta):
   a) coomb
   b) scruple
   c) cord of wood
   d) resma de papel
3. Consulte uma fonte apropriada para determinar os fatores de conversão associados às seguintes unidades:
   a) gill
   b) graus-dia
   c) tonelada *versus* tonelada métrica
   d) tonelada curta versus tonelada longa

4. Quantos "hins" estão em um "bath"? Quantos "baths" estão em um "galão"?
5. Qual é relação entre um onça (16 onças por libra) e uma onça de fluido (16 onças iguais a um "pint")?
6. Qual a origem da expressão "cavalo-vapor"? Por que alguém desejaria expressar força em uma unidade de cavalo-vapor? Quantos watts estão em um cavalo-vapor?
7. A unidade da vazão volumétrica é galões por minuto, mas usa-se preferencialmente pés cúbicos por segundo. Use as tabelas de fator de conversão que se encontram no Apêndice para obter uma conversão entre essas duas unidades.
8. Qual é mais pesado: um grão ou um dram? Expresse ambos em unidade britânica fundamental.
9. Quantos anos um furlong representa? Além disso, se um furlong for uma medida linear, o que essa medida tem a ver com "anos"? Por quê?
10. Qual é a diferença entre peso troy e peso avoirdupois? Expresse uma libra em cada um desses sistemas em termos de "grãos".
11. Há uma unidade de medida chamada "log", que é usada para líquidos ou mercadorias secas? Qual é a conversão entre um log e a unidade SI apropriada?
12. Na indústria de plásticos, o que é gaylord?
13. Um calibre de espingarda refere-se a que dimensão da arma de fogo?
14. Arame calibre nove e arame calibre onze são ambos usados em material de cercamento. Qual o diâmetro desses arames? Quais outros diâmetros de arame que existem e qual é o padrão usado para se dimensionar arames?
15. Parafusos para chapas metálicas são dimensionados de acordo com qual padrão? Qual a diferença entre um parafuso para máquina e um parafuso para chapa metálica?

Escalas de medida

16. A escala Forel Ule é usada para medir o quê?
17. O que é a Snellen Fraction?
18. A Unidade Scoville é uma medida de quê?
19. A escala Shore Hardness é usada para medir o quê?
20. A Unidade Shade é uma medida de quê?
21. A escala Beaufort mede o quê?
22. Qual escala é usada para medir a "força" de um terremoto? O que é realmente medido?
23. Para que a escala de variação numérica (NRS-11) é usada?
24. A que se refere "Pureza de Quilate"?
25. Alimentos enlatados são muito comuns. Como a dimensão da lata é medida ou expressa por seus fabricantes? Quais são as diferenças de tamanho de latas nas especificações dos Estados Unidos? O que é usado no sistema métrico?

Medidas diversas

26. Por que uma milha é 5.280 pés?
27. Um "quarto" deve ser multiplicado por quanto para se obter um bushel?
28. O que é um "hat trick"?
29. Qual o comprimento da circunferência de uma pista de atletismo, ou seja, quantas voltas devem ser feitas em uma corrida de uma milha?
30. O que significa um acre? Quantos pés quadrados estão contidos em um acre? O que é maior: um acre ou um arpent?
31. Qual a definição do índice de massa corpóreo? Qual é o seu?
32. Quantos barleycorns tem em uma polegada?
33. Quantas polegadas tem em um fistmele?
34. Use as tabelas de fator de conversão no Apêndice para desenvolver um fator de conversão entre galões e pés cúbicos.
35. Qual é a equação para se calcular o índice de calor?
36. Quanto mede um "palmo"? Quanto mede um "dedo"? Quantos dedos há em um palmo?
37. Consulte uma fonte apropriada para determinar os fatores de conversão aplicáveis a:
    a) parsecs por milha
    b) stadia por milha

38. A quantidade chamada uma "medida" é usada para medir a capacidade de produtos secos, mas também líquidos. Qual é a conversão entre uma medida e um bushel (produtos secos)? Qual é a conversão entre uma medida e um galão?

39. Como se expressa uma pressão sanguínea? Por que o resultado não é expresso em psig ou kPa?

40. Como os sapatos são dimensionados, ou seja, qual é a relação entre tamanhos de sapato e outras unidade usadas normalmente?

CAPÍTULO 2

Propriedades dos fluidos e equações básicas

Neste capítulo, vamos rever alguns princípios fundamentais da mecânica dos fluidos. As propriedades dos fluidos serão brevemente definidas, em um esforço para atualizar a memória do leitor e familiarizá-lo com a notação usada no texto. A equação de continuidade, a de quantidade de movimento e energia, e a de Bernoulli serão apresentadas mas não derivadas, e forneceremos problemas de revisão que exigem a aplicação dessas equações.

2.1 Propriedades dos fluidos

As propriedades dos fluidos discutidas nesta seção incluem densidade, gravidade específica, peso específico, viscosidade absoluta ou dinâmica, viscosidade cinemática, calor específico, energia interna, entalpia e módulo volumétrico. Também examinaremos algumas técnicas comuns, usadas para medir as propriedades selecionadas.

Densidade, gravidade específica e peso específico

A densidade de um fluido é definida como sua massa por unidade de volume e é indicada pela letra ρ. Densidade tem dimensões de M/L^3 (lbm/ft^3 ou kg/m^3).

A gravidade específica de um fluido é a proporção da sua densidade com a densidade da água a 4 °C:

$$\text{Sp. Gr.} = \frac{\rho}{\rho_w}, \tag{2.1}$$

em que ρ_w é a densidade da água. Valores de gravidade específica para vários fluidos encontram-se nas tabelas de propriedade do Apêndice. É prática comum usar a densidade da água como

$$\rho_w = 62{,}4 \text{ lbm/ft}^3 = 1{,}94 \text{ slug/ft}^3 = 1000 \text{ kg/m}^3.$$

Peso específico é uma quantidade útil relacionada à densidade. Embora densidade seja uma massa por unidade de volume, o peso específico é uma força por unidade de volume. Densidade e peso específico estão relacionados a

$$SW = \frac{\rho g}{g_c}. \tag{2.2}$$

A dimensão de peso específico é F/L^3 (lbf/ft^3 ou N/m^3).

A densidade de um líquido pode ser medida pesando-se diretamente um volume conhecido, enquanto o peso específico pode ser determinado submergindo-se um objeto de volume conhecido em um líquido. O peso do objeto no ar menos o peso dele medido enquanto ele é submergido, resulta a força de flutuação que o líquido exerce sobre o objeto. A força de flutuação dividida pelo volume do objeto é o peso específico do líquido.

Na indústria do petróleo, a gravidade específica de um óleo combustível é expressa como Sp. Gr. 60 °F/60 °F. Essa nomenclatura indica que a gravidade específica é a proporção entre a densidade do óleo a 60 °F e a densidade da água a 60 °F. Gravidade API é usada como padrão. A gravidade API está relacionada à gravidade específica por

$$\text{Sp. Gr. } 60°F/60°F = \frac{141{,}5}{131{,}5 + °API}, \tag{2.3}$$

em que °API é lido como "graus API."

Para um gás, a gravidade específica pode ser encontrada usando-se qualquer um dos inúmeros testes existentes. Um desses métodos é o procedimento de pesagem direta, em que um volume de gás e um volume igual de ar (ambos em condições padrões nas quais as propriedades do ar são conhecidas) são coletados e pesados. O diferencial de peso permite calcular a gravidade específica do gás. Outros métodos envolvem variações sobre a medição de um peso ou massa diferencial.

Viscosidade

A viscosidade de um fluido é uma medida da resistência desse fluido em movimento, sob a ação de uma tensão de cisalhamento. Considere o esboço da Figura 2.1, em que uma camada de líquido de espessura Δy está entre duas placas paralelas. A placa inferior é estacionária, enquanto a superior está sendo empurrada para a direita por uma força F. A área de contato entre a placa em movimento e o líquido é A, portanto, a tensão de cisalhamento aplicada é $\tau = F/A$. O líquido se deforma continuamente sob ação da tensão de cisalhamento aplicada, e a deformação contínua é expressa em termos de uma taxa de deformação, que, fisicamente, é a inclinação da distribuição de velocidade linear resultante dentro do líquido. Na superfície estacionária, a velocidade do líquido é zero, enquanto na placa em movimento, é igual à velocidade da placa. Essa aparente aderência do líquido às superfícies sólidas é conhecida como **condição sem escorregamento**. Para cada tensão de cisalhamento aplicada há apenas uma taxa de deformação correspondente. Uma série de medidas de força *versus* taxas de deformação resultantes geraria dados para um gráfico de tensão de cisalhamento *versus* taxa de deformação. Esse gráfico é chamado **diagrama reológico**, e um exemplo dele é fornecido na Figura 2.2. Se o líquido entre as placas for água ou óleo, por exemplo, teremos uma linha com o rótulo "Newtoniano" na

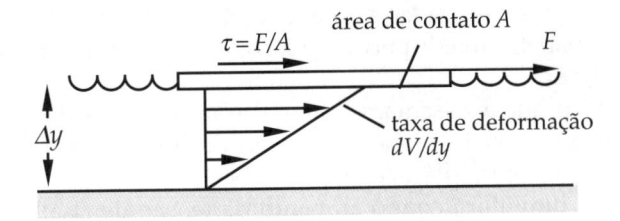

Figura 2.1 Esboço da definição da determinação da viscosidade.

Figura 2.2. A inclinação dessa linha é conhecida como **viscosidade dinâmica** ou **absoluta** do líquido. Para um fluido newtoniano, temos

$$\tau = \mu \frac{dV}{dy} \qquad \text{(Newtoniano)}, \qquad (2.4)$$

em que μ é a viscosidade absoluta, τ é a tensão de cisalhamento aplicada e dV/dy é a taxa de deformação. A dimensão da viscosidade é $F \cdot T/L^2$ (lbf·s/ft² ou N·s/m²). Outros fluidos newtonianos são ar, oxigênio, nitrogênio e glicerina, para nomear alguns.

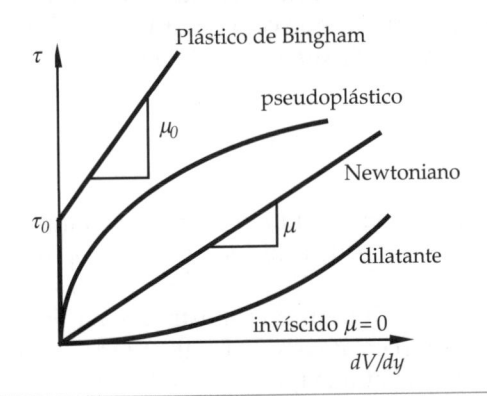

Figura 2.2 Um diagrama reológico caracterizando vários fluidos.

A Figura 2.2 também mostra a curva de um fluido conhecido como "plástico de Bingham". Tais fluidos se comportam como sólidos até que excedam o que é conhecido como **tensão de escoamento inicial** do fluido τ_0. Ou seja, se o fluido na Figura 2.1 for um plástico de Bingham, a placa não se moverá, a menos que a tensão de cisalhamento aplicada τ exceda a tensão de escoamento inicial do fluido. A tensão de escoamento inicial é uma propriedade, assim como a viscosidade. Como exemplo, suponha que um pote de pasta de amendoim seja virado. Por experiência, sabemos que a pasta de amendoim não escorrerá do pote, pois a força da gravidade não exerce tensão de cisalhamento suficiente sobre o fluido para que a tensão de escoamento inicial da pasta de amendoim seja excedida. Se a tensão de cisalhamento aplicada exceder a tensão de escoamento inicial, então o plástico de Bingham se comportará como um fluido newtoniano, ou, em vários casos, como um fluido pseudoplástico. O plástico de Bingham, ilustrado na Figura 2.2, pode ser descrito por

$$\tau = \tau_0 + \mu_0 \frac{dV}{dy} \qquad \text{(plástico de Bingham)}, \qquad (2.5)$$

em que μ_0 é a viscosidade aparente. Pastas de chocolate, algumas graxas, tintas, pasta de papel, lama de perfuração, sopa e pasta de dente são exemplos de plásticos de Bingham.

Fluidos que apresentam uma redução na viscosidade com aumento da tensão de cisalhamento são conhecidos como **fluidos pseudoplásticos**. Se o fluido na Figura 2.1 for pseudoplástico, então a resistência ao movimento (por exemplo, a viscosidade) diminuirá com o aumento da tensão de cisalhamento. Algumas graxas, maionese e suspensão de amido são exemplos de tais fluidos. Uma equação da lei da potência, chamada equação de Ostwald-deWaele, descreve a curva como

$$\tau = K \left(\frac{dV}{dy}\right)^n \qquad (n < 1 \text{ pseudoplástica}), \tag{2.6}$$

em que K é chamado **índice de consistência** com dimensões de $F \cdot T^n / L^2$ ($lbf \cdot s^n / ft^2$ ou $N \cdot s^n / m^2$), e n é um **índice de comportamento de escoamento** adimensional. Como mencionado anteriormente, um fluido pseudoplástico apresenta menos resistência ao escoamento à medida que a tensão de cisalhamento aumenta. Assim, bombear um fluido pseudoplástico a uma vazão alta (correspondendo a uma tensão de cisalhamento alta) envolveria efeitos friccionais menores do que uma vazão baixa.

Fluidos que apresentam um aumento na viscosidade com aumento da tensão de cisalhamento são conhecidos como **fluidos dilatantes**. Areia da praia, amido na água e soluções aquosas que contêm uma alta concentração de pó são exemplos de tais fluidos. Novamente, uma equação da lei de potência descreve a curva como

$$\tau = K \left(\frac{dV}{dy}\right)^n \qquad (n > 1 \text{ dilatante}). \tag{2.7}$$

A resistência para que o fluido dilatante flua aumenta com a vazão ou taxa de cisalhamento, comportamento este que é justamente o oposto do encontrado nos fluidos pseudoplásticos.

Outros tipos de fluidos não mostrados na Figura 2.2 são os reopéticos, os tixotrópicos e os viscoelásticos. Para um **fluido reopético**, a tensão de cisalhamento aplicada teria de aumentar com o tempo para manter uma taxa de deformação constante (exemplo: uma suspensão de gesso); para um **fluido tixotrópico**, a tensão de cisalhamento aplicada teria de diminuir com o tempo a fim de manter uma taxa de deformação constante (exemplos: alimentos líquidos e gorduras); e um **líquido viscoelástico** apresenta propriedades elásticas e viscosas. Esses três tipos de fluido recuperam-se parcialmente de deformações causadas durante o escoamento; exemplo disso é a massa de trigo.

Viscosidade cinemática

Em muitas equações de mecânica dos fluidos, o termo μ/ρ aparece frequentemente. A essa taxa dá-se o nome de viscosidade cinemática ν que apresenta dimensões de m^2/s.

Exemplo 2.1.

Massa de tomate foi testada em um viscosímetro e foram obtidos os dados a seguir. Determine se o fluido é newtoniano e sua equação descritiva.

| τ | (Pa)[1] | 51 | 71,6 | 90,8 | 124,0 | 162,0 |
| dV/dy | (rad/s) | 0,95 | 4,7 | 12,3 | 40,6 | 93,5 |

Solução: A Figura 2.3 exibe esses dados. Como o fluido é pseudoplástico, presumimos, com base em sua curva de tensão de cisalhamento-deformação, que se aplica a Equação 2.6:

$$\tau = K \left(\frac{dV}{dy}\right)^n.$$

É possível seguir uma abordagem estatística, ou seja, o método dos mínimos quadrados, e usar uma calculadora para determinar os valores de K e de n. Se isso for feito, a equação resultante será:

$$\tau = 49{,}3 \left(\frac{dV}{dy}\right)^{0{,}257}.$$

Alternativamente, os dados da tensão de cisalhamento/taxa de deformação podem ser inseridos em uma planilha (método preferido). Uma linha de tendência e equação da lei de potência podem ser obtidas. Os resultados são:

$$\tau = 49{,}93 \left(\frac{dV}{dy}\right)^{0{,}257} \quad \text{(planilha)}.$$

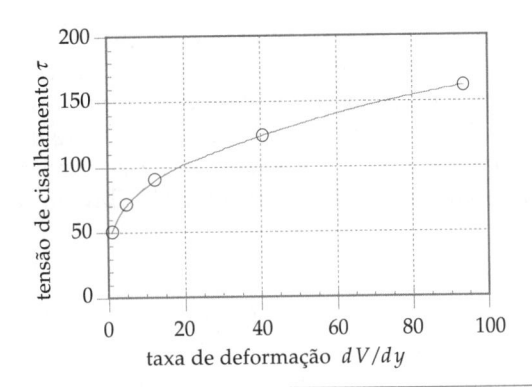

■ **Figura 2.3** Gráfico de dados da massa de tomate.

Fator de compressibilidade

Fator de compressibilidade é uma propriedade que descreve a mudança na densidade experimentada por um líquido durante uma mudança na pressão. O fator de compressibilidade é dado por

---

[1] Dados de CHARM, Stanley E. *Fundamentals of Food Engineering*. 2. ed. Westport, Connecticut: Avi Publishing Co., 1971. p. 62.

$$\beta = -\frac{1}{V}\left(\frac{\partial V}{\partial p}\right)_T, \qquad (2.8)$$

em que V é o volume, $\partial V/\partial p$ é a mudança no volume com relação à pressão, e o subscrito indica que o processo deve ocorrer em temperatura constante. Líquidos em geral são incompressíveis. A água, por exemplo, experimenta apenas 1% de mudança na densidade quando a pressão é aumentada em dez vezes.

Energia interna

Energia interna, representada pela letra U, é a energia associada ao movimento das moléculas de uma substância. Um aumento na energia interna de uma substância manifesta-se, geralmente, como um aumento na temperatura. Energia interna tem dimensões de F·L. Muitas vezes é expressa por unidade de massa ($u = U/m$) e apresenta dimensões de F·L/M (ft·lbf/lbm ou BTU/lbm ou N·m/kg).

Entalpia

Entalpia é a soma de energia interna e trabalho do escoamento:

$H = U + pV.$

Por unidade de massa, temos

$$h = u + pv = u + \frac{p}{\rho},$$

em que $u = U/m$ é a energia interna específica, $h = H/m$ é a entalpia específica e $v = V/m$ é o volume específico. A soma da energia interna e do trabalho do escoamento aparecem na equação de energia, e a introdução da entalpia pode ser uma simplificação. Observe que a entalpia é meramente uma combinação de propriedades conhecidas. Entalpia por unidade de massa apresenta as mesmas dimensões que a energia interna F·L/M (ft·lbf/lbm ou BTU/lbm ou N·m/kg).

Pressão

Pressão em um ponto é uma força normal média no tempo exercida por moléculas que afetam uma superfície unitária. A área deve ser pequena, mas grande o suficiente comparada às distâncias moleculares, a fim de ser consistente com a abordagem do contínuo. Desse modo, a pressão é definida como

$$p = \lim_{A \to A^*} \frac{F}{A},$$

em que A^* é uma área pequena, que experimenta colisões moleculares suficientes para ser representativa da porção de fluido, e F é a forma normal média no tempo. Observe que, se A^* fosse reduzido a zero, então seria possível que nenhuma molécula batesse nele, resultando uma força normal zero e uma definição de pressão com pouco significado físico. As dimensões da pressão são F/L^2 (lbf/ft^2 ou psi no sistema inglês e Pa = 1 N/m² em SI).

2.2 Medida da viscosidade

A viscosidade pode ser medida com viscosímetros, disponíveis comercialmente, e cada um trabalha basicamente conforme o mesmo princípio. Mediante um movimento laminar do fluido, tiramos as medidas apropriadas. Para condições laminares criadas, irá existir uma solução exata para a equação da quantidade de movimento, que relacionará a viscosidade à geometria do dispositivo e aos dados obtidos.

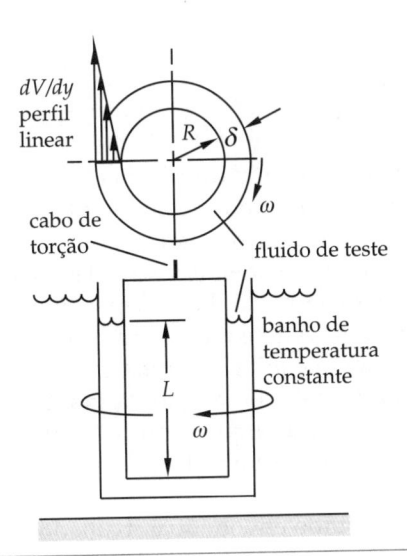

■ **Figura 2.4** Um viscosímetro de copo girante com folga estreita.

Esse dispositivo consiste em dois cilindros concêntricos, um dos quais livre para girar, como se vê na Figura 2.4, e o líquido é colocado na folga entre eles. O cilindro externo gira a uma velocidade angular conhecida e cuidadosamente controlada, e a quantidade de movimento do cilindro externo é transportada pelo líquido. Por sua vez, um torque é exercido no cilindro interno, que pode ser suspenso por um cabo de torção ou uma mola que mede a deflexão angular causada pelo fluido. A viscosidade dinâmica μ é proporcional ao torque transmitido. Se o espaço entre os cilindros for muito estreito, com até 0,1 do raio do cilindro interno, a distribuição da velocidade do fluido na folga será quase linear. Caso contrário, a distribuição da velocidade será mais bem descrita como uma parábola. Para um perfil de velocidade linear, temos

$$\tau = \mu \frac{dV}{dy} = \mu \frac{V}{\delta}$$

$$\tau = \frac{\mu(R+\delta)\omega}{\delta}, \tag{2.9}$$

em que ω é a velocidade angular. O torque exercido no cilindro interno é

T = força de cisalhamento × distância = tensão de cisalhamento × área × distância
$T = \tau(2\pi RL)R$

A tensão de cisalhamento em termos de torque então é

$$\tau = \frac{T}{2\pi R^2 L}.$$

Substituindo na Equação 2.9, o resultado é

$$\frac{T}{2\pi R^2 L} = \frac{\mu(R + \delta)\omega}{\delta}.$$

Resolvendo para a viscosidade, temos

$$\mu = \frac{T\delta}{2\pi R^2 (R + \delta)L\omega}. \tag{2.10}$$

Todos os parâmetros do lado direito da equação anterior, exceto o torque T e a velocidade angular ω, são termos geométricos. Torque e velocidade rotacional são as únicas medidas dinâmicas necessárias.

Outro dispositivo para medir viscosidade é chamado de **viscosímetro capilar**, que é mostrado na Figura 2.5. Esse dispositivo consiste em um tubo de vidro com diâmetro pequeno gravado em três locais. Aplicando vácuo do lado direito, o nível do líquido é elevado até atingir a linha gravada mais alta e, nesse ponto, o líquido é liberado, podendo fluir sob a ação da gravidade, sendo, então, medido o tempo necessário para o nível do líquido cair da linha do meio até a linha gravada, mais embaixo. Logicamente, esse problema é transiente; no entanto, são obtidos resultados aceitáveis.

O volume do líquido envolvido é chamado de **volume de efluxo** $\mathcal{V}$, que é medido cuidadosamente no experimento. A vazão média pelo tubo capilar é

$$Q = \frac{\mathcal{V}}{t},$$

em que t é o tempo registrado para o fluido passar pelo tubo. Para condições de escoamento laminar,

$$Q = \left(-\frac{dp}{dz}\right)\frac{\pi R^4}{8\mu}, \tag{2.11}$$

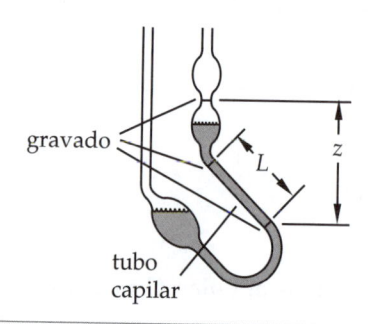

■ Figura 2.5 Um viscosímetro de tubo capilar.

em que R é o raio do tubo e $(-dp/dz)$ é uma queda de pressão positiva

$$\left(-\frac{dp}{dz}\right) = \frac{p_2 - p_1}{L}.$$

A queda da pressão iguala-se à coluna hidrostática disponível, que contém o termo de gravidade (gravidade é a força motriz):

$$p_2 - p_1 = \rho g\, z.$$

Substituindo na equação da vazão volumétrica, o resultado é

$$\frac{V}{t} = \rho g \frac{z}{L} \frac{\pi R^4}{8\mu}.$$

Resolvendo para a viscosidade, temos

$$\frac{\mu}{\rho} = \nu = \left(\frac{z \pi R^4 g}{8 L V}\right) t. \tag{2.12}$$

Para um determinado viscosímetro, a quantidade entre parênteses (uma quantidade geométrica) é uma constante. Assim, a viscosidade cinemática é proporcional ao tempo.

Exemplo 2.2.

A Figura 2.6 mostra outra versão do viscosímetro de tubo capilar. Nesse caso, o tubo é orientado horizontalmente e é instrumentado. A pressão é medida em dois pontos, separada por uma distância L, e a vazão é medida com um medidor de vazão. Para as condições a seguir, determine a viscosidade do líquido que flui pelo tubo:

$p_1 - p_2 = 1{,}4$ kPa $\quad L = 150$ mm $\quad D = 7{,}75$ mm.
$\rho = 1.100$ kg/m^3 $\quad Q = 5 \times 10^{-5}$ m^3/s

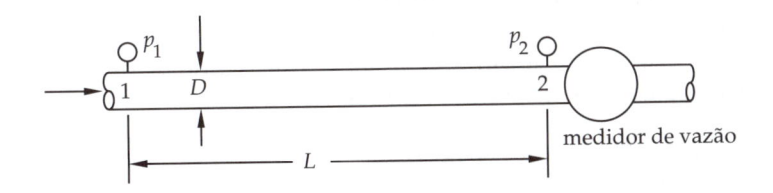

■ **Figura 2.6** Escoamento por um tubo de diâmetro pequeno.

Solução: Se as condições laminares existirem no tubo, então a Equação 2.11 é aplicável:

$$Q = \left(-\frac{dp}{dz}\right) \frac{\pi R^4}{8\mu}$$

Reorganizando, resolvendo para μ, e substituindo, temos

$$\mu = \frac{\Delta p}{L}\frac{\pi R^4}{8Q} = \frac{1.400}{0,15}\frac{\pi(0,007\ 75/2)^4}{8(5\times 10^{-5})}$$

ou $\mu = 1,65 \times 10^{-2}$ Pa.s.

Esse resultado é válido somente se

$$\frac{\rho VD}{\mu} < 2.100.$$

A vazão volumétrica pelo tubo é dividida pela área para obter a velocidade média

$$V = \frac{Q}{A} = \frac{4Q}{\pi D^2} = \frac{4(5\times 10^{-5})}{\pi(0,007\ 75)^2}$$

ou $V = 1,06$ m/s.

Substituindo,

$$\frac{\rho VD}{\mu} = \frac{1.100(1,06)(0,007\ 75)}{1,65\times 10^{-2}} = 547$$

que é menos do que 2.100; portanto, nosso resultado é válido. Assim

$\mu = 1,65 \times 10^{-2}$ Pa.s.

Um **viscosímetro de queda de esferas** é um dispositivo que pode ser usado para medir a viscosidade de um líquido transparente ou semitransparente. Ele consiste em um tubo orientado verticalmente, vedado em sua base e preenchido com líquido. Uma esfera é solta no líquido e é medido o tempo que leva para a esfera percorrer uma distância predeterminada.

Quando um esfera que parte do repouso cai em um fluido (líquido ou gás), ela acelera e, eventualmente, atinge uma velocidade constante, conhecida como **velocidade terminal**. Com o viscosímetro de queda de esferas, o que realmente é medido é a velocidade terminal (= distância predeterminada dividida pelo tempo).

A Figura 2.7 mostra um diagrama de corpo livre de uma esfera submersa e sem aceleração. As forças que atuam são devidas à gravidade, à flutuação e à fricção (ou arrasto). Um equilíbrio de forças resulta

Peso – Flutuação – Arrasto = 0

$$mg - \rho\forall g - 3\pi DV\mu = 0, \tag{2.13}$$

em que $\forall$ é o volume da esfera, $\rho\forall$ é a massa do fluido deslocado pela esfera, V é a velocidade terminal e D é o diâmetro da esfera. A expressão para arrasto na equação anterior é válida somente se

$$\frac{\rho VD}{\mu} < 1.$$

Escrevendo o peso da esfera em termos de sua densidade ρ_s, temos $mg = \rho_s \forall g$; o volume de uma esfera é $\pi D^3/6$. Substituindo na Equação 2.13, reorganizando e resolvendo para a viscosidade, o resultado é

$$\rho_s \frac{\pi D^3}{6} g - \rho \frac{\pi D^3}{6} g - 3\pi D V \mu = 0$$

$$\mu = \left(\frac{\rho_s}{\rho} - 1\right) \rho g \frac{D^2}{18V}.\tag{2.14}$$

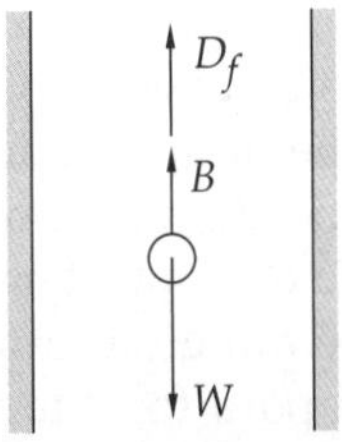

■ **Figura 2.7** Forças atuando sobre a esfera que cai com velocidade terminal.

Exemplo 2.3.

Um viscosímetro de queda de esfera é usado para medir a viscosidade do mel, cuja gravidade específica é 1,18. O viscosímetro consiste em um cilindro plástico vertical com diâmetro interno de 4 pol., que é preenchido com mel. Uma esfera de rolamento com diâmetro de 6,35 mm (Sp. Gr. = 7,9) é solta no líquido e o tempo necessário para ela cair 0,914 m é 7,5 s. Determine a viscosidade do mel.

Solução: Equação 2.14 aplica-se se $\rho V D/\mu < 1$. Essa condição deve ser verificada após a viscosidade ser calculada. A equação 2.14 é

$$\mu = \left(\frac{\rho_s}{\rho} - 1\right) \rho g \frac{D^2}{18V}.$$

A velocidade terminal é

$$V = \frac{0{,}914 \text{ m}}{7{,}5 \text{ s}} = 0{,}121 \text{ m/s}.$$

Substituindo,

$$\mu = \left(\frac{7900}{1.180} - 1\right)(1.180)(9{,}81)\frac{(0{,}00635)^2}{18(0{,}121)}.$$

Resolvendo, a viscosidade é

$$\mu = 1{,}22 \text{ Pa.s}.$$

A seguir, calculamos

$$\frac{\rho V D}{\mu} = \frac{(1.180)(0{,}121)(0{,}4)(0{,}00635)}{1{,}22} = 0{,}749$$

que é menor do que 1, portanto, nosso resultado é aceitável. Assim,

$\mu = 1{,}22$ Pa.s.

Há outros tipos de viscosímetros, como o **viscosímetro de cone e placa** e o **viscosímetro de cilindros concêntricos de folga grande**. Além desses, outros tipos de viscosímetros foram inventados. Várias indústrias adotaram padrões e métodos diferentes para medir a viscosidade. Examinamos dois tipos: o viscosímetro Saybolt e o Stormer.

Viscosímetro Saybolt

Na indústria petrolífera, a viscosidade do líquido é medida com um viscosímetro Saybolt, ilustrado esquematicamente na Figura 2.8. O petróleo (um fluido newtoniano) a ser testado é colocado no copo central, que é circundado por um banho de óleo, que tem a finalidade de controlar a temperatura do petróleo de teste. Quando a temperatura desejada é atingida, uma comporta no fundo do copo é removida e o petróleo de teste flui para fora. É medido o tempo necessário para que 60 ml de petróleo passe através de um orifício padrão e vá para um frasco calibrado. A viscosidade é, então, expressa em termos de Segundo Saybolt Universal (SSU). Um orifício conhecido como **orifício de tipo universal** é usado para óleos mais leves, e um orifício maior, chamado **orifício Furol**, é usado para óleos mais pesados. Uma leitura em segundos do Saybolt Universal pode ser convertida em unidades de viscosidade cinemática pelas equações a seguir:

a) $34 < SSU < 115$

$$\nu \, (m^2/s) = 0{,}224 \times 10^{-6} \, (SUS) - \frac{185 \times 10^{-6}}{(SUS)} \quad (2.15a)$$

b) $115 < SSU < 215$

$$\nu \, (m^2/s) = 0{,}223 \times 10^{-6} \, (SUS) - \frac{155 \times 10^{-6}}{(SUS)} \quad (2.15b)$$

c) $SSU > 215$

$$\nu \, (m^2/s) = 0{,}2158 \times 10^{-6} \, (SSU) \quad (2.15c)$$

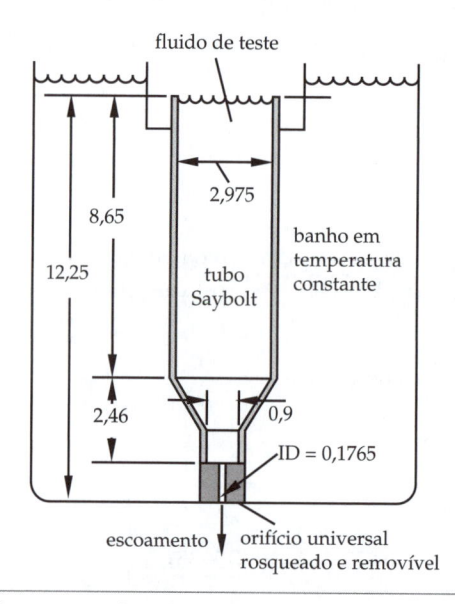

■ Figura 2.8 Esquema de um viscosímetro Saybolt. (Dimensões em cm.)

Viscosímetro Stormer

A Figura 2.9 é um esquema do viscosímetro Stormer, que é usado na indústria de tintas para medir a viscosidade do produto (consistência real). Uma haste em aço inoxidável contendo duas palhetas é submersa em uma lata de tinta de 1 pint. A haste é presa à caixa de engrenagens e a rotação dela é causada pela massa em queda, que puxa uma corrente, que, por sua vez, gira um cilindro, cuja rotação é conectada à haste por meio da caixa de engrenagens. Um contador existente na parte superior da caixa de engrenagens registra o número de rotações feitas pela haste. O método de obtenção de dados faz que a massa caia e a haste gire em 100 rotações enquanto submersa na tinta. O tempo para 100 revoluções é então usado com uma escala predefinida para determinar a viscosidade, que é expressa naquilo que conhecemos como **unidades Krebs**. Determinar a viscosidade em termos de $N \cdot s/m^2$ não é importante no uso desse dispositivo. Consistência e repetibilidade são os fatores essenciais na avaliação de tintas e revestimentos relacionados. Muitas modificações recentes foram feitas nesse dispositivo, incluindo a substituição da massa em queda/polia por um motor de velocidade constante e uma medição digital do torque. Os resultados são calibrados para a viscosidade em unidades Krebs ou unidades de viscosidade cinemática.

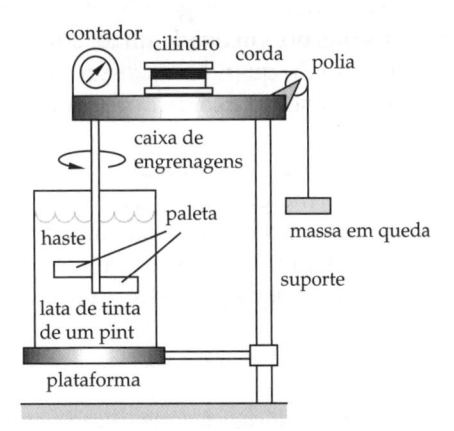

■ **Figura 2.9** Esquema de um viscosímetro Stormer.

2.3 Medida de pressão

Agora, examinaremos os métodos clássicos e os dispositivos disponíveis para medir a pressão: sensores de pressão e manômetros.

Um sensor de pressão, como o apresentado na Figura 2.10, consiste em um recipiente com uma conexão a um vaso de pressão. Dentro do recipiente há um tubo curvo elíptico, chamado tubo de Bourdon, o qual é conectado à conexão em uma extremidade e a uma montagem de pinhão e cremalheira na outra extremidade. Quando exposto a alta pressão, o tubo tende a endireitar-se, empurrando assim a cremalheira e girando a engrenagem do pinhão, cujo eixo, contendo uma agulha presa ou aparafusada nele, se estende pela face do sensor. Quando o sensor é exposto à pressão atmosférica, o mostrador é calibrado para leitura 0 (zero), pois o sensor em si realmente mede a diferença de pressão de dentro do tubo para fora. A leitura de um sensor é corretamente denominada *pressão manométrica*.

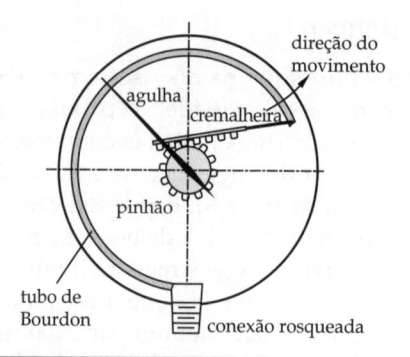

■ **Figura 2.10** Esquema de um sensor de pressão.

Pressão absoluta, por outro lado, poderia ler zero somente em um vácuo completo. Assim, as pressões absoluta e manométrica estão relacionados por

Pressão absoluta = pressão manométrica + pressão atmosférica

Em unidades de engenharia, para denotar que a pressão manométrica está sendo reportada, usa-se a notação "psig" (libras por polegada quadrada manométrica). A unidade "psia" (libras por polegada quadrada absoluta) é usada quando se reporta pressão absoluta. Em SI, quando a pressão do medidor estiver sendo reportada, a expressão "pressão manométrica de..." é usada com uma frase similar para relatar a pressão absoluta.

A pressão atmosférica pode ser medida com um barômetro, que consiste em um tubo comprido o suficiente para ser invertido enquanto é submerso e preenchido por líquido, criando um vácuo acima da coluna de líquido no tubo, como se vê na Figura 2.11. A altura do líquido acima da superfície do reservatório está relacionada à pressão atmosférica pela equação hidrostática

$$p_{atm} = \rho g \, z. \qquad \text{(Figura 2.11)}$$

Neste texto, pressão atmosférica é considerada como 14,7 psia ou 101,3 kPa (absoluta).

As diferenças de pressão podem ser medidas com colunas verticais de líquido. Um dispositivo que pode ser usado para essa medição é chamado *manômetro*. Os manômetros podem ter diversas configurações, dependendo da aplicação e da altura da coluna de líquido. A Figura 2.12 ilustra uma configuração de manômetro de tubo em U. Uma parte do dispositivo fica presa a um vaso de pressão, e a outra parte é aberta para a atmosfera. Aplicando-se a equação hidrostática ($p = \rho g \, \Delta z$) para cada parte do manômetro, o resultado é

$$p_A + \rho_1 g \, z_1 = p_B$$

$$p_B = p_C$$

e $\qquad p_C = p_D + \rho_2 g \, z_2 = p_{atm} + \rho_2 g \, z_2.$

Combinando-se as equações precedentes, obtemos

$$p_A - p_{atm} = (\rho_2 z_2 - \rho_1 z_1)g \qquad \text{(Figura 2.12)}. \qquad (2.16)$$

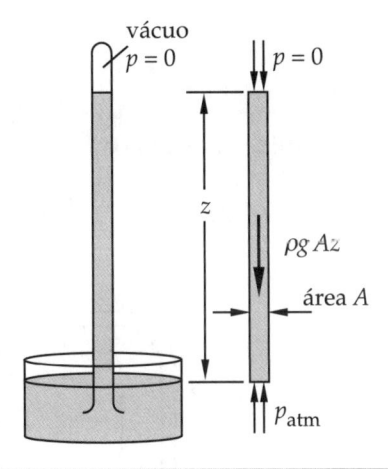

Figura 2.11 Um barômetro.

Outra configuração de manômetro é mostrada na Figura 2.13. Nesse caso, um manômetro de tubo em U é usado para medir a diferença de pressão entre dois vasos. Aplicando a equação hidrostática, obtemos

$p_A + \rho_1 g\, z_1 = p_B$

$p_D + \rho_3 g\, z_3 + \rho_2 g\, z_2 = p_B$

Combinando, temos

$p_A - p_D = (\rho_3 z_3 + \rho_2 z_2 - \rho_1 z_1)\, g$ (Figura 2.13). (2.17)

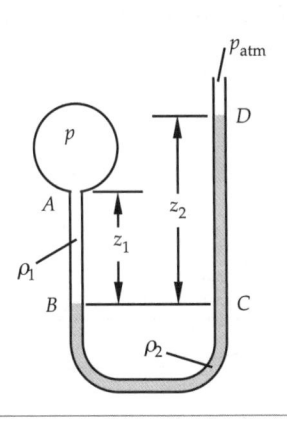

Figura 2.12 O manômetro de tubo em U para medir pressão em um vaso.

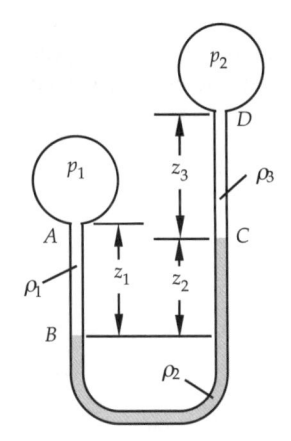

Figura 2.13 O manômetro de tubo em U para medir a diferença de pressão entre dois vasos.

Uma terceira configuração de manômetro é mostrada na Figura 2.14. Um tubo em U invertido é usado para medir a diferença de pressão entre dois vasos. Aplicando a equação hidrostática, temos

$$p_B + \rho_1 g\, z_1 = p_A$$

e $\quad p_B + \rho_2 g\, z_2 + \rho_3 g\, z_3 = p_D.$

Combinando e simplificando, temos

$$p_A - p_D = (\rho_1 z_1 - \rho_2 z_2 - \rho_3 z_3)\, g \qquad \text{(Figura 2.14)}. \qquad (2.18)$$

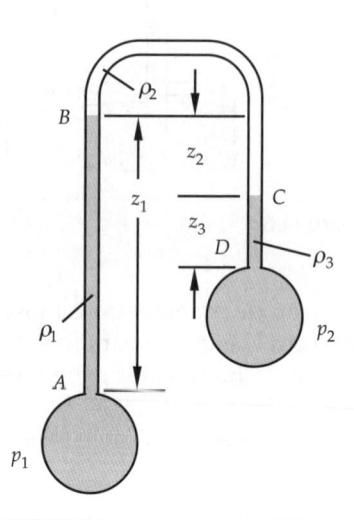

■ **Figura 2.14** Um manômetro diferencial de tubo em U invertido.

Exemplo 2.4.

A Figura 2.15 mostra um medidor de Venturi com um manômetro de ar sobre líquido conectado. O medidor é inserido em uma tubulação que conduz um líquido de densidade ρ. Determine a queda de pressão do local 1 para o local 2, que é aquele em que as partes do manômetro se conectam.

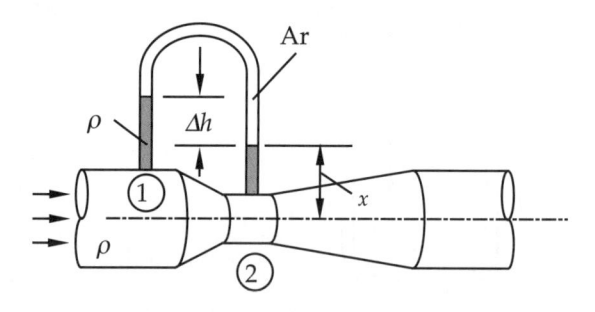

■ **Figura 2.15** Medidor de Venturi com manômetro de tubo em U invertido conectado.

Solução: Para a dedução necessária, definiremos uma distância x da linha central do medidor até a interface líquida mais baixa em cada parte. Faremos todas as medições verticais na linha central do medidor e aplicaremos a equação hidrostática, para obter

$$p_1 - \rho g\, x - \rho g\, \Delta h = p_2 - \rho g\, x - p_{ar} g\, \Delta h$$

Propriedades dos fluidos e equações básicas | 41

Vemos que os termos que contém x são cancelados; portanto, x é arbitrário. Além disso, presumimos que a densidade do ar é muito menor que a do líquido, de modo que o termo que contém ρ_{ar} é desprezível. Reorganizando e resolvendo para a queda de pressão, temos

$$p_1 - p_2 = \rho g \, \Delta h.$$

Exemplo 2.5.

A Figura 2.16 mostra vários manômetros contendo fluidos diferentes e conectados entre si. Para a configuração mostrada, determine a pressão no tanque de água em A (todas as dimensões estão em mm).

Solução: Podemos aplicar a equação hidrostática diretamente, começando em A e finalizando na pressão atmosférica:

$$p_A + \rho_{H_2O} g (6/12) = p_B$$

$$p_B = p_C + \rho_{óleo} g (7/12)$$

$$p_D = p_C + \rho_{ar} g (0{,}1016)$$

$$p_D = p_E + \rho_{Hg} g (0{,}0508).$$

Combinando, temos

$$p_A + \rho_{H_2O} g (0{,}1524) = p_E + \rho_{Hg} g (0{,}0508) - \rho_{ar} g (0{,}1016) + \rho_{óleo} g (0{,}1778).$$

Observando que $p_E = p_{atm} = (101{,}35 \text{ kPa})$ e que a densidade do ar ρ_{ar} é desprezível em comparação a outras densidades dos fluidos, a equação anterior torna-se

$$p_A = 101{,}35 \times 10^3 - \rho_{H_2O} g (0{,}1524) + \rho_{Hg} g (0{,}0508) + \rho_{óleo} g (0{,}1778).$$

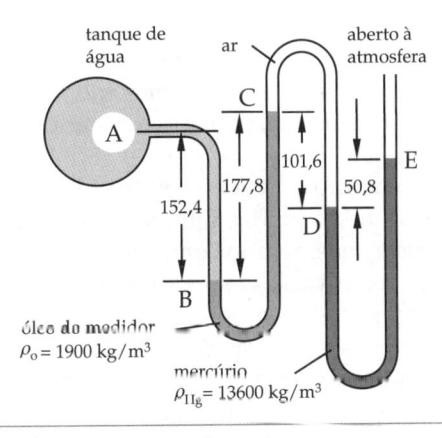

■ **Figura 2.16** Diversos manômetros conectados.

Substituindo, temos

$$p_A = 101{,}35 \times 10^3 - 1.000(9{,}81)(0{,}1524) + 13.600(9{,}81)(0{,}0508)$$
$$+ 1.900(9{,}81)(0{,}1778)$$

ou

$$p_A = 110 \times 10^3 \text{ Pa}.$$

2.4 Equações básicas de mecânica dos fluidos

Nesta seção, discutiremos as definições associadas ao escoamento de fluidos. Também escreveremos as equações da mecânica dos fluidos, que incluem continuidade, quantidade de movimento e energia, e a equação de Bernoulli.

Os escoamentos podem ser caracterizados de acordo com suas geometrias. **Escoamentos em duto fechado** são aqueles que ficam completamente fechados por uma superfície sólida restritiva, como o escoamento em um tubo. **Escoamento de canal aberto** são os que possuem uma superfície exposta para a atmosfera, como o escoamento de um rio. **Escoamentos irrestritos** são aqueles em que o fluido não fica em contato com nenhuma outra superfície, como o escoamento que sai de uma lata de tinta em spray.

Os escoamentos podem ser classificados de acordo com a forma como podemos descrever matematicamente os gradientes no campo do escoamento. Se a velocidade do fluido for constante em qualquer seção transversal normal ao escoamento, ou se a velocidade for representada por um valor médio, o escoamento é considerado **unidimensional**. Embora a velocidade seja constante, haverá uma força motriz que muda com a direção do escoamento. No escoamento em um tubo, por exemplo, um gradiente de pressão dp/dz existe na direção axial (ou z) – gradiente de pressão é o que causa o escoamento. Um gradiente de pressão e uma velocidade constante em qualquer seção transversal são considerados escoamento unidimensional (somente um gradiente). Um gradiente de pressão dp/dz com um perfil de velocidade que varia com apenas uma variável do espaço é um escoamento bidimensional (dois gradientes, $p(z)$ e $V(r)$, por exemplo). A definição é facilmente estendida para escoamentos tridimensionais.

Os escoamentos podem ser descritos como sendo **permanentes, transientes e quase-permanentes**. Escoamentos permanentes possuem condições que não variam com o tempo. Escoamentos transientes possuem condições que variam com o tempo. Escoamentos quase-permanentes são, na realidade, transientes, mas como acontecem muito lentamente, podem ser tratados matematicamente como se fossem permanentes.

Um fluido, enquanto estiver escoando, pode estar sujeito a variações de pressão. Se a densidade do fluido mudar significativamente como resultado de variações de pressão, então ele é considerado **compressível**. Se a densidade permanecer praticamente inalterada, com variações na pressão, então o fluido é **incompressível**. Em geral, gases e vapores são compressíveis, enquanto líquidos são incompressíveis. Matematicamente, esses dois casos são tratados de forma diferente.

Usaremos a **abordagem de volume de controle** para modelar problemas. Selecionaremos uma região de estudo dentro do campo de escoamento e aplicaremos as equações para essa região. O volume de controle é delimitado pelo que chamamos de **superfície de controle**. Tudo o que estiver fora do volume de controle é **ambiente**. Onde colocar o limite do volume de controle para obter melhores vantagens é essencialmente uma questão de experiência, mas, quando apropriado, instruções serão apresentadas.

Equação de continuidade

A equação de continuidade é uma declaração de conservação da massa. Para um volume de controle podemos escrever

$$\begin{pmatrix} \text{taxa de} \\ \text{massa de} \\ \text{entrada} \end{pmatrix} = \begin{pmatrix} \text{taxa de} \\ \text{massa de} \\ \text{saída} \end{pmatrix} + \begin{pmatrix} \text{taxa de} \\ \text{massa} \\ \text{armazenada} \end{pmatrix}$$

ou

$$0 = \begin{pmatrix} \text{taxa de} \\ \text{massa} \\ \text{armazenada} \end{pmatrix} + \begin{pmatrix} \text{massa de saída} \\ \text{menos massa} \\ \text{de entrada} \end{pmatrix}.$$

Na forma de equação, temos

$$0 = \frac{\partial m}{\partial t}\bigg|_{CV} + \int\int_{CS} \rho V_n dA \tag{2.19}$$

em que $\partial m/\partial t$ é a mudança da massa dentro do volume de controle por unidade de tempo, o termo integral deve ser aplicado em lugares em que a massa cruza a superfície de controle, ρ é a densidade do fluido e V_n é a velocidade normal para a superfície de controle integrada sobre a área dA. Para um escoamento unidimensional (V_n = uma constante), permanente ($\partial m/\partial t = 0$), temos

$$\sum_{\text{entrada}} \rho AV = \sum_{\text{saída}} \rho AV. \tag{2.20}$$

O produto ρAV costuma ser chamado **de vazão mássica** $\dot{m}$ com dimensões de M/T (lbm/s ou kg/s). Além disso, se o escoamento for incompressível, a Equação 2.20 torna-se

$$\sum_{\text{entrada}} AV = \sum_{\text{saída}} AV. \tag{2.21}$$

O produto AV é chamado **vazão volumétrica** Q com dimensões de L^3/T (ft^3/s ou m^3/s).

Exemplo 2.6.

Benzeno flui por um duto convergente, conforme indicado na Figura 2.17. Os diâmetros nas seções 1 e 2 são de 70 mm e 30 mm, respectivamente. Para uma vazão mássica de benzeno igual a 1 kg/s, determine a velocidade em 1 e 2.

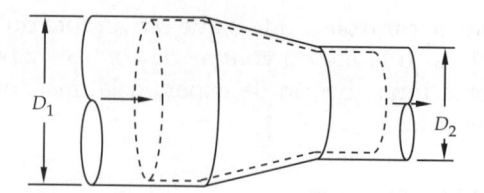

■ **Figura 2.17** Escoamento por um duto convergente.

Solução: De acordo com a Tabela B.1, no Apêndice, a densidade do benzeno é 876 kg/m³. Para um escoamento unidimensional, permanente, passando através do sistema, escrevemos

$$\dot{m} = (\rho A V)_1 = (\rho A V)_2.$$

Na seção 1, a área transversal é

$$A_1 = \frac{\pi D^2}{4} = \frac{\pi (0,07)^2}{4} = 3,84 \times 10^{-3} \, m^2.$$

Da mesma forma,

$$A_2 = \frac{\pi (0,03)^2}{4} = 7,07 \times 10^{-4} \, m^2.$$

A velocidade na seção 1 é

$$V_1 = \frac{\dot{m}}{\rho A_1} = \frac{1}{876 \, (3,84 \times 10^{-3})}$$

$$\underline{V_1 = 0,3 \, m/s.}$$

Na seção 2,

$$V_2 = \frac{\dot{m}}{\rho A_2} = \frac{1}{876 \, (7,07 \times 10^{-4})}$$

$$\underline{V_2 = 1,61 \, m/s.}$$

Exemplo 2.7.

A Figura 2.18 mostra um tanque sendo preenchido com querosene que sai de dois tubos, enquanto, simultaneamente, um terceiro tubo está drenando o tanque. O tubo em A (DI = 52,5 mm) carrega querosene a 1,83 m/s. O tubo em B (DI = 26,6 mm) carrega querosene no tanque à velocidade de 1,98 m/s. A velocidade do querosene no tubo de descarga (DI = 40,9 mm) é 0,305 m/s. Sob essas condições, determine o tempo que leva para o nível do querosene mudar de uma profundidade de 0,305 para 1,22 m. O diâmetro do tanque é 3,05 m.

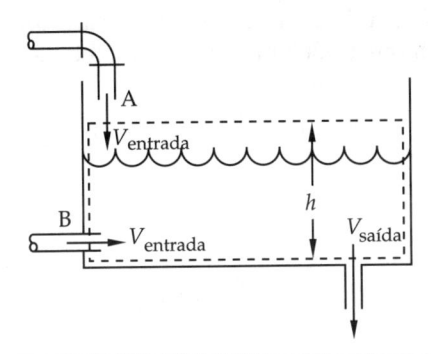

Figura 2.18 Um tanque com duas entradas e um dreno.

Solução: De acordo com a Tabela B.1, no Apêndice, a gravidade específica do querosene é 0,823. A forma transiente da equação da continuidade aplica-se neste caso:

$$0 = \frac{\partial m}{\partial t}\bigg|_{CV} + \int\int_{CS} \rho V_n dA.$$

Aplicamos essa equação ao volume de controle da Figura 2.18, de forma que os lugares em que a massa cruza a superfície de controle sejam perpendiculares. Assim, as velocidades que entram e saem do volume de controle são normais às superfícies de controle. A massa de querosene no tanque a qualquer hora é

$$m = \rho \mathcal{V}.$$

O volume do líquido no tanque em termos de profundidade é

$$\mathcal{V} = \frac{\pi D^2}{4} h = \frac{\pi (3,05)^2}{4} h$$

$$\mathcal{V} = 7{,}306 h$$

e a massa do querosene é

$$m = 823(7{,}306h) = 6.013h.$$

O termo transiente na equação da continuidade torna-se

$$\frac{\partial m}{\partial t}\bigg|_{CV} = 6.013 \frac{dh}{dt}.$$

O termo integral na equação da continuidade é avaliado a seguir:

$$\int\int_{CS} \rho V_n dA = \int\int_{saída} \rho V_n dA - \int\int_{entrada} \rho V_n dA.$$

No tubo de saída, a densidade é constante; a velocidade normal à superfície de controle V_n é constante a 0,305 m/s. Portanto, temos

$$\iint_{\text{saída}} \rho V_n dA = \rho V_n \iint_{\text{saída}} dA = (\rho AV)_{\text{saída}}.$$

Substituindo,

$$(\rho AV)_{\text{saída}} = (823)\frac{\pi(0,0409)^2}{4}(0,305)$$

$$(\rho AV)_{\text{saída}} = 0,33 \text{ kg/s}.$$

Em A, seguindo a mesma linha de raciocínio, temos

$$(\rho AV)_A = (823)\frac{\pi(0,0525)^2}{4}(1,83) = 3,25 \text{ kg/s}.$$

Em B,

$$(\rho AV)_B = (823)\frac{\pi(0,0266)^2}{4}(1,98) = 0,909 \text{ kg/s}.$$

A substituição desses valores na equação da continuidade transiente, dá

$$0 = 6.013\frac{dh}{dt} + 0,33 - (3,25 + 0,909).$$

Reorganizando e simplificando,

$$\frac{dh}{dt} = 6,37 \times 10^{-4}.$$

Separando variáveis e integrando de $h = 0,305$ a $1,22$ m, correspondendo de $t = 0$ a t, temos

$$\int_{0,305}^{1,22} dh = 6,37 \times 10^{-4} \int_0^t dt$$

$$1,22 - 0,305 = 6,37 \times 10^{-4} t.$$

Resolvendo,

$$t = 1.437 \text{ s} = 23,9 \text{ min} = 0,4 \text{ h}$$

Exemplo 2.8.

Um compressor de ar é usado para pressurizar um tanque. O volume do tanque é 0,85 m³ e a temperatura do ar nele é constante, igual a 23,9 °C. A linha de suprimento de ar apresenta um diâmetro interno de 26,6 mm. A saída do compressor fornece ar a 241,3 kPa (absoluto) e 23,9 °C (com o uso de um inter-resfriador). Calcule o tempo necessário para a pressão do tanque alterar de 68,94 kPa para 137,88 kPa se a velocidade do ar na linha de entrada for 1,524 m/s.

Solução: O volume de controle que selecionamos para análise é o tanque em si. A forma transiente da equação da continuidade é

$$0 = \frac{\partial m}{\partial t}\bigg|_{CV} + \int\int_{cs} \rho V_n dA.$$

A massa de ar no tanque a qualquer momento pode ser estimada com a lei de gás ideal

$$m = \frac{p \forall}{RT}.$$

Para volume e temperatura constantes, o termo transiente na equação da continuidade torna-se

$$\frac{\partial m}{\partial t}\bigg|_{CV} = \frac{\forall}{RT}\frac{dp}{dt}.$$

O termo integral na continuidade é avaliado a seguir:

$$\int\int_{cs} \rho V_n dA = \int\int_{saída} \rho V_n dA - \int\int_{entrada} \rho V_n dA.$$

Nenhuma massa sai do tanque. Nele, entra ar a uma temperatura e pressão constantes. A equação precedente torna-se

$$\int\int_{cs} \rho V_n dA = 0 - \int\int_{entrada} \frac{p}{RT} V_n dA.$$

Para temperatura e pressão constantes, temos

$$\int\int_{cs} \rho V_n dA = \frac{p_{entrada}}{RT_{entrada}} V_{entrada} A_{entrada},$$

em que $p_{entrada}$ iguala a pressão na linha de entrada. Substituindo na equação da continuidade transiente, obtemos

$$\frac{\forall}{RT}\frac{dp}{dt} = \frac{p_{entrada}}{RT_{entrada}} V_{entrada} A_{entrada}.$$

Com $RT_{entrada} = RT$, reorganizamos para obter

$$dp = \frac{p_{entrada}}{\cancel{V}} V_{entrada} A_{entrada} dt.$$

Substituindo,

$$dp = \frac{241{,}3 \times 10^3}{0{,}85} (1{,}524) \frac{\pi(0{,}0266)^2}{4} dt$$

ou $dp = 240{,}42 \, dt$.

Integrando,

$$\int_{68,94}^{137,88} dp = 240{,}42 \int_0^t dt$$

$137{,}88 \times 10^3 - 68{,}94 \times 10^3 = 240{,}42 t$.

Resolvendo,

$t = 285{,}6 \, s = 4{,}76 \, min$.

Equação da quantidade de movimento

A equação da quantidade de movimento é uma declaração de conservação da quantidade de movimento linear. Para um volume de controle nas coordenadas Cartesianas, temos

$$\Sigma F_x = \frac{d(mV)_x}{dt}\bigg|_{sistema} = \frac{\partial(mV)_x}{\partial t}\bigg|_{CV} + \iint_{cs} V_x \rho V_n dA \qquad (2.22a)$$

$$\Sigma F_y = \frac{d(mV)_y}{dt}\bigg|_{sistema} = \frac{\partial(mV)_y}{\partial t}\bigg|_{CV} + \iint_{cs} V_y \rho V_n dA \qquad (2.22b)$$

$$\Sigma F_z = \frac{d(mV)_z}{dt}\bigg|_{sistema} = \frac{\partial(mV)_z}{\partial t}\bigg|_{CV} + \iint_{cs} V_z \rho V_n dA. \qquad (2.22c)$$

O termo ΣF representa todas as forças externas ao volume de controle. O primeiro termo após o segundo sinal de igual é a taxa de variação com o tempo da quantidade de movimento linear dentro do volume de controle (CV). O último termo representa a taxa de variação da quantidade de movimento linear para fora do volume de controle menos a taxa de variação da quantidade de movimento linear para dentro. Para um escoamento permanente unidimensional, as equações tornam-se

$$\Sigma F_i = \iint_{cs} V_i \rho V_n dA, \qquad (2.23)$$

que pode ser aplicado a qualquer direção i. Para um escoamento transiente em que um escoamento uniforme entra (*entrada*) e um sai (*saída*) do volume de controle, temos para a direção i:

$$\Sigma F_i = V_{saída}(\rho A V)_{saída}\Big|_i - V_{entrada}(\rho A V)_{entrada}\Big|_i$$

ou $\quad \Sigma F_i = \dot{m}(V_{saída} - V_{entrada})\Big|_i.$

Exemplo 2.9.

Um jato de água bate em uma superfície plana, conforme mostrado na Figura 2.19. Na seção 1, o jato líquido apresenta diâmetro de 25,4 mm e velocidade de 4,57 m/s. Determine a força exercida na superfície pelo jato.

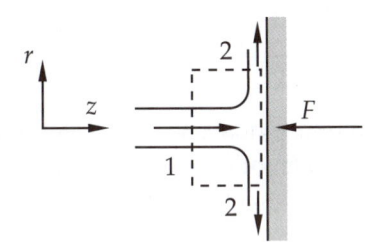

■ **Figura 2.19** Um jato de líquido impactando uma superfície plana.

Solução: A equação que relaciona as forças com as mudanças de propriedade de um fluido é a equação da quantidade de movimento. Antes de aplicá-la, entretanto, é necessário selecionar um sistema de coordenadas, mostrado na figura. Também é necessário selecionar um volume de controle para análise, o que também é mostrado na figura. Observe que no ponto em que a massa cruza a superfície de controle, isso ocorre em ângulo reto. Se a superfície estiver estacionária, então ela exerce uma força F no jato, conforme indicado. Nesse caso, a equação da quantidade de movimento unidimensional se aplica à direção z:

$$\Sigma F_z = \dot{m}(V_{saída} - V_{entrada})\Big|_z.$$

A única força exercida no volume de controle é a força limitadora F, que atua na direção z negativa. Esse força é igual em magnitude, mas oposta na direção em relação à força exercida na placa plana pelo escoamento do líquido. O termo $V_{saída}$ é zero, pois não há massa saindo do volume de controle na direção z. O termo $V_{entrada}$ é dado como sendo 4,57 m/s. A vazão mássica é

$$\dot{m} = \rho A V$$

aplicada em qualquer parte em que as propriedades forem conhecidas. Com D_1 dado,

$$A_1 = \frac{\pi D_1^2}{4} = \frac{\pi (0{,}0254)^2}{4} = 5{,}067 \times 10^{-4} \text{ m}^2.$$

A densidade da água é tida como sendo 1.000 kg/m³. Assim, calculamos

$$\dot{m} = (1.000)(5{,}067 \times 10^{-4})(4{,}57) = 2{,}32 \text{ kg/s}.$$

A equação da quantidade de movimento após a substituição torna-se

$$-F = 2{,}32(0 - 4{,}57) = -10{,}58 \text{ N}$$

ou $\underline{F = 10{,}58 \text{ N}.}$

O resultado é positivo, o que indica que a direção presumida para F estava correta.

Exemplo 2.10.

Um jato atinge uma palheta estacionária, conforme mostrado na Figura 2.20. Na entrada, o jato faz um ângulo de θ_1 com a horizontal, enquanto, na saída, o ângulo é θ_2. Para as condições mostradas, determine uma equação para a razão F_x/F_y das forças de reação.

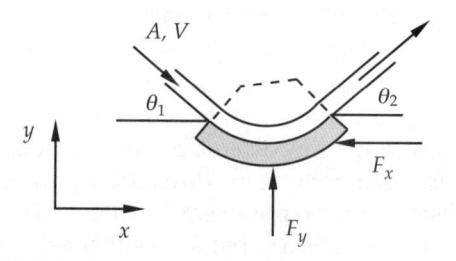

■ **Figura 2.20** Um jato de líquido impactando uma placa curva.

Solução: Selecionamos um sistema de coordenadas e um volume de controle. Ambos são mostrados na figura. O volume de controle foi desenhado de forma que, no ponto em que a massa cruza a superfície de controle, isso ocorre com um ângulo reto. Identificamos a seção 1 como o local em que o líquido entra no volume de controle, e a seção 2 como o local em que o jato sai. A magnitude da velocidade na seção 1 será igual na seção 2 se não houver perdas friccionais à medida que o jato passa pela placa.

As forças exercidas pelo jato de líquido são equilibradas pelas forças externas F_x e F_y necessárias para impedir a placa de se movimentar. A equação da quantidade de movimento unidimensional aplica-se na direção x:

ou $\Sigma F_x = \dot{m}(V_{\text{saída}} - V_{\text{entrada}})\Big|_x$.

A única força externa exercida na direção x (para o volume de controle) é a força limitadora F_x que atua na direção x negativa. Essa força é igual em magnitude, mas em direção oposta da força exercida na placa plana pelo escoamento de líquido.

O termo $V_{saída}$ é $V \cos \theta_2$, e o termo $V_{entrada}$ é $V \cos \theta_1$. A vazão mássica é

$$\dot{m} = \rho A V$$

aplicada em qualquer parte (seções 1 ou 2) em que as propriedades sejam conhecidas. A substituição na equação da quantidade de movimento dá

$$-F_x = \rho A V (V \cos \theta_2 - V \cos \theta_1) = \rho A V^2 (\cos \theta_2 - \cos \theta_1).$$

Da mesma forma, a equação da quantidade de movimento na direção y é

$$\Sigma F_y = \dot{m} (V_{saída} - V_{entrada}) \Big|_y.$$

Substituindo,

$$F_y = \rho A V [(V \operatorname{sen} \theta_2) - (-V \operatorname{sen} \theta_1)] = \rho A V^2 (\operatorname{sen} \theta_2 + \operatorname{sen} \theta_1).$$

A razão de forças perguntada no enunciado do problema é

$$\frac{F_x}{F_y} = -\frac{(\rho A V^2)(\cos \theta_2 - \cos \theta_1)}{(\rho A V^2)(\operatorname{sen} \theta_2 + \operatorname{sen} \theta_1)}$$

ou $\quad \dfrac{F_x}{F_y} = \dfrac{(\cos \theta_1 - \cos \theta_2)}{(\operatorname{sen} \theta_2 + \operatorname{sen} \theta_1)}.$

Equação da energia

A equação da energia é conhecida também como a Primeira Lei da Termodinâmica. Ela nos permite fazer cálculos que descrevem a transformação da energia de uma forma para outra e inclui os efeitos do trabalho e da transferência de calor. A equação da energia afirma

$$\left\{ \begin{array}{c} \text{taxa total de} \\ \text{mudança de} \\ \text{energia no sistema} \end{array} \right\} = \left\{ \begin{array}{c} \text{taxa de} \\ \text{energia} \\ \text{armazenada} \end{array} \right\} + \left\{ \begin{array}{c} \text{taxa de energia de} \\ \text{saída menos taxa de} \\ \text{energia de entrada} \end{array} \right\}$$

Na forma de equação, temos

$$\frac{dE}{dt}\bigg|_{sistema} = \frac{\partial E}{\partial t}\bigg|_{CV} + \iint_{CS} e\, \rho V_n dA, \tag{2.24}$$

em que E é a energia total de um sistema e e é a energia total por unidade de massa. Considera-se, tradicionalmente, que a energia total consiste de energia interna, cinética e potencial:

$$E = U + KE + PE$$

e

$$e = \frac{E}{m} = u + \frac{V^2}{2} + gz. \qquad (2.25)$$

Observações experimentais de dispositivos e modelos matemáticos de seu comportamento levaram à seguinte relação entre energia, transferência de calor e trabalho:

$$\left\{ \begin{array}{c} \text{taxa total de} \\ \text{mudança de} \\ \text{energia no sistema} \end{array} \right\} = \left\{ \begin{array}{c} \text{taxa de calor} \\ \text{transferido} \\ \text{do sistema} \end{array} \right\} - \left\{ \begin{array}{c} \text{taxa de trabalho} \\ \text{feito pelo} \\ \text{sistema} \end{array} \right\}$$

ou

$$\left. \frac{dE}{dt} \right|_{\text{sistema}} - \frac{\partial \tilde{Q}}{\partial t} - \frac{\partial W'}{\partial t}. \qquad (2.26)$$

em que $\tilde{Q}$ é o calor transferido para o sistema e W' são todas as formas de trabalho feitas pelo sistema. Combinando-se as equações 2.24, 2.25 e 2.26 temos

$$\left. \frac{dE}{dt} \right|_{\text{sistema}} = \frac{\partial \tilde{Q}}{\partial t} - \frac{\partial W'}{\partial t} = \left. \frac{\partial E}{\partial t} \right|_{CV} + \iint_{cs} e \rho V_n dA$$

ou

$$\frac{\partial \tilde{Q}}{\partial t} - \frac{\partial W'}{\partial t} = \left. \frac{\partial E}{\partial t} \right|_{CV} + \iint_{cs} \left(u + \frac{V^2}{2} + gz \right) \rho V_n dA. \qquad (2.27)$$

O termo de trabalho W' consiste em todas as formas de trabalho que cruzam o limite do volume de controle, incluindo trabalhos elétricos, magnéticos, cisalhamento viscoso ou fricção, de escoamento e de eixo. O trabalho de escoamento é feito pelo sistema, ou no sistema, quando a massa cruza a superfície de controle nas entradas ou saídas. É costume dividir o termo de trabalho W' em dois componentes: trabalho de eixo W e trabalho de escoamento W_f. Assim, podemos escrever:

$$\frac{\partial W'}{\partial t} = \frac{\partial W}{\partial t} + \frac{\partial W_f}{\partial t}.$$

O trabalho de escoamento é dado por

$$\frac{\partial W_f}{\partial t} = \iint_{cs} \frac{p}{\rho} \rho V_n dA.$$

Combinando as equações anteriores com a Equação 2.27 e reorganizando,

$$\frac{\partial \tilde{Q}}{\partial t} - \frac{\partial W}{\partial t} = \frac{\partial E}{\partial t}\bigg|_{CV} + \iint_{cs} \left(\frac{p}{\rho} + u + \frac{V^2}{2} + gz\right) \rho V_n dA.$$

Lembre-se de que a entalpia é definida como $h = u + p/\rho$. Substituindo na equação precedente, temos

$$\frac{\partial \tilde{Q}}{\partial t} - \frac{\partial W}{\partial t} = \frac{\partial E}{\partial t}\bigg|_{CV} + \iint_{cs} \left(h + \frac{V^2}{2} + gz\right) \rho V_n dA. \tag{2.28}$$

Para o caso de escoamento permanente, unidimensional, a equação precedente torna-se

$$\frac{\partial \tilde{Q}}{\partial t} - \frac{\partial W}{\partial t} = \left\{\left(h + \frac{V^2}{2} + gz\right)_{saída} - \left(h + \frac{V^2}{2} + gz\right)_{entrada}\right\} \rho VA. \tag{2.29}$$

Para um processo adiabático, o calor transferido é zero e a equação precedente é reduzida para

$$-\frac{\partial W}{\partial t} = \left\{\left(h + \frac{V^2}{2} + gz\right)_{saída} - \left(h + \frac{V^2}{2} + gz\right)_{entrada}\right\} \rho VA. \tag{2.30}$$

Exemplo 2.11.

O sistema mostrado na Figura 2.21 contém uma bomba que conduz propileno de um tanque para um lugar mais longe. O tubo na saída da bomba tem um diâmetro interno de 77,92 mm e a velocidade na linha de saída é 2 m/s. O medidor na linha de saída lê 120 kPa, e a distância vertical do nível de referência para o medidor é 1,4 m ($= z_2$). Para uma altura do líquido de 2 m ($= z_1$), qual a energia entregue para o líquido (a potência da bomba)? Despreze os efeitos friccionais.

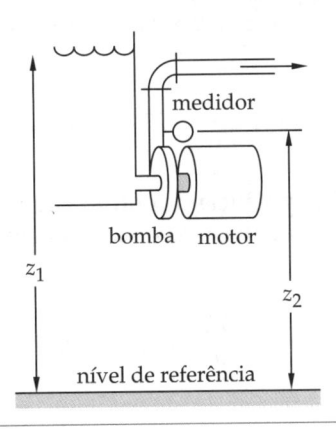

■ Figura 2.21 Propileno sendo bombeado de um tanque.

Solução: A equação a seguir aplica-se para uma bomba, um ventilador ou um compressor:

$$-\frac{\partial W}{\partial t} = \left\{\left(\frac{p}{\rho} + \frac{V^2}{2} + gz\right)_{saída} - \left(\frac{p}{\rho} + \frac{V^2}{2} + gz\right)_{entrada}\right\}\rho V A.$$

A potência da bomba $\partial W/\partial t$ é o que estamos procurando. Aplicamos essa equação a qualquer uma das duas seções que limitam a bomba. Selecionamos a superfície livre do líquido como "entrada" e o local do medidor de pressão como "saída". Agora, avaliamos as propriedades nestas seções:

$V_{saída} = 2$ m/s $\qquad z_{saída} = 1{,}4$ m $\qquad p_{saída} = 120.000$ Pa (manométrica).

Na superfície livre, temos

$p_{entrada} = p_{atm} = 0 \qquad V_{entrada} = 0 \qquad z_{entrada} = 2$m.

A densidade do propileno é (conforme Tabela B.1 do Apêndice) 0,516 (1.000) kg/m³. A área de saída é calculada sendo

$$A_{saída} = \frac{\pi(0{,}077\,92)^2}{4} = 4{,}77 \times 10^{-3} \text{ m}^2$$

A vazão mássica pode ser calculada em qualquer seção em que as propriedades sejam conhecidas. No medidor de saída,

$$\dot{m} = \rho A V = 516(4{,}77 \times 10^{-3})(2)$$

ou $\dot{m} = 4{,}92$ kg/s.

Substituindo na equação da energia, temos

$$-\frac{\partial W}{\partial t} = \left(\frac{120.000}{516} + \frac{2^2}{2} + 9{,}81(1{,}4) - [0 + 0 + 9{,}81(2)]\right)(4{,}92)$$

$$-\frac{\partial W}{\partial t} = (2{,}33 \times 10^2 + 2 + 13{,}73 - 19{,}62)(4{,}92).$$

Vimos que muito da potência de entrada da bomba vai para aumentar a pressão na linha de saída. As mudanças nas energias cinética e potencial são menores. Resolvendo,

$$-\frac{\partial W}{\partial t} = 1.125 \text{ W} = \frac{1.125}{746} = 1{,}51 \text{ HP}.$$

Exemplo 2.12.

Uma turbina de água é localizada em uma barragem, como mostrado na Figura 2.22. A vazão volumétrica do sistema é 3,15 m³/s e o diâmetro do tubo de saída é 1,22 m. Calcule o trabalho feito pela água (ou potência recebida dela) à medida que ela flui pela barragem.

A densidade da água, conforme Tabela B.1, do Apêndice, é 1.000 kg/m³. A equação a seguir aplica-se para a turbina de água deste exemplo:

$$-\frac{\partial W}{\partial t} = \left\{ \left(\frac{p}{\rho} + \frac{V^2}{2} + gz\right)_{\text{saída}} - \left(\frac{p}{\rho} + \frac{V^2}{2} + gz\right)_{\text{entrada}} \right\} \rho V A$$

A potência $\partial W_s/\partial t$ é o que estamos procurando, e podemos aplicar essa equação a qualquer uma das duas seções que limitam o sistema. Selecionamos a superfície livre do líquido como "entrada" e o local do tubo de saída (no qual as propriedades são conhecidas) como "saída". Precisamos encontrar a área de saída:

$$A_{\text{saída}} = \frac{\pi(1,22)^2}{4} = 1,17 \text{ m}^2.$$

A vazão volumétrica da água é 3,15 m³/s. A vazão mássica é

$$\dot{m} = \rho Q = 1.000(3,15) = 3150 \text{ kg/s}.$$

A velocidade da saída é

$$V_{\text{saída}} = \frac{Q}{A} = \frac{3,15}{1,17} = 2,69 \text{ m/s}.$$

Também temos

$$z_{\text{saída}} = 1,83 \text{ m} \qquad p_{\text{entrada}} = p_{\text{saída}} = p_{\text{atm}}.$$

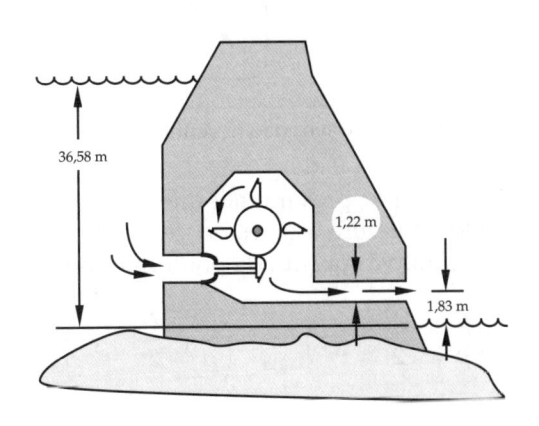

■ **FIGURA 2.22.** Escoamento através de uma turbina de água.

Na superfície livre temos

$$V_{entrada} = 0 \qquad z_{entrada} = 36{,}58 \text{ m}$$

Substituindo na equação da energia, temos

$$+\frac{\partial W}{\partial t} = \left((0) + (0) + 9{,}81(36{,}58) - [0 + \frac{2{,}69^2}{2} + 9{,}81(1{,}83)]\right) \quad (3.150).$$

Observe a mudança no sinal na potência. A energia potencial em 36,58 m de água está sendo convertida em potência, e em energia cinética e potencial de saída. Continuando,

$$+\frac{\partial W}{\partial t} = (358{,}85 - 3{,}618 - 17{,}95)\frac{\text{m}^2}{\text{s}^2} \; (3.150 \text{ s}) = 1{,}064 \times 10^6 \text{ W}$$

Resolvendo,

$$+\frac{\partial W}{\partial t} = 1{,}064 \times 10^6 \text{ W ou } 1{,}06 \text{ MW}.$$

Exemplo 2.13.

Um ventilador de janela fica localizado em um compartimento de 610 mm × 610 mm × 152,5 mm, conforme indicado na Figura 2.23. O ventilador move o ar a uma velocidade de 6,1 m/s. Determine o aumento de pressão no ventilador para uma potência de entrada de 186 W.

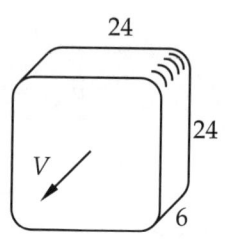

■ **Figura 2.23** Escoamento através de um ventilador de janela.

Solução: Nesse exemplo, presumimos que o ar se comporta como um gás ideal e que o aumento de temperatura através do ventilador seja desprezível. A equação 2.30 aplica-se com a entalpia substituída por termos de pressão:

$$-\frac{\partial W}{\partial t} = \left\{\left(\frac{p}{\rho} + \frac{V^2}{2} + gz\right)_{saída} - \left(\frac{p}{\rho} + \frac{V^2}{2} + gz\right)_{entrada}\right\}\rho VA.$$

O aumento de pressão $p_{saída} - p_{entrada}$ é o que procuramos. A equação da continuidade é

$$Q = A_{entrada}V_{entrada} = A_{saída}V_{saída}.$$

Sem qualquer mudança na área, a equação precedente indica que $V_{entrada} = V_{saída}$. Além disso, com uma configuração horizontal, $z_{entrada} = z_{saída}$. A densidade do ar pode ser obtida (da Tabela C.1):

$p = 1{,}178 \text{ kg/m}^3$.

A potência de entrada é

$$-\frac{\partial W}{\partial t} = 186 \text{ W}.$$

Reorganizando a equação da energia e substituindo, temos

$$-\frac{\partial W}{\partial t} = \frac{p_{saída} - p_{entrada}}{\rho} \rho V A = (p_{saída} - p_{entrada}) A V$$

$186 = (p_{saída} - p_{entrada})(0{,}61)(0{,}61)(6{,}1)(24/12)(20)$.

Resolvendo,

$(p_{saída} - p_{entrada}) = 81{,}95 \text{ Pa}$.

Quando lidamos com um sistema de escoamento de ar, é costume expressar as mudanças na pressão em termos de coluna de líquido, especialmente, em cm ou pol. de água. Assim, procuramos

$$\Delta h = \frac{p_{saída} - p_{entrada}}{\rho_{H_2O} \quad g} = \frac{81{,}95}{1000 \times 9{,}81}$$

$\Delta h = 8{,}35 \times 10^{-3}\text{m de H}_2\text{O} = 8{,}35 \text{ mm de H}_2\text{O}$.

A equação de Bernoulli

A equação de Bernoulli relaciona velocidade, elevação e pressão em um campo de escoamento e é resultante da equação da energia (2.29) para escoamento adiabático, unidimensional sem trabalho e mudança na energia interna desprezível. A equação de Bernoulli também resulta da aplicação da equação da quantidade de movimento em uma linha de corrente no campo do escoamento. Assim, sob condições especiais, as equações da quantidade de movimento e da energia reduzem para a mesma equação, é por isso que a equação de Bernoulli costuma ser chamada de **equação da energia mecânica**. A equação de Bernoulli é escrita como

$$\int_1^2 \frac{dp}{\rho} + \frac{(V_2^2 - V_1^2)}{2} + g(z_2 - z_1) = 0.$$

Para um fluido incompressível, no qual a densidade ρ é uma constante, a equação precedente torna-se

$$\frac{p_2 - p_1}{\rho} + \frac{(V_2^2 - V_1^2)}{2} + g(z_2 - z_1) = 0 \qquad (2.31)$$

ou

$$\frac{p}{\rho} + \frac{V^2}{2} + gz = \text{uma constante}. \qquad (2.32)$$

A equação de Bernoulli não leva em conta os efeitos friccionais ou o trabalho do eixo.

Exemplo 2.14.

Um jato de água sai de uma torneira e cai verticalmente. A vazão de água é tal que preencherá um copo de 250×10^{-6} m³ em 8 segundos. A torneira está 280 mm acima do tanque e, na saída dela, o diâmetro do jato é 3,5 mm. Qual é o diâmetro do jato no ponto de impacto na superfície do tanque?

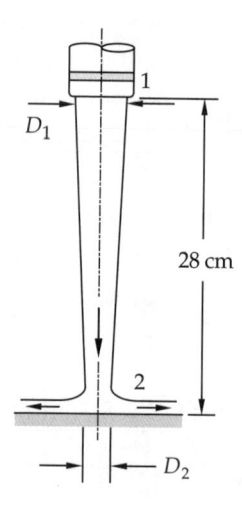

■ Figura 2.24 Um jato de líquido impactando um tanque.

Solução: A Figura 2.24 mostra um jato existente na torneira e seu impacto na superfície plana. Localizamos a seção 1 na saída da torneira e a seção 2 no tanque. A equação da continuidade é

$$Q = A_1 V_1 = A_2 V_2$$

presumindo um escoamento unidimensional, permanente. A vazão volumétrica é

$$Q = \frac{250 \times 10^{-6}}{8 \text{ s}} = 0{,}031\ 25 \times 10^{-3} \text{ m}^3/\text{s}.$$

Substituindo a vazão e a área, temos a velocidade em cada seção como

$$V_1 = \frac{Q}{A_1} = \frac{4Q}{\pi D_1^2} = \frac{4(0{,}031\ 25 \times 10^{-3})}{\pi (0{,}003\ 5^2)} = 3{,}25 \text{ m/s}.$$

Além disso,

$$V_2 = \frac{Q}{A_2} = \frac{4Q}{\pi D_2^2} = \frac{4(0{,}031\,25 \times 10^{-3})}{\pi D_2^2} = \frac{3{,}98 \times 10^{-5}}{D_2^2}.$$

A equação de Bernoulli que se aplica a essas duas seções é

$$\frac{p_1}{\rho} + \frac{V_1^2}{2} + gz_1 = \frac{p_2}{\rho} + \frac{V_2^2}{2} + gz_2.$$

Avaliando propriedades:

$p_1 = p_2 = p_{atm}$

$z_1 = 0{,}28$ m $z_2 = 0$.

Após simplificação, a equação de Bernoulli torna-se

$$\frac{V_1^2}{2g} + z_1 = \frac{V_2^2}{2g}.$$

Substituindo,

$$\frac{3{,}25^2}{2(9{,}81)} + 0{,}28 = \left(\frac{3{,}98 \times 10^{-5}}{D_2^2}\right)^2 \frac{1}{2(9{,}81)}$$

torna-se

$$0{,}538 + 0{,}28 = \frac{8{,}07 \times 10^{-11}}{D_2^4}.$$

Resolvendo,

$D_2^4 = 9{,}86 \times 10^{-11}$

e

$D_2 = 3{,}15 \times 10^{-3}$ m $= 3{,}15$ mm.

2.5 Resumo

Neste capítulo, cujo objetivo foi uma breve revisão, sem muitos detalhes, examinamos as propriedades do fluido e escrevemos equações da mecânica dos fluidos sem deduções. O leitor deverá consultar qualquer texto sobre Mecânica dos Fluidos para obter mais informações sobre quaisquer pontos abordados aqui.

2.6 Mostrar e contar

Obtenha um catálogo dos fabricante(s) apropriado(s) e faça uma exposição oral dos seguintes viscosímetros, conforme designado pelo instrutor. Em todos os casos, apresente o fundamento teórico para a operação do dispositivo e, se disponível, demonstre sua operação.

1. O viscosímetro em cone e placa.
2. O viscosímetro de queda de esfera.
3. O viscosímetro de cilindros concêntricos de espaço amplo.
4. Viscosímetro Saybolt.
5. Viscosímetro Stormer, para medir a viscosidade de tinta.
6. Quaisquer outros tipos de viscosímetro que você encontrar, mesmo que não mencionados neste capítulo.

Obtenha um catálogo do tipo apropriado e faça uma exposição oral dos seguintes dispositivos úteis para medir pressão. Em todos os casos, apresente o fundamento teórico para a operação do dispositivo.

7. Um tubo pitot e um tubo pitot estático.
8. Transdutores de pressão.

2.7 Problemas

Densidade, gravidade específica, peso específico

1. Qual é a gravidade específica do óleo API 38°?
2. A gravidade específica do óleo do medidor do manômetro é 0,826. Qual a densidade e a graduação °API?
3. Qual é a diferença na densidade entre um óleo 50 °API e um óleo 40 °API?
4. Um óleo 35 °API apresenta uma viscosidade de 0,825 N·s/m². Expresse sua viscosidade em Segundos Saybolt Universal (SSU).
5. O ar é coletado em um recipiente de 1,2 m³ e pesado em uma balança, conforme indicado na Figura P2.5. Na outra extremidade da balança está 1,2 m³ de CO_2. O ar e o CO_2 estão a 27 °C e pressão atmosférica. Qual é a diferença em peso entre esses dois volumes?

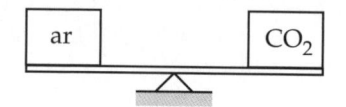

■ Figura P2.5

6. Um recipiente de óleo de rícino é usado para medir a densidade de um sólido. O sólido tem formato cúbico, 30 mm × 30 mm × 30 mm, e pesa 10 N no ar. Enquanto submerso, ele pesa 7 N. Qual é a densidade do líquido?
7. Um cilindro de bronze (Sp. Gr. = 8,5) apresenta diâmetro de 25,4 mm e comprimento de 100 mm. Ele é submerso em um líquido de densidade desconhecida, conforme indicado na Figura P2.7. Enquanto submerso, o peso do cilindro é medido como 3,56 N. Determine a densidade do líquido.

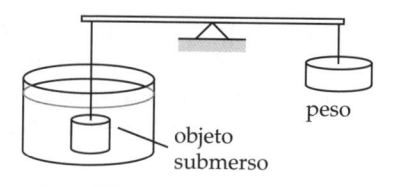

■ Figura P2.7

Viscosidade

8. Testes reais em vaselina resultaram os seguintes dados:

τ em N/m^2	0	200	600	1.000
dV/dy em 1/s	0	500	1.000	1.200

   Determine o tipo de fluido e a equação descritiva adequada.

9. Uma maionese popular é testada com um viscosímetro, obtendo-se os seguintes dados:

τ em g/cm^2	40	100	140	180
dV/dy em rev/s	0	3	7	15

   Determine o tipo de fluido e a equação descritiva adequada.

10. Uma emulsão de óleo de fígado de bacalhau foi testada com um viscosímetro, obtendo-se os seguintes dados:

τ em Pa	0	1915	2873	3830	5745
dV/dy em rev/s	0	0.5	1.7	3	6

    Trace um gráfico com os dados para determinar o tipo de fluido. Deduza a equação descritiva.

11. Um viscosímetro de copo rotativo apresenta um cilindro com diâmetro interno de 50,8 mm e espaço entre os copos de 5,08 mm. O comprimento do cilindro interno é 63,5 mm. O viscosímetro é usado para obter dados de viscosidade em um líquido newtoniano. Quando o cilindro interno gira a 10 rev/min, o torque no cilindro interno é medido como 0,01243 mN-m. Calcule a viscosidade do fluido. Se a densidade do fluido for 850 kg/m^3, calcule a viscosidade cinemática.

12. Um viscosímetro de copo rotativo apresenta um cilindro interno com 38 mm de diâmetro e 80 mm de comprimento. O cilindro externo apresenta diâmetro de 42 mm. O viscosímetro é usado para medir a viscosidade de um líquido. Quando o cilindro externo gira a 12 rev/min, o torque no cilindro interno é medido como 4×10^{-6} N·m. Determine a viscosidade cinemática do fluido se sua densidade for 1.000 kg/m^3.

13. Um viscosímetro de copo rotativo tem um cilindro de diâmetro interno de 57,15 mm e um cilindro de diâmetro externo de 62,25 mm. O comprimento interno do cilindro é 76,2 mm. Quando o cilindro interno gira a 15 rev/min, qual o torque esperado se o fluido for propileno glicol?

14. Um viscosímetro de tubo capilar é usado para medir a viscosidade da água (a densidade é 1.000 kg/m^3, a viscosidade é $0,89 \times 10^{-3}$ N·s/m^2) para fins de calibração. O diâmetro interno do tubo capilar deve ser selecionado de forma que as condições de escoamento laminar (ou seja, $VD/\nu < 2.100$) existam durante o teste. Para valores de $L = 76,2$ mm e $z = 254$ mm, determine o tamanho máximo permitido do tubo.

15. Um viscosímetro Saybolt é usado para medir a viscosidade do óleo, e o tempo necessário para 6×10^{-5} m^3 de óleo passar por um orifício padrão é 180 SSU. A gravidade específica do óleo é encontrada como 44 °API. Determine a viscosidade absoluta do óleo.

16. Um viscosímetro de tubo capilar de 10^4 mm^3 é usado para medir a viscosidade de um líquido. Para valores de $L = 40$ mm, $z = 250$ mm e $D = 0,8$ mm, determine a viscosidade do líquido. O tempo registrado para o experimento é 12 segundos.

17. Um viscosímetro Saybolt é usado para obter dados de viscosidade do óleo. O tempo necessário para 6×10^{-5} m^3 de óleo passar no orifício é 70 SSU. Calcule a viscosidade cinemática do óleo. Se a gravidade específica do óleo for 35 °API, encontre também a viscosidade absoluta.

18. Uma esfera de rolamento com diâmetro de 2 mm é solta em um recipiente de glicerina. Quanto tempo leva para a esfera cair uma distância de 1 m?

19. Uma esfera de rolamento com diâmetro de 3,175 mm é solta em um óleo viscoso. A velocidade terminal da esfera é medida como 40,6 mm/s. Qual é a viscosidade cinemática do óleo se sua densidade for 800 kg/m^3?

Pressão e sua medição

20. Um manômetro de mercúrio é usado para medir a pressão da parte inferior de um tanque que contém acetona, conforme mostrado na Figura P2.20. O manômetro deve ser substituído por um medidor. Qual é a leitura esperada em psig se $\Delta h = 127$ mm e $x = 50,8$ mm?

21. Consulte a Figura P2.21 e determine a pressão da água no ponto em que o manômetro é conectado ao vaso. Todas as dimensões estão em polegadas e o problema deve ser trabalhado usando as unidades Gravitacionais Britânicas de Engenharia.

22. A Figura P2.22 mostra uma parte de uma tubulação que conduz benzeno. Um medidor conectado à linha lê 150 kPa. É desejado verificar a leitura do medidor com um manômetro de tubo em U com benzeno sobre mercúrio. Determine a leitura esperada Δh no manômetro.

■ Figura P2.20

■ Figura P2.21

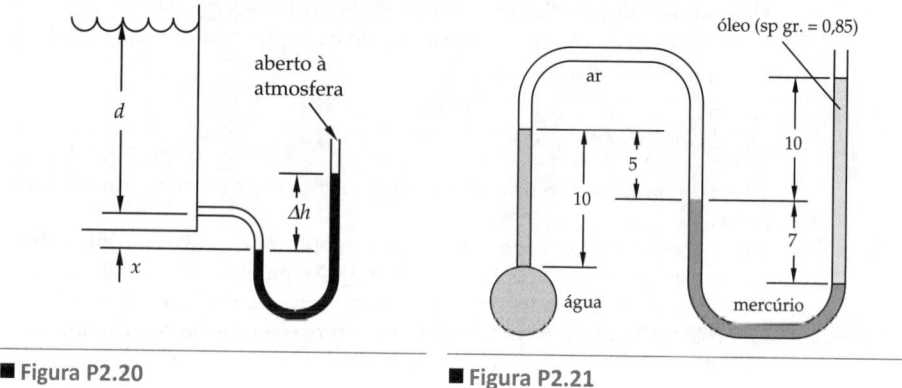

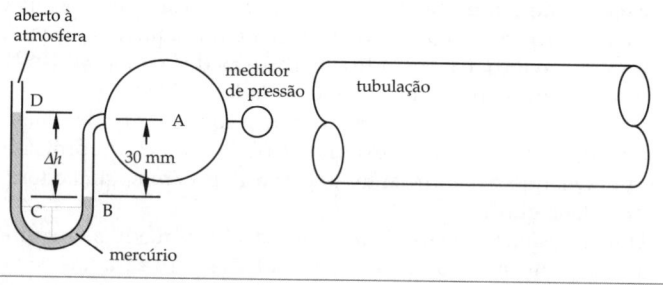

■ Figura P2.22

23. Um fluido desconhecido está no manômetro da Figura P2.23. A diferença de pressão entre as duas câmaras de ar é 700 kPa, e a leitura do manômetro Δh é 60 mm. Determine a densidade e a gravidade específica do fluido desconhecido.

24. Um manômetro de tubo em U, mostrado na Figura P2.24, é usado para medir a diferença de pressão entre duas câmaras de ar. Se a leitura Δh for 152,4 mm, determine a diferença de pressão. O fluido do manômetro é água.

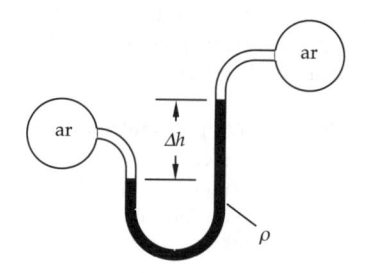

■ Figuras P2.23, P2.24

25. Um manômetro contendo mercúrio é usado para medir o aumento de pressão experimentado por uma bomba de água, conforme mostrado na Figura P2.25. Calcule o aumento de pressão se Δh for 70 mm de mercúrio (conforme mostrado). Todas as dimensões estão em mm.

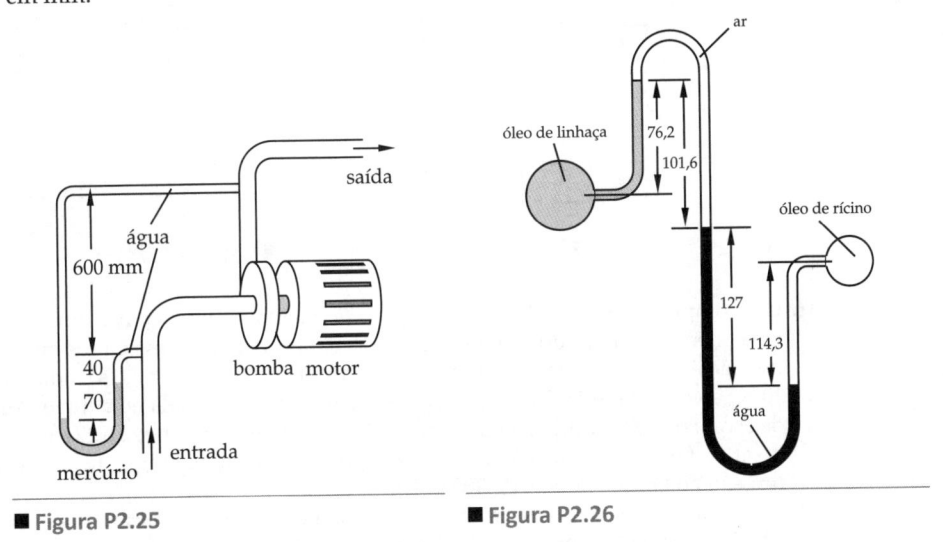

■ Figura P2.25

■ Figura P2.26

26. Determine a diferença de pressão entre os óleos de linhaça e de rícino da Figura 2.26. (Todas as dimensões estão em mm.)
27. Para o sistema da Figura P2.27, a seguir, determine a pressão do ar no tanque.

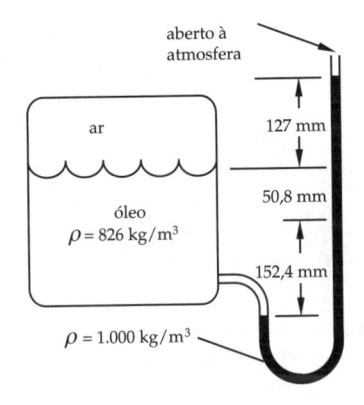

■ Figura P2.27

Equação de continuidade

28. A Figura P2.28 mostra uma conexão redutora. O líquido sai da conexão a uma velocidade de 4 m/s. Calcule a velocidade de entrada. Que efeito a densidade do fluido exerce?
29. A Figura P2.29 mostra uma conexão redutora. O escoamento entra na conexão a uma velocidade de 0,5 m/s. Calcule a velocidade de saída.
30. A água entra no tanque da Figura P2.30 a 0,00189 m³/s. A linha de entrada tem 63,5 mm de diâmetro e a linha de ventilação tem 38 mm de diâmetro. Determine a velocidade de saída do ar no instante mostrado.

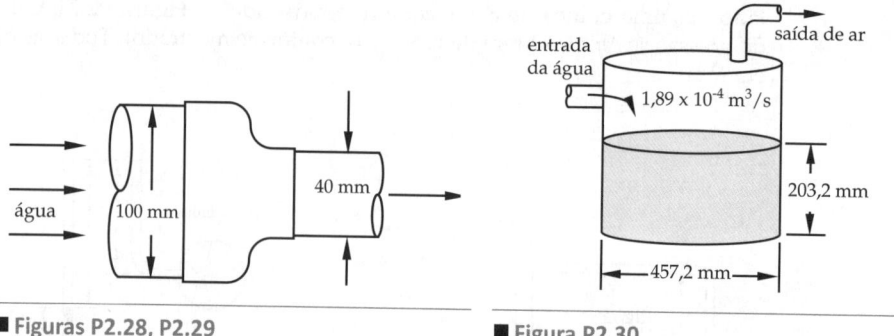

■ Figuras P2.28, P2.29

■ Figura P2.30

31. Um compressor de ar é usado para pressurizar um tanque com volume de 3 m³. Simultaneamente, o ar sai do tanque e é usado para algum processo a jusante. Na entrada, a pressão é 350 kPa, a temperatura é 20 °C e a velocidade é 2 m/s. Na saída, a temperatura é 20 °C, a velocidade é 0,5 m/s e a pressão é a mesma que aquela no tanque. Ambas as linhas de escoamento (entrada e saída) apresentam diâmetros internos de 27 mm. A temperatura do ar no tanque é constante a 20 °C. Se a pressão inicial do tanque for 200 kPa, qual será a pressão no tanque depois de 300 s?

32. A Figura P2.32 mostra um trocador de escoamento cruzado, usado para condensar Freon 12. O vapor de Freon 12 entra na unidade a uma vazão de 0,065 kg/s e sai do trocador como um líquido (densidade = 1.915 kg/m³) com pressão e temperatura ambiente. Determine a velocidade de saída do líquido.

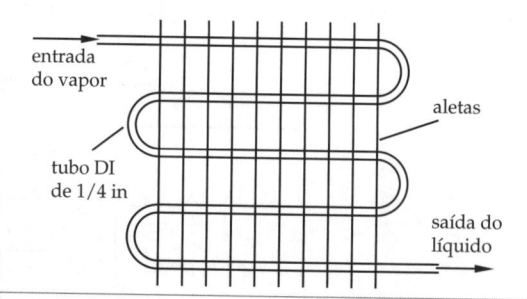

■ Figura P2.32

33. O nitrogênio entra no tubo a uma vazão de 90,7 g/s. O tubo apresenta um diâmetro interno de 101,6 mm. Na entrada, a temperatura do nitrogênio é 26,7 °C ($\rho = 1{,}17$ kg/m³) e na saída, a temperatura do nitrogênio é 727 °C ($\rho = 0{,}34$ kg/m³). Calcule as velocidades de entrada e de saída do nitrogênio. Elas são iguais? Deveriam ser?

Equação de momento

34. Uma mangueira de jardim é usada para esguichar água em alguém que está se protegendo com uma tampa de lata de lixo. A Figura P2.34 mostra o jato nos arredores da tampa. Determine a força limitadora F nas condições mostradas.
35. Um jato de líquido bidimensional atinge um objeto semicircular côncavo, conforme mostrado na Figura P2.35. Calcule a força limitadora F.
36. Um jato de líquido bidimensional atinge um objeto semicircular côncavo, conforme mostrado na Figura P2.36. Calcule a força limitadora F.

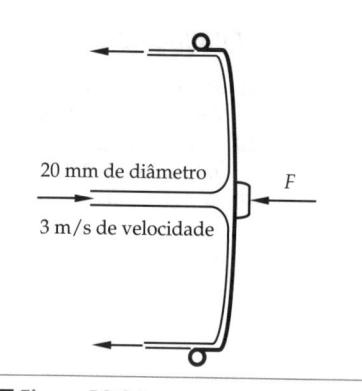

■ Figura P2.34

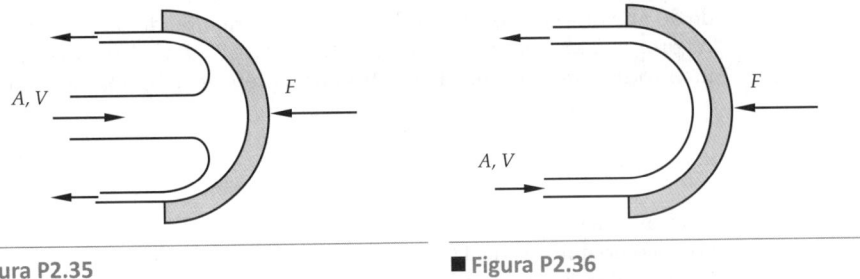

■ Figura P2.35

■ Figura P2.36

37. Um jato de líquido bidimensional é ajustado em um ângulo θ (0° < θ < 90°) por uma palheta curva, como mostrado na Figura P2.37. As forças estão relacionadas por $F_2 = 3F_1$. Determine o ângulo θ no qual o jato é ajustado.
38. Um jato de líquido bidimensional é ajustado em um ângulo θ (0° < θ < 90°) por uma palheta curva, como mostrado na Figura P2.38. As forças estão relacionadas por $F_1 = 2F_2$. Determine o ângulo θ no qual o jato é ajustado.

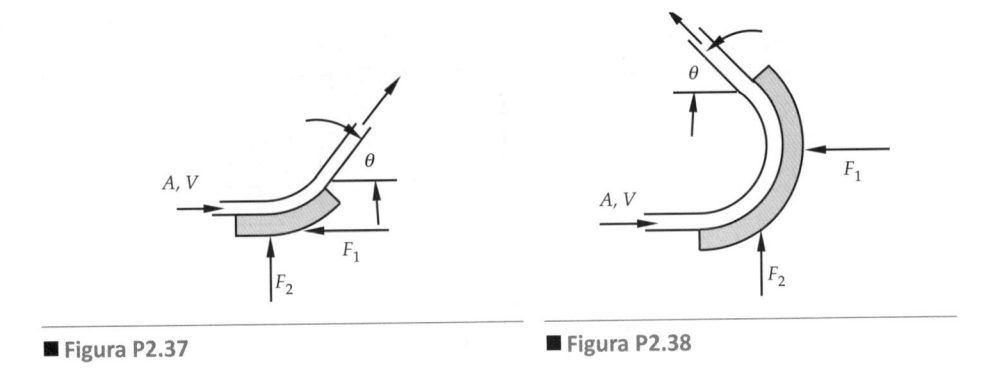

■ Figura P2.37

■ Figura P2.38

Equação de energia

39. A Figura P2.39 mostra uma turbina de água localizada em um barragem. A vazão volumétrica pelo sistema é 0,315 m³/s. O diâmetro do tubo de saída é 1,22 m. Calcule o trabalho feito pela água (ou potência recebida dela) à medida que flui pela barragem. (Compare com os resultados do problema exemplo neste capítulo.)

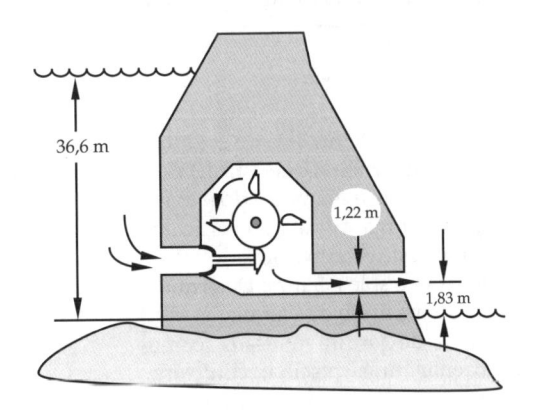

■ Figura P2.39

40. O ar flui por um compressor a uma vazão mássica de 0,0438 kg/s. Na entrada, a velocidade do ar é desprezível. Na saída, ele sai por um tubo de saída com diâmetro de 50,8 mm. As propriedades de entrada são $1,013 \times 10^5$ Pa e 23,9 °C. A pressão de saída é 827 kPa. Para um processo de compressão isentrópico (reversível e adiabático), temos

$$\frac{T_2}{T_1} = \left\{\frac{p_2}{p_1}\right\}^{(\gamma-1)/\gamma}.$$

Determine a temperatura de saída do ar e a potência necessária. Suponha que o ar se comporte como um gás ideal ($dh = c_p dT$, $du = c_v dT$ e $\rho = p/RT$).

41. Uma turbina de ar é usada com gerador para produzir eletricidade. O ar, na entrada da turbina, está a 700 kPa e 25 °C. O ar de descarte da turbina na atmosfera está à temperatura de 11 °C. As velocidades do ar na entrada e na saída são 100 m/s e 2 m/s, respectivamente. Determine o trabalho por unidade de massa entregue à turbina pelo ar.

42. Uma bomba que move hexano é ilustrada na Figura P2.42. A vazão é 0,02 m³/s; as leituras de pressão no medidor de entrada e saída são –4 kPa e 190 kPa, respectivamente. Determine a potência de entrada necessária para o fluido enquanto ele flui pela bomba.

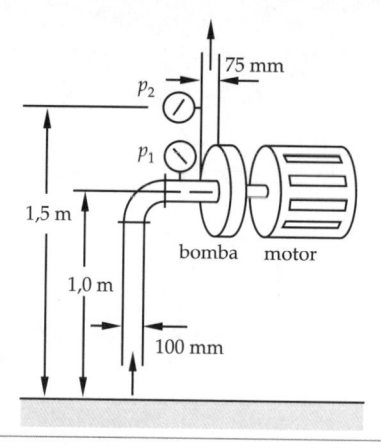

■ Figura P2.42

Equação de Bernoulli

43. A Figura 2.15 mostra um medidor venturi. Mostre que as equações de Bernoulli e de continuidade, quando aplicadas, combinam para

$$Q = A_2 \sqrt{\frac{2g\Delta h}{1 - (D_2^4/D_1^4)}}.$$

44. Um jato de água de uma torneira de cozinha cai verticalmente a uma vazão de $4,44 \times 10^{-5}$ m³ por segundo. Na torneira, que está a 355,6 mm acima da base da pia, o diâmetro do jato é 15,88 mm. Determine o diâmetro do jato no momento em que ele atinge a pia.

45. Um jato de água de uma válvula cai verticalmente a uma vazão de 3×10^{-5} m³ por segundo. A saída da válvula está 50 mm acima do solo e o diâmetro do jato no solo é 5 mm. Determine o diâmetro do jato na saída da válvula.

46. Uma mangueira de jardim é usada como sifão para drenar uma piscina, conforme mostrado na Figura P2.46. A mangueira de jardim tem um diâmetro interno de 19 mm (DI). Supondo que não haja fricção, calcule a vazão da água pela mangueira, se esta tiver 7,6 m de comprimento.

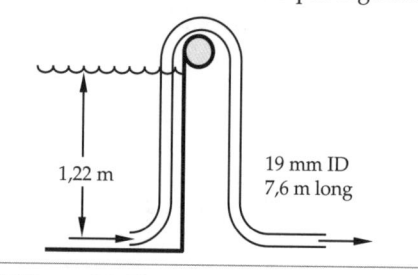

■ Figura P2.46

Problemas diversos

47. Uma bomba retira óleo de rícino de um tanque, como mostrado na Figura P2.47. Um medidor venturi cujo diâmetro da garganta é 50,8 mm está localizado na linha de descarga. Para as condições mostradas, calcule a leitura esperada no manômetro. Presuma que os efeitos friccionais sejam desprezíveis e que a bomba entregue 186,5 W ao líquido. Se tudo o que estiver disponível for um manômetro de 1,83 m de altura, ele poderá ser usado na configuração mostrada? Caso negativo, sugira uma maneira alternativa para medir a diferença de pressão. (Todas as medidas estão em mm.)

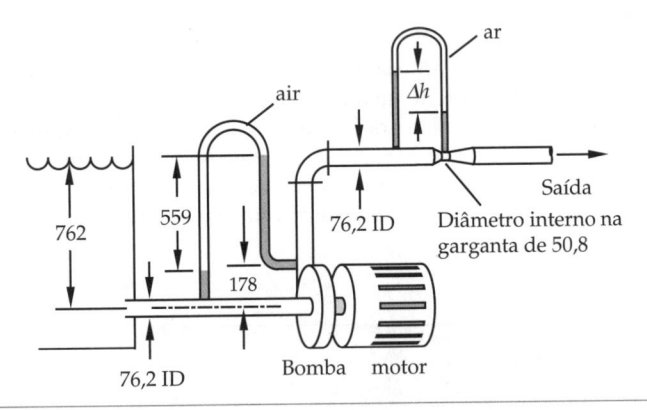

■ Figura P2.47

48. Um tubo de 42 mm DI é usado para drenar um tanque, como mostrado na Figura P2.48, enquanto, simultaneamente, uma linha de entrada de 52 mm DI enche o tanque. A velocidade na entrada é 1,5 m/s. Determine a altura de equilíbrio h do líquido no tanque, se ele for octano. Como a altura se altera se o líquido for álcool etílico? Em ambos os casos, suponha que os efeitos friccionais sejam desprezíveis e que z seja 40 mm.

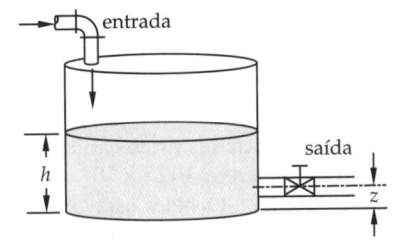

■ Figura P2.48

Problemas computacionais

49. Um dos exemplos apresentados neste capítulo lida com o seguinte problema de impacto, com resultado de que a razão de forças é dada por:

$$\frac{F_x}{F_y} = \frac{(\cos\theta_1 - \cos\theta_2)}{(\sen\theta_2 + \sen\theta_1)}.$$

Para um ângulo de $\theta_1 = 0$, produza um gráfico da razão de forças como uma função do ângulo θ_2.

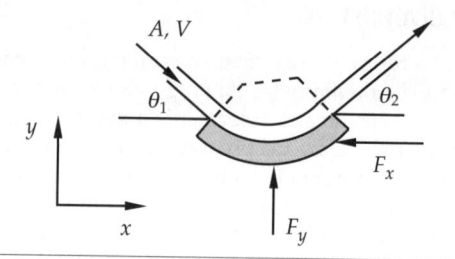

■ Figura P2.49

50. Um dos exemplos apresentados neste capítulo envolveu cálculos feitos para determinar a potência de saída de uma turbina em uma barragem (veja Figura P2.50). Quando o escoamento pela turbina era 3,15 m³/s e a altura a montante era 36,6 m, a potência foi determinada como 1,06 kW. A relação entre o escoamento na turbina e a altura a montante é linear. Calcule o trabalho feito pela água (ou a potência recebida dela) enquanto ela flui pela barragem para alturas a montante que variam de 18,3 m a 36,6 m.

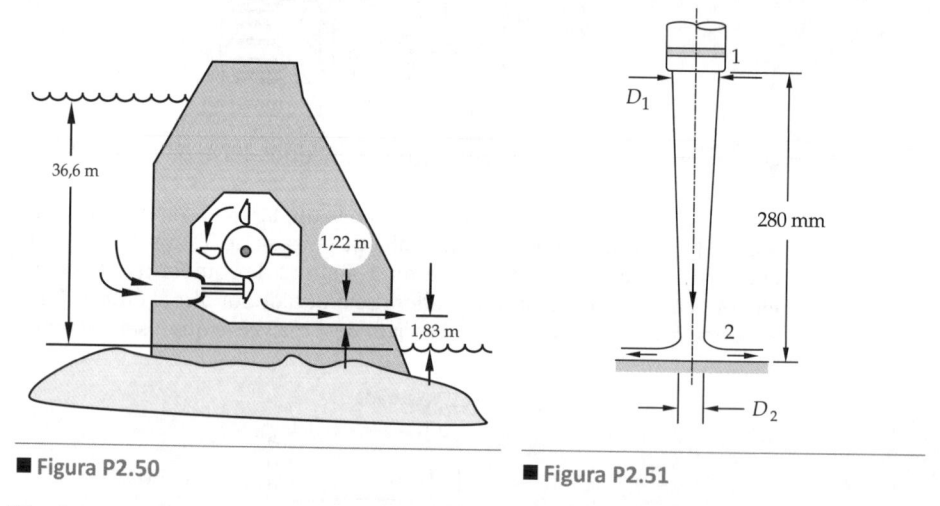

■ Figura P2.50

■ Figura P2.51

51. Um dos exemplos apresentados neste capítulo lida com um jato de água saindo de uma torneira. A vazão da água era $3{,}125 \times 10^{-5}$ m³ por segundo, o diâmetro do jato na saída da torneira era 3,5 mm, e a torneira estava 280 mm acima da pia. Foram feitos cálculos para encontrar o diâmetro do jato no impacto na superfície da pia. Repita o cálculo para volumes por tempo, que varia de $1{,}25 \times 10^{-5}$ m³/s a $6{,}25 \times 10^{-5}$ m³/s, e faça um gráfico do diâmetro do jato em 2 como uma função da vazão volumétrica.

CAPÍTULO 3

Sistemas de tubulação I

Neste capítulo, vamos rever alguns conceitos básicos associados a sistemas de tubulação. Discutiremos diâmetros efetivos e hidráulicos e apresentaremos as equações do movimento para modelar o escoamento em dutos fechados. Examinaremos também em detalhes as perdas localizadas, discutiremos o escoamento em seções transversais não circulares e concluiremos com uma descrição de um sistema de tubulação em série.

Escoamento em dutos fechados é uma área extremamente importante de estudo, pois é a maneira mais comum de se transportar líquidos. Óleo cru e seus componentes são movidos em uma refinaria ou pelo país bombeados através de tubos. A água nas casas é transportada para várias partes dela através da tubulação. Ar aquecido ou condicionado é distribuído a todas as partes de uma moradia por meio de dutos circulares e/ou retangulares. Exemplos de escoamento em dutos fechados estão em toda parte.

É importante lembrar que o escoamento em um duto pode ser **laminar** ou **turbulento**. Quando existe escoamento laminar, o fluido flui lentamente pelo duto em camadas chamadas *lâminas* e uma partícula de fluido em uma camada permanece nela. Quando existe um escoamento turbulento, as partículas do fluido movem-se através da seção transversal em que turbilhões e vórtices respondem pela ação de mistura; tais turbilhões e vórtices não existem em escoamento laminar.

O critério para distinguir entre escoamento laminar e turbulento é a ação de mistura observada. Experimentos mostraram que o escoamento laminar existe quando o **número de Reynolds** é menor que 2.100:

$$\text{Re} = \frac{\rho V D}{\mu} = \frac{VD}{\nu} < 2.100 \qquad \text{(escoamento laminar)}, \qquad (3.1)$$

em que V é a *velocidade média* do escoamento e D é a dimensão característica da seção transversal do duto. Para dutos circulares, D geralmente é tido como o diâmetro interior. Para seções transversais não circulares, D costuma ser tido como *diâmetro hidráulico* (isso será discutido posteriormente neste capítulo).

3.1 Padrões de canos e tubulação

Dutos e tubos são feitos de muitos materiais. Os dutos podem ser fundidos ou, como os tubos, podem ser extrudados. Os tamanhos para dutos e tubos são padronizados, assim como são as tolerâncias em suas dimensões.

Especificações de tubo e métodos de fixação

Os tubos são especificados por um **diâmetro nominal** e um **padrão** – por exemplo: nominal de 2" e schedule 40. O diâmetro nominal não necessariamente iguala o diâmetro interno ou externo do tubo. Cada diâmetro nominal especificará um e somente um diâmetro externo, enquanto o padrão do tubo especificará a espessura da parede, de modo que, quanto maior for o padrão, maior será a espessura da parede do tubo. No Apêndice, na Tabela D.1, apresentamos as dimensões de tubos, que variam de diâmetros nominais de 1/8 a nominais de 40, em unidades inglesa e SI. O tubo schedule 40 (ou tamanho padrão) é usado em aplicações comuns de engenharia, enquanto os tubos schedule 80 e com paredes mais grossas podem ser usados em aplicações em que há uma considerável elevação na pressão.

A maioria dos materiais de encanamento e tubulação é fabricada em dimensões mostradas na Tabela D.1 do Apêndice. Assim, conexões de aço podem ser usadas com canos de PVC. Deve-se observar que o tubo de aço inoxidável está disponível com paredes mais finas em razão de sua resistência; ele está disponível, por exemplo, em padrão schedule 20.

Os tubos podem ser fixados conjuntamente ou de várias outras formas. Suas extremidades podem ser rosqueadas, o que é feito principalmente em tamanhos menores (menor que nominal de 4"). Tanto o número de roscas por polegada quanto o perfil da rosca são padronizados para cada tamanho de tubo. Em geral, a extremidade rosqueada do tubo também é coberta com uma fita. Qualquer que seja o padrão do tubo, todos com o mesmo diâmetro nominal [ou seja, diâmetro externo (DE)] terão as mesmas especificações de rosca. Antes de se fixar os tubos rosqueados, as roscas devem ser revestidas com um composto viscoso ou envolvidas com fita especial. A preparação das roscas e a ação de solda das roscas cobertas com fita ajudam a garantir a vedação da conexão.

Os tubos podem ser soldados entre si ou com conexões, se o material permitir. A solda é mais comum em tubos maiores.

As extremidades do tubo podem ser rosqueadas ou soldadas em flanges, e estes, então, são então parafusados juntos. Em geral, uma vedação de borracha ou de cortiça é instalada entre os flanges para assegurar que a conexão seja à prova de vazamento. Flanges são feitos para vários tamanhos de tubos, e padrões foram estabelecidos para os detalhes de construção, incluindo o número mínimo de orifícios para parafusos e sua colocação.

Tubos de plástico, como PVC (cloreto de polivinil), podem ser presos a uma conexão por rosca ou usando um adesivo. O tubo de plástico é especificado da mesma maneira que outro tubo.

Especificações da tubulação de água e métodos de fixação

A tubulação de água é especificada com um **diâmetro padrão** e um **tipo** – por exemplo: padrão 1 tipo K. O tamanho padrão não necessariamente iguala o diâmetro interno ou externo do tubo, e cada padrão corresponde a um, e somente um, diâmetro externo. O tipo, que pode ser K, L ou M, especifica a espessura da parede. O tipo K é usado para serviços subterrâneos e tubulação em geral, o tipo L é usado principalmente para tubulação interior, e o M é feito para ser usado com fixações soldadas. No Apêndice, naTabela D.2, encontram-se as dimensões da tubulação de água de cobre, que variam de padrão ¼ a padrão 12, em unidades inglesas e em SI.

Observe que o cobre pode ser usado como material de *tubulação* ou como material de *tubo*. Se usado como material de tubo, então suas dimensões seguem as especificações dos tubos. Uma diferença entre tubulação e tubo é que as tubulaçãoes apresentam parede mais fina e não podem conter fluido de alta pressão, enquanto os tubos podem.

Tubulação de refrigeração é outro tipo de tubulação, comumente usada em ar-condicionado e bombas de calor. Ela é especificada da mesma maneira que a tubulação de cobre para água e, em geral, é feita de liga de cobre. A diferença é que a tubulação de cobre para água é bastante rígida, enquanto a de refrigeração é bastante flexível, podendo ser dobrada com a mão.

Os tubos também são usados em trocadores de calor; nesses casos, são referidos como tubos condensadores e são fabricados em tamanhos diferentes da tubulação de cobre para água. Tubos condensadores serão discutidos nos capítulos sobre trocadores de calor.

A tubulação pode ser presa às conexões de diversas maneiras. Uma extremidade do tubo pode ser **alargada** e conectada a uma **conexão de extremidade alargada** (a extremidade do tubo é alargada para fora uniformemente, com uma **flangeadora**). Outro método de fixação envolve o uso de uma **conexão de compressão**, na qual a extremidade do tubo é inserida em um espaço anular de ajuste apertado, que é fornecido como parte da conexão; nesse caso, a porca da conexão, ao ser apertada, comprime o anel, fazendo a extremidade do tubo de cobre expandir-se novamente dentro da parede da conexão. Uma terceira técnica de junção envolve brasagem ou solda; nela, a extremidade do tubo é inserida em uma conexão que se encaixa como uma luva. A junta é preparada com um *fluxo* para remover o óxido, a conexão e o tubo são soldados ou brasados (normalmente referido como **vulcanização**).

Na Europa, onde se usa o sistema de unidade SI, há um sistema de dimensão de tubos diferente daquele usado nos Estados Unidos.

Tubo sino e espigão

Outro tipo de tubo é conhecido como tubo sino e espigão. Nesse sistema, uma extremidade de cada comprimento do tubo é alargada o suficiente para aceitar outro tubo. Esses tubos são especificados de acordo com um tamanho, o que iguala o diâmetro interno do tubo. Quando dois tubos são unidos, colocando-se uma extremidade de um dentro da extremidade expandida de outro, um material de vedação é colocado entre eles para garantir que a conexão fique vedada. Conexões também estão disponíveis para esse tipo de tubo. Em geral, os tubos de sino e espigão são feitos de ferro fundido ou PVC, sendo estes últimos muito usados em sistemas de aspersores subterrâneos.

3.2 Diâmetros equivalentes para dutos não circulares

Dutos não circulares são encontrados em diversos sistemas de transporte de fluidos. Seções transversais retangulares ou quadradas são usadas para dutos de aquecimento ou de condicionamento de ar e para calhas horizontais e verticais. Seções transversais anulares são encontradas em trocadores de calor de tubo duplo, em que um tubo é colocado dentro do outro; a seção entre os tubos é anular. Coloca-se a questão: o que usar para a dimensão característica do duto não circular? Três opções diferentes para a dimensão característica foram propostas: raio hidráulico, diâmetro efetivo e diâmetro hidráulico.

O **raio hidráulico** R_h é usado amplamente para escoamento em canais abertos. O raio hidráulico é definido como

$$R_h = \frac{\text{área do escoamento}}{\text{perímetro molhado}} = \frac{A}{P}. \tag{3.2}$$

Essa definição é inteiramente satisfatória para escoamento em canal aberto, mas leva a um resultado indesejado na modelagem de dutos fechados. Para um duto circular cheio, temos

$$R_h = \frac{A}{P} = \frac{\pi D^2/4}{\pi D} = \frac{D}{4}.$$

Assim, o raio hidráulico para escoamento em um tubo é um quarto do seu diâmetro. Tradicionalmente, o diâmetro D é preferido para representar um duto circular em vez de $D/4$; portanto, há uma tendência em não usar o raio hidráulico.

O **diâmetro efetivo** D_{eff} é o diâmetro de um duto circular que apresenta a mesma área do respectivo duto não circular. Assim,

$$\frac{\pi D_{eff}^2}{4} = A_{\text{duto não circular}}. \tag{3.3}$$

Considere, por exemplo, um duto retangular de dimensões $h \times w$. O diâmetro efetivo é encontrado com

$$\frac{\pi D_{eff}^2}{4} = hw$$

ou

$$D_{eff} = 2\sqrt{hw/\pi}.$$

O terceiro diâmetro equivalente definiremos como **diâmetro hidráulico** D_h:

$$D_h = \frac{4 \cdot \text{área do escoamento}}{\text{perímetro molhado}} = \frac{4A}{P}. \tag{3.4}$$

Para um duto circular escoando cheio, calculamos

$$D_h = \frac{4A}{P} = \frac{4\pi D^2/4}{\pi D} = D.$$

que nos dá o resultado esperado. Para um duto retangular de dimensões $h \times w$,

$$D_h = \frac{4hw}{2h + 2w} = \frac{2hw}{h + w}.$$

Essa equação traz resultados que são inteiramente diferentes da Equação 3.3, e deve-se observar que os diâmetros hidráulico e efetivo não podem ser iguais para um valor de w dado h.

O diâmetro hidráulico surge quando a equação de quantidade de movimento é aplicada para o escoamento em duto fechado. Tradicionalmente, o diâmetro hidráulico é usado mais amplamente que o efetivo. Neste texto, usaremos o diâmetro hidráulico, exceto em alguns exercícios selecionados.

Exemplo 3.1.

A Figura 3.1 é um esboço da seção transversal de um trocador de calor. Um fluido aquecido flui pelo tubo central e um fluido resfriado pelo espaço anular. O espaço anular é limitado por tubulação padrão 4 tipo K (externa) e padrão 2 tipo K interna. Determine o raio hidráulico, o diâmetro efetivo e o diâmetro hidráulico do escoamento no espaço anular.

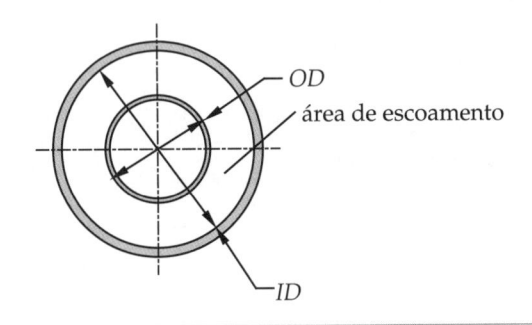

■ **Figura 3.1** Seção transversal anular limitada por dois tubos.

Solução: Nas tabelas do Apêndice, temos os seguintes dados:

padrão 4 tipo K $DI = 98$ mm
padrão 2 tipo K $DE = 53,98$ mm

A área do escoamento no espaço anular é

$$A = \frac{\pi(ID)^2}{4} - \frac{\pi(OD)^2}{4} = \frac{\pi}{4}(9,8^2 - 5,398^2) \times 10^{-4}$$

$$A = 5,25 \times 10^{-3} \text{ m}^2.$$

O perímetro molhado dessa seção transversal é o comprimento associado a ambos os tubos:

$$P = \pi(ID) + \pi(OD) = \pi(9,8 + 5,398) \times 10^{-2}$$

$$P = 0,4775 \text{ m}.$$

O raio hidráulico é calculado como

$$R_h = \frac{A}{P} = \frac{5,25 \times 10^{-3}}{0,4775}$$

$$R_h = 1,1 \times 10^{-2} \text{ m ou 11 mm}.$$

O diâmetro efetivo D_{eff} é o diâmetro de um duto circular cuja área é a mesma do respectivo duto não circular:

$$\frac{\pi D_{eff}^2}{4} = A$$

ou

$$D_{eff} = \sqrt{\frac{4A}{\pi}} = \sqrt{\frac{4(5,25 \times 10^{-3})}{\pi}}$$

$D_{eff} = 0,0818$ m $= 81,8$ mm.

O diâmetro hidráulico D_h é

$$D_h = \frac{4A}{P} = \frac{4(5,25 \times 10^{-3})}{0,4775}$$

$D_h = 4,4 \times 10^{-2}$ m $= 44$ mm.

3.3 Equação de movimento para escoamento em um duto

Nesta seção, desenvolveremos uma expressão para perda de pressão em um duto em razão de efeitos friccionais. A Figura 3.2 ilustra o escoamento em um duto fechado. Uma seção transversal circular é ilustrada, mas os resultados permanecem gerais até os termos da geometria para uma seção transversal específica serem introduzidos nas equações.

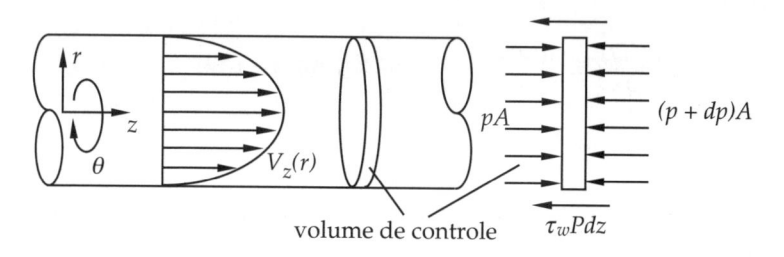

■ Figura 3.2 Escoamento laminar em um duto circular.

A figura mostra um sistema de coordenadas com a direção z ao longo do eixo do duto. Também mostra um volume de controle no formato de um disco, cujo diâmetro é igual ao diâmetro interno do duto. As forças que atuam no volume de controle incluem pressão e fricção. Em razão da fricção, a força é uma tensão de cisalhamento da parede que atua sobre a área da superfície do volume de controle, e as forças da gravidade são negligenciadas. A equação da quantidade de movimento aplicada ao volume de controle é

$$\Sigma F_z = \iint_{cs} V_z \rho V_n dA.$$

Observamos que a velocidade na direção z, para fora do volume de controle, é igual à velocidade para dentro do volume de controle, fazendo o lado direito da equação da quantidade de movimento igualar-se a zero. O lado esquerdo incluirá as forças que atuam no volume de controle que desejamos considerar: pressão e fricção. Assim, a equação precedente torna-se

$$pA - \tau_w P dz - (p + dp)A = 0. \tag{3.5}$$

O termo A é a área da seção transversal, e Pdz é o perímetro multiplicado pela distância axial, que iguala a área de superfície sobre a qual atua a tensão de cisalhamento da parede τ_w. A equação 3.5 fica

$$\frac{dp}{dz} = -\tau_w \frac{P}{A} = -\tau_w \frac{4P}{4A}.$$

Em termos do diâmetro hidráulico,

$$\frac{dp}{dz} = -\frac{4\tau_w}{D_h}. \tag{3.6}$$

A mudança de pressão por unidade de comprimento (dp/dz) é, portanto, uma função da tensão de cisalhamento na parede e do diâmetro hidráulico do duto. A equação 3.6 aplica-se a *qualquer* seção transversal.

Agora introduzimos um fator de atrito f normalmente definido como

$$f = \frac{4\tau_w}{\rho V^2/2}, \tag{3.7}$$

em que V é a velocidade média do escoamento no duto. A definição precedente é o fator de atrito de Darcy-Weisbach. A forma dessa equação tem força (por unidade de área) no numerador e energia cinética no denominador.

O **fator de atrito de Fanning**, usado em alguns textos, é definido como

$$f' = \frac{\tau_w}{\rho V^2/2}.$$

Em geral, usam-se ambas as definições para fator de atrito. A definição de Darcy-Weisbach é convenientemente aplicada quando o diâmetro hidráulico é o comprimento característico. O fator de atrito de Fanning é usado em formulações em que o raio hidráulico é o comprimento característico, em geral em aplicações de escoamento de canal aberto. Usaremos a definição de Darcy-Weisbach da Equação 3.7.

Resolvendo a Equação 3.7 para $4\tau_w$ e substituindo na Equação 3.6 temos

$$dp = -\frac{\rho V^2}{2} \frac{f dz}{D_h}. \tag{3.8a}$$

Integrando da seção 1 para a seção 2, onde a seção 2 está a uma distância L a jusante, temos

$$p_2 - p_1 = -\frac{\rho V^2}{2}\frac{fL}{D_h}. \qquad (3.8b)$$

As equações 3.8a e 3.8b mostram a queda de pressão em um duto em razão do atrito. Novamente, essas equações são independentes da seção transversal do duto.

Para modelar o escoamento no duto, usaremos a equação de Bernoulli. Como discutimos no capítulo anterior, parece que a equação de Bernoulli não considera os efeitos friccionais. Para escoamento em um duto, o atrito é manifestado como uma perda de pressão com a distância axial, como mostrado na Equação 3.8b. Assim, para usar a equação de Bernoulli para escoamento em um duto, primeiro a modificamos, combinando com a Equação 3.8b. O resultado é

$$\frac{p_1}{\rho g} + \frac{V_1^2}{2g} + z_1 = \frac{p_2}{\rho g} + \frac{V_2^2}{2g} + z_2 + \frac{fL}{D_h}\frac{V^2}{2g}. \qquad (3.9)$$

A Equação 3.9 é realmente um equilíbrio de energia realizado entre dois pontos a uma distância L dentro de um duto. A equação afirma que

$$\left(\begin{array}{c}\text{altura de}\\ \text{pressão}\end{array} + KE + PE\right)_1 = \left(\begin{array}{c}\text{altura de}\\ \text{pressão}\end{array} + KE + PE\right)_2 + \left(\begin{array}{c}\text{perda de energia}\\ \text{devido ao atrito}\end{array}\right).$$

A perda de altura de pressão é expressa como um produto do termo de atrito (fL/D_h) e da energia cinética do escoamento. Note que a Equação 3.9 pode ser aplicada a qualquer seção transversal, desde que se use o diâmetro hidráulico apropriado.

3.4 Fator de atrito e aspereza do tubo

Nesta seção, apresentaremos métodos de avaliação do fator de atrito para um duto circular sob condições de escoamento laminar e turbulento. Os resultados para uma variedade de dutos não circulares serão apresentados posteriormente, neste capítulo.

Escoamento laminar de um fluido newtoniano em um duto circular

Nosso interesse nessa área é ter uma equação para o perfil da velocidade e para a velocidade média. A Figura 3.2 ilustra o escoamento laminar em um duto, bem como sistema de coordenadas polares que usaremos em nossa formulação. A velocidade instantânea na direção z é

$$V_z = \left(-\frac{dp}{dz}\right)\left(\frac{R^2}{4\mu}\right)\left[1 - \left(\frac{r}{R}\right)^2\right] \qquad \left(\begin{array}{c}\text{duto circular}\\ \text{escoamento laminar}\end{array}\right). \qquad (3.10)$$

Essa equação deriva da aplicação da equação da quantidade de movimento para um volume de controle dentro do duto. (Consulte a seção de problemas, no final deste capítulo, para obter um procedimento passo a passo.) Observe que, à medida que a distância axial z aumenta, a pressão p diminui. Portanto, dp/dz é uma quantidade negativa e o termo $(-dp/dz)$ na Equação 3.10 é realmente positivo. Além disso, $(-dp/dz)$, que é a queda de pressão por unidade de comprimento, é uma constante.

Quando a Equação 3.10 é integrada sobre a área da seção transversal, como pela equação da continuidade, o resultado da **vazão volumétrica** Q é:

$$Q = \iint_{CS} V_n dA = \int_0^{2\pi} \int_0^R \left(-\frac{dp}{dz}\right)\left(\frac{R^2}{4\mu}\right)\left[1-\left(\frac{r}{R}\right)^2\right] r\, dr\, d\theta.$$

Observamos que os termos $(-dp/dz)$ e $R^2/4\mu$ são, ambos, constantes. Integrando e resolvendo, temos

$$Q = \frac{\pi R^4}{8\mu}\left(-\frac{dp}{dz}\right). \qquad (3.11)$$

A velocidade média é dada por

$$V = \frac{Q}{A} = \frac{R^2}{8\mu}\left(-\frac{dp}{dz}\right). \qquad (3.12)$$

Lembre-se da Equação 3.8a,

$$dp = -\frac{\rho V^2}{2}\frac{f\, dz}{D_h}. \qquad (3.8a)$$

Agora, usaremos as Equações 3.12 e 3.8a. Eliminando o termo de queda da pressão e resolvendo para o fator de atrito, temos

$$f = \frac{32\mu}{\rho V R} = \frac{64\mu}{\rho V D}$$

ou $\quad f = \dfrac{64}{\text{Re}} \qquad$ (escoamento laminar em duto circular), $\qquad (3.13)$

em que o diâmetro D foi substituído pelo diâmetro hidráulico D_h.

Escoamento turbulento em um duto circular

Para escoamento turbulento, contamos com métodos experimentais para desenvolver uma relação entre as variáveis pertinentes. Com base nos resultados de muitos testes realizados usando paredes de tubo rugosas, criadas artificialmente, foi determinado que o fator de atrito é dependente do número Reynolds Re e da rugosidade relativa ε/D:

$$f = f(\text{Re}, \varepsilon/D), \qquad (3.14)$$

em que ε é uma dimensão linear característica que representa a rugosidade da superfície interna da parede do duto.

Muitas pesquisas sobre rugosidade de superfície já foram realizadas e correlacionadas. Partículas de areia de diâmetros ou dimensões conhecidas (separadas por tamanho em peneira) foram presas por um adesivo dentro da superfície de um tubo, que então foi testado, ou seja, foram obtidos dados de queda de pressão *versus* vazão volumétrica para o fluido bombeado no tubo, e os testes foram repetidos com muitos tamanhos de tubo e muitos diâmetros de partículas de areia. Quando os testes foram realizados em tubos disponíveis comercialmente (por exemplo, queda de pressão *versus* vazão), uma comparação pôde ser feita. Por exemplo, um tubo de aço comercial apresenta comportamento de queda de pressão *versus* vazão igual ou muito parecido com o de um tubo revestido com partículas de areia de tamanho $\varepsilon = 0,00015$ ft (0,046 mm). Alguns textos chamam ε de um "fator de rugosidade equivalente da areia". Valores de ε para vários materiais são fornecidos na Tabela 3.1.

■ **Tabela 3.1** Fator de atrito para vários materiais do tubo.

Material do tubo	ε, ft	ε, mm
Aço		
Comercial	0,00015	0,046
Corrugado	0,003-0,03	0,9-9
Rebitado	0,003-0,03	0,9-9
Galvanizado	0,0002-0,0008	0,06-0,25
Mineral		
Tijolo de esgoto		
Cimento-amianto	0,001-0,01	0,3-3
Barro		
Concreto		
Aduela de madeira	0,0006-0,003	0,18-0,9
Ferro fundido	0,00085	0,25
Asfalto revestido	0,0004	0,12
Betuminoso	0,000008	0,0025
Cimento revestido	0,000008	0,0025
Centrifugado	0,00001	0,0031
Tubulação trefilada	0,000005	0,0015
Diversos		
Latão		
Cobre		
Vidro		
Chumbo	0,000005	0,0015
Plástico		
Estanho		
Galvanizado	0,0002-0,0008	0,06-0,25
Ferro forjado	0,00015	0,046
PVC	Liso	Liso

O gráfico de dados para prever o fator de atrito f dado o número de Reynolds Re ($= \rho VD/\mu$) e a rugosidade relativa (ε/D) é conhecido como o **diagrama de Moody**.[1] Uma grande quantidade de dados foi compilada e consolidada nesse gráfico. A Figura 3.3 é um gráfico do diagrama de Moody.

Diversas equações foram escritas para ajuste de curvas do diagrama de Moody. As mais antigas, como a equação de Colebrook, são conhecidas por envolver um processo iterativo ao se tentar calcular o fator de atrito f dado o número de Reynolds

---

[1] MOODY, L. "Friction Factors in Pipe Flow", *Transactions of ASME*, 68, 672, 1944.

Re e a rugosidade relativa ε/D. Equações publicadas recentemente, no entanto, superaram essa dificuldade. A equação de Chen, a de Churchill, a de Haaland e a de Swamee-Jain, todas resolvem para f explicitamente em termos de Re e ε/D. Portanto, quando Re e ε/D são conhecidos, essas equações permitem calcular f diretamente, assim como o diagrama de Moody.

A **equação de Chen** é válida para Re > 2.100 e é escrita como

$$f = \left[-2{,}0 \log \left\{ \frac{\varepsilon}{3{,}7065 D} - \frac{5{,}0452}{\text{Re}} \log \left(\frac{1}{2{,}8257} \left[\frac{\varepsilon}{D} \right]^{1{,}1098} + \frac{5{,}8506}{\text{Re}^{0{,}8981}} \right) \right\} \right]^{-2}. \quad (3.15)$$

A **equação de Churchil**, também válida para Re ≥ 2.100, é

$$f = 8 \left\{ \left[\frac{8}{\text{Re}} \right]^{12} + \frac{1}{(B + C)^{1{,}5}} \right\}^{\frac{1}{12}}, \quad (3.16)$$

em que

$$B = \left[2{,}457 \ln \frac{1}{(7/\text{Re})^{0{,}9} + (0{,}27\varepsilon/D)} \right]^{16} \quad \text{e} \quad C = \left(\frac{37\,530}{\text{Re}} \right)^{16}.$$

A **equação de Haaland** é

$$f = \left\{ -0{,}782 \ln \left[\frac{6{,}9}{\text{Re}} + \left(\frac{\varepsilon}{3{,}7D} \right)^{1{,}11} \right] \right\}^{-2}. \quad (3.17)$$

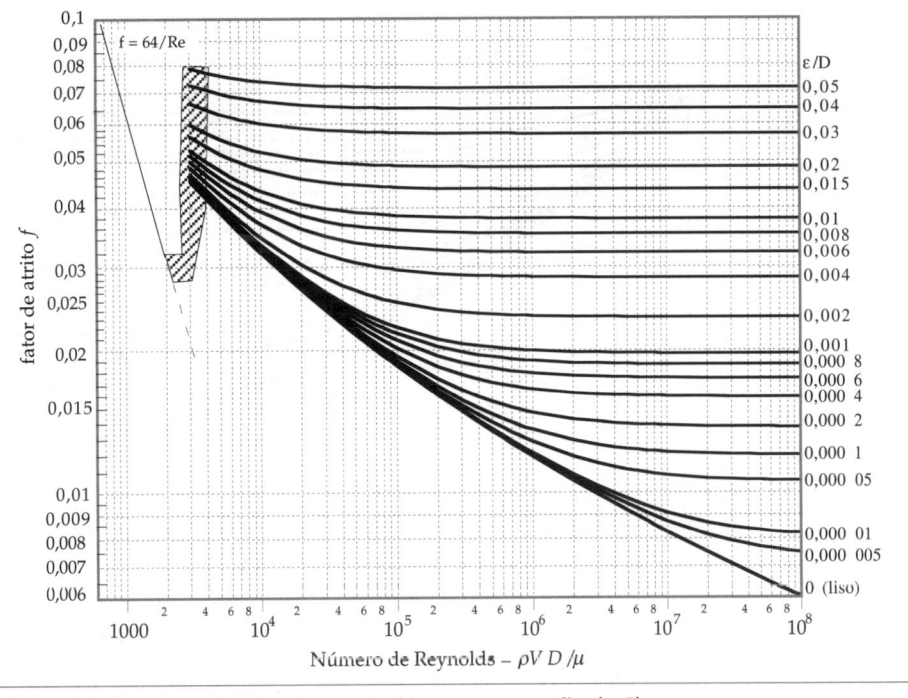

■ **Figura 3.3** Diagrama de Moody construído com a equação de Chen.

Finalmente, a **equação de Swamee-Jain** é

$$f = \frac{0,250}{\left\{\log\left[\dfrac{\varepsilon}{3,7D} + \dfrac{5,74}{\mathbf{Re}^{0,9}}\right]\right\}^2}. \tag{3.18}$$

A Figura 3.3 é uma versão do diagrama de Moody que foi gerada usando a equação de Chen. O número de Reynolds aparece no eixo horizontal e varia de apenas 1.000 para 100.000.000. A rugosidade relativa é uma variável independente e vai de 0 a 0,05. O fator de atrito aparece no eixo vertical e varia até 0,1. Observe que o fator atrito da Figura 3.3 é o fator de atrito de Darcy-Weisbach, que pode ser visto na legenda do fator de atrito do escoamento laminar: $f = 64/\text{Re}$.

Outras formas do diagrama de Moody foram desenvolvidas para simplificar cálculos em problemas em que são necessários métodos interativos ou de tentativa e erro, ou seja, vazão volumétrica Q desconhecida, diâmetro D desconhecido. Considere que seis variáveis podem estar em um problema de tubulação: Δp (ou Δh), Q, D, ν, L, e ε. Em geral, no tipo tradicional de problema, cinco dessas variáveis são conhecidas e a sexta deve ser encontrada. Quando a queda de pressão Δp (ou perda de altura de pressão $\Delta h = \Delta p/\rho g$) é desconhecida, então o problema pode ser resolvido de maneira direta, usando o diagrama de Moody (Figura 3.3). Quando a vazão volumétrica Q é desconhecida, o uso do diagrama de Moody requer um procedimento de tentativa e erro para obter uma solução. Entretanto, se um gráfico de f versus $\text{Re}\sqrt{f}$ estiver disponível, então, o problema de Q desconhecido pode ser resolvido de maneira direta. Esse gráfico é mostrado na Figura 3.4.

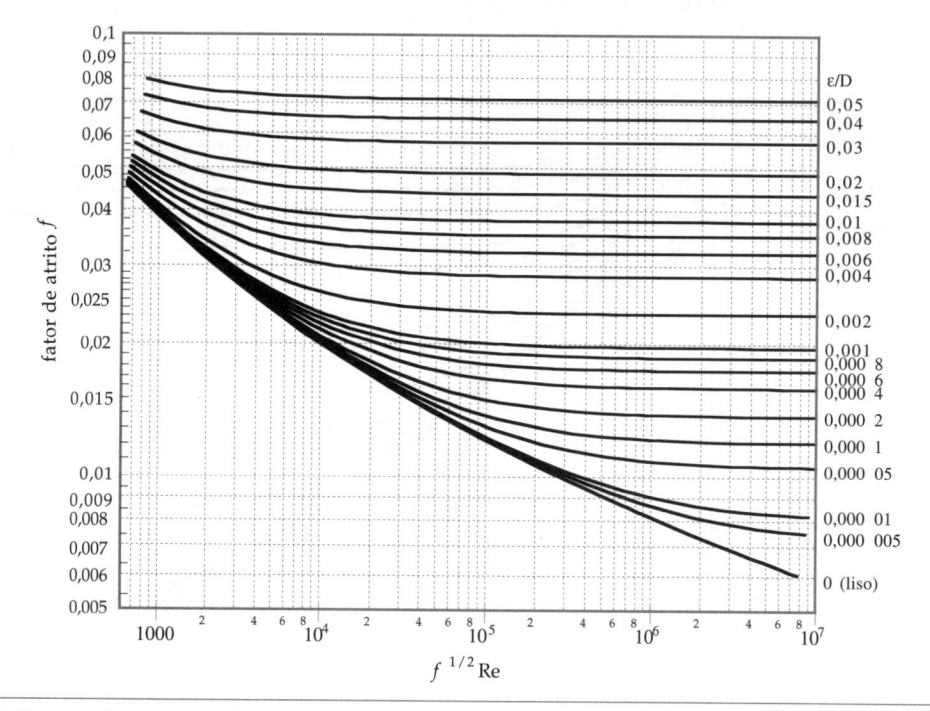

■ **Figura 3.4** Diagrama de atrito do tubo modificado para resolver problemas com vazão volumétrica desconhecida.

A Equação 3.15 (equação de Chen) foi usada para gerar o gráfico f versus $f^{1/2}$Re da Figura 3.4. Um valor de ε/D foi selecionado e o número de Reynolds pôde variar de 2×10^3 para 10^8. O fator de atrito foi encontrado e $f^{1/2}$Re foi calculado. Valores gerados foram colocados em um gráfico e o resultado está na Figura 3.4.

Quando o diâmetro D é desconhecido, o uso do diagrama de Moody novamente requer um procedimento de tentativa e erro, a menos que um gráfico de f versus $f^{1/5}$Re esteja disponível – esse gráfico é mostrado na Figura 3.5. O processo de tentativa e erro é necessário quando o diâmetro D desconhecido puder ser eliminado somente com a mudança da variável independente, ε/D. Isso se deve ao fato de que o termo de rugosidade relativa contém o diâmetro D, que é desconhecido. Em estudos que envolvem economia na seleção de tamanho dos tubos, uma nova variável é introduzida para eliminar o termo de rugosidade do diâmetro. O novo parâmetro, chamado "número de rugosidade", é definido como:

$$\text{Ro} = \frac{\varepsilon/D}{\text{Re}} = \frac{(\varepsilon/D)\mu}{\rho V D}.$$

Nesses problemas, é vantajoso expressar a velocidade em termos de vazão e diâmetro. Para um duto circular, temos

$$V = \frac{Q}{A} = \frac{4Q}{\pi D^2}.$$

Usando essa equação, o número de rugosidade torna-se

$$\text{Ro} = \frac{\pi \varepsilon \mu}{4 \rho Q} = \frac{\varepsilon/D}{\text{Re}}. \tag{3.19}$$

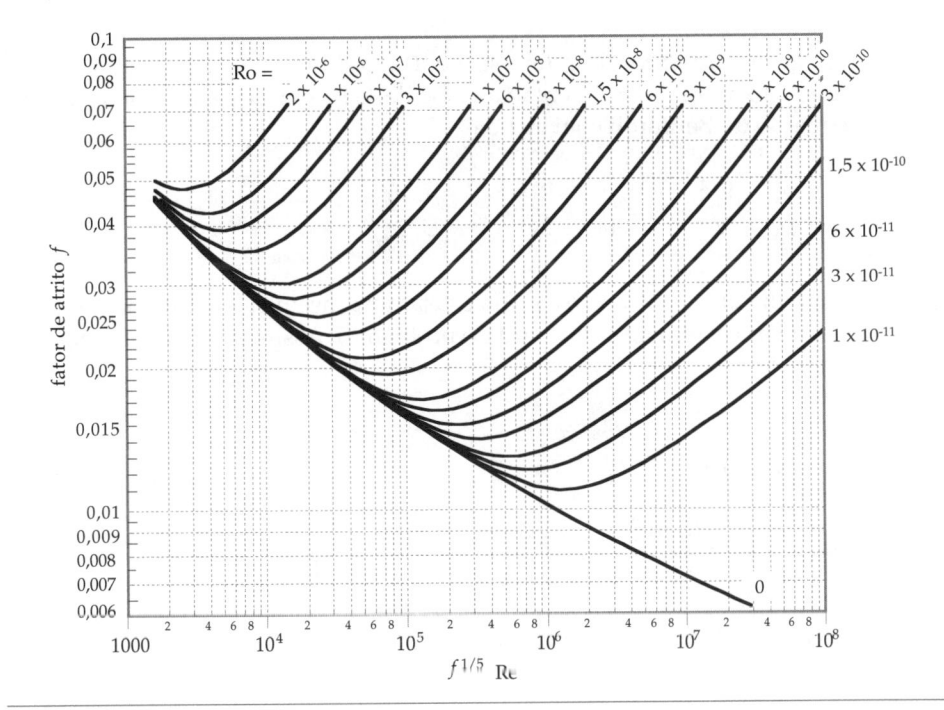

■ **Figura 3.5** Diagrama de atrito do tubo modificado para resolver problemas de diâmetro desconhecido.

Para o problema do diâmetro desconhecido, é desejável ter um gráfico de f versus $f^{1/5}Re$ com Ro [= $(\varepsilon/D)/Re$] como uma variável independente. Esse gráfico é fornecido na Figura 3.5, que foi gerada com a Equação 3.15, a equação de Chen. Um valor de ε/D foi selecionado, assim como um único valor de Re. O fator de atrito foi encontrado; o número da Rugosidade Ro (= $\varepsilon/D/Re$) e $f^{1/5}Re$ foram calculados. O próximo valor de ε/D foi selecionado em harmonia com o próximo Re, já que aquele Ro se mantivera constante. O objetivo era gerar linhas de Ro constantes. Os valores de f, $f^{1/5}Re$, e Ro foram então colocados no gráfico, e o resultado, fornecido na Figura 3.5.

Para os gráficos apresentados nas figuras 3.4 e 3.5, o expoente de f é selecionado como ½ ou ⅕. Esses valores foram escolhidos em razão da solução das equações para problemas específicos. Como os gráficos são usados para resolver problemas tradicionais de escoamento no tubo, eles serão ilustrados em exemplos.

Exemplo 3.2.

Um tubo nominal de 4" schedule 40 conduz óleo de rícino a uma vazão de 0,01 m³/s. O tubo é de aço comercial e tem 250 m de comprimento. Determine a queda de pressão sofrida pelo fluido.

Solução: Das diversas tabelas de propriedade, lemos

óleo de rícino	$\rho = 960$ kg/m³	$\mu = 650 \times 10^{-3}$ N·s/m²	[Apêndice, Tabela B.1]
nom. 4 sch 40	$D = 102,3$ mm	$A = 82,19 \times 10^{-4}$ m²	[Apêndice, Tabela D.1]
aço comercial		$\varepsilon = 0,046$ mm	[Tabela 3.1]

A equação da conservação da massa escrita para esse sistema é

$$Q = A_1 V_1 = A_2 V_2,$$

em que o subscrito "1" refere-se à entrada do tubo, e "2", à saída. Como a área do tubo não muda, $A_1 = A_2$, então a velocidade na entrada é igual à da saída: $V_1 = V_2$. A equação de Bernoulli com atrito é

$$\frac{p_1}{\rho g} + \frac{V_1^2}{2g} + z_1 = \frac{p_2}{\rho g} + \frac{V_2^2}{2g} + z_2 + \frac{fL}{D}\frac{V^2}{2g}.$$

Suponha que a entrada e a saída estejam na mesma elevação (não houve especificação quanto a isso no enunciado do problema). Assim $z_1 = z_2$, e a equação de Bernoulli torna-se

$$\frac{p_1}{\rho g} - \frac{p_2}{\rho g} = \frac{fL}{D}\frac{V^2}{2g}$$

ou $p_1 - p_2 = \frac{fL}{D}\frac{\rho V^2}{2}.$

A velocidade média foi encontrada como

$$V = \frac{Q}{A} = \frac{0,01}{82,19 \times 10^{-4}} = 1,22 \text{ m/s}.$$

O número de Reynolds então torna-se

$$Re = \frac{\rho V D}{\mu} = \frac{960(1{,}22)(0{,}102\,3)}{650 \times 10^{-3}}$$

ou $Re = 184$.

O escoamento é laminar, pois o número de Reynolds é inferior a 2.100. O fator de atrito f é calculado como (escoamento laminar em um duto circular)

$$f = \frac{64}{Re} = \frac{64}{184}$$

$f = 0{,}348$.

Substituindo na equação de Bernoulli temos

$$p_1 - p_2 = \frac{fL}{D}\frac{\rho V^2}{2} = \frac{0{,}348(250)}{0{,}102\,3}\frac{960(1{,}22)^2}{2}$$

$p_1 - p_2 = 6{,}08 \times 10^5 \text{ N/m}^2 = 608 \text{ kPa}$.

Esse resultado é independente do material do tubo, pois o escoamento é laminar.

Exemplo 3.3.

O clorofórmio escoa a uma vazão de 0,01 m³/s por meio de um tubo de aço forjado nominal de 4" schedule 40. O tubo é disposto horizontalmente e tem 250 m de comprimento. Calcule a queda de pressão do clorofórmio.

Solução: Das tabelas de propriedade, lemos

clorofórmio $\rho = 1.470 \text{ kg/m}^3$ $\mu = 0{,}53 \times 10^{-3} \text{ N·s/m}^2$
[Apêndice, Tabela B.1]

nom.4" sch 40   DI = D = 102,3 mm $A = 82{,}19 \times 10^{-4} \text{ m}^2$
[Apêndice, Tabela D.1]

ferro forjado $\varepsilon = 0{,}046 \text{ mm}$ [Tabela 3.1]

A equação de continuidade para escoamento permanente incompressível pelo tubo é

$$A_1 V_1 = A_2 V_2.$$

Como $A_1 = A_2$, então $V_1 = V_2$. A equação de Bernoulli se aplica:

$$\frac{p_1}{\rho g} + \frac{V_1^2}{2g} + z_1 = \frac{p_2}{\rho g} + \frac{V_2^2}{2g} + z_2 + \frac{fL}{D_h}\frac{V^2}{2g},$$

em que os pontos 1 e 2 são separados de $L = 250$ m, $z_1 = z_2$ para um tubo horizontal e $p_1 - p_2$ é procurado. A equação anterior reduz para

$$p_1 - p_2 = \frac{fL}{D_h} \frac{\rho V^2}{2}.$$

A velocidade do escoamento é

$$V = \frac{Q}{A} = \frac{0,01}{82,19 \times 10^{-4}} = 1,22 \text{ m/s}.$$

O número de Reynolds é calculado como

$$\text{Re} = \frac{\rho VD}{\mu} = \frac{1470(1,22)(0,102\,3)}{0,53 \times 10^{-3}} = 3,46 \times 10^5.$$

O escoamento, portanto, é turbulento. Assim,

$$\left. \begin{array}{l} \text{Re} = 3,46 \times 10^5 \\ \\ \dfrac{\varepsilon}{D} = \dfrac{0,046}{102,3} = 0,000\,45 \end{array} \right\} \quad f = 0,018 \quad \text{(Figura 3.3)}.$$

A perda de pressão é

$$p_1 - p_2 = \frac{fL}{D_h} \frac{\rho V^2}{2} = \frac{0,018(250)}{0,102\,3} \frac{1.470(1,22)^2}{2}$$

$$p_1 - p_2 = 48\,120 \text{ N/m}^2 = 48,1 \text{ kPa}.$$

Este exemplo e o anterior são idênticos, exceto pelas propriedades do fluido. No exemplo anterior, o escoamento é laminar e a queda de pressão é de 608 kPa. Neste, o escoamento é turbulento e a queda de pressão é de 48,1 kPa. A perda por atrito no primeiro exemplo é grande em razão da alta viscosidade do fluido.

Exemplo 3.4.

Água escoa em um tubo de ferro fundido revestido com asfalto e com 100 m de comprimento. A queda de pressão nesse comprimento é 685 N/m². O tubo é nominal de 2½" schedule 80. Determine a vazão volumétrica sob essas condições.

Solução: Das tabelas de propriedade, lemos

água $\rho = 1.000$ kg/m³ $\mu = 0,89 \times 10^{-3}$ N·s/m²   [Apêndice, Tabela B.1]
nom.2½" sch 80   DI = $D = 59,01$ mm $A = 27,35 \times 10^{-4}$ m²   [Apêndice, Tabela D.1]
ferro fundido com asfalto $\varepsilon = 0,12$ mm   [Tabela 3.1]

A equação de continuidade para escoamento permanente e incompressível é

$$A_1 V_1 = A_2 V_2.$$

Como $A_1 = A_2$, então $V_1 = V_2$. A equação de Bernoulli com atrito é

$$\frac{p_1}{\rho g} + \frac{V_1^2}{2g} + z_1 = \frac{p_2}{\rho g} + \frac{V_2^2}{2g} + z_2 + \sum \frac{fL}{D_h} \frac{V^2}{2g}.$$

em que o comprimento L e $(p_1 - p_2)$ são dados. Com $z_1 = z_2$, a equação anterior fica:

$$p_1 - p_2 = \Delta p = \frac{fL}{D_h} \frac{\rho V^2}{2}.$$

Reorganizando e resolvendo para velocidade, temos

$$V = \sqrt{\frac{2D \Delta p}{\rho f L}}.$$

Substituindo,

$$V = \sqrt{\frac{2(0{,}05901)(685)}{1.000 f(100)}} = \frac{0{,}028\,43}{\sqrt{f}}. \tag{i}$$

O número de Reynolds do escoamento é

$$\mathrm{Re} = \frac{\rho V D}{\mu} = \frac{1.000 V(0{,}05901)}{0{,}89 \times 10^{-3}}$$

ou

$$\mathrm{Re} = 6{,}63 \times 10^4 V \tag{ii}$$

e

$$\frac{\varepsilon}{D} = \frac{0{,}12}{59{,}01} = 0{,}002. \tag{iii}$$

O ponto operacional está em algum lugar nesta linha ε/D, como indicado no diagrama de Moody abreviado da Figura 3.6. Começamos assumindo que o fator de atrito f corresponderá ao valor completamente turbulento de $\varepsilon/D = 0{,}002$ (Figura 3.6). (Essa etapa nem sempre é possível, especialmente para valores menores de ε/D. Alternativamente, poderíamos começar com o valor de f selecionado aleatoriamente, que também funcionará.) Lemos $f = 0{,}024$.

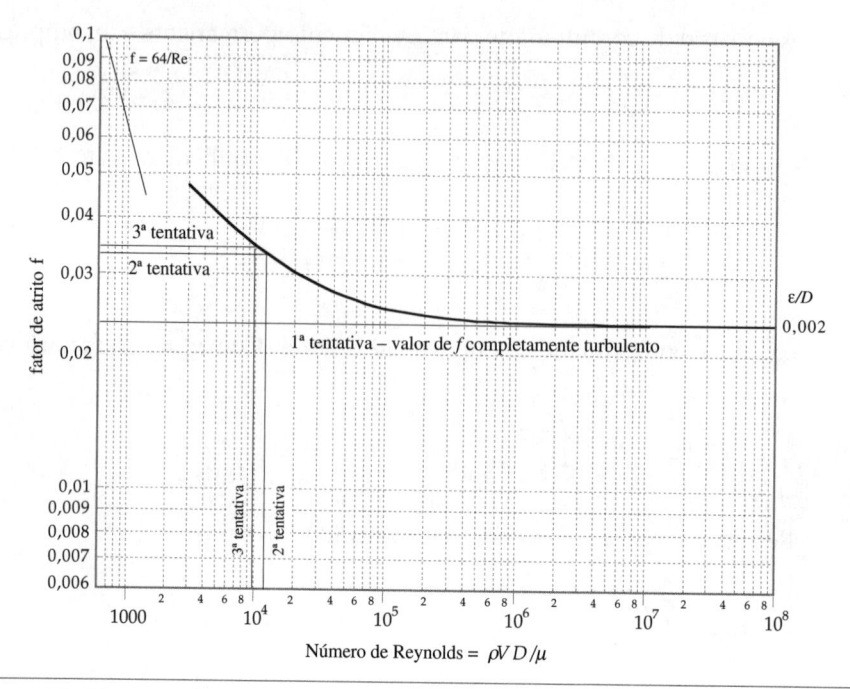

Figura 3.6 Diagrama de Moody abreviado para ilustrar o procedimento de tentativa e erro para o problema desconhecido da vazão volumétrica.

Com esse valor para o fator de atrito, a velocidade é

$$V = 0{,}028\,43/\sqrt{0{,}024} = 0{,}183 \text{ m/s}$$

O número de Reynolds então é

$$\left.\begin{array}{l} \text{Re} = 6{,}63 \times 10^4 (0{,}183) = 1{,}2 \times 10^4 \\ \\ \dfrac{\varepsilon}{D} = 0{,}002 \end{array}\right\} f = 0{,}034.$$

Repetindo os cálculos com esse novo valor de f, temos

$f = 0{,}034$; $V = 0{,}154$; Re $= 1{,}02 \times 10^4$; $f \approx 0{,}035$ perto o suficiente

$f = 0{,}035$; $V = 0{,}152$ m/s.

A velocidade, portanto, é 0,152 m/s. A vazão volumétrica é calculada como

$$Q = AV = (27{,}35 \times 10^{-4} \text{ m}^3/\text{s})(0{,}152 \text{ m/s})$$

ou

$$\underline{Q = 4{,}16 \times 10^{-4} \text{ m}^3/\text{s}.}$$

Resumo dos cálculos

1ª tenativa: $f = 0{,}024$; $V = 0{,}183$; Re $= 1{,}2 \times 10^4$

2ª tenativa: $f = 0{,}034$; $V = 0{,}154$; Re $= 1{,}02 \times 10^4$ $f \approx 0{,}035$ perto o suficiente

3ª tenativa: $f = 0{,}035$; $V = 0{,}152$ m/s.

Suponha que desejemos usar a Figura 3.4 e evitar o procedimento de tentativa e erro. Definimos os cálculos e chegamos ao seguinte [Equações i, ii e iii]:

$$V = \frac{0{,}028\,48}{\sqrt{f}} \quad \text{(i)}$$

$$\text{Re} = 6{,}63 \times 10^4 V \quad \text{(ii)}$$

$$\frac{\varepsilon}{D} = 0{,}002. \quad \text{(iii)}$$

Combinamos as Equações i e ii para eliminar a velocidade V e obtemos

$$\text{Re} = 6{,}63 \times 10^4 (0{,}028\,43/\sqrt{f})$$

ou

$$\left.\begin{array}{l} f^{1/2}\text{Re} = 1{,}9 \times 10^3 \\[4pt] \dfrac{\varepsilon}{D} = 0{,}002 \end{array}\right\} \quad f = 0{,}035 \quad \text{(Figura 3.4).}$$

Substituindo na Equação i, temos

$$V = 0{,}028\,43/\sqrt{0{,}035} = 0{,}152 \text{ ft/s}$$

produzindo o mesmo resultado que antes.

Exemplo 3.5.

Uma tubulação de PVC está conduzindo 50 litros por segundo de etilenoglicol em uma distância de 2.000 m. A bomba disponível pode superar uma perda por atrito de 200 kPa. Selecione um tubo de schedule 40 com tamanho apropriado.

Solução: Nesse tipo de problema, não é provável que possamos atender aos dois critérios (0,05 m³/s e 200 kPa). Portanto, precisamos determinar qual deles é mais importante, e resolver de acordo com ele. Suponhamos que 0,05 m³/s seja desejado e selecionemos um tamanho, que resultará algo próximo de 200 kPa, sem excedê-lo. Lemos o seguinte das diversas tabelas de propriedade:

etilenoglicol $\quad\quad \rho = 1.100$ kg/m³ $\quad\quad \mu = 16{,}2 \times 10^{-3}$ N·s/m²
[Apêndice, Tabela B.1]

tubulação plástica $\quad\quad \varepsilon =$ "liso" (≈ 0) [Tabela 3.1]

A equação de continuidade para escoamento permanente e incompressível é

$$Q = A_1 V_1 = A_2 V_2.$$

Como $A_1 = A_2$, então $V_1 = V_2$. A equação de Bernoulli com atrito é

$$\frac{p_1}{\rho g} + \frac{V_1^2}{2g} + z_1 = \frac{p_2}{\rho g} + \frac{V_2^2}{2g} + z_2 + \frac{fL}{D_h}\frac{V^2}{2g}.$$

Com $z_1 = z_2$ e $V_1 = V_2$, a equação anterior reduz para

$$p_1 - p_2 = \frac{fL}{D_h}\frac{\rho V^2}{2}.$$

Quando o diâmetro é desconhecido, é conveniente modificar as equações de uma forma ligeiramente diferente. Fazemos isso reescrevendo a equação em termos vazão volumétrica. Para um duto circular,

$$V = \frac{4Q}{\pi D^2}.$$

Substituindo a velocidade em termos da vazão, a equação de movimento torna-se

$$p_1 - p_2 = \Delta p = \frac{fL}{D}\frac{\rho\, 16Q^2}{2\pi^2 D^4}.$$

Reorganizando e resolvendo para o diâmetro D, temos

$$D = \sqrt[5]{\frac{8\rho Q^2 fL}{\pi^2 \Delta p}}.$$

Substituindo, temos

$$D = \sqrt[5]{\frac{8(1,1)(1.000)(50 \times 10^{-3})^2 f(2.000)}{\pi^2 (200\,000)}}.$$

ou

$$D = 0{,}467 f^{1/5}. \tag{i}$$

Em termos da vazão, o número de Reynolds torna-se

$$\mathrm{Re} = \frac{\rho V D}{\mu} = \frac{4\rho Q}{\pi D \mu}.$$

Substituindo,

$$\text{Re} = \frac{4(1,1)(1.000)(50 \times 10^{-3})}{\pi D (16,2 \times 10^{-3})} = 4,3 \times 10^3 / D. \tag{ii}$$

Para usar o diagrama de Moody da Figura 3.3, presumimos um fator de atrito para iniciar o método de tentativa e erro. Assuma

$f = 0,025$ \qquad (selecionado aleatoriamente),

então

$D = 0,467(0,025)^{1/5} = 0,223$ m

e

$\text{Re} = 4,3 \times 10^3 / 0,223 = 1,93 \times 10^4$

$\dfrac{\varepsilon}{D} =$ "liso" $\qquad\qquad f = 0,026$ \quad (Figura 3.3).

Para uma segunda tentativa,

$f = 0,026;\ D = 0,225;\ \text{Re} = 1,9 \times 10^4;\ f \approx 0,026$ \qquad (perto o suficiente).

O diâmetro que selecionamos é 0,225 m. De acordo com a Tabela D.1 do Apêndice, e lembrando que a declaração do problema solicitava tubo schedule 40, descobrimos que o tamanho selecionado está entre nominal de 8" schedule 40 e nominal de 10" schedule 40. O tubo menor pode entregar a vazão necessária, mas a uma queda de pressão que excede 200 kPa; assim, especificamos

$\underline{D = \text{tubo nominal de 10" schedule 40.}}$

Suponha que preferimos evitar o procedimento de tentativa e erro e usamos a Figura 3.5. Chegamos às equações i e ii na maneira usual, e depois as combinamos para eliminar D; temos

$\text{Re} = 4,3 \times 10^3 / 0,467 f^{1/5}$

ou

$f^{1/5} \text{Re} = 9,2 \times 10^3$

$\mathbf{Ro} = \dfrac{\pi \varepsilon \mu}{4 \rho Q} = 0 =$ "liso" $\qquad f = 0,026$ \quad (Figura 3.5).

O diâmetro é calculado como

$D = 0,467(0,026)^{1/5} = 0,225$ m

que é o mesmo resultado obtido antes.

3.5 Perdas localizadas

O termo **perdas localizadas** refere-se às perdas de pressão encontradas por um fluido à medida que ele flui por uma conexão ou válvula em uma sistema hidráulico. Conexões e válvulas são usadas para direcionar o escoamento, conectar dutos, redirecionar o fluido e controlar a vazão. As conexões são parte integral de qualquer sistema de tubulação, e, nesta seção, abordaremos de que maneira sua presença afeta o fluido.

À medida que o fluido escoa pela conexão, ele passa por uma mudança repentina na área, aumentando ou diminuindo. O fluido também pode ter de contornar uma curva fechada, e isso pode ser feito formando-se uma região de separação dentro da conexão, na qual o fluido sofrerá perda de pressão. Trataremos essa perda matematicamente, atribuindo a cada conexão um fator de perda K. A perda de pressão é, então, expressa como um múltiplo da energia cinética do escoamento:

$$p_1 - p_2 = \Sigma K \frac{\rho V^2}{2}. \tag{3.20}$$

A equação de Bernoulli, quando escrita para incluir os efeitos do atrito e as perdas localizadas, torna-se

$$\frac{p_1}{\rho g} + \frac{V_1^2}{2g} + z_1 = \frac{p_2}{\rho g} + \frac{V_2^2}{2g} + z_2 + \frac{fL}{D_h}\frac{V^2}{2g} + \Sigma K \frac{V^2}{2g}. \tag{3.21}$$

Referimo-nos à Equação 3.21 como **equação de Bernoulli modificada**.

Coeficientes de perda para um número de conexão são fornecidos na Tabela 3.2, a seguir, e a maioria das informações nessa tabela resulta de medições feitas em conexões. Na tabela, algumas conexões são valores constantes do coeficiente de perda K e uma equação correspondente, e esses valores são fornecidos porque, quando fazemos cálculos manualmente, é conveniente usar um valor constante; porém, uma vez que é fácil usar uma equação para o coeficiente de perda quando usamos um computador para fazer os cálculos, a equação também é fornecida na tabela. Observe que, em muitas conexões relacionadas, o coeficiente de perda varia de acordo com o diâmetro do tubo.

A Tabela 3.2 também fornece coeficientes de perdas localizadas para vários tipos de válvulas. Válvulas são fornecidas em uma variedade de tipos e tamanhos, e a seleção da válvula certa merece a devida atenção, uma vez que uma válvula incorreta pode ter consequências desastrosas, portanto, é preferível ter informações sobre a seleção da válvula. A Tabela 3.5 (na seção Resumo deste capítulo) fornece orientações gerais a respeito de como selecionar a válvula apropriada para uma determinada aplicação, incluindo características, vantagens e desvantagens de cada uma.

Antes de prosseguir com a resolução de problemas na tubulação, é aconselhável rever o conceito do volume de controle e como aplicar a equação de Bernoulli modificada corretamente. A primeira etapa na formulação da solução para um problema é determinar onde estão localizados os limites do volume de controle. Ao fazer isso, identificamos as seções transversais em que a massa cruza a superfície de controle. Os termos da pressão p, da velocidade V e da altura z na equação de Bernoulli modificada aplicam-se às seções transversais em que a massa cruza o contorno. Esses termos não devem ser aplicados a nada dentro ou fora do volume de controle. O termo de atrito fL/D_h e o coeficiente de perda menor K aplicam-se ao que está acontecendo dentro do sistema de tubulação, mas não se aplicam a nada que acontece fora do volume de controle.

■ **Tabela 3.2** Coeficientes de perda para conexões de tubo: entradas, saídas e cotovelos.

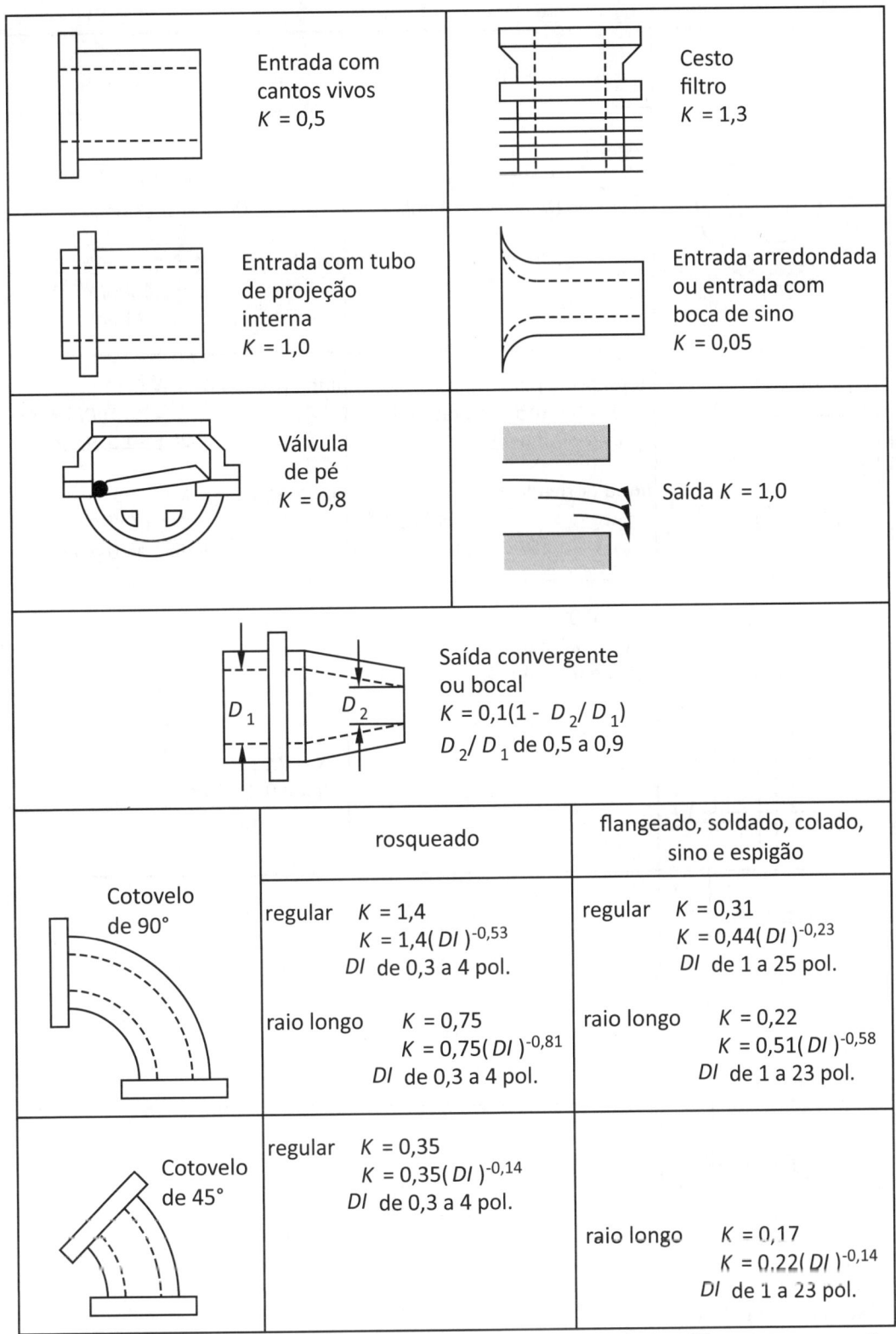

	Entrada com cantos vivos $K = 0{,}5$		Cesto filtro $K = 1{,}3$
	Entrada com tubo de projeção interna $K = 1{,}0$		Entrada arredondada ou entrada com boca de sino $K = 0{,}05$
	Válvula de pé $K = 0{,}8$		Saída $K = 1{,}0$
	Saída convergente ou bocal $K = 0{,}1(1 - D_2/D_1)$ D_2/D_1 de 0,5 a 0,9		

		rosqueado	flangeado, soldado, colado, sino e espigão
Cotovelo de 90°		regular $K = 1{,}4$ $K = 1{,}4(DI)^{-0{,}53}$ DI de 0,3 a 4 pol.	regular $K = 0{,}31$ $K = 0{,}44(DI)^{-0{,}23}$ DI de 1 a 25 pol.
		raio longo $K = 0{,}75$ $K = 0{,}75(DI)^{-0{,}81}$ DI de 0,3 a 4 pol.	raio longo $K = 0{,}22$ $K = 0{,}51(DI)^{-0{,}58}$ DI de 1 a 23 pol.
Cotovelo de 45°		regular $K = 0{,}35$ $K = 0{,}35(DI)^{-0{,}14}$ DI de 0,3 a 4 pol.	
			raio longo $K = 0{,}17$ $K = 0{,}22(DI)^{-0{,}14}$ DI de 1 a 23 pol.

continua

■ **Tabela 3.2** (*continuação*) Coeficientes de perda para conexões de tubos: cotovelos, junções T e acoplamentos.

	rosqueado	flangeado, soldado, colado, sino e espigão
Retorno curvo	regular $K = 1,5$ $K = 1,5(DI)^{-0,57}$ DI de 0,3 a 4 pol.	regular $K = 0,3$ $K = 0,43(DI)^{-0,26}$ DI de 1 a 23 pol. raio longo $K = 0,2$ $K = 0,43(DI)^{-0,53}$ DI de 1 a 23 pol.
Junção T	linha principal $K = 0,9$ todos os tamanhos DI de 0,3 a 4 pol. linha derivada $K = 1,9$ $K = 1,9(DI)^{-0,38}$ DI de 0,3 a 4 pol.	linha principal $K = 0,14$ $K = 0,27(DI)^{-0,46}$ DI de 1 a 20 pol. linha derivada $K = 0,69$ $K = 1,0(DI)^{-0,29}$ DI de 1 a 20 pol.
Acoplamento	$K = 0,08$ $K = 0,083(DI)^{-0,69}$ DI de 0,4 a 4 pol.	$K = 0,08$ DI de 0,3 a 23 pol.
Bucha redutora	$K = 0,5 - 0,167(D_2/D_1) - 0,125(D_2/D_1)^2 - 0,208(D_2/D_1)^3$ $0,25 < D_2/D_1 < 1$	
Expansão repentina	$K = ((D_2/D_1)^2 - 1)^2$ $1 < D_2/D_1 < 5$	

continua

■ **Tabela 3.2** (*continuação*) Coeficientes de perda para conexões: válvulas.

	rosqueado	flangeado, soldado, colado, sino e espigão
Válvula globo	totalmente aberta $K = 10$ $K = \exp\{2{,}158 - 0{,}459 \ln(DI)$ $+ 0{,}259[\ln(DI)]^2$ $- 0{,}123[\ln(DI)]^3\}$ DI de 0,3 a 4 pol.	totalmente aberta $K = 10$ $K = \exp\{2{,}565 - 0{,}916 \ln(DI)$ $+ 0{,}339[\ln(DI)]^2$ $- 0{,}01416[\ln(DI)]^3\}$ DI de 0,3 a 4 pol.
Válvula gaveta	totalmente aberta $K = 0{,}15$ $K = 0{,}24(DI)^{-0{,}47}$ DI de 0,3 a 4 pol.	totalmente aberta $K = 0{,}15$ $K = 0{,}78(DI)^{-1{,}14}$ DI de 1 a 20 pol.
	Todos os tamanhos Fração fechada 0 | 1/4 | 3/8 | 1/2 | 5/8 | 3/4 | 7/8 K = 0,15 | 0,26 | 0,81 | 2,06 | 5,52 | 17,0 | 97,8	
Válvula agulha	totalmente aberta $K = 2{,}0$ $K = 4{,}5(DI)^{-1{,}08}$ DI de 0,6 a 4 pol.	totalmente aberta $K = 2{,}0$ $K = \exp\{1{,}569 - 1{,}43 \ln(DI)$ $+ 0{,}8[\ln(DI)]^2$ $- 0{,}137[\ln(DI)]^3\}$ DI de 1 a 20 pol.
Válvula de esfera	Todos os tamanhos α 0 | 10 | 20 | 30 | 40 | 50 | 60 | 70 | 80 K = 0,05 | 0,29 | 1,56 | 5,47 | 17,3 | 25,6 | 206 | 485 | ∞	
Válvula de retenção Tipo balanço Tipo de esfera Tipo elevação	$K = 2{,}5$ $K = 70{,}0$ $K = 12{,}0$	$K = 2{,}5$ $K = 70{,}0$ $K = 12{,}0$

Como exemplo, considere o sistema indicado na Figura 3.7: um tubo conectado a dois tanques. Examinaremos cinco volumes de controle diferentes aplicados ao mesmo tubo e escreveremos a equação de Bernoulli para cada caso. Na Figura 3.7a, o volume de controle inclui todo o fluido no tubo e o fluido em ambos os tanques.

(a) $z_1 = z_2 + \dfrac{fL}{D_h}\dfrac{V^2}{2g} + (K_{entrada} + 2K_{90° cotovelo} + K_{válvula} + K_{saída})\dfrac{V^2}{2g}$

(b) $z_1 = \dfrac{p_2}{\rho g} + \dfrac{V_2^2}{2g} + z_2 + \dfrac{fL}{D_h}\dfrac{V^2}{2g} + (K_{entrada} + 2K_{90° cotovelo} + K_{válvula})\dfrac{V^2}{2g}$

(c) $z_1 = z_2 + \dfrac{fL}{D_h}\dfrac{V^2}{2g} + (K_{entrada} + 2K_{90° cotovelo} + K_{válvula} + K_{saída})\dfrac{V^2}{2g}$

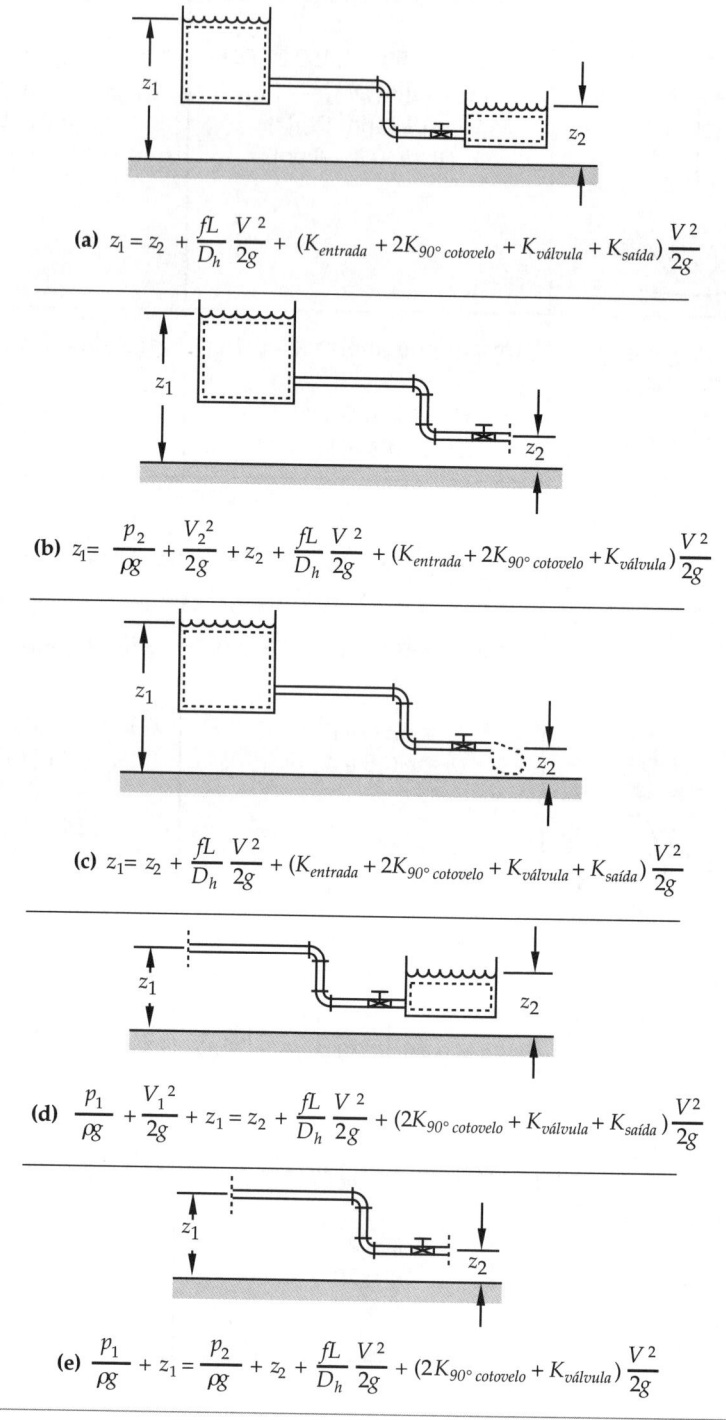

(d) $\dfrac{p_1}{\rho g} + \dfrac{V_1^2}{2g} + z_1 = z_2 + \dfrac{fL}{D_h}\dfrac{V^2}{2g} + (2K_{90° cotovelo} + K_{válvula} + K_{saída})\dfrac{V^2}{2g}$

(e) $\dfrac{p_1}{\rho g} + z_1 = \dfrac{p_2}{\rho g} + z_2 + \dfrac{fL}{D_h}\dfrac{V^2}{2g} + (2K_{90° cotovelo} + K_{válvula})\dfrac{V^2}{2g}$

■ **Figura 3.7** Equação de Bernoulli modificada escrita para vários sistemas.

A seção 1 é a superfície livre do tanque à esquerda, e a seção 2 é a superfície livre do tanque à direita. Agora, avaliaremos cada propriedade nas duas seções:

$p_1 = p_2 = p_{atm} = 0$

V_1 = velocidade da superfície ≈ 0 (comparada à velocidade no tubo);
$\quad V_2 \approx 0$

z_1 = altura na seção 1; z_2 = altura na seção 2

$\dfrac{fL}{D}$ = termo de atrito aplicado ao sistema hidráulico

ΣK = perdas localizadas encontradas por uma partícula de fluido no percurso da seção 1 para a seção 2; entrada, dois cotovelos de 90°, válvula e saída

A equação de Bernoulli modificada (3.21) é

$$\frac{p_1}{\rho g} + \frac{V_1^2}{2g} + z_1 = \frac{p_2}{\rho g} + \frac{V_2^2}{2g} + z_2 + \frac{fL}{D_h}\frac{V^2}{2g} + \Sigma K \frac{V^2}{2g}. \quad (3.21)$$

Para essa aplicação, temos a Figura 3.7a

$$z_1 = z_2 + \frac{fL}{D_h}\frac{V^2}{2g} + (K_{entrada} + 2K_{90° \, cotovelo} + K_{válvula} + K_{saída})\frac{V^2}{2g}. \quad (3.22)$$

Esse resultado acompanha a figura.

Na Figura 3.7b, o volume de controle inclui o fluido que se encontra no tanque à esquerda e todo fluido no tubo. A seção 1 é a superfície livre do líquido no tanque, e a seção 2 é logo na saída do tubo. Após a seção 2, o líquido poderia ser descartado na atmosfera, em outro tanque ou em outra bomba. Seu destino após a seção 2 não diz respeito à análise que formulamos. As propriedades são:

$p_1 = p_{atm} = 0$; p_2 = pressão na seção 2 $\neq p_{atm}$

V_1 = velocidade da superfície ≈ 0 (comparada à velocidade no tubo)

V_2 = velocidade no tubo

z_1 = altura na seção 1; z_2 = altura na seção 2

$\dfrac{fL}{D}$ = termo de atrito aplicado ao sistema hidráulico

ΣK = perdas localizadas encontradas por uma partícula de fluido no percurso da seção 1 para a seção 2; entrada, dois cotovelos de 90° e uma válvula.

A perda na saída não é considerada na Figura 3.7b, pois a perda de pressão na conexão é sentida pelo fluido somente *depois* que ele passa por ela. A equação de Bernoulli modificada (para a Figura 3.7b) reduz para

$$z_1 = \frac{p_2}{\rho g} + \frac{V_2^2}{2g} + z_2 + \frac{fL}{D_h}\frac{V^2}{2g} + (K_{entrada} + 2K_{90° cotovelo} + K_{válvula})\frac{V^2}{2g}, \quad (3.23)$$

em que a velocidade de saída V_2 iguala a velocidade no tubo V. Esse resultado acompanha a figura.

A Figura 3.7c mostra o tanque direito removido, como na Figura 3.7b. Na Figura 3.7c, no entanto, o volume de controle não termina repentinamente com o final do tubo. Em vez disso, usamos uma área de superfície grande como seção 2. Em geral, a pressão na saída do tubo não é igual à pressão atmosférica; portanto, permitimos que o fluido se expanda até sua pressão se igualar a p_{atm}. Assim a seção 2 é presumida como o local em que a pressão líquida se torna igual à pressão atmosférica. Além disso, como a área na seção 2 é muito grande, a velocidade do líquido (ou sua energia cinética) é reduzida a um valor insignificante (comparado ao da velocidade no tubo). Em outras palavras, na seção 2 a pressão iguala-se à pressão atmosférica e a energia cinética do líquido é dissipada. As propriedades são:

$$p_1 = p_2 = p_{atm} = 0 \qquad V_2 \approx 0$$

(As condições $p_2 = p_{atm}$, $V_2 = 0$, e a perda de saída diferente de zero *devem* todas serem consideradas simultaneamente para esse caso.)

V_1 = velocidade da superfície ≈ 0 (comparada à velocidade no tubo)

z_1 = altura na seção 1; z_2 = altura na seção 2

$\frac{fL}{D}$ = termo de atrito aplicado ao sistema hidráulico

ΣK = perdas localizadas encontradas pelo percurso da partícula do fluido da seção 1 para a seção 2; entrada, dois cotovelos de 90°, válvula e saída.

A equação de Bernoulli modificada aplicada na Figura 3.7c é

$$z_1 = z_2 + \frac{fL}{D_h}\frac{V^2}{2g} + (K_{entrada} + 2K_{90° cotovelo} + K_{válvula} + K_{saída})\frac{V^2}{2g}. \quad (3.24)$$

Esse resultado acompanha a figura.

Na Figura 3.7d, temos o mesmo tubo que conduz para um tanque. A entrada do tubo poderia ser alimentada a partir de um reservatório, por uma bomba ou por outro tubo, pois isso não faz diferença em nossa análise. A seção 1 está na entrada do tubo e a seção 2, na superfície livre do líquido no tanque. As propriedades são

p_1 = pressão na seção 1; $p_2 = p_{atm} = 0$

V_1 = velocidade na seção 1 = velocidade no tubo = V

V_2 = velocidade da superfície ≈ 0 (comparada à velocidade no tubo)

z_1 = altura na seção 1; z_2 = altura na seção 2

$\dfrac{fL}{D}$ = termo de atrito aplicado ao sistema hidráulico

ΣK = perdas localizadas encontradas pelo percurso da partícula do fluido da seção 1 para a seção 2; dois cotovelos de 90°, válvula e saída.

Para a Figura 3.7d, a equação de Bernoulli modificada reduz para

$$\dfrac{p_1}{\rho g} + \dfrac{V_1^2}{2g} + z_1 = z_2 + \dfrac{fL}{D_h}\dfrac{V^2}{2g} + (2K_{90°\ cotovelo} + K_{válvula} + K_{saída})\dfrac{V^2}{2g}. \quad (3.25)$$

em que $V_1 = V$. Esse resultado acompanha a figura.

A Figura 3.7e mostra o tubo sem tanques conectados. A fonte do líquido, ou o seu último destino, não afeta nossa análise. Os locais da seção 1 e da seção 2 são mostrados. As propriedades são

p_1 = pressão na seção 1; p_2 = pressão na seção 2

V_1 = velocidade na seção 1 = velocidade no tubo = V

V_2 = velocidade na seção 2 = velocidade no tubo = V

z_1 = altura na seção 1; z_2 = altura na seção 2

$\dfrac{fL}{D}$ = termo de atrito aplicado ao sistema hidráulico

ΣK = perdas localizadas encontradas por uma partícula de fluido no percurso da seção 1 para a seção 2, dois cotovelos de 90° e válvula.

Para a Figura 3.7e, a equação de Bernoulli modificada reduz para

$$\dfrac{p_1}{\rho g} + z_1 = \dfrac{p_2}{\rho g} + z_2 + \dfrac{fL}{D_h}\dfrac{V^2}{2g} + (2K_{90°\ cotovelo} + K_{válvula})\dfrac{V^2}{2g}. \quad (3.26)$$

Esse resultado é mostrado na figura. Conforme indicado na discussão anterior, é extremamente importante definir com clareza o limite do volume de controle.

Agora estamos equipados para lidar com problemas hidráulicos. Outra vez, examinaremos problemas em que a queda de pressão Δp (ou Δh), a vazão volumétrica Q ou o diâmetro D é desconhecido.

Exemplo 3.6.

A Figura 3.8 mostra parte de um sistema hidráulico usado para conduzir 0,047 m³/s de álcool etílico. O sistema contém 54,86 m de tubo de aço comercial nominal de 12" schedule 40. Todas as fixações são do tipo de raio longo e flangeadas. Calcule a queda de pressão nessa parte da tubulação se $z_1 = z_2$.

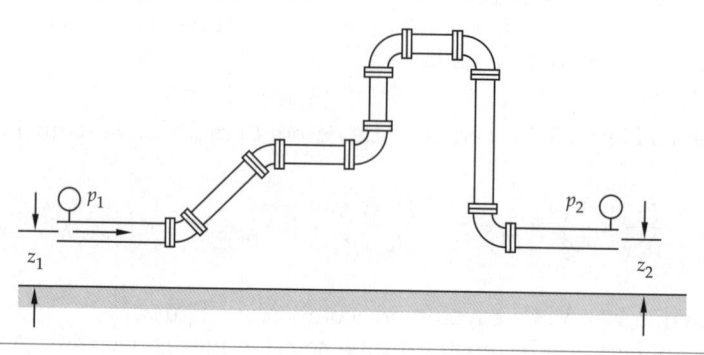

■ **Figura 3.8** O sistema hidráulico do Exemplo 3.6.

Solução: O volume de controle que selecionamos inclui todo o líquido contido no tubo e se estende para cada medidor de pressão. O procedimento de cálculo é o seguinte:

álcool etílico $\quad \rho = 787 \text{ kg/m}^3 \quad\quad \mu = 1,1 \times 10^{-3}$ Pa·s

[Apêndice, Tabela B.1]

nom. 12" sch 40 $\quad D = 0,303$ m $\quad A = 0,0718$ m² $\quad$ [Apêndice, Tabela D.1]

aço comercial $\quad\quad\quad\quad\quad\quad \varepsilon = 0,046$ mm $\quad\quad\quad$ [Tabela 3.1]

Equação de Bernoulli modificada (3.21):

$$\frac{p_1}{\rho g} + \frac{V_1^2}{2g} + z_1 = \frac{p_2}{\rho g} + \frac{V_2^2}{2g} + z_2 + \frac{fL}{D_h}\frac{V^2}{2g} + \sum K \frac{V^2}{2g}. \quad (3.21)$$

Avaliação de propriedade:

$V_1 = V_2; \quad\quad\quad z_1 = z_2; \quad\quad\quad L = 54{,}86$ m

$\Sigma K = 2K_{cotovelo\ 45°} + 4K_{cotovelo\ 90°} = 2(0{,}17) + 4(0{,}22) = 1{,}22.$

A equação de Bernoulli modificada reduz para:

$$\frac{p_1}{\rho g} = \frac{p_2}{\rho g} + \left(\frac{fL}{D_h} + \sum K\right)\frac{V^2}{2g}.$$

Agora, trabalharemos para avaliar os termos restantes. A vazão volumétrica é

$Q = 0{,}047$ m³/s.

Velocidade média:

$$V = \frac{Q}{A} = \frac{0,047}{0,0718} = 0,655 \text{ m/s}.$$

Número de Reynolds

$$\text{Re} = \frac{\rho VD}{\mu} = \frac{(787)(0,655)(0,303)}{1,1 \times 10^{-3}}.$$

Rugosidade relativa e fator de atrito:

$$\left. \begin{array}{l} \text{Re} = 1,43 \times 10^5 \\ \\ \dfrac{\varepsilon}{D} = \dfrac{0,046 \times 10^{-3}}{0,303} = 0,00015 \end{array} \right\} \quad f = 0,018 \qquad \text{(Figura 3.3)}.$$

Substituindo na equação de movimento:

$$\frac{p_1}{\rho g} = \frac{p_2}{\rho g} + \left(\frac{0,018(54,86)}{0,303} + 1,22\right)\frac{(0,655)^2}{2(9,81)}$$

ou

$$\frac{(p_1 - p_2)}{\rho g} = 98,8 \text{ mm de álcool etílico}.$$

Assim, se conectássemos um manômetro de tubo U invertido com ar sobre o álcool etílico da seção 1 para 2, leríamos Δh = 98,8 mm. A queda de pressão agora é calculada como

$$p_1 - p_2 = 98,8 \times 10^{-3}(787)(9,81) = 762 \text{ Pa}.$$

Exemplo 3.7.

Um enorme reservatório de água é drenado com um tubo de aço galvanizado nominal de 2″ schedule 40 com 60 m de comprimento. O sistema hidráulico é mostrado na Figura 3.9. As conexões são regulares e rosqueadas. Determine a vazão volumétrica no sistema se z_1 = 5 m e z_2 = 2 m.

Solução: O volume de controle que selecionamos inclui a água existente no reservatório e no sistema hidráulico. A seção 1 é a superfície livre da água no reservatório e a seção 2 está localizada de forma que $p_2 = p_{atm}$. Os cálculos são:

água	ρ = 1.000 kg/m³	μ = 0,89 × 10⁻³ N·s/m²	[Apêndice, Tabela B.1]
nom. 2″ sch 40	D = 52,52 mm	A = 2,166 × 10⁻⁴ m²	[Apêndice, TabelaD.1]
aço galvanizado		ε = 0,155 mm (valor médio)	[Tabela 3.1]

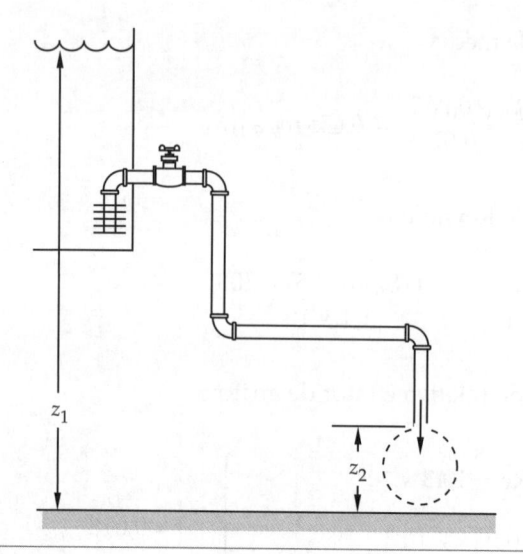

Figura 3.9 O sistema hidráulico do Exemplo 3.7.

Equação de Bernoulli modificada (3.21):

$$\frac{p_1}{\rho g} + \frac{V_1^2}{2g} + z_1 = \frac{p_2}{\rho g} + \frac{V_2^2}{2g} + z_2 + \frac{fL}{D_h}\frac{V^2}{2g} + \Sigma K \frac{V^2}{2g}. \quad (3.21)$$

Avaliação de propriedade:

$p_1 = p_2 = p_{atm}$ $V_1 = 0$ $V_2 = 0$
$z_1 = 5$ m $z_2 = 2$ m $L = 60$ m

$\Sigma K = K_{cesto\ filtro} + 4K_{cotovelo\ 90°} + K_{válvula\ globo} + K_{saída}$

$\Sigma K = 1,3 + 4(1,4) + 10 + 1,0 = 17,9.$

A equação de Bernoulli modificada reduz para:

$$z_1 = z_2 + \frac{fL}{D_h}\frac{V^2}{2g} + \Sigma K \frac{V^2}{2g}$$

ou

$$5 = 2 + \frac{60f}{0,05252}\frac{V^2}{2(9,81)} + 17,9\frac{V^2}{2(9,81)}.$$

Reorganizando e resolvendo para velocidade, temos

$$3 = (58,23f + 0,912)V^2$$

ou

$$V = \sqrt{\frac{3}{58,23f + 0,912}}. \quad \text{(i)}$$

Número de Reynolds $Re = \rho VD/\mu$:

$$Re = \frac{1.000(V)(0,097\ 18)}{0,89 \times 10^{-3}} = 1,09 \times 10^5 V \qquad \text{(ii)}$$

$$\frac{\varepsilon}{D} = \frac{0,155}{52,52} = 0,000\ 03. \qquad \text{(iii)}$$

É necessário um processo de tentativa e erro envolvendo as Equações i, ii e iii. Primeiro presumimos um valor do fator de atrito, que corresponde ao valor do escoamento turbulento plenamente desenvolvido, no qual $\varepsilon/D = 0,000015$:

1ª tentativa: $f = 0,009$; $V = 1,45$; $Re = 8,53 \times 10^4$ $f = 0,019$
2ª tentativa: $f = 0,019$; $V = 1,22$; $Re = 7,19 \times 10^4$ $f \approx 0,019\ 5$
(perto o suficiente).

A velocidade, portanto, é 1,22 m/s. Então, a vazão volumétrica é

$$Q = AV = 21,66 \times 10^{-4}\ (1,22)$$

ou $Q = 0,002\ 6\ m^3/s$.

Exemplo 3.8.

A Figura 3.10 mostra um sistema hidráulico que consiste em uma linha conectada a duas derivações. Quando a derivação do desvio está fechada com sua válvula, a linha de escoamento deve entregar $8,5 \times 10^{-3}\ m^3/s$ de benzeno com uma queda de pressão de $p_1 - p_2$ de 58,5 kPa. Selecione um tamanho apropriado para o tubo, caso ele seja de ferro fundido e tenha conexões rosqueadas regulares. O comprimento do tubo necessário é 213,35 m. Em razão de custo, é melhor usar tubo schedule 40.

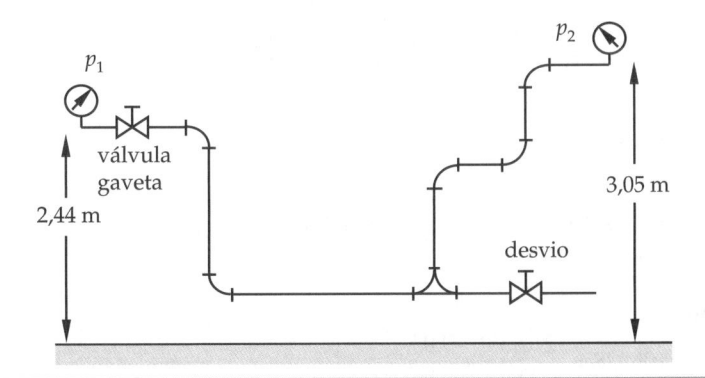

■ **Figura 3.10** Sistema hidráulico do Exemplo 3.8.

Solução: O volume de controle que selecionamos inclui todo o fluido no tubo do medidor na seção 1 para o medidor na seção 2, excluindo o desvio. O método de solução é

benzeno $\quad \rho = 876 \text{ kg/m}^3 \quad \mu = 0{,}60 \text{ mPa·s}$

[Apêndice, Tabela B.1]

ferro fundido não revestido $\quad \varepsilon = 0{,}26 \text{ mm}$

[Tabela 3.1]

Equação de continuidade:

$$Q = A_1 V_1 = A_2 V_2 \qquad A_1 = A_2, \text{ portanto } V_1 = V_2.$$

Equação de Bernoulli modificada 3.21:

$$\frac{p_1}{\rho g} + \frac{V_1^2}{2g} + z_1 = \frac{p_2}{\rho g} + \frac{V_2^2}{2g} + z_2 + \frac{fL}{D_h}\frac{V^2}{2g} + \Sigma K \frac{V^2}{2g}. \tag{3.21}$$

Avaliação de propriedade:

$$\frac{(p_1 - p_2)}{\rho g} = \frac{58{,}5 \times 10^3}{876(9{,}81)} = 6{,}81 \text{ m de benzeno}$$

$$V_1 = V_2 \qquad z_1 = 2{,}44 \text{ m} \qquad z_2 = 3{,}05 \text{ m} \qquad L = 213{,}35 \text{ m}$$

$$\Sigma K = K_{\text{válvula gaveta}} + 5K_{\text{cotovelo 90°}} + K_{\text{junta T}}$$

$$\Sigma K = 0{,}15 + 5(1{,}4) + 1{,}9 = 9{,}05$$

Velocidade do escoamento $V = Q/A$:

$$V = \frac{4Q}{\pi D^2} = \frac{4(0{,}0085)}{\pi D^2} = \frac{0{,}034}{D^2}.$$

Equação de movimento:

$$\frac{p_1}{\rho g} - \frac{p_2}{\rho g} + z_1 - z_2 = \left(\frac{fL}{D_h} + \Sigma K\right)\frac{V^2}{2g}.$$

Substituindo,

$$6{,}81 + 2{,}44 - 3{,}05 = \left(\frac{213{,}35f}{D} + 9{,}05\right)\frac{(0{,}034)^2}{2D^4(9{,}81)}$$

ou

$$105228 = \frac{213{,}35f}{D^5} + \frac{9{,}05}{D^4}.$$

Reorganizando e simplificando, temos

$$f = 4932 D^5 - 0{,}0424 D. \tag{i}$$

Número de Reynolds $Re = \rho VD/\mu$:

$$Re = \frac{(876)(0,034/D^2)D}{0,6 \times 10^{-3}}$$

$$Re = \frac{4,96 \times 10^4}{D}.$$ (ii)

Rugosidade relativa:

$$\frac{\varepsilon}{D} = \frac{0,26 \times 10^{-3}}{D}.$$ (iii)

O método de solução envolve um procedimento de tentativa e erro, que começa presumindo um diâmetro:

1ª tentativa: $\quad D = 0,0762\text{m}; \quad f = 0,00933 \quad$ (Eq. i)

então

$$\left.\begin{array}{l} Re = 4,96 \times 10^4/D = 6,5 \times 10^5 \\ \dfrac{\varepsilon}{D} = \dfrac{0,26 \times 10^{-3}}{0,0762} = 0,0034 \end{array}\right\} \quad f = 0,028 \quad \text{(Figura 3.3)}$$

2ª tentativa: $\quad D = 0,101\text{m}; \quad f = 0,0484$

então

$$\left.\begin{array}{l} Re = 4,96 \times 10^4/D = 4,9 \times 10^5 \\ \dfrac{\varepsilon}{D} = \dfrac{0,26 \times 10^{-3}}{0,101} = 0,0026 \end{array}\right\} \quad f = 0,026 \quad \text{(Figura 3.3)}$$

O diâmetro que procuramos está entre 0,0762 m e 0,101 m. Continuando,

3ª tentativa: $\quad D = 0,0914 \text{ m}; \quad f = 0,027$

então

$$\left.\begin{array}{l} Re = 4,96 \times 10^4/D = 5,42 \times 10^5 \\ \dfrac{\varepsilon}{D} = \dfrac{0,26 \times 10^{-3}}{0,0914} = 0,0028 \end{array}\right\} \quad f = 0,027 \quad \text{(Figura 3.3)}$$

que está perto o suficiente. Assim $D = 0,0914$ m. De acordo com a Tabela D.1 do Apêndice, lemos:

nom. 3½" sch 40 $\quad\quad D = 90$ mm
nom. 4" sch 40 $\quad\quad D = 102,3$ mm

A pergunta que surge agora é: qual desses tubos selecionar? O menor tamanho entregará a vazão necessária, mas a queda de pressão excederá aquela que foi especificada. Portanto, usaremos o tubo nominal de 4″ schedule 40. Agora, devemos voltar e calcular a queda de pressão real. Aquela que foi usada no enunciado do problema ($\Delta p = 58{,}5$ kPa e $Q = 8{,}5 \times 10^{-3}$ m³/s) será satisfeita somente com um diâmetro de 0,0914 m. O diâmetro que estamos usando, entretanto, é 102,3 mm, que é maior que o necessário.

Com $Q = 8{,}5 \times 10^{-3}$ m³/s, calculamos a queda de pressão real com a equação de movimento:

$$\frac{p_1}{\rho g} - \frac{p_2}{\rho g} + z_1 - z_2 = \left(\frac{fL}{D_h} + \sum K\right)\frac{V^2}{2g}.$$

Para $D = 0{,}1023$ m, $A = \pi D^2/4 = 8{,}21 \times 10^{-3}$ m². A velocidade média é

$$V = \frac{Q}{A} = \frac{8{,}5 \times 10^{-3}}{8{,}21 \times 10^{-3}} = 1{,}03 \text{ m/s}$$

e

$\text{Re} = 1{,}53 \times 10^5 \qquad \varepsilon/D = 0{,}00253 \qquad f = 0{,}027.$

Substituindo,

$$\frac{(p_1 - p_2)}{876(9{,}81)} + 2{,}44 - 3{,}05 = \left(\frac{0{,}027(213{,}35)}{0{,}1023} + 9{,}05\right)\frac{(1{,}03)^2}{2(9{,}81)}.$$

Resolvendo, temos

$$p_1 - p_2 = 35{,}6 \text{ kPa}.$$

Essa queda de pressão é inferior a 58,5 kPa que foi especificada. Se usássemos nominal de 3½″ schedule 40, a queda de pressão seria 61,3 kPa.

3.6 Sistemas de tubulação em série

Vários problemas de tubulação de duto fechado são mais complexos que os considerados nas seções anteriores. Esses problemas de tubulação complexos incluem sistemas com mais de um tamanho de linha, sistemas com disposições de tubulações paralelas ou redes e sistemas com vários tanques drenando simultaneamente. Esses e outros problemas complexos são modelados com informações fornecidas neste capítulo. Aqui, no entanto, consideraremos apenas tubos em série.

Dois ou mais tubos de diferentes tamanhos ou mesmo de diferentes rugosidades conectados formam um sistema de tubulação em série. A velocidade dentro dos tubos de diferentes tamanhos em série é diferente, como é o número de Reynolds e, assim, o fator de atrito. Consequentemente, tais sistemas pedem consideração especial.

Sistemas de tubulação I 105

Dois tipos de problemas podem ser encontrados nos sistema em série. O problema Tipo I é aquele em que a vazão volumétrica é conhecida e a queda de pressão deve ser determinada; o Tipo II é aquele em que a queda de pressão é conhecida e a vazão volumétrica é procurada, sendo consideravelmente mais difícil que o problema Tipo I. A resolução de ambos se inicia com a equação de Bernoulli modificada e continua da maneira usual. O procedimento é ilustrado pelos exemplos a seguir.

Exemplo 3.9.

Um tubo nominal de 2" schedule 40 com 21,34 m de comprimento é conectado ao tubo nominal de 3" schedule 40 com 18,29 m em série, conforme mostrado na Figura 3.11. O tubo nominal de 2" contém uma válvula gaveta. Para uma vazão volumétrica de $3{,}78 \times 10^{-3}$ m^3/s, determine a queda de pressão $p_1 - p_2$. O fluido é hexano e os tubos são de aço galvanizado.

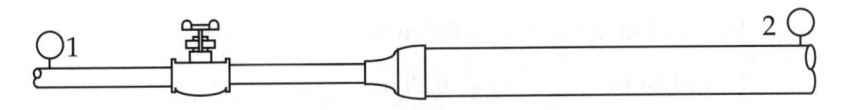

■ **Figura 3.11** Um sistemas de tubulação em série.

Solução: Continuaremos da maneira usual. A partir de várias tabelas de propriedade, lemos

Hexano $\qquad \rho = 657$ kg/m$^3 \qquad \mu = 2{,}98 \times 10^{-4}$ Pa·s
[Apêndice, Tabela B.1]

nom. 2" sch 40 $\qquad D = 52{,}5$ mm $\qquad A = 2{,}16 \times 10^{-3}$ m^2

nom. 3" sch 40 $\qquad D = 77{,}9$ mm $\qquad A = 4{,}77 \times 10^{-3}$ m^2
[Apêndice, Tabela D.1]

aço galvanizado $\qquad \varepsilon = 0{,}15$ mm

[Tabela 3.1]

A equação de Bernoulli modificada aplicada no tubo é

$$\frac{p_1}{\rho g} + \frac{V_1^2}{2g} + z_1 = \frac{p_2}{\rho g} + \frac{V_2^2}{2g} + z_2 + \left(\frac{fL}{D} + \Sigma K\right)\frac{V_1^2}{2g} + \left(\frac{fL}{D} + \Sigma K\right)\frac{V_2^2}{2g},$$

em que o subscrito 1 se refere-se às propriedades na entrada e o 2, às propriedades na saída. A vazão volumétrica pelo sistema é

$Q = 3{,}79 \times 10^{-3}$ m^3/s.

A velocidade em cada linha é

$$V_{2\text{-nom}} = \frac{Q}{A} = \frac{3{,}79 \times 10^{-3}}{2{,}16 \times 10^{-3}} = 1{,}75 \text{ m}$$

$$V_{3\text{-nom}} = \frac{3{,}79 \times 10^{-3}}{4{,}77 \times 10^{-3}} = 0{,}8 \text{ m}.$$

As perdas localizadas incluem uma válvula gaveta e uma conexão de expansão:

$K_{\text{válvula gaveta}} = 0{,}15$

$$K_{\text{exp conexão}} = \left[\frac{(D_{3\text{-nom}})^2}{(D_{2\text{-nom}})^2} - 1\right]^2 = \left[\frac{A_{3\text{-nom}}}{A_{2\text{-nom}}} - 1\right]^2.$$

Substituindo,

$$K_{\text{exp conexão}} = \left[\frac{4{,}77 \times 10^{-3}}{2{,}16 \times 10^{-3}} - 1\right]^2 = 1{,}448,$$

em que essa perda será baseada na energia cinética a jusante. Resumindo, temos

$V_1 = 1{,}75 \text{ m/s} \qquad V_2 = 0{,}8 \text{ m/s} \qquad z_1 = z_2$

$L_1 = 21{,}34 \text{ m} \qquad L_2 = 18{,}29 \text{ m}$

$\Sigma K_{2\text{-nom}} = 0{,}15 \qquad \Sigma K_{3\text{-nom}} = 1{,}448.$

O número de Reynolds de cada linha é

$$\text{Re}_{2\text{-nom}} = \frac{\rho V D}{\mu} = \frac{(657)(1{,}75)(0{,}0525)}{2{,}98 \times 10^{-4}}$$

ou

$\left.\begin{array}{l} \text{Re}_{2\text{-nom}} = 2{,}0 \times 10^5 \\[6pt] \dfrac{\varepsilon}{D} = \dfrac{0{,}15}{52{,}5} = 0{,}0029 \end{array}\right\} \qquad f_{2\text{-nom}} = 0{,}027.$

Da mesma forma,

$\left.\begin{array}{l} \text{Re}_{3\text{-nom}} = 1{,}36 \times 10^5 \\[6pt] \dfrac{\varepsilon}{D} = \dfrac{0{,}15}{77{,}9} = 0{,}002 \end{array}\right\} \qquad f_{3\text{-nom}} = 0{,}0245$

Substituindo na equação Bernoulli, temos

$$\frac{p_1}{\rho g} + \frac{1{,}75^2}{2(9{,}81)} + 0 = \frac{p_2}{\rho g} + \frac{0{,}8^2}{2(9{,}81)} + 0 + \left(\frac{0{,}027(21{,}34)}{0{,}0525} + 0{,}15\right)\frac{1{,}75^2}{2(9{,}81)} + \left(\frac{0{,}0245(18{,}29)}{0{,}0779} + 1{,}448\right)\frac{0{,}8^2}{2(9{,}81)}$$

$$\frac{(p_1 - p_2)}{\rho g} = -0{,}154 + 0{,}032 + 1{,}71 + 0{,}23 = 1{,}82.$$

Resolvendo a queda de pressão, temos

$$p_1 - p_2 = 657 \times 9{,}81 \times 1{,}82$$

e, finalmente,

$$p_1 - p_2 = 11{,}73 \text{ kPa}$$

O método é direto por que as vazões, e também as velocidades, são conhecidas.

Exemplo 3.10.

Uma tubulação de cobre é usada para conduzir metanol em um sistema de lubrificação. O sistema consiste em uma tubulação de 2 m padrão ¾ tipo M conectado em série a uma tubulação de cobre de 3 m padrão ½ tipo M, conforme indicado na Figura 3.12. A queda de pressão ao longo de um comprimento de 5 m é 100 kPa. Determine a vazão através do sistema.

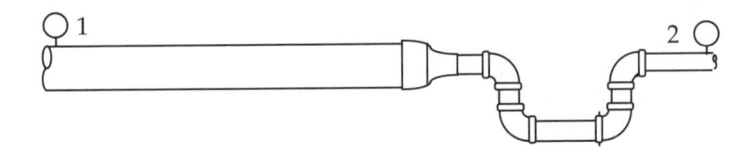

■ **Figura 3.12** Sistema de tubulação em série com vazão desconhecida.

Solução: Esse tipo de problema (vazão Q desconhecida) é um pouco mais complexo do que o outro tipo (Δp desconhecido), mas o procedimento é familiar:

metanol	$\rho = 789 \text{ kg/m}^3$	$\mu = 0{,}56 \times 10^{-3} \text{ N·s/m}^2$	[Apêndice, Tabela B.1]
padrão 3/4 tipo M	$D = 20{,}6 \text{ mm}$	$A = 3{,}333 \times 10^{-4} \text{ m}^2$	
padrão 1/2 tipo M	$D = 14{,}46 \text{ mm}$	$A = 1{,}642 \times 10^{-4} \text{ m}^2$	[Apêndice, Tabela D.2]
tubulação trefilada	$\varepsilon = 0{,}0015 \text{ mm}$		[Tabela 3.1]

A equação de Bernoulli modificada é

$$\frac{p_1}{\rho g} + \frac{V_1^2}{2g} + z_1 = \frac{p_2}{\rho g} + \frac{V_2^2}{2g} + z_2 + \left(\frac{fL}{D} + \Sigma K\right)\frac{V_1^2}{2g} + \left(\frac{fL}{D} + \Sigma K\right)\frac{V_2^2}{2g}.$$

Avaliando as propriedades, temos

$$p_1 - p_2 = 100.000 \text{ N/m}^2 \qquad z_1 - z_2$$

$$\Sigma K_{\text{padrão 3/4}} = 0 \qquad \Sigma K_{\text{padrão 1/2}} = K_{\text{contração}} + 4K_{\text{cotovelo 90°}}.$$

A queda de pressão na contração (bucha redutora) pode ser avaliada depois que a razão dos diâmetros for calculada:

$$\frac{D_2}{D_1} = \frac{1{,}642}{2{,}060} = 0{,}702.$$

Da Tabela 3.2, a equação de perda para uma bucha redutora é

$$K = 0{,}5 - 0{,}167(D_2/D_1) - 0{,}125(D_2/D_1)^2 - 0{,}208(D_2/D_1)^3$$

$$K_{\text{contração}} = 0{,}5 - 0{,}167(0{,}702) - 0{,}125(0{,}702)^2 - 0{,}208(0{,}702)^3$$

$$K_{\text{contração}} = 0{,}25,$$

então

$$\Sigma K_{\text{padrão 1/2}} = 0{,}25 + 4(0{,}31) = 1{,}490.$$

Essa perda será baseada na energia cinética a jusante do escoamento. Aplicando a equação de continuidade, temos

$$A_1 V_1 = A_2 V_2$$

$$V_1 = \frac{A_2}{A_1} V_2 = \frac{1{,}642}{3{,}333} V_2$$

$$V_1 = 0{,}493 V_2. \tag{i}$$

Após reorganizar e substituir para V_1, a equação de Bernoulli modificada torna-se

$$\frac{(p_1 - p_2)}{\rho g} = \left(\frac{fL}{D} + \Sigma K - 1\right) \frac{V_1^2}{2g} + \left(\frac{fL}{D} + \Sigma K + 1\right) \frac{V_2^2}{2g}$$

$$\frac{(p_1 - p_2)}{\rho g} = \left(\frac{fL}{D} + \Sigma K - 1\right) \frac{0{,}243 V_2^2}{2g} + \left(\frac{fL}{D} + \Sigma K + 1\right) \frac{V_2^2}{2g}.$$

Colocando o termo de energia cinética em evidência, o resultado é

$$\frac{(p_1 - p_2)}{\rho g} = \frac{V_2^2}{2g} \left\{ 0{,}243 \frac{f_1 L_1}{D_1} + 0{,}243\, \Sigma K_1 - 0{,}243 + \frac{f_2 L_2}{D_2} + \Sigma K_2 + 1 \right\}.$$

Substituindo quantidades conhecidas,

$$\frac{30{.}000}{789(9{,}81)} = \frac{V_2^2}{2(9{,}81)} \left\{ 0{,}243 \frac{f_1(2)}{0{,}020\,60} + 0 - 0{,}243 + \frac{f_2(3)}{0{,}013\,40} + 1{,}490 + 1 \right\}$$

que se reduz a

$$253{,}5 = V_2^2(17{,}37f_1 + 223{,}9f_2 + 2{,}311)$$

ou $\quad V_2 = \left(\dfrac{253{,}5}{17{,}37f_1 + 223{,}9f_2 + 2{,}311}\right)^{1/2}.$ \hfill (ii)

O número de Reynolds de cada linha é

$$\text{Re}_{\text{padrão 3/4}} = \dfrac{\rho V D}{\mu} = \dfrac{789 V_1 (0{,}020\,6)}{0{,}56 \times 10^{-3}}$$

$\text{Re}_{\text{padrão 3/4}} = 2{,}9 \times 10^4 V_1.$

Também calculamos

$$\dfrac{\varepsilon}{D} = \dfrac{0{,}0015}{20{,}6} = 0{,}000\,073.$$

Da mesma forma,

$$\text{Re}_{\text{padrão 1/2}} = 2{,}04 \times 10^4 V_2$$

e

$$\dfrac{\varepsilon}{D} = 0{,}000\,1.$$

1ª tentativa: Assumindo os valores de completamente turbulento para cada fator de atrito, temos

$f_1 = 0{,}011\,5$ \quad (padrão 3/4)
$f_2 = 0{,}012$ \quad (padrão 1/2).

Substituindo na Equação ii desse exemplo, temos

ou $\quad V_2 = \left(\dfrac{253{,}5}{17{,}37(0{,}011\,5) + 223{,}9(0{,}012) + 2{,}311}\right)^{1/2}$

$V_2 = 7{,}1$ m/s.

Substituindo na Equação i, temos

$V_1 = 0{,}493(7{,}1) = 3{,}5$ m/s.

Os números de Reynolds e os fatores de atrito tornam-se

$\left.\begin{array}{l}\text{Re}_{\text{padrão 3/4}} = 2{,}9 \times 10^4 V_1 = 2{,}9 \times 10^4 \\[4pt] \dfrac{\varepsilon}{D} = 0{,}000\,073\end{array}\right\} \quad f_1 = 0{,}016$

e,

$$\left.\begin{array}{l}\text{Re}_{\text{padrão }1/2} = 2{,}04 \times 10^4 \\ \dfrac{\varepsilon}{D} = 0{,}000\,1\end{array}\right\} \qquad f_2 = 0{,}02$$

2ª tentativa: Usando esses fatores de atrito, calculamos novas velocidades:

$$V_2 = 6{,}11 \text{ m/s} \qquad e \qquad V_1 = 3{,}01 \text{ m/s}$$

Com esses novos valores, repetimos os cálculos para obter

$$\left.\begin{array}{l}\text{Re}_{\text{padrão }3/4} = 2{,}9 \times 10^4 V_1 = 7{,}28 \times 10^4 \\ \dfrac{\varepsilon}{D} = 0{,}000\,073\end{array}\right\} \qquad f_1 = 0{,}0163$$

e

$$\left.\begin{array}{l}\text{Re}_{\text{padrão }1/2} = 6{,}14 \times 10^4 \\ \dfrac{\varepsilon}{D} = 0{,}000\,1\end{array}\right\} \qquad f_2 = 0{,}02$$

3ª tentativa: As velocidades agora são encontradas como

$$V_2 = 6{,}11 \text{ m/s} \qquad e \qquad V_1 = 3{,}01 \text{ m/s (perto o suficiente)}$$

Então, a vazão volumétrica é

$$Q = A_1 V_1 = A_2 V_2$$

$$Q = 3{,}333 \times 10^{-4}(3{,}01)$$

ou $Q = 1{,}0 \times 10^{-3} \text{ m}^3/\text{s}$.

3.7 Escoamento através de seções transversais não circulares

O escoamento através de seções transversais não circulares pode ser um pouco complicado em razão dos fatores geométricos relativos aos vários formatos que, às vezes, são difíceis de expressar matematicamente. Muitas seções transversais não circulares podem ser modeladas, mas vamos considerar aqui alguns casos mais comuns, que incluem: espaço anular, duto retangular, setores circulares, triângulos e espaço anular aletado.

Escoamento laminar de um fluido newtoniano em um espaço anular

O escoamento através de um espaço anular está ilustrado na Figura 3.13, a seguir, a qual mostra que a área do escoamento anular é delimitada pelo diâmetro externo do duto interno *(DEp)* e pelo diâmetro interno do duto externo *(DI$_a$)*, e também mostra metade do volume de controle que usamos no estudo. As forças que atuam no volume de controle são relativas à pressão e à viscosidade, sendo a gravidade negligenciada. Estamos procurando uma equação para a distribuição de velocidade V_z que podemos integrar sobre a seção transversal para obter a velocidade média. Os resultados podem ser combinados com a Equação 3.8 para encontrar uma equação para o fator de atrito, assim como é feito com o duto circular. Aplicando a equação da quantidade de movimento, pode ser mostrado que a velocidade na direção z é fornecida por

$$V_z = \left(-\frac{dp}{dz}\right)\left(\frac{R^2}{4\mu}\right)\left[1 - \left(\frac{r}{R}\right)^2 - \frac{1-\kappa^2}{ln(\kappa)}\ ln\frac{r}{R}\right] \quad \begin{pmatrix}\text{escoamento laminar}\\ \text{em duto circular}\end{pmatrix}, (3.29)$$

em que $k = DE_p/DI_a$. (Consulte a seção de problemas para uma derivação detalhada dessa equação.) A vazão volumétrica é encontrada integrando a Equação 3.29 sobre a seção transversal:

$$Q = \int_0^{2\pi}\int_{\kappa R}^{R} V_z\, rdrd\theta$$

que se torna

$$Q = \int_0^{2\pi}\int_{\kappa R}^{R} \left(-\frac{dp}{dz}\right)\left(\frac{R^2}{4\mu}\right)\left[1 - \left(\frac{r}{R}\right)^2 - \frac{1-\kappa^2}{ln(\kappa)}\ ln\frac{r}{R}\right] rdrd\theta.$$

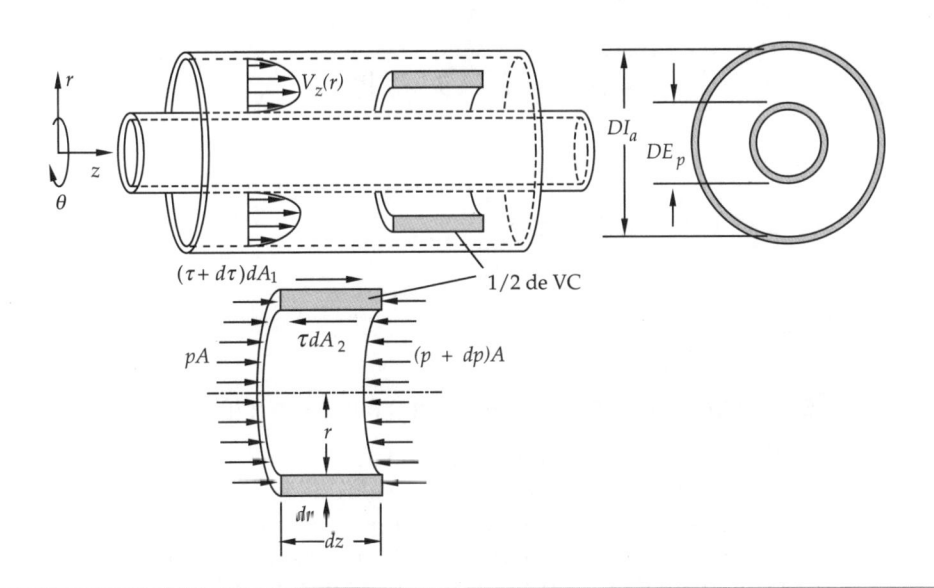

■ Figura 3.13 Escoamento laminar em um espaço anular.

Integrando, temos a vazão volumétrica como

$$Q = \left(-\frac{dp}{dz}\right)\left(\frac{\pi R^4(1 - \kappa^2)}{8\mu}\right)\left(1 + \kappa^2 + \frac{1 - \kappa^2}{ln(\kappa)}\right). \qquad (3.28)$$

A velocidade média é

$$V = \frac{Q}{A} = \frac{Q}{\pi(R^2 - \kappa^2 R^2)} = \frac{Q}{\pi R^2(1 - \kappa^2)}$$

ou

$$V = \left(-\frac{dp}{dz}\right)\left(\frac{R^2}{8\mu}\right)\left(1 + \kappa^2 + \frac{1 - \kappa^2}{ln(\kappa)}\right). \qquad (3.29)$$

O diâmetro hidráulico da seção de escoamento anular é

$$D_h = \frac{4A}{P} = \frac{4(\pi(DI_a/2)^2 - \pi(DE_p/2)^2)}{\pi(DI_a) + \pi(DE_p)}$$

que simplifica para

$$D_h = DI_a - DE_p. \qquad (3.30)$$

A Equação 3.8a relaciona a queda de pressão com o fator de atrito:

$$dp = -\frac{\rho V^2}{2}\frac{fdz}{D_h}. \qquad (3.8a)$$

Combinando as equações 3.8a, 3.29 e 3.30, e após a simplificação, temos

$$\frac{1}{f} = \frac{Re}{64}\left(\frac{1 + \kappa^2}{(1 - \kappa)^2} + \frac{1 + \kappa}{(1 - \kappa)ln(\kappa)}\right). \qquad (3.31)$$

em que

$$Re = \frac{VD}{\nu} = \frac{V(DI_a - DE_p)}{\nu}.$$

Escoamento turbulento através de um espaço anular

No caso do escoamento turbulento através de um espaço anular, não é possível derivar uma equação para o perfil de velocidade e prosseguir como fizemos para o caso do escoamento laminar. Em vez disso, contamos com resultados experimentais. Quando κ ($= DE_p/DI_a$) é inferior a 0,75, o diagrama de Moody pode ser usado com pouca margem de erro para encontrar o fator de atrito para o escoamento em um espaço anular. No entanto, a dimensão característica $D_h(=DI_a - DEp)$ deve ser usada na equação de número de Reynolds (Re = VD_h/v) e na rugosidade relativa (ε/D_h).

Exemplo 3.11.

Uma bomba de escoamento axial é ilustrada na Figura 3.14. O impulsor da bomba é submerso em querosene, e, à medida que gira, ele move o querosene para cima, através de uma passagem de escoamento anular. O espaço anular é delimitado por um revestimento interno (tubo nominal de 2" schedule 40) e por um revestimento externo (tubo nominal de 6" schedule 40), ambos de ferro forjado. Para determinar a potência da bomba, é necessário calcular a mudança de pressão da seção 1 para a seção 2, o que representa uma distância de 10 m (= H) de separação. Determine a queda de pressão $p_1 - p_2$ se a velocidade média no espaço anular for 1,83 m/s.

Solução: Continuaremos da maneira usual, obtendo, primeiro, os valores de várias tabelas de propriedade:

querosene
ρ = 823 kg/m³
μ = 1,64 mPa·s

tamanhos dos tubos [Apêndice, Tabela D.2]
  nom. 6" sch 40; DI_a = 0,5054 ft = 154 mm
  nom. 2" sch 40; DEp = 0,1723 ft = 52,5 mm

ferro forjado [Apêndice, Tabela B.1]
  ε = 0,0457 mm   [Tabela 3.1]

A equação de continuidade é escrita como

$$Q = A_1 V_1 = A_2 V_2.$$

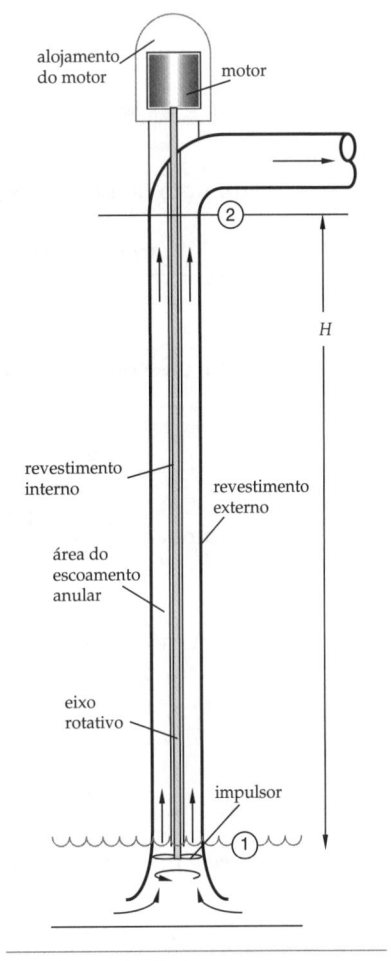

■ **Figura 3.14** Escoamento em um espaço anular.

Com $A_1 = A_2$, concluímos que $V_1 = V_2$. A equação de Bernoulli aplicada a esse sistema é

$$\frac{p_1}{\rho g} + \frac{V_1^2}{2g} + z_1 = \frac{p_2}{\rho g} + \frac{V_2^2}{2g} + z_2 + \frac{fL}{D_h}\frac{V^2}{2g}.$$

Sem alteração na energia cinética, a equação torna-se:

$$\frac{(p_1 - p_2)}{\rho g} = z_2 - z_1 + \frac{fL}{D_h}\frac{V^2}{2g}$$

ou

$$p_1 - p_2 = (z_2 - z_1)\rho g + \frac{fL}{D_h}\frac{\rho V^2}{2}.$$

Avaliando os termos, temos

$H = 10$ m $\qquad V = 1{,}83$ m/s

$D_h = DI_a - DE_p = 154 - 52{,}5 = 101{,}5$ mm

$D_h = 0{,}1015$ m

$z_2 = 10$ m $\qquad z_1 = 0$.

O número de Reynolds é calculado como

$$\text{Re} = \frac{\rho V D_h}{\mu} = \frac{(823)(1{,}83)(0{,}1015)}{1{,}64 \times 10^{-3}} = 9{,}33 \times 10^4.$$

Assim, o escoamento é turbulento. Descobrimos que o fator de atrito é

$\left. \begin{array}{l} \text{Re} = 9{,}33 \times 10^4 \\[4pt] \text{Também } \dfrac{\varepsilon}{D} = \dfrac{0{,}0457}{101{,}5} = 0{,}00045 \end{array} \right\} \quad f = 0{,}021 \quad \text{(Figura 3.3)}.$

Substituindo na equação de movimento,

$$p_1 - p_2 = (z_2 - z_1)\rho g + \frac{fL}{D_h}\frac{\rho V^2}{2}$$

temos

$$p_1 - p_2 = (10 - 0)(823)(9{,}81) + \frac{0{,}021(10)}{0{,}1015}\frac{823(1{,}83)^2}{2}$$

$p_1 - p_2 = 83{,}59$ kPa.

Exemplo 3.12.

Um trocador de calor de tubos duplos consiste em um tubo dentro de outro e é feito de tubulação hidráulica de cobre com conexões soldadas. O trocador mede 3,66 m de comprimento. Oito desses trocadores estão conectados em uma configuração em série e dispostos em um plano horizontal. Os tubos são padrão 4 e 2, ambos tipo M. Através do espaço anular flui acetona, produto que está sujeito a uma queda de pressão de 3.450 Pa na direção do escoamento. Determine a vazão volumétrica através do trocador.

Solução: Vamos proceder da maneira usual, primeiro obtendo valores de várias tabelas de propriedade:

Acetona $\rho = 787 \text{ kg/m}^3$ $\mu = 0{,}316 \text{ mPa·s}$

[Apêndice, Tabela B.1]

padrão 4 tipo M $DI_a = 100 \text{ mm}$
padrão 2 tipo M $DE_p = 53{,}95 \text{ mm}$

[Apêndice, Tabela D.2]

tubulação trefilada $\varepsilon = 1{,}52 \times 10^{-3} \text{ mm}$

[Tabela 3.1]

Calculamos a área de escoamento anular e diâmetro hidráulico:

$$A = \pi(DI_a^2 - DE_p^2)/4 = 5{,}56 \times 10^{-3} \text{ m}^2$$

$$D_h = DI_a - DE_p = 0{,}046 \text{ m}.$$

A equação de continuidade é escrita como

$$Q = A_1 V_1 = A_2 V_2.$$

Com $A_1 = A_2$, concluímos que $V_1 = V_2$. A equação de Bernoulli aplicada nesse sistema é

$$\frac{p_1}{\rho g} + \frac{V_1^2}{2g} + z_1 = \frac{p_2}{\rho g} + \frac{V_2^2}{2g} + z_2 + \frac{fL}{D_h}\frac{V^2}{2g}.$$

A queda de pressão é

$$p_1 - p_2 = 3450 \text{ Pa}.$$

Para trocador horizontal,

$$z_1 = z_2.$$

Simplificando a equação de Bernoulli e substituindo, temos

$$\frac{(p_1 - p_2)}{\rho g} = \frac{fL}{D_h}\frac{V^2}{2g}$$

$$\frac{3450}{787(9{,}81)} = \frac{8 \times 3{,}66 f}{0{,}046}\frac{V^2}{2(9{,}81)}$$

ou

$$0{,}447 = 32{,}44 f V^2$$

e $V = \dfrac{0{,}117}{\sqrt{f}}$.

O número de Reynolds é calculado como

$$\text{Re} = \frac{\rho V D_h}{\mu} = \frac{787(V)(0{,}046)}{0{,}316 \times 10^{-3}}$$

ou

$$\text{Re} = 1{,}145 \times 10^5 \, V.$$

A rugosidade relativa é encontrada assim

$$\frac{\varepsilon}{D_h} = \frac{1{,}52 \times 10^{-3}}{46} = 0{,}000033.$$

É necessário um processo de tentativa e erro para resolver esse problema usando a Figura 3.3. Na primeira tentativa, usamos o valor de completamente turbulento do fator de atrito correspondente à rugosidade relativa calculada acima. Assim,

1ª tentativa: $f = 0{,}0095$ (correspondendo a $\frac{\varepsilon}{D_h} = 0{,}000033$)

Então

$$V = 0{,}117/\sqrt{f} = 0{,}117/\sqrt{0{,}0095} = 1{,}2 \text{ m/s}$$

$$\text{Re} = 1{,}145 \times 10^5 \, (1{,}2)$$

ou

$$\left.\begin{array}{l} \text{Re} = 1{,}37 \times 10^5 \\ \dfrac{\varepsilon}{D} = 0{,}000033 \end{array}\right\} \quad f = 0{,}016 \quad \text{(Figura 3.3)}$$

2ª tentativa: $f = 0{,}016$ $V = 0{,}93$ $\text{Re} = 1{,}06 \times 10^5$ $f = 0{,}02$
3ª tentativa: $f = 0{,}02$ $V = 0{,}83$ $\text{Re} = 9{,}5 \times 10^4$ $f = 0{,}02$ (perto o suficiente).

Portanto

$$V = 0{,}83 \text{ m/s}$$

e

$$Q = AV = 5{,}56 \times 10^{-3}(0{,}83)$$

$$\underline{Q = 4{,}63 \times 10^{-3} \text{ m}^3/\text{s}.}$$

Alternativamente, podemos usar a Figura 3.4. Combinando as equações de velocidade e número de Reynold, temos

$$\text{Re} = 1{,}145 \times 10^5 \, V = 1{,}145 \times 10^5 \, (0{,}117/\sqrt{f})$$

ou

$$\left.\begin{array}{r}f^{1/2}\text{Re} = 1{,}34 \times 10^4 \\ \dfrac{\varepsilon}{D} = 0{,}000033\end{array}\right\} \quad f = 0{,}02 \quad \text{(Figura 3.4)}$$

que é o mesmo resultado obtido com a Figura 3.3.

Escoamento laminar de um fluido newtoniano em um duto retangular

Escoamento através de um duto retangular está ilustrado na Figura 3.15. A seção transversal é suposta ser muito larga comparada à sua altura. O escoamento está na direção z-, e o volume de controle com o qual estamos trabalhando não se estende até as superfícies da parede. Aplicando a equação da quantidade de movimento para o volume de controle temos um resultado que pode ser usado para determinar o perfil de velocidade. A velocidade na direção z- é fornecida por

$$V_z = \left(-\frac{dp}{dz}\right)\left(\frac{h^2}{2\mu}\right)\left(\frac{1}{4} - \frac{y^2}{h^2}\right) \quad \begin{pmatrix}\text{escoamento laminar em}\\ \text{duto retangular 2-D}\end{pmatrix}. \tag{3.32}$$

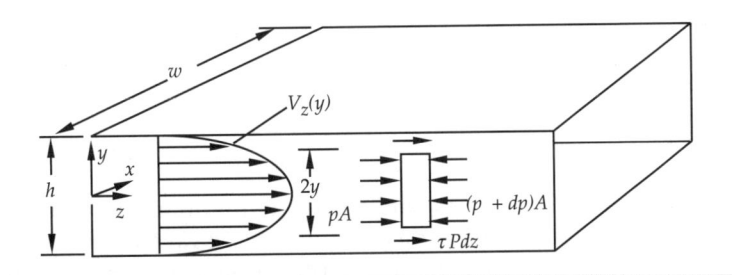

■ **Figura 3.15** Escoamento laminar em um duto retangular.

(Para obter um procedimento detalhado, consulte a seção Problemas.) A vazão volumétrica é encontrada integrando a velocidade V_z sobre a área da seção transversal

$$Q = \int_0^w \int_{-h/2}^{+h/2} \left(-\frac{dp}{dz}\right)\left(\frac{h^2}{2\mu}\right)\left(\frac{1}{4} - \frac{y^2}{h^2}\right) dy\, dx.$$

Integrando e simplificando, temos

$$Q = \frac{h^3 w}{12\mu}\left(-\frac{dp}{dz}\right). \tag{3.33}$$

A velocidade média então é

$$V = \frac{Q}{A} = \frac{h^2}{12\mu}\left(-\frac{dp}{dz}\right). \tag{3.34}$$

Da Equação 3.8a, que relaciona a queda de pressão à velocidade média em um duto de qualquer seção transversal, temos

$$dp = -\frac{\rho V^2}{2}\frac{fdz}{D_h}. \tag{3.8a}$$

Também, para um duto bidimensional, o diâmetro hidráulico é

$$D_h = \frac{4A}{P} = \frac{4hw}{2h+2w} \approx \frac{4hw}{2w}$$

ou $D_h = 2h$. \hfill (3.35)

Combinando as Equações 3.8a, 3.34 e 3.35 temos

$$f = \frac{96\mu}{\rho V D_h} = \frac{96\mu}{\rho V(2h)}$$

ou $f = \dfrac{96}{\text{Re}}$. \hfill (3.36)

Em que

$$\text{Re} = \frac{\rho V(2h)}{\mu}.$$

Assim, para o escoamento laminar de um fluido newtoniano em um duto bidimensional, o produto do fator de atrito × número Reynolds é 96. Para outros dutos retangulares, o produto do fator de atrito × número Reynolds é encontrado como uma função de razão de altura/largura h/w. Os resultados são fornecidos na Tabela 3.3.

■ **Tabela 3.3** Produto do fator de atrito/número Reynolds para escoamento laminar de um fluido newtoniano em um duto retangular.

Duto Retangular

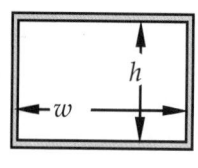

$A = wh$
$P = 2w + 2h$

h/w	f·Re	
0	96	Duto 2-D
0,05	89,81	
0,1	84,68	
0,125	82,34	
0,167	78,81	
0,25	72,93	
0,4	65,47	
0,5	62,19	
0,75	57,89	
1	56,91	quadrado

Escoamento turbulento em um duto retangular

Para escoamento turbulento através de um duto retangular, não podemos desenvolver uma equação para velocidade e prosseguir desse ponto, como fizemos para o caso do escoamento laminar. No entanto, a experiência tem mostrado que podemos usar o diagrama de Moody. A única restrição é que a dimensão característica a ser usada é o diâmetro hidráulico

$$D_h = \frac{4A}{P} = \frac{2hw}{h+w}. \tag{3.37}$$

A dimensão característica é substituída na equação do número de Reynolds $Re = VD_h/v$ e na rugosidade relativa ε/D_h.

Exemplo 3.13.

O ar flui por um túnel da mina horizontal que tem 30 m de comprimento. O duto é retangular (3 m × 1,5 m) e é feito de argila. Ar fresco flui pelo túnel da mina a uma velocidade de 6,1 m/s. Determine a queda de pressão.

Solução: O ar é um fluido compressível, mas os efeitos da compressão são insignificantes em velocidades inferiores a algumas centenas de metros por segundo; portanto, para uma determinada velocidade, podemos modelar esse problema como se o ar fosse incompressível. Das diversas tabelas de propriedade, temos

ar $\rho = 1{,}17 \text{ kg/m}^3$ $\mu = 18 \times 10^{-6} \text{ N·s/m}^2$ [Apêndice, Tabela C.1]

argila $\varepsilon = \dfrac{0{,}03 + 0{,}3}{2}$ cm $= 0{,}165$ cm $= 0{,}00165$ m   (valor médio) [Tabela 3.1].

Para o duto retangular,

$$A = hw = 3(1{,}5) = 4{,}5 \text{ m}^2$$

$$D_h = \frac{2hw}{h+w} = \frac{2(3)(1{,}5)}{3+1{,}5} = 2 \text{ m}$$

A velocidade média é dada como

$$V = 6{,}1 \text{ m/s}.$$

A equação de continuidade aplicada sobre o comprimento do duto é

$$Q = A_1 V_1 = A_2 V_2.$$

Com $A_1 = A_2$, concluímos que $V_1 = V_2$. A equação de Bernoulli aplicada nesse sistema é

$$\frac{p_1}{\rho g} + \frac{V_1^2}{2g} + z_1 = \frac{p_2}{\rho g} + \frac{V_2^2}{2g} + z_2 + \frac{fL}{D_h}\frac{V^2}{2g}.$$

Com $V_1 = V_2$ e $z_1 = z_2$, a equação precedente simplifica para

$$\frac{(p_1 - p_2)}{\rho g} = \frac{fL}{D_h} \frac{V^2}{2g}. \qquad \text{(i)}$$

Todos os parâmetros são conhecidos, exceto o fator de atrito f, que determinamos agora. O número de Reynolds é

$$\text{Re} = \frac{\rho V D_h}{\mu} = \frac{1{,}17(6{,}1)(2)}{18 \times 10^{-6}}$$

ou

$$\text{Re} = 7{,}93 \times 10^5$$

Também $\dfrac{\varepsilon}{D_h} = \dfrac{0{,}001\,65}{2} = 0{,}000\,83$ $\quad f = 0{,}019 \quad$ (Figura 3.3).

Substituindo do lado direito da Equação i temos

$$\frac{(p_1 - p_2)}{\rho g} = \frac{0{,}019(30)}{2} \frac{(6{,}1)^2}{2(9{,}81)} = 0{,}545 \text{ m}. \qquad \text{(ii)}$$

A queda de pressão será então

$$p_1 - p_2 = 1{,}17(9{,}81)(0{,}545)$$

$$p_1 - p_2 = 6{,}2 \text{ N/m}^2 = 6{,}2 \text{ Pa}.$$

O problema pede a queda de pressão; entretanto, ao lidar com escoamentos de ar, é costume expressar a queda de pressão em termos de uma coluna de água. Assim,

$$\Delta h_{H_2O} = \frac{(p_1 - p_2)}{\rho_{H_2O} g} = \frac{6{,}2}{1.000(9{,}81)}$$

$$\Delta h_{H_2O} = 0{,}000\,64 \text{ m de } H_2O = 0{,}64 \text{ mm de } H_2O.$$

Seções transversais diversas

A Tabela 3.4 fornece o produto do fator de atrito/número de Reynolds para escoamento laminar de um fluido newtoniano para uma variedade de seções transversais. Nela são mostrados um segmento circular, um setor circular, um triângulo isósceles e um triângulo reto. O produto do fator de fricção/número de Reynold é uma função da geometria da seção, particularmente um ângulo ou meio ângulo e dimensões lineares associadas. A tabela também fornece expressões para área e perímetro, úteis para calcular o diâmetro hidráulico da seção transversal.

Para escoamento turbulento através dessas seções transversais não circulares, o diagrama de Moody pode ser usado para se obter uma estimativa razoável do fator de atrito.

O método requer que o diâmetro hidráulico seja usado para a dimensão característica na expressão de número de Reynolds (= $\rho V D_h/\mu$) e na rugosidade relativa (= ε/D_h). Dados o número de Reynolds e a rugosidade relativa, o diagrama de Moody, ou qualquer equação de ajuste das curvas, pode ser usado para determinar o fator de atrito.

O espaço anular aletado

A Figura 3.17 é um esboço da seção transversal de um espaço anular aletado. Esse tipo de duto pode ser usado como um trocador de calor, em que um fluido passa por um tubo central e outro fluido, de diferente temperatura, flui pela seção anular, entre as aletas. As aletas fornecem uma grande área de superfície entre os dois fluidos e pode melhorar as características da transferência de calor, em comparação com um sistema sem aletas.

Pode-se ver que o formato de cada uma das câmaras do espaço anular aletado é similar a um setor circular (Tabela 3.4), o que também está ilustrado na Figura 3.17.

O escoamento laminar por um espaço anular aletado foi modelado com sucesso. Equações estão disponíveis para o perfil de velocidade de escoamento laminar, a vazão volumétrica e o fator de atrito. A solução para o fator de atrito está na forma de uma série infinita, mas sua derivação está além do escopo deste texto. Um diagrama da equação, porém, é mostrado na Figura 3.17. No eixo horizontal está r_1/r_2, que varia de 0,25 a 0,95, e no eixo vertical está o produto $f\mathrm{Re}$, que varia de 13 a 96. As linhas nesse gráfico são para vários ângulos θ_o. O fator de atrito para escoamento laminar através de diferentes tipos de espaço anular pode ser encontrado nesse gráfico.

Assim como em outras seções transversais não circulares, para o escoamento turbulento através de um espaço anular, o diagrama de Moody pode ser usado para se obter uma estimativa razoável do fator de atrito se o diâmetro hidráulico for usado para a dimensão característica na expressão do número de Reynolds (= $\rho V D_h/\mu$) e na rugosidade relativa (= ε/D_h).

3.8 Resumo

Neste capítulo, examinamos os padrões de tubo e tubulação e discutimos as especificações atuais que se aplicam a eles. Discutimos três definições de dimensões características usadas para representar seções transversais não circulares. Equações para velocidade, vazão, número de Reynolds e fator de atrito foram fornecidas para seções transversais circulares e para várias não circulares. O diagrama de Moody foi discutido, e duas versões modificadas dele foram fornecidas, e problemas típicos foram mostrados para ilustrar o uso desses gráficos. Perdas localizadas também foram discutidas, incluindo procedimentos recomendados para se lidar com elas, e ainda definimos e discutimos sistemas de tubulação em série.

■ **Tabela 3.4** Produto do fator de atrito/número de Reynolds para escoamento laminar para várias seções transversais não circulares.

Triângulo isósceles

$A = bh/2$
$P = \tan^{-1}(b/2h)$

Triângulo reto

$A = bh/2$
$P = b + h + (b+h)^{1/2}$

α	$f \cdot Re$ (Triângulo isósceles)	$f \cdot Re$ (Triângulo reto)
0	48,0	48,0
10	51,6	49,9
20	52,9	51,2
30	53,3	52,0
40	52,9	52,4
50	52,0	52,4
60	51,1	52,0
70	49,5	51,2
80	48,3	49,9
90	48,0	48,0

Segmento circular

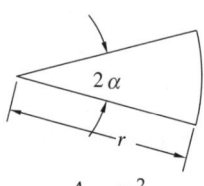

$A = \alpha r^2$
$P = 2r(1 + \alpha)$

Setor circular

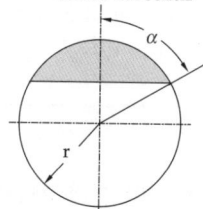

$A = r^2(\alpha - \operatorname{sen}\alpha \cos\alpha)$
$P = 2r(\alpha + \operatorname{sen}\alpha)$

α	$f \cdot Re$ (Segmento)	α	$f \cdot Re$ (Setor)
0	62,2	0	48,0
10	62,2	10	51,8
20	62,3	20	54,5
30	62,4	30	56,7
40	62,5	40	58,4
60	62,8	50	59,7
90	63,1	60	60,8
120	63,3	70	61,7
150	63,7	80	62,5
180	64,0	90	63,1

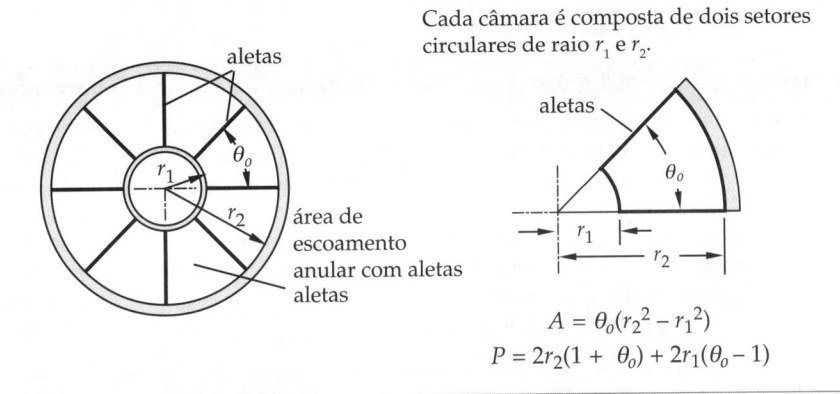

Cada câmara é composta de dois setores circulares de raio r_1 e r_2.

$$A = \theta_0(r_2^2 - r_1^2)$$
$$P = 2r_2(1 + \theta_0) + 2r_1(\theta_0 - 1)$$

■ **Figura 3.16** Esboço da definição de uma seção transversal anular aletada.

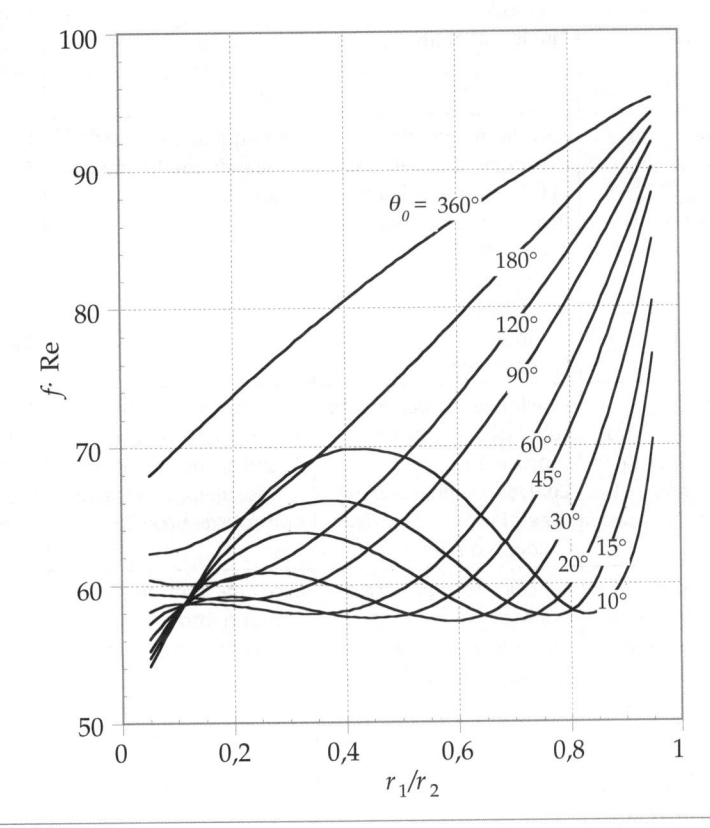

■ **Figura 3.17** Produto do fator de atrito/número de Reynolds para escoamento laminar através de um espaço anular aletado.[2]

---

[2] Obtido pelo uso da Matemática para resolver as soluções em série fornecidas em "Laminar Flow and Pressure Drop in Internally Finned Annular Ducts", de E. M. Sparrow et al. *Int J Heat Mass Transfer*, vol. 7, n. 5, p. 583-585, maio de 1964.

Tabela 3.5 Guia de seleção de válvula[3].

Tipo de válvula	Aplicações	Vantagens	Desvantagens
Válvula esférica Esfera com alojamento Rotação de esfera por alterações de 90° de totalmente aberto para totalmente fechado Variedade de tamanhos	Controle de escoamento Controle de pressão Fechamento Pode ser usado em condições de pressão e temperatura altas Fluidos: comuns, corrosivos, criogênicos, viscosos e pastas	Baixa queda de pressão Baixa taxa de vazamento Baixa taxa de peso/tamanho Abertura rápida Insensível à contaminação	Assentos esféricos sujeitos a desgaste se usados como acelerador Fluido preso em esfera quando fechada Abertura rápida pode causar ondas ou martelo d'água
Válvula borboleta Disco com alojamento Disco gira em torno de um eixo Disco fecha com relação à vedação anular	Sistema de baixa pressão Vazamento sem importância Linhas de diâmetro grande Fluidos: comum	Baixa queda de pressão Peso leve Pequena dimensão face a face	Vazamento amplo Vedações geralmente danificadas pela alta velocidade Requer forças de alta atuação Limitado a sistema de baixa pressão
Válvula gaveta Discos corrediços ou guilhotina Move-se perpendicularmente ao escoamento Não usado como acelerador Alta temperatura Alta pressão	Válvulas de parada – totalmente aberta ou totalmente fechada Rigorosamente vedada quando totalmente fechada Insensível á contaminação Fluidos: comum	Baixa queda de pressão quando totalmente aberta	Propensa a vibração Sujeita a desgaste do disco e assento Características de resposta lenta Requer forças de alta atuação Não apropriado para vapor
Válvula globo Membro de fechamento percorre em direção perpendicular ao escoamento	Finalidades de aceleração Tubulação de força e processo Controle de finalidade geral Fluidos: comum	Mais rápido para abrir do que a válvula gaveta Superfície de assento menos sujeita a desgaste Controle de pressão	Alta queda de pressão Requer energia considerável para operar Geralmente mais pesada do que outras válvulas
Válvula reguladora Membro de fechamento move-se paralelamente ao escoamento do fluido e perpendicular à superfície de assentamento Elemento de fechamento pode ser plano, cônico ou esférico	Funções de segurança e alívio Controle de pressão Válvula de retenção Fluidos: comum	Excelente controle de vazamento Baixa queda de pressão	Sujeito a desequilíbrios de pressão que podem causar vibração Algumas superfícies de assento sujeitas à contaminação
Válvula oscilante Similar às válvulas borboletas Disco articulado em uma extremidade	Válvula de retenção Controle de escoamento unidirecional	Baixa queda de pressão Leve Baixo custo	Pode ter alto vazamento A vedação pode corroer Apresenta turbulência em taxa de baixo escoamento

---

[3] Informações obtidas em "Selecting the Proper Valve — Parts 1 and 2", de J. L. Lyons e C. Askland, *Design News*, dez. de 1974, p. 56.

3.9 Mostrar e contar

1. Prepare uma demonstração que ilustre o seguinte (dependendo da disponibilidade das ferramentas e equipamento):
   a. Recobrimento com fita das rosca de tubo.
   b. Aplicação de "fluido de vedação" ou fita para conectar uma conexão a um tubo.
   c. Corte e rosqueamento de um tubo usando uma ferramenta manual e/ou uma máquina.
2. Prepare uma demonstração que ilustre o seguinte (dependendo da disponibilidade das ferramentas e equipamento):
   a. O uso de uma ferramenta de flangear para colocar flange na extremidade de um tubo.
   b. Um tubo conectado a uma conexão de extremidade flangeada.
   c. A instalação de uma conexão de compressão.
   d. Soldagem sem eletrodo de uma tubulação.
3. Prepare uma demonstração que ilustre diferentes tipos de tubos de sino e espigão e mostre, usando vedações, como as juntas são feitas.
4. Faça uma apresentação no sistema de juntas do tubo Victaulic.
5. Prepare uma apresentação sobre a diferença entre tamanhos de tubo de aço convencional e de aço inoxidável.
6. Prepare uma demonstração que ilustre como as válvulas mencionadas neste capítulo operam, conforme designado pelo instrutor e de acordo com a disponibilidade.

3.10 Problemas

Escoamentos laminar e turbulento

1. Metanol flui em um tubo nominal de 2" schedule 40 @ $3{,}785 \times 10^{-4}$ m³/s. O escoamento é laminar ou turbulento?
2. Propano flui por uma tubulação de cobre padrão 4 tipo M @ 0,015 m³/s. O escoamento é laminar ou turbulento?
3. Aguarrás flui por um tubo nominal de 12" schedule 40. Qual é a vazão que corresponde ao número de Reynolds de 2000?
4. Ar, em condições padrão, flui por um tubo de cobre padrão 2 tipo M. Qual é a velocidade máxima permitida para as condições de escoamento laminar existirem? (Em condições padrão, o ar pode ser tratado como incompressível.)
5. Ar flui por um tubo de cobre padrão 2 tipo M a uma taxa de 0,0472 m³/s. O escoamento é laminar ou turbulento?

Queda de pressão desconhecida; nenhuma perda localizada

6. Acetona flui a uma vazão volumétrica de $3{,}15 \times 10^{-3}$ m³/s por um tubo de aço comercial nominal de 2" schedule 40. O tubo é disposto horizontalmente e tem 15,25 m de comprimento. Calcule a queda de pressão.
7. Um tubo de ferro fundido revestido de asfalto nominal de 4" schedule 80 conduz benzeno a uma taxa de 0,01 m³/s. O tubo é disposto horizontalmente e tem 60 m de comprimento. Calcule a queda de pressão.
8. Dissulfeto de carbono flui por um tubo padrão 1 tipo K a uma taxa de 10^{-3} m³/s. O tubo é disposto horizontalmente e tem 300 m de comprimento. Calcule a queda de pressão do dissulfeto de carbono.

9. Óleo de rícino flui a uma taxa de 0,0315 m³/s por um tubo de aço galvanizado nominal de 6" schedule 40. O tubo é disposto horizontalmente e tem 7,62 m de comprimento. Calcule a queda de pressão.
10. Um tubo de aço comercial nominal de 2½" schedule 40 conduz éter a uma vazão de 0,006 m³/s. O tubo é disposto horizontalmente e tem 50 m de comprimento. Calcule a queda de pressão.
11. Um tubo de ferro forjado nominal de ⅛" schedule 40 conduz etilenoglicol e uma taxa de 1×10^{-4} m³/s. O tubo é disposto horizontalmente e tem 30 m de comprimento. Calcule a queda de pressão.
12. Um tubo de PVC nominal de 10" schedule 40 conduz heptano a uma vazão de 0,1 m³/s. O tubo é disposto horizontalmente e tem 75 m de comprimento. Calcule a queda de pressão.
13. Hexano flui a $1,25 \times 10^{-4}$ m³/s por um tubo de cobre padrão ¼ tipo K. O tubo é disposto horizontalmente e tem 135 m de comprimento. Calcule a queda de pressão.
14. Um tubo de aço comercial nominal de 16" schedule 160 conduz metanol a 0,15 m³/s. O tubo é disposto horizontalmente e tem 50 m de comprimento. Calcule a queda de pressão.
15. Um tubo de cobre padrão 4 tipo L conduz álcool propílico a 0,015 m³/s. O tubo é disposto horizontalmente. Ele tem 6 m de comprimento. Calcule a queda de pressão.
16. Querosene flui a uma taxa de 5×10^{-4} m³/s por um tubo de cobre padrão ¾ tipo K. O tubo é disposto horizontalmente e tem 425 m de comprimento. Calcule a queda de pressão.
17. Octano flui a uma taxa de $3,15 \times 10^{-4}$ m³/s por um tubo de cobre padrão ½ tipo K. O tubo é disposto horizontalmente e tem 58 m de comprimento. Calcule a queda de pressão.
18. Propileno flui a 0,0158 m³/s por um tubo de aço comercial nominal de 4" schedule 40. O tubo é disposto horizontalmente e tem 123 m de comprimento. Calcule a queda de pressão.
19. Turpentino flui a 0,045 m³/s por um tubo de ferro forjado nominal de 8" schedule 80. Calcule a queda de pressão se o tubo for disposto horizontalmente e tiver 46 m de comprimento.
20. Um tubo de PVC nominal de 2" schedule 40 conduz óleo hidráulico a uma taxa de 0,003 m³/s. O tubo é disposto horizontalmente e tem 10 m de comprimento. Calcule a queda de pressão do óleo. (Propriedades do óleo hidráulico: $\rho = 888$ kg/m³, $\mu = 0,799 \times 10^{-3}$ N·s/m².)

Vazão volumétrica desconhecida; nenhuma perda localizada

21. Uma mangueira de jardim é usada como sifão, conforme mostrado na Figura P3.21. A mangueira é de borracha ("maleável") e tem 15,25 m de comprimento. Para a configuração mostrada, determine a vazão volumétrica pela mangueira se (a) os efeitos de atrito forem desprezados e (b) se o atrito for considerado. O diâmetro interno da mangueira é 15,88 mm. Despreze as perdas localizadas.

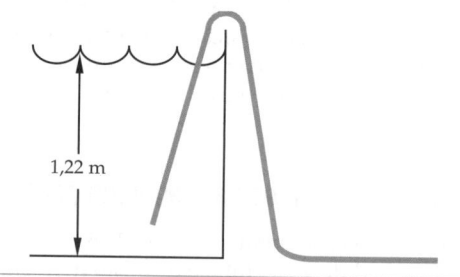

■ Figura P3.21

22. Um tubo de aço galvanizado nominal de 6" schedule 40 tem 7,62 m de comprimento e serve para conduzir óleo de rícino. A bomba disponível pode fornecer uma queda de pressão de 11,3 kPa. Determine a vazão esperada do óleo de rícino no tubo.
23. Um tubo de cobre padrão ¼ tipo K tem 137,2 m de comprimento e serve para conduzir hexano. A bomba disponível pode fornecer uma queda de pressão de 917 kPa. Determine a vazão esperada do hexano.

24. Um tubo de cobre padrão 2 tipo K tem 4,57 m de comprimento e serve para conduzir óleo de linhaça. A queda de pressão é medida em 7,24 kPa. Determine a vazão esperada do óleo de linhaça no tubo.
25. Querosene flui por um tubo de cobre trefilado padrão ¾ tipo K. A queda de pressão medida entre dois pontos com 50 m de separação é 130 kPa. Determine a vazão do querosene.
26. Um tubo de PVC nominal de 2" schedule 40 tem 22,86 m de comprimento e serve para conduzir água. A bomba disponível pode fornecer uma queda de pressão de 12,7 kPa. Determine a vazão esperada da água no tubo.
27. Um tubo de cobre padrão 4 tipo L tem 61 m de comprimento e serve para conduzir álcool propílico. A bomba disponível pode fornecer uma queda de pressão de 19,52 kPa. Determine a vazão esperada do álcool propílico.
28. Um tubo de aço comercial nominal de 4" schedule 40 tem 123,5 m de comprimento e serve para conduzir propileno, a uma queda de pressão correspondente de 19,3 kPa. Determine a vazão esperada de propileno no tubo.
29. Um tubo de aço galvanizado nominal de 3" schedule 160 com 33,5 m de comprimento conduz glicol propileno, com uma queda de pressão de 37 kPa. Determine a vazão esperada do glicol propileno no tubo.
30. Um tubo de ferro forjado nominal de 8" schedule 80 tem 45,7 m de comprimento e serve para conduzir aguarrás. A bomba disponível pode fornecer uma queda de pressão de 4,1 kPa. Determine a vazão esperada de aguarrás no tubo.

Diâmetro desconhecido; nenhuma perda localizada

31. Uma linha de combustível serve para conduzir octano a uma distância de 10,7 m. A vazão necessária é $8,5 \times 10^{-3}$ m³/s e a queda de pressão permitida é 75 kPa. Selecione o diâmetro da linha apropriado se o cobre trefilado for usado.
32. Óleo de linhaça deve ser bombeado a uma vazão de $7,6 \times 10^{-4}$ m³/s a uma distância de 18 m. A queda de pressão permitida é 103,4 kPa. O tudo deve ser de ferro forjado centrifugado. Determine o diâmetro da linha apropriado.
33. Uma linha de combustível serve para conduzir 0,08 m³/s de propano com uma queda de pressão permitida de 89,26 kPa em um comprimento de 10 m. Selecione um diâmetro apropriado se tubulação de cobre trefilada for usada.
34. Um tubo de aço galvanizado conduz álcool metílico a uma vazão de 0,05 m³/s a uma distância de 4.000 m. A bomba disponível pode fornecer uma queda de pressão de 300 kPa. Selecione um diâmetro de tubo apropriado para a instalação, presumindo que se pode usar um tubo com tamanho padrão 40 ou um padrão 80.
35. Acetona flui por um tubo de 20 m de comprimento a uma vazão de $6,31 \times 10^{-4}$ m³/s. O tubo é feito de aço comercial e deve ter schedule 40 de tamanho. A queda de pressão é 11,97 kPa. Selecione um tubo com tamanho padrão 40 apropriado para instalação.

Problemas diversos com perdas localizadas

36. Álcool propílico flui a 0,000 5 m³/s pelo sistema de tubulação da Figura P3.29. O sistema é feito de aço comercial nominal de ½" schedule 40. Determine a queda de pressão da seção 1 até seção 2, se o comprimento do tubo for 15 m e a saída for 1 m mais baixa que a entrada. Todas as conexões são regulares e rosqueadas.

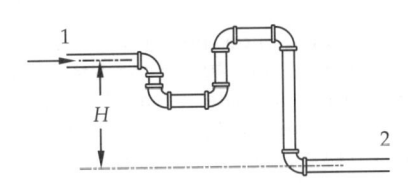

■ Figura P3.36

37. Um tanque pressurizado e um sistema de tubulação são mostrados na Figura P3.37. A pressão do tanque é mantida a 175 kPa. A linha é feita de 12 m de tubulação de cobre padrão 1 tipo M e conduz gasolina (octano). Qual é a vazão esperada pela linha? Todas as conexões são soldadas (mesmo que flangeada) e regulares.

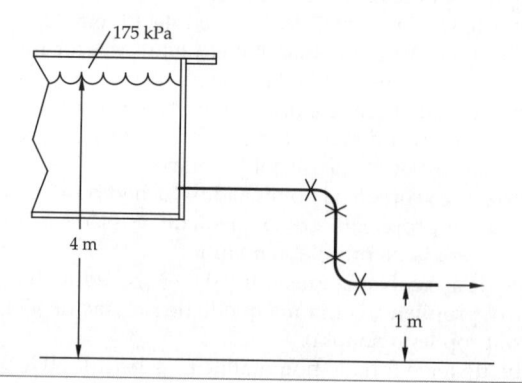

■ Figura P3.37

38. Óleo de rícino flui pelo sistema de tubulação da Figura P3.38. O tubo é de aço galvanizado nominal de 6" schedule 40 e todas as conexões são flangeadas e do tipo raio longo. Calcule a vazão do líquido pelo tubo se ele tiver 76,2 m de comprimento.

39. Suponha que o tanque recebedor e a extremidade de descarga do tubo no Problema 38 sejam alterados para a configuração mostrada na Figura P3.39. Retrabalhe o problema com essa nova configuração e compare os seguintes detalhes entre os dois problemas (observe, obviamente, as diferenças na seleção de volume de controle):
   a. Equação de continuidade.
   b. Equação de Bernoulli modificada após simplificação e antes da substituição de números.
   c. Perdas localizadas.
   d. Números de Reynolds e fatores de atrito.
   e. Solução.

   Assuma que o tubo seja 1,52 m mais comprido nesse problema do que no Problema 3.38.

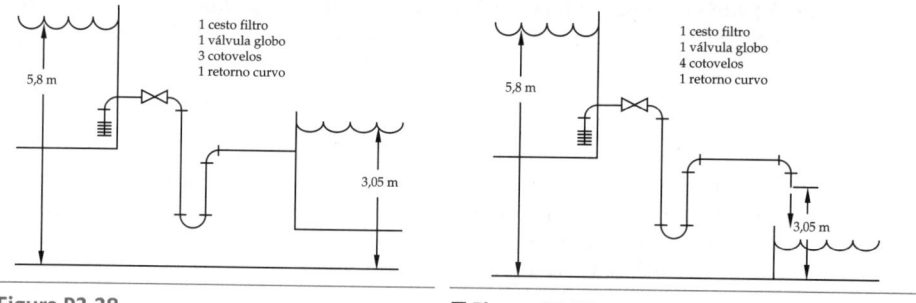

■ Figura P3.38

■ Figura P3.39

40. A disposição da tubulação de um trocador de calor de escoamento cruzado é dada esquematicamente na Figura P3.40. Ela consiste de tubulação de cobre trefilado tipo M com aletas. Há dois cotovelos e sete curvas de retorno, todos regulares. O tubo serve para conduzir 4×10^{-4} m^3/s de glicol propileno. A queda de pressão permitida no sistema (entrada até saída) é 85 kPa, e o comprimento de tubo é 10 m. Selecione um diâmetro de linha apropriado. Todas as fixações são regulares e soldadas (mesma perda localizada que o flangeado).

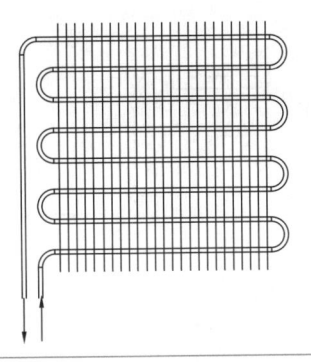

■ Figura P3.40

41. Uma tubulação de aço comercial tem 61 m de comprimento e serve para conduzir 0,0252 m³/s de água. O sistema tem três acoplamentos e oito cotovelos de 90°. O escoamento será controlado por uma válvula gaveta, a entrada será alimentada por uma bomba, cuja pressão é de 862 kPa (abs.). A altura da saída é exatamente a mesma da entrada, e a água é descartada na atmosfera. Selecione um diâmetro da linha apropriado. Se o diâmetro for nominal de 2" ou menor, é preferível usar conexões com rosca, e se for maior que nominal de 2", é melhor a flangeada Todas as conexões devem ser regulares. Schedule 40 é preferível.

42. Um sistema de tubulação é usado para drenar um tanque, conforme indicado na Figura P3.42. A água entra no tanque enquanto ele é drenado, de forma que o nível do líquido permanece na profundidade constante de 2 m (= d) acima da saída na parte inferior do tanque. O sistema de tubulação é de PVC e contém uma entrada de borda quadrada, cinco cotovelos (regulares, flangeados) e uma válvula de retenção tipo esfera. A água é descartada na atmosfera de forma que H = 3 m. A vazão volumétrica pelo sistema é 0,005 m³/s. Se o comprimento total do tubo de PVC for 25 m, selecione o diâmetro da linha apropriado usando um tubo schedule 40 com conexões coladas.

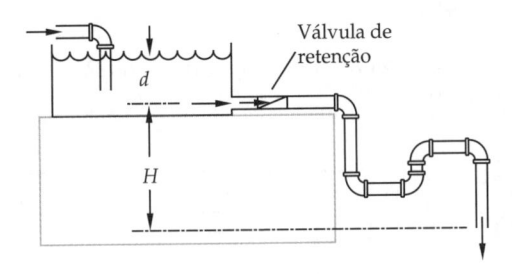

■ Figura P3.42

Tubos em séries

43. Um sistema hidráulico é mostrado na Figura P3.43. Ele consiste em 6 m de tubos padrão 6 tipo K e 12 m padrão 4 tipo K, ambas as tubulações de cobre trefilado. O sistema conduz etilenoglicol a uma vazão de 0,013 m³/s. A queda de pressão da seção 1 para a seção 2 deve ser calculada. Todas as conexões são soldadas (a perda localizada é a mesma que a de conexões flangeada) e regular.

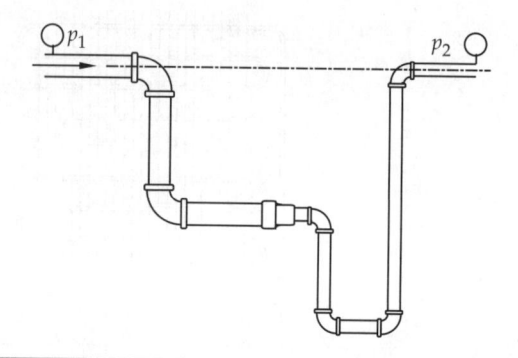

■ Figura P3.43

44. Um sistema hidráulico em série consiste em 30,5 m de tubo nominal de 2" e 15,25 m de nominal de 2½", ambos de aço galvanizado schedule 40. A velocidade da água pelo tubo nominal de 2" é 1,83 m/s. Calcule a queda de pressão pelo sistema para alturas de entrada e saída iguais.

45. Um sistema hidráulico em série conduz álcool metílico. O sistema consiste em 70 m de tubo nominal de 1", seguido por 50 m de tubo nominal de 2", ambos de aço comercial schedule 40. O tubo nominal de 1" contém três cotovelos (regulares) e uma válvula gaveta totalmente aberta, todos rosqueados. A queda de pressão pelo sistema é 150 kPa. Determine a vazão volumétrica para um sistema que esteja posicionado horizontalmente.

Obtenção de perfis de velocidade

46. Consulte a Figura P3.46 e obtenha a equação da velocidade para escoamento laminar em um duto circular seguindo as etapas destacadas a seguir.
    a. Execute um equilíbrio de forças no volume de controle na figura e verifique se

    $$pA + \tau \, dA_p - (p + dp)A = 0,$$

    em que A é uma área de seção transversal e dA_p é perímetro vezes o comprimento axial.

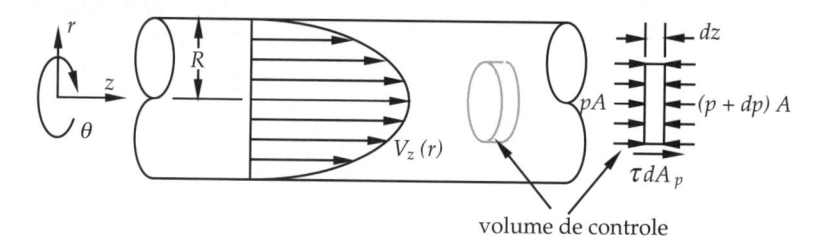

■ Figura P3.46

b. Substitua $dA_p = 2\pi r dz$ e $A = \pi r^2$ e mostre que

$$\frac{dp}{dz} = \frac{2\tau}{r}.$$

c. Presumindo um fluido newtoniano com propriedades constantes, permita

$$\tau = \mu \frac{dV_z}{dr}$$

e verifique que

$$\frac{dV_z}{dr} = \frac{r}{2\mu}\frac{dp}{dz}.$$

d. Verifique se a condição de contorno $r = R$, $V_z = 0$ está correta. Integre a equação para dV_z/dr acima e aplique a condição de contorno. Mostre que

$$V_z = \left(-\frac{dp}{dz}\right)\left(\frac{R^2}{4\mu}\right)\left[1 - \left(\frac{r}{R}\right)^2\right] \quad \left(\begin{array}{c}\text{escoamento laminar}\\ \text{em duto circular}\end{array}\right).$$

47. Inicie com a Equação 3.10 e verifique se a Equação 3.12 está correta.

48. Combine as Equações 3.8a e 3.12 para obter a Equação 3.13.

49. Consulte a Figura 3.12 e obtenha a equação da velocidade para escoamento laminar em um espaço anular seguindo as etapas destacadas abaixo:

a. A equação da quantidade de movimento aplicada ao volume de controle da Figura 3.12 é

$$\Sigma F_z = \iint_{cs} V_z \rho V_n dA.$$

Mostre que essa equação se torna

$$pA + (\tau + d\tau)dA_1 - \tau dA_2 - (p + dp)A = 0.$$

b. Simplifique a equação precedente para obter

$$(\tau + d\tau)dA_1 - \tau dA_2 - A dp = 0.$$

c. As áreas de superfície sobre as quais as tensões de cisalhamento atuam são avaliadas como

$$dA_1 = 2\pi(r + dr)dz \quad \text{e} \quad dA_2 = 2\pi r dz.$$

A área de seção transversal é

$$A = \pi(r + dr)^2 - \pi r^2 = 2\pi r dr.$$

Substitua essas áreas na equação da quantidade de movimento e mostre que

$$(\tau + d\tau)\,2\pi(r + dr)dz - \tau 2\pi r dz - 2\pi r dr\, dp = 0.$$

d. Simplifique a equação anterior e despreze o termo $drd\tau$ como pequeno se comparado aos outros. Mostre que

$$\frac{\tau}{r} + \frac{d\tau}{dr} = \frac{dp}{dz}$$

que se torna

$$\frac{1}{r}\frac{d}{dr}(r\tau) = \frac{dp}{dz}.$$

e. Para um fluido newtoniano,

$$\tau = \mu\frac{dV_z}{dr}.$$

Combine com a equação precedente para obter

$$\frac{d}{dr}\left(r\,\frac{dV_z}{dr}\right) = \frac{r}{\mu}\,\frac{dp}{dz}. \tag{i}$$

f. Verifique que as condições de contorno são

1. $r = DE_p/2,\ V_z = 0$

2. $r = DI_a/2,\ V_z = 0.$

As condições de contorno podem ser expressas de forma ligeiramente diferente e mais eficientes. Defina

$$R = DI_a/2 \quad \text{e} \quad \kappa = \frac{DE_p/2}{DI_a/2} = \frac{DE_p}{DI_a}.$$

Mostre que as condições de contorno agora podem ser escritas como

1. $r = R,\ V_z = 0$

2. $r = \kappa R,\ V_z = 0.$

g. Integre a Equação i e aplique as condições de contorno; mostre que o perfil de velocidade é

$$V_z = \left(-\frac{dp}{dz}\right)\left(\frac{R^2}{4\mu}\right)\left[1 - \left(\frac{r}{R}\right)^2 - \frac{1-\kappa^2}{\ln(\kappa)}\ln\frac{r}{R}\right] \quad \begin{pmatrix}\text{escoamento laminar}\\ \text{em duto circular}\end{pmatrix}.$$

50. a. A vazão volumétrica para o escoamento em um espaço anular é encontrada integrando-se o perfil de velocidade sobre a seção transversal:

$$Q = \int_0^{2\pi}\int_{\kappa R}^{R} V_z\, r\,dr\,d\theta.$$

b. Substitua o perfil de velocidade para escoamento laminar em um espaço anular, dado por

$$V_z = \left(-\frac{dp}{dz}\right)\left(\frac{R^2}{4\mu}\right)\left[1 - \left(\frac{r}{R}\right)^2 - \frac{1-\kappa^2}{\ln(\kappa)}\ln\frac{r}{R}\right] \quad \begin{pmatrix}\text{escoamento laminar}\\ \text{em duto anular}\end{pmatrix}$$

na equação da vazão volumétrica e integre. Mostre que

$$Q = \left(-\frac{dp}{dz}\right)\left(\frac{\pi R^4(1-\kappa^2)}{8\mu}\right)\left(1 + \kappa^2 + \frac{1-\kappa^2}{\ln(\kappa)}\right).$$

c. Com a velocidade média encontrada com

$$V = \frac{Q}{A}$$

mostre que

$$V = \left(-\frac{dp}{dz}\right)\left(\frac{R^2}{8\mu}\right)\left(1 + \kappa^2 + \frac{1-\kappa^2}{\ln(\kappa)}\right).$$

51. O diâmetro hidráulico da seção de escoamento anular é

$$D_h = DI_a - DE_p$$

Nos termos da razão de diâmetros, definimos

$$\kappa = \frac{DE_p/2}{DI_a/2} = \frac{DE_p}{DI_a}$$

A Equação 3.8a relaciona a queda de pressão com o fator de atrito:

$$dp = -\frac{\rho V^2}{2}\frac{fdz}{D_h}.$$

O perfil de velocidade para escoamento laminar em um espaço anular é dado por

$$V = \left(-\frac{dp}{dz}\right)\left(\frac{R^2}{8\mu}\right)\left(1 + \kappa^2 + \frac{1-\kappa^2}{ln(\kappa)}\right).$$

Combine as equações precedentes e mostre que:

$$\frac{1}{f} = \frac{Re}{64}\left(\frac{1+\kappa^2}{(1-\kappa)^2} + \frac{1+\kappa}{(1-\kappa)ln(\kappa)}\right)$$

em que

$$Re = \frac{VD}{\nu} = \frac{2RV(1-\kappa)}{\nu}.$$

52. O escoamento através de um duto retangular está ilustrado na Figura 3.13. A seção transversal é assumida como muito larga em comparação com a sua altura. O escoamento está na direção z, e o volume de controle com o qual estamos trabalhando não se estende até as superfícies da parede. A equação da quantidade de movimento aplicada ao volume de controle é

$$\Sigma F_z = \iint_{cs} V_z \rho V_n dA.$$

a. Considerando forças relacionadas apenas à pressão e ao atrito, mostre que a equação anterior, quando aplicada à Figura 3.13, torna-se

$$pA + \tau Pdz - (p + dp)A = 0.$$

b. Para um duto retangular, a área e o perímetro são

$$A = 2xy$$

$$P = 2y + x + 2y + x = 2x + 4y.$$

A dimensão x (~ w) é muito maior que a dimensão y (~ 2h) do duto. O termo do perímetro pode, portanto, ser reduzido para

$$P \approx 2x.$$

Mostrando que a equação da quantidade de movimento reduz para

$$\frac{dp}{dz} = \frac{\tau}{y}.$$

c. Para um fluido newtoniano $\tau = \mu \, dV_z/dy$. Combine com a equação precedente e organize para obter

$$\frac{dV_z}{dy} = \frac{y}{\mu}\frac{dp}{dz}.$$

d. Verifique se as condições de contorno são

1. $y = \pm h/2 \quad V_z = 0$
2. $y = 0 \quad \dfrac{\partial V_z}{\partial y} = 0.$

e. Integre a equação de momento e aplique as condições de contorno para mostrar que

$$V_z = \left(-\frac{dp}{dz}\right)\left(\frac{h^2}{2\mu}\right)\left(\frac{1}{4} - \frac{y^2}{h^2}\right) \quad \left(\begin{array}{c}\text{escoamento laminar} \\ \text{em duto retangular 2 D}\end{array}\right).$$

53. A vazão volumétrica para escoamento laminar em um duto bidimensional é encontrada integrando-se a velocidade V_z sobre a área da seção transversal

$$Q = \int_0^w \int_{-h/2}^{+h/2} \left(-\frac{dp}{dz}\right)\left(\frac{h^2}{2\mu}\right)\left(\frac{1}{4} - \frac{y^2}{h^2}\right) dy\, dx.$$

Mostre que

$$Q = \frac{h^3 w}{12\mu}\left(-\frac{dp}{dz}\right).$$

54. A velocidade média para escoamento laminar em um duto retangular bidimensional é encontrada como

$$V = \frac{Q}{A} = \frac{h^2}{12\mu}\left(-\frac{dp}{dz}\right).$$

A Equação 3.8a relaciona a queda de pressão à velocidade média em um duto de qualquer área da seção transversal

$$dp = -\frac{\rho V^2}{2}\frac{f dz}{D_h}.$$

Também, para um duto bidimensional, o diâmetro hidráulico é

$$D_h = \frac{4A}{P} = \frac{4hw}{2h + 2w} \approx \frac{4hw}{2w} = 2h.$$

Combine as equações precedentes e mostre que o fator de atrito é

$$f = \frac{96}{\text{Re}},$$

em que

$$\text{Re} = \frac{\rho V(2h)}{\mu}.$$

Diâmetro hidráulico, raio hidráulico, diâmetro efetivo

55. Determine o raio hidráulico de um duto retangular bidimensional em que a largura é muito maior que a altura ($w >> h$).
56. Determine o diâmetro efetivo de um duto retangular bidimensional em que a largura é muito maior que a altura ($w >> h$).
57. Um duto retangular tem dimensões de $h \times w$. A altura h é 40 mm. Determine a largura w se os diâmetros hidráulicos e efetivos forem iguais, se possível.
58. Um duto anular consiste de dois tubos. O tubo interno é padrão 2 e o tubo externo é padrão 4, ambos do tipo K. Calcule o raio hidráulico, o diâmetro hidráulico e o diâmetro efetivo da passagem do escoamento.
59. Uma passagem de escoamento é formada pela área externa de um tubo de cobre padrão 1 tipo L e a parte interna de um duto quadrado de 152,4 mm × 102 mm. Calcule o raio hidráulico, o diâmetro hidráulico e o diâmetro efetivo da passagem do escoamento.
60. A Figura P3.60 mostra uma seção transversal de um trocador de calor de placa e tubo. O tubo externo é uma tubulação de cobre padrão 8 tipo K. Dentro estão quatro tubos menores, cada um feito de tubulação de cobre padrão 1 também tipo K. Determine o raio hidráulico, o diâmetro efetivo e o diâmetro hidráulico da área do escoamento, que é limitada pelo DI do tubo padrão 8 e DE dos tubos padrão 1.

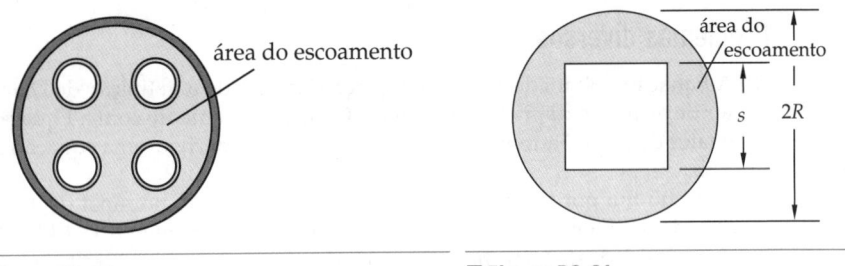

■ Figura P3.60   ■ Figura P3.61

61. A seção transversal de um duto de escoamento é limitada no exterior por um tubo circular de raio interno R e pela superfície externa de um quadrado do lado s (Consulte a Figura P3.61). Para essa seção transversal e para o caso especial em que $R = s$, responda
    a. Qual é o raio hidráulico?
    b. Qual é o diâmetro efetivo?
    c. Qual é o diâmetro hidráulico?
62. Um segmento circular tem um semiângulo α de 40° e um raio de 152,4 mm. Qual é o diâmetro hidráulico da seção transversal?
63. Um duto no formato de um segmento circular tem um semiângulo α de 20° e um raio de 100 mm. Um duto no formato de um triângulo isósceles tem um semiângulo também de 20°. Se ele tiver o mesmo diâmetro hidráulico que o segmento circular, qual deve ser sua altura h?
64. Um setor circular tem um ângulo α de 45° e um raio de 1,22 m. Determine seu diâmetro hidráulico.
65. Um duto com o formato de triângulo tem um ângulo α de 50° e um altura h de 1 m. Determine seus diâmetros efetivos e hidráulicos.
66. Uma passagem de escoamento é limitada pela área externa de um tubo de cobre padrão 1 tipo L e a parte interna de um duto quadrado de 102 mm × 102 mm. Calcule o raio hidráulico, o diâmetro hidráulico e o diâmetro efetivo da passagem do escoamento.
67. Um duto com o formato de triângulo tem um ângulo α de 50° e uma altura h de 1 m. Determine seu diâmetro hidráulico.

Seções transversais não circulares – problemas diversos

68. Uma passagem de escoamento anular tem 25 m de comprimento e é formada pela inserção de um tubo nominal de 2″ dentro de um tubo nominal de 4″ (ambos schedule 40 e de

ferro forjado não revestido). A passagem de escoamento deve conduzir 0,0085 m³/s de dissulfeto de carbono. Calcule a queda de pressão em 5 m de comprimento.

69. Uma área de escoamento anular é formada por tubo de cobre padrão 3 tipo M e tubo de cobre padrão 1 tipo L, ambos com 1,83 m de comprimento. Glicerina é bombeada pelo espaço anular. Medidores de pressão conectados mostram que a queda de pressão é 20,7 kPa. Determine a vazão volumétrica da glicerina.

70. Como parte de um trocador de calor, um espaço anular deve conduzir álcool etílico a uma vazão de 0,01 m³/s. O tubo interno é uma tubulação de cobre padrão ¾ tipo M e o diâmetro do tubo externo deve ser determinado. A bomba disponível pode atender a uma queda de pressão de 34,5 kPa, e a passagem de escoamento anular tem 2,44 m de comprimento. Selecione um diâmetro do tubo externo apropriado.

71. Um duto retangular, revestido de asfalto, de 6m de comprimento, tem dimensões internas de 0,5 m × 1,5 m. Ele conduz ar a uma vazão de 1,5 m³/s. Calcule a queda de pressão.

72. Em Chicago, uma parte da rodovia que leva à Estação Union é subterrânea e, por motivos de saúde, é necessário fornecer ar fresco à área. Esse ar é obtido por ventiladores que movem o ar por um sistema de dutos. Considere um desses dutos como retangular, com 10,67 m de comprimento e feito de chapa metálica galvanizada. O duto tem 0,915 m de largura por 1,83 m de altura e fornece ar refrigerado (T ≈ 15,6 °C) com uma queda de pressão permitida de 0,25 mm de água. Calcule a vazão do ar, presumindo que ele seja um gás ideal.

Problemas diversos

73. A Equação 3.8b foi derivada da Equação 3.5 usando a definição de Darcy-Weisbach do fator de atrito e o diâmetro hidráulico. Comece novamente com a Equação 3.5, mas usando o fator de atrito Fanning e o raio hidráulico, para derivar uma equação análoga à Equação 3.8b.

74. Benzeno flui por um tubo com 61 m de comprimento nominal de 4″ schedule 80 a uma taxa de 0,0158 m 3/s. A queda de pressão correspondente é 41,4 kPa. Determine o valor da rugosidade da superfície ε para esse tubo.

75. A água flui por uma parte do tubo que contém uma válvula, conforme mostrado na Figura P3.75, e um manômetro de ar sobre líquido conectado à tubulação mede a perda de altura de pressão. O tubo é de aço galvanizado nominal de 3″ schedule 160 e conduz água a uma taxa de 7,08 × 10⁻³ m³/s. Determine o valor de K para a perda de altura de pressão Δh de 152 mm de água.

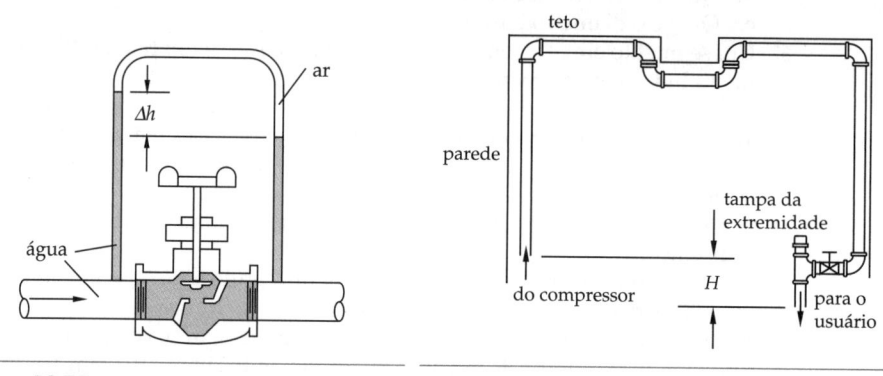

■ Figura P3.75

■ Figura P3.76

Problemas computacionais

76. A Figura P3.76 mostra um sistema de tubulação feito com tubos de cobre trefilado padrão 1 tipo K. Esse sistema conduz ar, e a queda de pressão nos 150 m de tubulação trefilada é 175 kPa. As conexões são todas regulares e soldadas e a válvula é tipo globo. Dado que H = 0,5 m, determine a vazão pelo tubo com temperaturas de ar que variam de 0 °C a 100 °C.

77. Selecione cinco valores do número de Reynolds e ε/D juntos. Em seguida, use as equações de ajuste da curva do diagrama de Moody fornecidas neste capítulo para determinar f. Compare os resultados.
78. A Figura P3.78 mostra um sistema de tubulação feito de tubo de aço galvanizado nominal de 4" schedule 40. O sistema é usado para drenar um tanque de água. Determine a vazão pelo tubo para temperaturas de água que variam de 5 °C a 95 °C. Os cotovelos são todos regulares e soldados; a válvula de retenção é tipo balanço. Com $H = 2$ m e $L = 25$ m, determine como a velocidade varia com a temperatura.
79. A Figura P3.79 mostra o esboço da tubulação de um dos exemplos fornecidos neste capítulo. A tubulação foi usada para drenar um tanque que continha água. Quando $z_1 = 5$ m e $z_2 = 2$ m, a vazão na linha foi de 0,0027 m³/s. O tubo é de aço galvanizado nominal de 2" schedule 40, e as conexões são regulares e rosqueadas. Determine a vazão volumétrica pelo sistema para z_1 variando de 3 m a 10 m. Faça um gráfico da vazão em função de z_1.

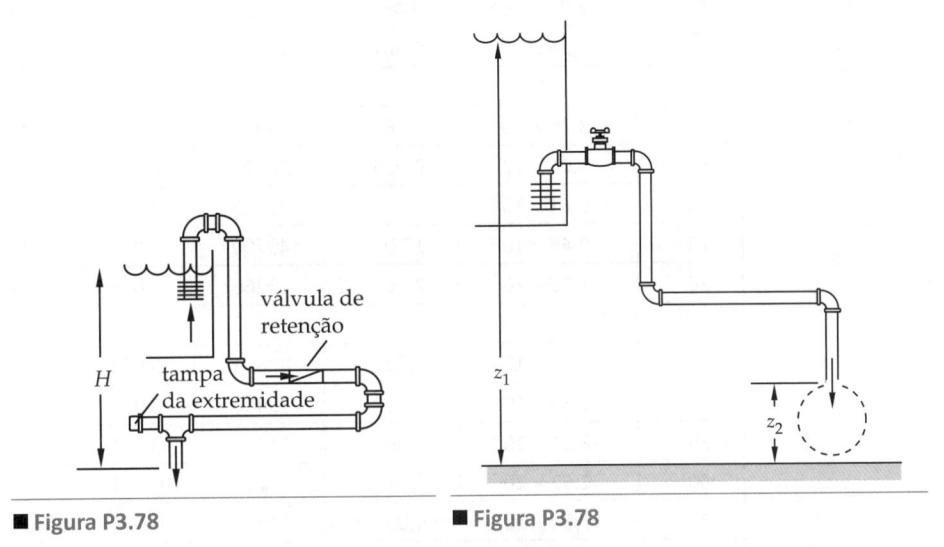

■ Figura P3.78   ■ Figura P3.78

80. Anos atrás, quando não havia computador nem internet, engenheiros valiam-se de ábacos e tabelas para ajudá-los a tomar decisões sobre projetos, a respeito de diâmetro do tubo, vazão etc. Uma compilação de vários desses elementos de ajuda foi publicada pela Crane Company como *Boletim Técnico 410*, que está disponível como um arquivo tipo pdf para download. O *Boletim Técnico 410*, que inclui muitas outras coisas, traz um gráfico relacionado ao escoamento pela tubulação em gpm com a queda de pressão em psi/100 ft experimentada pelo fluido. O fluido era água, o tubo de aço schedule 40 e com comprimento de 30,5 m. O gráfico incluía diâmetros da linha que variavam de 3,175 mm a 610 mm.[4] A equação utilizada na produção do gráfico foi:

$$p_1 - p_2 = \frac{fL}{D_h} \frac{\rho V^2}{2}.$$

A tabela a seguir é como um gráfico, e foi produzida usando uma planilha. O fluido é água, e o diâmetro da linha de aço é nominal de 1"schedule 40. A queda de pressão é listada como psi, mas deve ser lembrado que a unidade real é psi/100 ft. Isso foi feito de forma que o usuário pudesse facilmente calcular a queda de pressão para um comprimento da tubulação. Dados usados na produção do gráfico são:

$D = 25,4$ mm $\qquad A = 5,07 \times 10^{-4}$ m²
$\rho = 1.000$ kg/m³ $\qquad L = 30,5$ m
$\mu = 9,1 \times 10^{-4}$ Pa·s $\qquad \varepsilon = 0,0457$ mm

---

[4] *Boletim Técnico 410*, p. 8-14.

Conforme designado pelo instrutor, produza um gráfico similar para qualquer uma das seguintes combinações:
a) Diâmetro da linha diferente de 25,4 mm.
b) Outro fluido diferente da água.
c) Unidades SI de l/s e kPa.
d) Material do tubo diferente de aço.
e) Vazão com variação diferente de $6,31 \times 10^{-5}$ a $6,31 \times 10^{-3}$ m³/s.

Q gpm	Q, m³/s	V, m/s	Re	f	Δp, kPa
1	$6,31 \times 10^{-5}$	0,113	3313	0,044	0,324
2	$1,26 \times 10^{-4}$	0,226	6627	0,037	1,069
3	$1,89 \times 10^{-4}$	0,338	9940	0,033	2,186
4	$2,52 \times 10^{-4}$	0,451	13253	0,031	3,654
5	$3,15 \times 10^{-4}$	0,567	16567	0,030	5,474
6	$3,79 \times 10^{-4}$	0,680	19880	0,029	7,65
8	$5,04 \times 10^{-4}$	0,905	26507	0,028	12,96
10	$6,31 \times 10^{-4}$	1,13	33133	0,027	19,65
15	$9,46 \times 10^{-4}$	1,70	49700	0,026	42,20
20	$1,26 \times 10^{-3}$	2,26	66266	0,025	73,10
25	$1,58 \times 10^{-3}$	2,83	82833	0,024	112,4
30	$1,89 \times 10^{-3}$	3,38	99400	0,024	159,3
35	$2,21 \times 10^{-3}$	3,96	115966	0,024	215,1
40	$2,52 \times 10^{-3}$	4,51	132533	0,024	278,5
45	$2,84 \times 10^{-3}$	5,09	149099	0,024	350,9
50	$3,15 \times 10^{-3}$	5,67	165666	0,024	430,9
60	$3,79 \times 10^{-3}$	6,80	198799	0,023	616,4
70	$4,42 \times 10^{-3}$	7,92	231932	0,023	834,3
80	$5,04 \times 10^{-3}$	9,05	265065	0,023	1089
100	$6,31 \times 10^{-3}$	11,3	331332	0,023	1689

CAPÍTULO 4

Sistemas de tubulação II

No capítulo anterior, introduzimos um estudo dos sistemas de tubulação e a maioria do material foi reproduzida a partir da mecânica dos fluidos elementar. Neste capítulo, continuaremos a estudar sistemas de tubulação, agora combinando os resultados do capítulo anterior com uma análise econômica para desenvolver um novo método de dimensionar tubos. Para isso, primeiro examinaremos o conceito de otimização, já que ele pertence aos sistemas fluidotérmicos. O processo de otimização implica derivar uma equação para modelar um sistema sujeito a certas restrições e, depois, tomar a derivada dessa equação para minimizar, por exemplo, uma queda de pressão ou o custo de uma tubulação instalada.

Em seguida, iremos obter equações de um método de custo anual mínimo para a seleção dos diâmetros econômicos dos tubos, equações estas que incluem parâmetros econômicos e de atrito do tubo, e cujas as derivações levam a um novo formato para o diagrama tradicional de atrito no tubo (o diagrama de Moody). Apresentaremos três novos gráficos, que ajudam a determinar o diâmetro econômico quando parâmetros econômicos e custo de potência são conhecidos, e um novo grupo adimensional que foi desenvolvido, combinando a rugosidade relativa e o número de Reynolds. Forneceremos ainda um exemplo de problema para ilustrar o uso dos gráficos e o método em geral, o qual pode ser usado com êxito para selecionar o diâmetro econômico e satisfazer os requisitos de custo mínimo (primeiro, mais operacional).

Em seguida, discutiremos o conceito de comprimento equivalente de perdas localizadas, em que o comprimento equivalente será definido e calculado para uma conexão, a fim de ilustrar a definição. Também discutiremos métodos de representar graficamente sistemas de tubulação, forneceremos os símbolos da tubulação Ansi e descreveremos o comportamento de um sistema, além de definir uma curva do sistema para mostrar como os efeitos de atrito influem na vazão volumétrica. E concluiremos com uma seção sobre o equipamento convencional disponível para suportar fisicamente um sistema de tubulação.

4.1 O processo de otimização

Uma importante aplicação do cálculo é o conceito de otimização. Nesses problemas de otimização, cujos exemplos são abundantes em várias áreas, uma quantidade deve ser maximizada ou minimizada. Por exemplo, uma companhia aérea precisa decidir quantos voos programar entre duas cidades, a fim de otimizar seus lucros. Um fabricante precisa determinar com que frequência deve substituir o equipamento para minimizar os custos de manutenção e substituição. Podemos procurar minimizar a queda de pressão de um sistema de tubulação usando um tubo de diâmetro otimizado. Podemos posicionar um filtro dentro de um duto que minimize o custo da instalação. Diversos problemas de otimização podem ser elaborados e examinaremos vários exemplos para demonstrar o método.

Um problema de otimização é aquele em que se procura minimizar ou maximizar uma variável específica que ajude a descrever um sistema, e sua formulação envolve diversos recursos. Primeiro, precisaremos obter o que é conhecido como equação ou **função objetiva**. Essa equação ou função objetiva será diferenciada com relação a uma das variáveis e, em muitos casos, conterá termos inter-relacionados, podendo ser necessário ter equações adicionais para resolver o problema. Essas outras equações são chamadas de **equações de restrições**, e a função objetiva deve ser resolvida com relação às restrições. Em alguns problemas não há restrições, assim poderemos ter um **problema de otimização sem restrições**.

Suponha que desejamos determinar o valor mínimo de uma dada função como:

$$f(x) = 2x^3 - 15x^2 + 24x + 19$$

na faixa de $x \geq 0$. Um gráfico dessa equação é mostrado na Figura 4.1. O ponto mais baixo no gráfico está em (4, 3), e o valor mínimo da função f é 3. Podemos obter esse valor diferenciando a função e definindo-a igual a zero, para obter:

$$\frac{df}{dx} = 6x^2 - 30x + 24 = 0$$

Simplificando,

$$x^2 - 5x + 4 = 0$$

com solução

$$(x - 4)(x - 1) = 0$$

$x = 4$ e $x = 1$.

Assim, a inclinação do gráfico de função f é zero nesses dois pontos e ambos dentro da faixa de $x \geq 0$. Para determinar qual é mínimo, temos a segunda derivada:

$$\frac{d^2f}{dx^2} = 12x - 30.$$

Em $x = 1$, $d^2f/dx^2 < 0$, portanto, esse é um máximo. Em $x = 4$, $d^2f/dx^2 > 0$, assim esse é o mínimo e $x = 4$ é a solução.

Sistemas de tubulação II | 141

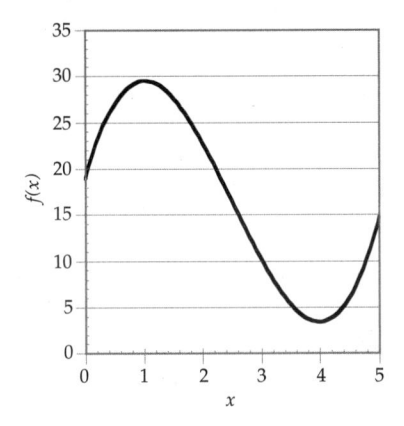

■ **Figura 4.1** Gráfico da função $f(x) = 2x^3 - 15x^2 + 24x + 19$.

Exemplo 4.1.

Um fabricante deseja criar um cercado de proteção dentro de uma de suas instalações como um armazém de ferramentas. A área deve ser retangular e ao longo de uma parede existente, conforme indicado na Figura 4.2. Determine as dimensões da maior área a ser fechada se forem usados 12,2 m de material de cercamento.

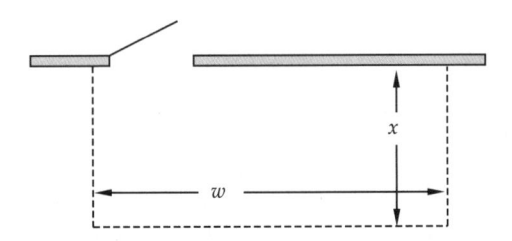

■ **Figura 4.2** Fechamento de armazém de ferramentas.

Solução: A área tem dimensões de x e largura de w. A cerca total tem 40 pés; portanto, temos:

$$2x + w = L = 12,2 \text{ m}. \tag{i}$$

A área A deve ser maximizada:

$$A = wx. \tag{ii}$$

Resolvemos a Equação i para w:

$$w = L - 2x \tag{iii}$$

e a substituímos na Equação ii:

$$A = (L - 2x)x = xL - 2x^2.$$

Diferenciando e definindo o resultado igual a zero, temos

$$\frac{dA}{dx} = L - 4x = 0.$$

Resolvendo,

$$x = \frac{L}{4} = \frac{12,2}{4}$$

$$\underline{x = 3,05 \text{ m.}}$$

A largura é encontrada com Equação iii:

$$w = 12,2 - 2(3,05)$$

$$\underline{w = 6,1 \text{ m.}}$$

Temos duas equações neste problema. Equação i é a *função objetiva*, e ela tem muitas soluções. A Equação ii é a equação de restrição, e coloca um limite ou uma restrição na maneira em que w e x podem variar. Esse problema é referido como um problema de *otimização restrita*. A etapa essencial na solução era resolver a equação de restrição e substituí-la na função objetiva para a obtenção da área em termos de uma única variável. Esse procedimento, no entanto, nem sempre é possível.

Exemplo 4.2.

Um fabricante de equipamentos de *playground* de aço galvanizado armazena material em um cercado externo quando estão prontos para remessa. A área tem 55 m², com três laterais cercadas com pau-brasil. A quarta lateral é feita de blocos de concreto, conforme indicado na Figura 4.3. Os custos da cerca é $21 por metro de comprimento e o custo do blocos é $42/m. Determine as dimensões da cerca na área que minimiza o custo total.

Solução: As dimensões da área são x por y, como mostrado na Figura 4.3. A equação de restrição é:

$$xy = A = 55 \text{ m}^2 \qquad (i)$$

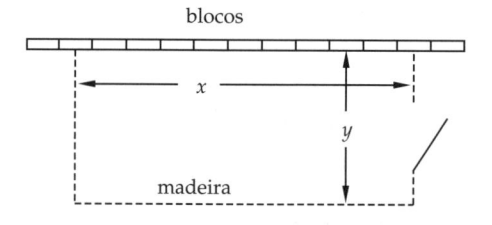

■ **Figura 4.3** Área de armazenamento externo.

A função objetiva é o custo total dos materiais, ou seja,

[Custo do pau-brasil] = [custo por metro]•[comprimento] = ($21) $(x + 2y)$

ou

$$C_{rw} = 21x + 42y. \tag{ii}$$

Da mesma forma,

[Custo dos blocos] = C_b = [custo por metro]•[comprimento] = $(42)x$.

O custo total (a função objetiva) então é

$$C_{total} = 21x + 42y + 42x = 63x + 42y. \tag{iii}$$

Resolvemos a Equação i para y (ou x) para obter:

$$y = \frac{A}{x}.$$

Substituindo na Equação iii,

$$C_{total} = 63x + 42\frac{A}{x}.$$

Diferenciando e definindo o resultado igual a zero, temos

$$\frac{dC_{total}}{dx} = 63 - \frac{42A}{x^2} = 0.$$

Reorganizando,

$$x^2 = \frac{42A}{63} = \frac{42(55 \text{ m}^2)}{63} = 36{,}67 \text{ m}^2$$

e

$$\underline{x = 6{,}05 \text{ m}}$$

$$\underline{y = \frac{55}{6{,}05} = 9{,}08 \text{ m}.}$$

Um gráfico da função objetiva é mostrado na Figura 4.4. A equação de custo nesse exemplo resulta uma família de curvas, e a equação de restrição indica quais dessas curvas se aplicam.

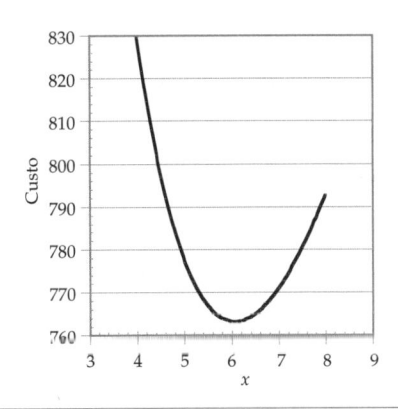

■ **Figura 4.4** A função objetiva do Exemplo 4.2.

Exemplo 4.3.

Uma empresa produz pequenas peças que são enviadas para vários locais e o gerente do departamento de embalagem determinou uma maneira de reduzir os custos de armazenamento, remessa e recipiente. Esses custos podem ser reduzidos se as embalagens forem de papelão, em forma cilíndrica e com um comprimento mais circunferência total de, no máximo, 2 metros. Encontre as dimensões da embalagem cilíndrica que apresenta o maior volume.

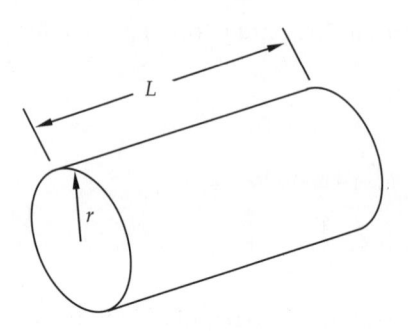

■ **Figura 4.5** Recipiente de remessa de forma cilíndrica.

Solução: A Figura 4.5 é um esboço do recipiente, com L de comprimento e r de raio. O volume da embalagem é a função objetiva, que deve ser maximizada:

$$\mathcal{V} = \pi r^2 L. \tag{i}$$

A equação de restrição é dada por

$$L + 2\pi r = 2 \text{ m}. \tag{ii}$$

Resolvendo a equação de restrição para L e substituindo na função objetiva, temos

$$L = 2 - 2\pi r$$

$$\mathcal{V} = \pi r^2 (2 - 2\pi r) = 2\pi r^2 - 2\pi^2 r^3.$$

Um gráfico do volume *versus* r é fornecido na Figura 4.6, para $L = 0{,}68$ m. Diferenciando com relação a r, temos

$$\frac{d\mathcal{V}}{dr} = 4\pi r - 6\pi^2 r^2 = 0.$$

Simplificando e resolvendo,

$$r = \frac{0{,}66}{\pi}$$

$$r = 0{,}21 \text{ m}$$

$$L = 2 - 2\pi(0{,}21) = 0{,}68 \text{ m}.$$

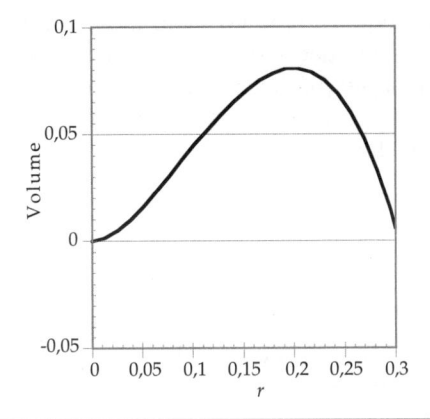

■ **Figura 4.6** Curva de otimização para recipiente cilíndrico.

Os exemplos precedentes demonstram o método usado para encontrar o máximo ou o mínimo necessário em um problema. Os exemplos a seguir têm aplicação maior nas áreas abordadas neste texto.

Exemplo 4.4.

Desejamos instalar isolamento em torno de um tubo que conduz um fluido aquecido, como ilustrado na Figura 4.7. Dadas as limitações de espaço, o diâmetro externo do isolamento D_2 não pode exceder 120 mm. Por um lado, gostaríamos de instalar o maior tubo possível, para que o custo de bombeamento do fluido não seja excessivo, e, por outro, gostaríamos de usar um isolamento o mais espesso possível para reduzir a perda de calor. O custo de bombeamento para esse fluido pelo tubo é fornecido por

$$C_p = \frac{3 \times 10^{-6}}{D_1^5},$$

em que D_1 está em m, e o custo está em \$/ano. O custo de aquecer o fluido é dado por

$$C_h = \frac{9}{2t},$$

em que t é a espessura do isolamento ($2t = D_2 - D_1$), em metros, e o custo novamente está em \$/ano.

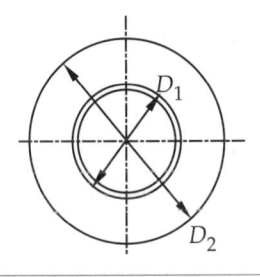

■ **Figura 4.7** O tubo isolado do Exemplo 4.4.

a) Escreva a equação para o custo total; a restrição é $D_2 = 120$ mm.
b) Diferencie a equação de custo e defina-a igual a zero.
c) Resolva para o diâmetro D_1.
d) Elabore um gráfico do custo total *versus* diâmetro e verifique se os resultados estão corretos.

Solução: O custo total é a soma dos custos do bombeamento e do aquecimento:

$$C_T = \frac{3 \times 10^{-6}}{D_1^5} + \frac{9}{2t}.$$

Substituindo $2t = D_2 - D_1 = 0{,}12 - D_1$,

$$C_T = \frac{3 \times 10^{-6}}{D_1^5} + \frac{9}{0{,}12 - D_1}.$$

Um gráfico dessa equação é mostrado na Figura 4.8.

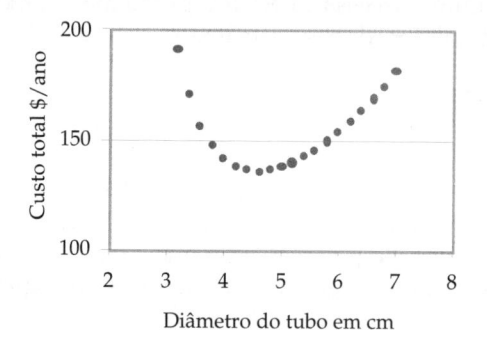

■ **Figura 4.8** Gráfico de custo versus diâmetro para o Exemplo 4.4.

Diferenciando com relação a D_1, temos

$$\frac{dC_T}{dD_1} = -5(3 \times 10^{-6})D_1^{-6} - \frac{9(-1)}{(0{,}12 - D_1)^2} = 0$$

$$\frac{1{,}5 \times 10^{-5}}{D_1^6} = \frac{9}{(0{,}12 - D_1)^2}.$$

Essa equação pode ser resolvida de maneira interativa, reescrevendo-a como

$$D_1 = (1{,}67 \times 10^{-6}(0{,}12 - D_1)^2)^{1/6}.$$

Primeiro, supomos um valor de D_1. Em seguida, substituindo do lado direito, temos o valor de D_1 (lado esquerdo) a ser usado em um segundo cálculo. Por exemplo,

$$D_1 = 0{,}01 \text{ m}; (0{,}12 - D_1) = 0{,}11; (1{,}67 \times 10^{-6}(0{,}12 - D_1)^2)^{1/6} = 0{,}052.$$

Usando 0,052 do lado direito de nossa equação, temos $D_1 = 0{,}044$. Continuando, vemos que a solução converge rapidamente para 0,046 m. A solução então é

$$\underline{D_1 = 0{,}046 \text{ m}.}$$

Exemplo 4.5.

Considere o duto de tratamento de ar mostrado na Figura 4.9. O escoamento entra no sistema em A, e um pouco do escoamento é descarregado em 2 e um pouco em 3. Nosso objetivo é dimensionar a canalização, de forma que a queda de pressão seja minimizada, ou seja, desejamos determinar os diâmetros D_1 e D_2 para que as perdas de pressão em razão do atrito sejam minimizadas. Devemos presumir várias coisas nesse ponto. Primeiro, presumimos que a transição entre L_1 e L_2 seja coincidente com a mudança do diâmetro. Depois, presumimos um valor para o fator de atrito em ambos os dutos, como constante e para fins de ilustração, igual a 0,02.

Para demonstrar o procedimento de cálculo, temos as vazões como $Q_1 = 0,7 \text{ m}^3/\text{s}$, e $Q_2 = 0,4 \text{ m}^3/\text{s}$. Os tubos medem $L_1 = 14$ m e $L_2 = 16$ m de comprimento. Com densidade do ar igual a 1,2 kg/m³, a queda de pressão somente em razão do atrito de A a B pode ser escrita como

$$\Delta p = \frac{f_1 L_1}{D_1} \frac{\rho V_1^2}{2} + \frac{f_2 L_2}{D_2} \frac{\rho V_2^2}{2}.$$

Essa é nossa função objetiva, e procuramos levá-la ao mínimo. Para isso, teremos de expressar todos os parâmetros no lado direito em termos de D_1 (ou D_2) e diferenciar essa expressão com relação a D_1 (ou D_2).

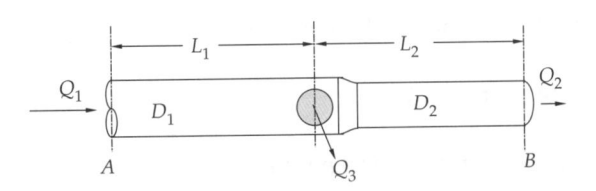

■ **Figura 4.9** Um sistema de tratamento de ar.

As vazões volumétricas foram dadas como $Q_1 = 0,7 \text{ m}^3/\text{s}$, e $Q_2 = 0,4 \text{ m}^3/\text{s}$. A velocidade em cada seção do duto pode ser escrita como

$$V_1 = \frac{Q_1}{A_1} = \frac{4Q_1}{\pi D_1^2} = \frac{4(0,7)}{\pi D_1^2} = \frac{0,891}{D_1^2}$$

$$V_2 = \frac{Q_2}{A_2} = \frac{4Q_2}{\pi D_2^2} = \frac{4(0,4)}{\pi D_2^2} = \frac{0,509}{D_2^2}.$$

Agora podemos calcular

$$V_1^2 = \frac{0,794}{D_1^4}$$

$$V_2^2 = \frac{0,259}{D_2^4}.$$

Substituindo na expressão de queda de pressão e simplificando,

$$\Delta p = \frac{0{,}02(14)}{D_1}\frac{1{,}2}{2}\frac{0{,}794}{D_1^4} + \frac{0{,}02(16)}{D_2}\frac{1{,}2}{2}\frac{0{,}259}{D_2^4}$$

$$\Delta p = \frac{0{,}133}{D_1^5} + \frac{0{,}049\,8}{D_2^5}.$$

A derivada dessa expressão com relação a D_1 é

$$\frac{d\Delta p}{dD_1} = -5(0{,}133)D_1^{-6} - 5(0{,}049\,8)D_2^{-6}\frac{dD_2}{dD_1} = 0. \qquad (i)$$

Para avaliar a queda de pressão e obter um valor para o diâmetro D_1, precisaremos de uma segunda equação – uma equação de restrição. Especificamente, precisaremos de alguma relação entre os diâmetros D_2 e D_1. Já usamos a equação da continuidade quando escrevemos as velocidades em termos das vazões.

Podemos compor uma das várias restrições. O duto em si costuma ser feito de placa metálica cortada, enrolada em cilindros e soldada ou rebitada. Suponha, por exemplo, que a área da placa metálica seja uma restrição e igual a 40 m², uma restrição que poderia ser motivada pelo lucro. A equação a seguir torna-se a nossa restrição:

$$\pi D_1 L_1 + \pi D_2 L_2 = 40.$$

Substituindo as quantidades conhecidas,

$$\pi D_1(14) + \pi D_2(16) = 40.$$

Reorganizando e resolvendo para D_2,

$$14D_1 + 16D_2 = 12{,}7$$

$$D_2 = 0{,}796 - 0{,}875 D_1$$

e assim

$$\frac{dD_2}{dD_1} = -0{,}875 \;[= -\text{razão de comprimento} = -\frac{L_1}{L_2}, \text{independente da área de 40 m}^2.]$$

Combinando com a equação de queda de pressão diferenciada (i) e fazendo o resultado igual a zero, temos

$$\frac{d\Delta p}{dD_1} = -5(0{,}133)D_1^{-6} - 5(0{,}049\,8)(0{,}796 - 0{,}875 D_1)^{-6}(-0{,}875) = 0.$$

Simplificando e reorganizando, temos

$$\frac{0{,}133}{D_1^6} = \frac{(0{,}049\,8)(0{,}875)}{(0{,}796 - 0{,}875 D_1)^6}$$

$$\frac{D_1^6}{(0{,}796 - 0{,}875 D_1)^6} = 3{,}05.$$

Tomando a sexta raiz,

$$\frac{D_1}{(0,796 - 0,875D_1)} = 1,204$$

ou

$$D_1 = 0,959 - 1,05D_1.$$

Resolvendo,

$$\underline{D_1 = 0,466 \text{ m}}$$

$$\underline{D_2 = 0,796 - 0,875(0,466) = 0,387 \text{ m}.}$$

A queda de pressão é calculada como

$$\Delta p = \frac{0,133}{D_1^5} + \frac{0,049\,8}{D_2^5} = 11,7 \text{ Pa}.$$

4.2 Diâmetro do tubo econômico

Engenheiros costumam aprender sobre sistemas hidráulicos no primeiro curso de mecânica dos fluidos. Em geral, três tipos de problemas de escoamento em tubos são discutidos: queda de pressão Δp desconhecida, vazão volumétrica Q desconhecida ou diâmetro interno D desconhecido. Em todos os casos, seis variáveis entram no problema (L = comprimento do tubo, ε = rugosidade da superfície, v = viscosidade cinemática do fluido, Δp = queda de pressão, Q = vazão volumétrica e D = diâmetro interno). Em qualquer desses três tipos de problemas, cinco variáveis são conhecidas e a sexta deve ser resolvida.

Em um problema de projeto real, no entanto, o valor de cinco variáveis não costuma ser conhecido. Suponha que um tanque contenha líquido, por exemplo, que seja bombeado para uma máquina de engarrafar de uma determinada capacidade (vazão especificada). O comprimento do tubo, a rugosidade da superfície e a viscosidade cinemática seriam conhecidas. A queda de pressão permitida deve ser determinada, e o diâmetro do tubo deve ser selecionado. Em geral, alguns tubos de diferentes diâmetros podem ser usados, e cada um terá uma queda de pressão associada. Assim, com apenas quatro parâmetros conhecidos, devem-se usar critérios adicionais para resolver o problema.

É razoável usar dados de custos neste problema, como um guia de seleção. Por um lado, quanto maior for o diâmetro do tubo, maior será o custo inicial, o que sugere a seleção de um diâmetro pequeno. Por outro lado, o fluido que escoa por um tubo de diâmetro pequeno passa por uma grande perda por atrito, o que leva à necessidade de uma bomba maior e isso, por sua vez, representa custos iniciais e operacionais maiores. Em geral, existe um diâmetro que minimiza o custo total (custo inicial mais custo operacional) da bomba, do tubo e das conexões. Esse diâmetro é chamado **diâmetro econômico ideal,** D_{ideal}, e encontrá-lo é um problema de otimização.

Aqui, apresentamos o que é conhecido tradicionalmente como o **método de custo anual mínimo** para seleção de diâmetro de tubo econômico, por meio do qual obtemos grupos adimensionais apropriados. Resultados são aplicados para situações de escoamento gravitacional e podem ser usados com ou sem bombas presentes. Uma equação para diâmetro econômico ideal D_{ideal} é obtida, mas resolvê-la usando o Diagrama de Moody clássico requer um procedimento de tentativa e erro. Para evitar a tentativa e erro, apresentamos três gráficos do fator de atrito de Darcy-Weisbach f versus $f^x \text{Re}^y$ com $(\varepsilon/D)/\text{Re}$ como uma variável independente. Os valores usados para x e y se tornarão evidentes em seções posteriores.

Análise

O diâmetro econômico ideal é aquele que minimiza o custo *total* do sistema hidráulico, o qual consiste de custo fixo mais custo operacional. Os custos fixos incluem aqueles para o tubo, as conexões e os suportes ou ganchos, a bomba e a instalação; são os custos diretamente relacionados ao diâmetro da tubulação. Os custos operacionais incluem aqueles associados aos requisitos de potência da bomba, que poderiam ser em forma de eletricidade ou combustível do motor, lembrando que a potência, em tais sistemas, é necessária para superar perdas por atrito e alterações em elevação e em pressão, se houver. Formularemos uma equação para os custos iniciais e operacionais do tubo, conexões e bomba e expressaremos o resultado em uma base de custo por ano. Em seguida, diferenciaremos a expressão com relação ao diâmetro para obter o resultado desejado – custo mínimo. Exatamente quais custos usar pode variar de uma formulação para outra, mas o método ainda é o mesmo.

Se formos elaborar uma análise de custo anual mínimo, então o custo inicial de um sistema inteiro deverá ser convertido em um custo anual equivalente. Podemos fazer isso presumindo que o capital seja emprestado de uma instituição financeira a uma taxa de juros anual i, e que deve ser pago ou amortizado com m pagamentos anuais. O custo anual (ou anuidade) para pagar um empréstimo de, digamos, \$1 em m anos é calculado por

$$a = \frac{i}{1 - \left[\dfrac{1}{1+i}\right]^m}. \tag{4.1}$$

O parâmetro a é conhecido como **taxa de amortização**.

O custo inicial C_I de um sistema hidráulico (ou qualquer sistema) pode ser convertido em um custo anual C_A com a seguinte equação:

$$C_A = aC_I = \frac{iC_I}{1 - \left[\dfrac{1}{1+i}\right]^m}.$$

Como exemplo, considere que estamos instalando uma tubulação com conexões, bomba etc., por \$10.000. Suponha ainda que financiamos a instalação com dinheiro emprestado de outra pessoa a uma taxa de 9% de juros, a ser pago após sete anos, ou seja, sete pagamentos anuais ($= m$). O custo anual é

$$C_A = \frac{0{,}09}{1 - \left[\dfrac{1}{1+0{,}09}\right]^7} \, 10.000 = 0{,}198\,7(10.000)$$

$C_A = \$1.987$ por ano.

A taxa de amortização é 0,1987. O custo anual C_A reflete não apenas o investimento inicial de $10.000, mas também as taxas de juros, e o dinheiro a ser pago após sete anos é 7($1.987) = $13.909. Na análise que formulamos, nosso custo inicial incluirá bomba, sistema de tubulação, conexões e suportes para os tubos, além da instalação.

A Tabela 4.1 relaciona os custos da tubulação para várias categorias. (Categorias são designações Ansi e referem-se às propriedades de resistência do material; para obter mais informações, consulte o Anexo A, ASME B16.47.1990.) Os custos na Tabela 4.1 são de instalação e são expressos em dólares por pés. A Figura 4.10 é um gráfico de custos da Tabela 4.1 *versus* dados de diâmetro do tubo.

Os dados na Tabela 4.1 foram atualizados a partir de um documento fonte publicado em 1982 e os custos foram convertidos em dólares de hoje (na época em que este documento foi escrito), usando o que se conhece como **índice de preço ao consumidor**. Com base em dados oficiais, se algo custava $100 em 1982, custaria $244 em 2013.

Para a nossa análise de determinação dos diâmetros do tubo ideal, fixaremos equações para os dados da Tabela 4.1. O único efeito que precisaremos considerar em relação ao índice de preços ao consumidor é a maneira como o custo do tubo nominal de 12" foi alterado.

■ **Tabela 4.1** Custos de instalação para vários diâmetros em dólares/pés de 2013[1].

Diâmetro nominal em polegadas	Designação Ansi				
	300	400	600	900	1500
4	17	17	20	27	34
6	24	24	27	34	46
8	32	32	39	49	69
10	42	44	51	69	98
12	54	56	69	88	130
14	64	66	78	95	142
16	73	76	93	117	181
18	86	88	110	144	220
20	95	98	135	169	250
22	105	110	159	196	316
24	115	120	181	232	360
26	132	149	198	274	399
30	161	181	237	330	
32	171	191	264	382	
34	193	213	299	396	
36	210	235	316		

A fim de implementar uma análise de custo anual mínimo, precisaremos obter uma equação de ajuste para os dados de custo do tubo. Como podemos verificar na Figura 4.4, cada curva tem o formato parabólico e, portanto, a forma da equação de ajuste da curva seria

---

[1] Dados obtidos de "Direct determination of optimum economic pipe diameter for non-newtonian fluids", de R. Darby e J. D. Melson, *J of Pipelines*, v. 2, p. 11-21, 1982.

$$\frac{\text{Custo}}{\text{Comprimento}} = B_0 + B_1 D + B_2 D^2,$$

em que os coeficientes (B_0, B_1 e B_2) teriam de ser determinados independentemente para cada curva. Como alternativa, os mesmos dados poderiam ser plotados em um gráfico log-log, conforme mostrado na Figura 4.11. Essas curvas são quase lineares. A equação das curvas mostradas na Figura 4.11 é

$$C_p = C_1 D^n, \tag{4.2}$$

em que C_p é o custo do tubo em unidades monetárias por comprimento = MU/L ($/ft ou $/m), C_1 é o custo de um diâmetro de referência (MU/L^{n+1}), e n é o expoente (adimensional).

Para investigar a Equação 4.2 mais detalhadamente, considere que ela representa uma linha reta em um gráfico log-log. Usando o algoritmo natural dessa equação, temos

$$\ln C_p = \ln C_1 + n \ln D.$$

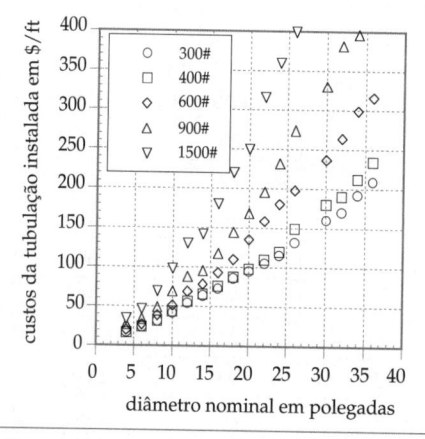

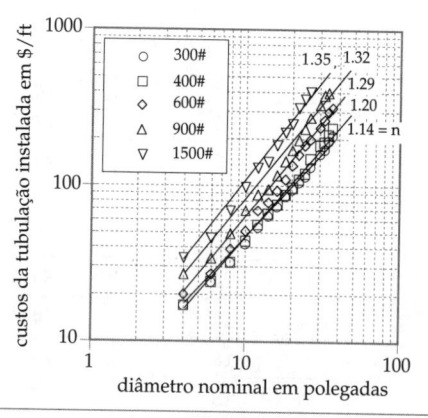

■ **Figura 4.10** Custos da tubulação instalada como uma função do tamanho do tubo.

■ **Figura 4.11** Gráfico log-log dos dados da Tabela 4.1. (Veja Tabela 4.1 para origem de dados.)

Essa equação é da forma

$$y = d + gx$$

em que g é a inclinação da linha (correspondendo a n) e d é a interceptação obtida por x igual a 0. Agora, $x = 0$ existe em um gráfico Cartesiano e corresponde a $x = 1$ em um eixo logarítmico [$\ln(1) = 0$]. Portanto, com referência à Figura 4.11, selecionamos C_1 na Equação 4.2 para ser o custo de um tubo de 12 pol. [12 in/(12 in/ft)], que corresponde a um diâmetro nominal de 1 pé em unidades de engenharia, ou para um diâmetro de 1 m em SI.

O valor do expoente n varia de 1,0 a aproximadamente 1,4. Se aplicarmos o cálculo de índice de preço ao consumidor para a origem de dados da Tabela 4.1, a inclinação de cada linha permanecerá inalterada de um ano para outro. Por outro lado, o valor de C_1 (correspondente ao tubo nominal de 12" normalmente varia de

$22/ft^{n+1}$ para aproximadamente $55/ft^{n+1}$ em dólares de 1982. Convertido para dólares de 2013, C_1 varia de $54/ft^{n+1}$ para aproximadamente $130/ft^{n+1}$.

Assim, com relação à equação de ajuste da curva, poderíamos usar a forma parabólica, mas é mais fácil usar a Equação 4.2, que é o que escolhemos fazer.

Em seguida, suponha que expressemos o custo das conexões, válvulas, suportes, bomba(s) e instalação como um multiplicador F dos custos do tubo. Então, temos

$$C_F = FC_P = FC_1D^n,$$

em que C_F é o custo das conexões e similares em MU/L, e F é um multiplicador que costuma variar de 6 a 7 (consulte a Tabela 4.1 para obter fontes de referências). O custo total (tubo, conexões, suporte, instalação) é a soma da Equação 4.2 e da equação precedente:

$$C_{PF} = C_P + C_F = C_1D^n + FC_1D^n = (1 + F)C_1D^n, \tag{4.3}$$

em que C_{PF} tem dimensões de MU/L, e esse é o custo inicial ou primeiro do sistema.

A taxa de amortização anual a do custo do sistema é uma fração do custo do tubo e conexões. A equação escrita para taxa de amortização incluía uma taxa de juros i e uma série de pagamentos regulares m. Eles podem nem ser conhecidos em cada caso, portanto, usamos uma aproximação em vez da equação fornecida para a. Tomaremos a taxa de amortização a como recíproca à vida esperada do sistema em anos. Em outras palavras, o custo inicial expresso na Equação 4.3 pode ser convertido em custo anual multiplicando-o por a, e a é obtido como recíproco à vida do sistema em anos. Assim, o custo anual (convertido) do tubo mais conexões é dado por:

$$C_{PF} = a(1 + F)C_1D^n.$$

Além da amortização do custo inicial, desejamos incluir manutenção do sistema instalado. O custo anual de manutenção é uma fração do custo do tubo e conexões, indicado como b. Assim, o custo de instalação total amortizado do sistema de tubulação e sua manutenção é

$$C_{PT} = (a + b)(1 + F)C_1D^n, \tag{4.4}$$

em que C_{PT} é o custo total anual do sistema de tubulação em MU/(L·T) [$/(ft·ano) ou $/(m·ano)]. O custo total do sistema de tubulação, incluindo uma bomba, agora é expresso anualmente.

O segundo fator na análise de custo anual total é o custo do fluido em movimento pelo tubo. Esse custo pode refletir o custo associado ao atrito superado e/ou alterações nas energias cinética e potencial. Na maioria dos casos, optamos por incluir todos esses fatores em nosso modelo. A energia necessária por unidade de massa de fluido para bombear o fluido pela tubulação é encontrada com a equação de energia escrita para um sistema geral.

Considere a bomba e o sistema de tubulação da Figura 4.12. Identificamos a seção 1 como a entrada do tubo; seção 2 como a saída dele; seção 3 como a que está logo a montante da bomba; e a seção 4 como a que está logo a jusante dela. Escrevemos a equação de Bernoulli modificada (com atrito) de 1 a 3 como

$$\frac{p_1}{\rho g} + \frac{V_1^2}{2g} + z_1 = \frac{p_3}{\rho g} + \frac{V_3^2}{2g} + z_3 + \frac{fL}{D}\frac{V^2}{2g} + \Sigma K \frac{V^2}{2g}.$$

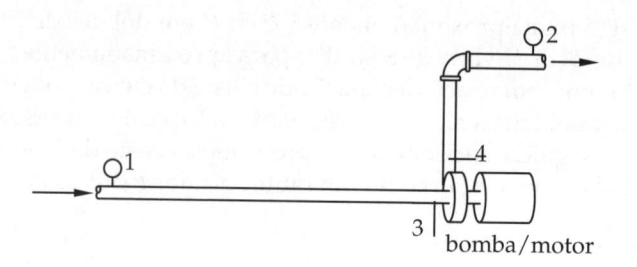

■ Figura 4.12 Um sistema de tubulação generalizado.

Escrevemos a equação de energia da bomba, seção 3 até seção 4, como

$$\frac{p_3}{\rho g} + \frac{V_3^2}{2g} + z_3 = \frac{p_4}{\rho g} + \frac{V_4^2}{2g} + z_4 + \frac{dW}{\dot{m} g\, dt}.$$

A equação de Bernoulli modificada para o tubo de saída da bomba, seção 4 até 2, é escrita como

$$\frac{p_4}{\rho g} + \frac{V_4^2}{2g} + z_4 = \frac{p_2}{\rho g} + \frac{V_2^2}{2g} + z_2 + \frac{fL}{D}\frac{V^2}{2g} + \Sigma K \frac{V^2}{2g}.$$

Incluindo as equações precedentes fornecidas para a combinação da bomba e do sistema de tubulação:

$$\frac{p_1}{\rho g} + \frac{V_1^2}{2g} + z_1 = \frac{p_2}{\rho g} + \frac{V_2^2}{2g} + z_2 + \left(\frac{fL}{D}\frac{V^2}{2g} + \Sigma K \frac{V^2}{2g}\right)_{\text{tubo de entrada}}$$

$$+ \left(\frac{fL}{D}\frac{V^2}{2g} + \Sigma K \frac{V^2}{2g}\right)_{\text{tubo de saída}} + \frac{dW}{\dot{m} g\, dt}. \qquad (4.5)$$

Definimos a **carga** ou **energia** H como

$$H = \left(\frac{p}{\rho g} + \frac{V^2}{2g} + z\right)$$

E, em termos de H, a Equação 4.5 torna-se

$$H_1 = H_2 + \left(\frac{fL}{D}\frac{V^2}{2g} + \Sigma K \frac{V^2}{2g}\right)_{\text{tubo de entrada}}$$

$$+ \left(\frac{fL}{D}\frac{V^2}{2g} + \Sigma K \frac{V^2}{2g}\right)_{\text{tubo de saída}} + \frac{dW}{\dot{m} g\, dt}.$$

A equação precedente pode ser simplificada de diversas maneiras. Para essa análise, presumimos que as perdas localizadas são desprezíveis ou que podem ser combinadas de alguma forma com outros termos do atrito. Além disso, presumimos ainda que a tubulação inteira consiste em somente um tamanho de tubo. Muitas bombas industriais possuem diâmetros da linha de entrada maiores que as linhas de saída, mas não iremos nos concentrar nesse fato no momento. Portanto, reorganizando e resolvendo para potência, temos

$$\frac{dW}{dt} = -\dot{m}\left((H_2 - H_1)g + \frac{fL}{D}\frac{V^2}{2}\right). \quad (4.6)$$

É conveniente reescrever a velocidade na Equação 4.6 em termos da vazão mássica usando a continuidade:

$$V = \frac{Q}{A} = \frac{\dot{m}}{\rho A} = \frac{4\dot{m}}{\rho \pi D^2}. \quad (4.7)$$

Substituindo a Equação 4.7 na Equação 4.6 e simplificando, temos

$$-\frac{dW}{dt} = \dot{m}\left((H_2 - H_1)g + \frac{8fL\dot{m}^2}{\pi^2 \rho^2 D^5}\right). \quad (4.8)$$

Agora dW/dt é a potência que deve ser fornecida ao fluido para superar as alterações de carga e os efeitos de atrito. O tamanho do motor real é $(dW/dt)/\eta$, em que η é a eficiência da bomba.

O custo operacional da bomba com base anual é fornecido por

$$C_{OP} = \frac{C_2\, t(-dW/dt)}{\eta}, \quad (4.9)$$

em que C_{OP} é o custo anual em MU/T ($/ano), C_2 é o custo de energia em MU/(F·L) ($/(kW·h)), t é o tempo durante o qual o sistema opera por ano (h/ano), e η, como mencionado anteriormente, é a eficiência da bomba (adimensional).

O custo inicial da bomba varia de acordo com o tamanho. Quanto maior a bomba, maior o custo. Para estações de bombeamento em locais remotos e quando se quer bombear fluidos por muitas milhas, os custos iniciais podem variar até 6×10^6 para uma instalação de 4.000 cavalo-vapor. Por outro lado, para uma pequena instalação de 100 HP ou menos, o custo são alguns milhares de dólares. O custo inicial da bomba pode ser contabilizado para essa análise de duas maneiras: (1) termo(s) separado(s), em que o custo é expresso como uma função do diâmetro, ou (2) incluído na Equação 4.4 de custo do tubo, como parte de F, análise em que o custo da bomba está incluído no fator F.

O custo anual total associado com o sistema de tubulação (inicial + manutenção + operacional + bomba) com uma taxa de amortização de a é fornecido pela soma das Equações 4.4 e 4.9:

$$C_T = LC_{PT} + C_{OP} = (a+b)(1+F)C_1 D^n L + C_2 t(-dW/dt)/\eta.$$

Substituindo a Equação 4.8 para $-dW/dt$, o custo torna-se

$$C_T = LC_{PT} + C_{OP}$$

$$= (a + b)(1 + F)C_1 D^n L + \frac{\dot{m}C_2 t}{\eta}(H_2 - H_1)g + \frac{8fL\dot{m}^3}{\pi^2 \rho^2 D^5}\frac{C_2 t}{\eta}. \qquad (4.10)$$

O diâmetro econômico ideal é aquele que minimiza a Equação 4.10 para o custo total. O mínimo é localizado diferenciando-se a Equação 4.10 com relação ao diâmetro (mantendo todas as outras variáveis constantes) e definindo-se o resultado como zero:

$$\frac{\partial C_T}{\partial D} = n(a + b)(1 + F)C_1 D^{(n-1)} L - 5\left(\frac{8fL\dot{m}^3}{\pi^2 \rho^2 D^6}\frac{C_2 t}{\eta}\right) = 0.$$

Esse resultado é um exemplo de um problema de otimização sem restrição, ou seja, não precisamos de uma equação de restrição para resolver o diâmetro ideal. Reorganizando e resolvendo para o diâmetro, temos

$$D^{n+5} = \frac{40 f \dot{m}^3 C_2 t}{n(a + b)(1 + F)C_1 \eta \pi^2 \rho^2} \qquad (4.11)$$

$$\text{ou} \quad D_{\text{ideal}} = \left[\frac{40 f \dot{m}^3 C_2 t}{n(a + b)(1 + F)C_1 \eta \pi^2 \rho^2}\right]^{\frac{1}{n+5}}, \qquad (4.12)$$

em que os parâmetros na Equação 4.12 são definidos na Tabela 4.2, que fornece também alguns valores típicos. Embora não seja trivial mostrar, a Equação 4.12 é dimensionalmente homogênea.

Diversos pontos importantes são observados na Equação 4.12:

- O comprimento do tubo não aparece na equação.
- A viscosidade do fluido não aparece, mas sim a sua densidade. A viscosidade influencia o número de Reynolds, que, por sua vez, afeta o fator de atrito f.
- O diâmetro é desconhecido, assim a solução por tentativa e erro será necessária se o diagrama de Moody for usado, porque o diâmetro é dado em termos de fator de atrito f.
- A perda de carga (ΔH) não aparece na equação.
- Se não houvesse efeito de atrito (ou seja, $f = 0$), um diâmetro ideal não poderia ser calculado.

Pela manipulação adequada da Equação 4.12, grupos adimensionais podem ser derivados para obter uma nova correlação que pode, então, ser usada como um parâmetro da escala gráfica. O objetivo é eliminar, no lado direto da Equação 4.12, o fator de atrito f. A recíproca da Equação 4.12 é

$$\frac{1}{D_{\text{ideal}}} = \left[\frac{n(a + b)(1 + F)C_1 \eta \pi^2 \rho^2}{40 f \dot{m}^3 C_2 t}\right]^{\frac{1}{n+5}}$$

■ **Tabela 4.2** Fatores na análise do diâmetro econômico ideal.

Símbolo	Definição	Dimensões (unidades)	Valores típicos
D_{ideal}	o diâmetro econômico ideal	L (pés ou m)	—
$\dot{m}$	vazão mássica escoamento de massa	M/T	—
f	fator de atrito	—	—
C_2	custo da energia	MU/(F·L) [$/(kW·h)]	$0,05/(kW·h) ou $0,05/(738 ft·lbf·h)
t	tempo durante o qual o sistema funciona por ano	(h/ano)	7.880 h/ano (10% tempo de inatividade)
n	expoente de D no ajuste da curva de dados de custo do tubo	—	1,0 a 1,4
a	taxa de amortização	1/T (1/ano)	1/7 a 1/20
b	fração do custo de manutenção anual	1/T (1/ano)	0,01
F	multiplicador do custo do tubo representando o custo da conexões, bomba, instalação etc.	—	6 a 7
C_1	constante na curva do ajuste de dados de custo do tubo	MU/L^{n+1}	$54/ft^{n+1} a $130/ft^{n+1} $627/m^{n+1} a $1.570/m^{n+1}
η	eficiência da bomba	—	0,6 a 0,9
ρ	densidade do líquido	M/L^3 (lbm/ft^3 ou kg/m^3)	—

$$D_{ideal} = \left[\frac{40 f \dot{m}^3 C_2 t}{n(a+b)(1+F)C_1 \eta \pi^2 \rho^2} \right]^{\frac{1}{n+5}} \qquad Ro = \frac{\pi \varepsilon \mu}{4\dot{m}}$$

$$(f(Re)^{n+5})^{1/6} = \left[\frac{128}{5\pi^3} \frac{\dot{m}^2}{\mu^5} \left(\frac{4\dot{m}}{\pi\mu} \right)^n \left(\frac{n(a+b)(1+F)C_1 \eta \rho^2}{C_2 t} \right) \right]^{1/6}$$

Multiplicando ambos os lados por $4\dot{m}/\pi\mu$ temos

$$\frac{4\dot{m}}{\pi\mu D_{ideal}} = \left[\frac{n(a+b)(1+F)C_1 \eta \pi^2 \rho^2}{40 f \dot{m}^3 C_2 t} \frac{4^{n+5} \dot{m}^{n+5}}{\pi^{n+5} \mu^{n+5}} \right]^{\frac{1}{n+5}}$$

ou $\left(\dfrac{4\dot{m}}{\pi\mu D_{ideal}} \right)^{n+5} = \dfrac{256}{10\pi^3} \dfrac{\dot{m}^2}{\mu^5} \left(\dfrac{4\dot{m}}{\pi\mu} \right)^n \left(\dfrac{n(a+b)(1+F)C_1 \eta \rho^2}{f C_2 t} \right).$ (4.13)

O termo entre parênteses no lado esquerdo é conhecido como número de Reynolds. Multiplicando ambos os lados pelo fator de atrito f e obtendo a sexta raiz, eliminamos o fator de atrito f do lado direito e temos

$$(f(\text{Re})^{n+5})^{1/6} = \left[\frac{128}{5\pi^3} \frac{\dot{m}^2}{\mu^5} \left(\frac{4\dot{m}}{\pi\mu} \right)^n \left(\frac{n(a+b)(1+F)C_1\eta\rho^2}{C_2 t} \right) \right]^{1/6}. \quad (4.14)$$

Como o fator de atrito f e o número de Reynolds são grupos adimensionais, seu produto também é adimensional e pode ser usado como parâmetro de escala.

Com referência ao diagrama de Moody, sabemos que ε/D é um grupo significativo; mas antes que ele possa ser avaliado, o diâmetro deve ser conhecido. Essa dificuldade pode ser superada pela introdução de um novo grupo, chamado *número de rugosidade*:

$$\text{Ro} = \frac{\varepsilon/D}{\text{Re}} = \frac{\varepsilon}{D} \left(\frac{\pi D \mu}{4\dot{m}} \right)$$

ou $\quad \text{Ro} = \dfrac{\pi \varepsilon \mu}{4\dot{m}}.$ (4.15)

Para o problema de diâmetro econômico ideal, é conveniente ter um gráfico f versus $(f(\text{Re})^{n+5})^{1/6}$ com Ro como parâmetro independente. Como indicado na Equação 4.1, n é o expoente do diâmetro na expressão de custo do tubo. O valor do expoente n varia de 1,0 a 1,4. Portanto, três gráficos para os resultados dessa formulação foram desenvolvidos:

1. f versus $(f(\text{Re})^6)^{1/6}$ com Ro como variável independente (n = 1,0);
2. f versus $(f(\text{Re})^{6,2})^{1/6}$ com Ro como variável independente (n = 1,2);
3. f versus $(f(\text{Re})^{6,4})^{1/6}$ com Ro como variável independente (n = 1,4).

Esses três gráficos foram construídos usando a equação de Chen, apresentada no Capítulo 3, que fornece o fator de atrito f em termos de número de Reynolds Re e ε/D e é válida nos regimes de transição e turbulento. Valores do número de Reynolds Re e de ε/D para os novos gráficos foram selecionados e o fator de atrito f foi calculado. Para cada Re e ε/D, valores de f, $f(\text{Re})^{n+5})^{1/6}$ e Ro ($=\varepsilon/D/\text{Re}$) foram calculados. Valores sucessivos do número de Reynolds Re e ε/D foram selecionados em harmonia, de forma que Ro permaneceu constante. Em seguida, os gráficos foram preparados.

As Figuras 4.13, 4.14 e 4.15 são gráficos preparados como resultado da análise; eles são similares em aparência e, para cada um, o fator de atrito é representado no eixo vertical. Em todos os casos, o eixo vertical varia até 0,1. Na Figura 4.4, o eixo horizontal varia de 10^3 a 10^8, e nas Figuras 4.5 e 4.6, ele varia de 10^3 a 10^9. Em todos os gráficos, o número de rugosidade Ro varia de 0 (parede lisa) a $2,0 \times 10^{-6}$. Todos os gráficos abrangem os regimes de transição e escoamento turbulento.

Exemplo 4.6.

Óleo de linhaça deve ser bombeado de um tanque para uma máquina de engarrafar. A máquina pode encher e tampar 30 garrafas de 2 litros em 1 minuto. Determine o tamanho ideal para a instalação. Use os seguintes parâmetros:

$C_2 = \$0,05/(\text{kW}\cdot\text{h})$
$C_1 = \$955,6/\text{m}^{22}$
$F = 6,75$
$a = 1/(10 \text{ ano})$
$\eta = 75\% = 0,75$

$t = 7.000 \text{ h/ano}$
$n = 1,2$
$b = 0,01$
Tubo de PVC schedule 40

Solução: Agora, trabalharemos para calcular o diâmetro ideal usando a Equação 4.12 e o Diagrama de Moody. Começaremos obtendo as propriedades da tabela apropriada:

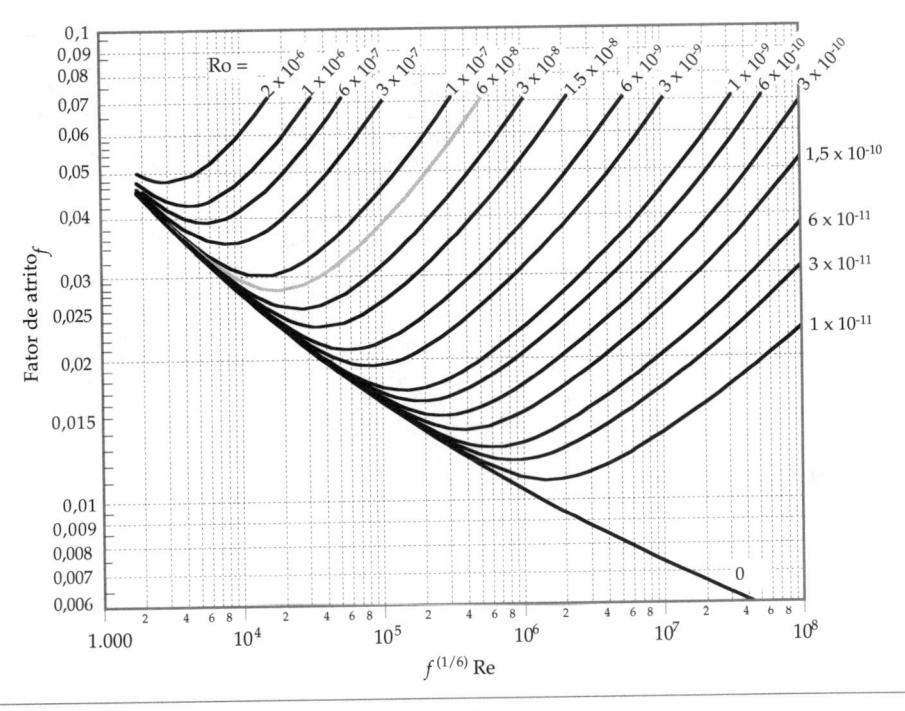

óleo de linhaça $\rho = 930 \text{ kg/m}^3$ $\mu = 0{,}033 \text{ Pa·s}$
[Apêndice, Tabela B.1].

■ **Figura 4.13** Gráfico de fator de atrito para $n = 1$.

As vazões volumétrica e mássica são

$$Q = 60 \text{ l/min} = 1 \text{ l/s} = 10^{-3} \text{ m}^3/\text{s}$$

$$\dot{m} = \rho Q = (930)(10^{-3}) = 0{,}93 \text{ kg/s}.$$

Substituindo na Equação 4.12, temos

$$D_{\text{ideal}} = \left[\frac{40 f \dot{m}^3 C_2 t}{n(a+b)(1+F)C_1 \eta \pi^2 \rho^2} \right]^{\frac{1}{n+5}}$$

$$D_{\text{ideal}} = \left[\frac{40 f (0.93)^3 (0{,}05)(7000)}{1{,}2(1/10 + 0{,}01)(1 + 6{,}75)(955{,}6)(0{,}75)\pi^2 (0{,}930)^2} \right]^{\frac{1}{6{,}2}}$$

(Observe que o custo de $0,05 **deve** ser dividido por 738 em unidades inglesas ou por 1.000 em SI.) Resolvendo,

$$D_{\text{ideal}} = 0{,}118 f^{0{,}161}. \tag{i}$$

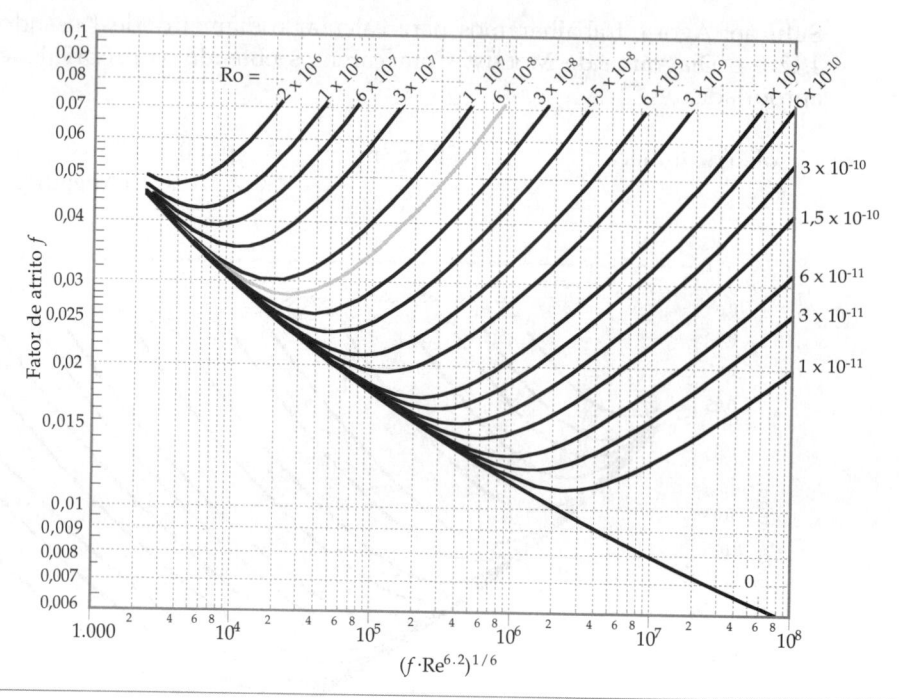

Figura 4.14 Gráfico do fator de atrito para $n = 1{,}2$.

O número de Reynolds do escoamento é

$$\text{Re} = \frac{\rho V D}{\mu} = \frac{4\rho Q}{\pi D \mu}.$$

Substituindo,

$$\text{Re} = \frac{4(0{,}93)}{\pi D(0{,}033)} = \frac{35{,}88}{D}.$$

Para tubo de PVC, usamos a curva "lisa" ($\varepsilon \approx 0$) no diagrama de Moody. Ordinariamente, agora selecionaremos valores de diâmetro, calcularemos um número de Reynolds, determinaremos o fator de atrito e encontraremos um novo valor para o diâmetro. Aqui, porém, como o numerador na equação do número Reynolds (117) é inferior a 2.100, é prudente começar presumindo que existe escoamento laminar. Para escoamento laminar de um fluido newtoniano em um duto circular, temos

$$f = \frac{64}{\text{Re}} = \frac{64 D}{35{,}88} = 1{,}784 D.$$

Substituindo na Equação i encontrada anteriormente, temos

$$D_{ideal} = 0{,}118 f^{0{,}161} = 0{,}118(1{,}784 D_{ideal})^{0{,}161} = 0{,}130 D_{ideal}^{0{,}161}.$$

Resolvendo obtemos

$$D_{ideal}^{(1-0{,}161)} = 0{,}130$$

$$D_{ideal} = 88{,}2 \text{ mm}.$$

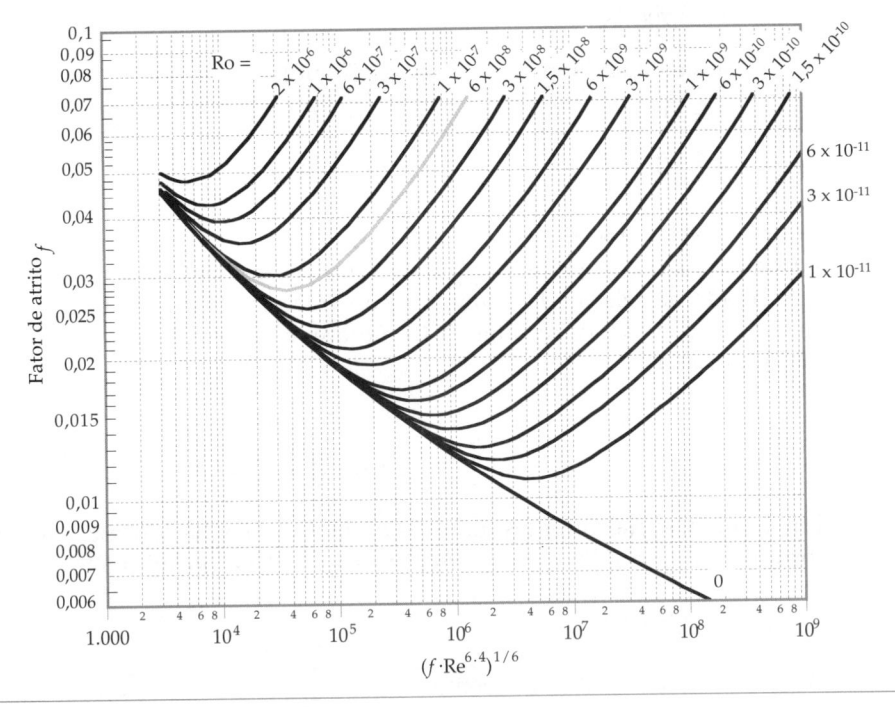

■ **Figura 4.15** Gráfico do fator de atrito para n = 1,4.

Como uma verificação da suposição de escoamento laminar, calculamos

$$Re = \frac{35,88}{D} = \frac{35,88}{0,088} = 408$$

$$f = \frac{64}{Re} = \frac{64}{408} = 0,157$$

e

$$D_{ideal} = 0,118 f^{0,161} = 0,118(0,157)^{0,161} = 0,0876 \text{ m}.$$

O exame da Tabela D.1 do Apêndice mostra que esse diâmetro está próximo do nominal de 3½", ambos de schedule 40 – como nada mais específico foi solicitado, usaremos schedule 40. O diâmetro menor não fornecerá a vazão necessária sem um aumento na queda de pressão. O tamanho maior fornecerá a vazão especificada e precisará de menos potência. Portanto, o tamanho correto a ser usado é

$$\underline{D_{ideal} = \text{tubo nominal de 3½" schedule 40}} \qquad (D = 90,12 \text{ mm}).$$

Exemplo 4.7.

A água deve ser conduzida a uma vazão de 0,0038 m³/s em uma tubulação de aço comercial. Determine o diâmetro do tubo econômico ideal para a instalação, sabendo que:

$C_2 = \$0,04/(\text{kW·h}) = \$0,04/(1.000 \text{ W·h})$

$C_1 = \$700/\text{m}^{2,2}$

$t = 6.000$ h/ano $a = 1/(7 \text{ ano})$

$F = 7,0$ $b = 0,01$

$n = 1,2$ $\eta = 75\% = 0,75$

Solução: No último exemplo, trabalhamos diretamente com a Equação 4.12 para encontrar o diâmetro ideal D_{ideal}. O mesmo procedimento será usado aqui. O gráfico apropriado da seleção de diâmetro econômico também será usado para ilustrar o método e comparar os resultados. Começaremos obtendo as propriedades das tabelas apropriadas:

água $\rho = 1.000$ kg/m³ $\mu = 0,89 \times 10^{-3}$ N·s/m²   [Apêndice, Tabela B.1]

aço comercial $\varepsilon = 0,004\ 6$ cm $= 0,000\ 046$ m   [Tabela 3.1]

Em seguida, substituiremos todos os parâmetros conhecidos na Equação 4.12 para formular um procedimento de tentativa e erro. A vazão volumétrica é

$Q = 3,8$ l/s $= 0,003\ 8$ m³/s.

A vazão mássica é calculada como

$\dot{m} = \rho Q = 1.000(0,003\ 8) = 3,8$ kg/s.

A Equação 4.12 é

$$D_{ideal} = \left[\frac{40 f \dot{m}^3 C_2 t}{n(a+b)(1+F)C_1 \eta \pi^2 \rho^2}\right]^{\frac{1}{n+5}}.$$

Substituindo, temos

$$D_{ideal} = \left[\frac{40f(3,8)^3(0,04/1.000)(6.000)}{1,2(1/7+0,01)(1+7,0)(700)(0,75)\pi^2(1.000)^2}\right]^{1/6.2}$$

ou $D_{ideal} = 0,070 f^{0,161}$.   (i)

O número de Reynolds do escoamento é

$$\text{Re} = \frac{\rho V D}{\mu} = \frac{4\rho Q}{\pi D \mu} = \frac{4\dot{m}}{\pi D \mu}$$

$$\text{Re} = \frac{4(3,8)}{\pi D(0,89 \times 10^{-3})} = \frac{5,44 \times 10^3}{D}.$$

Iniciamos presumindo um diâmetro selecionado de uma tabela de tamanhos de tubos, como a Tabela D.1 do Apêndice, ou um diâmetro selecionado aleatoriamente. Aqui escolhemos o último.

1ª tentativa: $D = 4$ cm; em seguida

$$\left. \begin{array}{l} \text{Re} = 5{,}44 \times 10^3/0{,}04 = 1{,}36 \times 10^5 \\[6pt] \dfrac{\varepsilon}{D} = \dfrac{0{,}004\ 6}{4} = 0{,}001\ 15 \end{array} \right\} \quad f = 0{,}022 \text{ (diâmetro de Moody)}.$$

Usando a Equação i desse exemplo,

$$D_{ideal} = 0{,}070(0{,}022)^{0,161} = 0{,}037\ 8 \text{ m}$$

2ª tentativa: $D = 0{,}037\ 8$ m; em seguida

$$\left. \begin{array}{l} \text{Re} = 5{,}44 \times 10^3/0{,}037\ 8 = 1{,}44 \times 10^5 \\[6pt] \dfrac{\varepsilon}{D} = \dfrac{0{,}004\ 6}{3{,}78} = 0{,}001\ 2 \end{array} \right\} \quad f \approx 0{,}022 \text{ (diagrama de Moody)}.$$

que é igual ao seu valor presumido. Assim

$$\underline{D_{ideal} = 0{,}0378 \text{ m}} \text{ (perto o suficiente)}.$$

Para evitar o método de tentativa e erro, podemos usar a Figura 4.5 para resolver esse problema. Agora, calcularemos $(f(\text{Re})^{n+5})^{1/6} = (f(\text{Re})^{6,2})^{1/6}$ usando a Equação 4.14. Substituindo na Equação 4.14 temos

$$(f(\text{Re})^{n+5})^{1/6} = \left[\frac{128}{5\pi^3} \frac{\dot{m}^2}{\mu^5} \left(\frac{4\dot{m}}{\pi\mu} \right)^n \left(\frac{n(a+b)(1+F)C_1\eta\rho^2}{C_2 t} \right) \right]^{1/6}$$

(4.14)

$$(f(\text{Re})^{6,2})^{1/6} = \left[\frac{128}{5\pi^3(1)^4} \frac{3{,}8^2}{(0{,}89 \times 10^{-3})^5} \left(\frac{4(3{,}8)}{\pi(0{,}89 \times 10^{-3})(1)} \right)^{1,2} \right.$$

$$\left. \times \left(\frac{1{,}2(1/7 + 0{,}01)(1 + 7)(700)(0{,}75)(1.000)^2}{(0{,}04/1.000)(6.000)} \right) \right]^{1/6}$$

Resolvendo,

$$(f(\text{Re})^{6,2})^{1/6} = 1{,}13 \times 10^5.$$

Também, o número de rugosidade é calculado como

$$\text{Ro} = \frac{\pi\varepsilon\mu}{4\dot{m}} = \frac{\pi(0{,}000\ 046)(0{,}89 \times 10^{-3})(1)}{4(3{,}8)} = 8{,}46 \times 10^{-9}.$$

Com esses valores,

$$(f(\text{Re})^{6,2})^{1/6} = 1{,}13 \times 10^5$$
$$\text{Ro} = 8{,}46 \times 10^{-9}$$

$f \approx 0{,}022$ \hspace{2cm} (Figura 4.5).

Consequentemente,

$$(f(\text{Re})^{6,2})^{1/6} = (0{,}022(\text{Re})^{6,2})^{1/6} = 1{,}13 \times 10^5$$

e o número de Reynolds é calculado como

$$\text{Re} = \left(\frac{(1{,}13 \times 10^5)^6}{0{,}022}\right)^{1/6,2} = 1{,}44 \times 10^5.$$

Da definição do número de Reynolds,

$$\text{Re} = \frac{4\dot{m}}{\pi D \mu}$$

escrevemos

$$D = \frac{4\dot{m}}{\pi \text{Re}\mu} = \frac{4(3{,}8)}{\pi(1{,}44 \times 10^5)(0{,}89 \times 10^{-3})(1)}$$

ou $\quad D = 3{,}78 \times 10^{-2}$ m $= 37{,}8$ mm.

Usando a Equação 4.12 para D_{ideal}, obtemos 37,8 mm. Qualquer discrepância que possa aparecer nesses resultados são devidas aos erros de arredondamento e aos erros na leitura dos gráficos. O uso dos gráficos adimensionais foi ilustrado.

Exemplo 4.8.

Use o resultado precedente (37,8 mm) para selecionar o diâmetro do tubo schedule 40 para a aplicação fornecida no enunciado do problema. Determine o diâmetro do tubo que deve ser usado.

Solução: Com referência a uma tabela de diâmetros de tubo (Tabela D.1 do Apêndice), fica claro que 3,78 cm não aparece explicitamente como um diâmetro de tubo schedule 40. O diâmetro necessário fica dentro da seguinte faixa:

nominal de 1¼" schedule 40 \hspace{3cm} $D = 35{,}04$ mm

nominal de 1½" schedule 40 \hspace{3cm} $D = 40{,}90$ mm

À primeira vista, parece que nominal de 1¼" schedule 40 é o diâmetro a ser usado, pois 3,504 cm é mais próximo dos resultados obtidos. Para ter certeza, porém, lembre-se de que estamos procurando o diâmetro que corresponde ao custo mínimo. Assim, calcularemos o custo real usando a Equação 4.10, que é

$$C_T = LC_{PT} + C_{OP}$$

$$= (a + b)(1 + F)C_1 D^n L + \frac{\dot{m}C_2 t}{\eta}(H_2 - H_1)g + \frac{8fL\dot{m}^3}{\pi^2 \rho^2 D^5} \frac{C_2 t}{\eta}.$$

Nesse ponto $H_2 - H_1$ é desconhecido, portanto, o custo calculado com a equação precedente será feito presumindo que $H_2 - H_1 = 0$. Além disso, o comprimento não está especificado, assim, o custo por comprimento de unidade será avaliado para dois tamanhos de tubo. A Equação 4.10 fica

$$\frac{C_T}{L} = (a + b)(1 + F)C_1 D^n + \frac{8f\dot{m}^3}{\pi^2 \rho^2 D^5} \frac{C_2 t}{\eta}.$$

Para tubo nominal de 1¼" schedule 40,

$$\frac{C_T}{L} = (1/7 + 0{,}01)(1 + 7)(700)(0{,}035\ 04)^{1{,}2}$$

$$+ \frac{8(0{,}023)(3{,}8)^3}{\pi^2 (1{,}000)^2 (0{,}035\ 04)^5 (1)} \frac{(0{,}04/1{,}000)(6{,}000)}{0{,}75}$$

ou $\dfrac{C_T}{L} = \$21{,}26/(\text{ano·m do tubo})$ $\left(\begin{array}{c}\text{nominal de 1¼"- schedule 40} \\ D = 35{,}04 \text{ mm}\end{array}\right).$

Para tubo nominal de 1½" schedule 40,

$$\frac{C_T}{L} = (1/7 + 0{,}01)(1 + 7)(700)(0{,}040\ 9)^{1{,}2}$$

$$+ \frac{8(0{,}023)(3{,}8)^3}{\pi^2 (1{,}000)^2 (0{,}040\ 9)^5 (1)} \frac{(0{,}04/1{,}000)(6{,}000)}{0{,}75}$$

ou $\dfrac{C_T}{L} = \$21{,}20/(\text{ano·m do tubo})$ $\left(\begin{array}{c}\text{nominal de 1½" - schedule 40} \\ D = 40{,}9 \text{ mm}\end{array}\right).$

Comparando os dois resultados, concluímos que o tubo de menor custo é

nominal de 1½" schedule 40 $D = 40{,}9$ mm.

Os cálculos precedentes foram feitos presumindo que o fator de atrito é o mesmo para ambos os tamanhos de tubo ($f = 0{,}022$ do último exemplo) que conduzem à mesma vazão. Os cálculos, feitos usando tubo nominal de 1¼" e 1½" schedule 40, resultaram:

Tamanho nominal	DI	Re	ε/D	f
nom. 1¼" sch 40	0,035 04 m	$1{,}55 \times 10^4$	0,001 31	0,023
nom. 1½" sch 40	0,040 9 m	$1{,}33 \times 10^5$	0,001 12	0,022

Assim, o fator de atrito permanece quase constante sobre a faixa de interesse. De fato, para os cálculos mais comuns desse tipo, o fator de atrito varia apenas de 5% a 30% para todos os casos, mesmo para fluidos não newtonianos.

A Figura 4.16 é um gráfico dos dados de custo destes exemplo, fornecida para ilustrar o comportamento das equações de custo. O diâmetro, que varia de 0,02 a 0,1 m, aparece no eixo horizontal, o custo por comprimento (por ano) está no eixo vertical, e três curvas são mostradas. A curva de custo do tubo é calculada usando os dados do exemplo com

$$C_{PT} = (a + b)(1 + F)C_1 D^n = (1/7 + 0,01)(1 + 7)(700)D^{1,2} = 856 D^{1,2}$$

A curva de custo operacional é calculada (presumindo $H_2 - H_1 = 0$ e $f = 0,022$) como

$$\frac{C_{OP}}{L} = \frac{8f\dot{m}^3}{\pi^2 \rho^2 D^5} \frac{C_2 t}{\eta} = \frac{8(0,022)(3,8)^3}{\pi^2(1.000)^2 D^5} \frac{(0,04/1.000)(6.000)}{0,75}$$

ou $\dfrac{C_{OP}}{L} = \dfrac{3,12 \times 10^{-7}}{D^5}$.

A curva de custo total é determinada presumindo C_{PT} e C_{OP}/L em cada diâmetro. Como visto na figura, o custo total é um mínimo para $D \approx 0,037$ m.

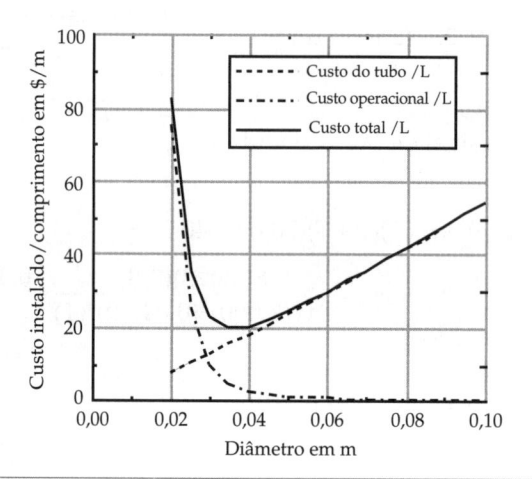

■ **Figura 4.16** O gráfico dos dados de custo do exemplo.

Neste exemplo, os dados resultaram um diâmetro ideal que estava próximo de ambos os tubos. Uma leve mudança na leitura do diagrama de Moody, ou de um dos parâmetros fornecidos, poderia facilmente ter apontado para o uso do diâmetro menor. Por exemplo, se $t = 4.000$ em vez de 6.000 h/ano, então o menor custo teria sido o tubo de $1¼$.

Deve-se mencionar que nunca se espera que os custos operacionais (custos para operar bombas, compressores etc.) diminuam. Quando os custos operacionais aumentam, a curva de custo total altera para a direita, ou seja, o custo mínimo estará associado a um diâmetro maior. Assim, como uma regra geral, quando o diâmetro ideal cai entre dois tamanhos de tubo, é prudente selecionar o diâmetro maior.

As equações precedentes e os procedimentos para determinar o diâmetro econômico ideal apresentam duas deficiências claras: (1) o problema de perdas localizadas e (2) a dificuldade de aplicar os resultados para seções transversais não circulares. Em ambos os casos, essas deficiências podem facilmente ser superadas com uma abordagem um pouco diferente do problema. Para um determinado conjunto de parâmetros, o diâmetro econômico ideal é calculado primeiro para um tubo circular de diâmetro constante. Quando o diâmetro é conhecido, a área transversal é calculada e dividida pela vazão, e o resultado é o que conhecemos como **velocidade econômica ideal**. A velocidade econômica ideal é usada, conforme for necessário, para se dimensionar um duto não circular, e as conexões podem ser adicionadas à tubulação apropriadamente.

Por exemplo, os dados dos dois exemplos anteriores podem ser usados para calcular a velocidade econômica ideal; temos a densidade da água de 1.000 kg/m³, uma vazão mássica de 3,8 kg/s e um diâmetro de 40,9 mm. A velocidade ideal é

$$V_{ideal} = \frac{\dot{m}}{\rho A} = \frac{4\dot{m}}{\rho \pi D^2} = \frac{4(3,8)}{1.000\pi(0,040\ 9)^2} = 2,9 \text{ m/s}.$$

Para as condições informadas, se a velocidade da água for mantida em 2,9 m/s ou próximo desse valor através das conexões ou de seções transversais não circulares, os requisitos de custo mínimo serão atendidos.

4.3 Comprimentos equivalentes das conexões

Conforme vimos no último capítulo, perdas localizadas podem consumir montantes significativos de energia na forma de perda de pressão quando o comprimento do tubo é relativamente pequeno. Também, lembre-se de que a inclusão de perdas localizadas na equação de Bernoulli modificada pode tornar a solução iterativa de problemas (tentativa e erro) muito menos popular do que se as perdas localizadas puderem ser ignoradas. Consequentemente, fizemos esforços consideráveis para representar perdas secundárias de maneiras diferentes, usando o conceito que chamamos de **comprimento equivalente**.

Considere, no momento, a equação de Bernoulli modificada:

$$\frac{p_1}{\rho g} + \frac{V_1^2}{2g} + z_1 = \frac{p_2}{\rho g} + \frac{V_2^2}{2g} + z_2 + \Sigma \frac{fL}{D_h}\frac{V^2}{2g} + \Sigma K \frac{V^2}{2g}. \qquad (4.16)$$

Os termos de atrito e perda localizada são

$$\frac{fL}{D_h}\frac{V^2}{2g} + \Sigma K \frac{V^2}{2g} = \left(\frac{fL}{D_h} + \Sigma K\right)\frac{V^2}{2g}.$$

O conceito de comprimento equivalente nos permite substituir o termo de perda localizada por

$$\Sigma K = \frac{fL_{eq}}{D_h}, \qquad (4.17)$$

em que f é o fator de atrito que se aplica à tubulação inteira, D é o diâmetro do tubo (comprimento característico), e L_{eq} é o comprimento equivalente. Fisicamente, estamos calculando o comprimento do tubo (com material, tamanho e schedule originais) que pode "substituir" a(s) conexão(ões) para obter a mesma perda localizada. O exemplo a seguir mostra como calcular o comprimento equivalente a partir dos dados do coeficiente de perda K.

Exemplo 4.9.

Uma tubulação horizontal de tubo nominal de 12" schedule 40 de aço comercial, de 54,86 m de comprimento, conduz álcool etílico a uma vazão de 0,0473 m³/s. A tubulação contém dois cotovelos de 45° e dois de 90°. Determine o comprimento equivalente das conexões.

Solução: Começaremos obtendo as propriedades das tabelas apropriadas:

álcool etílico $\rho = 787$ kg/m³ $\mu = 1,1 \times 10^{-3}$ Pa·s

[Apêndice, Tabela B.1]

nom. 12" sch 40 $D = 0,303$ m $A = 0,0722$ m²

[Apêndice, Tabela D.1].

aço comercial $\varepsilon = 0,0457$ mm   [Tabela 3.1]

Velocidade do escoamento $V=Q/A$:

$$Q = 0,0473 \text{ m}^3/\text{s} \qquad V = \frac{0,0473}{0,0722} = 0,655 \text{ m/s}$$

Número de Reynolds $Re = \rho VD/\mu$:

$$Re = \frac{(787)(0,655)(0,303)}{1,1 \times 10^{-3}}$$

ou

$$\left. \begin{array}{l} Re = 1,43 \times 10^5 \\ \\ \dfrac{\varepsilon}{D} = \dfrac{0,0457}{303} = 0,00015 \end{array} \right\} \quad f = 0,018 \quad \text{(Diagrama de Moody)}.$$

Perdas localizadas:

$$\Sigma K = 2K_{\text{cotovelo 45°}} + 2K_{\text{cotovelo 90°}} = 2(0,17) + 2(0,22) = 0,78.$$

Nesse ponto, substituímos o valor da perda localizada (0,78) e usamos a Equação 4.17 para obter o comprimento equivalente:

$$\Sigma K = \frac{fL_{eq}}{D_h}$$

ou $0,78 = \dfrac{0,018 L_{eq}}{0,303}$,

em que usamos o fator de atrito e o diâmetro do próprio tubo. Resolvendo o comprimento equivalente, temos

$L_{eq} = 13,13$ m.

Assim, se substituíssemos os dois cotovelos de 45° e os dois de 90° por um tubo de aço comercial com 13,13 m de nominal de 12" schedule 40, para fazer um comprimento reto total de 54,86 + 13,13 = 68 m, poderíamos obter a mesma perda de pressão que teríamos na configuração original com as conexões. Veja Figura 4.17.

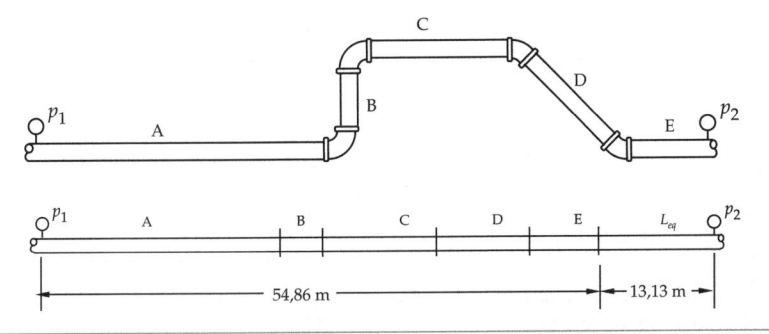

■ **Figura 4.17** O conceito de comprimento equivalente aplicado ao Exemplo 4.7.

Algumas tabelas de perda localizada fornecem dados de comprimento equivalente em vez de valores K. Não seria incomum, por exemplo, encontrar um cotovelo de 90° com um comprimento equivalente de 30 diâmetros (= 30D) como seu fator de perda.

A Tabela 4.3 fornece dados para diversas conexões na forma de um coeficiente de perda K e uma razão comprimento-diâmetro. Usar valores da tabela é relativamente mais simples. Na equação de Bernoulli modificada, o termo de perda secundária ΣK seria substituído por fL_{eq}/D, em que f é o mesmo fator de atrito que na tubulação, e L_{eq}/D seria obtido da tabela.

■ **Tabela 4.3** Coeficiente de perda K e razão do comprimento equivalente para o diâmetro L_{eq}/D para várias conexões.

Conexão	Coeficiente de perda K	Razão do comprimento equivalente para diâmetro L_{eq}/D
Bocal de reentrada	1,0	
Cesto de filtro	1,3	
Válvula de pé	0,8	

cotovelo de 90°, rosqueado
    regular
    raio longo
	
	1,4
	0,75
		
		30
		20

cotovelo de 90°, flangeado
    regular
    raio longo
	
	0,31
	0,22	

continua

- **Tabela 4.3** Coeficiente de perda K e razão comprimento equivalente para o diâmetro L_{eq}/D para várias conexões.

continuação

Conexão	Coeficiente de perda K	Razão do comprimento equivalente para diâmetro L_{eq}/D
cotovelo de 45°, rosqueado, regular	0,35	16
cotovelo de 45°, flangeado, raio longo	0,17	
Cotovelo de retorno, rosqueado, regular	1,5	50

Cotovelo de retorno, flangeado
    regular
    raio longo
	
	0,30
	0,20	

conexão T, rosqueada
    escoamento principal
    escoamento ramificado
	
	0,9
	1,9
		
		20
		60

conexão T, flangeado
    escoamento principal
    escoamento ramificado
	
	0,14
	0,69	

Acoplamento ou união	0,08	
Válvula globo, totalmente aberta	10,0	340

Válvula gaveta, fração aberta:
    ¼
    ½
    ¾
    totalmente aberta
	
	17,0
	2,06
	0,26
	0,15
		
		900
		160
		35
		13

Válvula agulha	2,0	145
Válvula de esfera, totalmente aberta	0,05	
Válvula borboleta, totalmente aberta		40

Válvulas de verificação
    tipo balanço
    tipo esfera
    tipo elevação
	
	2,5
	70,0
	12,0
		
		135

Saída		1,0

Fontes: Dados do coeficiente de perda das páginas 77 e 78 do *Engineering Data Book*, 2. ed., ©1990 por The Hydraulic Institute. Reimpresso com permissão. Dados de taxa de comprimento/diâmetro equivalente do *Boletim Técnico Núm. 410 – Escoamento dos Fluidos*. 11ª impressão, © Crane Co.

Exemplo 4.10.

Álcool propílico flui a uma vazão de 0,01 m³/s por meio de um tubo de ferro forjado nominal de 2″ e schedule 40, que é disposto horizontalmente e tem 250 m de comprimento. O tubo contém quatro cotovelos regulares, rosqueados de 90°, e uma válvula globo. Calcule a queda de pressão do álcool propílico usando coeficientes de perda e, novamente, usando o comprimento equivalente.

Solução: Das tabelas de propriedade, lemos

álcool propílico $\rho = 802 \text{ kg/m}^3$ $\mu = 1{,}92 \times 10^{-3} \text{ N·s/m}^2$

[Apêndice, Tabela B.1]

nom. 2" sch 40 $DI = D = 52{,}52$ mm $A = 21{,}66 \times 10^{-4}$ m²
[Apêndice, Tabela D.1]

ferro forjado $\varepsilon = 0{,}046$ mm   [Tabela 3.1].

A equação de continuidade para escoamento permanente e incompressível pelo tubo é

$$A_1 V_1 = A_2 V_2.$$

Como $A_1 = A_2$, então $V_1 = V_2$. A equação de Bernoulli se aplica:

$$\frac{p_1}{\rho g} + \frac{V_1^2}{2g} + z_1 = \frac{p_2}{\rho g} + \frac{V_2^2}{2g} + z_2 + \frac{fL}{D_h}\frac{V^2}{2g} + \Sigma K \frac{V^2}{2g},$$

sendo que os pontos 1 e 2 estão distantes de $L = 250$ m, $z_1 = z_2$ para um tubo horizontal e $p_1 - p_2$ é procurado. A equação acima reduz para

$$p_1 - p_2 = \frac{fL}{D_h}\frac{\rho V^2}{2} + \Sigma K \frac{V^2}{2g}.$$

A velocidade do escoamento é

$$V = \frac{Q}{A} = \frac{0{,}01}{21{,}66 \times 10^{-4}} = 4{,}62 \text{ m/s}.$$

O número de Reynolds é calculado como

$$\text{Re} = \frac{\rho V D}{\mu} = \frac{0{,}802(1.000)(4{,}62)(0{,}052\,52)}{0{,}53 \times 10^{-3}} = 1{,}01 \times 10^5.$$

O escoamento, portanto, é turbulento. Assim,

$$\left.\begin{array}{l} \text{Re} = 1{,}01 \times 10^5 \\[6pt] \text{Também } \dfrac{\varepsilon}{D} = \dfrac{0{,}046}{52{,}52} = 0{,}000\,88 \end{array}\right\} f = 0{,}022. \quad \text{(Figura 3.3)}$$

Para quatro cotovelos e uma válvula globo, lemos valores da Tabela 4.3:

$$K = 4(1{,}4) + 10 = 15{,}6$$

e

$$\frac{L_{eq}}{D} = 4(30) + 340 = 460.$$

Usando os valores K, a queda de pressão é

$$p_1 - p_2 = \left(\frac{fL}{D_h} + K\right)\frac{\rho V^2}{2} = \left(\frac{0,022(250)}{0,052\ 52} + 15,6\right)\frac{0,802(1.000)(4,62)^2}{2}$$

$$\underline{p_1 - p_2 = 1.022\ 912\ \text{N/m}^2 = 1.022\ \text{kPa}} \qquad (\text{Usando } K)$$

Com o conceito de comprimento equivalente, escrevemos

$$p_1 - p_2 = \left(\frac{fL}{D_h} + \frac{fL_{eq}}{D_h}\right)\frac{\rho V^2}{2}$$

$$p_1 - p_2 = \left(\frac{0,022(250)}{0,052\ 52} + 0,022(460)\right)\frac{0,802(1.000)(4,62)^2}{2}$$

$$\underline{p_1 - p_2 = 975\ 594\ \text{N/m}^2 = 976\ \text{kPa}} \qquad (\text{Usando } L_{eq}/D).$$

4.4 Símbolos gráficos para sistemas de tubulação

Dada a disponibilidade de uma grande variedade de conexões para sistemas de tubulação e de inúmeras maneiras de unir tubos a outros tubos e a conexões, foram desenvolvidos padrões para representar sistemas de tubulação. O Ansi (American National Standards Institute – Instituto Nacional Americano de Padrões) fornece gráficos (Ansi Z32.2.3) mostrando os símbolos gráficos que são aceitos como padrões no mercado. Na Tabela 4.4 temos as representações de algumas conexões comuns e os métodos de fixação mais usados.

A Tabela 4.4 mostra símbolos gráficos usados em representações de linha única dos sistemas de tubulação, mas também há convenções estabelecidas para representações de linha dupla. Por exemplo, o sistema de tubulação no esboço da Figura 4.18 mostra três desenhos do mesmo sistema: um de linha dupla; uma representação de linha única e um desenho isométrico. Os desenhos indicam que são usadas conexões flangeadas. Em um desenho isométrico, efeitos tridimensionais podem ser mostrados mais claramente, embora essa vantagem não esteja aparente na Figura 4.18.

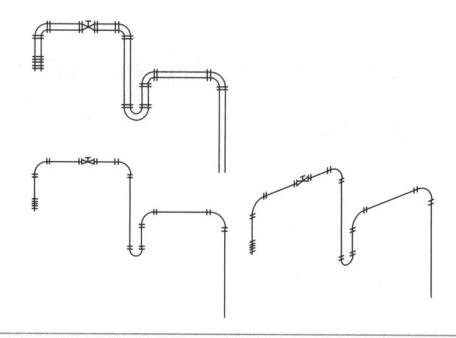

■ **Figura 4.18** Métodos para desenhar um sistema de tubulação.

A Figura 4.19 mostra um sistema de tubulação que possui tubos e conexões que não estão todos no mesmo plano. São fornecidas visualizações de plano e de perfil do sistema de tubulação. Somente essas duas visualizações não parecem suficientes na representação do sistema, de modo que é fornecida também uma representação isométrica, na qual temos, definitivamente, uma demonstração melhor. Observe a direção do compasso fornecida na exibição isométrica. Os trabalhadores podem usar uma exibição isométrica rotulada apropriadamente (incluindo comprimento de cada tubo, descrições da conexão, observações sobre a instalação etc.) para unir as partes do sistema de tubulação. Um desenho isométrico detalhado e bem rotulado é chamado **desenho spool**.

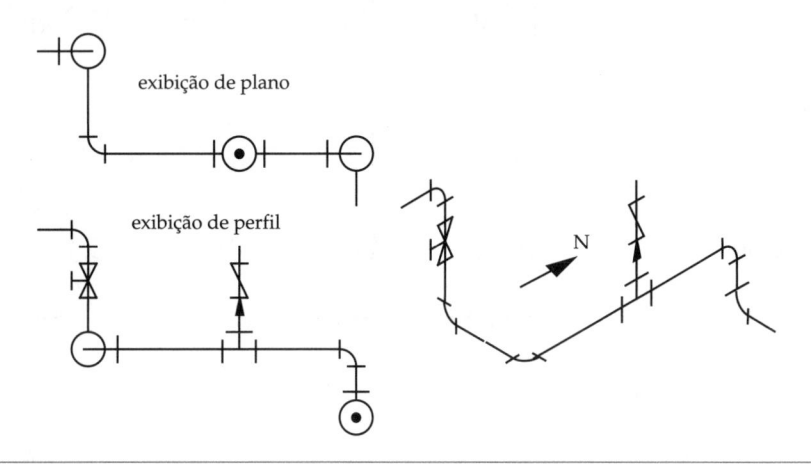

■ **Figura 4.19** Representação esquemática de um sistema de tubulação.

4.5 Comportamento do sistema

Muitas vezes, é necessário saber como a vazão em um determinado sistema de tubulação varia com a queda de pressão ou a perda de carga equivalente. Quando a perda de carga estiver em um gráfico com relação à vazão, temos o que é chamado de **curva do sistema**. Uma curva do sistema é útil para prever o comportamento deste fora do projeto ou, em muitos casos, para dimensionar uma bomba.

Para obter uma forma particular para a curva do sistema, primeiro consultamos a equação de Bernoulli modificada:

$$\frac{p_1}{\rho g} + \frac{V_1^2}{2g} + z_1 = \frac{p_2}{\rho g} + \frac{V_2^2}{2g} + z_2 + \Sigma \frac{fL}{D_h}\frac{V^2}{2g} + \Sigma K \frac{V^2}{2g}.$$

Lembre-se da definição da carga ou da energia H em qualquer seção:

$$H = \frac{p}{\rho g} + \frac{V^2}{2g} + z.$$

em que a dimensão de H é L (ft ou m). Em termos de H, a equação de Bernoulli modificada para um sistema de tubulação de diâmetro constante torna-se

$$H_1 - H_2 = \left(\Sigma \frac{fL}{D_h} + \Sigma K \right) \frac{V^2}{2g}. \tag{4.18}$$

Tabela 4.4 Símbolos gráficos para sistemas de tubulação (condensado de Ansi Z32.2.3.).

	rosqueada	flangeada	sino e espigão	soldada	brazada
junta					
cotovelo					
cotovelo de raio longo	RL	RL	RL	RL	RL
cotovelo de 45°					
cotovelo redutor	2/4	2/4	2/4	2/4	2/4
união					
cotovelo virado para cima					
cotovelo virado para baixo					
conexão T					
conexão T voltada para cima					
conexão T voltada para baixo					
redutor concêntrico					
redutor excêntrico					
válvula gaveta					
válvula globo					
válvula de retenção					
válvula de segurança					

A Equação 4.18 contém velocidade, e nosso interesse está na vazão volumétrica. Portanto, substituiremos a velocidade da equação da continuidade

$$V = \frac{Q}{A} = \frac{4Q}{\pi D^2}$$

para obter

$$\Delta H = H_1 - H_2 = \left(\Sigma \frac{fL}{D} + \Sigma K\right) \frac{16Q^2}{2\pi^2 D^4 g}$$

ou

$$\Delta H = Q^2 \left(\frac{8(\Sigma fL/D + \Sigma K)}{\pi^2 D^4 g}\right). \quad (4.19)$$

Essa é a equação de uma parábola (ΔH versus Q) e pode ser exibida em um gráfico para qualquer sistema em que o diâmetro seja conhecido ou tenha sido selecionado como um valor experimental.

Exemplo 4.11.

A Figura 4.20 mostra um sistema de tubulação de tubo de PVC nominal de 3" schedule 40 que conduz água de um tanque. O nível do tanque é variável, portanto, o que se deseja é obter informações sobre como a vazão irá variar pelo sistema. É proposto que o tanque seja substituído por uma bomba, e uma curva do sistema deve ser desenhada antes mesmo de se tomar essa decisão. Gerar uma curva do sistema de ΔH versus Q para a configuração mostrada, assumindo que o nível do líquido do tanque z pode variar de 0,305 a 2,44 m. O comprimento do tubo é 13,72 m e a distância da saída do tubo até a base do tanque é 0,914 m.

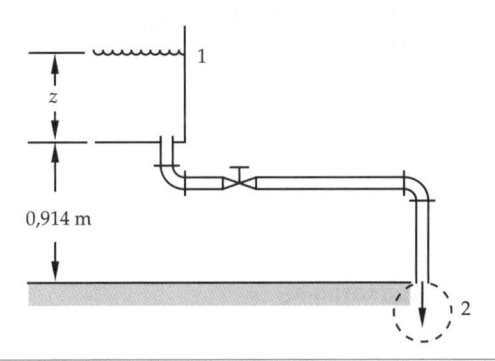

■ **Figura 4.20** O sistema hidráulico do Exemplo 4.11.

Solução: Os desenhos indicam o uso de conexões rosqueadas. (Usando PVC, as conexões podem ser ligadas ao tubo com um adesivo e, nesse caso, as perdas localizadas serão as mesmas das conexões flangeadas.) O volume de controle que selecionamos inclui toda a água do reservatório e do sistema hidráulico. Observe que, na saída, a área A_2 aproxima-se do infinito e, correspondentemente, a pressão é atmosférica, a velocidade é zero e devemos incluir uma perda localizada na saída.

Continuaremos da maneira usual, primeiro obtendo as propriedades:

água $\rho = 1.000 \text{ kg/m}^3$ $\mu = 0,91$ mPa·s
[Apêndice, Tabela B.1]

nom. 3" sch 40 $DI = 0,078$ m $A = 4,77 \times 10^{-3}$ m^2
[Apêndice, Tabela D.1]

PVC $\varepsilon = \text{"liso"} \approx 0$

Equação de Bernoulli modificada:

$$\frac{p_1}{\rho g} + \frac{V_1^2}{2g} + z_1 = \frac{p_2}{\rho g} + \frac{V_2^2}{2g} + z_2 + \frac{fL}{D_h}\frac{V^2}{2g} + \Sigma K \frac{V^2}{2g}$$

ou

$$H_1 = H_2 + Q^2\left(\frac{8(fL/D + \Sigma K)}{\pi^2 D^4 g}\right). \tag{i}$$

Avaliação das propriedades:

$p_1 = p_2 = p_{atm} = 0;$ $V_1 = V_2 \approx 0$ comparada à velocidade no tubo
$z_1 = 0,914 + z;$ $0,305 \leq z \leq 2,44$ m $z_2 = 0$ $L = 13,72$ m

$\Sigma K = K_{bocal \atop reentrada} + 2K_{90° \, cotovelo} + K_{válvula \atop globo} + K_{saída}$

$\Sigma K = 1,0 + 2(1,4) + 10 + 1 = 14,8$ (rosqueada, regular).

A carga na seção 1 é

$$H_1 = \frac{p_1}{\rho g} + \frac{V_1^2}{2g} + z_1 = 0 + 0 + 0,914 + z.$$

Na seção 2,

$$H_2 = \frac{p_2}{\rho g} + \frac{V_2^2}{2g} + z_2 = 0.$$

A mudança na carga torna-se

$\Delta H = H_1 - H_2 = 0,914 + z.$

A substituição na Equação i, resulta

$$0,914 + z = Q^2 \left(\frac{8(f(13,72)/(0,078) + 14,8)}{\pi^2(0,078)^4(9,81)}\right)$$

ou

$$\Delta H = 0,914 + z = Q^2 [2.234,5(176f + 14,8)]. \tag{ii}$$

Velocidade do escoamento $V = Q/A$:

$$V = \frac{4Q}{\pi D^2}$$

Número de Reynolds $Re = \rho VD/\mu = 4\rho Q/\pi D\mu$

$$Re = \frac{4(1.000)Q}{\pi(0,078)(0,91 \times 10^{-3})} = 1,794 \times 10^7 Q. \tag{iii}$$

Agora selecionaremos os valores da vazão, depois calcularemos o número de Reynolds e descobriremos o fator de atrito do diagrama de Moody usando a curva "lisa". Fator de atrito e vazão serão, então, substituídos na Equação ii e ΔH será calculado. O procedimento é repetido até que a faixa desejada de ΔH tenha sido obtida. (É costume em unidades de engenharia expressar a vazão em gpm, isto é, galões por minuto.) Um resumo dos cálculos é fornecido na Tabela 4.5. Observe que, quando os cálculos foram feitos, o intervalo de Q não era conhecido. Assim, na primeira coluna da Tabela 4.5, os valores presumidos da vazão foram selecionados de forma a reduzir o intervalo. Procurou-se identificar as vazões que resultavam valores para z que estivessem dentro dos limites necessários ($1 \leq z \leq 8$ ft).

■ **Tabela 4.5** Resumo dos cálculos para o Exemplo 4.11.

Q m³/s	Re	f (Fig. 3.6)	≤ H, mm	z, m	Q, m³/s
$2,83 \times 10^{-4}$	5080	0,038	3,05	<0	muito baixo
$2,83 \times 10^{-3}$	50800	0,021	332,3	<0	muito baixo
0,0283	508000	0,013	30693,4	29,78	muito alto
0,0142	254000	0,015	7812	6,89	muito alto
$8,5 \times 10^{-3}$	152000	0,0164	2856	1,94	$8,52 \times 10^{-3}$
$9,06 \times 10^{-3}$	162000	0,0162	3243	2,33	$9,02 \times 10^{-3}$
$9,35 \times 10^{-3}$	168000	0,0161	3447	2,53	$9,27 \times 10^{-3}$
$7,08 \times 10^{-3}$	127000	0,017	1996	1,08	$7,07 \times 10^{-3}$
$5,66 \times 10^{-3}$	102000	0,018	1286	0,372	$5,68 \times 10^{-3}$
$6,51 \times 10^{-3}$	117000	0,017	1695	0,780	$6,5 \times 10^{-3}$

Os gráficos dos resultados são fornecidos na Figura 4.21. O gráfico de ΔH versus Q (ou z versus Q) é chamado *curva do sistema*. Em geral, a curva do sistema é desenhada com a vazão volumétrica Q no eixo horizontal.

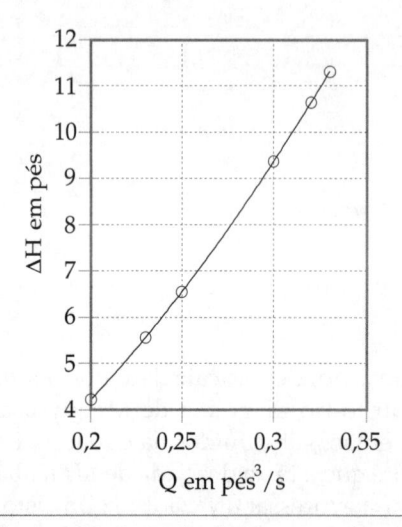

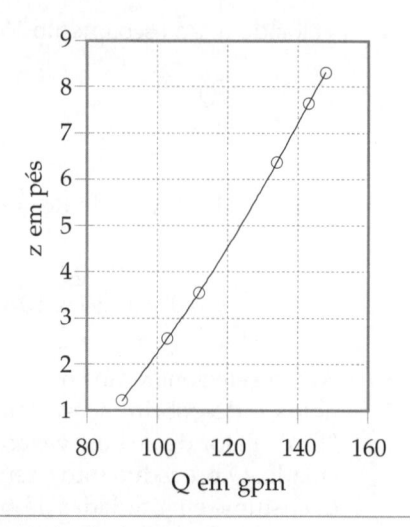

Figura 4.21 Curva do sistema para disposição da tubulação do Exemplo 4.11.

4.6 Sistemas de suporte para tubos

A menos que os tubos e dutos sejam colocados no subterrâneo, eles devem ser suportados por um sistema que seja prático e econômico. Em geral, os suportes da tubulação são chamados de **ganchos de tubo**, e sua função principal é fornecer suporte para a carga e para os movimentos da tubulação (expansão ou contração), além de permitir que a estrutura construída acomode os tubos com segurança.

Muitas empresas fabricam componentes que podem ser montados para formar um sistema de suporte para tubos. A Figura 4.22 mostra diferentes métodos de suporte para tubos. Quando, em serviço, os tubos estão sujeitos a expansão e contração, é adequado usar um gancho, conforme mostrado na Figura 4.22(a). Nesse método, o tubo é apoiado sobre um cilindro, cujo formato envolve o seu centro, e o cilindro é preso com uma barra em um suporte suspenso, em uma configuração de trapézio. Na Figura 4.22(b), o tubo, envolvido por um pedaço de chapa metálica fina e estreita, é preso por uma única peça da barra no suporte suspenso. A Figura 4.22(c) mostra outra instalação tipo trapézio, na qual grampos são aparafusados em torno do tubo. Nessa instalação, a parte inferior dos grampos encaixa-se firmemente a um perfil de seção transversal quadrada ou em formato de U, de modo que o tubo, firmemente preso na posição, não fica livre para se mover, como na Figura 4.22(a). Em geral, usa-se nesses ganchos uma barra rosqueada. Observe que ganchos, como os das figuras 4.22(a) e 4.22(b), destinam-se a tubos individuais, enquanto grampos, como os da Figura 4.22(c), podem ser usados como parte de um sistema que suporta vários tubos.

A questão agora é saber quão espaçados os ganchos devem ficar para prover o suporte adequado. Por motivos econômicos, preferimos usar espaços maiores, mas devemos considerar a segurança da instalação. Com base em muitos testes e cálculos feitos para sistemas de tubulação, concebemos o gráfico na Tabela 4.6. Como indicado, o espaço entre os ganchos é dado como uma função do diâmetro nominal do tubo e o tipo de fluido a ser transportado. Lembre-se de que os ganchos suportam o peso do tubo e do fluido no interior deles.

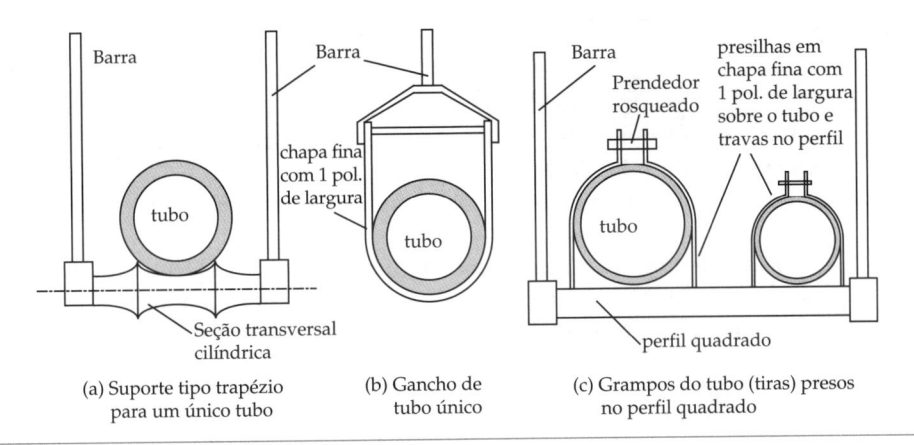

Figura 4.22 Exemplos de ferragens para suporte de tubos.

(a) Suporte tipo trapézio para um único tubo
(b) Gancho de tubo único
(c) Grampos do tubo (tiras) presos no perfil quadrado

Tabela 4.6 Espaçamento horizontal máximo entre os suportes de tubos*

Diâmetro nominal	Tubo de aço				Tubulação de cobre			
	Água		Vapor		Água		Vapor	
	pés	m	pés	m	pés	m	pés	m
¼	7	2,1	8	2,4	5	1,5	5	1,5
⅜	7	2,1	8	2,4	5	1,5	6	1,8
½	7	2,1	8	2,4	5	1,5	6	1,8
¾	7	2,1	9	2,7	5	1,5	7	2,1
1	7	2,1	9	2,7	6	1,8	8	2,4
1¼	7	2,1	9	2,7	7	2,1	9	2,7
1½	9	2,7	12	3,7	8	2,4	10	3,0
2	10	3,0	13	4,0	8	2,4	11	3,4
2½	11	3,4	14	4,3	9	2,7	13	4,0
3	12	3,7	15	4,6	10	3,0	14	4,3
3½	13	4,0	16	4,9	11	3,4	15	4,6
4	14	4,3	17	5,2	12	3,7	16	4,9
5	16	4,9	19	5,8	13	4,0	18	5,5
6	17	5,2	21	6,4	14	4,3	20	6,1
8	19	5,8	24	7,3	16	4,9	23	7,0
10	22	6,1	26	7,9	18	5,5	25	7,6
12	23	7,0	30	9,1	19	5,8	28	8,5
14	25	7,6	32	9,8				
16	27	8,2	35	10,7				
18	28	8,5	37	11,3				
20	30	9,1	39	11,9				
24	32	9,8	42	12,8				
30	33	10,1	44	13,4				
Ganchos adicionais necessários em cargas concentradas entre os suportes.								
Tubo plástico Tubo de fibra de vidro reforçado Tubo de cimento-amianto				Siga as recomendações do fabricante quanto a espaçamento e condições de serviço.				
Tubo de vidro				Siga as recomendações do fabricante do tubo Use 8 ft (2,4 m) de espaçamento máximo.				
Proteção contra incêndio				Siga os requisitos da Associação Nacional de Proteção Contra Incêndio.				

*Dados da Sociedade de Padronização dos Fabricantes SP-69, Tabela 3, usada com permissão.

4.7 Resumo

Neste capítulo, consideramos os problemas de otimização e economia na seleção do diâmetro de tubos. Examinamos, especificamente, de que maneira os custos podem ser minimizados na seleção do diâmetro dos tubos. Discutimos o conceito de comprimento equivalente e os símbolos gráficos usados para desenhar sistemas de tubulação.

Também obtivemos a curva do sistema para um determinado tipo de sistema de tubulação e, por fim, voltamo-nos para as ferragens comerciais destinadas a suportar fisicamente um sistema de tubulação.

4.8 Mostrar e contar

1. Usamos um diâmetro nominal e um padrão (Schedule) para especificar o diâmetro dos tubos. A Tabela 4.1, no entanto, cita o que conhecemos como designação Ansi. Para qual designação Ansi se refere? Existe algo similar para tubulações? Faça um relatório sobre essa designação alternativa. (Consulte Ansi/AWWA C150.)
2. Determine como converter dados de custo de um ano para outro; por exemplo, dólares de 1.990 por pés para dólares de 2.000 por pés. Prepare uma explicação de como custos como esses são convertidos e faça um gráfico de dólares por pés como uma função da data.
3. Conduza uma entrevista com um engenheiro de tubulação e faça o relatório sobre como o dimensionamento de tubos é feito por um engenheiro na prática. Isso é economicamente importante?
4. Existe uma conexão chamada de "união"; o que é uma conexão de união e por que ela é necessária? Por que não há necessidade de tal conexão em sistemas de tubulação tipo sino e espigão?
5. O que é uma "conexão de luva"? Com que tipo de tubo ou tubulação é usada? Qual é a sua função? Faça um relatório sobre esse tipo de conexão.
6. Obtenha o(s) catálogo(s) apropriado(s) e faça um relatório sobre a variedade dos sistemas disponíveis para suporte de tubos.

4.9 Problemas

Problemas de otimização

1. Encontre dois números positivos cuja soma seja 100 e cujo produto seja o maior possível.
2. Encontre dois números positivos cujo produto seja 100 e cuja soma seja a menor possível.
3. Uma caixa retangular aberta tem uma base quadrada x por x. Encontre a altura h da caixa se seu volume for 5×10^{-5} m³, e o material mínimo necessário para construí-la.
4. Uma janela é mostrada na Figura P4.4. Encontre o valor de x de modo que o perímetro da janela seja 3 m e sua área, a maior possível.
5. Uma área retangular usada para fechar o maquinário deve ser cercada usando 300 m de material. Quais as dimensões desse fechamento retangular se a área for maximizada?
6. Uma grande lata de sopa é projetada para conter $8{,}28 \times 10^{-4}$ m³ de sopa. O diâmetro da lata é r e sua altura h. Encontre os valores de r e h, sendo que a quantidade de metal necessária é a menor possível.
7. A Figura P4.7 mostra uma bomba, um tanque em A e um tanque em B. Deseja-se instalar uma tubulação de A para B na menor distância possível, a qual deve ser enterrada e terá de cruzar uma estrada cuja largura é w. No entanto, a estrada é muito usada por empilhadeiras e outros equipamentos de manuseio de material, de modo que, para minimizar a interrupção envolvida, é necessário que a tubulação atravesse a rodovia em um ângulo reto e a tubulação, portanto,

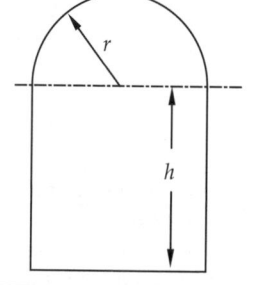

■ Figura P4.4

deverá ter o trajeto indicado na figura. Determine o comprimento mínimo da tubulação de A para B, ou seja, determine o valor de x que minimize a distância entre A e B.

8. Uma fábrica de prendedores metálicos possui 10 máquinas e realiza um lucro mensal de $800 por máquina. Cada máquina requer água para resfriamento, a fim de obter uma produção eficiente. A gerência deseja instalar mais maquinário, mas a água de refrigeração disponível não conseguiria atender uma demanda ilimitada e, além disso, a adição de mais máquinas causaria uma lentidão na produção. Cada máquina adicional reduziria o lucro em $25 por mês; portanto, se com 10 máquinas o lucro é $8.000 (= 800 × 10), para 11 máquinas o lucro seria $8.525 [= (800 − 25) × 11]. Da mesma forma, para 12 máquinas, o lucro seria $9.000 [= (800 − 2(25)) × 12]. Determine o número ideal de máquinas que devem ser instaladas para maximizar o lucro.

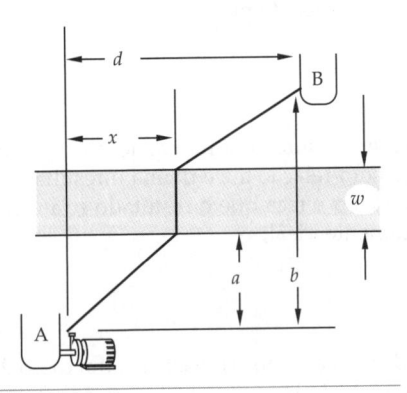

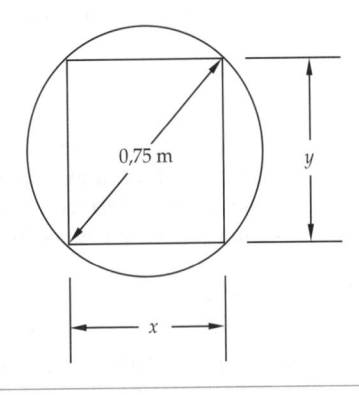

■ Figura P4.7

■ Figura P4.8

9. A resistência S de uma barra retangular é proporcional à sua largura x e ao quadrado de sua profundidade y, de forma que $S = kxy^2$, em que k é uma constante positiva. A barra deve ser cortada de um tarugo circular, cujo diâmetro é 750 mm. Quais são as dimensões da barra mais forte que podem ser cortadas desse tarugo? (Veja Figura P4.8.)

10. A Figura P4.10 mostra um canal aberto retangular que conduz um líquido. Desejamos encontrar uma relação entre as variáveis que produzirão uma seção transversal hidraulicamente ideal, que fornece transporte máximo ou capacidade máxima de conduzir volume para uma determinada área de escoamento.

A equação de Manning para a vazão em um canal aberto é

$$Q = AV = \frac{AR_h^{2/3}S^{1/2}}{n} = \frac{A^{5/3}S^{1/2}}{P^{2/3}n},$$

em que A é a área da seção transversal, P é o perímetro, S é a inclinação do canal e n é um termo do atrito. A vazão Q pode ser maximizada se o perímetro for minimizado. A área de escoamento é fornecida por $A = bz$ e o perímetro é fornecido por $P = 2z + b$.

Resolva a equação da área para b e substitua na equação do perímetro. Diferencie a equação resultante do perímetro com relação a z e faça o resultado igual a zero. Mostre isso para uma seção transversal hidraulicamente ideal

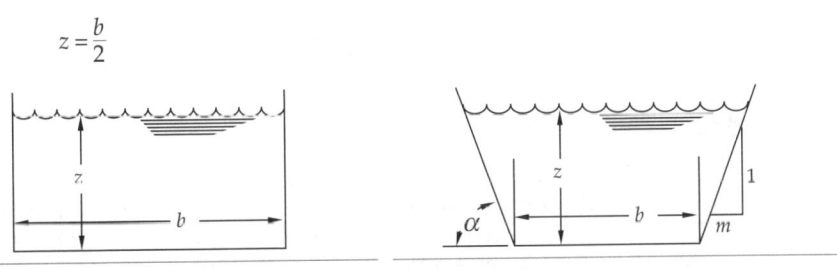

$$z = \frac{b}{2}$$

■ Figura P4.10

■ Figura P4.11

11. A Figura P4.11 mostra um canal aberto trapezoidal que conduz um líquido. Desejamos encontrar uma relação entre as variáveis que produzirão uma seção transversal hidraulicamente ideal, que fornece transporte máximo ou capacidade máxima de conduzir volume para uma determinada área de escoamento.

A equação de Manning para a vazão em um canal aberto é

$$Q = AV = \frac{AR_h^{2/3}S^{1/2}}{n} = \frac{A^{5/3}S^{1/2}}{P^{2/3}n},$$

em que A é a área da seção transversal, P é o perímetro, S é a inclinação do canal e n é um termo do atrito.

A vazão Q pode ser maximizada se o perímetro for minimizado. A vazão é fornecida por $A = bz + z^2 \cot \alpha$. O perímetro é fornecido por

$$P = b + \frac{2z}{\operatorname{sen} \alpha}.$$

Resolva a equação da área para b e substitua na equação do perímetro. Diferencie a equação resultante do perímetro com relação a z e defina o resultado como zero. Em seguida, use a derivada com relação a α e faça que o resultado seja zero. Mostre que, para uma seção transversal hidraulicamente ideal,

$$b = \frac{2\sqrt{3}}{3} z.$$

12. A Figura P4.12 mostra um trocador de calor que consiste em um casco de diâmetro interno DI e comprimento L, dentro do qual há alguns tubos. Um fluido flui pelos tubos e outro no casco, por fora dos tubos. Os cálculos nesse trocador trazem resultados sobre a área da superfície entre os dois fluidos necessária ao trocador de calor. Especificamente, quantos tubos e qual a dimensão do casco necessária para transferir o calor requerido?

O custo do casco com diâmetro interno D e comprimento L (ambos em m) é fornecido por

$$C_s = \$1.800 D^{2,5} L. \tag{i}$$

Normalmente, para obter a equação anterior, precisaríamos obter dados sobre os custos do trocador de calor e derivar a equação de custo, usando as técnicas de ajuste de curva. Esse método não é difícil, mas reunir e obter os dados necessários é um tanto trabalhoso.

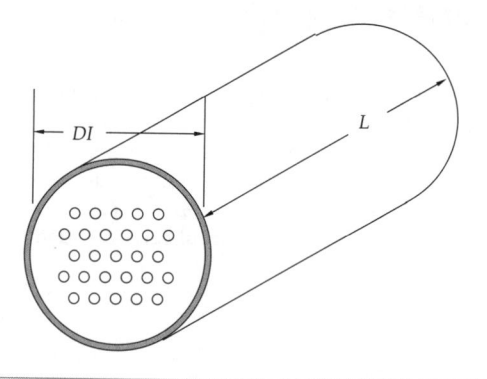

■ **Figura P4.12**

Um problema com esses trocadores é que o tubo e as superfícies do casco ficam sujos, apresentando depósitos de minerais e outras substâncias, o que retarda o fluxo do calor. O trocador de calor requer limpeza anual, obrigatoriamente. O custo da limpeza é anual, mas o fabricante limpará o trocador a uma taxa única inicial fornecida por

$$C_f = \$350 DL. \tag{ii}$$

O custo inicial da tubulação do trocador de calor é fornecido por

$$C_t = \$2.000.$$ (iii)

Assim, o custo inicial do trocador é fornecido pela soma das Equações (i), (ii) e (iii):

$$C = 1.800 D^{2,5} L + 350 DL + 2.000.$$

Neste problema, essa equação de custo deve ser minimizada.

Agora, o espaçamento dos tubos dentro do trocador de calor de casco e tubo é imposto por questões de segurança, bem como pelos requisitos de desempenho. Quanto mais tubos pudermos colocar no trocador, maior será a área da superfície e, consequentemente, maior será a taxa de transferência de calor. No entanto, os tubos devem ser dispostos juntos, em uma configuração à prova de vazamento, sem que isso enfraqueça a estrutura do trocador de calor. Normalmente, teríamos uma ideia da área da superfície necessária e também do diâmetro do tubo, que deve ser usado de acordo com os requisitos de transferência de calor. Para esses cálculos, suponha que o comprimento do tubo deva ser de 150 m, ou seja, a área do casco × comprimento do tubo por área deve ser igual a 150 m. Portanto,

$$(A_t L \text{ m}^3)(200 \text{ tubos}/\text{m}^2) = 150 \text{ m}.$$

Em termos de diâmetro do casco, a equação anterior (ou restrição) será

$$\frac{\pi D^2}{4} L \,(200) = 150.$$

Determine o diâmetro D e o comprimento L do casco do trocador de calor para condições de custo inicial mínimo.

13. Na Figura P4.13 são mostradas duas bombas conectadas em paralelo que movem água de um tanque para o outro. A vazão volumétrica total a ser entregue é uma quantidade conhecida, $Q = 0{,}01$ m³/s. Para entregar essa vazão, os cálculos indicam que o aumento de pressão a ser fornecido por cada bomba é obtido por

$$\Delta p_1 = C_1 Q_1^2 \qquad \text{e} \qquad \Delta p_2 = C_2 Q_2^2 \qquad \qquad \text{(i)}$$

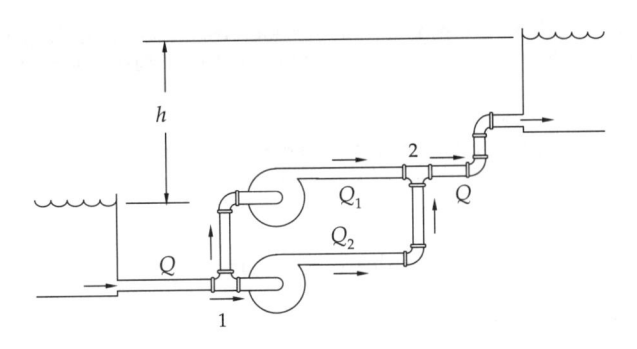

■ Figura P4.13

em que Δp está em Pa, e a vazão de ambas as bombas está em m³/s para as linhas 1 e 2, respectivamente. As duas combinações de bomba/motor são quase idênticas. A eficiência das duas bombas é $\eta = 0{,}75$. Determine uma equação para as vazões volumétricas necessárias para minimizar a potência total, concluindo as seguintes etapas:

a. A potência entregue em cada bomba é fornecida por

$$-\frac{\partial W}{\partial t} = \rho A V \left\{ \left[\frac{p}{\rho} + \frac{V^2}{2} + gz \right] \bigg|_{\text{saída}} - \left[\frac{p}{\rho} + \frac{V^2}{2} + gz \right] \bigg|_{\text{entrada}} \right\}.$$

Presumindo que não haja alterações na energia cinética ou potencial, verifique que a equação da potência é reduzida para

$$\frac{dW}{dt} = \Delta p Q.$$

De acordo com a eficiência da bomba, temos

$$\frac{dW_a}{dt} = \frac{\Delta p Q}{\eta}.$$

Substituindo para as pressões, mostre que a potência total é fornecida por:

$$\frac{dW_a}{dt} = \frac{C_1 Q_1^3}{\eta} + \frac{C_2 Q_2^3}{\eta},$$

que é a nossa função objetiva. O escoamento total Q foi dado tal que

$$Q_2 = Q - Q_1,$$

que é a restrição. Substitua a equação de restrição na equação da potência total. Diferencie a equação resultante e defina o resultado como zero. Mostre que Q_1 é dado por

$$Q_1 = \frac{-C_2 Q \pm \sqrt{C_2^2 Q^2 + (C_1 - C_2) C_2 Q^2}}{(C_1 - C_2)}.$$

b. Se $C_1 = 2,5 \times 10^{10}$ e $C_2 = 3,4 \times 10^{10}$, calcule as vazões necessárias para a potência mínima. Mostra que para potência mínima,

$Q_1 = 0,005\ 4\ m^3/s$ e $Q_2 = 0,004\ 6\ m^3/s.$

c. Mostre que a potência mínima é 9,6 kW.

14. A entrada para um túnel de vento é na forma de um duto convergente, conforme mostrado na Figura P4.14. O duto é configurado de forma que o eixo x coincide com a direção axial. A área do duto em qualquer localização é fornecida por

$$A = 3,5 - 2,5x/3 \text{ (em m}^2\text{)}. \tag{i}$$

É desejável localizar onde os laminadores de escoamento serão colocados. O custo dos laminadores é proporcional à área de escoamento e é fornecido por

$$C = C_1 A^n,$$

em que A é a área, C_1 é uma constante e n é outra constante. O custo anual dos laminadores é encontrado multiplicando-se a equação precedente por uma taxa de amortização a:

$$C_s = a C_1 A^n.$$

A queda de pressão nos laminadores é fornecida por

$$\Delta p = K \frac{\rho V^2}{2},$$

em que K é a perda localizada associada aos laminadores.

a. Se expressarmos a velocidade em termos da vazão e da área e a queda de pressão em termos de $\Delta h (= \Delta p / \rho g)$, obtemos

$$\Delta h = \frac{K Q^2}{2 A^2 g}.$$

O custo de bombeamento associado à perda é

$$C_P = C_2 \Delta h = C_2 \frac{K Q^2}{2 A^2 g},$$

em que C_2 é uma constante. Verifique que o custo total é fornecido por

$$C_T = aC_1A^n + C_2\frac{KQ^2}{2A^2g}.$$

b. Diferencie essa expressão com relação à área A e resolva para a área otimizada A_{ideal}.
c. Substitua a Equação i pela área e resolva para x.
d. Para as seguintes condições, determine um valor numérico para x:

$Q = 30$ m^3/s $\quad a = 0{,}5$/ano $\quad C_1 = \$200/(m^2)^n$ $\quad C_2 = \$20{,}80$/m
$K = 0{,}75$ $\quad\quad\quad\quad n = 1{,}1$

15. A entrada em um canal aberto que alimenta uma bomba é na forma de um duto convergente, conforme mostrado na Figura P4.15. O duto é configurado com o eixo x coincidente com a direção axial. A área do duto, em qualquer localização, é fornecida por

$$A = 2{,}79 - 3{,}35x/2 + x^2/2 \text{ (em m}^2\text{)}, \tag{i}$$

em que x varia de 0 a 1,83 m. É desejável localizar onde os laminadores de escoamento serão colocados. O custo dos laminadores é proporcional à área de escoamento e é fornecido por

$$C = C_1A^n,$$

em que A é a área, C_1 é uma constante e n é outra constante. O custo anual dos laminadores é encontrado multiplicando-se a equação precedente por uma taxa de amortização a:

$$C_S = aC_1A^n.$$

A queda de pressão nos laminadores é fornecida por

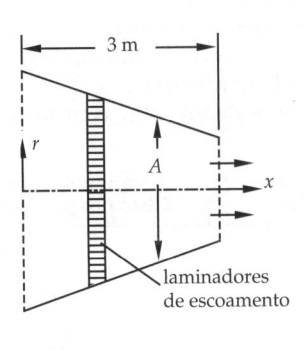

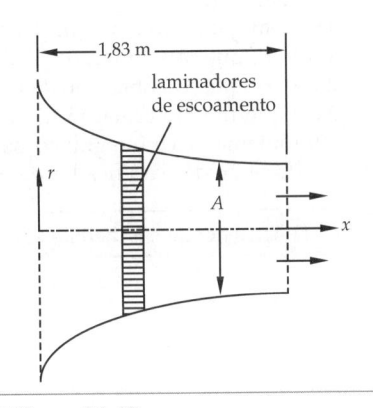

$$\Delta p = K\frac{\rho V^2}{2},$$

■ Figura P4.14

■ Figura P4.15

em que K é a perda localizada associada aos laminadores. Se expressarmos a velocidade em termos da vazão, e a área e a queda de pressão em termos de $\Delta h (= \Delta p/\rho g)$, obteremos

$$\Delta h = \frac{KQ^2}{2A^2g}.$$

O custo de bombeamento associado à perda é

$$C_P = C_2\Delta h = C_2\frac{KQ^2}{2A^2g}$$

em que C_2 é uma constante.

a. Verifique que o custo total é fornecido por

$$C_T = aC_1 A^n + C_2 \frac{KQ^2}{2A^2 g}.$$

b. Diferencie essa expressão com relação à área A e resolva para a área otimizada A_{ideal}.
c. Substitua a Equação i para a área e resolva para x.
d. Para as seguintes condições, determine um valor numérico para x:

$Q = 10{,}76 \text{ m}^3/\text{s}$ $\quad a = 0{,}2/\text{ano}$ $\quad C_1 = \$1.441/(\text{m}^2)^n$ $\quad C_2 = \$1.969/\text{m}$
$K = 0{,}10$ $\quad n = 1{,}8$

16. O desenvolvimento a respeito do diâmetro econômico ideal foi formulado usando custos de tubo expressos como

$$C = C_1 D^n.$$

Suponha que, em vez disso, usaremos um ajuste de curva parabólica:

$$C = B_o + B_1 D + B_2 D^2.$$

Seguindo o desenvolvimento do texto, obtenha uma equação para os custos dos tubos; diferencie e configure igual a zero. Mostre que a condição para custo mínimo é fornecida por

$$D_{ideal} = \left[\frac{40 f \dot{m}^3 C_2 t}{(a+b)(1+F)(2B_2 D_{ideal} + B_1)\eta \pi^2 \rho^2} \right]^{1/6}.$$

Diâmetro econômico

17. Usando as informações da Tabela 4.2, verifique se a Equação 4.10 é dimensionalmente consistente.
18. Começando com a Equação 4.10, obtenha a Equação 4.12.
19. Verifique se a Equação 4.12 é dimensionalmente consistente.
20. Verifique se a obtenção da Equação 4.14 está correta, começando com a Equação 4.12.
21. Verifique se a Equação 4.14 é dimensionalmente correta.
22. Juntamente com o gráfico, são mostrados os dados sobre o custo do tubo de PVC obtido da seção de classificados de um jornal:

Diâmetro nominal (schedule 40) em polegadas	Custo por pés (preço apurado)
2	$1,84/m
3	$4,43/m
4	$5,12/m
6	$13,10/m
8	$26,12/m

a. Construa um gráfico dos dados em papel linear.
b. Construa um gráfico dos dados em papel log-log.
c. Determine os parâmetros da seguinte equação:

$$C_p = C_1 D^n,$$

em que C_p tem dimensões de MU/L, C_1 tem dimensões de MU/L^{n+1} avaliado numericamente para tubo nominal de 12" e D tem dimensões de L.

23. Repita o problema 4.22 para os seguintes dados, em que foi usado tubo de PVC de alta pressão:

Diâmetro nominal (schedule 40) em polegadas	Custo por metro (preço apurado)
4	$9,92/m
8	$26,12/m
10	$39,24/m
12	$52,36/m

24. Uma tubulação de aço galvanizado conduz álcool etílico a uma vazão de 0,04 m³/s. Determine o diâmetro do tubo econômico ideal para a instalação dado:

$C_2 = \$0,05/kWh$
$C_1 = \$1.100/m^{n+1}$
$t = 6.000$ h/ano
$F = 6,75$

$n = 1,2$
$a = 1/10 = 0,10$
$b = 0,01$
$\eta = 0,75$

25. Uma tubulação de aço comercial conduz etilenoglicol a uma vazão de 0,015 m³/s. Determine o diâmetro do tubo econômico ideal para a instalação, sabendo que:

$C_2 = \$0,04/kWh$
$C_1 = \$1.050/m^{n+1}$
$t = 7.000$ h/ano
$F = 6,5$

$n = 1,2$
$a = 1/7 = 0,14$
$b = 0,01$
$\eta = 0,75$

26. Uma tubulação de aço comercial conduz querosene a uma vazão de $1,893 \times 10^{-4}$ m³/s. Determine o diâmetro do tubo econômico ideal para a instalação, sabendo que:

$C_2 = \$0,01/kWh$
$C_1 = \$1.990/m^{n+1}$
$t = 7.800$ h/ano
$F = 6,5$

$n = 1,4$
$a = 1/7 = 0,14$
$b = 0,01$
$\eta = 0,8$

27. Uma tubulação de PVC conduz heptano a uma vazão de 0,1 m³/s. Determine o diâmetro do tubo econômico ideal para a instalação, sabendo que:

$C_2 = \$0,05/kWh$
$C_1 = \$1.300/m^{n+1}$
$t = 4.000$ h/ano
$F = 6,75$

$n = 1,2$
$a = 1/10 = 0,10$
$b = 0,01$
$\eta = 0,75$

28. Uma tubulação trefilada conduz propano a uma vazão de 0,0010 m³/s. Determine o diâmetro do tubo econômico ideal para a instalação, sabendo que:

$C_2 = \$0,04/kWh$
$t = 7.000$ h/ano
$a = 1/10 = 0,10$

$C_1 = \$700/m^{n+1}$
$F = 6,75$
$b = 0,01$

$n = 1,2$
$\eta = 0,75$

29. Uma tubulação de aço comercial conduz metanol a uma vazão de 0,24 m³/s. Determine o diâmetro do tubo econômico ideal para a instalação, sabendo que:

$C_2 = \$0,05/kWh$
$C_1 = \$700/m^{n+1}$
$t = 750$ h/ano
$F = 6,75$

$n = 1$
$a = 1/10 = 0,10$
$b = 0,01$
$\eta = 0,65$

30. Octano flui a uma vazão de $3,15 \times 10^{-4}$ m³/s por uma tubulação trefilada. Determine o tamanho do tubo econômico ideal para a instalação, sabendo que:

$C_2 = \$0,05/kWh$
$C_1 = \$750/m^{n+1}$
$t = 4.000$ h/ano
$F = 6,75$

$n = 1,2$
$a = 1/5 = 0,20$
$b = 0,01$
$\eta = 0,75$

31. Uma tubulação trefilada conduz propano a uma vazão de 0,15 m³/s. Determine o diâmetro do tubo econômico ideal para a instalação, sabendo que:

C_2 = $0.05/kWh
C_1 = $850/m^{n+1}$
t = 5.000 h/ano
F = 6,75
n = 1,2
a = 1/6 = 0,17
b = 0,01
η = 0,65

32. Uma tubulação de aço galvanizado conduz propileno glicol a uma vazão de 0,1 m³/s. Determine o diâmetro do tubo econômico ideal para a instalação, sabendo que:

C_2 = $0.05/kWh
C_1 = $1.000/m^{n+1}$
t = 4.000 h/ano
F = 6,75
n = 1,2
a = 1/10 = 0,10
b = 0,01
η = 0,75

33. Uma tubulação de aço galvanizado conduz óleo de rícino a uma vazão de 0,0120 m³/s. Determine o diâmetro do tubo econômico ideal para a instalação, sabendo que:

C_2 = $0,05/kWh
t = 5.000 h/ano
a = 1/7 = 0,14
C_1 = 850/m^{n+1}$
F = 6,75
b = 0,01
n = 1,4
η = 0,60

34. Uma tubulação de ferro forjado conduz propano a uma vazão de 0,075 m³/s. Determine o diâmetro do tubo econômico ideal para a instalação, sabendo que:

C_2 = $0,05/kWh
C_1 = $1.100/m^{n+1}$
t = 4.000 h/ano
F = 6,75
n = 1,4
a = 1/5 = 0,20
b = 0,01
η = 0,75

35. Uma tubulação de aço comercial conduz propileno a uma vazão de 0,0158 m³/s. Determine o diâmetro do tubo econômico ideal para a instalação, sabendo que:

C_2 = $0,05/kWh
C_1 = $956/m^{n+1}$
t = 3.000 h/ano
F = 6,75
n = 1,2
a = 1/9 = 0,11
b = 0,01
η = 0,75

36. Uma tubulação de aço comercial conduz álcool metílico a uma vazão de 0,24 m³/s. Determine o diâmetro do tubo econômico ideal para a instalação, sabendo que:

C_2 = $0,05/kWh
C_1 = $700/m^{n+1}$
t = 750 h/ano
F = 6,75
n = 1
a = 1/10 = 0,10
b = 0,01
η = 0,65

37. Uma tubulação de ferro forjado conduz aguarrás a uma vazão de 0,0442 m³/s. Determine o diâmetro do tubo econômico ideal para a instalação, sabendo que:

C_2 = $0,05
C_1 = $1.092/m^{n+1}$
t = 4.000 h/ano
F = 6,75
n = 1,2
a = 1/10 = 0,10
b = 0,01
η = 0,75

38. Uma tubulação de aço comercial conduz etilenoglicol a uma vazão de 0,015 m³/s. Determine o diâmetro do tubo econômico ideal para a instalação, sabendo que:

C_2 = $0,04/kWh
C_1 = $1.050/m^{n+1}$
t = 7.000 h/ano
F = 6,5
n = 1,2
a = 1/7 = 0,14
b = 0,01
η = 0,75

39. Uma tubulação de PVC conduz glicerina a uma vazão de 0,0100 m³/s. Determine o diâmetro do tubo econômico ideal para a instalação, sabendo que:

$C_2 = \$0,045/kWh$ $C_1 = \$1.200/m^{n+1}$
$t = 4.000$ h/ano $F = 6,75$ $n = 1$
$a = 1/5 = 0,20$ $b = 0,01$ $\eta = 0,70$

40. Água flui por uma tubulação de aço comercial a uma vazão de $3,78 \times 10^{-3}$ m³/s. Determine o diâmetro do tubo econômico ideal para a instalação, sabendo que:

$C_2 = \$0,045$ $n = 1$
$C_1 = \$1.160/m^{n+1}$ $a = 1/6 = 0,17$
$t = 4.000$ h/ano $b = 0,01$
$F = 7$ $\eta = 0,75$

41. Construa um gráfico de custo/comprimento *versus* diâmetro, similar ao da Figura 4.16, para o problema anterior.

42. Construa um gráfico de custo/comprimento *versus* diâmetro, similar ao da Figura 4.16, para o problema anterior, mas use C_2 duplicado. Nesse caso, qual é o diâmetro do tubo ideal?

Comprimentos equivalentes e conexões

43. Determine o comprimento equivalente de uma válvula globo em uma tubulação usando os seguintes dados:

$f = 0,031$ $K = 10,0$ $L = 30,5$ m $D = 52,5$ mm

De que maneira o comprimento equivalente é calculado para válvula globo em comparação com o comprimento do próprio tubo?

44. Determine o comprimento equivalente de dois cotovelos na mesma tubulação para os quais os cálculos resultaram as seguintes informações:

padrão 6 $f = 0,034$ $D = 0,1458$ m $K = 0,31$
padrão 4 $f = 0,03$ $D = 0,0908$ m $K = 0,31$

Que diâmetro apresenta o maior comprimento equivalente, considerando que os coeficientes de perda localizada são iguais?

45. A Figura P4.45 mostra um sistema de tubulação feito de tubulação trefilada de cobre padrão 1 tipo K, que conduz acetona a uma vazão de $1,133 \times 10^{-3}$ m³/s. Todas as conexões são soldadas; a válvula gaveta está completamente aberta. (a) Calcule a queda de pressão no sistema usando valores de perda localizada (K). (b) Calcule a queda de pressão no sistema usando valores de comprimento equivalente. Compare os resultados. O comprimento total da tubulação é 9,15 m, e o sistema está no plano horizontal.

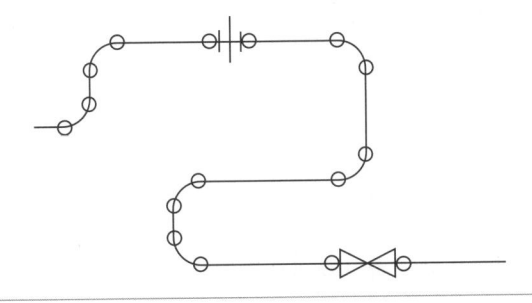

■ Figura P4.45

46. A Figura P4.46 mostra um sistema de tubulação feito de tubo nominal de 2" schedule 40 de aço comercial, que conduz etilenoglicol a uma vazão de 0,004 m³/s.

Todas as conexões são regulares e rosqueadas, e o comprimento do tubo é 40 m. (a) Calcule a queda de pressão no sistema usando valores de perda localizada (K). (b) Calcule a queda de pressão no sistema usando valores de comprimento equivalente. Compare os resultados. Considere um sistema de tubulação em plano horizontal e válvula de verificação do tipo oscilatória.

■ Figura P4.46

47. A Figura P4.47 mostra um sistema de tubulação feito de aço galvanizado nominal de 1" schedule 40 que conduz água. A queda de pressão do princípio ao fim é 17,23 kPa. Todas as conexões são regulares e rosqueadas. (a) Calcule a vazão pelo sistema usando os valores de perda localizada (K). (b) Calcule a vazão no sistema usando os valores de comprimento equivalente. Compare os resultados. Calcule o comprimento total do tubo adicionando os valores dados no desenho. Há alguma vantagem em usar comprimento equivalente nesse tipo de problema? (Todas as dimensões estão em mm.)

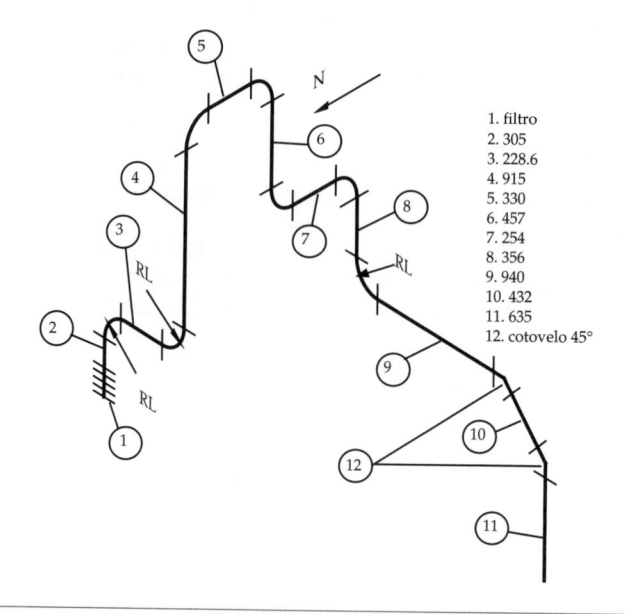

1. filtro
2. 305
3. 228.6
4. 915
5. 330
6. 457
7. 254
8. 356
9. 940
10. 432
11. 635
12. cotovelo 45°

■ Figura P4.47, P4.48, P4.58

Gráficos do sistema de tubulação

48. Faça um esboço das vistas frontal e de perfil da tubulação da Figura P4.47.
49. A Figura P4.49 mostra as vistas frontal e lateral de um sistema de tubulação. Desenhe uma vista isométrica do sistema e componha uma lista de todas as conexões e métodos de fixação. O tubo é de aço forjado nominal de 2" schedule 40.

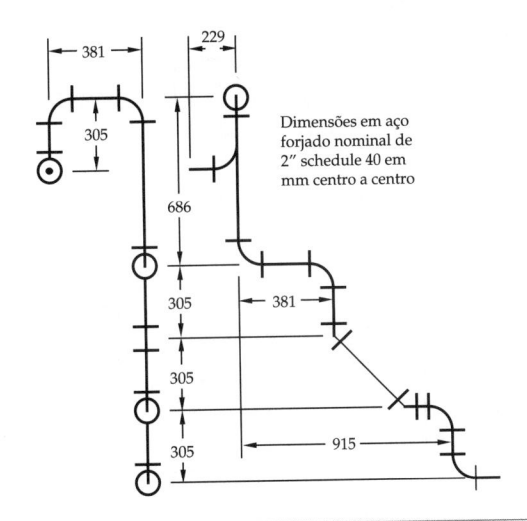

■ Figura P4.49

50. A Figura P4.50 mostra as vistas frontal e lateral de um sistema de tubulação. Desenhe uma vista isométrica do sistema e elabore uma lista de todas as conexões e métodos de fixação. O tubo é de cobre padrão ½" tipo M para sistema hidráulico.

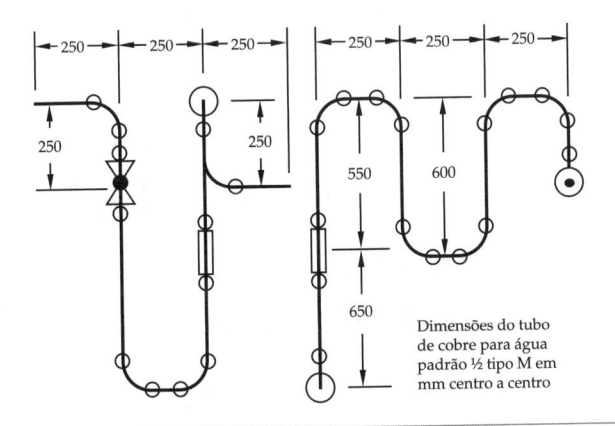

■ Figura P4.50

51. A Figura P4.51 mostra as vistas frontal, plana e lateral de um sistema de tubulação. Desenhe uma vista isométrica do sistema. Relacione todas as conexões e métodos de fixação se o tubo for de PVC nominal de 4" schedule 80.
52. Relacione todas as conexões e métodos de fixação do sistema de tubulação da Figura P4.52. O sistema é feito de tubo galvanizado nominal de 2½" schedule 40. Prepare também uma vista frontal (visto pela face leste) e uma vista de perfil (visto pela face norte) do sistema de tubulação.
53. Faça um esboço em escala do que alguém, voltado para o norte, veria olhando para o sistema de tubulação da Figura P4.53.
54. Faça um esboço em escala do que alguém, voltado para o norte, veria olhando para o sistema de tubulação da Figura P4.54.
55. Faça um esboço em escala do que alguém, voltado para o norte, veria olhando para o sistema de tubulação da Figura P4.55.

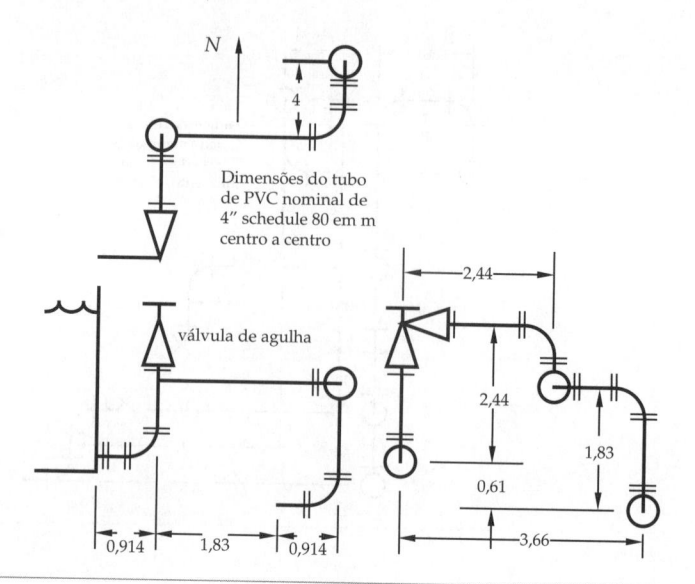

■ **Figura P4.51**

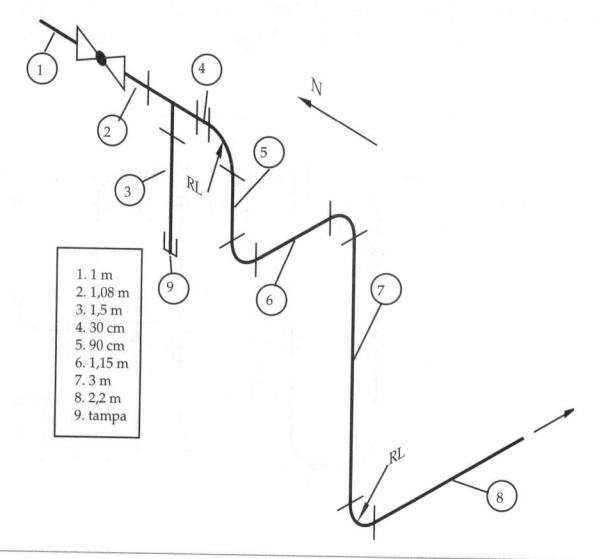

■ **Figuras P4.52, P4.56**

Comportamento do sistema

56. A água flui pelo sistema de tubulação da Figura P4.56. O sistema é de tubo galvanizado nominal de 2½″ schedule 40. Construa uma curva do sistema para água, com a vazão em m^3/s como uma função de queda de pressão da entrada para saída em kPa. Deixe que a velocidade varie de 1,22 m/s a 3,05 m/s.

57. O sistema de tubulação da Figura P4.57 conduz glicerina a uma vazão que varia de 0,3 m^3/s a 1,2 m^3/s × 10^{-3}m^3/s. Calcule a queda de pressão da entrada para a saída e gere uma curva do sistema de vazão volumétrica em m^3/s *versus* queda de pressão em kPa. O tubo é de cobre trefilado padrão 1 tipo M.

58. O sistema de tubulação da Figura P4.58 é conectado a um tanque que contém óleo de linhaça. A superfície livre do óleo varia de 0,61m a 2,44 m acima do filtro. Gere uma curva do sistema de óleo com altura acima do filtro (2,44 m ≤ h ≤ 0,61 m) como uma função da vazão volumétrica expressa em m^3/s. O tubo é de aço comercial nominal de ¾″ schedule 40. Suponha que o óleo de linhaça saia na pressão atmosférica.

1. 1 m
2. 4 m
3. 2 m
4. 1 m
5. 2 m
6. 2 m
7. 4 m
8. 1 m

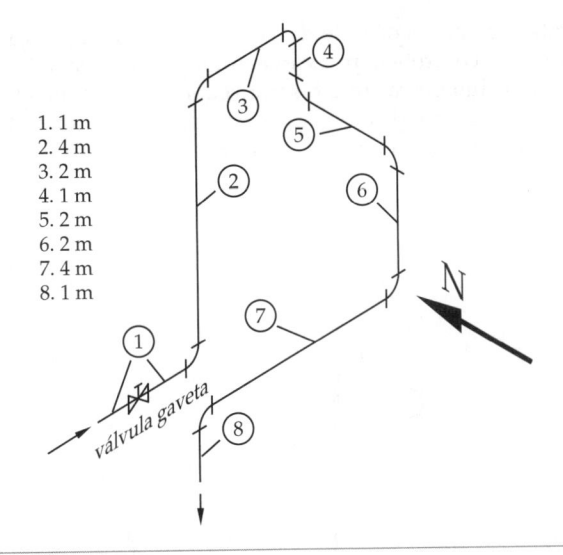

válvula gaveta

■ Figura P4.53

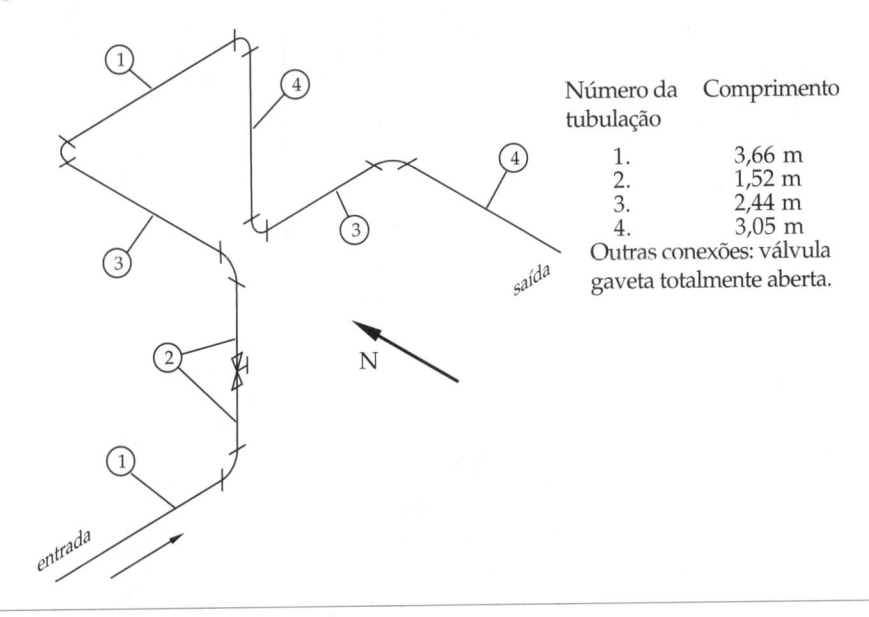

Número da tubulação	Comprimento
1.	3,66 m
2.	1,52 m
3.	2,44 m
4.	3,05 m

Outras conexões: válvula gaveta totalmente aberta.

entrada
saída

■ Figura P4.54

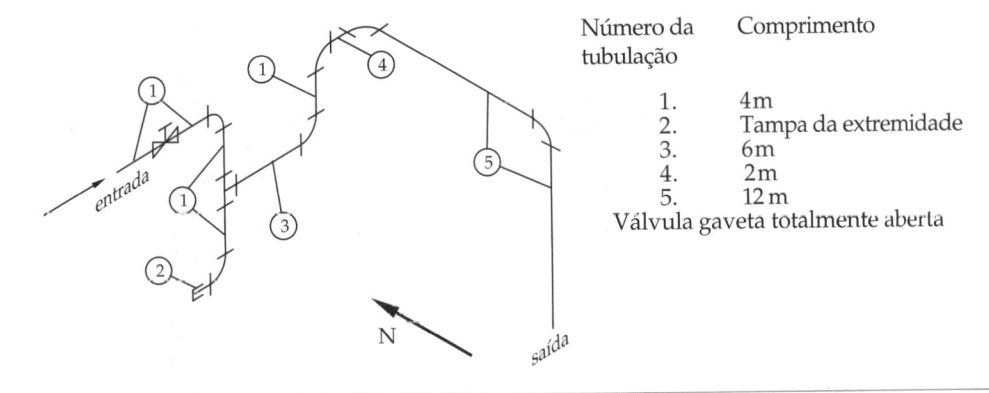

Número da tubulação	Comprimento
1.	4 m
2.	Tampa da extremidade
3.	6 m
4.	2 m
5.	12 m

Válvula gaveta totalmente aberta

entrada
saída

■ Figura P4.55

59. Desenhe uma curva do sistema para o sistema de tubulação da Figura P4.59. Permita que a vazão seja controlada por várias configurações da válvula de esfera e faça um gráfico da vazão volumétrica em litros por segundo, como uma função do ângulo da válvula. O sistema é composto de tubulação de cobre padrão 1 tipo M. A queda de pressão em todos os casos é 400 kPa e o fluido é etilenoglicol.

1. 0,102 m
2. válvula de esfera
3. 0,61 m
4. 0,33 m
5. 0,762 m
6. 0,254 m
7. 1,07 m
8. 0,152 m
9. 0,405 m
10. 0,356 m

tubulação trefilada de cobre padrão 1 tipo M

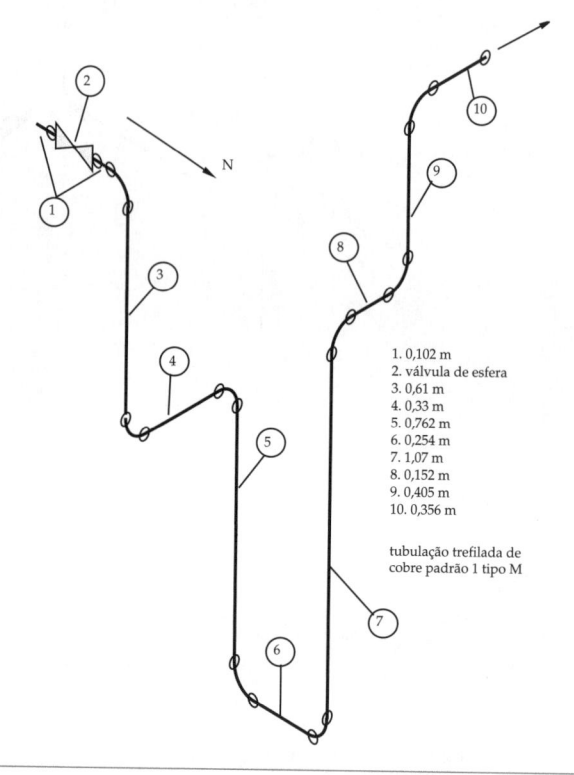

■ Figura P4.57, P4.59

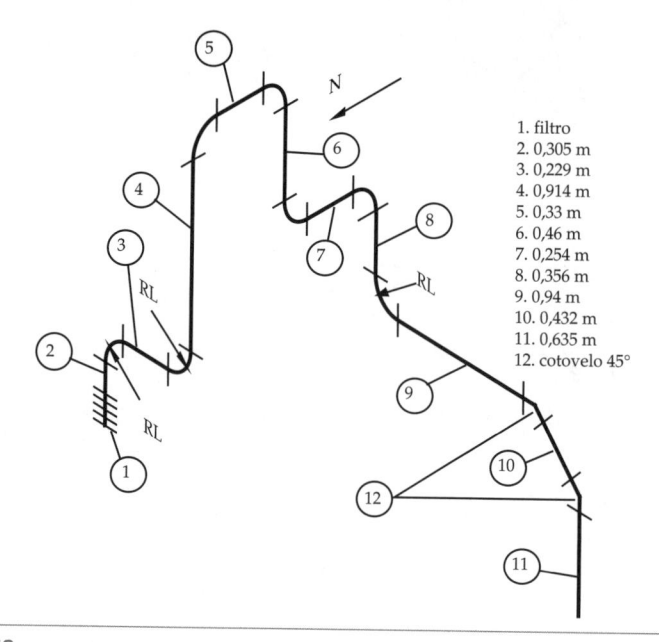

1. filtro
2. 0,305 m
3. 0,229 m
4. 0,914 m
5. 0,33 m
6. 0,46 m
7. 0,254 m
8. 0,356 m
9. 0,94 m
10. 0,432 m
11. 0,635 m
12. cotovelo 45°

■ Figura P4.58

CAPÍTULO 5

Tópicos selecionados em mecânica dos fluidos

Neste capítulo, consideraremos vários tópicos da mecânica dos fluidos: escoamento nas redes de tubulação e nos sistemas de tubulação paralela, medição da vazão em dutos fechados e problemas de drenagem de tanque transiente.

A seção sobre escoamento em redes de tubulação fornece uma base para a análise desses sistemas. Desenvolveremos um método para identificar os componentes de uma rede, e iremos rever uma abordagem tradicional, conhecida como *método Hardy Cross*, para resolver seus problemas. Em seguida, formularemos um método para a solução da modelagem do escoamento em um sistema de tubulação paralela.

Também consideraremos medidores de vazão usados em sistemas de tubulação, tais como medidor tipo turbina, rotâmetros, medidor Venturi, medidor de orifício e medidor de cotovelo. Existem outros tipos de medidores, logicamente, e estes são descritos detalhadamente na Internet.

O capítulo prossegue com uma seção que modela os problemas de drenagem de tanques. As equações que descrevem drenagem de tanques podem apresentar dificuldades quando se tenta resolvê-las, por isso descrevemos uma técnica de solução numérica e demonstramos sua utilização para resolver problemas de drenagem de tanque.

5.1 Escoamento em redes de tubulação

Uma rede de tubulação é um conjunto de tubos conectados (ou dutos) usados para distribuir um fluido aos usuários de uma área específica, que tanto pode ser um condomínio residencial com uma rede de tubulação subterrânea para distribuir água a cada residência, como pode ser um grupo de impressoras com a rede de tubulação aérea para distribuir a tinta líquida para cada máquina. Há muitos exemplos de tais sistemas.

Uma rede de tubulação consiste em tubos e dutos de vários tamanhos, com orientação geométrica e características friccionais, em um sistema que pode conter bombas, válvulas, conexões e similares. A Figura 5.1 mostra uma vista plana de uma rede de tubulação; nela se pode ver que há locais em que o fluido entra e sai do sistema de tubulação. O objetivo de uma análise dessa rede é determinar a vazão volumétrica de cada tubo. Para redes, essa não é uma tarefa fácil, mas pode ser feita se um procedimento sistemático for formulado e seguido.

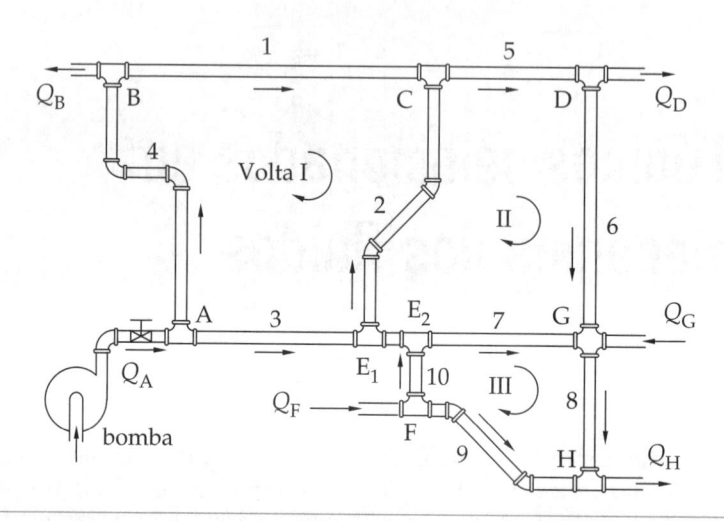

■ Figura 5.1 Vista plana de uma rede de tubulação.

Para efeito de análise, introduzimos um esquema notacional para identificar vários componentes do sistema. Assim, cada junção da rede da Figura 5.1 foi rotulada com uma letra de A a H e cada tubo foi rotulado com um número; 4, por exemplo, é a linha (incluindo cotovelos) que conecta as junções A a B. Observe que as junções rotuladas E_1 e E_2 são tão próximas que podem ser consideradas uma única junção.

Temos duas equações gerais que podem ser usadas para analisar a dinâmica desse sistema: a equação de continuidade e a equação de Bernoulli modificada. Para a rede inteira, todo o escoamento que entra deve ser igual ao que sai, ou seja, escrevemos:

$\Sigma Q_{entrada} = \Sigma Q_{saída}$

ou $Q_A + Q_F + Q_G = Q_H + Q_D + Q_B$.

Também escrevemos equações similares para cada junção; antes disso, porém, primeiro presumimos a direção do escoamento dentro de cada tubo, como está indicado na figura. Assim, para a junção marcada como A, temos

$\Sigma Q_{entrada} = \Sigma Q_{saída}$

$Q_A = Q_3 + Q_4$.

Para a junção marcada como E, temos

$Q_3 + Q_{10} = Q_2 + Q_7$.

Poderíamos escrever uma equação para cada junção e finalizar com oito equações (uma para cada junção). Somente sete dessas equações são independentes, mas todas são lineares.

Em seguida, identificamos "voltas" na rede e selecionamos uma direção que definimos como positiva. Por exemplo, os tubos rotulados 1-2-3-4 compõem o que chamamos de Volta I; 5-6-7-2, compõem a Volta II; e 7-8-9-10, a Volta III. Em todas as voltas, conforme indicado na figura, a direção em sentido horário é positiva.

Essas definições, juntamente com a equação de Bernoulli modificada, são usadas para obter três equações, uma para cada volta. Para o tubo número 1, indo de B a C (na direção do escoamento), a equação de Bernoulli modificada é

$$\frac{p_B}{\rho g} + \frac{V_B^2}{2g} + z_B = \frac{p_C}{\rho g} + \frac{V_C^2}{2g} + z_C + \frac{f_1 L_1}{D_1}\frac{V_1^2}{2g} + \Sigma K \frac{V_1^2}{2g}. \qquad (5.1)$$

Se a elevação em B for igual a elevação em C, então $z_B = z_C$. Para um diâmetro constante, $V_B = V_C$. Sem perdas secundárias, $\Sigma K = 0$. A equação de Bernoulli modificada reduz para

$$\frac{p_B}{\rho g} - \frac{p_C}{\rho g} = \frac{f_1 L_1}{D_1}\frac{V_1^2}{2g}$$

ou $\quad \Delta p_{BC} = \frac{f_1 L_1}{D_1}\frac{\rho V_1^2}{2}. \qquad (5.2)$

Essa queda de pressão é positiva porque coincide com a direção horária. A vazão é o que queremos encontrar, assim substituímos para a velocidade

$$V_1 = \frac{Q_1}{A_1} = \frac{4Q_1}{\pi D_1^2}.$$

Substituindo na Equação 5.2, temos

$$\Delta p_{BC} = \frac{f_1 L_1}{D_1}\frac{\rho}{2}\frac{16 Q_1^2}{\pi^2 D^4}$$

$$\Delta p_{BC} = \frac{8\rho L_1}{\pi^2 D_1^5} f_1 Q_1^2$$

ou $\quad \Delta p_{BC} = C_1 f_1 Q_1^2, \qquad (5.3)$

em que C_1 constante é dado por

$$C_1 = \frac{8\rho L_1}{\pi^2 D_1^5},$$

com dimensões de $F \cdot T^2 / L^8$. Temos, portanto, identificadas as constantes associadas ao tubo número 1. Para fins de ilustração, escreveremos as equações para as outras quedas de pressão na Volta I presumindo nenhuma perda secundária. Temos resultados similares à Equação 5.3:

$$\Delta p_{CE} = -C_2 f_2 Q_2^2 \tag{5.4}$$

$$\Delta p_{EA} = -C_3 f_3 Q_3^2 \tag{5.5}$$

e

$$\Delta p_{AB} = C_4 f_4 Q_4^2. \tag{5.6}$$

Os valores negativos correspondem às direções de escoamento que são anti-horárias. As quedas de pressão em todos os tubos que compõem cada volta devem totalizar zero. Assim, para a Volta I,

$$\Delta p_{BC} + \Delta p_{CE} + \Delta p_{EA} + \Delta p_{AB} = 0$$

$$C_1 f_1 Q_1^2 - C_2 f_2 Q_2^2 - C_3 f_3 Q_3^2 + C_4 f_4 Q_4^2 = 0.$$

Esse procedimento dará uma equação para cada volta, em um total de três equações não lineares independentes.

O procedimento de aplicar a equação de continuidade e de Bernoulli modificada na Figura 5.1 resulta sete equações lineares independentes (da continuidade) e três equações não lineares. Essas dez equações devem ser resolvidas simultaneamente para se obter valor para as dez vazões desconhecidas. O método envolve uma abordagem de tentativa e erro que requer várias iterações.

Existem várias maneiras de se resolver as equações. O primeiro método conhecido é chamado **método de Hardy Cross**. Essa técnica é um caso especial do **método de Newton**. Outro método envolve um processo de linearização. Aqui, nos concentraremos no método de Hardy Cross com solução usando uma planilha. Importante mencionar que programas de computador estão disponíveis para resolver várias voltas em uma rede de tubulação (veja *Analysis of flow in pipe networks* por R. W. Jeppson; Ann Arbor Science; Ann Arbor Michigan; 1982) e que os métodos de solução também estão disponíveis na internet.

O método de Hardy Cross

Suponha que definimos nossas equações para uma rede particular. Para um sistema com N junções, obtemos da continuidade $N - 1$ equações lineares independentes. Com M voltas, obtemos M equações não lineares. As equações devem ser resolvidas simultaneamente para determinar a vazão volumétrica em cada tubo. Como as equações não lineares apresentam enorme dificuldade, tornando a solução inviável pelos meios tradicionais, o método de Hardy Cross foi desenvolvido para ajudar a resolver essas equações.

O método começa presumindo valores razoáveis para diversas vazões desconhecidas, os quais são substituídos nas equações e as quedas de pressão são calculadas e somadas. Esses resultados, então, são usados para encontrar uma correção ΔQ, que é aplicada aos valores presumidos para se obter estimativas melhores. Esse procedimento é repetido até que a correção ΔQ seja pequena e aceita, ou seja, até que a soma das quedas de pressão em cada volta se aproxime de zero. A técnica iterativa demonstrada aqui é chamada *método de Hardy Cross*.

Para ilustrar as etapas envolvidas, considere a rede ilustrada na Figura 5.2. São mostradas duas voltas, cada uma contendo quatro tubos. As juntas ou junções são etiquetadas de A a F, e os tubos, de 1 a 7. Próximo a cada tubo estão seu diâmetro e seu comprimento. O tubo número 2 é comum a ambas as voltas e todas as unidades estão em SI.

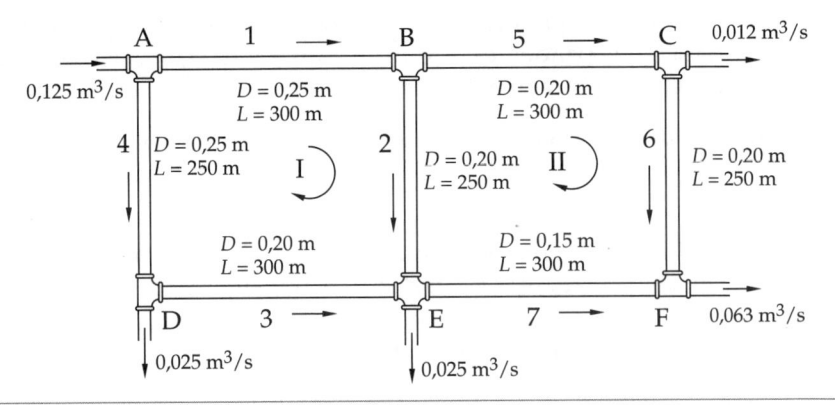

■ **Figura 5.2** Rede com duas voltas usada para ilustrar o método de Hardy Cross.

Etapa 1 – Suponha uma direção de escoamento em cada tubo.

Se for assumida uma direção errada os cálculos fornecerão a correção. As setas próximas de cada número romano na Figura 5.2 mostram as direções assumidas do escoamento.

Etapa 2 – Verifique a continuidade para a rede inteira.

Com referência à figura, a soma de todos os escoamentos que entram na rede deve ser igual à soma de todos os escoamentos que saem. Assim

$Q_{entrada} = 0{,}125 \, m^3/s$

$Q_{saída} = 0{,}012 + 0{,}063 + 0{,}025 + 0{,}025 = 0{,}125 \, m^3/s.$

O escoamento de entrada no sistema deve ser igual ao de saída.

Etapa 3 – Escreva a equação de continuidade para cada junção.

Isso é feito com referência à Figura 5.3. Para cada junção, escrevemos

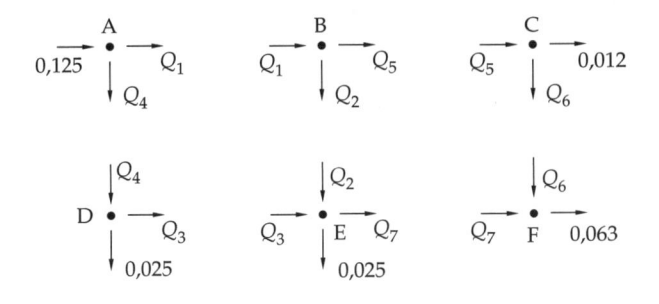

■ **Figura 5.3** Diagrama auxiliar para determinar os escoamentos em cada junção.

$$\left.\begin{array}{ll} A: & 0{,}125 = Q_1 + Q_4 \\ B: & Q_1 = Q_2 + Q_5 \\ C: & Q_5 = 0{,}012 + Q_6 \\ D: & Q_4 = Q_3 + 0{,}025 \\ E: & Q_2 + Q_3 = Q_7 + 0{,}025 \\ F: & Q_7 + Q_6 = 0{,}063 \end{array}\right\} \quad (5.7)$$

Obtemos seis equações lineares (= N junções), sendo que somente cinco delas (= $N - 1$) são independentes. Assim, qualquer uma das equações poderia ser obtida por alguma outra combinação linear das outras.

Etapa 4 – Identificar cada volta e atribuir uma direção positiva.

Isso está indicado na figura. Ambas as Voltas I e II apresentam direção em sentido horário como positivo.

Etapa 5 – Escreva a equação de queda de pressão para cada volta.

Na ausência de perdas secundárias, escrevemos para cada volta:

I: $\quad \Delta p_{AB} + \Delta p_{BE} - \Delta p_{ED} - \Delta p_{DA} = 0$

II: $\quad \Delta p_{BC} + \Delta p_{CF} - \Delta p_{FE} - \Delta p_{EB} = 0$

ou
$$C_1 f_1 Q_1^2 + C_2 f_2 Q_2^2 - C_3 f_3 Q_3^2 - C_4 f_4 Q_4^2 = 0$$
$$C_5 f_5 Q_5^2 + C_6 f_6 Q_6^2 - C_7 f_7 Q_7^2 - C_2 f_2 Q_2^2 = 0$$

com a constante $C = 8\rho L/(\pi^2 D^5)$ para cada tubo. Os valores positivos são aqueles que correspondem a uma direção em "sentido horário" na volta e vice-versa.

São essas equações não lineares que nos impedem de substituir as relações de continuidade e resolver diretamente. Se forem incluídas perdas secundárias, os termos apropriados de queda de pressão poderiam conter um termo ΣK escrito com a vazão Q em vez da velocidade V. As duas equações precedentes e as equações de continuidade agora devem ser resolvidas simultaneamente.

Etapa 6 – Simplificar as equações de continuidade.

Faremos isso resolvendo em termos de duas vazões; portanto, resolveremos todas as vazões em termos de Q_1 e Q_2 (selecionados arbitrariamente). Temos

$$\left. \begin{aligned} Q_4 &= 0{,}125 - Q_1 \\ Q_5 &= Q_1 - Q_2 \\ Q_6 &= Q_1 - Q_2 - 0{,}012 \\ Q_3 &= 0{,}1 - Q_1 \\ \text{e} \quad Q_7 &= Q_2 - Q_1 - 0{,}075 \end{aligned} \right\} \quad (5.8)$$

Se presumirmos valores de vazão para Q_1 e Q_2, todos os outros poderão ser determinados com essas equações.

Etapa 7 – Configurar uma tabela de solução para resumir os cálculos.

Isso pode ser bem simplificado se configurarmos uma tabela de solução, o que pode ser feito por meio de uma planilha (veja a Tabela 5.1). As propriedades do fluido de densidade ρ e viscosidade μ são aquelas para a água. A rugosidade é aquela para ferro forjado. Os dados físicos para cada tubo, embora não mostrados na tabela, também podem ser incluídos: diâmetro D, comprimento L, a constante C, e a rugosidade relativa ε/D.

Os cálculos são feitos separadamente para cada volta. Para a primeira iteração, foram feitas estimativas "razoáveis" para Q_1 (= 0,060 m³/s) e Q_2 (= 0,020 m³/s).

O restante das vazões foi calculado com equações de continuidade, a Equação 5.8. A Tabela 5.1 representa cálculos feitos para a primeira tentativa de encontrar uma solução, ou seja, a primeira iteração. A coluna 2 mostra o número do tubo e a coluna 3, a vazão.

Estamos trabalhando no sentido de calcular as quedas de pressão, o que requer valores para os fatores de atrito, os quais, por sua vez, requerem o número de Reynolds, que é definido como

$$\text{Re} = \frac{\rho V D}{\mu}.$$

■ **Tabela 5.1** Propriedades do fluido, tabela de dados e primeira tabela de iteração para rede da Figura 5.2.

Propriedades do fluido $\rho = 1.000 \text{ kg/m}^3$ $\mu = 0{,}89 \times 10^{-3} \text{ N·s/m}^2$
Ferro forjado $\varepsilon = 0{,}00025 \text{ m}$

a) Tabela de dados:

Tubulação	D, m	L, m	C, N·s²/m⁸	ε/D
1	0,250	300	2,49E+08	0,000 184
2	0,200	250	6,33E+08	0,000 230
3	0,200	300	7,60E+08	0,000 230
4	0,250	250	2,08E+08	0,000 184
5	0,200	300	7,60E+08	0,000 230
6	0,200	250	6,33E+08	0,000 230
7	0,150	300	3,20E+09	0,000 307

b) Primeira iteração para cada volta:

Volta	Tubulação	Qm³/s	Re	f	Δp N/m²	Δp/Q
I	1	0,060	$3{,}43 \times 10^5$	0,021	$1{,}85 \times 10^4$	$3{,}09 \times 10^5$
	2	0,020	$1{,}43 \times 10^5$	0,023	$5{,}73 \times 10^3$	$2{,}86 \times 10^5$
	3	−0,040	$2{,}86 \times 10^5$	0,022	$−2{,}65 \times 10^4$	$6{,}64 \times 10^5$
	4	−0,065	$3{,}72 \times 10^5$	0,021	$−1{,}81 \times 10^4$	$2{,}78 \times 10^5$
				Σ =	$−2{,}04 \times 10^4$	$1{,}54 \times 10^6$
	$\Delta Q = -(-2{,}04 \times 10^4/(2(1{,}54 \times 10^6)))$				ΔQ =	0,006 6

II	5	0,040	$2{,}86 \times 10^5$	0,022	$2{,}65 \times 10^4$	$6{,}64 \times 10^5$
	6	0,028	$2{,}00 \times 10^5$	0,022	$1{,}10 \times 10^4$	$3{,}93 \times 10^5$
	7	−0,035	$3{,}34 \times 10^5$	0,023	$−9{,}09 \times 10^4$	$2{,}60 \times 10^6$
	2	0,020	$1{,}43 \times 10^5$	0,023	$−5{,}73 \times 10^3$	$2{,}86 \times 10^5$
				Σ =	$−5{,}91 \times 10^4$	$3{,}94 \times 10^6$
	$\Delta Q = -(-5{,}91 \times 10^4/(2(3{,}94 \times 10^6)))$				ΔQ =	0,0075

Com velocidade média $V = Q/A = 4Q/\pi D^2$, o número de Reynolds torna-se

$$\text{Re} = \frac{4\rho Q}{\pi D \mu}.$$

Os cálculos feitos com essa equação para ambas as voltas são mostrados na quarta coluna das tabelas.

O fator de atrito para cada tubo foi calculado com a equação de Chen, que é

$$f = \left[-2,0 \log \left\{ \frac{\varepsilon}{3,7065 D} - \frac{5,0452}{\text{Re}} \log \left(\frac{1}{2,8257} \left[\frac{\varepsilon}{D} \right]^{1,1098} + \frac{5,8506}{\text{Re}^{0,8981}} \right) \right\} \right]^{-2}.$$

Todos os escoamentos nessa rede são turbulentos; alternativamente, a expressão laminar $f = 64/\text{Re}$ teria de ser usada para escoamentos laminares. A queda de pressão em cada tubo é calculada com

$$\Delta p = CfQ^2$$

e exibida na coluna seguinte. Quando essas quedas de pressão são somadas em cada volta, temos $\Sigma \Delta p_\text{I} = -2{,}04 \times 10^4$ e $\Sigma \Delta p_\text{II} = -5{,}91 \times 10^4$ (coluna 6 da Tabela 5.1). O valor que procuramos para cada uma dessas somas é zero.

Etapa 8 – Determinar um valor aprimorado para as vazões; começar com a iteração seguinte.

A questão que surge agora é como podemos modificar as vazões assumidas, de forma a fazer outra iteração. Além disso, nessa e nas iterações subsequentes, as vazões assumidas sucessivamente devem convergir para um valor que atenda às equações. Portanto, agora desenvolveremos um método para fazer uma correção nas vazões assumidas.

Considere a seguinte equação de vazão:

$$Q_{2^a} = Q_{1^a} + \Delta Q$$

em que Q_{2^a} é o valor aprimorado que usaríamos para uma segunda iteração, Q_{1^a} é o valor usado na primeira iteração e ΔQ é a modificação que estamos procurando. Definiremos uma função F e a aplicaremos na equação anterior:

$$F(Q_{2^a}) = F(Q_{1^a} + \Delta Q).$$

Eventualmente, teremos $F = \Sigma \Delta p$. Expandindo a função F em um série de Taylor teremos

$$F(Q_{2^a}) = F(Q_{1^a} + \Delta Q) = F(Q_{1^a}) + \Delta Q \frac{dF}{dQ_{1^a}} + (\Delta Q)^2 \frac{d^2 F}{dQ_{1^a}^2} + \ldots = 0.$$

O termo $(\Delta Q_{1^a})^2$ e outros termos de ordem mais alta são assumidos como desprezíveis. Usando o primeiro e o segundo termo, escrevemos

$$F(Q_{1^a}) + \Delta Q \frac{dF}{dQ_{1^a}} = 0.$$

Resolvendo para ΔQ,

$$\Delta Q = -\frac{F(Q_{1a})}{(dF/dQ_{1a})}. \qquad (5.9)$$

Agora, avaliaremos o numerador e o denominador dessa expressão aplicados ao problema da rede. Para cada volta, deixamos a função F ser a soma das quedas de pressão em cada uma:

$$F(Q_{1a}) = \Sigma \Delta p. \qquad (5.10)$$

e como $\Sigma \Delta p = \Sigma C f Q^2$ para cada volta, também temos

$$F(Q_{1a}) = \Sigma C f Q_{1a}^2.$$

Em seguida, assumimos um fator de atrito constante (ou pequenas variações),

$$\frac{dF}{dQ_{1a}} = 2\Sigma C f Q_{1a}. \qquad (5.11)$$

Podemos simplificar essa equação novamente, usando

$$\Sigma \Delta p = \Sigma C f Q_{1a}^2.$$

Dividindo por Q_{1a}, temos

$$\Sigma(\Delta p/Q_{1a}) = \Sigma C f Q_{1a}.$$

A equação 5.11 se torna

$$\frac{dF}{dQ_{1a}} = 2\Sigma(\Delta p/Q_{1a}). \qquad (5.12)$$

Por substituição na Equação 5.9, finalmente obtemos para a correção

$$\Delta Q = -\frac{\Sigma \Delta p}{2\Sigma(\Delta p/Q_{1a})} = \frac{\text{Equação 5.10}}{\text{Equação 5.12}}. \qquad (5.13)$$

Assim, as vazões que usamos para a segunda iteração são aquelas usadas para a primeira mais a correção ΔQ e ΔQ que é calculada com a Equação 5.13.

Essa correção deve ser aplicada para cada vazão, em todas as voltas, para obter um valor melhorado para a segunda iteração e as subsequentes. Os termos nessa correção são dependentes do sinal.

Com referência à Tabela 5.1, a coluna 6 mostra a queda de pressão Δp que foi calculada, assim como $\Delta p/Q$ na coluna 7. O sinal dos valores Δp depende do sinal da vazão, enquanto $\Delta p/Q$ é sempre positivo. Usando os dados da tabela,

$$\Delta Q = -\frac{\Sigma \Delta p}{2\Sigma \Delta p/Q}$$

ou para ambas as voltas,

$$\Delta Q = -\frac{-2{,}04 \times 10^4}{2(1{,}54 \times 10^6)} = 0{,}006\ 6 \qquad \text{(Volta I)}$$

$$\Delta Q = -\frac{-5{,}91 \times 10^4}{2(3{,}94 \times 10^6)} = 0{,}007\ 5 \qquad \text{(Volta II)}.$$

Assim, para a segunda iteração,

$$Q_{tubo\ 1} = Q_{1^a\ iteração} + \Delta Q = 0{,}060 + 0{,}006\ 6 = 0{,}067$$

Para Q_2, no entanto, a modificação deve incluir uma correção de ambas as voltas por que o tubo número 2 é comum a ambas. Assim,

$$Q_{tubo\ 2} = Q_{1^a\ iteração} + \Delta Q = 0{,}020 + 0{,}006\ 6 - 0{,}007\ 5 = 0{,}019,$$

em que 0,007 5 é negativo, pois a vazão no tubo número 2 na Volta II está em sentido anti-horário. O restante das vazões é determinado pela Equação 5.8. Os cálculos agora são repetidos para a segunda iteração. Os resultados dessa segunda iteração são mostrados na Tabela 5.2.

Etapa 9 – Continuar o procedimento de cálculo até que seja obtida uma solução.
Um valor melhorado para essas vazões novamente é determinado e os cálculos são repetidos conforme necessário, até que a convergência seja obtida, ou seja, até que $\Sigma \Delta p$ ($\sim\Delta Q$) em cada volta se torne aceitavelmente pequena. Os resultados calculados da iteração seguinte são mostrados na Tabela 5.3. A solução nessa tabela resulta uma correção muito pequena, que é aceitável. A solução, então, para cada tubo é encontrada como

$Q_1 = 0{,}069$ m³/s $Q_2 = 0{,}020$ m³/s $Q_3 = 0{,}031$ m³/s

$Q_4 = 0{,}056$ m³/s $Q_5 = 0{,}049$ m³/s $Q_6 = 0{,}037$ m³/s

$Q_7 = 0{,}026$ m³/s

■ **Tabela 5.2** Tabela da segunda iteração para a rede da Figura 5.2.

Volta	Tubulação	Q m³/s	Re	f	Δp N/m²	$\Delta p/Q$
I	1	0,067	$3{,}81 \times 10^5$	0,021	$2{,}28 \times 10^4$	$3{,}42 \times 10^5$
	2	0,019	$1{,}37 \times 10^5$	0,023	$5{,}25 \times 10^3$	$2{,}75 \times 10^5$
	3	–0,033	$2{,}39 \times 10^5$	0,022	$-1{,}86 \times 10^4$	$5{,}58 \times 10^5$
	4	–0,058	$3{,}34 \times 10^5$	0,021	$-1{,}46 \times 10^4$	$2{,}51 \times 10^5$
				$\Sigma =$	$-5{,}24 \times 10^3$	$1{,}43 \times 10^6$
	$\Delta Q = 5{,}24 \times 10^3/(2(1{,}43 \times 10^6))$				$\Delta Q =$	0,001 8
II	5	0,047	$3{,}40 \times 10^5$	0,022	$3{,}72 \times 10^4$	$7{,}83 \times 10^5$
	6	0,035	$2{,}54 \times 10^5$	0,022	$1{,}75 \times 10^4$	$4{,}93 \times 10^5$
	7	–0,028	$2{,}62 \times 10^5$	0,023	$-5{,}65 \times 10^4$	$2{,}06 \times 10^6$
	2	–0,019	$1{,}37 \times 10^5$	0,023	$-5{,}25 \times 10^3$	$2{,}75 \times 10^5$
				$\Sigma =$	$-7{,}07 \times 10^3$	$3{,}61 \times 10^6$
	$\Delta Q = 7{,}07 \times 10^3/(2(3{,}61 \times 10^6))$				$\Delta Q =$	0,001 0

■ **Tabela 5.3** Tabela da terceira iteração para a rede da Figura 5.2.

Volta	Tubulação	Q m³/s	Re	f	Δp N/m²	$\Delta p/Q$
I	1	0,068	$3,92 \times 10^5$	0,021	$2,40 \times 10^4$	$3,51 \times 10^5$
	2	0,020	$1,43 \times 10^5$	0,023	$5,71 \times 10^3$	$2,86 \times 10^5$
	3	−0,032	$2,26 \times 10^5$	0,022	$−1,67 \times 10^4$	$5,28 \times 10^5$
	4	−0,057	$3,24 \times 10^5$	0,021	$−1,38 \times 10^4$	$2,43 \times 10^5$
				$\Sigma =$	$−6,81 \times 10^2$	$1,41 \times 10^6$
	$\Delta Q = 6,81 \times 10^2/(2(1,41 \times 10^6))$				$\Delta Q =$	0,000 2
II	5	0,048	$3,47 \times 10^5$	0,022	$3,87 \times 10^4$	$7,99 \times 10^5$
	6	0,036	$2,61 \times 10^5$	0,022	$1,85 \times 10^4$	$5,06 \times 10^5$
	7	−0,027	$2,53 \times 10^5$	0,023	$−5,26 \times 10^4$	$1,98 \times 10^6$
	2	−0,020	$1,43 \times 10^5$	0,023	$−5,71 \times 10^3$	$2,86 \times 10^5$
				$\Sigma =$	$−1,15 \times 10^3$	$3,58 \times 10^6$
	$\Delta Q = 1,51 \times 10^3/(2(3,58 \times 10^6))$				$\Delta Q =$	0,000 2

Diversos comentários devem ser feitos nesse momento. Com uma planilha, o usuário pode voltar à primeira etapa e inserir os resultados da segunda iteração na primeira etapa e, consequentemente, formar várias outras iterações. Também, muitos programas de planilha contêm uma possibilidade para fazer automaticamente sucessivas iterações, de forma que é possível obter uma alta precisão em uma tabela, sem a necessidade de criar três. Resumindo, o procedimento para o Método de Hardy Cross é:

Etapa 1 – Assumir uma direção de escoamento em cada tubo.
Etapa 2 – Verificar a continuidade para a rede inteira.
Etapa 3 – Escrever a equação de continuidade para cada junção.
Etapa 4 – Identificar cada volta e atribuir uma direção positiva.
Etapa 5 – Escrever a equação de queda de pressão para cada volta.
Etapa 6 – Simplificar as equações de continuidade.
Etapa 7 – Configurar uma tabela de solução para resumir os cálculos.
Etapa 8 – Determinar um valor melhorado para as vazões e começar com a iteração seguinte.
Etapa 9 – Continuar o procedimento de cálculo até que seja obtida uma solução.

5.2 Tubulação em paralelo

Como temos visto, alguns dos problemas mais complexos no estudo do projeto de tubulação envolvem sistemas de tubos múltiplos, que podem incluir dois tamanhos diferentes de tubos conectados em série, diversos tubos conectados em paralelo ou centenas de tubos em uma rede. Em todos esses casos, a equação de movimento é a mesma, embora o método de resolução seja diferente. Nesta discussão, examinaremos os tubos em paralelo, os quais são modelados como uma rede de tubo com apenas uma volta. Aqui, porém, examinaremos um método alternativo de solução.

Considere uma tubulação instalada na qual se deseja aumentar a vazão volumétrica de um ponto a outro. Uma maneira de fazer isso é instalando um tubo maior; no entanto, em algumas aplicações, pode ser impossível fazer isso. Outro método é dispor uma tubulação em paralelo à existente, em todo o seu comprimento ou em parte dele, conforme mostrado na Figura 5.4, em um procedimento chamado *looping*. O objetivo de analisarmos esse sistema seria determinar a vazão em cada tubulação para uma determinada queda de pressão. Devemos mencionar que um sistema pode ser constituído de qualquer número de tubos, e que há programas de computador para analisar tais sistemas. Nesta seção, examinaremos um sistema de apenas dois tubos para ilustrar o método de cálculo.

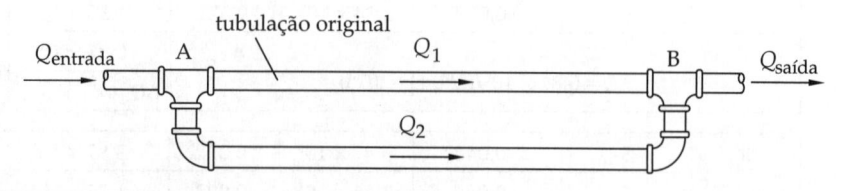

Figura 5.4 Escoamento nos tubos em paralelo.

Aplicando a equação da continuidade à junção em A (ou em B) na Figura 5.4, temos

$$Q_{entrada} = Q_{saída} = Q_1 + Q_2,$$

em que Q_1 e Q_2 são as vazões em cada linha. Para um sistema de tubos em paralelo, a queda de pressão ao longo dos tubos deve ser igual; ou seja,

$$\Delta p_1 = \Delta p_2,$$

em que Δp_1 é a queda de pressão na linha em que a vazão é Q_1. Aplicando a equação de Bernoulli modificada na linha 1 temos

$$\frac{p_A}{\rho g} + \frac{V_A^2}{2g} + z_A = \frac{p_B}{\rho g} + \frac{V_B^2}{2g} + z_B + \frac{f_1 L_1}{D_1} \frac{V_1^2}{2g} + \Sigma K_1 \frac{V_1^2}{2g}.$$

Para tubos de entrada e de saída com o mesmo diâmetro, $V_A = V_B$, e para pontos A e B na mesma elevação, $z_A = z_B$. Presumindo que a perda secundária é nenhuma ou desprezível, $\Sigma K = 0$. A equação de Bernoulli modificada reduz para

$$\frac{p_A}{\rho g} - \frac{p_B}{\rho g} = \frac{\Delta p_1}{\rho g} = \frac{f_1 L_1}{D_1} \frac{V_1^2}{2g}. \tag{5.14}$$

Essa equação pode ser usada diretamente, ou, alternativamente, a queda de pressão pode ser expressa em termos da vazão. Com $V_1 = Q_1/A_1 = 4Q_1/\pi D_1^2$, a equação anterior torna-se

$$\Delta p_1 = \frac{f_1 L_1}{D_1} \frac{\rho V_1^2}{2} = \frac{f_1 L_1}{D_1} \frac{\rho}{2} \frac{16 Q_1^2}{\pi^2 D_1^4}$$

ou $\Delta p_1 = \dfrac{8 \rho L_1}{\pi^2 D_1^5} f_1 Q_1^2 = C_1 f_1 Q_1^2,$

em que C_1 é uma constante. Do mesmo modo, para a volta,

$$\Delta p_2 = \frac{8\rho L_2}{\pi^2 D_2{}^5} f_2 Q_2{}^2 = C_2 f_2 Q_2{}^2.$$

Aplicar essas equações a um sistema de tubos em paralelo não é difícil; no entanto, resolver as equações simultaneamente pode ser frustrante. O tipo de problema encontrado costuma ser aquele em que a queda de pressão é conhecida e a vazão nos tubos paralelos deve ser calculada. Uma vez que essas vazões são conhecidas, pode ser desejável ou necessário alterar a queda de pressão de forma que a potência permaneça constante; então, é necessário determinar as vazões sob essas novas condições.

Um método usado para resolver esse problema é chamado método de *porcentagem*, no qual uma queda de pressão selecionada é aplicada em cada tubo do sistema e as vazões correspondentes são determinadas. Assume-se que para qualquer outra queda de pressão, a razão entre as vazões permanece a mesma. Esse método traz bons resultados para escoamento turbulento e fornece ao menos um ponto inicial para escoamentos próximos de transição. Em outro método, os cálculos são feitos, um esquema de iteração é configurado e a convergência é obtida geralmente depois de três tentativas para cada tubo do sistema.

Conforme mencionado anteriormente, a aplicação das equações em sistemas de tubulação paralela permite encontrar a vazão em cada linha. O método é ilustrado no próximo exemplo.

Exemplo 5.1.

Uma linha feita de tubo galvanizado nominal de 6" schedule 40 conduz água. A tubulação tem 304,8 m de comprimento e a queda de pressão nela é de 55,1 kPa. A fim de aumentar a vazão nesse sistema, um tubo galvanizado nominal de 4" schedule 40 é adicionado em paralelo à linha de 6 pol. (a) Determine a vazão pelo tubo nominal de 6" na configuração original. (b) Para uma vazão combinada em ambas as linhas de 0,0354 m³/s (= $Q_1 + Q_2$), determine-a em cada uma delas. (Veja Figura 5.4.)

Solução: Abordaremos o problema de maneira usual, obtendo as propriedades das tabelas apropriadas:

água $\rho = 999$ kg/m³ $\mu = 0,91$ mPa.s
                                                        [Apêndice, Tabela B.1]
nom. 6" sch 40 $D = 0,154$ m $A = 0,0186$ m²
nom. 4" sch 40 $D = 0,102$ m $A = 0,00821$ m²
                                                        [Apêndice, Tabela D.1]
superfície galvanizada $\varepsilon = 0,152$ mm   [Tabela 3.1]

Na parte a desse problema, estaremos lidando somente com a tubulação original, nominal de 6" schedule 40. Com referência à Figura 5.4, escreveremos a equação de Bernoulli modificada de A para B ao longo da linha Q_1 como

$$\frac{p_A}{\rho g} + \frac{V_A{}^2}{2g} + z_A = \frac{p_B}{\rho g} + \frac{V_B{}^2}{2g} + z_B + \frac{f_1 L_1}{D_1}\frac{V_1{}^2}{2g} + \Sigma K_1 \frac{V_1{}^2}{2g}.$$

Avaliação de propriedade:

$\Delta p = 55,1 \times 10^3$ Pa $V_A = V_B$ $z_A = z_B$

$L = 304,8$ m $\Sigma K = 0$

em que as perdas secundárias são presumidas como desprezíveis nesse problema. Assim, a equação de movimento é reduzida para

$$\Delta p = \frac{f_1 L_1}{D_1} \frac{\rho V_1^2}{2}.$$

Substituindo,

$$55{,}1 \times 10^3 = \frac{f(304{,}8)}{0{,}154} \frac{999 V^2}{2},$$

em que o subscrito "1" foi eliminado. Reorganizando e resolvendo para velocidade, temos

$$f V^2 = 0{,}0557$$

ou

$$V = \sqrt{\frac{0{,}0557}{f}}. \tag{i}$$

O número de Reynolds é

$$\mathrm{Re} = \frac{\rho V D}{\mu} = \frac{999 V(0{,}154)}{0{,}91 \times 10^{-3}} = 1{,}70 \times 10^5 V. \tag{ii}$$

Rugosidade relativa:

$$\frac{\varepsilon}{D} = \frac{0{,}152}{0{,}154} = 0{,}000989.$$

Começaremos presumindo um fator de atrito correspondente ao escoamento turbulento plenamente desenvolvido para $\varepsilon/D = 0{,}000989$:

1ª tentativa: $f = 0{,}02$ $V = 1{,}67$ m/s (Eq.i) $\mathrm{Re} = 2{,}82 \times 10^5$ (Equação ii)
2ª tentativa: $f = 0{,}022$ $V = 1{,}59$ m/s $\mathrm{Re} = 2{,}7 \times 10^5$
                  $f = 0{,}022$ perto o suficiente

A velocidade, portanto, é 1,59 m/s. Então, a vazão volumétrica é

$$Q = AV = 0{,}0186(1{,}59)$$

(a) $\underline{Q = 0{,}0296 \text{ m}^3/\text{s}}$ (para a linha nom. 6 @ 55,1 kPa).

Na parte a, tínhamos uma queda de pressão na linha nominal de 6" e encontramos a vazão volumétrica. Usaremos essa mesma queda de pressão para calcular uma vazão na linha nominal de 4". Procedendo da mesma maneira que antes, começaremos com a equação reduzida de movimento:

$$\Delta p = \frac{f_2 L_2}{D_2} \frac{\rho V_2^2}{2}.$$

Substituindo,

$$55{,}1 \times 10^3 = \frac{f(304{,}8)}{0{,}102} \frac{999 V^2}{2}, \text{ ou seja, } fV^2 = 0{,}0369$$

em que o subscrito em f e em V foi eliminado. Reorganizando e resolvendo para velocidade, temos

$$V = \sqrt{\frac{0{,}0369}{f}}. \tag{iii}$$

Além disso,

$$\text{Re} = \frac{\rho V D}{\mu} = \frac{999 V (0{,}102)}{0{,}91 \times 10^{-3}} = 1{,}12 \times 10^5 V.$$

Presumindo um fator de atrito correspondente ao escoamento turbulento plenamente desenvolvido para $\varepsilon/D = 0{,}152/0{,}102 = 0{,}0015$:

1ª tentativa:	$f = 0{,}022$	$V = 1{,}295$ m/s	$\text{Re} = 1{,}45 \times 10^5$
2ª tentativa:	$f = 0{,}023$	$V = 1{,}265$ m/s	$\text{Re} = 1{,}42 \times 10^5$
	$f = 0{,}023$ perto o suficiente		

A velocidade, portanto, é 1,265 m/s. Então, a vazão volumétrica é

$$Q = AV = 0{,}00821(1{,}265)$$

(b) $\underline{Q = 0{,}0104 \text{ m}^3/\text{s}}$ (para a linha nom. 4 @ 55.1 kPa).

Portanto, quando a queda de pressão é 55,1 kPa, as vazões são

$$Q_1 = 0{,}0296 \text{ m}^3/\text{s} \quad \text{e} \quad Q_2 = 0{,}0104 \text{ m}^3/\text{s}.$$

Adicionando a linha de 4 pol., a vazão aumentaria de 0,0296 m³/s para 0,04 m³/s (= 0,0296 + 0,0104) se houvesse uma fonte de potência na linha e se pudesse ser fornecido esse aumento.

No método de porcentagem, usaremos uma proporcionalidade para obter a vazão correta nas linhas de tubo para uma configuração diferente. Presumiremos que essas vazões estejam na mesma proporção de outras quedas de pressão e para as quais existe escoamento turbulento. Calcularemos a vazão total como

$$Q_{\text{total}} = Q_1 + Q_2 = 0{,}0296 + 0{,}0104 = 0{,}04.$$

Dividindo a equação anterior por Q_{total} temos

$$1 = \frac{Q_1}{Q_{\text{total}}} + \frac{Q_2}{Q_{\text{total}}}.$$

Na condição modificada, em que $Q_{\text{novo}} = 0{,}0354$ m³/s, multiplicaremos a equação anterior por Q_{novo} para obter

$$Q_{\text{novo}} = Q_{\text{novo}} \frac{Q_1}{Q_{\text{total}}} + Q_{\text{novo}} \frac{Q_2}{Q_{\text{total}}} = Q_{1\text{novo}} + Q_{2\text{novo}}.$$

Portanto, as novas vazões são

$$Q_{1novo} = 0{,}0354 \frac{0{,}0296}{0{,}04}$$

$$\underline{Q_{1novo} = 0{,}0262 \text{ m}^3/\text{s}}$$

e

$$Q_{2novo} = 0{,}0354 \frac{0{,}0104}{0{,}04}$$

$$\underline{Q_{2novo} = 0{,}0092 \text{ m}^3/\text{s}.}$$

Como verificação desses resultados, calcularemos a queda de pressão em cada linha, e elas devem ser iguais a:

$$\Delta p_1 = \frac{f_1 L_1}{D_1} \frac{\rho V_1^2}{2} = \frac{0{,}023(304{,}8)}{0{,}154} \frac{999(1{,}59)^2}{2}$$

$$\underline{\Delta p_1 = 57{,}5 \text{ kPa}} \quad \text{(nominal de 6")}.$$

Da mesma forma, calcularemos

$$\Delta p_2 = \frac{0{,}023(304{,}8)}{0{,}102} \frac{999(1{,}265)^2}{2}$$

$$\underline{\Delta p_2 = 55 \text{ kPa}} \quad \text{(nominal de 4")}.$$

Esses resultados estão perto o suficiente; o erro é menor que 5% e poderia ser atribuído a erros de leitura do diagrama de Moody.

O método de porcentagem funciona bem quando os escoamentos são turbulentos e uma iteração é suficiente. Para todos os casos, no entanto, as Equações ii e iii do exemplo anterior podem ser usadas em um esquema de iteração. O procedimento é assumir um valor para os fatores de atrito correspondentes ao escoamento completamente desenvolvido na razão ε/D correta e, em seguida, usar as Equações ii e iii para encontrar a velocidade; o número de Reynolds é calculado e um valor aprimorado do fator de atrito é determinado. O processo é repetido até que a convergência seja obtida.

5.3 Medição da vazão em dutos fechados

A vazão em um duto pode ser medida usando um **medidor de vazão**. Um medidor de vazão é um dispositivo inserido em um tubo, ou duto, que permite determinar a vazão volumétrica do escoamento na linha. Os medidores discutidos nesta seção são: **medidor turbina**, **rotâmetro** (ou **medidor de área variável**), **medidor Venturi**, medidor de orifício e **medidor de cotovelo**. Outros medidores, como o **tipo bocal** e o **medidor totalizante**, operam em princípios similares, mas não os discutiremos aqui.

Medidor de turbina

A Figura 5.5 é um esboço de um medidor de turbina, que consiste em um tubo ou duto com conexões apropriadas (não mostradas) em cada extremidade. Dentro do tubo há laminadores de escoamento de ambos os lados de um propulsor ou turbina e o escoamento que entra no medidor passa pelo laminador e faz o propulsor girar a uma velocidade angular que é proporcional à vazão. Então, um sensor magnético detecta a passagem de uma aleta e transmite um sinal a um dispositivo com mostrador, que soma os pulsos. Em geral, os medidores de turbina são feitos de aço inoxidável ou bronze, embora os de metais especiais estejam disponíveis, e eles costumam apresentar uma precisão de ±1%.

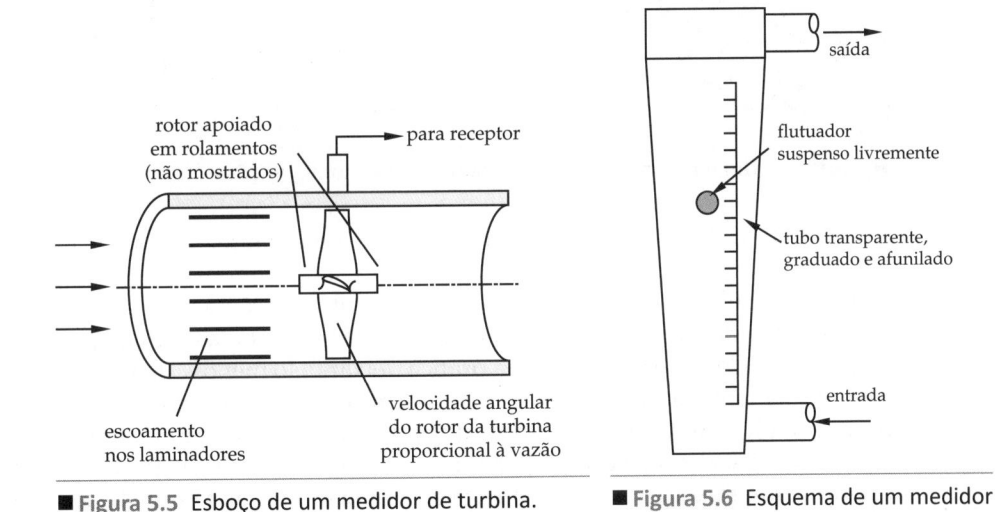

■ **Figura 5.5** Esboço de um medidor de turbina.

■ **Figura 5.6** Esquema de um medidor de área variável ou rotâmetro.

Rotâmetro ou medidor de área variável

A Figura 5.6 é um esquema de um rotâmetro, também chamado *medidor de área variável*. O equipamento consiste em um tubo transparente, graduado e posicionado verticalmente (em geral, de vidro ou acrílico). As fixações apropriadas ficam de cada lado do tubo, dentro do qual há um flutuador com movimento livre, que pode ser esférico ou cilíndrico, e cujo eixo é vertical. O escoamento entra no medidor na parte inferior e sustenta o flutuador em uma posição equilibrada. Quanto mais alta for a posição do flutuador, maior será a área anular entre ele e o tubo; e quando todas as forças devidas a arrasto, flutuação e gravidade estiverem equilibradas, o flutuador atingirá uma posição de equilíbrio. A vazão é determinada lendo-se a escala na posição do flutuador. Alternativamente, um sensor eletrônico poderá transmitir um sinal a um dispositivo de mostrador remoto. A precisão de um rotâmetro costuma ser de ±1% em unidades mais caras e de ±5% em unidades mais baratas.

Medidor Venturi

Outro tipo de medidor de vazão é um que introduz uma constrição de escoamento, a qual, por sua vez, causa mudança em uma das propriedades medidas do escoamento. A mudança de propriedade medida está, então, relacionada à vazão através do medidor. O medidor Venturi é um exemplo desse tipo de medidor, e é mostrado em duas configurações na Figura 5.7.

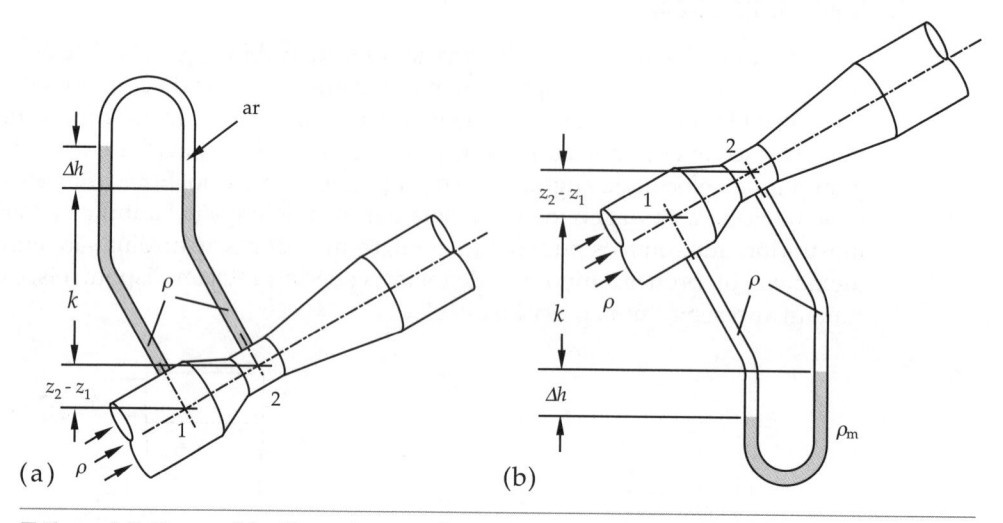

■ **Figura 5.7** Um medidor Venturi mostrado em duas configurações.

O medidor Venturi consiste em uma seção a montante, uma seção convergente que leva à garganta, e uma seção divergente. A seção a montante tem o mesmo diâmetro da tubulação e é conectada a ela, enquanto a seção a montante e a garganta são tomadas de pressão estática que podem ser conectadas a duas pernas de um manômetro. Considera-se uma boa prática deixar pelo menos 10 diâmetros de tubulação a montante do medidor, a fim de assegurar que o escoamento seja totalmente desenvolvido e uniforme na entrada do equipamento. O tamanho do medidor Venturi costuma ser especificado de acordo com o diâmetro da garganta e do tubo. Por exemplo, um medidor de 6 × 4 conecta-se a uma tubulação nominal de 6" e tem um diâmetro da garganta correspondente a um tubo nominal de 4".

Quando o fluido escoa pelo medidor, há um aumento na velocidade da seção a montante até a garganta e uma queda de pressão correspondente também da seção a montante até a garganta. A queda de pressão aumenta à medida que a vazão aumenta através do medidor; um gráfico de queda de pressão *versus* vazão através do medidor é referido como uma **curva de calibração**. Muitas vezes, a curva de calibração deve ser determinada por experiência, ou seja, o escoamento através do medidor deve ser coletado em um determinado intervalo de tempo para se encontrar a vazão volumétrica real. A queda de pressão correspondente também deve ser medida para encontrar a vazão real Q_{ac} como uma função de queda de pressão Δp ou perda de carga Δh.

Padrões para medidores de Venturi, e para outros medidores de constrição, podem ser encontrados em várias publicações, mas recomendamos especialmente a *Fluid meters – their theory and application* (6. ed., publicado por ASME, 1971). Publicações como essa mostram detalhes de construção e recomendações que permitem ao usuário selecionar ou projetar com êxito um medidor para uma aplicação específica.

Coeficiente de descarga

Ao consultar um livro de medidores ou um texto de referência similar, as informações fornecidas, em geral, consistem em detalhes de construção do medidor e um gráfico adimensional do **coeficiente de descarga** *versus* número de Reynolds, em que o coeficiente de descarga relaciona a vazão no medidor à vazão teórica prevista pela equação de Bernoulli. Detalhes da construção contêm dimensões expressas em termos de diâmetros do tubo; por exemplo, a tomada de pressão estática a montante pode estar localizada a meio diâmetro do tubo ($D_1/2$) desde a borda da seção convergente, e o comprimento do medidor pode ser expresso como 10 de diâmetros do tubo ($10D_1$), e assim por diante. A Figura 5.8 mostra alguns detalhes típicos sobre localizações de tomadas de pressão para um medidor Venturi. Quando construído de acordo com as dimensões recomendadas, a relação do coeficiente de descarga aplicável *versus* número de Reynolds (gráfico ou equação) pode ser usada para se obter uma curva de calibração para o medidor, *sem calibrá-lo experimentalmente*.

Para investigar esse ponto ainda mais, derivaremos equações para as duas configurações mostradas na Figura 5.7. Para um fluido incompressível que escoa em qualquer configuração, a equação da continuidade é

$$Q = A_1 V_1 = A_2 V_2.$$

Como a área da garganta A_2 é menor que a área a montante A_1, a continuidade prevê que $V_1 < V_2$. Assim, a velocidade do fluido deve aumentar na garganta. Para o escoamento sem atrito no medidor, a equação de Bernoulli é

$$\frac{p_1}{\rho g} + \frac{V_1^2}{2g} + z_1 = \frac{p_2}{\rho g} + \frac{V_2^2}{2g} + z_2. \tag{5.15}$$

Reorganizando e substituindo $V = Q/A$ temos

$$\frac{(p_1 - p_2)}{\rho g} + z_1 - z_2 = \frac{Q^2}{2g}\left(\frac{1}{A_2^2} - \frac{1}{A_1^2}\right) = \frac{Q^2}{2g A_2^2}\left(1 - \frac{A_2^2}{A_1^2}\right).$$

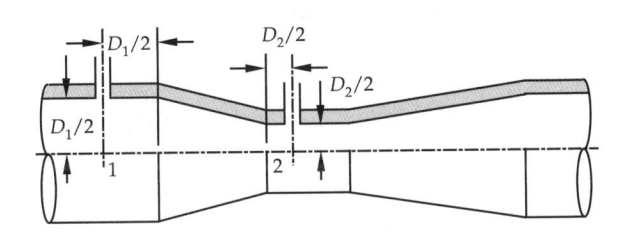

■ **Figura 5.8** Visão da seção de um medidor Venturi mostrando os locais das tomadas.

Resolvendo para a vazão, temos

$$Q = A_2 \sqrt{\frac{2g\{[(p_1 - p_2)/\rho g] + (z_1 - z_2)\}}{1 - A_2^2/A_1^2}}.$$

Observando que $A_2^2/A_1^2 = D_2^4/D_1^4$ e que essa equação é teórica para o medidor Venturi, e presumindo um escoamento sem atrito e incompressível, escrevemos:

$$Q_{th} = A_2 \sqrt{\frac{2g\{[(p_1 - p_2)/\rho g] + (z_1 - z_2)\}}{1 - D_2^4/D_1^4}}. \tag{5.16}$$

em que as letras "th" subscritas referem-se a um valor teórico para a vazão. Para a configuração da Figura 5.7a, temos o seguinte para o manômetro:

$$p_1 - \rho g \,[(z_2 - z_1) + k + \Delta h] = p_2 - \rho g\, k - \rho_{ar} g\, \Delta h.$$

A densidade do ar é pequena se comparada à densidade do líquido; portanto, o termo que contém ρ_{ar} pode ser desprezado. Reorganizando e simplificando, temos

$$\frac{(p_1 - p_2)}{\rho g} + z_1 - z_2 = \Delta h.$$

Substituindo na Equação 5.16, temos

$$Q_{th} = A_2 \sqrt{\frac{2g\Delta h}{1 - D_2^4/D_1^4}} \qquad \begin{pmatrix} \text{manômetro de} \\ \text{ar sobre líquido} \end{pmatrix}. \tag{5.17}$$

Assim, a vazão teórica pelo medidor é relacionada à leitura do manômetro, de forma que a orientação do medidor não é importante (pois $z_2 - z_1$ não aparece mais na Equação 5.17). A equação dará os mesmos resultados se o medidor estiver na horizontal, inclinado ou na vertical.

Para o manômetro de dois fluidos da Figura 5.7b, escrevemos

$$p_1 + \rho g\,(k + \Delta h) = p_2 + \rho g\,[(z_2 - z_1) + k\,] + \rho_m g\, \Delta h.$$

Reorganizando,

$$\frac{(p_1 - p_2)}{\rho g} + z_1 - z_2 = \Delta h\, \frac{\rho_m - \rho}{\rho} = \Delta h\left(\frac{\rho_m}{\rho} - 1\right).$$

Substituindo na Equação 5.16, temos

$$Q_{th} = A_2 \sqrt{\frac{2g\Delta h(\rho_m/\rho - 1)}{1 - D_2^4/D_1^4}} \qquad \begin{pmatrix} \text{manômetro de} \\ \text{dois líquidos} \end{pmatrix}. \tag{5.18}$$

Essa equação difere da Equação 5.17 pelo termo $(\rho_m/\rho - 1)$, que resulta do uso de um manômetro de dois líquidos, conforme indicado na Figura 5.7b.

Para um determinado medidor, líquido e fluido do manômetro, as variáveis D_1, D_2, A_2, ρ e ρ_m são todas conhecidas. Portanto, uma curva de vazão teórica Q_{th} versus perda de carga Δh pode ser construída usando a Equação 5.17 ou 5.18. Considere a linha rotulada Q_{th} na Figura 5.9 como uma curva desse tipo e, a seguir, suponha que esse mesmo medidor seja levado para o laboratório e sejam feitas medidas reais de Q_{ac} versus Δh, ou seja, que uma curva de calibração seja determinada. Dados típicos também são ilustrados na Figura 5.9, fornecendo a linha rotulada como Q_{ac}.

Agora, para qualquer queda de pressão Δh_1, há duas vazões correspondentes: Q_{ac} e Q_{th}. A proporção dessas vazões é o coeficiente de descarga do Venturi C_v, definido como

$$C_v = \frac{Q_{ac}}{Q_{th}}. \tag{5.19}$$

O coeficiente C_v pode ser calculado para muitos valores de Δh e pode variar em toda a extensão. A vazão Q_{ac} sempre é inferior a Q_{th} em razão dos efeitos do atrito, que não são contabilizados na equação de Bernoulli. Para cada C_v calculado, também podemos calcular um número de Reynolds na garganta, definido como

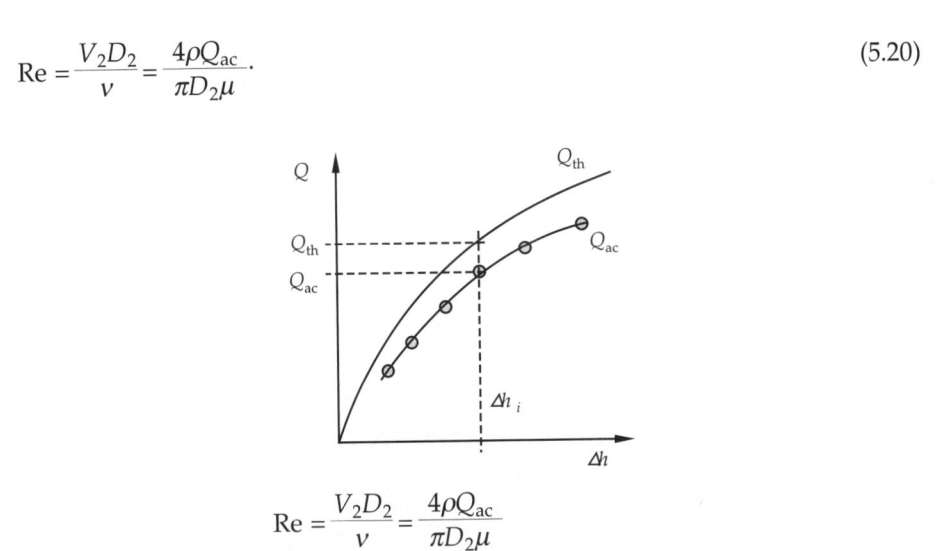

$$\text{Re} = \frac{V_2 D_2}{\nu} = \frac{4\rho Q_{ac}}{\pi D_2 \mu}. \qquad (5.20)$$

$$\text{Re} = \frac{V_2 D_2}{\nu} = \frac{4\rho Q_{ac}}{\pi D_2 \mu}$$

■ **Figura 5.9** Vazão como uma função de queda de pressão para um medidor Venturi.

O número de Reynolds é baseado na vazão real Q_{ac} e no diâmetro da garganta D_2. O coeficiente de descarga para um medidor Venturi com uma entrada em ferro forjado varia de 0,95 a 0,984 para um número de Reynolds, que varia de 3×10^4 a 2×10^5. Além de 2×10^5, o coeficiente C_v é uma constante e igual a 0,984. Para um medidor usinado precisamente, o coeficiente de descarga pode ser de até 0,995.

O procedimento para a geração de uma curva de calibração (Q_{ac} versus Δh) sem a obtenção de dados é simples, porém tedioso:

1. Obtenha uma configuração recomendada para o medidor em um manual de procedimentos ou em outra fonte apropriada.
2. Faça medições físicas no medidor e determine a densidade do líquido, assim como a densidade do fluido do manômetro.
3. Construa um gráfico de Q_{th} versus Δh.
4. Consulte as informações do coeficiente de descarga fornecidas com o medidor.
5. Em várias vazões, calcule Δh, Re e C_v.
6. Use os números C_v e Q_{th} para determinar Q_{ac}.
7. Elabore o gráfico Q_{ac} versus Δh.

O procedimento para calibrar um medidor Venturi é ilustrado no exemplo a seguir.

Exemplo 5.2.

Uma empresa de transporte por tubulação, que é responsável por bombear hexano de um fabricante para um distribuidor, deseja instalar um medidor na tubulação para monitorar a vazão. Um manual de referência de medidores de fluidos foi consultado e decidiu-se instalar um medidor Venturi 6 × 4 na linha. O coeficiente de descarga para o medidor é uma constante de 0,984 para número de Reynolds maior que 2×10^5, contanto que as tomadas de pressão sejam localizadas conforme indicado na Figura 5.8. O medidor deve ser instalado em uma configuração de inclinação para cima, que produza um ângulo de 20° com o plano horizontal, conforme mostrado na Figura 5.10. É proposto usar um manômetro de hexano sobre mercúrio. Gere uma curva de calibração para o medidor, para uma vazão de até 0,15 m³/s.

Solução: Do Apêndice, temos:

hexano	$\rho = 657$ kg/m³	$\mu = 0{,}297 \times 10^{-3}$ N·s/m²	
mercúrio	$\rho_m = 13.600$ kg/m³		[Apêndice, Tabela B.1]
nom. 6" sch 40	$D_1 = 0{,}154$ m	$A_1 = 1{,}865 \times 10^{-2}$ m²	
nom. 4" sch 40	$D_2 = 0{,}102$ m	$A_2 = 0{,}000822$ m²	[Apêndice, Tabela C.1]

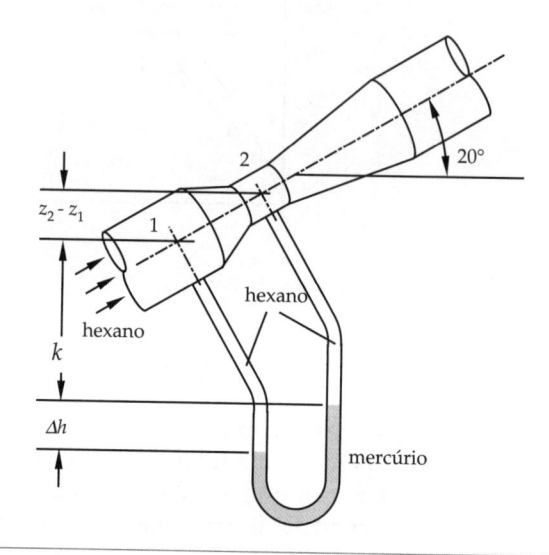

■ Figura 5.10 Um medidor Venturi transportando hexano.

Para o manômetro, temos

$$\frac{(p_1 - p_2)}{\rho g} + z_1 - z_2 = \Delta h \left(\frac{\rho_m}{\rho} - 1 \right) = \Delta h \left(\frac{13{,}6(1.000)}{0{,}657(1.000)} - 1 \right) = 19{,}7 \, \Delta h.$$

Substituindo na Equação 5.18, temos

$$Q_{th} = A_2 \sqrt{\frac{2g\Delta h(\rho_m/\rho - 1)}{1 - D_2^4/D_1^4}} \quad \begin{pmatrix} \text{manômetro de} \\ \text{dois líquidos} \end{pmatrix} \quad (5.18)$$

$$Q_{th} = 82{,}19 \times 10^{-4} \left(\frac{2(9{,}81)(19{,}7)\Delta h}{1 - \left(\frac{10{,}23}{15{,}41} \right)^4} \right)^{1/2}$$

ou $Q_{th} = 0{,}18 \sqrt{\Delta h}$.

Uma tabulação de Q_{th} versus Δh é fornecida na Tabela 5.4. O número de Reynolds do escoamento do hexano é

$$\text{Re} = \frac{V_2 D_2}{\nu} = \frac{4\rho Q_{ac}}{\pi D_2 \mu} = \frac{4(0{,}657)(1.000)C_v Q_{th}}{\pi(0{,}102\ 3)(0{,}297 \times 10^{-3})}$$

ou $\dfrac{\text{Re}}{C_v} = 2{,}75 \times 10^7\, Q_{th}$.

Os resultados dos cálculos feitos com essa equação também são fornecidos na Tabela 5.4. Vemos que, para todos os valores Δh superiores a 0,2, a razão de Re/C_v é maior do que 2×10^5. Agora, como C_v é sempre menor do que um, o número de Reynolds será sempre maior do que 2×10^5; portanto, para os cálculos desse exemplo, $C_v =$ 0,984, que é listado na tabela. A vazão real $Q_{ac} (= C_v Q_{th})$ também é listada. Um gráfico de vazão *versus* Δh é fornecido na Figura 5.11.

■ **Tabela 5.4** Resultados dos cálculos feitos para o Exemplo 5.2

Δh m	Q_{th} m³/s	Re/C_v	C_v	$Q_{ac} = C_v Q_{th}$ m³/s
0	0	0	—	0
0,2	0,081	$2{,}21 \times 10^6$	0,984	0,08
0,4	0,114	$3{,}13 \times 10^6$	0,984	0,112
0,6	0,139	$3{,}83 \times 10^6$	0,984	0,137
0,8	0,161	$4{,}43 \times 10^6$	0,984	0,158

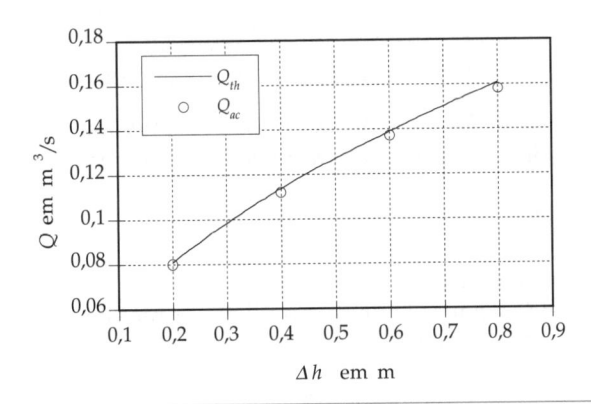

■ **Figura 5.11** Solução para o Exemplo 5.2 mostrada graficamente.

Medidor de orifício

Outro tipo de dispositivo de constrição é o medidor de orifício, mostrado esquematicamente na Figura 5.12, que consiste em uma placa plana com um orifício inserido em uma tubulação, convenientemente entre flanges. O orifício pode ser perfurado para que sua borda possa ficar afiada ou quadrada, e o escoamento através da placa segue um padrão similar àquele na Figura 5.12. A jusante da placa, o escoamento atinge um ponto de área mínima chamado ***vena contracta***.

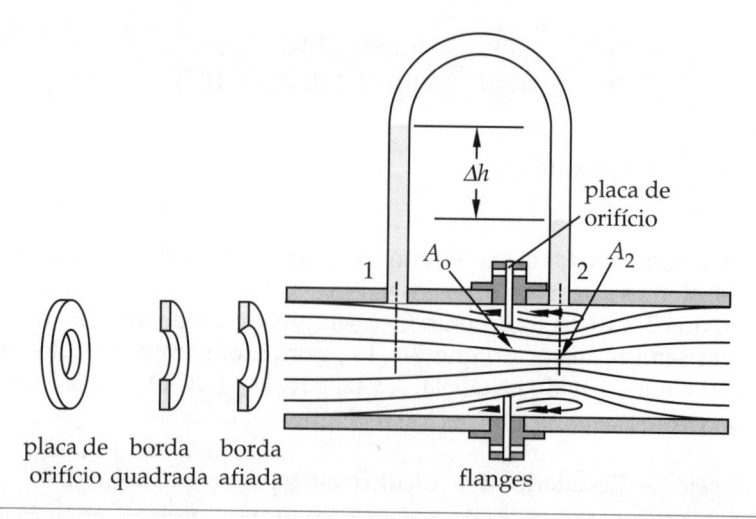

Figura 5.12 Placas de orifício e percurso do escoamento através de um medidor de orifício.

Tomadas de pressão são conectadas ao medidor em vários locais recomendados, como mostrado na Figura 5.13: locais 1D e ½D, locais 2 ½D e 8D, tomadas nos flanges em que os orifícios são perfurados pelos flanges ou tomadas de canto, em que os orifícios são perfurados pela parede do tubo, perto da borda da placa.

Com referência à Figura 5.12, identificamos três áreas diferentes associadas ao medidor de orifício:

A_1 = área a montante, que corresponde ao diâmetro da tubulação;
A_2 = área de escoamento na *vena contracta*;
A_o = área do orifício (calculada com o diâmetro dele).

A área na seção 2, em que a pressão p_2 é medida (a *vena contracta*), é desconhecida, mas pode ser expressa em termos de área de orifício:

$$A_2 = C_c A_o,$$

em que C_c é o coeficiente de contração.

Aplicando a equação de Bernoulli aos pontos em que o manômetro está conectado, ou seja, A_1 e A_2, obteremos o mesmo resultado do medidor Venturi:

$$Q_{th} = C_c A_o \sqrt{\frac{2(p_1 - p_2)}{\rho(1 - D_2^4/D_1^4)}} \quad \begin{pmatrix} \text{manômetro de} \\ \text{ar sobre líquido} \end{pmatrix} \quad (5.21)$$

em que $C_c A_o$ foi substituído por A_2. A vazão real no medidor é consideravelmente menor que a vazão teórica. Definiremos o coeficiente de descarga como

$$C = \frac{Q_{ac}}{Q_{th}}$$

e combinaremos com a Equação 5.21, para obter

$$Q_{ac} = C C_c A_o \sqrt{\frac{2(p_1 - p_2)}{\rho(1 - D_2^4/D_1^4)}}. \quad (5.22)$$

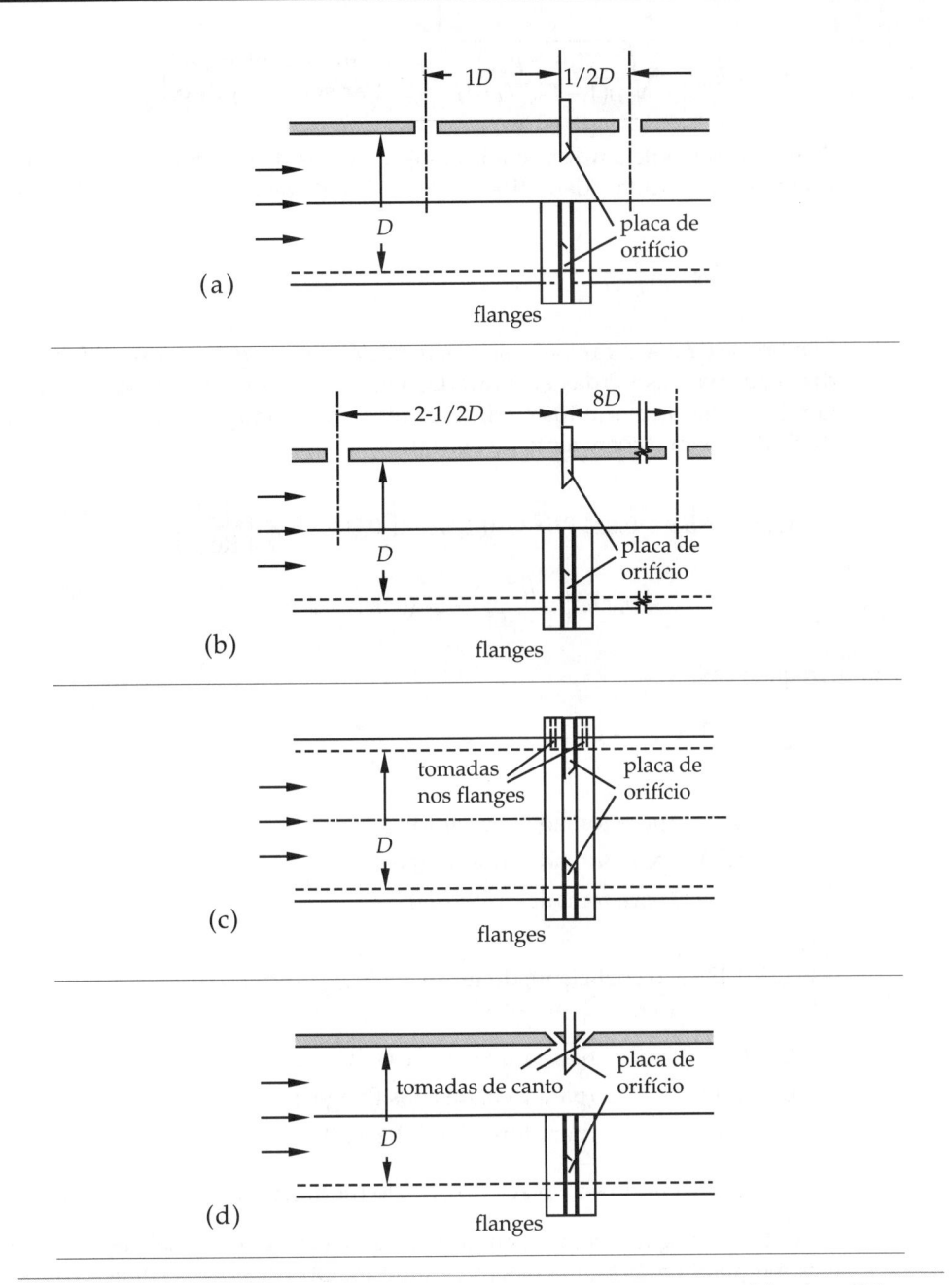

■ **Figura 5.13** Locais recomendados para tomadas de pressão para um medidor de orifício.

Para simplificar essa formulação, reescrevemos as Equações 5.21 e 5.22 para obtermos

$$Q_{th} \approx A_o \sqrt{\frac{2(p_1 - p_2)}{\rho(1 - D_o^4/D_1^4)}} \quad \begin{pmatrix} \text{manômetro de} \\ \text{ar sobre líquido} \end{pmatrix} \quad (5.23)$$

$$Q_{ac} = C_o A_o \sqrt{\frac{2(p_1 - p_2)}{\rho(1 - D_o^4/D_1^4)}} \qquad \begin{pmatrix} \text{manômetro de} \\ \text{ar sobre líquido} \end{pmatrix}. \qquad (5.24)$$

A área de referência nessas equações é A_o, a área do orifício, em vez de A_2, em que a pressão p_2 é medida. Além disso, um coeficiente de orifício é definido como

$$C_o = CC_c = \frac{Q_{ac}}{Q_{th}}.$$

Lembre-se de que a pressão estática p_2 não é medida na área do orifício A_o, mas essa discrepância e as perdas encontradas pelo fluido são contabilizadas no coeficiente geral C_o. Testes em muitos medidores resultaram uma equação – chamada **equação de Stolz** – para o coeficiente de perda:

$$C_o = 0{,}595\,9 + 0{,}031\,2\beta^{2,1} - 0{,}184\beta^8 + 0{,}002\,9\beta^{2,5} \left(\frac{10^6}{\text{Re }\beta}\right)^{0,75}$$
$$+ 0{,}09 L_1 \left(\frac{\beta^4}{1 - \beta^4}\right) - L_2 (0{,}003\,37\beta^3) \qquad (5.25)$$

em que

$$\text{Re} = \frac{\rho V_o D_o}{\mu} = \frac{4\rho Q_{ac}}{\pi D_o \mu} \qquad \beta = \frac{D_o}{D_1}$$

$L_1 = 0$ (para tomadas de canto)
$L_1 = 1/D_1$ (para tomadas nos flanges)
$L_1 = 1$ (para tomadas 1D&½D)

e se $L_1 > 0{,}433\,3$, o coeficiente do termo $\left(\dfrac{\beta^4}{1 - \beta^4}\right)$ torna-se 0,039.

$L_2 = 0$ (para tomadas de canto)
$L_2 = 1/D_1$ (para tomadas nos flanges)
$L_2 = 0{,}5 - E/D_1$ (para tomadas 1D& ½D) e

E = espessura da placa do orifício (nominalmente 0,25 pol. = 6,35 mm)

Há outras equações, bem como gráficos e tabelas, para o coeficiente do orifício C_o, mas a Equação 5.25 é uma das mais simples. Observe que a equação de Stolz não é recomendada para torneiras 2½D e 8D.

Com o medidor Venturi, considera-se uma boa prática permitir pelo menos uma abordagem de diâmetro 10 com a seção de cima do medidor.

Exemplo 5.3.

Um medidor de orifício é instalado em uma linha de escoamento horizontal com tomadas 1D e ½D. À medida que a água escoa pelo medidor, transdutores de pressão conectados às tomadas fornecem a leitura de $p_1 = 1{,}22 \times 10^5$ Pa (abs) e $p_2 = 1{,}006 \times 10^5$ Pa (abs). Determine a vazão real no medidor se a linha de escoamento for nominal de 2" schedule 40 e o diâmetro do orifício for 30,5 mm.

Solução: Das diversas tabelas de propriedade, temos

água $\quad \rho = 1.000 \text{ kg/m}^3 \quad \mu = 0{,}91 \times 10^{-3} \text{ Pa·s}$ [Apêndice, Tabela B.1]

nom. 2" sch 40 $\quad D_1 = 52{,}5 \text{ mm} \quad A_1 = 2{,}166 \times 10^{-3} \text{ m}^2$ [Apêndice, Tabela D.1]

Também nos foi dado $D_o = 30{,}5$ mm. A vazão teórica é encontrada com

$$Q_{th} \approx A_o \sqrt{\frac{2(p_1 - p_2)}{\rho(1 - D_o^4/D_1^4)}}.$$

Calculando os termos,

$$A_o = \frac{\pi D_o^2}{4} = \frac{\pi (0{,}0305)^2}{4} = 7{,}293 \times 10^{-4} \text{ m}^2$$

$$\frac{(p_1 - p_2)}{\rho} = \frac{(1{,}22 - 1{,}006) \times 10^5}{1.000} = 21{,}4 \text{ m}^2/\text{s}^2$$

$$1 - \frac{D_o^4}{D_1^4} = 1 - \frac{(0{,}0305)^4}{(0{,}0525)^4} = 0{,}8865.$$

Substituindo,

$$Q_{th} = 7{,}293 \times 10^{-4} \sqrt{\frac{2(21{,}4)}{0{,}8865}} = 5{,}067 \times 10^{-3} \text{ m}^3/\text{s}.$$

Para encontrar a vazão real, devemos primeiro calcular o coeficiente do orifício C_o usando a equação de Stolz. Os termos nessa equação são avaliados como:

$$\beta = \frac{D_o}{D_1} = \frac{0{,}0305}{0{,}0525} = 0{,}5804$$

$L_1 = 1 \geq 0{,}4333$, assim o coeficiente de $\left(\frac{\beta^4}{1 - \beta^4}\right)$ torna-se 0,039

$E = 6{,}35$ mm (nenhuma espessura da placa é fornecida; assim, assumimos o tamanho nominal de 6,35 mm)

$$L_2 = 0{,}5 - \frac{E}{D_1} = 0{,}5 - \frac{6{,}35}{52{,}5} = 0{,}3791$$

$$\text{Re} = \frac{V_o D_o}{\nu} = \frac{4\rho Q_{ac}}{\pi D_o \mu} = \frac{4(1.000)(5{,}067 \times 10^{-3})C_o}{\pi (0{,}0305)(0{,}91 \times 10^{-3})} = 2{,}33 \times 10^5 C_o.$$

Em termos de número de Reynolds, a equação de Stolz, após substituição, torna-se

$$C_o = 0{,}5959 + 0{,}0312(0{,}5804)^{2,1} - 0{,}184(0{,}5804)^8$$

$$+ 0{,}0029(0{,}5804)^{2,5} \left(\frac{10^6}{\text{Re}(0{,}5804)}\right)^{0,75}$$

$$+ 0{,}039 \left(\frac{(0{,}5804)^4}{1 - (0{,}5804)^4}\right) - 0{,}3791[0{,}00337(0{,}5804)^3]$$

que se torna

$$C_o = 0{,}5959 + 0{,}009954 - 0{,}002369 + \frac{35{,}39}{Re^{0{,}75}} + 0{,}004992 - 0{,}0002498$$

ou $C_o = 0{,}6082 + \dfrac{35{,}39}{Re^{0{,}75}}$.

O procedimento para resolver esse problema começa presumindo um valor para C_o, calculando o número de Reynolds e substituindo na equação de Stolz. Os cálculos são repetidos até que a convergência seja obtida. Suponha:

1ª tentativa: $C_o = 0{,}6$; $Re = 2{,}33 \times 10^5(0{,}6) = 1{,}40 \times 10^5$

e $C_o = 0{,}6082 + \dfrac{35{,}39}{(1{,}40 \times 10^5)^{0{,}75}} = 0{,}6083$

2ª tentativa: $C_o = 0{,}6083$; $Re = 1{,}422 \times 10^5$ e $C_o = 0{,}6083$.

O método converge rapidamente. Então, a vazão real é

$Q_{ac} = C_o Q_{th} = 0{,}6083(5{,}067 \times 10^{-3})$

$\underline{Q_{ac} = 3{,}08 \times 10^{-3} \text{ m}^3/\text{s}.}$

Medidor de cotovelo

Outro tipo de medidor, conhecido como medidor de cotovelo, também pode ser usado para medir a vazão em um tubo. Para uma tubulação existente que contenha cotovelos, um medidor de cotovelo talvez seja o mais fácil de instalar, pois basta perfurar e instalar tomadas em um par de furos no cotovelo e conectá-las a um dispositivo para medir a queda de pressão. Um esboço de uma instalação de medidor de cotovelo é mostrado na Figura 5.14. As tomadas de pressão *devem* ser alinhadas.

As dimensões internas de R e D devem ser conhecidas para o cotovelo em questão. Os orifícios são perfurados em locais específicos (mostrados) para aceitar a rosca de tubo nominal de 1/8 ou algo diferente, se desejado, e devem estar perfeitamente alinhados. Para calibrar o medidor, as medições de pressão são feitas para determinar a queda de pressão existente, bem como a vazão real correspondente, e a vazão real no medidor pode ser calculada com

$$Q_{ac} = A K \sqrt{\frac{R}{D} \frac{\Delta p}{\rho}},$$

em que A = área da seção transversal = $\pi D^2/4$ e K é um fator de correção fornecido por

$$K = 1 - \frac{6{,}5}{\sqrt{Re}} = \text{fator de correção}$$

e válido sobre o intervalo de número de Reynolds

$10^4 \leq \text{Re} = \rho V D/\mu \leq 10^6$.

O diâmetro da tubulação D é encontrado facilmente, mas observe a dependência de K do raio na linha central do cotovelo R. Os valores do raio do cotovelo podem ser encontrados na tabela que acompanha a Figura 5.14.

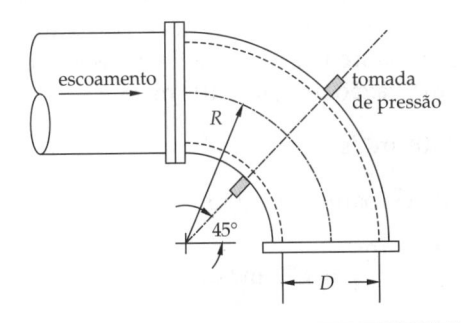

■ **Figura 5.14** Esquema de um medidor de cotovelo exibindo os locais da tomada de pressão.

Tamanho do tubo Schedule 40	Diâmetro interno D		Cotovelo de raio curto R	
	cm	pé	cm	polegadas
1	2,664	0,08742	2,54	1
1½	4,090	0,1342	3,81	1,5
2	5,252	0,1723	5,08	2
2½	6,271	0,2058	6,35	2,5
4	10,23	0,3355	10,2	4
6	15,41	0,5054	15,2	6
8	20,64	0,6771	20,3	8
10	26,04	0,8542	25,4	10
12	31,12	1,021	30,5	12

EXEMPLO 5.4.

A vazão da água em um tubo nominal de 4" schedule 80 é projetada para ser $9{,}46 \times 10^{-3}$ m³/s. É desejável obter uma medição para verificação. Em vez de usar um medidor Venturi ou de orifício, foi localizado um cotovelo de 90° de raio curto na tubulação e um manômetro foi conectado a ele. Se a vazão for de fato $9{,}46 \times 10^{-3}$ m³/s, qual seria a queda de pressão esperada?

Solução: Para um cotovelo de raio curto, nominal de 4", temos

$R = 101{,}6$ mm   (Figura 5.14)
$D = 97{,}5$ mm   (Apêndice, Tabela D.1)

Calculamos

$$A = \frac{\pi D^2}{4} = \frac{\pi (0{,}0975)^2}{4} = 7{,}43 \times 10^{-3} \text{ m}^2.$$

Para água,

$$\rho = 1.000 \text{ kg/m}^3 \qquad \mu = 0{,}91 \times 10^{-3} \text{ Pa·s}.$$

Uma curva de calibração relaciona a vazão volumétrica real no medidor à queda de pressão sobre um amplo intervalo de valores usando quaisquer unidades convenientes. No caso, estamos calculando os resultados *esperados* da calibração para apenas um ponto dos dados nessa curva. Nesse exemplo, como estamos usando um manômetro, expressaremos a queda de pressão em termos de polegadas de água. O cálculo para uma vazão de $9{,}46 \times 10^{-3}$ m^3/s é

$$Q = 9{,}46 \times 10^{-3} \text{ m}^3/\text{s}$$

A velocidade do escoamento então é

$$V = \frac{Q}{A} = \frac{9{,}46 \times 10^{-3}}{7{,}43 \times 10^{-3}} = 1{,}27 \text{ m/s}.$$

Para encontrar Δp, devemos primeiro encontrar K, que, por sua vez depende do número de Reynolds:

$$\text{Re} = \frac{\rho V D}{\mu} = \frac{1.000(1{,}27)(0{,}0975)}{0{,}91 \times 10^{-3}} = 1{,}36 \times 10^5.$$

Então,

$$K = 1 - \frac{6{,}5}{\sqrt{\text{Re}}} = 1 - \frac{6{,}5}{\sqrt{1{,}36 \times 10^5}} = 0{,}982.$$

Para um medidor de cotovelo

$$Q_{ac} = A K \sqrt{\frac{R}{D}\frac{\Delta p}{\rho}}.$$

Reorganizando e resolvendo para Δp, temos

$$\Delta p = \rho \left(\frac{Q_{ac}}{A K}\right)^2 \frac{D}{R}.$$

Substituindo,

$$\Delta p = (1.000) \left(\frac{9{,}46 \times 10^{-3}}{7{,}43 \times 10^{-3}(0{,}982)}\right)^2 \frac{0{,}0975}{0{,}1016}$$

ou $\Delta p = 1717$ Pa.

Agora, em termos de coluna d'água:

$$\Delta h = \frac{\Delta p}{\rho g} = \frac{1717}{1.000(9{,}81)} = 0{,}175 \text{ m de água}$$

ou $\quad \underline{\Delta h = 175 \text{ mm de água}}$.

Para cálculos desse tipo em um cotovelo que não tenha sido testado em laboratório, a precisão do resultado fica em torno de ±4%. Ou seja, para uma leitura Δh de 175 mm de água, a vazão pode ser alta, até $9,84 \times 10^{-3}$ m³/s, ou baixa, até $0,0091$ m³/s. Observe que um manômetro não é legível próximo de um centésimo de polegada; em geral, uma leitura seria próxima de um décimo de polegada. Observe também que os resultados dependem de se ter uma equação para o fator de correção K.

Portanto, com base nos resultados apresentados aqui, um ponto de dados na curva de calibração é

$\Delta h = 175$ mm de água $Q = 9,46 \times 10^{-3}$ m³/s ±4%

Escoamento compressível através de um medidor

Quando um fluido compressível (vapor ou gás) flui por um medidor, os efeitos de compressibilidade devem ser considerados. Isso é feito introduzindo-se um fator de compressibilidade, que pode ser determinado analiticamente para alguns medidores, como o Venturi; contudo, para um medidor de orifício, o fator de compressibilidade deve ser medido.

As equações e formulação desenvolvidas até agora foram para escoamento incompressível em um medidor. Para escoamentos compressíveis, a derivação é um tanto diferente. Quando o fluido passa por um medidor e encontra uma mudança na área, a velocidade muda, assim como a pressão. E quando a pressão muda, a densidade do fluido muda, e esse efeito deve ser considerado para se obter os resultados precisos. Para considerar a compressibilidade, reescreveremos as equações descritivas.

Considere o escoamento isentrópico, subsônico e permanente de um gás ideal em um medidor Venturi (Figura 5.8). A equação da continuidade é

$$\rho_1 A_1 V_1 = \rho_2 A_2 V_2 = \dot{m}_{\text{isentrópico}} = \dot{m}_s. \tag{5.26}$$

Desprezando as alterações na energia potencial (desprezível comparadas às alterações na entalpia), a equação de energia é

$$h_1 + \frac{V_1^2}{2} = h_2 + \frac{V_2^2}{2}. \tag{5.27}$$

A alteração de entalpia pode ser encontrada presumindo-se que o fluido compressível seja ideal:

$$h_1 - h_2 = C_p(T_1 - T_2).$$

Substituindo essa equação e a Equação 5.27 na Equação 5.26 e reorganizando, temos

$$C_p T_1 + \frac{\dot{m}_s^2}{2\rho_1^2 A_1^2} = C_p T_2 + \frac{\dot{m}_s^2}{2\rho_2^2 A_2^2}$$

ou

$$\dot{m}_s^2 \left(\frac{1}{\rho_2^2 A_2^2} - \frac{1}{\rho_1^2 A_1^2} \right) = 2C_p(T_1 - T_2) = 2C_p T_1 \left(1 - \frac{T_2}{T_1} \right). \tag{5.28}$$

Se assumirmos um processo de compressão isentrópica no medidor, então poderemos escrever

$$\frac{p_2}{p_1} = \left(\frac{T_2}{T_1}\right)^{\frac{\gamma}{\gamma-1}},$$

em que γ é a razão de calor específico ($\gamma = C_p/C_v$). Lembre-se também de que, para um gás ideal,

$$C_p = \frac{R\gamma}{\gamma - 1}.$$

Substituindo as duas equações anteriores na Equação 5.28, reorganizando e simplificando, temos

$$\frac{\dot{m}_s^2}{\rho_2^2 A_2^2}\left(1 - \frac{\rho_2^2 A_2^2}{\rho_1^2 A_1^2}\right) = 2\frac{R\gamma}{\gamma-1}T_1\left[1 - \left(\frac{p_2}{p_1}\right)^{\frac{\gamma-1}{\gamma}}\right]. \quad (5.29)$$

Para um gás ideal, escrevemos $\rho = p/RT$. Substituindo para o termo RT_1 nos resultados da equação anterior

$$\frac{\dot{m}_s^2}{A_2^2} = 2\rho_2^2\,\frac{\gamma}{\gamma-1}\left(\frac{p_1}{\rho_1}\right)\frac{1-(p_2/p_1)^{(\gamma-1)/\gamma}}{1-(\rho_2^2 A_2^2/\rho_1^2 A_1^2)}. \quad (5.30)$$

Para um processo isentrópico, também podemos escrever

$$\frac{p_1}{\rho_1^\gamma} = \frac{p_2}{\rho_2^\gamma}$$

ou $\rho_2 = \left(\dfrac{p_2}{p_1}\right)^{1/\gamma}\rho_1$

do qual obtemos

$$\rho_2^2 = \left(\frac{p_2}{p_1}\right)^{2/\gamma}\rho_1^2.$$

Substituindo na Equação 5.30,

$$\frac{\dot{m}_s^2}{A_2^2} = \frac{2\rho_1^2\,(p_2/p_1)^{2/\gamma}\,[\gamma/(\gamma-1)](p_1/\rho_1)[1-(p_2/p_1)^{(\gamma-1)/\gamma}]}{1-(p_2/p_1)^{2/\gamma}(A_2^2/A_1^2)} \quad (5.31)$$

da qual finalmente temos

$$\dot{m}_s = A_2\left\{\frac{2p_1\rho_1\,(p_2/p_1)^{2/\gamma}\,[\gamma/(\gamma-1)]\,[1-(p_2/p_1)^{(\gamma-1)/\gamma}]}{1-(p_2/p_1)^{2/\gamma}(D_2^4/D_1^4)}\right\}^{1/2}. \quad (5.32)$$

Assim, para escoamento compressível em um medidor Venturi, as medidas necessárias são p_1, p_2, T_1, as dimensões de Venturi e as propriedades do fluido. Introduzindo-se o coeficiente C_v de descarga do Venturi, a vazão real no medidor é determinada como

$$\dot{m}_{ac} = C_v \dot{m}_s$$

$$\dot{m}_{ac} = C_v A_2 \left\{ \frac{2 p_1 \rho_1 (p_2/p_1)^{2/\gamma} [\gamma/(\gamma-1)] [1 - (p_2/p_1)^{(\gamma-1)/\gamma}]}{1 - (p_2/p_1)^{2/\gamma} (D_2^4/D_1^4)} \right\}^{1/2}. \quad (5.33)$$

Seria conveniente se pudéssemos reescrever a Equação 5.33 de tal forma que os efeitos de compressibilidade pudessem ser consolidados em um termo. Tentamos fazer isso, usando a equação de vazão para o caso incompressível multiplicada por outro coeficiente chamado **fator de compressibilidade** Y; portanto, escrevemos

$$\dot{m}_{ac} = C_v Y \rho_1 A_2 \sqrt{\frac{2(p_1 - p_2)}{\rho_1 (1 - D_2^4/D_1^4)}}. \quad (5.34)$$

Agora, definimos a Equação 5.34 igual à Equação 5.33 e resolvemos para Y, e obtemos

$$Y = \sqrt{\frac{\gamma}{\gamma - 1} \frac{[(p_2/p_1)^{2/\gamma} - (p_2/p_1)^{(\gamma+1)/\gamma}](1 - D_2^4/D_1^4)}{[1 - (D_2^4/D_1^4)(p_2/p_1)^{2/\gamma}](1 - p_2/p_1)}}. \quad (5.35)$$

A razão de calor específico γ será conhecida para um determinado fluido compressível, e assim a Equação 5.35 poderia ser plotada como fator de compressibilidade Y *versus* a razão de pressão p_2/p_1 para vários valores de D_2/D_1. A vantagem de se usar a Equação 5.34 em relação à 5.33 é que um termo de queda de pressão aparece apenas no caso incompressível, o que é conveniente ao usar um manômetro para medir a pressão. Além do mais, o efeito de compressibilidade foi isolado em um fator, Y.

Exemplo 5.5.

Um medidor Venturi 10 × 6 é usado em uma linha de escoamento que conduz ar a 5 kg/s. A pressão da linha é 150 kPa (pressão manométrica), e a temperatura do ar é 25 °C. (a) Determine a leitura de pressão esperada se um medidor for conectado à garganta. (b) Determine a leitura esperada se nós, erroneamente, desprezássemos os efeitos de compressibilidade. Considere a pressão atmosférica como 101,3 kPa.

Solução: Das tabelas do apêndice, temos

ar	$R = 286,8$ J/(kg·K)	$\mu = 18 \times 10^{-6}$ N·s/m²	
	$C_p = 1.005$ J/(kg·K)	$\gamma = 1,4$	[Apêndice, Tabela D.1]
nom. 10" sch 40	$D = 254,6$ mm	$A = 0,0509$ m²	
nom. 6" sch 40	$D = 154,1$ mm	$A = 0,01865$ m²	[Apêndice, Tabela D.1]

A vazão mássica real em um medidor é fornecida por

$$\dot{m}_{ac} = C_v Y \rho_1 A_2 \sqrt{\frac{2(p_1 - p_2)}{\rho_1 (1 - D_2^4/D_1^4)}}.$$

Agora, avaliaremos cada termo. A vazão real é de 5 kg/s. Para um gás ideal,

$$\rho_1 = \frac{p_1}{RT_1} = \frac{150.000 + 101.300}{286,8(273 + 25)} = 2,94 \text{ kg/m}^3.$$

A velocidade média na tubulação é encontrada como

$$V_1 = \frac{\dot{m}_{ac}}{\rho_1 A_1} = \frac{5}{2,94(509,1 \times 10^{-4})} = 33,4 \text{ m/s}.$$

O número de Reynolds, então, é

$$\text{Re} = \frac{\rho_1 V_1 D_1}{\mu} = \frac{2,94(33,4)(0,254\ 6)}{18 \times 10^{-6}} = 1,39 \times 10^6.$$

O escoamento, portanto, é altamente turbulento, e assim o coeficiente de descarga do Venturi é $C_v = 0,984$. A razão de diâmetro é

$$\frac{D_2}{D_1} = \frac{15,41}{25,46} = 0,605.$$

A substituição na equação da vazão mássica resulta

$$5 = 0,984 Y (2,94)(186,5 \times 10^{-4}) \sqrt{\frac{2(150.000 + 101.300 - p_2)}{2,94(1 - 0,605^4)}}.$$

Reorganizando e resolvendo para a pressão na garganta, temos

$$p_2 = 251.300 - \frac{1,093 \times 10^4}{Y^2}. \tag{i}$$

O fator de compressibilidade Y é desconhecido, e, como depende de p_2, é necessário um método de solução iterativa. Primeiro, presumiremos um valor para p_2, depois calcularemos a razão de pressão p_2/p_1, e Y da Equação 5.35. Em seguida, substituiremos na Equação i desse exemplo e encontraremos um novo valor de p_2. O processo é repetido até a solução convergir. A substituição na Equação 5.35 resulta

$$Y = \sqrt{\frac{1,4}{1,4 - 1} \frac{[(p_2/p_1)^{2/1,4} - (p_2/p_1)^{(1,4 + 1)/1,4}](1 - 0,605^4)}{[1 - (0,605^4)(p_2/p_1)^{2/1,4}](1 - p_2/p_1)}}. \tag{5.35}$$

Os resultados são:

p_2	p_2/p_1	Y (Eq. 5.35)	p_2(Eq. i)
160 000	0,636	0,754	232 115
232 115	0,923	0,950	239 198
239 198	0,952	0,969	239 653
239 653	0,954	0,970	239 682
239 682	0,954	0,970	239 683

Assim,

$p_2 = 239.700$ kPa (absoluto)

ou $p_2 = 239.700 - 101.300$

(a) $\underline{p_2 = 138.400 \text{ Pa (manométrica)}}$.

Desprezando a compressibilidade, então Y = 1, e da Equação i,

$p_2 = 240.400$ kPa (absoluto)

ou $p_2 = 240.400 - 101.300$

(b) $\underline{p_2 = 139.100 \text{ Pa (manométrica)}}$.

O exemplo anterior mostra que, se a compressibilidade for desprezada, a diferença será menor que 0,5%, o que é típico para um medidor Venturi. Para um medidor de orifício, no entanto, o fator de compressibilidade é muito menor, e desprezar a compressibilidade resulta um erro muito maior. O fator de compressibilidade para um medidor de orifício não pode ser derivado; em vez disso, deve ser medido. Resultados desses testes forneceram a equação de Buckingham:

$$Y = 1 - (0{,}41 + 0{,}35\beta^4)\frac{(1 - p_2/p_1)}{\gamma}. \tag{5.36}$$

que é válida para qualquer sistema de conexão de manômetro, exceto para 2½ D × 8D.

Custo da energia

Em todas as instalações de medidor haverá uma perda de energia permanente em razão da presença do medidor, assim como haverá uma perda secundária associada à presença de uma conexão. O custo de energia adicional pode influenciar o tipo de medidor que deve ser selecionado para uma determinada utilização.

A perda de energia em razão da presença de um medidor é encontrada com

$$\left.\frac{dW}{dt}\right|_{perda} = \rho g Q h_m, \tag{5.37}$$

em que h_m é a perda de carga em razão do medidor, que pode ser calculada com a equação apropriada que se encontra na Tabela 5.5.

■ Tabela 5.5 Equações de perda para vários medidores.

Medidor	Equação de perda (líquidos)
Medidor de turbina	$h_m = 0{,}005\,77\,\dfrac{V^2}{g}$
Medidor Venturi	$h_m = (0{,}436 - 0{,}86\,\beta + 0{,}59\,\beta^2)\Delta h$
Medidor de orifício	$h_m = (1 - 0{,}24\,\beta - 0{,}52\beta^2 - 0{,}16\beta^3)\Delta h$
Observações: Δh = leitura do medidor $\quad \beta = \dfrac{\text{diâmetro da garganta}}{\text{diâmetro a montante}}$	

Fonte: MILLER, R.W., *Flow Measurement Handbook*, McGraw-Hill Book Co., 1983.

Guia para selecionar um medidor

A seleção de um medidor de vazão depende de algumas variáveis, assim a decisão final é uma questão de julgamento com base na experiência. Para ajudar no processo de tomada de decisão, considere o seguinte ao selecionar um medidor:[1]

- Tipo de fluido: líquido, gás, vapor, chorume, limpo, sujo, corrosivo.
- Limitações: temperatura, pressão, velocidade.
- Condições de instalação: tamanho da linha, número de Reynolds, comprimento a montante, problemas de vibração, escoamento permanente ou transiente.
- Desempenho: precisão necessária, intervalo da vazão.
- Economia: custo inicial, custo operacional, confiabilidade, disponibilidade das peças.
- Custo inicial relativo: custo alto (Venturi); custo médio (turbina); custo baixo (cotovelo, medidor de área variável ou rotâmetro, medidor de orifício).

Exemplo 5.6.

O Exemplo 5.4 lida com um medidor de orifício que possui os seguintes dados:

$\beta = 0{,}5804 \qquad p_1 = 122 \text{ kPa} \qquad p_2 = 100{,}7 \text{ kPa}$
$\rho = 1.000 \text{ kg/m}^3 \qquad Q_{ac} = 3{,}087 \times 10^{-3} \text{ m}^3/\text{s}$

Se os custos de energia são \$0,05/(kW·h), determine o custo de energia por ano associado a esse medidor.

Solução: Para o medidor de orifício, a Tabela 5.5 mostra a perda como

$$h_m = (1 - 0{,}24\beta - 0{,}52\beta^2 - 0{,}16\beta^3)\Delta h.$$

A queda de pressão é encontrada com

$$\frac{(p_1 - p_2)}{\rho g} = \frac{(122 - 100{,}7) \times 10^3}{1.000(9{,}81)} = 2{,}17 \text{ m}.$$

Substituindo, temos

$$h_m = (1 - 0{,}24(0{,}5804) - 0{,}52(0{,}5804)^2 - 0{,}16(0{,}5804)^3)(2{,}17)$$

$$h_m = 0{,}65(2{,}17) = 1{,}41 \text{ m de água}.$$

A perda de energia em razão da presença de um medidor é

$$\left.\frac{dW}{dt}\right|_{perda} = \rho g Q h_m = (1.000)(9{,}81)(3{,}087 \times 10^3)(1{,}41)$$

$$\left.\frac{dW}{dt}\right|_{perda} = 42{,}9 \text{ W}.$$

---

[1] Informações obtidas em: MILLER, R.W., *Flow Measurement Handbook*, McGraw-Hill Book Co., 1983.

O custo de energia é

$$\text{Custo do energia} = (42,9 \text{ W})\left(\frac{\$0,05}{1.000 \text{ W·hr}}\right)(8.760 \text{ h/ano})$$

Custo de energia = $18,79/ano.

5.4 O problema da drenagem transiente de um tanque

Considere um tanque de líquido com um tubo conectado, conforme indicado na Figura 5.15. O líquido drena desse tanque e encontra atrito com o tubo. Nos problemas de drenagem de tanque normalmente considerados, a velocidade da superfície do líquido no tanque é considerada desprezível. Nessa análise, porém, desejamos determinar de que maneira a velocidade no tubo e a profundidade do líquido no tanque variam com o tempo. Considerando um escoamento transiente na drenagem de um tanque, desejamos determinar quanto tempo leva para drenar o tanque.

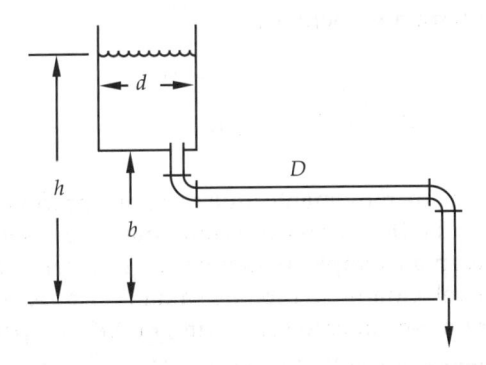

■ **Figura 5.15** O problema de drenagem transiente de um tanque.

Conforme indicado na Figura 5.15, o tanque é circular e apresenta um diâmetro d. O diâmetro do tubo é D, e a distância da saída dele para a superfície livre do líquido no tanque é h. A distância da base do tanque para a saída do tubo é b, o que é uma constante. Identificamos a superfície livre do líquido no tanque como seção 1, e a saída do tubo como seção 2. A equação que relaciona áreas e velocidades em qualquer tempo é

$$A_1 V_1 = A_2 V_2.$$

Assim, em qualquer tempo e profundidade, a velocidade da superfície do líquido em 1 (V_1), em termos de velocidade no tubo, é fornecida por

$$V_1 = \frac{A_2}{A_1} V_2. \tag{5.38}$$

A equação de Bernoulli modificada, escrita a partir de 1 (superfície livre no tanque) até 2 (saída do tubo), é

$$\frac{p_1}{\rho g} + \frac{V_1^2}{2g} + z_1 = \frac{p_2}{\rho g} + \frac{V_2^2}{2g} + z_2 + \frac{fL}{D_h}\frac{V_2^2}{2g} + \Sigma K \frac{V_2^2}{2g}.$$

Avaliando propriedades, temos

$$p_1 = p_2 = p_{atm} \qquad z_2 = 0 \qquad z_1 = h \qquad V_2 = V.$$

Substituindo esses valores e a Equação 5.38, a equação de Bernoulli modificada torna-se

$$\left(\frac{A_2}{A_1}\right)^2 \frac{V^2}{2g} + h = \frac{V^2}{2g} + \left(\frac{fL}{D} + \Sigma K\right)\frac{V^2}{2g}$$

que simplifica para

$$h = \frac{V^2}{2g}\left[1 - \left(\frac{A_2}{A_1}\right)^2 + \frac{fL}{D} + \Sigma K\right].$$

Resolvendo para a velocidade,

$$V = \left[\frac{2gh}{1 - (A_2/A_1)^2 + fL/D + \Sigma K}\right]^{1/2}. \tag{5.39}$$

Essa é a equação de movimento, que relaciona profundidade no tanque à velocidade do fluxo de saída. [É interessante comparar esse resultado ao obtido usando várias simplificações; por exemplo, presumindo que a velocidade na seção 1 (V_1) seja muito menor que a velocidade no tubo de saída (V_2), a razão de área é desprezível. Além do mais, para o escoamento sem atrito, f e ΣK desaparecem. Incorporando as duas suposições, temos o resultado familiar: $V = \sqrt{2gh}$.]

Em seguida, escreveremos a equação de continuidade transiente para o líquido do tanque:

$$0 = \frac{\partial m}{\partial t} + \iint_{cs} \rho V_n \, dA. \tag{5.40}$$

em que $\partial m/\partial t$ é a variação de massa no tanque. O termo integral deve ser avaliado nos locais em que a massa sai do tanque e em que a massa entra no tanque. A massa do líquido no tanque a qualquer momento é

$$m = \rho V\!\!\!\!/ = \rho \frac{\pi d^2}{4}(h - b) = \frac{\pi d^2}{4}\rho h - \frac{\pi d^2}{4}\rho b.$$

A mudança da massa no tanque com relação ao tempo é

$$\frac{\partial m}{\partial t} = \frac{\pi d^2}{4}\rho \frac{dh}{dt}. \tag{5.41}$$

O termo integral torna-se

$$\iint_{cs} \rho V_n dA = \iint_{\text{saída}} \rho V_n dA - \iint_{\text{entrada}} \rho V_n dA.$$

Sem qualquer fluido entrando no tanque, a equação anterior reduz para

$$\iint_{cs} \rho V_n dA = \rho \frac{\pi D^2}{4} V - 0.$$

Substituindo essa equação e a Equação 5.41 na Equação 5.40, temos

$$0 = \frac{\pi d^2}{4} \rho \frac{dh}{dt} + \rho \frac{\pi D^2}{4} V$$

ou

$$0 = A_1 \frac{dh}{dt} + A_2 V.$$

Reorganizando,

$$\frac{dh}{dt} = -\frac{A_2}{A_1} V. \tag{5.42}$$

Para o problema de drenagem do tanque, então, a Equação 5.39 deve ser resolvida simultaneamente com a Equação 5.42, a qual, no entanto, varia com o tempo; o fator de atrito pode não ser constante em toda faixa de interesse de h, a profundidade do líquido, e é por isso que a solução não pode ser obtida diretamente. Observe que a Equação 5.39 é independente das propriedades do fluido. Além do mais, o único local em que as propriedades do fluido têm uma influência é no cálculo do número de Reynolds, que é usado para encontrar o fator de atrito na Equação 5.39.

A fim de resolver um problema de drenagem transiente do tanque com um fator de atrito que não é constante, o procedimento da solução envolve reescrever a Equação 5.27 de forma diferente:

$$\Delta h = -\frac{A_2}{A_1} V \Delta t. \tag{5.43}$$

A solução é obtida começando com uma altura inicial h e substituindo na Equação 5.39. O número de Reynolds e a rugosidade relativa são calculados e, por tentativa e erro, o fator de atrito, bem como a velocidade, são encontrados. Um pequeno aumento de tempo Δt é selecionado apropriadamente e esses parâmetros são substituídos na Equação 5.43. O valor de Δh é calculado e adicionado à altura inicial h para encontrar uma nova altura, que é então substituída na Equação 5.39 e o procedimento é repetido. Por fim, o valor final de h é alcançado e os cálculos são concluídos. Os resultados fornecem valores de altura h e a velocidade no tubo V versus o tempo t.

Exemplo 5.7.

Um tanque com diâmetro de 200 mm (= d) da Figura 5.15 contém clorofórmio e está sendo drenado por sistema de tubulação conectado nele. O tubo em si é feito de aço comercial nominal de 3" schedule 40 e tem 25 m de comprimento. Desprezando as perdas secundárias, determine a variação da velocidade e da altura, se a altura h variar a partir de um valor inicial de 2 m até 1,2 m

Solução: Começaremos determinando as propriedades das tabelas apropriadas:

clorofórmio $\quad \rho = 1.470 \text{ kg/m}^3 \quad \mu = 0,53 \times 10^{-3} \text{ N·s/m}^2$

[Apêndice, Tabela B.1]

nom. 3" sch 40 $\quad D = 77,92 \text{ mm} \quad A = 0,00477 \text{ m}^2$

[Apêndice, Tabela D.1]

aço comercial $\quad \varepsilon = 0,046 \text{ mm}$

[Tabela 3.1]

Com o diâmetro do tanque de 0,2 m, calcularemos

$$A_1 = \frac{\pi d^2}{4} = \frac{\pi (0,2)^2}{4} = 0,031\ 42 \text{ m}^2.$$

A razão de área então é

$$\left(\frac{A_2}{A_1}\right)^2 = \left(\frac{47,69 \times 10^{-4}}{0,031\ 42}\right)^2 = 0,023.$$

A Equação 5.43 torna-se

$$\Delta h = -\left(\frac{47,69 \times 10^{-4}}{0,031\ 42}\right) V \Delta t$$

ou

$$\Delta h = -0,151\ 8 V \Delta t. \tag{i}$$

Substituindo as quantidades conhecidas na Equação 5.39, temos

$$V = \left[\frac{2gh}{1 - (A_2/A_1)^2 + fL/D + \Sigma K}\right]^{1/2}$$

$$V = \left[\frac{2(9,81)h}{1 - 0,023 + f(25)/0,077\ 92 + 0}\right]^{1/2}$$

ou

$$V = \left(\frac{19,62h}{320,8f + 0,977}\right)^{1/2}. \tag{ii}$$

O número de Reynolds, em termos de velocidade, é

$$\text{Re} = \frac{\rho V D}{\mu} = \frac{1,47(1.000)V(0,077\ 92)}{0,53 \times 10^{-3}}$$

$$\text{Re} = 2,16 \times 10^5 V.$$

Além disso,

$$\frac{\varepsilon}{D} = \frac{0,004\,6}{7,792} = 0,000\,6 \cdot$$

Começaremos os cálculos fazendo $h = 2$ m, como fornecido no enunciado do problema. Assim,

1ª etapa: $h = 2$ m, então, da Equação ii,

$$V = \left(\frac{19,62(2)}{320,8f + 0,977}\right)^{1/2}$$

Assuma que $f = 0,018$ $V = 2,4$ m/s Re $= 5,2 \times 10^5$.
$f = 0,018$ perto o suficiente

Em seguida, substituiremos na Equação i:

$\Delta h = -0,151\,8 V \Delta t = -0,151\,8(2,4)\,\Delta t$.

Antes de continuar, devemos selecionar um valor para Δt. Sem prova rigorosa, selecionaremos um valor para Δt que resultará pelo menos 10 intervalos de tempo. Selecionar Δt às vezes é uma questão de tentativa e erro. Suponha, por exemplo, que selecionamos $\Delta t = 1$ segundo. Em seguida, encontramos $\Delta h = -0,151\,8(2,4)(1) = -0,36$ m. Para nossa segunda etapa, o valor de h que usaremos será o valor anterior mais Δh: $h = 2 - 0,36 = 1,64$ m. Na segunda ou terceira etapa, o valor de h terá atingido 1,2 m dado no enunciado do problema; assim, $\Delta t = 1$ s é muito grande. Uma melhor seleção é $\Delta t = 0,2$ s. Assim, temos

$\Delta h = -0,151\,8(2,4)(0,2) = -0,073$.

Então $h = 2 - 0,073 = 1,93$ m; e

2ª etapa: $h = 1,93$ m.

Agora, continuaremos usando a Equação ii para encontrar velocidade V e a Equação i para encontrar Δh. Continuaremos dessa forma até que o Δh desejado seja alcançado (a solução é fornecida na Tabela 5.6). As etapas são facilmente concluídas usando uma planilha.

■ Tabela 5.6 A tabela de solução para a drenagem transiente do tanque; $\Delta t = 0,2$ s.

h	f	V	Re	Δh	t
2	0,018	2,399	$5,19 \times 10^5$	−0,0728	0,0
1,93	0,018	2,398	$5,09 \times 10^5$	−0,0728	0,2
1,85	0,018	2,397	$4,99 \times 10^5$	−0,0728	0,4
1,78	0,018	2,396	$4,89 \times 10^5$	−0,0727	0,6
1,71	0,018	2,395	$4,79 \times 10^5$	−0,0727	0,8
1,64	0,018	2,394	$4,68 \times 10^5$	−0,0727	1,0
1,56	0,018	2,393	$4,58 \times 10^5$	−0,0727	1,2
1,49	0,018	2,392	$4,47 \times 10^5$	−0,0726	1,4
1,42	0,018	2,391	$4,35 \times 10^5$	−0,0726	1,6
1,35	0,018	2,389	$4,24 \times 10^5$	−0,0725	1,8
1,27	0,018	2,388	$4,12 \times 10^5$	−0,0725	2,0
1,20	0,018	2,386	$4,00 \times 10^5$	−0,0724	2,2

Seguimos essa solução progressiva, pois o fator de atrito f pode variar com o tempo. Nesse exemplo, porém, o fator de atrito era constante, pois o escoamento no tubo é altamente turbulento. No entanto, se estivéssemos em uma região de transição, f não seria uma constante e o método numérico seria a única maneira de se obter uma solução.

Conforme mencionado no exemplo anterior, um método de solução progressiva deve ser usado em problemas em que o fator de atrito f não seja constante; porém, quando for constante, podemos formular outra solução. Para o problema de drenagem de um tanque, a equação de Bernoulli modificada e a equação de continuidade transiente, derivada anteriormente, se tornariam

$$V = \left[\frac{2gh}{1 - (A_2/A_1)^2 + fL/D + \Sigma K} \right]^{1/2} \tag{5.44}$$

$$\Delta h = -\frac{A_2}{A_1} V \Delta t. \tag{5.45}$$

Para simplificar a álgebra, a Equação 5.44 é reescrita como

$$V = \left[\frac{2gh}{C} \right]^{1/2}. \tag{5.46}$$

em que a constante C é definida como

$$C = 1 - (A_2/A_1)^2 + fL/D + \Sigma K. \tag{5.47}$$

Combinando a Equação 5.46 com a Equação 5.42, temos

$$\frac{dh}{dt} = -\left(\frac{A_2}{A_1}\sqrt{\frac{2g}{C}}\right) h^{1/2}.$$

Separando as variáveis,

$$\frac{dh}{h^{1/2}} = -\left(\frac{A_2}{A_1}\sqrt{\frac{2g}{C}}\right) dt.$$

Podemos integrar essa equação de tempo = 0, correspondendo à altura = h_o, para um tempo futuro = t, correspondendo a uma altura do líquido h:

$$\int_{h_o}^{h} \frac{dh}{h^{1/2}} = -\int_0^t \left(\frac{A_2}{A_1}\sqrt{\frac{2g}{C}}\right) dt.$$

Integrando,

$$2(h^{1/2} - h_o^{1/2}) = -\left(\frac{A_2}{A_1}\sqrt{\frac{2g}{C}}\right) t.$$

Reorganizar e resolver para altura h resulta

$$h = \left[h_0^{1/2} - \left(\frac{A_2}{2A_1} \sqrt{\frac{2g}{C}} \right) t \right]^2. \tag{5.48}$$

Essa equação fornece a altura h no tanque a qualquer momento para um fator de atrito que seja constante, com C fornecido pela Equação 5.47. Portanto, h versus t é encontrado com a Equação 5.48, e V versus t é encontrado com a Equação 5.46.

É interessante comparar os resultados obtidos com a Equação 5.48 com aqueles obtidos com o método de solução progressiva. O método é ilustrado no próximo exemplo.

Exemplo 5.8.

Determine o tempo que leva para drenar o tanque do exemplo anterior de uma altura h de 2 m a 1,2 m, presumindo que possa ser aplicada a formulação de fator de atrito constante.

Solução: Depois de concluídos os cálculos do exemplo anterior, sabemos que o fator de atrito é constante, mas suponha que não soubéssemos disso. A questão refere-se a como deveríamos proceder. Primeiro, chegaremos na Equação ii de maneira usual:

$$V = \left(\frac{19{,}62h}{320{,}8f + 0{,}977} \right)^{1/2} \qquad \text{(Equação ii, Exemplo 5.7)}.$$

Em seguida, substituiremos $h = 2$ m e $h = 1{,}2$ m (os limites em h dados no enunciado do problema), para calcular a velocidade e o fator de atrito. Fazendo isso, vemos que $f = 0{,}018$ durante o intervalo de tempo de interesse. Em seguida, poderíamos calcular

$$C = \left[1 - \left(\frac{A_2}{A_1} \right)^2 + \frac{fL}{D} + \Sigma K \right] = \left[1 - 0{,}023 + \frac{0{,}018(25)}{0{,}077\,92} + 0 \right]$$

$$C = 6{,}752.$$

Substituindo na Equação 5.48, encontramos

$$h = \left[h_0^{1/2} - \left(\frac{A_2}{2A_1} \sqrt{\frac{2g}{C}} \right) t \right]^2$$

$$h = \left[2^{1/2} - \left(\frac{0{,}151\,8}{2} \sqrt{\frac{2(9{,}81)}{6{,}752}} \right) t \right]^2$$

ou

$$h = (1{,}414 - 0{,}129\,4t)^2.$$

Podemos usar essa equação para obter a altura h no tanque a qualquer tempo t.

A solução progressiva indica que, quando $h = 1{,}2$ m, o tempo necessário é 2,2 s. A equação anterior é usada para fazer o mesmo cálculo:

$$1{,}2 = (1{,}414 - 0{,}1294t)^2.$$

Resolvendo para o tempo, temos

$t = 2{,}46 \text{ s}$.

O erro é de aproximadamente 10%, o que pode ser atribuído às aproximações feitas no método progressivo.

5.5 Resumo

Neste capítulo, consideramos o escoamento em uma rede de tubulação e desenvolvemos um método para solucionar problemas de rede. Também desenvolvemos um método para analisar escoamentos em tubulação paralela e estudamos vários medidores de vazão. Concluímos o capítulo examinando o escoamento transiente de drenagem em tanques.

5.6 Mostrar e contar

1. Localize na internet programas de computador ou soluções de planilhas para redes e elabore um relatório de seus achados.
2. Encontre exemplos de redes de tubulação e elabore esboços; crie relatórios sobre seus achados.
3. Outro método de modelar o escoamento em uma rede de tubulação envolve o uso da equação de Hazen-Williams. O que é essa equação e como essa abordagem difere daquela apresentada neste capítulo?
4. Localize na internet programas de computador ou soluções de planilhas para tubulação em paralelo e elabore um relatório de seus achados.
5. Obtenha um manual técnico de medidores de vazão ou um texto de referência e elabore uma breve apresentação sobre os medidores relacionados a seguir, mostrando detalhes de construção recomendados e o coeficiente de perda aplicável. Inclua informações para líquidos, vapores e gases.
   a) Medidor Venturi
   b) Medidor de orifício
   c) Medidor tipo bocal
   d) Medidor de cotovelo
6. Forneça uma apresentação sobre como os medidores relacionados a seguir funcionam e vários detalhes sobre eles, como tipo de fluido, materiais de construção, perdas de energia esperadas etc.
   a) Medidor de vibração de um disco
   b) Medidor de vazão de alvo
   c) Medidor de vazão magnético
   d) Medidor de vórtice
   e) Rotâmetro
7. Foi mencionado no capítulo que existe um manual técnico sobre medidores de vazão da Asme. Consulte vários textos sobre medidores e determine se outras organizações publicaram recomendações sobre uma variedade de medidores de vazão. Forneça uma breve apresentação de seus achados.
8. A ISA (Instrument Society of America – Sociedade de Instrumentação da América) publica informações sobre medidores de vazão. Obtenha informações junto à ISA sobre calibração de medidor e elabore relatórios sobre seus achados.

5.7 Problemas

Redes de tubulação

1. Determine a vazão em cada linha para o sistema de tubulação mostrado na Figura P5.1. A água é o fluido em movimento no sistema e o tubo é de aço comercial, todos schedule 40. Despreze as perdas secundárias. Os dados são:

Número da tubulação	Diâmetro nominal	L em m
1	3	15
2	2	12
3	2	15
4	3	12
5	2	15
6	2	12
7	1	15

Vazões	m³/s
$Q_{entrada1}$ =	3,300
$Q_{entrada2}$ =	3,300
$Q_{saída1}$ =	0,891
$Q_{saída2}$ =	5,100
$Q_{saída3}$ =	0,669

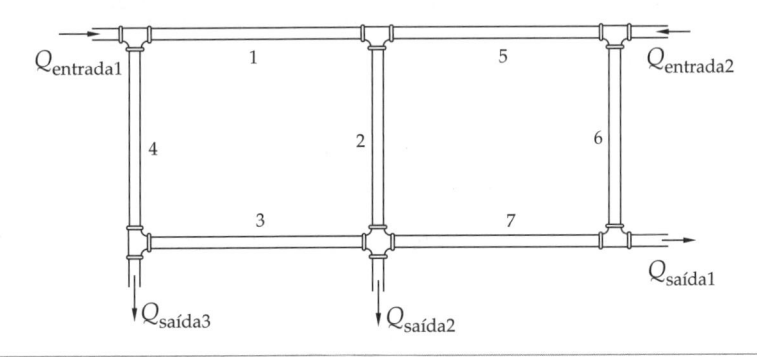

■ Figura P5.1

2. Para o sistema de tubulação mostrado na Figura P5.2, determine a vazão em cada linha. O fluido em movimento no sistema é querosene e o tubo é de aço comercial, todos schedule 40. Despreze as perdas secundárias. Os dados são:

Número da tubulação	Diâmetro nominal	L em m
1	4	30
2	2	160
3	3	100
4	4	110
5	4	100
6	3	110
7	3	30

Vazões	m³/s
$Q_{entrada1}$ =	0,2
$Q_{entrada2}$ =	0,15
$Q_{saída1}$ =	0,15
$Q_{saída2}$ =	0,1
$Q_{saída3}$ =	0,1

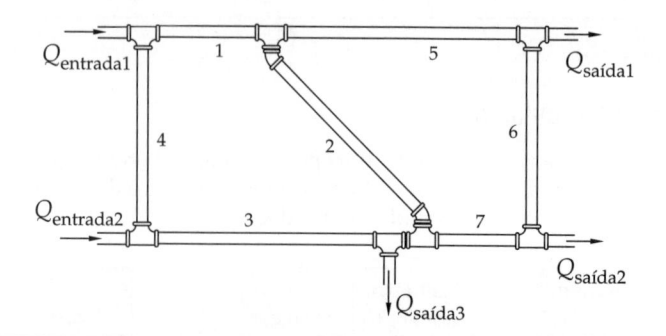

■ Figura P5.2

3. Para o sistema de tubulação mostrado na Figura P5.3, determine a vazão em cada linha. O fluido em movimento no sistema é tetracloreto de carbono e o tubo é de aço comercial, todos schedule 40. Despreze as perdas secundárias. Os dados são:

Número da tubulação	Diâmetro nominal	L em m
1	1	10
2	½	20
3	1	10
4	1	20
5	¾	30
6	¾	15
7	¾	15

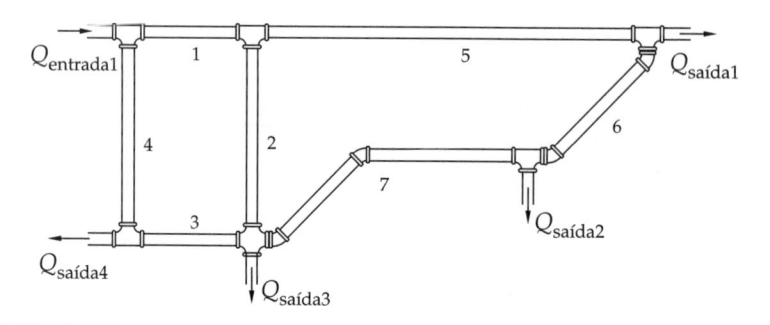

Vazões	m³/s
$Q_{entrada1}$ =	0,4
$Q_{saída1}$ =	0,1
$Q_{saída2}$ =	0,1
$Q_{saída3}$ =	0,1
$Q_{saída4}$ =	0,1

■ Figura P5.3

4. Para o sistema de tubulação mostrado na Figura P5.3, determine a vazão em cada linha. O fluido em movimento no sistema é óleo de rícino e o tubo é de aço comercial, todos schedule 40. Despreze as perdas secundárias. Os dados são:

Número da tubulação	Diâmetro nominal	L em m
1	4	10
2	4	20
3	4	10
4	4	20
5	4	30
6	4	15
7	4	15

Vazões	m³/s
$Q_{entrada1}$ =	0,004
$Q_{saída1}$ =	0,001
$Q_{saída2}$ =	0,001
$Q_{saída3}$ =	0,001
$Q_{saída4}$ =	0,001

5. Para o sistema de tubulação mostrado na Figura P5.5, determine a vazão em cada linha. O fluido em movimento no sistema é etilenoglicol e o tubo é de aço comercial. Despreze as perdas secundárias. Os dados são:

Número da tubulação	Diâmetro nominal	L em m
1	0,02664	30
2	0,02093	30
3	0,02664	30
4	0,02664	30
5	0,02093	20
6	0,02093	30
7	0,02093	20

Vazões	m³/s
$Q_{entrada1}$ =	0,050
$Q_{saída1}$ =	0,010
$Q_{saída2}$ =	0,020
$Q_{saída3}$ =	0,020

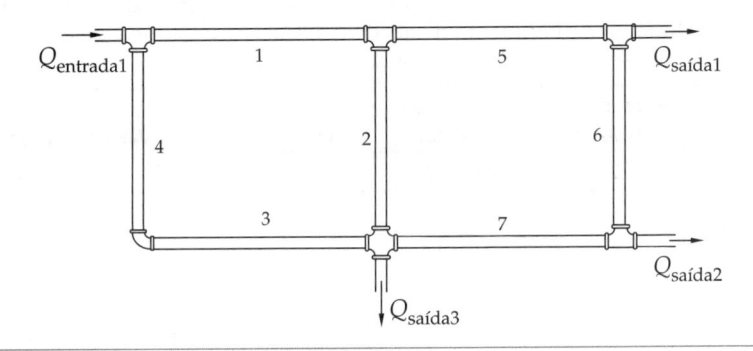

■ Figura P5.5

6. Para o sistema de tubulação mostrado na Figura P5.6, determine a vazão em cada linha. O fluido em movimento no sistema é acetona e o tubo é de aço comercial. Despreze as perdas secundárias. Os dados são:

Número da tubulação	Diâmetro nominal	L em m
1	0,05252	50
2	0,04090	30
3	0,05252	50
4	0,04090	30
5	0,02093	42
6	0,05252	30

Vazões	m³/s
$Q_{entrada1}$ =	0,100
$Q_{saída1}$ =	0,040
$Q_{saída2}$ =	0,010
$Q_{saída3}$ =	0,010
$Q_{saída4}$ =	0,040

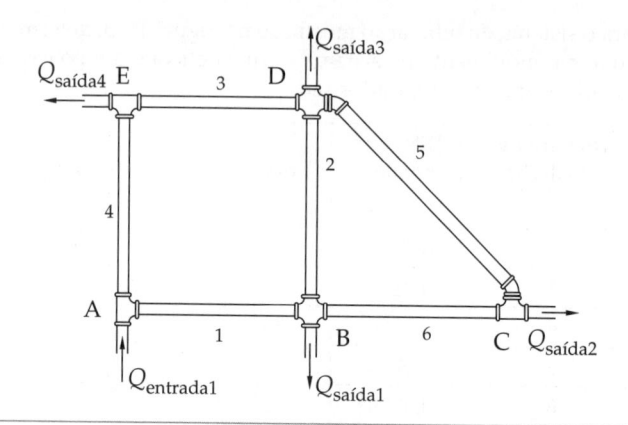

■ **Figura P5.6**

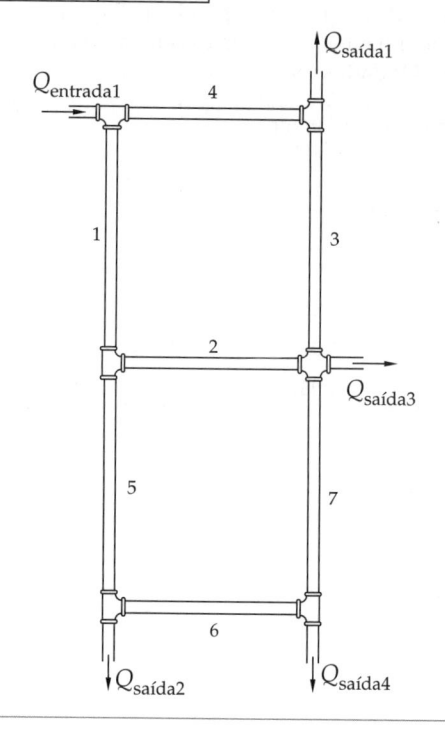

7. Para o sistema de tubulação mostrado na Figura P5.7, determine a vazão em cada linha. O fluido em movimento no sistema é benzeno e o tubo é de aço comercial. Despreze as perdas secundárias. Os dados são:

Número da tubulação	Diâmetro nominal	L em m
1	0,02664	10
2	0,02093	30
3	0,02664	10
4	0,02664	30
5	0,02093	40
6	0,02093	30
7	0,02093	40

Vazões	m³/s
$Q_{entrada1}$ =	0,100
$Q_{saída1}$ =	0,040
$Q_{saída2}$ =	0,025
$Q_{saída3}$ =	0,020
$Q_{saída4}$ =	0,015

■ **Figura P5.7**

8. Para o sistema de tubulação mostrado na Figura P5.8, determine a vazão em cada linha. O fluido em movimento no sistema é octano e o tubo é de aço comercial, todos schedule 40. Despreze as perdas secundárias. Os dados são:

Número da tubulação	Diâmetro nominal	L em m
1	6	100
2	4	80
3	6	100
4	6	80
5	6	30
6	2	80
7	4	30
8	4	70
9	4	80
10	4	70

Vazões	m³/s
$Q_{entrada1}$ =	0,5
$Q_{saída1}$ =	0,2
$Q_{saída2}$ =	0,1
$Q_{saída3}$ =	0,1
$Q_{saída4}$ =	0,05
$Q_{saída5}$ =	0,05

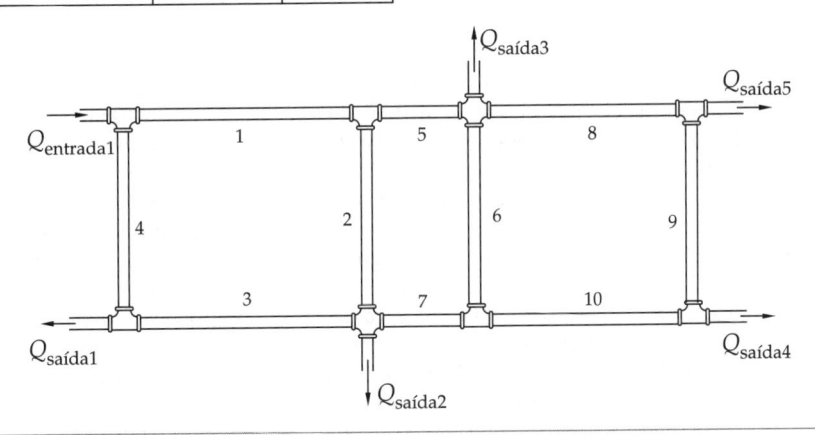

■ Figura P5.8

Tubos em paralelo

9. A Figura P5.9 mostra um sistema de tubulação em paralelo que conduz aguarrás para um tanque de mistura, onde o produto é utilizado para preparar solvente de tinta. A aguarrás deve ser fornecida a uma vazão de $6{,}31 \times 10^{-3}$ m³/s ($=Q_{saída}$). A linha 1 é feita de tubo nominal de 2" com 45,7 m de comprimento de A a B. A linha 2 é de tubo nominal de 1½" com 38,1 m de comprimento. Ambas as linhas são de aço inoxidável schedule 40. A válvula na linha 1 é valvula do tipo globo, de abertura integral, e todas as conexões são rosqueadas. A pressão em B deve ser 170 kPa (abs), conforme necessário para o processo de mistura. Determine a vazão em cada linha e a pressão em A.

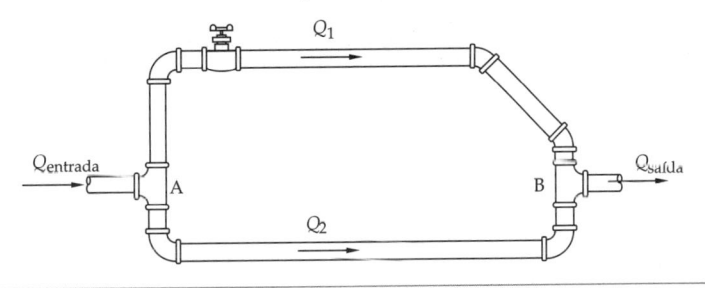

■ Figura P5.9

10. A Figura P5.10 mostra um sistema de tubulação em paralelo que conduz óleo a ser usado para resfriamento em uma operação de usinagem. O óleo, que tem as mesmas propriedades do querosene, deve ser fornecido a uma vazão de 0,002 m³/s (= $Q_{saída}$). A linha 1 é feita de tubulação de cobre padrão 1 e a linha 2 é tubulação de cobre padrão ¾, ambas do tipo L. A linha 1 tem 50 m de comprimento e a linha 2 tem 30 m. A válvula na linha 1 é valvula do tipo globo, de abertura integral, e a válvula na linha 2 é uma de verificação esférica. Todas as conexões são soldadas. Se a pressão em B for 200 kPa, determine a vazão em cada linha e a pressão em A.

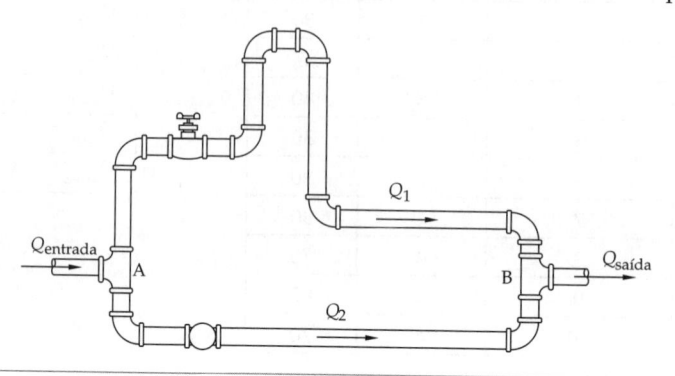

■ Figura P5.10

11. Um tanque elevado que contém óleo (Sp. Gr. – 0,888, $v – 9 \times 10^{-4}$ m²/s) drena através de uma linha de escoamento que se divide em duas outras, como se vê na Figura P5.11, e cada linha fornece óleo às engrenagens de um eixo giratório dentro da máquina. Os rolamentos devem ser lubrificados continuamente e, a jusante destes, as linhas de escoamento juntam-se e conduzem a um segundo tanque. As linhas de escoamento são de tubulação de cobre trefilado padrão ½ tipo M, com conexões regulares, todas soldadas juntas, e ambos os rolamentos apresentam coeficiente de perda de 10. A linha de escoamento à esquerda (de A a B) tem 9,14 m de comprimento e, dada a presença de vários componentes na máquina, segue o caminho mostrado. A linha à direita (A a B) tem apenas 4,57 m de comprimento e a distância z é 3,66 m. Ambas as válvulas são de esfera. Determine a vazão do óleo em cada rolamento. Além disso, redesenhe o sistema hidráulico, mostrando as conexões soldadas. Considere a distância do tanque superior até A como 305 mm e de B para o tanque inferior como 254 mm.

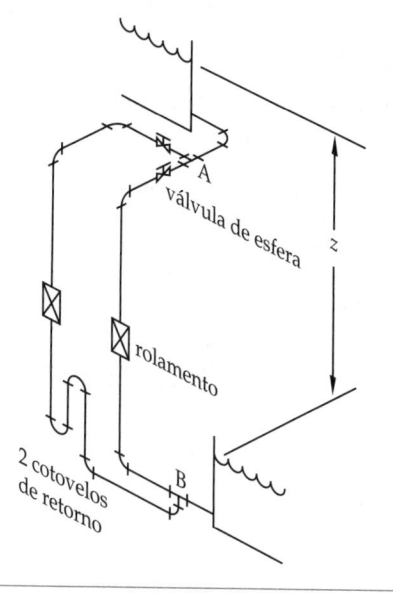

■ Figura P5.11

12. A Figura P5.12 mostra um sistema de pulverização para enxaguar partes de um carro em um lava-jato. Na seção 1, a pressão medida por um medidor é 344,7 kPa (manométrica). A água é direcionada pela válvula de abertura, depois em um medidor (K = 6) que registra o escoamento total entregue. A jusante do medidor, a linha de escoamento se divide na seção A. Uma linha leva ao bocal em B (K = 30), enquanto a outra linha é direcionada para o teto e volta a descer para um bocal (K = 30) em C, que tem a mesma elevação que B. Ambos os bocais expandem a água até a pressão atmosférica na forma de *sprays*. A linha de escoamento é uma tubulação de cobre trefilado padrão ¾ tipo M, com todas as conexões soldadas. As medidas de comprimento dos tubos são: 2,5 m no tubo de 1 para A; 1 m no tubo de A para B; e 7 m no tubo de A para C. Determine a vazão da água entregue em cada bocal. Redesenhe o sistema mostrando as conexões soldadas.

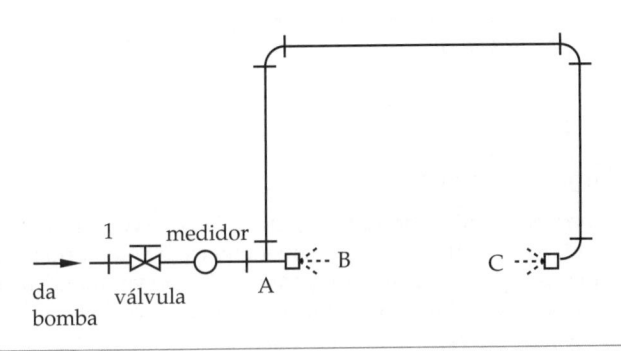

■ Figura P5.12

13. A Figura P5.13 mostra duas visões (a e b) de uma tubulação que conecta dois tanques. A configuração original é a mostrada em (a), mas como se pretende aumentar a vazão de um tanque para outro, foi proposto adicionar uma volta, conforme indicado em (b). A linha original é de aço comercial nominal de 4" schedule 40 e a volta é de aço comercial nominal de 3" schedule 40. (a) Determine a vazão de tanque a tanque no sistema original. (b) Determine a vazão de tanque a tanque no sistema modificado. A adição de uma segunda linha aumentou a vazão? (c) No desenho da tubulação, parece que foram usadas conexões rosqueadas, mas ela deveria ser montada com conexões de união. Então, (d) onde as conexões de união deveriam ser colocadas? (e) Redesenhe os sistemas mostrando as conexões soldadas. Com conexões de união são necessárias com as conexões soldadas? Outras informações: o líquido é aguarrás; a linha original mede 250 m de comprimento; um filtro tipo cesto; 2 cotovelos; uma válvula de abertura integral. Volta: da junta T para a junta T, a linha nominal de 4" tem 150 m de comprimento; a linha nominal de 3" tem apenas 100 m de comprimento. O comprimento do tanque a montante até a primeira junta T é 90 m. A linha da volta contém dois cotovelos de 45°, válvula de abertura integral e um cotovelo de 90°. A distância h é 1 m.

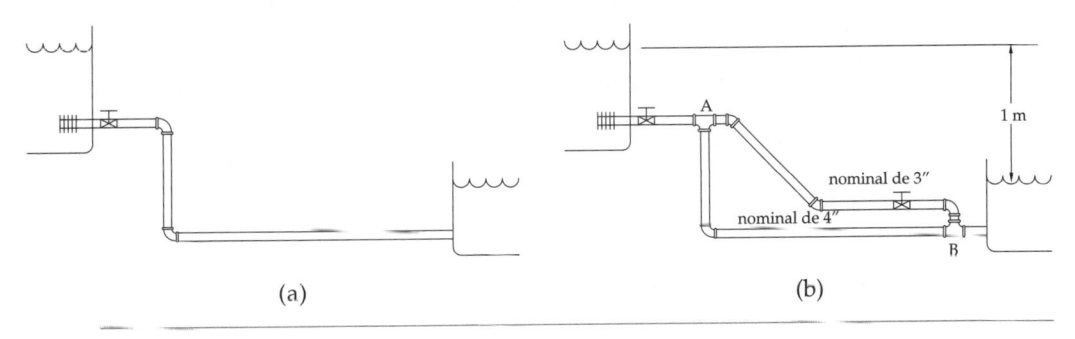

(a)   (b)

■ Figura P5.13

14. Um tubo de cobre padrão 2 tipo K, posicionado horizontalmente, mede 457 m de comprimento e conduz querosene a uma vazão de $4,1 \times 10^{-3}$ m³/s. (a) Determine a queda de pressão correspondente. A tubulação é modificada pela adição de uma volta feita de tubo de cobre padrão 1½ tipo K com apenas 274 m de comprimento. (b) Nesse caso, qual é o aumento esperado na vazão no sistema para a mesma queda de pressão que na tubulação original? Despreze as perdas secundárias. (Veja Figura P5.14.)

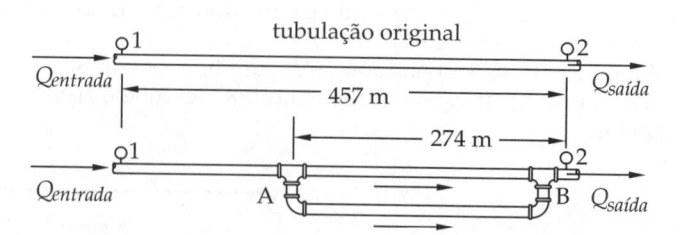

■ **Figura P5.14**

Medidores de vazão

15. Um medidor Venturi de 12 × 10 (schedule 20) é colocado em um escoamento horizontal que conduz óleo de linhaça e um manômetro de mercúrio é conectado a ele. Determine a leitura esperada no manômetro para uma vazão volumétrica de 1,5 m³/s. Um manômetro com 1 m de altura funcionará ou, em vez dele, seria melhor usar medidores de pressão?
16. Tetracloreto de carbono flui em uma linha que contém um medidor Venturi de 10 × 8 (schedule 40). O medidor é inclinado de um ângulo de 30° da horizontal, com escoamento na direção descendente, e um manômetro de mercúrio conectado a ele lê 127 mm. Determine a vazão no medidor para um coeficiente de descarga de 0,984.
17. Um medidor Venturi (1 × ½) é calibrado no laboratório usando água como fluido de trabalho e um manômetro de tubo U invertido, usando ar sobre água. Os dados obtidos são:

Q_{ac} em m³/s	Δh em mm de H_2O	Q_{ac} em m³/s	Δh em mm de H_2O
$5,66 \times 10^{-5}$	10,2	$2,4 \times 10^{-4}$	68,6
$1,14 \times 10^{-4}$	22,9	$2,83 \times 10^{-4}$	96,5
$1,58 \times 10^{-4}$	33,0	$3,14 \times 10^{-4}$	116,8
$1,83 \times 10^{-4}$	40,6	$3,79 \times 10^{-4}$	147,3
$2,21 \times 10^{-4}$	58,4		

   a. Elabore um gráfico da vazão real *versus* Δh.
   b. Elabore um gráfico da vazão teórica *versus* Δh nos mesmos eixos da parte a.
   c. Elabore um gráfico $C_v (= Q_{ac}/Q_{th})$ *versus* Re $(= 4\rho Q_{ac}/\pi D_2 \mu)$ em papel semilog.

18. Um medidor de orifício (D1 – 26 mm e D_o – 15,9 mm) é calibrado no laboratório usando água como fluido de trabalho e com um manômetro de tubo U invertido, com ar sobre água. Os dados são:

Q_{ac} em m³/s	Δh em mm de H_2O	Q_{ac} em m³/s	Δh em mm de H_2O
$5,68 \times 10^{-5}$	7,62	$2,4 \times 10^{-4}$	150
$1,135 \times 10^{-4}$	38,1	$2,84 \times 10^{-4}$	203
$1,588 \times 10^{-4}$	58,4	$3,15 \times 10^{-4}$	249
$1,83 \times 10^{-4}$	83,8	$3,79 \times 10^{-4}$	295
$2,21 \times 10^{-4}$	114,3		

   a. Elabore um gráfico da vazão real *versus* Δh.
   b. Nos mesmos eixos da parte a, elabore um gráfico para vazão teórica *versus* Δh.
   c. Desenhe $C_o (= Q_{ac}/Q_{th})$ *versus* Re $(= 4\rho Q_{ac}/\pi D_o \mu)$ em papel semilog.

19. Um tubo nominal de 10" schedule 40 contém um medidor de orifício com um diâmetro de 152,4 mm. Heptano flui pelo medidor e a queda de pressão medida com um manômetro de ar sobre heptano é 1,83 m.
   a. Determine a vazão volumétrica real se forem usadas tomadas nos flanges.
   b. Determine a vazão volumétrica real se forem usadas tomadas de canto.
20. Octano flui por uma linha horizontal que contém um medidor de orifício com tomadas de canto. A linha de escoamento é nominal de 6" schedule 40 e o diâmetro do furo na placa é de 100 mm. Determine a queda de pressão esperada em kPa para uma vazão de 0,03 m³/s.
21. Um aqueduto horizontal é feito de tubo nominal de 12" schedule 160 e conduz água a 0,0473 m³/s. Um medidor de orifício é colocado na linha para medir a vazão. Considerando que a queda de pressão desejada para a instalação não deve ser maior que 10,35 kPa, qual deve ser o diâmetro do orifício na placa para atender a essa condição? Use tomadas $1D$ e $½D$.
22. Repita o Problema 21 usando tomadas nos flanges.
23. Repita o Problema 21 usando tomadas de canto.
24. A Figura P5.24 mostra um medidor de bocal colocado em uma linha de escoamento com tomadas de parede. Uma das muitas equações para coeficiente de descarga é a seguinte:

$$C_n = 0,19436 + 0,152\,884(\ln Re) - 0,009\,778\,5(\ln Re)^2 + 0,000\,209\,03(\ln Re)^3,$$

em que $Re = 4\rho Q_{ac}/\pi D_2 \mu$ e D_2 = diâmetro da garganta. Determine o diâmetro $D2$ necessário para atender às condições para os parâmetros de escoamento a seguir:

Tubo nominal de 12" schedule 160
água a 0,0473 m³/s
A queda de pressão não deve ser maior do que 10,35 kPa.

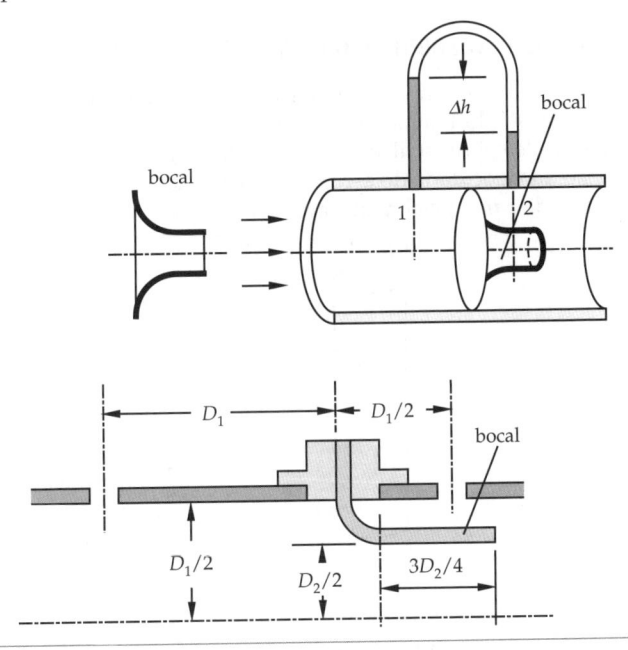

■ Figura P5.24

25. Construa, em papel semilog, um gráfico do coeficiente de orifício C_o versus Re para $\beta = 0,2$, 0,3, 0,4, 0,5 e 0,6 usando a equação de Stolz. Deixe o número de Reynolds variar de 10^3 a 10^7 e presuma que tomadas de canto sejam usadas.
26. Construa, em papel semilog, um gráfico do coeficiente do bocal C_n versus Re, usando a seguinte equação (mesma que no Problema 24):

$$C_n = 0{,}194\,36 + 0{,}152\,884(\ln Re) - 0{,}009\,778\,5(\ln Re)^2$$
$$+ 0{,}000\,209\,03(\ln Re)^3$$

Deixe que o número de Reynolds varie de 10^3 até 10^7.

27. O ar flui por uma linha de escoamento que contém um medidor Venturi de $2 \times 1½$. A montante a pressão é 103,4 kPa (manométrica), a temperatura do ar é 32 °C e a velocidade é 30,5 m/s. Calcule a pressão esperada na garganta.

28. O oxigênio flui por uma linha de escoamento nominal de 6" schedule 40 e a vazão é medida com um medidor de orifício. A razão de diâmetros é 0,8, a temperatura da linha é 25 °C e os sensores de pressão manométrica conectados ao medidor fornecem leituras de 150 kPa e 140 kPa. Qual é a vazão no medidor?

29. Um medidor de cotovelo nominal de 4" schedule 40 é colocado em uma linha de escoamento horizontal que conduz óleo de linhaça. Um manômetro de tubo em U (ar sobre óleo) é conectado ao medidor. Determine a leitura esperada no manômetro para uma vazão volumétrica de 0,015 m^3/s.

30. Acetona está fluindo em uma linha nominal de 1" schedule 40 que contém um medidor de cotovelo, e um manômetro (ar sobre acetona) conectado ao medidor lê 127 mm. Determine a vazão no medidor.

31. Octano flui por uma linha que contém um medidor de cotovelo. A linha de escoamento é um tubo nominal de 8" schedule 40. Para uma vazão de 0,0315 m^3/s, determine a queda de pressão esperada dentro do medidor em kPa.

32. Um aqueduto horizontal feito de tubo nominal de 12" schedule 160 conduz água a 0,0473 m^3/s, e um medidor de cotovelo é colocado na linha para medir a vazão. Encontre a queda de pressão para essa instalação.

33. Construa, em papel semilog, um gráfico de K *versus* número de Reynolds para um medidor de cotovelo. Deixe o número de Reynolds variar de 1×10^3 a 1×10^7.

Problemas de drenagem de um tanque

34. Um tanque com 0,3 m de diâmetro, conforme indicado na Figura P5.34, contém álcool etílico, que sai do tanque por um tubo conectado (entrada de borda quadrada) feito de tubulação de cobre trefilado padrão ½ tipo K com 12 m de comprimento. Determine a variação da velocidade do escoamento na saída, com tempo para uma altura de líquido h que varia de 1 m, inicialmente, até 0,3 m.

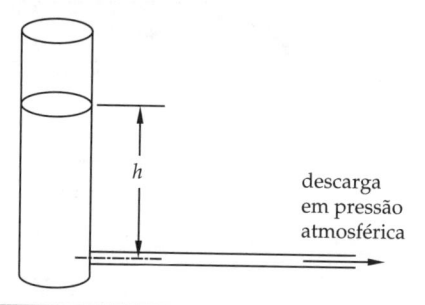

■ Figura P5.34

35. A Figura P5.35 mostra um tanque que contém gasolina (presumindo as mesmas propriedades do octano). O tanque apresenta uma seção transversal de 140 mm × 216 mm e altura de 140 mm. Ao lado desse tanque está soldada uma tubagem de cobre trefilado com diâmetro interno de 6,35 mm com 610 mm de comprimento (entrada de borda quadrada), através da qual a gasolina drena e é descartada na atmosfera. Determine a variação da velocidade do efluxo, com tempo para uma altura de líquido h que varia de 102 mm a 12,7 mm.

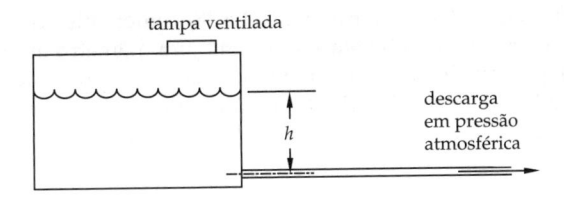

■ **Figura P5.35**

36. A água flui de um grande tanque (seção transversal de 3,66 m × 3,66 m) por um sistema de tubulação definido na Figura P5.36. As alturas h_1 e h_2 são 3,05 m e 3,66 m, respectivamente, e o tubo é de aço comercial nominal de 1" schedule 40. A válvula gaveta está totalmente aberta, e o bocal na saída tem um diâmetro interno de 12,7 mm. O tubo está conectado ao tanque com uma entrada de borda quadrada, e todas as conexões são rosqueadas e regulares. Determine a variação da velocidade, com tempo para uma altura de líquido h_1 que varia de 3,05 m a 152 mm. O comprimento do tubo é 4,57 m.

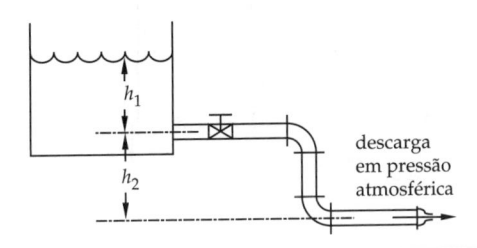

■ **Figura P5.36**

37. A Figura P5.37 mostra um tanque posicionado a 1,83 m (= h_2) acima de um plano de referência. Tanques como esse foram muito usados no século XIX como toaletes. Quando o tampão do tanque é retirado, a água é drenada para o toalete por um tubo de aproximadamente 1,83 m de comprimento. O tanque tem 457 mm de largura (= w) por 152 mm na direção da página. Determine a variação da velocidade com a profundidade do líquido no tanque para uma altura de h_1, que varia de 229 mm a 50,8 mm. Despreze as perdas secundárias e considere um diâmetro do tubo como padrão 1¼ tipo K e feito de cobre trefilado.

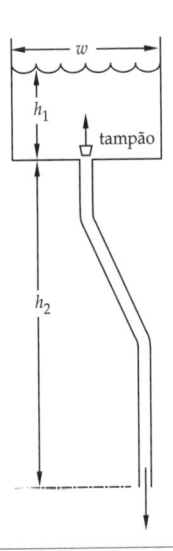

■ **Figura P5.37**

38. Um funil de 45° (= θ) (veja Figura P5.38) contém óleo de linhaça que é drenado por um tubo conectado. O tubo em si apresenta um diâmetro interno de 10 mm (= D) e 600 mm (= h_2) de comprimento, e tanto o funil quanto o tubo são feitos de uma única peça plástica moldada (ε mesmo tipo da tubulação trefilada). Determine a variação da velocidade de saída com o tempo para uma altura h_1 que varia de 160 mm a 40 mm.

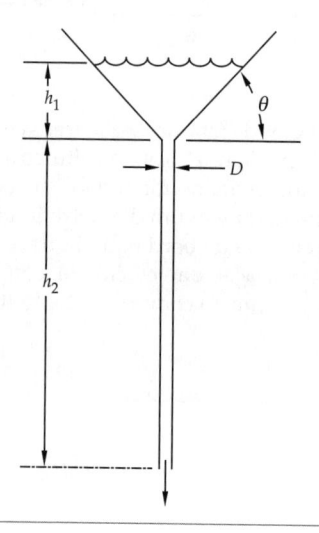

■ Figura P5.38

CAPÍTULO 6

Bombas e sistemas de tubulação

Bombas são dispositivos usados para mover um fluido por uma tubulação, e há vários tipos delas, projetadas para diferentes aplicações. Aqui, examinaremos os tipos disponíveis e apresentaremos orientações úteis para selecionar a bomba ideal para uma tarefa em particular. Discutiremos ainda os métodos para testá-las concentrando-nos exclusivamente em bombas centrífugas; depois, mostraremos como os resultados dos testes são usados para dimensionar o tamanho de uma bomba em uma dada configuração de tubulação. Abordaremos o conceito de cavitação e como ele é evitado com os projetos que incluem cálculo de carga positiva líquida de sucção, e concluiremos com uma seção sobre práticas atuais em projeto.

6.1 Tipos de bombas

Há duas categorias gerais de bombas: dinâmicas e de deslocamento positivo. As bombas dinâmicas costumam possuir componentes rotativos que transmitem energia ao fluido na forma de alta velocidade, alta pressão ou alta temperatura. Já as bombas de deslocamento positivo possuem câmaras de volume fixo, que recebem o fluido bombeado e o descarregam.

As bombas dinâmicas, em geral, são classificadas de acordo com a direção do escoamento dentro delas, relativamente ao eixo de rotação. O fluido escoa por uma **bomba de escoamento axial,** em uma direção paralela ao eixo de rotação das peças móveis, e passa por uma **bomba de escoamento radial**, em uma direção normal ao eixo de rotação da bomba. Em uma **bomba de escoamento misto**, a direção de escoamento do fluido não é puramente axial nem puramente radial, mas uma combinação de ambas as direções.

Uma bomba de escoamento axial, também conhecida como **bomba propulsora** ou **bomba de turbina**, é usada em aplicações de baixa elevação (baixa distância de bombeamento vertical) e seu acionamento pode ser feito por meio de um motor elétrico ou de combustão, que gira um eixo ao qual o impulsor está conectado. Esse eixo giratório é preso em um compartimento, e a passagem do escoamento a jusante do impulsor é vedada por esse compartimento e por um invólucro externo. Em uma bomba de escoamento radial, também conhecida como **bomba centrífuga**, o escoamento passa pelo invólucro, por onde o fluido entra e sai do impulsor giratório na direção radial.

Em alguns projetos de bombas, a descarga de um impulsor entra imediatamente em outro. A bomba de turbina de vários estágios, por exemplo, opera dessa maneira para bombear água para cima: a descarga do primeiro impulsor, ou do mais baixo, entra no segundo, e assim em diante, e os invólucros dos impulsores são parafusados juntos, podendo consistir em diversos estágios desejados. Existem alguns projetos diferentes de impulsores disponíveis para quaisquer bombas mencionadas, incluindo aqueles conhecidos como **impulsores semiabertos** e **impulsores fechados**.

Existem vários projetos de **bombas** de **deslocamento positivo** para vários usos. Um desses projetos é a **bomba alternativa**, por exemplo, destinada a bombear barro ou cimento: um pistão alternativo conduz o fluido por uma válvula de entrada e o move para fora, por uma válvula de descarga, e válvulas de via única na linha de escoamento controlam a direção do escoamento.

Outro projeto é a **bomba de engrenagens giratórias**, que consiste de duas engrenagens casadas, girando dentro de um compartimento; o fluido entra na região entre as duas engrenagens e, à medida que a engrenagem gira, o fluido é impulsionado para dentro do volume entre os dentes adjacentes e o compartimento, sendo descarregado do outro lado do compartimento.

Detalhes a respeito dos projetos das bombas são de responsabilidade de seus fabricantes. Nosso objetivo aqui é examinar como elas são testadas e dimensionadas para uma determinada aplicação.

6.2 Métodos para testar a bomba

Nesta seção, examinaremos um método para testar bombas e usaremos uma bomba centrífuga para fins ilustrativos. A Figura 6.1 mostra uma bomba e o sistema de tubulação. A bomba contém um impulsor dentro de seu compartimento, o qual está conectado ao eixo do motor, que, por sua vez, está montado de forma que fique livre para girar dentro de certos limites. À medida que o motor gira e o impulsor move o líquido pela bomba, o compartimento do motor tende a girar na direção oposta daquela do impulsor. Pesos são colocados no gancho, a fim de que, em qualquer velocidade de rotação, o motor continue em posição de equilíbrio. A quantidade de peso necessária para equilibrar o motor é multiplicada pela distância de seu eixo até o gancho de pesos, dando o *torque* exercido pelo motor.

A *velocidade de rotação* do motor é obtida com qualquer um dos dispositivos disponíveis, e o produto da velocidade de rotação e do torque é a *potência de entrada* que vem do motor para o impulsor.

Medidores nas linhas de entrada e de saída de uma bomba fornecem as *pressões* correspondentes em unidades de pressão manométrica (as medidas estão localizadas em *alturas* conhecidas em relação a um plano de referência), e o medidor de vazão fornece a leitura da *vazão volumétrica* do líquido pela bomba.

A válvula na linha de saída é usada para controlar a vazão volumétrica. Do ponto de vista da válvula, a resistência oferecida por ela simula um sistema de tubulação com uma perda de atrito controlável. Assim, para qualquer posição da válvula em termos de percentual de fechamento, os seguintes dados podem ser obtidos: torque, velocidade de rotação, pressão de entrada, pressão de saída e vazão volumétrica. Esses parâmetros estão resumidos na Tabela 6.1.

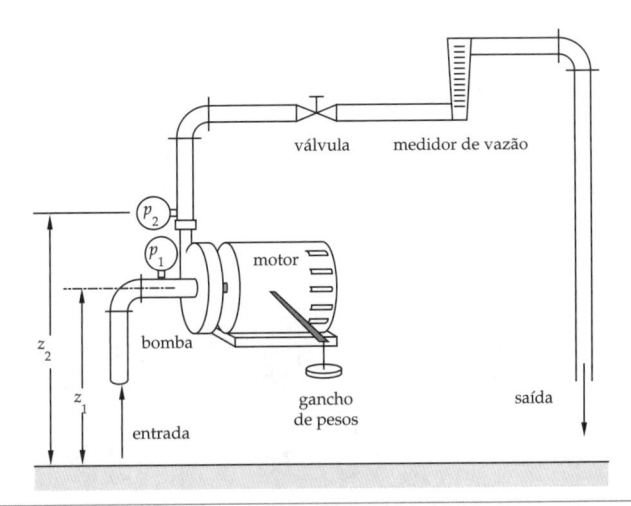

■ **Figura 6.1** Configuração do teste da bomba centrífuga.

■ **Tabela 6.1** Parâmetros de teste da bomba.

Parâmetro	Símbolo	Dados brutos		
		Dimensões	Unidades	
Torque	T	F·L	J = N·m	lbf·ft
Velocidade de rotação	ω	1/T	rad/s	rad/s
Pressão de entrada	p_1	F/L²	kPa	psi (lbf/ft²)
Pressão de saída	p_2	F/L²	kPa	psi (lbf/ft²)
Vazão volumétrica	Q	L³/T	m³/s	ft³/s (gpm)

Os parâmetros usados para caracterizar a bomba são calculados com os dados brutos obtidos do teste, anteriormente relacionados, e são os seguintes: potência de entrada para a bomba, diferença da carga total (de saída menos de entrada), potência exercida no líquido e eficiência. Esses parâmetros estão resumidos na Tabela 6.2.

Os dados brutos são manipulados para obter os dados reduzidos, que, por sua vez, são usados para caracterizar o desempenho da bomba. A potência de entrada para a bomba vinda do motor é o produto do torque e da velocidade de rotação:

■ **Tabela 6.2** Parâmetros de caracterização da bomba.

Parâmetro	Símbolo	Dados reduzidos		
		Dimensões	Unidades	
Potência de entrada	dW_a/dt	F·L/T	W = J/s	ft·lbf/s (hp)
Diferença de carga total	ΔH	L	m	ft
Potência sobre líquido	dW/dt	F·L/T	W	ft·lbf/s (hp)
Eficiência	η	—	—	—

$$-\frac{dW_a}{dt} = T\omega, \qquad (6.1)$$

em que o sinal negativo é acrescentado como convenção. A carga total na seção 1, em que a pressão de entrada é medida (veja Figura 6.1), é definida como

$$H_1 = \frac{p_1}{\rho g} + \frac{V_1^2}{2g} + z_1$$

em que ρ é a densidade do líquido e $V_1 (= Q/A_1)$ é a velocidade da linha de entrada. Da mesma forma, a carga total na posição 2, em que a pressão de saída é medida, é

$$H_2 = \frac{p_2}{\rho g} + \frac{V_2^2}{2g} + z_2.$$

A *diferença* de carga *total* é fornecida por

$$\Delta H = H_2 - H_1 = \frac{p_2}{\rho g} + \frac{V_2^2}{2g} + z_2 - \left(\frac{p_1}{\rho g} + \frac{V_1^2}{2g} + z_1\right). \qquad (6.2)$$

A dimensão da carga H é L (ft ou m). A potência exercida no líquido é calculada com a equação de energia para escoamento permanente aplicada da seção 1 a seção 2:

$$-\frac{dW}{dt} = \frac{\dot{m}g}{g_c}\left[\left(\frac{p_2}{\rho g} + \frac{V_2^2}{2g} + z_2\right) - \left(\frac{p_1}{\rho g} + \frac{V_1^2}{2g} + z_1\right)\right]. \qquad (6.3)$$

Em termos de carga total H, temos

$$-\frac{dW}{dt} = \dot{m}g(H_2 - H_1) = \dot{m}g\,\Delta H. \qquad (6.4)$$

A eficiência é determinada com

$$\eta = \frac{dW/dt}{dW_a/dt} = \frac{\text{potência exercida sobre o líquido — Equação 6.3}}{\text{potência de entrada no impulsor — Equação 6.1}}. \qquad (6.5)$$

A forma como os dados brutos são manipulados para obtenção dos parâmetros da bomba está ilustrado no exemplo a seguir.

Exemplo 6.1.

Uma bomba é testada, como na Figura 6.1, e para uma configuração da válvula na linha de descarga, foram lidos os dados a seguir:

Torque = T = 4,07 N·m

Velocidade de rotação = ω = 30 Hz

Pressão de entrada = p_1 = 20,7 kPa (pressão)

Pressão de saída = p_2 = 138 kPa (pressão)

Vazão volumétrica = Q = 3,47 × 10⁻³ m³/s

Altura do sensor de entrada = z_1 = 610 mm

Altura do sensor de saída = z_2 = 915 mm

Linha do escoamento de entrada = nominal de 2" schedule 40

Linha do escoamento de saída = nominal de 1½" schedule 40

Fluido = água

Calcule os parâmetros pertinentes da bomba.

Solução: A potência transmitida do motor é

$$-\frac{dW_a}{dt} = T\omega$$

$$-\frac{dW_a}{dt} = (4{,}07)(30)\left(2\pi \, \frac{\text{rad}}{\text{rev}}\right),$$

em que é observado que radianos por segundo, em vez de revoluções por segundo, é a unidade apropriada para uso na velocidade de rotação. Resolvendo,

$$-\frac{dW_a}{dt} = 767 \text{ W}.$$

Para calcular a alteração na carga, devemos primeiro determinar a velocidade do líquido nas linhas de entrada e de saída. Para tubo nominal de 2" schedule 40, temos, da Tabela D.1

ID_1 = 52,5 mm $\qquad A = 2{,}165 \times 10^{-3}$ m².

Também, para tubo nominal de 1½" schedule 40,

ID_2 = 40,9 mm $\qquad A = 1{,}314 \times 10^{-3}$ m².

A vazão volumétrica foi medida como

$Q = 3{,}47 \times 10^{-3}$ m³/s.

A velocidade de entrada é

$$V_1 = \frac{Q}{A_1} = \frac{3{,}47 \times 10^{-3}}{2{,}165 \times 10^{-3}} = 1{,}6 \text{ m/s}.$$

A velocidade de saída é

$$V_2 = \frac{Q}{A_2} = \frac{3{,}47 \times 10^{-3}}{1{,}314 \times 10^{-3}} = 2{,}64 \text{ m/s}.$$

A densidade da água é considerada aqui como 1.000 kg/m³. A carga total na seção 1 é

$$H_1 = \frac{p_1}{\rho g} + \frac{V_1^2}{2g} + z_1 = \frac{20{,}7 \times 10^3}{1.000(9{,}81)} + \frac{1{,}6^2}{2(9{,}81)} + 0{,}61$$

ou

H_1 = 2,85 m

Na seção 2,

$$H_2 = \frac{p_2}{\rho g} + \frac{V_2^2}{2g} + z_2 = \frac{138 \times 10^3}{1.000(9,81)} + \frac{2,64^2}{2(9,81)} + 0,915$$

ou

$H_2 = 15,34$ m.

Sensores de pressão manométrica foram usados nos cálculos precedentes, mas é indiferente usar pressão absoluta ou manométrica, pois estamos interessados na diferença de carga, que deve ser a mesma para pressão absoluta ou manométrica. A diferença de carga total é fornecida por

$$\Delta H = H_2 - H_1 = 15,34 - 2,85 = 12,5 \text{ m.}$$

A potência exercida sobre o líquido, conforme evidenciado por sua alteração na pressão, velocidade e altura, é calculada com

$$-\frac{dW}{dt} = \dot{m}g(H_2 - H_1) = \rho Q g (H_2 - H_1).$$

Substituindo,

$$-\frac{dW}{dt} = 1.000(3,47 \times 10^{-3})(9,81)(12,5) = 425,5 \text{ W}.$$

A eficiência é determinada com

$$\eta = \frac{dW/dt}{dW_a/dt} = \frac{425,5}{767}$$

ou $\eta = 0,55 = 55\%$.

A técnica experimental usada para se obter dados depende do método desejado para expressar as características de desempenho. Por exemplo, os dados podem ser obtidos somente com uma combinação de impulsor-compartimento-motor. Um ponto de dados deveria ser primeiro obtido com uma certa configuração da válvula e com uma velocidade de rotação pré-selecionada. A configuração da válvula deveria ser alterada, e o controle de velocidade no motor (não mostrado na Figura 6.1) seria ajustado, se necessário, para manter uma velocidade de rotação constante. O objetivo em todos os testes é mostrar como a bomba funciona com todas as variações possíveis.

A Figura 6.2 ilustra um gráfico de dados obtidos dos testes executados em uma bomba centrífuga. No eixo horizontal está a vazão volumétrica através da bomba, e no vertical, a diferença de carga ΔH, definida como

$$\Delta H = H_2 - H_1$$

em que

$$H = \frac{p}{\rho g} + \frac{V^2}{2g} + z$$

e da Equação 6.3,

$$\Delta H = -\frac{dW}{\dot{m}g\, dt}.$$

A Figura 6.2 é conhecida como **mapa de desempenho**, que é, essencialmente, um gráfico de potência ($\propto\Delta H$) *versus* vazão. Os dados são para uma combinação específica de bomba-impulsor-compartimento, operada em quatro velocidades de rotação diferentes, e a diferença de carga ΔH para cada linha tende a diminuir com o aumento da vazão volumétrica Q. As linhas foram desenhadas a partir de pontos de dados discretos, que normalmente não estão mostrados na figura, e também por meio de pontos de dados e igualdade de eficiência, para resultar curvas de isoeficiência. O objetivo do teste completo é localizar a região de eficiência máxima para a bomba, que agora é facilmente identificada.

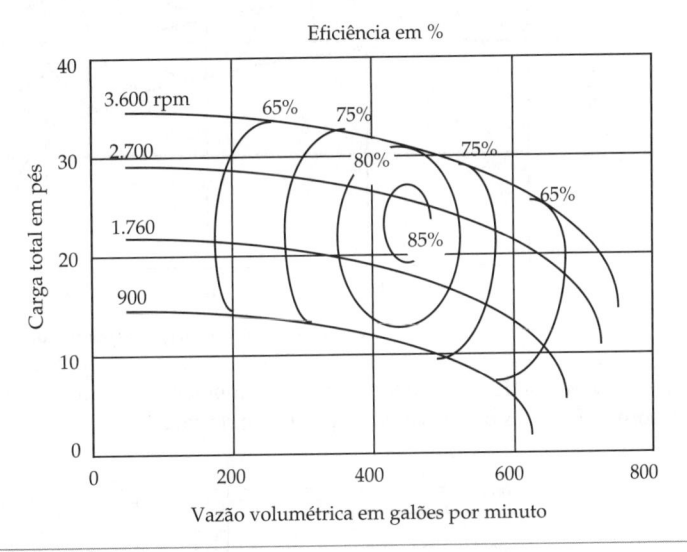

■ **Figura 6.2** Mapa de desempenho de uma combinação de impulsor-compartimento-motor obtida para quatro velocidades de rotação diferentes.

A Figura 6.3 representa um método alternativo de obtenção de dados e apresentação de resultados. Uma combinação de compartimento-motor da bomba é usada com impulsores de quatro tamanhos diferentes. Contudo, todos os dados são obtidos com apenas uma velocidade de rotação. Dados para um impulsor devem ser obtidos para uma determinada configuração da válvula, que, então, é modificada e, se necessário, o controle do motor é ajustado, de forma que a velocidade de rotação seja mantida constante (nesse caso, 1.760 rpm). Novamente, o objetivo é mostrar como a bomba funciona com todas as variações possíveis. A tendência para que a diferença de carga ΔH diminua com o aumento da vazão volumétrica Q é aparente. Linhas de isoeficiência foram desenhadas por meio de pontos de dados discretos para localizar a região de máxima eficiência.

Um fabricante pode produzir mais de uma dúzia de compartimentos diferentes, e usar quatro ou cinco impulsores para cada um deles. Cada combinação requer teste e a produção de um mapa de desempenho, porque, se usássemos a bomba representada na Figura 6.2 (ou qualquer outra bomba), poderíamos operá-la na região de eficiência máxima. Assim, com relação a todas as bombas que uma empresa pode produzir, tudo que o fabricante precisa fornecer aos potenciais usuários é um resumo ou uma exibição composta de todas as regiões de eficiência máxima.

A Figura 6.4 é um gráfico de ΔH versus Q para algumas bombas, mostrando somente a região de eficiência máxima de cada uma. Em cada região encontra-se um número que corresponde à bomba cuja região de eficiência máxima está repre-

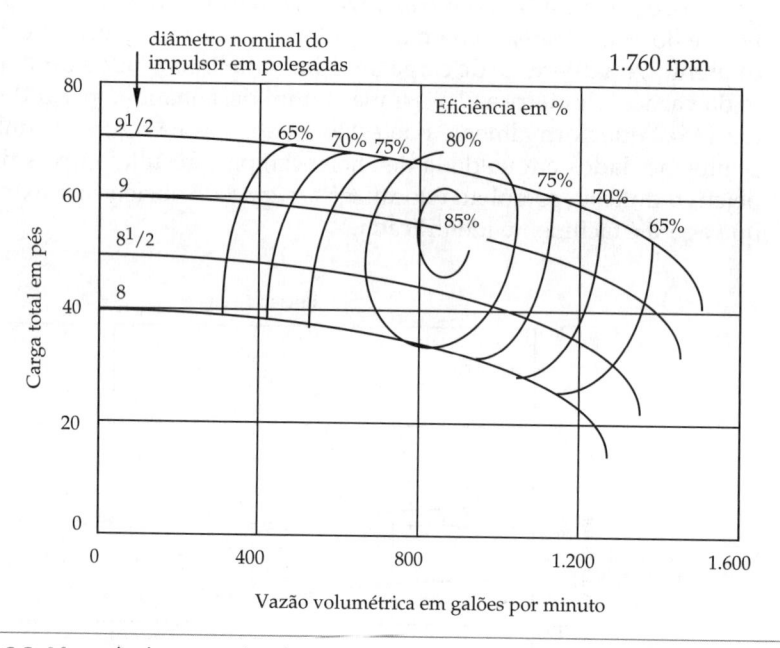

■ **Figura 6.3** Mapa de desempenho de uma combinação de motor-compartimento e quatro impulsores diferentes obtidos a uma velocidade de rotação.

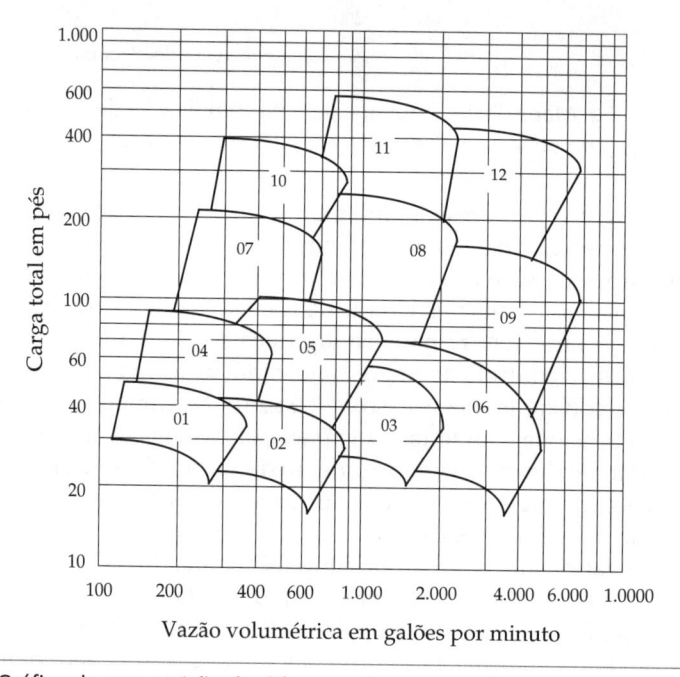

■ **Figura 6.4** Gráfico de composição de diferença de carga total *versus* vazão volumétrica, mostrando as regiões de eficiência máxima para 20 bombas.

sentada. Dados como esses são usados para selecionar uma bomba para uma aplicação em particular. Gráficos como esse podem ser produzidos para, praticamente, qualquer bomba discutida neste capítulo. O exemplo a seguir mostra como a Figura 6.4 é usada para selecionar uma bomba para um determinado sistema de tubulação.

EXEMPLO 6.2.

A Figura 6.5 mostra uma tubulação que conduz água para um tanque elevado em um acampamento, o qual fornece água para as pessoas tomarem banho. A tubulação de 12,2 m de comprimento está conectada em A com um bocal de reentrada e a linha, que contém três cotovelos e uma válvula de verificação de esfera (em B), e é feita de tubo de PVC nominal de 6" schedule 40. A bomba deve entregar 0,0158 m³/s. Use a Figura 6.4 para selecionar uma bomba para o sistema e calcule a potência do bombeamento se $\Delta z = 9{,}14$ m.

Solução: Precisaremos calcular a diferença de carga total e inserir na Figura 6.4 uma determinada vazão e ΔH calculado. Continuando na maneira usual,

Água $\rho = 1.000$ kg/m³ $\mu = 0{,}91 \times 10^{-3}$ Pa·s   [Apêndice, Tabela B.1]

nom. 6" sch 40 $DI = 154$ mm $A = 0{,}0186$ m²   [Apêndice, Tabela D.1]

Para PVC, usamos a curva ε/D = "lisa" no diagrama de Moody. Com referência à Figura 6.5, observamos que a bomba deve elevar a água 9,14 m e superar perdas secundárias e atrito em um tubo de 12,2 m de comprimento. A equação de energia para escoamento permanente, incluindo o sistema de bombeamento da Figura 6.5, é

$$\frac{p_1}{\rho g} + \frac{V_1^2}{2g} + z_1 = \frac{p_2}{\rho g} + \frac{V_2^2}{2g} + z_2 + \Sigma \frac{fL}{D_h}\frac{V^2}{2g} + \Sigma K \frac{V^2}{2g} + \frac{dW}{\dot{m}g\ dt}, \quad (6.6)$$

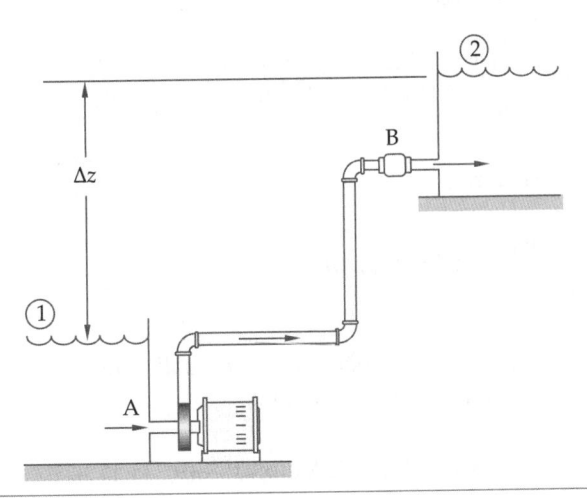

■ Figura 6.5 O sistema de tubulação do Exemplo 6.2.

em que temos a seção 1 como a superfície livre no tanque reservatório e a seção 2 na superfície livre do tanque elevado. O método envolve solucionar a Equação 6.6 para a potência (dW/dt) e, depois, encontrar ΔH com a Equação 6.4. Avaliando as propriedades,

$$p_1 = p_2 = p_{atm} = 0 \qquad V_1 = V_2 \qquad z_1 = 0 \qquad z_2 = 9{,}14 \text{ m}$$

$$Q = 0{,}0158 \text{ m}^3/\text{s} \qquad V = \frac{Q}{A} = \frac{0{,}0158}{0{,}0186} = 0{,}85 \text{ m/s}$$

Número de Reynolds $Re = \rho VD/\mu$:

$$Re = \frac{1.000(0{,}85)(0{,}154)}{0{,}91 \times 10^{-3}}$$

e assim

$$\left.\begin{array}{l} Re = 1{,}43 \times 10^5 \\ \\ \dfrac{\varepsilon}{D} = \text{"Liso"} \end{array}\right\} \qquad f = 0{,}0165 \quad \text{(Diagrama de Moody).}$$

Perdas secundárias [Tabela 3.3]:

$$\Sigma K = 3K_{\text{cotovelo 90°}} + K_{\text{bocal reentrada}} + K_{\text{válvula esférica}} + K_{\text{saída}}$$

$$\Sigma K = 3(0{,}31) + 1{,}0 + 70 + 1{,}0 = 72{,}9.$$

A equação 6.6 reduz para

$$0 = z_2 + \left(\Sigma \frac{fL}{D_h} + \Sigma K \right) \frac{V^2}{2g} + \frac{1}{\dot{m}g} \frac{dW}{dt}.$$

Substituindo temos

$$0 = 9{,}14 + \left(\frac{0{,}0165(12{,}2)}{0{,}154} + 72{,}9 \right) \frac{0{,}85^2}{2(9{,}81)} + \frac{1}{\dot{m}g} \frac{dW}{dt}.$$

Resolvendo, temos

$$-\frac{1}{\dot{m}g} \frac{dW}{dt} = \Delta H = 11{,}87 \text{ m}.$$

Embora a etapa seguinte não tenha sido solicitada no enunciado do problema, também podemos encontrar a potência:

$$-\frac{dW}{dt} = \rho Q g \,(11{,}87) = 1.000(0{,}0158)(9{,}81)(11{,}87)$$

$$-\frac{dW}{dt} = 1.840 \text{ W}$$

$$-\frac{dW}{dt} = 1{,}84 \text{ kW}.$$

Assim, a diferença de carga total de 11,87 m inclui elevar a água 9,14 m e superar o atrito e perdas secundárias. Para 11,87 m e 0,0158 m³/s, a Figura 6.4 mostra que a bomba correspondente à região rotulada "01" seria desejável para essa aplicação.

6.3 Cavitação e carga positiva líquida de sucção

A linha de sucção de uma bomba centrífuga contém líquido a uma pressão que pode ser muito menor que a pressão atmosférica. Se essa pressão de sucção for baixa o suficiente, o líquido começará a evaporar na temperatura local – por exemplo, água evapora a 33 °C (92 °F) se sua pressão for inferior a 5,1 kPa (0,75 psia). A evaporação, em si, envolve a formação de bolhas, e quando esse fenômeno ocorre em uma bomba, ele é chamado de **cavitação**.

Em uma bomba centrífuga com cavitação, as bolhas de vapor geralmente se formam no olho do impulsor, e como se movem radialmente no impulsor com o líquido, elas encontram uma região de alta pressão. Nesse ponto, as bolhas entram em colapso e enviam ondas de pressão para fora, as quais apresentam um efeito corrosivo no impulsor e no compartimento, conhecido como **erosão por cavitação**. Conforme indicado na discussão anterior, quando a cavitação ocorre, o impulsor não está mais movendo um fluido todo líquido pelo compartimento e, como resultado, a eficiência da bomba cai drasticamente. Se a situação não for corrigida, a bomba acabará por falhar em razão da erosão metálica e da fadiga dos rolamentos do eixo e/ou das vedações.

A cavitação é um problema que não precisa esperar pela instalação do sistema para ser corrigido, pois ela é previsível, e o engenheiro deve assegurar que não ocorra enquanto ainda estiver projetando o sistema. Os fabricantes de bombas as testam e fornecem informações úteis para prever quando a cavitação ocorrerá.

Carga de sucção positiva líquida

Considere a bomba centrífuga e as configurações de entrada da Figura 6.6. Em ambos os casos está ilustrada uma bomba centrífuga movendo líquido de um tanque. Duas configurações foram mostradas: elevação de sucção, quando o nível do líquido no tanque fica abaixo da linha central do impulsor da bomba, e carga de sucção, em que o nível do líquido no tanque está acima da linha central do impulsor da bomba.

(a) elevação da sucção   (b) carga de sucção

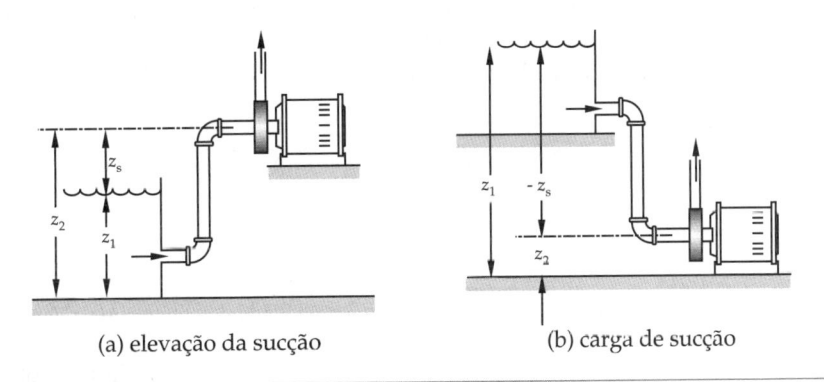

■ **Figura 6.6** Ilustração de elevação de sucção e carga de sucção na entrada da bomba.

Agora, aplicaremos a equação de Bernoulli modificada da seção 1 (a superfície livre do líquido do tanque) à seção 2 (entrada no compartimento da bomba) para quando a bomba na Figura 6.6a estiver em funcionamento. Nosso objetivo é determinar a pressão da entrada da bomba e compará-la à pressão de vapor do líquido. Se a pressão na bomba for inferior à pressão de vapor do líquido na temperatura local, então ele entrará em ebulição no impulsor e a bomba entrará em cavitação. A equação de Bernoulli modificada é

$$\frac{p_1}{\rho g} + \frac{V_1^2}{2g} + z_1 = \frac{p_2}{\rho g} + \frac{V_2^2}{2g} + z_2 + \Sigma \frac{fL}{D_h}\frac{V^2}{2g} + \Sigma K \frac{V^2}{2g}. \qquad (6.7)$$

Embora p_1 seja atmosférica, não a definiremos igual a zero. Fazer isso permitirá que a equação final considere uma sobrepressão, expressa em unidades absolutas, na superfície do líquido no tanque. Avaliando as propriedades, temos

$$V_1 = 0 \qquad\qquad z_2 - z_1 = +z_s \qquad\qquad V_2 = V = \text{velocidade no tubo.}$$

Reorganizando a Equação 6.7 e resolvendo para $p_2/\rho g$, temos

$$\frac{p_2}{\rho g} = \frac{p_1}{\rho g} - z_s - \left(\Sigma \frac{fL}{D_h} + \Sigma K + 1\right)\frac{V^2}{2g}.$$

Depois, subtrairemos a pressão de vapor de ambos os lados da equação anterior e reorganizaremos um pouco, para obter

$$\frac{p_2}{\rho g} - \frac{p_v}{\rho g} = \frac{p_1}{\rho g} - z_s - \left(\Sigma \frac{fL}{D_h} + \Sigma K + 1\right)\frac{V^2}{2g} - \frac{p_v}{\rho g} \qquad (6.8a)$$

ou

$$\text{NPSH}_a = \frac{p_2}{\rho g} - \frac{p_v}{\rho g} = \frac{p_1}{\rho g} - z_s - \left(\Sigma \frac{fL}{D_h} + \Sigma K + 1\right)\frac{V^2}{2g} - \frac{p_v}{\rho g}$$

$$\begin{pmatrix}\text{Figura 6.6}\\ \text{elevação de}\\ \text{sucção}\end{pmatrix},$$

em que o lado esquerdo da equação anterior é definido como carga de **sucção positiva líquida disponível**, NPSH_a. A Equação 6.8a aplica-se à configuração de entrada da Figura 6.6a. Para a Figura 6.6b, aplicaremos a Equação 6.7 como antes, para obter:

$$\frac{p_2}{\rho g} - \frac{p_v}{\rho g} = \frac{p_1}{\rho g} + z_s - \left(\Sigma \frac{fL}{D_h} + \Sigma K + 1\right)\frac{V^2}{2g} - \frac{p_v}{\rho g} \qquad (6.8b)$$

$$\text{NPSH}_a = \frac{p_2}{\rho g} - \frac{p_v}{\rho g} = \frac{p_1}{\rho g} + z_s - \left(\Sigma \frac{fL}{D_h} + \Sigma K + 1\right)\frac{V^2}{2g} - \frac{p_v}{\rho g}$$

$$\begin{pmatrix}\text{Figura 6.6b}\\ \text{carga de sucção}\end{pmatrix}.$$

Fabricantes executam testes em bombas e fazem relatórios de valores necessários da carga de **sucção positiva líquida requerida**, $NPSH_r$. A cavitação é evitada quando a carga de sucção positiva líquida disponível é superior à carga de sucção positiva líquida requerida, ou

$$NPSH_a > NPSH_r \quad \text{(prevenção de cavitação).} \tag{6.9}$$

Os dados sobre a carga de sucção positiva líquida para uma determinada bomba costumam ser mostrados no mapa de desempenho da bomba ou fornecidos separadamente.

Para fazer cálculos sobre a carga de sucção positiva líquida, é preciso ter os dados sobre a pressão de vapor. A Figura 6.7 é um gráfico da pressão de vapor *versus* temperatura para vários líquidos.

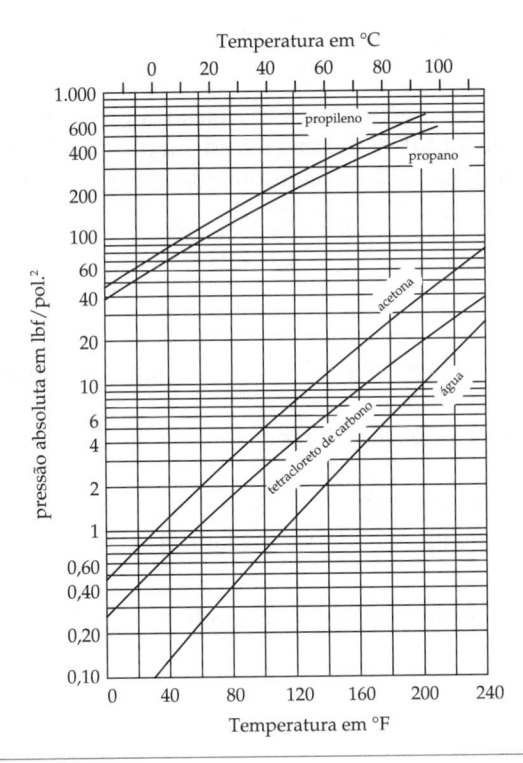

■ **Figura 6.7** Pressão de vapor versus temperatura para vários líquidos. (Dados de várias fontes.)

A dimensão das equações de cavitação é L (pés ou m de líquido), assim cada termo pode ser representado como uma carga do líquido. A equação 6.8a, em alguns textos, é escrita como

$$h_{p_2} - h_{vp} = NPSH_a = h_{p_1} - h_{z_2} - h_f - h_{vp}. \tag{6.10}$$

Exemplo 6.3.

Uma determinada bomba entrega 0,0568 m³/s de água de um tanque com uma diferença de carga ΔH de 2,44 m. A carga de sucção positiva líquida requerida é

3,05 m. Determine onde a entrada da bomba deve estar com relação ao nível de água no tanque. A superfície da água é exposta à pressão atmosférica. Ignore os efeitos do atrito e considere a temperatura da água como 32,2 °C.

Solução: Aqui, aplicaremos a Equação 6.8a, presumindo ter uma elevação de sucção como na Figura 6.6a:

$$\text{NPSH}_a = \frac{p_1}{\rho g} - z_s - \left(\Sigma \frac{fL}{D_h} + \Sigma K + 1\right)\frac{V^2}{2g} - \frac{p_v}{\rho g} \quad \begin{pmatrix}\text{Figura 6.6a} \\ \text{elevação de} \\ \text{sucção}\end{pmatrix}.$$

Com $\text{NPSH}_r = 3{,}05$ m, temos

$$\text{NPSH}_a = \frac{p_2}{\rho g} - \frac{p_v}{\rho g} = 3{,}05 \text{ m}.$$

Isso significa que, para evitar a cavitação, a pressão do líquido na entrada do compartimento no impulsor deveria exceder a pressão de vapor do líquido em um valor igual ou maior que 3,05 m. Continuando com os cálculos,

água $\qquad\qquad \rho = 1.000 \text{ kg/m}^3 \qquad\qquad$ [Apêndice Tabela B.1]
$\qquad\qquad\qquad p_v = 3{,}79 \text{ kPa} \qquad\qquad$ [Figura 6.7 @ 90 °F, água]

Avaliação da propriedade:

$p_1 = p_{atm} = 101{,}325$ kPa $\qquad\qquad$ Efeitos do atrito = 0.

Substituindo na Equação 6.8a temos

$$3{,}05 = \frac{1{,}01325 \times 10^5}{1.000(9{,}81)} - z_s - \frac{3{,}79 \times 10^3}{1.000(9{,}81)}.$$

Reorganizando e resolvendo, encontramos

$$-z_s = 3{,}05 - 10{,}33 + 0{,}387$$

ou

$$z_s = 6{,}89 \text{ m}.$$

Assim, para evitar a cavitação, z_s $(= z_2 - z_1)$ deveria ser igual ou inferior a 6,89 m na configuração da Figura 6.6a.

6.4 Análise dimensional das bombas

Uma análise dimensional pode ser realizada para bombas, e o resultado pode ajudar na seleção do tipo, por exemplo centrífuga, mista ou axial. Com relação ao escoamento de um fluido incompressível em uma bomba, vamos relacionar três das variáveis introduzidas até agora aos parâmetros do escoamento, que são: eficiência η, taxa de transferência de energia $g \Delta H$, e potência dW/dt. Presume-se que esses três parâmetros sejam funções das propriedades densidade ρ e viscosidade do fluido μ, da vazão volumétrica através da máquina Q, da velocidade de rotação ω e de uma dimensão característica (geralmente o diâmetro do impulsor) D. Sendo assim, escreveremos três dependências funcionais:

$$\eta = f_1(\rho, \mu, Q, \omega, D, g_c) \tag{6.11}$$

$$g \Delta H = f_2(\rho, \mu, Q, \omega, D, g_c) \tag{6.12}$$

$$\frac{dW}{dt} = f_3(\rho, \mu, Q, \omega, D, g_c). \tag{6.13}$$

Começando com a Equação 6.11, presumiremos uma relação da forma

$$\eta = a\rho^b \mu^c Q^d \omega^e D^f g_c^g. \tag{6.14}$$

Em seguida, substituiremos as dimensões na Equação 6.14 para cada parâmetro, para obter

$$0 = a \left(\frac{M}{L^3}\right)^b \left(\frac{F \cdot T}{L^2}\right)^c \left(\frac{L^3}{T}\right)^d \left(\frac{1}{T}\right)^e (L)^f \left(\frac{M \cdot L}{F \cdot T^2}\right)^g.$$

Agora, podemos escrever uma equação para cada dimensão na equação:

M: $\quad 0 = b + g$
F: $\quad 0 = c - g$
L: $\quad 0 = -3b - 2c + 3d + f + g$
T: $\quad 0 = c - d - e - 2g$

Resolvendo simultaneamente, temos

$$b = -g \qquad c = g \qquad d = -e - g \qquad f = 3e + g.$$

A substituição na Equação 6.14, resulta

$$\eta = a \frac{1}{\rho^g} \mu^g \frac{1}{Q^e Q^g} \omega^e D^{3e} D^g g_c^g.$$

Agrupando termos com os mesmos expoentes, temos

$$\eta = a \left(\frac{D g_c \mu}{\rho Q}\right)^g \left(\frac{\omega D^3}{Q}\right)^e. \tag{6.15}$$

Embora esses grupos sejam adimensionais e a equação em si seja válida, a prática atual traz uma livre reorganização do resultado. Os grupos do lado direito podem ser combinados para se chegar facilmente a um resultado reconhecido:

$$\frac{\rho Q}{D\mu} \cdot \frac{\omega D^3}{Q} = \frac{\rho \omega D^2}{\mu}.$$

A Equação 6.15 agora pode ser reescrita de forma funcional como

$$\eta = f_1\left(\frac{\rho \omega D^2}{\mu}, \frac{Q}{\omega D^3}\right). \qquad (6.16)$$

Da mesma forma, as Equações 6.12 e 6.13 tornam-se

$$\frac{g\,\Delta H}{\omega^2 D^{\,2}} = f_2\left(\frac{\rho \omega D^2}{\mu}, \frac{Q}{\omega D^3}\right) \qquad (6.17)$$

$$\frac{(dW/dt)}{\rho \omega^3 D^{\,5}} = f_3\left(\frac{\rho \omega D^2}{\mu}, \frac{Q}{\omega D^3}\right), \qquad (6.18)$$

em que

$\dfrac{g\,\Delta H}{\omega^2 D^{\,2}}$ = coeficiente de transferência de energia

$\dfrac{Q}{\omega D^3}$ = coeficiente de vazão volumétrica

$\dfrac{\rho \omega D^2}{\mu}$ = número de Reynolds de rotação

$\dfrac{(dW/dt)}{\rho \omega^3 D^5}$ = coeficiente de potência.

Experimentos conduzidos com bombas mostram que o efeito do número de Reynolds de rotação ($\rho\omega D^2/\mu g_c$) nas variáveis dependentes é menor que o coeficiente de vazão. Assim, para escoamento incompressível nas bombas, as Equações 6.16, 6.17 e 6.18 reduzem para

$$\eta \approx f_1\left(\frac{Q}{\omega D^3}\right) \qquad (6.19)$$

$$\frac{g\,\Delta H}{\omega^2 D^{\,2}} \approx f_2\left(\frac{Q}{\omega D^3}\right) \qquad (6.20)$$

$$\frac{(dW/dt)}{\rho \omega^3 D^5} \approx f_3\left(\frac{Q}{\omega D^3}\right). \qquad (6.21)$$

O significado dessas razões para a bomba centrífuga é aparente quando os dados de desempenho estiverem sendo modelados. Suponha que os dados de desempenho estejam disponibilizados para uma determinada bomba que opera sob certas condições e que esses dados possam ser usados para prever o desempenho da bomba quando alguma coisa for alterada, como velocidade de rotação, diâmetro do impulsor, vazão volumétrica ou densidade do fluido. As equações anteriores são conhecidas como leis de similaridade ou afinidade para as bombas e o método para usá-las é ilustrado no exemplo a seguir.

Exemplo 6.4.

Os dados de desempenho real de uma bomba centrífuga são:

Velocidade de rotação = ω = 58,33 Hz
Diferença de carga total = ΔH = 24,4 m
Vazão volumétrica = Q = 3,15 × 10^{-3} m³/s
Diâmetro do impulsor = D = 130,2 mm
Fluido = água

É desejável alterar a velocidade de rotação para 29,17 Hz e o diâmetro do impulsor para 117,5 mm. Determine como a nova configuração afetará o desempenho da bomba, tendo água como fluido de trabalho.

Solução: Usaremos a similaridade para determinar como os novos parâmetros afetarão o desempenho da bomba. Faremos referência à configuração original da bomba com um "1" subscrito e à nova configuração com um "2." Quando usamos leis de similaridade, presumimos que as razões adimensionais se aplicam a ambas as bombas. As equações 6.19 a 6.21 contêm os grupos adimensionais necessários; o coeficiente de vazão aplicado às bombas é

$$\left.\frac{Q}{\omega D^3}\right|_1 = \left.\frac{Q}{\omega D^3}\right|_2,$$

Substituindo e notando que, se usados, os fatores de conversão seriam cancelados, temos

$$\frac{3,15 \times 10^{-3}}{58,33(0,1302)^3} = \frac{Q_2}{29,17(117,5 \times 10^{-3})^3}.$$

Resolvendo, encontramos a vazão na nova configuração como

$$Q_2 = 1,16 \times 10^{-3} \text{ m}^3/\text{s}.$$

O coeficiente de carga na Equação 6.20 também pode ser aplicado:

$$\left.\frac{g \Delta H}{\omega^2 D^2}\right|_1 = \left.\frac{g \Delta H}{\omega^2 D^2}\right|_2.$$

Substituir e notar que a gravidade é constante, produz

$$\frac{24,4}{58,33^2(0,1302)^2} = \frac{\Delta H_2}{29,17^2(0,1175)^2}.$$

Resolvendo para a carga total na nova configuração, temos

$\Delta H_2 = 4{,}97$ m.

Se necessário, a potência pode ser encontrada com a Equação 6.4:

$$-\frac{dW}{dt} = \dot{m}g\,\Delta H = \rho Q g\,\Delta H \tag{6.4}$$

ou com o coeficiente de potência $[g_c(dW/dt)/\rho\omega^3 D^5]$ da Equação 6.21 aplicado a ambas as configurações. A eficiência permanece quase constante para pequenas alterações.

Para a bomba desse exemplo, os dados da configuração original foram obtidos a partir da curva de desempenho de uma bomba real. Para fins de comparação, os dados reais (de um fabricante) na nova configuração são

Para $Q \approx 1{,}262 \times 10^{-3}$ m³/s, $\Delta H \approx 5{,}18$ m, comparado a 4,97 m calculado anteriormente.

Além disso, dos gráficos de desempenho da bomba, a eficiência da configuração original é 57%, comparada a 48% da nova.

Conforme visto no exemplo anterior, as leis de afinidade da bomba podem ser reescritas para duas bombas similares, sendo:

$$\frac{Q_1}{\omega_1 D_1^3} = \frac{Q_2}{\omega_2 D_2^3}$$

$$\frac{\Delta H_1}{\omega_1^2 D_1^2} = \frac{\Delta H_2}{\omega_2^2 D_2^2}$$

$$\frac{(dW/dt)_1}{\rho_1 \omega_1^3 D_1^5} = \frac{(dW/dt)_2}{\rho_2 \omega_2^3 D_2^5}.$$

Na indústria, as leis de afinidade da bomba são escritas como

$$\frac{Q_1}{D_1} = \frac{Q_2}{D_2} \quad \text{ou} \quad \frac{Q_1}{\omega_1} = \frac{Q_2}{\omega_2}$$

$$\frac{\Delta H_1}{\omega_1^2} = \frac{\Delta H_2}{\omega_2^2} \quad \text{ou} \quad \frac{\Delta H_1}{D_1^2} = \frac{\Delta H_2}{D_2^2}$$

e $\quad \dfrac{(dW/dt)_1}{\omega_1^3} = \dfrac{(dW/dt)_2}{\omega_2^3} \quad$ ou $\quad \dfrac{(dW/dt)_1}{D_1^3} = \dfrac{(dW/dt)_2}{D_2^3}.$

6.5 Velocidade específica e tipos de bomba

Com tantos tipos de bomba disponíveis, é preciso ter alguns critérios com relação a que tipo de bomba usar para uma aplicação específica: escoamento axial, misto ou radial. Um grupo adimensional, conhecido como **velocidade específica**, é usado no processo de tomada de decisão. A velocidade específica é definida como velocidade (em rpm) de uma bomba geometricamente similar (desta que está sendo estudada), que entregará um galão por minuto contra um pé de carga. A velocidade específica é encontrada combinando-se o coeficiente de carga e o coeficiente de vazão, a fim de eliminar o comprimento característico D:

$$\omega_{ss} = \left(\frac{Q}{\omega D^3}\right)^{1/2} \left(\frac{\omega^2 D^2}{g\,\Delta H}\right)^{3/4}$$

ou $\quad \omega_{ss} = \dfrac{\omega Q^{1/2}}{(g\,\Delta H)^{3/4}} \qquad$ [adimensional]. $\hfill (6.22)$

Poderíamos usar expoentes diferentes de 1/2 e 3/4, para eliminar D, mas 1/2 e 3/4 são habitualmente selecionados para a modelagem de bombas. Outra definição para velocidade específica é fornecida por

$$\omega_s = \frac{\omega Q^{1/2}}{\Delta H^{3/4}} \qquad \left[\text{rpm} = \frac{\text{rpm}(\text{gpm})^{1/2}}{\text{ft}^{3/4}}\right], \hfill (6.23)$$

em que a velocidade de rotação ω é expressa em rpm; a vazão volumétrica Q, em gpm; a carga total ΔH, em pé de líquido; e, arbitrariamente, a velocidade específica ω_s é atribuída à unidade de rpm. A Equação 6.22 para velocidade específica ω_{ss} é adimensional, ao passo que a Equação 6.23 para ω_s não. A velocidade específica encontrada com a Equação 6.22 pode ser aplicada usando qualquer sistema de unidade, mas a Equação 6.23 é definida exclusivamente em unidades de engenharia. Além disso, os resultados dos cálculos feitos com essas equações diferem em grande magnitude.

A velocidade específica de uma bomba pode ser calculada em qualquer ponto operacional; contudo, é vantajoso calcular a velocidade específica para uma bomba somente na sua eficiência máxima. Então, os dados de velocidade específica podem ser usados para selecionar uma bomba com o conhecimento de que ela estará operando em seu ponto de eficiência máxima. Para ilustrar esses conceitos, consulte a curva de desempenho apresentada na Figura 6.2. Na eficiência máxima, temos

$Q \approx 0{,}0284 \text{ m}^3/\text{s} \qquad \Delta H \approx 7{,}32 \text{ m} \qquad \omega \approx 41{,}67 \text{ Hz} \qquad \eta \approx 85\%$

Substituindo na Equação 6.22, temos

$$\omega_{ss} = \frac{262(0{,}0284)^{1/2}}{(9{,}81(7{,}32))^{3/4}} = 1{,}791.$$

A Equação 6.23, por outro lado, produz

$$\omega_s = \frac{2.500(450)^{1/2}}{24^{3/4}} = 4.890 \text{ rpm}.$$

Após manipulação dos fatores de conversão, descobrimos que

$\omega_s \approx 2{,}736 \omega_{ss}.$

A Tabela 6.3 foi produzida com os dados obtidos em testes de muitos tipos de bomba, incluindo a axial, a mista e a radial ou centrífuga. Quando se usa essa tabela, se está selecionando uma máquina que opera na eficiência máxima ou próxima dela.

■ **Tabela 6.3** Tabela de seleção da bomba para encontrar a eficiência em %.

ω_s rpm	\multicolumn{7}{c}{Vazão em galões por minuto, gpm}	ω_{ss}	Tipo de Bomba
	100	200	500	1.000	3.000	10.000	>10.000		
500	46	54						0,18	Tipo de escoamento centrífugo ou radial
600	52	58						0,22	
700	55	62	70					0,26	
800	58	64	72	76				0,29	
900	61	66	74	77	81			0,33	
1.000	62	67	75	78	82			0,37	
1.500	67	72	79	82	85	87	89	0,55	Tipo de escoamento misto
2.000	70	75	81	83	87	89	92	0,73	
3.000			81	83	87	89	92	1,10	
4.000			79	81	85	88	90	1,46	
5.000				84	87	90	1,83		
6.000				83	85	87	2,19		
7.000				82	84	86	2,56		
8.000				80	84	86	2,92		
9.000					83	85	3,29		
10.000					82	84	3,65	Tipo de escoamento axial	
15.000					77	80	5,48		

Equações:
$$\omega_{ss} = \frac{\omega Q^{1/2}}{(g\Delta H)^{3/4}} \quad \text{[adimensional]} \quad (6.22)$$

$$\omega_s = \frac{\omega Q^{1/2}}{\Delta H^{3/4}} \quad \left[\text{rpm} = \frac{\text{rpm}(\text{gpm})^{1/2}}{\text{ft}^{3/4}}\right]. \quad (6.23)$$

Nota sobre a leitura da tabela: Para uma velocidade específica de 5.000 rpm e uma vazão de 3.000 gpm, a eficiência máxima que pode ser esperada de qualquer bomba é de aproximadamente 84%, e a bomba recomendada é do tipo escoamento misto.

Exemplo 6.5.

Determine o tipo de bomba apropriado para bombear 0,0189 m³/s de água com uma carga correspondente de 7,62 m. O motor a ser usado tem uma velocidade de rotação de 19,17 Hz.

Solução: Calcularemos a velocidade específica usando a Equação 6.23:

$$\omega_s = \frac{\omega Q^{1/2}}{\Delta H^{3/4}} \quad \left[\text{rpm} = \frac{\text{rpm}(\text{gpm})^{1/2}}{\text{ft}^{3/4}}\right] \quad (6.23)$$

$$\omega_s = \frac{1.150(300)^{1/2}}{25^{3/4}} = 1.782 \text{ rpm}.$$

Entraremos na Tabela 6.3 com 1.700 rpm, aproximadamente. Poderíamos interpolar para obter o valor exato a 300 gpm (ou 0,0189 m³/s), mas não é necessário fazer isso, pois esses valores são aproximados. Lemos uma eficiência de ~75%. Indo para a coluna da direita, descobrimos que o melhor formato do impulsor sugerido para essa aplicação é o de uma bomba de escoamento misto. Assim, a tabela indica que deveríamos ser capazes de obter uma bomba de escoamento misto para essa aplicação, e que a eficiência que podemos encontrar é de aproximadamente 75%.

Podemos também calcular a potência usando a equação de energia, que é

$$\frac{dW}{dt} = \rho g Q \Delta H = 1.000(9,81)(0,0189)(7,62)$$

ou $\quad \dfrac{dW}{dt} = 1.412 \text{ W}$

O valor encontrado é a potência realmente transmitida para o fluido. Já a potência necessária para ser transmitida do motor é

$$\frac{dW_a}{dt} = \frac{dW/dt}{\eta} = \frac{1.412}{0,75},$$

em que $\eta = 75\%$ foi obtido da Tabela 6.3. Resolvendo, temos

$$\frac{dW_a}{dt} = 1.883 \text{ W} \qquad \text{(formato do impulsor de escoamento misto)}$$

6.6 Práticas de projeto do sistema de bombas

Transportar um fluido de um local para outro não melhora o seu valor; contudo, um sistema de bombas pode ser um dos itens de mais alto custo em uma instalação. Em uma fábrica de processamento, por exemplo, o custo do sistema de bombas representa 15% a 20% do custo total da fábrica. Consequentemente, o bombeamento deve ser projetado para atender aos requisitos de custo mínimo e ainda ser adequado para atender aos requisitos operacionais. No entanto, felizmente, os tubos estão disponíveis em poucos diâmetros diferentes, o que simplifica bem a análise econômica, lembrando que o engenheiro é responsável por assegurar que o sistema ideal seja projetado.

Outro ponto de vista a considerar é sobre o fabricante da bomba. Bombas são feitas para durar muito tempo, e quando um fabricante perde uma venda, isso repercute de forma permanente em seu negócio, porque a venda de uma bomba representa lucros futuros com a venda de peças sobressalentes, como vedações ou rolamentos.

De acordo com os fatos associados ao projeto de um sistema de bombas, apresentaremos agora as práticas de projeto que ajudarão um engenheiro no processo de tomada de decisões.

Conforme mostrado no Capítulo 4, o diâmetro econômico da linha é aquele que minimiza o custo total de uma tubulação, incluindo conexões, ganchos, bombas, válvulas e instalação, e gráficos foram fornecidos para auxiliar a determinação do diâmetro econômico da linha. O que não foi mencionado antes é que há uma limitação que deveria ser observada. Quedas de pressão superiores a 25 psi a 30 psi por 1.000 pés (175 kPa a 200 kPa por 300 m) de tubulação para líquidos e 10 psi a 15 psi por 1.000 pés (70 kPa a 104 kPa por 300 m) de tubulação para gases, podem resultar vibrações excessivas e indesejáveis no sistema. Para vapor a baixa pressão, a queda de pressão deve ser limitada a 4 psi (28 kPa) por 100 pés (30 m).

O engenheiro é responsável por recomendar o diâmetro da linha mais econômico, a menos que haja condições incomuns para o sistema. Em geral, é conveniente fazer uma análise completa, pois uma má decisão na fase de projeto pode representar anos de altos custos desnecessários, que são um desperdício e são irrecuperáveis. Quando o diâmetro econômico é calculado, o resultado costuma situar-se entre dois diâmetro nominais, cada um representando um benefício específico, ou seja: a seleção do menor diâmetro resulta um investimento menor de capital inicial, enquanto a do maior diâmetro resulta um menor custo operacional. Do ponto de vista econômico, o custo anual total é quase o mesmo para qualquer dos diâmetros selecionados, mas do ponto de vista da engenharia, o diâmetro maior leva a uma maior flexibilidade de projeto. Além disso, selecionar o diâmetro maior permite mudanças posteriores nas especificações por questões de capacidade de transporte do volume ou por erros. Custos operacionais menores também apresentam vantagens, já que nunca se espera que os custos de energia possam diminuir. Além do mais, tubo de diâmetro menor apresenta uma queda de pressão excessiva, o que produz vibrações, e sua superfície está mais sujeita a corrosão e/ou sedimentação que a do tubo de diâmetro maior.

O projeto adequado do sistema envolve muitos aspectos, como a determinação do diâmetro econômico, o cálculo da queda de pressão e da potência e, caso se necessite de uma bomba, então ela também deve ser selecionada de acordo com a carga de sucção positiva líquida, que deve sempre ser determinada para evitar a cavitação. Vale lembrar que uma linha de sucção inadequada pode causar problemas para uma fábrica inteira, especialmente se as condições a jusante envolverem bombeamento de líquido a uma vazão superior à que uma bomba cavitando puder entregar.

É necessário determinar as condições do fluido a montante e a jusante do sistema de tubulação, ou seja, é preciso conhecer a pressão e/ou o nível do fluido em um reservatório; assim, a pressão operacional mínima a montante e a pressão operacional máxima a jusante devem ser calculadas. Quando lidar com tanques, o nível mínimo do líquido no tanque a montante (geralmente 2 pés, ou 60 cm, acima da entrada do tubo) e o nível máximo no tanque a jusante (geralmente cheio) devem ser calculados. Fazer esses cálculos é vital para evitar problemas após a instalação.

Se o engenheiro acredita que a linha, algum dia, precisará transportar uma vazão superior ao valor projetado, ele não deve modificar o projeto. Possibilidades para aumentos futuros na vazão volumétrica não devem ser consideradas, a menos que sejam especificamente informados como parte do projeto. Determinar os requisitos de capacidade extra é responsabilidade do gerenciamento, e a notificação de que essa prática pode ser de alguma valia é de responsabilidade do engenheiro.

Em sistemas por gravidade – aqueles em que a gravidade, e não a bomba, é a força motriz –, um diâmetro de linha maior que o diâmetro econômico pode ser necessário para atender aos requisitos de vazão volumétrica; no entanto, em alguns casos em que a gravidade puder ser usada, pode ser mais econômico instalar uma bomba e usar um diâmetro de linha menor, não se aplicando aí o processo de seleção do diâmetro econômico.

Em todos os sistemas, é possível que o ar fique preso em algum lugar na linha; assim, é aconselhável posicionar a tubulação com uma inclinação ligeiramente para cima na direção do escoamento, a fim de não haver a tendência de o ar permanecer na linha. E quando isso não for possível, deve-se instalar uma pequena válvula em locais em que o ar (ou o vapor) possa se acumular.

Projeto de sistema de tubulação – Procedimento sugerido

1. Dados os parâmetros econômicos associados ao sistema, determine o diâmetro econômico da linha. Se a seção transversal for não circular e/ou tiver conexões, elabore cálculos para uma linha reta de tubos circulares. Use o diâmetro econômico calculado para encontrar a velocidade econômica ideal, e use a velocidade econômica para concluir os detalhes do projeto do sistema, incluindo a colocação de ganchos (a Tabela 6.4 fornece resultados dos cálculos das faixas de velocidade econômica ou razoável para muitos fluidos).
2. Calcule a potência da bomba necessária para o sistema usando o diâmetro econômico de linha ideal. Assegure-se de que a queda de pressão não seja excessiva, o que levaria a vibrações indesejáveis. Prepare uma curva do sistema de ΔH versus Q.

■ **Tabela 6.4** Velocidades razoáveis para vários fluidos, calculadas usando equações de diâmetro econômico ideal.

Fluido	Intervalo econômico de velocidade m/s
Acetona	1,5 – 3,0
Álcool etílico	1,5 – 3,0
Álcool metílico	1,5 – 3,0
Álcool propil	1,4 – 2,8
Benzeno	1,4 – 2,8
Dissulfeto de carbono	1,3 – 2,6
Tetracloreto de carbono	1,2 – 2,4
Óleo de rícino	0,5 – 1,0
Clorofórmio	1,2 – 2,4
Decano	1,5 – 3,0
Éter	1,5 – 3,0
Etilenoglicol	1,2 – 2,4
R-11	1,2 – 2,4
Glicerina	0,43 – 0,86
Heptano	1,5 – 3,0
Hexano	1,6 – 3,2
Querosene	1,4 – 2,8
Óleo de linhaça	1,5 – 3,0
Mercúrio	0,64 – 1,3
Octano	1,5 – 3,0
Propano	1,7 – 3,4
Propileno	1,7 – 3,4
Propileno glicol	1,4 – 2,8
Terebentina	1,4 – 2,8
Água	1,4 – 2,8

3. Em sistemas em que a saída é mais baixa (fisicamente) que a entrada e o atrito mais as perdas secundárias são pequenos, a pressão na saída pode ser calculada como maior que a entrada para a vazão especificada; isso significa que o fluido passará sob a ação da gravidade e uma bomba pode nem ser necessária. Além do mais, pode ser impossível satisfazer às condições de velocidade ideal; no entanto, se uma bomba tiver de ser usada, vá ao gráfico apropriado e determine qual deverá ser selecionada. Consulte o mapa de desempenho da bomba, se disponível, e coloque a curva do sistema sobre ele, para encontrar o ponto operacional exato. Use dados do NPSH para especificar a localização exata da bomba.
4. Se houver tanques presentes, especifique suas alturas mínima e máxima.
5. Prepare um desenho do sistema e uma folha de resumo das especificações, relacionando apenas os resultados dos cálculos. Anexe os cálculos à folha de resumo.

Apesar de a lista anterior não ser abrangente, ela fornece uma utilíssima lista para a verificação de coisas que devem ser feitas durante a fase de concepção do projeto de um sistema de tubulação.

Exemplo 6.6.

A Figura 6.8 mostra uma bomba e o sistema de tubulação que deve conduzir 600 gpm de propileno glicol de um tanque para condições atmosféricas. Siga o procedimento do projeto sugerido e as recomendações sobre o sistema de tubulação.

aço galvanizado soldado

1. 3,05 m   8. cotovelos de 45°
2. 9,17 m   9. 12,4 m
3. 1,27 m   10. 0,305 m
4. 6,25 m   11. tampa da extremidade
5. 19 m
6. 12,27 m   12. 9,14 m
7. 3,2 m   13. bomba

Descarga em condições atmosféricas

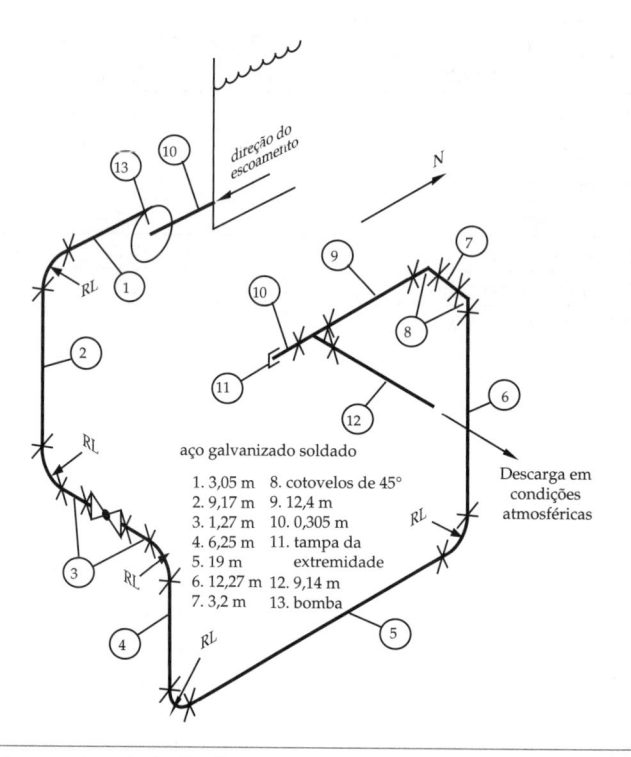

■ **Figura 6.8** O sistema de tubulação do Exemplo 6.6.

Solução: Seguiremos o procedimento do projeto passo a passo.

1. *Diâmetro econômico da linha*

A Tabela 6.4 relaciona o intervalo de velocidade econômica para propileno glicol como

$$1{,}37 \leq V_{ideal} \leq 2{,}74 \text{ m/s}.$$

Os valores na tabela foram preparados a partir de parâmetros econômicos atuais e projetados para determinar diâmetros econômicos, e os diâmetros calculados foram usados com a vazão para determinar a velocidade econômica. Podemos usar qualquer valor dentro do intervalo, mas a velocidade que usaremos dependerá de quais diâmetros de tubo serão apropriados para a tarefa. Desse modo, faremos cálculos iniciais para 1,37 m/s e 2,74 m/s para determinar os diâmetros disponíveis. Para uma vazão volumétrica de 0,0379 m³/s, calcularemos duas áreas de escoamento:

$$A_{\text{limite superior}} = \frac{Q}{V} = \frac{0{,}0379}{1{,}37} = 0{,}0277 \text{ m}^2$$

$$A_{\text{limite inferior}} = \frac{0{,}0379}{2{,}74} = 0{,}0138 \text{ m}^2.$$

Agora, vejamos uma tabela de diâmetros de tubo. O único diâmetro padrão que entra nessa faixa de área de escoamento é o nominal de 6" schedule 40, que é o que usamos para o restante dos cálculos.

Diâmetro econômico da linha = nom. 6" sch 40

2. *Potência da bomba*

A fim de calcular a potência do bombeamento, devemos primeiro obter propriedades e, por fim, substituir na equação de Bernoulli modificada. Continuaremos da maneira usual:

Propileno glicol $\rho = 968 \text{ kg/m}^3$ $\mu = 0{,}042 \text{ Pa·s}$
[Apêndice, Tabela B.1]

nominal de 6" schedule 40 $DI = 154 \text{ mm}$ $A = 0{,}0186 \text{ m}^2$
[Apêndice, Tabela D.1]

superfície galvanizada $\varepsilon = 0{,}152 \text{ mm}$ (valor médio)
[Tabela 3.1]

A equação de Bernoulli modificada com a potência da bomba é escrita como

$$\frac{p_1}{\rho g} + \frac{V_1^2}{2g} + z_1 = \frac{p_2}{\rho g} + \frac{V_2^2}{2g} + z_2 + \Sigma \frac{fL}{D_h}\frac{V^2}{2g} + \Sigma K \frac{V^2}{2g} + \frac{dW}{\dot{m}g\,dt}.$$

Definiremos a seção 1 como a superfície livre do propileno glicol no tanque e a seção 2 como a saída do tubo rotulado como "12". Lembre-se de que, por convenção, se considerarmos a pressão na seção 2 como atmosférica e a velocidade zero, então deveremos incluir uma perda na saída no cálculo das perdas secundárias. Avaliando as propriedades, temos

$$p_1 = p_2 = p_{atm} \qquad V_1 = V_2 = 0.$$

A velocidade na tubulação é

$$V = \frac{Q}{A} = \frac{0{,}0379}{0{,}0186} = 2{,}04 \text{ m/s}.$$

Fazendo medições de altura a partir do comprimento 5, escrevemos

$$z_1 = 0{,}914 + 6{,}25 + 9{,}17 = 16{,}33 \text{ m},$$

em que 3' foi adicionado à conta para a profundidade *mínima* de líquido no tanque. Também temos

$$z_2 = 12{,}27 + 3{,}2 \text{ sen } 45° = 14{,}53 \text{ m}.$$

Da mesma forma,

$$L = 0{,}305 + 3{,}05 + 9{,}17 + 1{,}27 + 1{,}27 + 6{,}25 + 19 + 12{,}27 + 3{,}2 + 12{,}4 + 9{,}14$$

ou $L = 77{,}33$ m.

Os valores de perda secundária da Tabela 3.3 incluem

$$\Sigma K = K_{entrada} + 5K_{raio\ longo\ 90°\ cot.} + K_{válvula\ globo} + 2K_{45°cot.} + K_{ramificação\ da\ junta\ T} + K_{saída}$$

e $\quad \Sigma K = 0{,}5 + 5(0{,}22) + 10 + 2(0{,}17) + 0{,}69 + 1{,}0,$

em que presumimos uma entrada de borda quadrada, pois isso é o que se costuma instalar em um sistema soldado. Também presumimos que a entrada da bomba a partir do tanque tem o mesmo diâmetro que o tubo de saída. Então, as perdas secundárias são

$\Sigma K = 13{,}63.$

O número de Reynolds é calculado como

$$\text{Re} = \frac{\rho V D}{\mu} = \frac{(968)(2{,}04)(0{,}154)}{0{,}042}$$

e assim

$$\left. \begin{array}{c} \text{Re} = 7{,}21 \times 10^3 \\ \text{e} \quad \varepsilon/D = \dfrac{0{,}152}{154} = 0{,}00099 \end{array} \right\} \quad f = 0{,}036 \quad \text{(Diagrama de Moody).}$$

A equação de Bernoulli modificada torna-se

$$z_1 = z_2 + \frac{fL}{D_h}\frac{V^2}{2g} + \Sigma K \frac{V^2}{2g} + \frac{dW}{\dot{m}g\,dt}.$$

Da equação de potência da bomba,

$$-\frac{1}{\dot{m}g}\frac{dW}{dt} = \Delta H.$$

Substituindo na equação de Bernoulli modificada, temos

$$\Delta H = z_2 - z_1 + \left(\frac{fL}{D_h} + \Sigma K\right)\frac{V^2}{2g}. \tag{i}$$

Substituindo,

$$\Delta H = (14{,}53 - 16{,}33) + \left[\frac{0{,}036(77{,}33)}{0{,}154} + 13{,}63\right]\frac{2{,}04^2}{2(9{,}81)}$$

$$\Delta H = -1{,}8 + 6{,}7$$

ou $\quad \underline{\Delta H = 4{,}9 \text{ m} @ Q = 0{,}0379 \text{ m}^3/\text{s}.}$

3. *Curva do sistema*

A curva do sistema nesse caso é um gráfico de potência (ΔH) *versus* vazão (Q). Geraremos dados para essa curva usando a Equação i anterior, escrita em termos de fator de atrito e velocidade:

$$\Delta H = (14{,}53 - 16{,}33) + \left[\frac{f(77{,}33)}{0{,}154} + 13{,}63\right]\frac{V^2}{2(9{,}81)}$$

ou $\quad \underline{\Delta H = -1{,}8 + (25{,}59f + 0{,}694)V^2.}$

Agora, selecionaremos valores de vazão, calcularemos a velocidade e o número de Reynolds, determinaremos o fator de atrito e encontraremos ΔH. Os resultados do cálculo encontram-se resumidos na seguinte tabela, e a curva do sistema é mostrada na Figura 6.9.

Q, m³/s	V = Q/A, m/s	Re	f	ΔH, m
6,31 × 10⁻³	0,338	1.199	0,062	−1,54
0,0126	0,676	2.398	0,049	−0,905
0,0189	1,015	3.597	0,043	0,058
0,0253	1,356	4.796	0,040	1,34
0,0317	1,694	5.995	0,037	2,93
0,0379	2,033	7.194	0,035	4,82
0,0442	2,37	8.393	0,034	7,01
0,0504	2,71	9.592	0,033	9,51
0,0569	3,05	10.791	0,032	12,31
0,0631	3,38	11.990	0,031	15,4

4. *Vibrações excessivas*

Em seguida, determinaremos a queda de pressão que corresponde às condições de escoamento desse problema e veremos se o determinado leva a vibrações excessivas. A queda de pressão de 557kPa a 679 kPa por 1.000 m é o limite inferior quando as vibrações excessivas causam ruídos indesejáveis (se o ruído não for um problema, esse cálculo pode ser ignorado). Usaremos 679 kPa por 1.000 m arbitrariamente. Para determinar a queda de pressão, selecionaremos dois pontos na tubulação; e para a vazão específica, calcularemos a queda de pressão. Feitos os cálculos para um tubo horizontal com comprimento de 1.000 m, escrevemos

$$\frac{p_1}{\rho g} + \frac{V_1^2}{2g} + z_1 = \frac{p_2}{\rho g} + \frac{V_2^2}{2g} + z_2 + \Sigma \frac{fL}{D_h} \frac{V^2}{2g},$$

em que as seções 1 e 2 estão em extremidades opostas desse tubo. Temos

$V_1 = V_2 \qquad z_1 = z_2 \qquad f = 0{,}036 \qquad V = 2{,}04 \text{ m/s}.$

Simplificando e substituindo,

$$\Delta p = \frac{fL}{D_h} \frac{V^2}{2g} = \frac{0{,}036(1.000)}{0{,}154} \frac{2{,}04^2}{2(9{,}81)}$$

ou $\Delta p = 49{,}6$ kPa,

que está bem abaixo do limite de 679 kPa por 1.000 m.

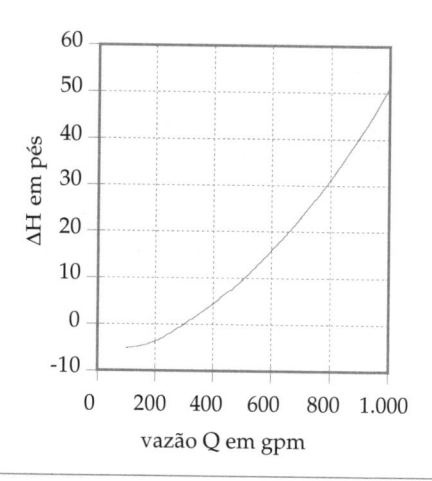

■ **Figura 6.9** Curva do sistema para a disposição da Figura 6.8.

5. *Seleção da bomba*

Primeiro, determinaremos o tipo de bomba que melhor se adapta à tarefa; para isso, usaremos a Tabela 6.3, que requer um cálculo de velocidade específica. A Equação 6.23 define a velocidade específica como

$$\omega_s = \frac{\omega Q^{1/2}}{\Delta H^{3/4}}.$$

A velocidade específica deve ser calculada na velocidade de rotação, considerando a combinação de bomba e motor. Por exemplo, se um fabricante vende combinações de bomba e motor com velocidades de rotação de 3.600 rpm e 1.800 rpm, então a velocidade específica deve ser calculada com esses valores. No caso, presumiremos que o fabricante nos tenha fornecido as velocidades de rotação que correspondem àquelas relacionadas na Figura 6.2. Assim, calcularemos a velocidade específica para 3.600 rpm, 2.700 rpm, 1.760 rpm e 900 rpm. Para 3.600 rpm, temos

$$\omega_{s1} = \frac{(3.600)(600)^{1/2}}{(16,0)^{3/4}} = 11.020 \text{ rpm.}$$

Da mesma forma,

$$\omega_{s2} = \frac{(2.700)(600)^{1/2}}{(16,0)^{3/4}} = 8.267 \text{ rpm}$$

$$\omega_{s3} = \frac{(1.760)(600)^{1/2}}{(16,0)^{3/4}} = 5.389 \text{ rpm}$$

$$\omega_{s4} = \frac{(900)(600)^{1/2}}{(16,0)^{3/4}} = 2.756 \text{ rpm.}$$

Ao tentar localizar esses valores na Tabela 6.3, fica evidente que as três primeiras velocidades específicas (11.020 rpm, 8.267 rpm e 5.389 rpm), que correspondem às velocidades de rotação de 3.600 rpm, 2.700 rpm e 1.760 rpm, não aparecem; no entanto, o quarto valor de velocidade específica (2.756 rpm) acoplado com a vazão determinada de 600 gpm está no gráfico. Lemos da Tabela 6.3:

$$\left.\begin{array}{l}\omega_{s4} = 45,93 \text{ Hz} \\ Q = 0,0379 \text{ m}^3/\text{s}\end{array}\right\} \quad \eta \approx 81\% \quad \text{Tipo de escoamento misto.}$$

Se dois ou mais valores de velocidade específicos aparecerem, então a bomba em questão dependerá de alguns outros parâmetros para ser selecionada, como custo, disponibilidade local ou apenas uma decisão arbitrária. Prosseguindo com os cálculos, encontramos a potência necessária usando ΔH encontrado anteriormente:

$$\frac{dW}{dt} = \rho Q g \, \Delta H = (968)(0,0379)(9,81)(4,9)$$

ou $\quad \dfrac{dW}{dt} = 1.764 W.$

Essa é a potência que deve ser transferida para o fluido. A potência necessária do motor é

$$\frac{dW_a}{dt} = \frac{dW/dt}{\eta} = \frac{1.764}{0,81}$$

ou $\quad \dfrac{dW_a}{dt} = 2.178 \, W.$

(Como mencionado, os motores não estão disponíveis em qualquer tamanho desejado, mas, assim como o tubo e a tubulação, há disponibilidade deles em tamanhos diferentes. Aqui podemos usar motor de 3 hp.)

Para fins de ilustração, suponha que tivéssemos consultado um gráfico composto, como o da Figura 6.4, e especificado a bomba de escoamento misto como apropriada. Teríamos então de localizar o mapa de desempenho correspondente e sobrepor a curva do sistema nesse mapa de desempenho, o que está ilustrado na Figura 6.10. O ponto de interseção é o ponto operacional real do sistema, que está indicado na figura por linhas pontilhadas. Além disso, o fabricante da bomba especificará os dados NPSH, e isso é apropriado para fazer cálculos nesse ponto, a fim de assegurar que a cavitação não seja um problema para a bomba selecionada.

6. *Resumo dos resultados*

Diâmetro econômico da linha	=	nom. 6" sch 40
Layout	=	Figura 6.8
Curva do sistema	=	Figura 6.9
Velocidade específica	=	2.756 rpm a 600 gpm
Eficiência esperada da bomba	=	~81%
Tipo de bomba	=	Escoamento misto
Potência do motor	≈	2.178 W

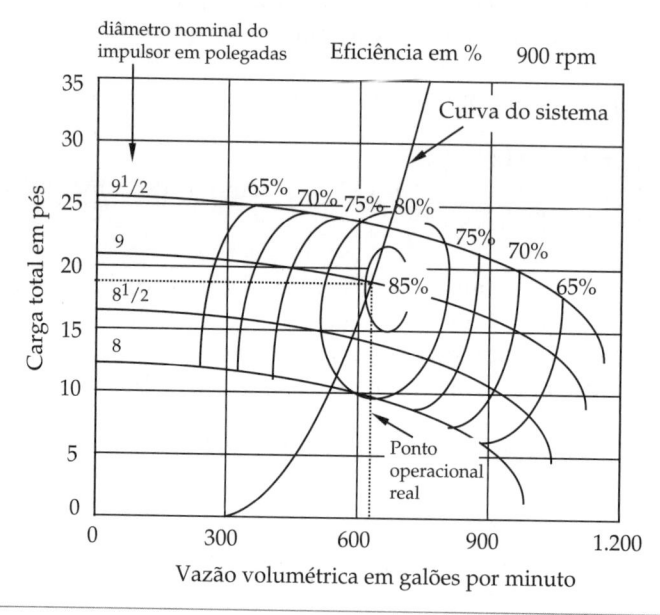

■ **Figura 6.10** Curva do sistema sobreposta no mapa de desempenho para encontrar o ponto operacional real.

Comentário referente à prática

Vemos que a vazão *desejada* de 600 gpm será ligeiramente ultrapassada pela bomba selecionada (estamos nos referindo à curva do sistema e lendo diretamente a vazão esperada real). Algumas empresas podem instalar esse sistema com uma válvula na linha de saída, logo depois da bomba, a qual será ligeiramente fechada para que o requisito de 600 gpm seja atendido; desse modo, a bomba funcionará com uma válvula parcialmente fechada, o que, em essência, é um desperdício de energia para atender a um requisito que pode ou não ser crítico. Se possível, essa prática deve ser evitada.

Exemplo 6.7.

A figura que acompanha este exemplo mostra uma bomba e o sistema de tubulação que conduz $7{,}57 \times 10^{-3}\, m^3/s$ (mínimo) de água a 24 °C de um tanque para um trocador de calor ($K = 10$) e de volta para o tanque. O tanque contém serpentina de resfriamento (não mostrada) que mantém a água na temperatura desejada. Siga o procedimento do projeto sugerido e selecione um diâmetro de tubo e uma bomba.

Solução: Seguiremos o procedimento do projeto passo a passo.

1. *Tamanho econômico de linha*

A Tabela 6.4 relaciona o intervalo de velocidade econômica para água como

$$1{,}34 \leq V_{ideal} \leq 2{,}68\ m/s.$$

Faremos cálculos iniciais para 1,34 m/s e 2,68 m/s para determinar os diâmetros disponíveis. Para uma vazão volumétrica de $7{,}57 \times 10^{-3}\, m^3/s$, calcularemos duas áreas de escoamento:

$$A_{limite\ superior} = \frac{Q}{V} = \frac{7{,}57 \times 10^{-3}}{1{,}34} = 5{,}64 \times 10^3\, m^2$$

$$A_{limite\ inferior} = \frac{7{,}57 \times 10^{-3}}{2{,}68} = 2{,}82 \times 10^{-3}\, m^2.$$

Agora, consultaremos uma tabela de diâmetros de tubo e leremos o que é dito para o tubo schedule 40:

$A = 3{,}09 \times 10^{-3}\, m^2$ para nominal de 2½"
$A = 4{,}78 \times 10^{-3}\, m^2$ para nominal de 3"

Selecionaremos o tamanho maior, que é o tamanho usado para o restante dos cálculos.

Tamanho econômico da linha = nom. 3" sch 40

2. *Potência da bomba*

A fim de calcular a potência do bombeamento, primeiro devemos obter propriedades e, por fim, substituir na equação de Bernoulli modificada. Continuaremos de maneira usual:

água $\rho = 1.000\ kg/m^3$ $\mu = 0{,}91 \times 10^{-3}\ Pa\cdot s$ [Apêndice, Tabela B.1]

nom. 3" sch 40 $DI = 77{,}9\ mm$ $A = 4{,}78 \times 10^{-3}\ m^2$ [Apêndice, Tabela D.1]

Selecionaremos tubo galvanizado, pois nenhuma necessidade especial foi especificada:

Superfície galvanizada $\varepsilon = 0{,}152\ mm$ (valor médio)   [Tabela 3.1]

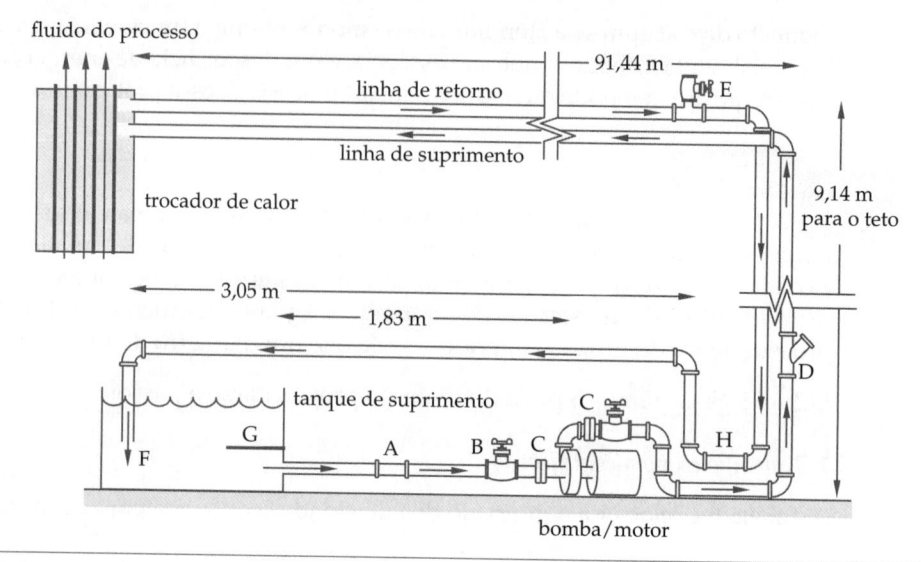

■ **Figura 6.11** O sistema de tubulação do Exemplo 6.7.

Observações:

A Junta T com tampão, a ser usada como um dreno, se necessário.
B Válvula nas linhas de entrada e saída da bomba, para isolar o fluido no sistema de tubulação, caso a bomba seja removida.
C Conexões de união para remoção da bomba.
D Filtro Y para filtrar quaisquer sólidos remanescentes da instalação.
E Válvula de saída de ar.
F Retorno do trocador de calor, a ser posicionado o mais longe possível na linha de entrada da bomba.
G Placa plana soldada no interior do tanque para impedir a formação de um vórtice quando a bomba estiver operando.
H As tubulações são mostradas sem escala, mas devem ser instaladas perto uma da outra, quando possível.

Conexões:
- rosqueadas;
- entrada da borda quadrada;
- diâmetro do tubo na entrada da bomba = diâmetro do tubo na saída da bomba;
- filtro Y apresenta coeficiente de perda de 1;
- o comprimento nominal do tubo é de 6,1 m; conexões de união são necessárias a cada 6,1 m.

A linha de retorno para o tanque de suprimento deve ser isolada.
Trocador de calor é um tipo de tubo com aletas.
Suportes da tubulação a cada 2,13 m nas duas linhas de 9,14 m.
Suportes da tubulação a cada 2,13 m nas duas linhas de 91,44 m.

A equação de Bernoulli modificada com a potência da bomba é escrita como

$$\frac{p_1}{\rho g} + \frac{V_1^2}{2g} + z_1 = \frac{p_2}{\rho g} + \frac{V_2^2}{2g} + z_2 + \Sigma \frac{fL}{D_h} \frac{V^2}{2g} + \Sigma K \frac{V^2}{2g} + \frac{1}{\dot{m}g} \frac{dW}{dt}.$$

Definiremos as duas seções 1 e 2 como a superfície livre da água no tanque. Avaliando as propriedades, temos

$$p_1 = p_2 = p_{atm} \qquad V_1 = V_2 = 0.$$

A velocidade na tubulação é

$$V = \frac{Q}{A} = \frac{7{,}57 \times 10^{-3}}{4{,}78 \times 10^{-3}} = 1{,}584 \text{ m}.$$

Também, $z_1 = z_2$. O comprimento do tubo é, aproximadamente,

$$L = 91{,}44 + 91{,}44 + 9{,}14 + 9{,}14 + 10{,}67$$

ou $L = 211{,}8$ m.

Os valores de perda secundária da Tabela 3.3 para conexões rosqueadas incluem:

ΣK = entrada de borda quadrada + 2 conexões T retas (uma em A e uma em E) + 2 válvulas globo + 34 uniões + 9 elos regulares + filtro Y + trocador de calor + saída

$\Sigma K = 0{,}5 + 2(0{,}9) + 2(10) + 34(0{,}08) + 9(1{,}4) + 1 + 10 + 1$

$\Sigma K = 49{,}62.$

O número de Reynolds é calculado como sendo

$$\text{Re} = \frac{\rho V D}{\mu} = \frac{(1.000)(1{,}584)(0{,}0779)}{0{,}91 \times 10^{-3}}$$

e assim

$$\left. \begin{array}{c} \text{Re} = 1{,}36 \times 10^5 \\ \\ \varepsilon/D = \dfrac{0{,}152}{77{,}9} = 0{,}0002 \end{array} \right\} \quad f = 0{,}025 \quad \text{(Diagrama de Moody)}.$$

A equação de Bernoulli modificada torna-se

$$0 = 0 + \frac{fL}{D_h} \frac{V^2}{2g} + \Sigma K \frac{V^2}{2g} + \frac{1}{\dot{m}g} \frac{dW}{dt}.$$

Da equação de potência da bomba,

$$-\frac{1}{\dot{m}g}\frac{dW}{dt} = \Delta H.$$

Reorganizando a equação de Bernoulli modificada, temos

$$\Delta H = \left(\frac{fL}{D_h} + \Sigma K\right)\frac{V^2}{2g}. \tag{i}$$

Substituindo,

$$\Delta H = \left[\frac{0,025(211,8)}{0,0779} + 49,62\right]\frac{1,584^2}{2(9,81)}$$

ou $\underline{\Delta H = 15,04 \text{ m} @ Q = 7,57 \times 10^{-3} \text{ m}^3/\text{s}}$.

3. Curva do sistema

A curva do sistema nesse caso é um gráfico de potência (ΔH) *versus* vazão (Q). Geraremos dados para essa curva usando a Equação i, escrita em termos de fator de atrito e velocidade (em unidades inglesas):

$$\Delta H = \left[\frac{f(695)}{0,2557} + 49,62\right]\frac{V^2}{2(32,2)}$$

ou $\underline{\Delta H = (42,21f + 0,770)V^2}$.

Agora, selecionaremos valores de vazão, calcularemos a velocidade e o número de Reynolds, determinaremos o fator de atrito (equação Swamee-Jain) e encontraremos ΔH. A curva do sistema é mostrada na Figura 6.12, com dados calculados na tabela que a acompanha.

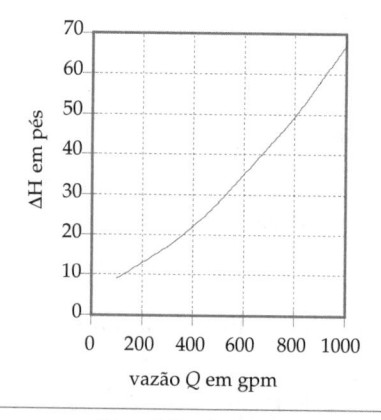

■ **Figura 6.12** Curva do sistema para disposição da Figura 6.11.

Tabela 6.5 Resultados dos cálculos da curva do sistema.

Q gpm	Q m³/s	V = Q/A ft/s	V = Q/A m/s	Re	f	Potência ΔH, ft	Potência ΔH, m
50	$3{,}17 \times 10^{-3}$	2,17	0,66	56.774	0,026	9	2,74
60	$3{,}79 \times 10^{-3}$	2,61	0,796	68.129	0,026	13	3,96
70	$4{,}416 \times 10^{-3}$	3,04	0,927	79.484	0,026	17	5,18
80	$5{,}07 \times 10^{-3}$	3,48	1,06	90.839	0,025	22	6,71
90	$5{,}69 \times 10^{-3}$	3,91	1,19	102.194	0,025	28	8,53
100	$6{,}4 \times 10^{-3}$	4,21	1,29	113.549	0,025	35	10,67
110	$6{,}96 \times 10^{-3}$	4,78	1,46	124.904	0,025	42	12,80
120	$7{,}59 \times 10^{-3}$	5,22	1,59	136.259	0,025	49	14,94
130	$8{,}21 \times 10^{-3}$	5,65	1,72	147.613	0,025	58	17,68
140	$8{,}86 \times 10^{-3}$	6,09	1,86	158.968	0,025	67	20,42

4. *Seleção da bomba*

Primeiro, determinaremos o tipo de bomba que melhor se adapta à tarefa, usando a Tabela 6.3, que requer um cálculo de velocidade específica. A Equação 6.23 define a velocidade específica como

$$\omega_s = \frac{\omega Q^{1/2}}{\Delta H^{3/4}}.$$

A velocidade específica deve ser calculada na velocidade de rotação, considerando a combinação de bomba e motor. Por exemplo, se um fabricante vende combinações de bomba e motor com velocidade de rotação de 3.600 rpm e 1.800 rpm, então, a velocidade específica deve ser calculada com esses valores. No caso, e para fins ilustrativos, tentaremos selecionar uma bomba que possa ser operada em velocidade de rotação de 3.500 rpm, 1.750 rpm ou 1.150 rpm. A mesma bomba (mesmo compartimento, mesmo impulsor etc.) poderá ser usada, mas operada em uma dessas velocidades.

Em seguida, calcularemos a velocidade específica para 3.500 rpm, 1.750 rpm e 1.150 rpm. Para 3.500 rpm, temos

$$\omega_{s1} = \frac{(3.500)(120)^{1/2}}{(49{,}3)^{3/4}} = 2.060 \text{ rpm}.$$

Da mesma forma,

$$\omega_{s2} = \frac{(1.750)(120)^{1/2}}{(49{,}3)^{3/4}} = 1.030 \text{ rpm}$$

$$\omega_{s3} = \frac{(1.150)(120)^{1/2}}{(49{,}3)^{3/4}} = 676 \text{ rpm}.$$

Tentando localizar esses valores, a Tabela 6.3 mostra que a primeira velocidade específica (2.060 rpm @ 120 gpm), que corresponde a uma velocidade de rotação de 3.500 rpm, não aparece. A segunda velocidade específica (1.030 rpm @ 120 gpm) fica entre 1.000 rpm e 1.500 rpm; se optarmos por essa bomba, estaremos usando uma bomba centrífuga, com uma eficiência esperada de aproximadamente 62%. A terceira velocidade específica (676 rpm @ 120 gpm) também aparece, e se optarmos por essa bomba, sua eficiência esperada é de aproximadamente 54%. Para qualquer bomba que possa funcionar nessa aplicação, é estimada uma variação de $54 \leq \eta \leq 62\%$.

Continuando com os cálculos, encontraremos a potência necessária usando ΔH encontrado anteriormente:

$$\frac{dW}{dt} = \rho Q g \, \Delta H = (1.000)(7{,}57 \times 10^{-3})(9{,}81)(15{,}04)$$

ou $\quad \frac{dW}{dt} = 1.117 \text{ W}.$

A potência calculada anteriormente é aquela que deve ser transferida para o fluido. Presumindo que se selecione a bomba com maior eficiência, a potência necessária do motor é:

$$\frac{dW_a}{dt} = \frac{dW/dt}{\eta} = \frac{1.117}{0{,}65}$$

ou $\quad \frac{dW_a}{dt} = 1.718 \text{ W}.$

Lembramos que motores não estão disponíveis em qualquer tamanho que se deseje, mas, assim como o tubo e a tubulação, há disponibilidade deles em alguns tamanhos diferentes. Aqui podemos usar 2,5 hp (1.865 W); no entanto, o tamanho do motor será especificado pelo fabricante da bomba.

Agora, consultaremos um gráfico composto do fabricante, como o da Figura 6.4, e encontraremos bombas que satisfazem os cálculos da vazão e da eficiência. Um gráfico de desempenho característico é apresentado a seguir, na Figura 6.13.

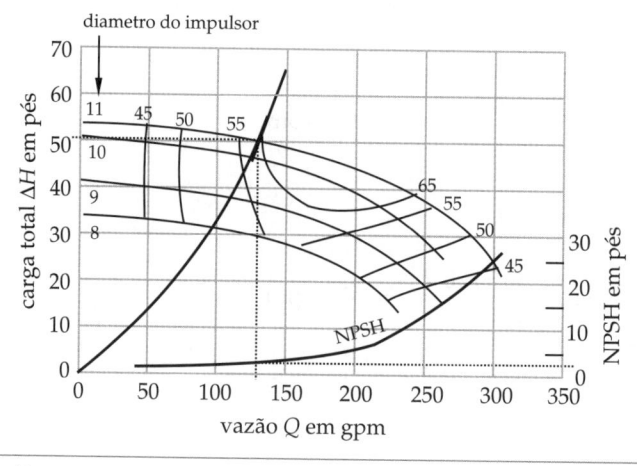

■ **Figura 6.13** Gráfico de desempenho da bomba com curva do sistema imposta.

Ele contém várias curvas, quatro das quais correspondem ao diâmetro específico do impulsor (11, por exemplo, indica um impulsor de 11 pol.), e a curva de baixo é usada para prever quando poderá ocorrer cavitação. As eficiências são mostradas e esperamos uma eficiência entre 55% e 65%. Os dados desse gráfico foram obtidos para uma única velocidade de rotação, mas o ponto operacional desejado (fornecido no enunciado do problema) é 120 gpm; então, se usarmos a bomba da Figura 6.13, o ponto operacional estará mais próximo de 125 gpm, e o ΔH correspondente será de aproximadamente 50 pés. Essa bomba, portanto, deve servir.

5. *Cavitação*

Com relação à cavitação, o mapa de desempenho mostra que o NPSH requerido é de aproximadamente 2,5 pés. Agora, aplicaremos a equação de Bernoulli modificada da seção 1, identificada como a superfície livre do líquido no tanque, para a seção 2, que é a entrada do compartimento da bomba, para o caso de termos uma carga de sucção. No cálculo subsequente, a seção 2 *não* é a mesma da nossa análise inicial. Nosso objetivo é determinar a pressão na entrada da bomba (seção 2) e compará-la à pressão do vapor do líquido. Se a pressão na entrada da bomba for inferior à pressão do vapor do líquido na temperatura local, então o líquido entrará em ebulição no impulsor e a bomba entrará em cavitação. A equação de Bernoulli modificada é

$$\frac{p_1}{\rho g} + \frac{V_1^2}{2g} + z_1 = \frac{p_2}{\rho g} + \frac{V_2^2}{2g} + z_2 + \Sigma \frac{fL}{D_h} \frac{V^2}{2g} + \Sigma K \frac{V^2}{2g}.$$

Avaliando as propriedades, temos

$V_1 = 0$ $\qquad$ $z_2 - z_1 = -z_s$ $\qquad$ $V_2 = V =$ velocidade no tubo.

Reorganizando e resolvendo para $p_2/\rho g$, temos

$$\frac{p_2}{\rho g} = \frac{p_1}{\rho g} + z_s - \left(\Sigma \frac{fL}{D_h} + \Sigma K + 1\right)\frac{V^2}{2g}.$$

A seguir, subtrairemos a pressão de vapor de ambos os lados da equação anterior e reorganizaremos um pouco, para obter

$$\frac{p_2}{\rho g} - \frac{p_v}{\rho g} = \frac{p_1}{\rho g} + z_s - \left(\Sigma \frac{fL}{D_h} + \Sigma K + 1\right)\frac{V^2}{2g} - \frac{p_v}{\rho g}$$

ou para carga de sucção,

$$\text{NPSH}_a = \frac{p_2}{\rho g} - \frac{p_v}{\rho g} = \frac{p_1}{\rho g} + z_s - \left(\Sigma \frac{fL}{D_h} + \Sigma K + 1\right)\frac{V^2}{2g} - \frac{p_v}{\rho g}.$$

O lado esquerdo dessa equação é 0,762 m, obtido do mapa de desempenho. A pressão do vapor de água a 24 °C é de aproximadamente 2,41 kPa. O comprimento da linha de entrada é de aproximadamente 1,83 m; as perdas secundárias são a entrada com borda quadrada, a junção T reta, a válvula globo e a conexão de união. Elas são adicionadas como

$\Sigma K_{\text{tubo de entrada}} = 0,5 + 0,9 + 10 + 0,08 = 11,48.$

Substituindo na equação NPSH temos

$$0{,}762 = \frac{1{,}01325 \times 10^5}{1.000(9{,}81)} + z_s - \left(\frac{0{,}025(1{,}83)}{0{,}0779} + 11{,}48 + 1\right)\frac{1{,}584^2}{2(9{,}81)} - \frac{2{,}41 \times 10^3}{1.000(9{,}81)}$$

$$0{,}762 = 10{,}32 + z_s - 1{,}67 - 0{,}246.$$

Resolvendo,

$z_s = -7{,}64$ m.

Para nossa instalação, z_s é positivo; portanto, cavitação não será um problema.

6. *Resumo dos resultados*

Tamanho "econômico" da linha =	nominal de 3" schedule 40
Layout =	dado
Curva do sistema =	Figura 6.6b
Velocidade específica =	807 rpm a 120 gpm
Eficiência esperada da bomba =	~65%
Tipo de bomba =	Escoamento radial
Potência do motor ≈	1,5 hp

6.7 Ventiladores e desempenho de ventiladores

Ventiladores, sopradores e compressores são dispositivos usados para mover fluidos compressíveis (vapores e gases) por um duto. Um ventilador causa ao fluido um aumento de pressão relativamente pequeno, enquanto um soprador fornece um aumento de pressão maior e um compressor gera um aumento muito maior. Uma ampla discussão dessas máquinas requer muito espaço, portanto, aqui descreveremos ventiladores e limitaremos a discussão a somente dois tipos.

Os ventiladores são classificados de acordo com a forma como o fluido escoa dentro deles com relação ao eixo de rotação. Em um ventilador de escoamento axial (como um ventilador de janela), o fluido escoa pela máquina paralelamente ao eixo de rotação das partes móveis. Em um ventilador de escoamento radial ou soprador, o fluido passa pela máquina no sentido perpendicular ao eixo de rotação. Um ventilador de escoamento radial também é chamado ventilador centrífugo e possui muitos projetos, um dos quais costuma ser referido como ventilador "gaiola de esquilo".

Métodos de teste de ventilador

Há procedimentos padrões de teste para avaliar o desempenho de ventiladores. A Amca (Air Moving and Conditioning Association – Associação de ar-condicionado e ventilação) liderou a iniciativa nessa área com procedimentos de testes recomendados, que se aplicam a todos os aspectos do desempenho de ventilador, incluindo som, e a Ashrae (American Society of Heating, Refrigerating and Air Conditioning Engineers – Associação Americana de Engenheiros de Ar-Condicionado, Refrigeração e Aquecimento) também tem um programa de teste de ventilador. Programas de teste fornecem um passo inicial para especificações de desempenho, e os resultados dos testes fornecem dados que serão usados para dimensionar um ventilador em uma instalação específica.

A Figura 6.14 mostra duas, entre várias, configurações de testes possíveis para medir o desempenho de ventiladores. A Figura 6.14a mostra um ventilador com apenas um duto de saída; nele, o ar entra no sistema logo a montante do ventilador e é descarregado pelo duto, que contém laminadores de escoamento (não mostrados) e, na seção 3, um dispositivo chamado **tubo de pitot estático**, para medir o perfil da velocidade. Esse dispositivo é usado para obter dados, a partir dos quais é determinado um perfil de velocidade na seção 3, e esse perfil de velocidade é então integrado numericamente para resultar a velocidade média e, portanto, a vazão volumétrica. O tampão móvel é posicionado de forma a aumentar ou diminuir a vazão.

A Figura 6.14b mostra um dispositivo com duto de entrada, o qual contém laminadores de escoamento e, na seção 3, um tubo de pitot estático. Aqui também o objetivo é determinar a vazão para as várias posições do tampão móvel. O perfil de velocidade é medido na seção 3 com um tubo de pitot estático.

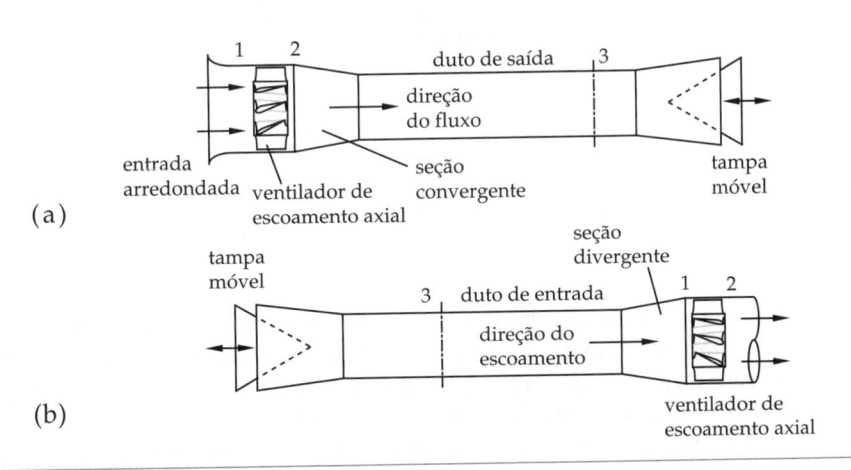

■ **Figura 6.14** Duas configurações possíveis para o teste de ventilador.

Tubo de pitot estático

Quando um fluido passa por um tubo, ele exerce uma pressão que se constitui de componentes estáticos e dinâmicos. A **pressão estática** é indicada por um dispositivo de medida que se move com o escoamento ou que não afeta a sua velocidade. Em geral, para medir a pressão estática, um pequeno orifício perpendicular ao escoamento é feito na parede do compartimento e conectado a um manômetro (ou sensor de pressão), conforme indicado na Figura 6.15.

A **pressão dinâmica** é devida ao movimento do fluido. Juntas, a pressão dinâmica e a pressão estática compõem a **pressão total** ou de **estagnação**. A pressão de estagnação pode ser medida no escoamento, com o tubo de pitot, que é um tubo de extremidade aberta, voltada diretamente para o escoamento. A Figura 6.15 apresenta um esboço da medida da pressão de estagnação.

O **tubo de pitot estático**, que se encontra esquematizado na Figura 6.16, combina, em um dispositivo, os efeitos da medida de pressão estática e de estagnação.

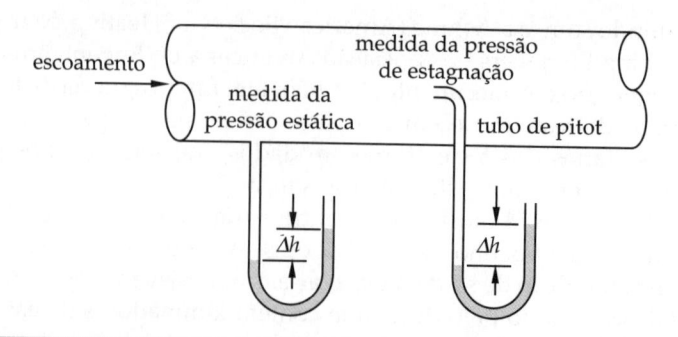

Figura 6.15 Medida da pressão estática e de estagnação.

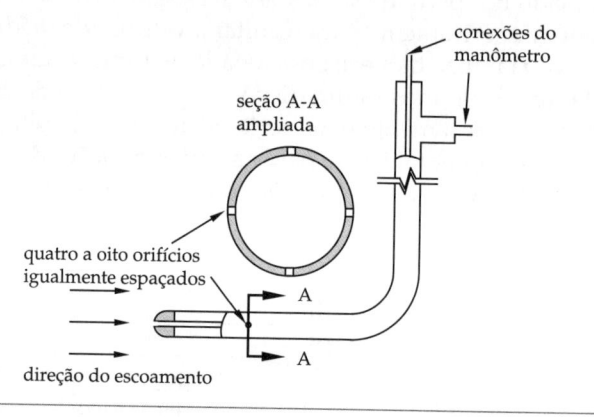

Figura 6.16 Esquema de um tubo de pitot estático.

Ele consiste em um tubo dentro de um outro tubo que é colocado no duto, virado a montante; a tomada de pressão que está diretamente voltada para o escoamento fornece uma medida da pressão de estagnação, enquanto a tomada que fica perpendicular ao escoamento fornece a pressão estática.

Quando um tubo de pitot estático é imerso no escoamento de um fluido, a diferença de pressão (estagnação menos estática) pode ser lida diretamente, usando um manômetro e conectando as tomadas de pressão em cada perna. Aplicando a equação de Bernoulli entre as duas tomadas de pressão, temos

$$\frac{p_1}{\rho g} + \frac{V_1^2}{2g} + z_1 = \frac{p_2}{\rho g} + \frac{V_2^2}{2g} + z_2,$$

em que "1" é o estado de estagnação (que será alterado para "t" subscrito), e "2" é o estado estático (sem subscrito). Diferenças na elevação são insignificantes, e no ponto em que a pressão de estagnação é medida, a velocidade é zero. A equação de Bernoulli, portanto, é reduzida para

$$\frac{p_t}{\rho g} = \frac{p}{\rho g} + \frac{V^2}{2g}.$$

Em seguida, reorganizamos a equação anterior e resolvemos para velocidade:

$$V = \sqrt{\frac{2(p_t - p)}{\rho}}.$$

Um manômetro conectado ao tubo de pitot estático forneceria leituras de perda de carga Δh dadas por

$$\Delta h = \frac{p_t - p}{\rho g},$$

em que a densidade é aquela do fluido no escoamento. Portanto, velocidade em termos de perda de carga é

$$V = \sqrt{2g\Delta h}.$$

Observe que essa equação se aplica apenas a fluxos incompressíveis (os efeitos de compressibilidade não são considerados). Além disso, Δh é a perda da carga em termos do fluido no escoamento e não em termos de leitura no manômetro, o qual pode fornecer, por exemplo, polegadas de água, enquanto a equação anterior requer uma leitura de polegadas de ar.

Para escoamento em um duto, as leituras do manômetro devem ser feitas em vários locais dentro da seção transversal do escoamento; então, o perfil da velocidade é obtido usando os resultados, e velocidades em pontos específicos são determinadas a partir desses perfis. O objetivo aqui é obter dados, elaborar gráficos do perfil de velocidade e, depois, determinar a velocidade média.

Velocidade média

A velocidade média relaciona-se à vazão através de um duto como

$$V = \frac{Q}{A},$$

em que Q é a vazão volumétrica e A é a área da seção transversal do duto. Dividimos a área do escoamento em cinco áreas iguais, como mostrado na Figura 6.17, e a velocidade deve ser obtida nesses locais indicados na figura. As posições escolhidas dividem a seção transversal em cinco áreas concêntricas iguais. A vazão em cada área, cuja indicação vai de 1 a 5, encontra-se como

$Q_1 = A_1 V_1$ $Q_2 = A_2 V_2$

$Q_3 = A_3 V_3$ $Q_4 = A_4 V_4$

$Q_5 = A_5 V_5$

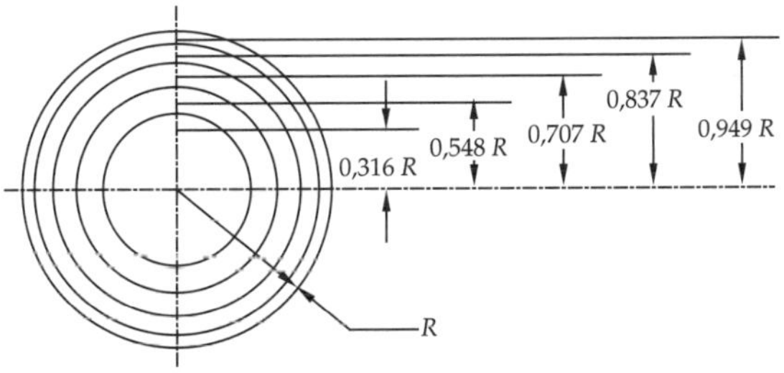

■ **Figura 6.17** Cinco posições dentro da seção transversal em que a velocidade deve ser determinada.

A vazão total na seção transversal inteira é a soma de:

$$Q_{total} = \sum_{1}^{5} Q_i = A_1 V_1 + A_2 V_2 + A_3 V_3 + A_4 V_4 + A_5 V_5$$

ou $Q_{total} = A_1(V_1 + V_2 + V_3 + V_4 + V_5)$.

A área total A_{total} é $5A_1$, e, assim,

$$V = \frac{Q_{total}}{A_{total}} = \frac{(A_{total}/5)(V_1 + V_2 + V_3 + V_4 + V_5)}{A_{total}}.$$

A velocidade média se torna

$$V = \frac{(V_1 + V_2 + V_3 + V_4 + V_5)}{5}.$$

A importância das cinco posições radiais escolhidas para medir V_1 até V_5 agora está evidente.

Nas configurações do teste da Figura 6.14, é necessário obter medidas de pressão estática. Na Figura 6.15a, deve ser determinado o aumento de pressão estática no ventilador. A montante do ventilador, a pressão do medidor é tomada como zero. A pressão estática deve ser medida a jusante na seção 2. O aumento da pressão estática é $p_2 - p_{atm}$. Assim, para uma configuração do tampão móvel, o aumento de pressão e a vazão volumétrica no ventilador são determinados simultaneamente. Medidas similares são feitas usando a configuração da Figura 6.15b.

Com relação aos ventiladores, a prática atual define três pressões associadas ao ar em movimento: pressão total p_t, pressão estática p, e pressão da velocidade (ou dinâmica) $\rho V^2/2$ (reconhecida como a energia cinética do escoamento). Elas estão relacionadas por

$$p_t = p + \frac{\rho V^2}{2}. \tag{6.24}$$

A velocidade média é encontrada a partir da continuidade, $V = Q/A$, e a vazão Q é calculada com os dados obtidos com o tubo de pitot estático.

Assim como as bombas, os ventiladores exercem um torque enquanto movem ar através do duto. O produto do torque e da velocidade de rotação é a potência

$$\frac{dW_a}{dt} = T\omega.$$

Essa é a potência de entrada do motor para o ventilador. A potência exercida sobre o fluido pode ser encontrada aplicando-se a equação da energia para o ventilador:

$$\frac{dW}{dt} = \Delta p_t Q,$$

em que Δp_t é o aumento na pressão total (ou energia total) no ventilador (veja o Problema 45 para uma drivação). A eficiência é definida como

$$\eta = \frac{dW/dt}{dW_a/dt} = \frac{\Delta p_t Q}{T\omega} \ . \tag{6.25}$$

Na verdade, o usuário de um ventilador está interessado na forma como ele executará sua função na aplicação. Os parâmetros de desempenho de importância incluem a vazão volumétrica (também chamada *volume* ou *capacidade*), pressão e potência. A Figura 6.18 é um gráfico comum de desempenho para um ventilador de escoamento axial. A vazão volumétrica, em geral expressa em ft^3/min, cfm abreviado na indústria , está retratada no eixo horizontal. Há dois eixos verticais: um de pressão total p_t (aumento real da pressão total) e um de potência. As unidades usadas para aumento de pressão são polegadas de água manométrica (abreviada pol. de água), e as usadas para potência são HP ou watts.

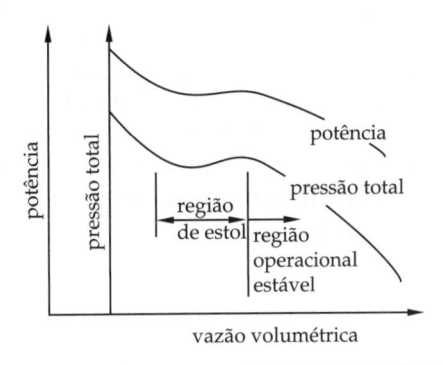

■ **Figura 6.18** Gráfico típico de desempenho para um ventilador de escoamento axial.

Um exame da Figura 6.18 revela vários recursos. As curvas de potência e pressão seguem as mesmas tendências. A curva de pressão é máxima para vazão zero. Então, à medida que a vazão aumenta, o ventilador entra na região "de estol", durante a qual o escoamento se separa das pás do ventilador, isso resultando uma queda na pressão antes que a curva aumente novamente. A operação na região de estol também é evitada, pois o desempenho do ventilador nessa região gera um escoamento pulsante acompanhado por um alto nível de ruído.

A Figura 6.19 é um gráfico comum de desempenho para ventiladores centrífugos. (Observe que, comparado a um ventilador centrífugo, o ventilador de fluxo axial geralmente fornece uma velocidade maior para uma potência de entrada comparável.) O exame dessa figura mostra vários recursos interessantes. As curvas de potência e de pressão seguem tendências diferentes; a curva de pressão aumenta

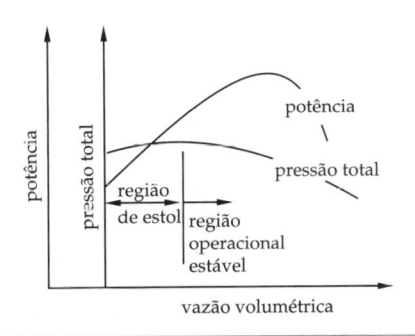

■ **Figura 6.19** Gráfico típico de desempenho para um ventilador centrífugo.

um pouco (para vazão zero) até um máximo, depois diminui com novos aumentos na vazão, enquanto a curva de potência inicia com um valor baixo (para vazão zero) e aumenta com novos aumentos na vazão. Por fim, um máximo é atingido e a potência então cai, com novos aumentos na vazão. Embora a região de estol não seja identificada, um ventilador centrífugo também pode experimentar separação do ar das pás do ventilador, durante a qual a pressão diminui acompanhada por um alto grau de ruído. A região de estol ocorre à esquerda do máximo na curva de pressão, e a operação nessa região deve ser evitada.

Os ventiladores de escoamento axial costumam ter pás ajustáveis, comercialmente conhecidas como **pás de passo variável**, que podem ser giradas no ponto em que se conectam ao eixo, de maneira que o ângulo que se forma entre elas e o ar que entra possa ser ajustado em qualquer configuração desejada.

Testes executados em um ventilador com uma configuração da pá produzem uma curva como aquela mostrada na Figura 6.20. Cada configuração das pás produz um gráfico de desempenho diferente. Um gráfico composto de pressão e potência *versus* vazão para várias configurações do mesmo ventilador é fornecido na Figura 6.20, na qual são mostradas as linhas de desempenho para quatro configurações das pás diferentes (01, 02, 03 e 04). Observe que há uma linha correspondente à pressão e outra à potência, e que cada par abrange o mesmo intervalo de vazão. Nesse gráfico também está mostrada uma região sombreada, que identifica eficiências de 80% ou superiores para o ventilador.

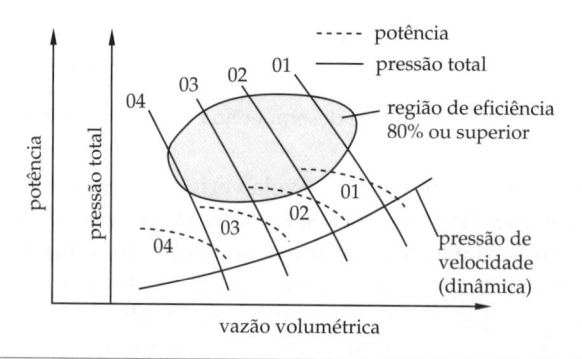

■ Figura 6.20 Gráfico de desempenho composto para um ventilador de escoamento axial.

Um fabricante pode produzir dezenas ventiladores e cada um tem características funcionais que devem ser medidas. Uma vez encontradas, as regiões de eficiência ideal podem ser identificadas separadamente e representadas graficamente. Um gráfico de seleção que mostra a eficiência máxima de muitos ventiladores é, então, elaborado pelo fabricante, e esse gráfico pode ser usado para selecionar um ventilador apropriado para uma aplicação específica.

A Figura 6.21 é um gráfico de eficiência ideal (observe os eixos log-log), normalmente desenhado para ventiladores de escoamento axial. O eixo horizontal é de vazão volumétrica e o vertical é de aumento de pressão total. O gráfico mostra as regiões de eficiência que identificam os ventiladores por designação do catálogo. Conhecendo a vazão volumétrica e o aumento de pressão, é possível selecionar um ventilador que funcione muito bem, e quando o "melhor" ventilador é identificado, seu gráfico de desempenho é localizado; no mesmo conjunto de eixos, a curva do sistema deve ser representada. Esse procedimento é similar ao adotado para bombas. A única parte complicada do procedimento de seleção é transformar o que se sabe em o que é necessário para usar o gráfico.

Exemplo 6.8.

Um ventilador de escoamento axial deve ser instalado em um duto com diâmetro interno de 1 m. O ventilador deve entregar 6,667 m³/s de ar. A equação de Bernoulli aplicada para o duto mostra que a queda de pressão estática sobre o comprimento total (expresso na unidade de coluna de líquido) é 38 mm de água. Determine o ventilador apropriado para essa instalação usando a Figura 6.21.

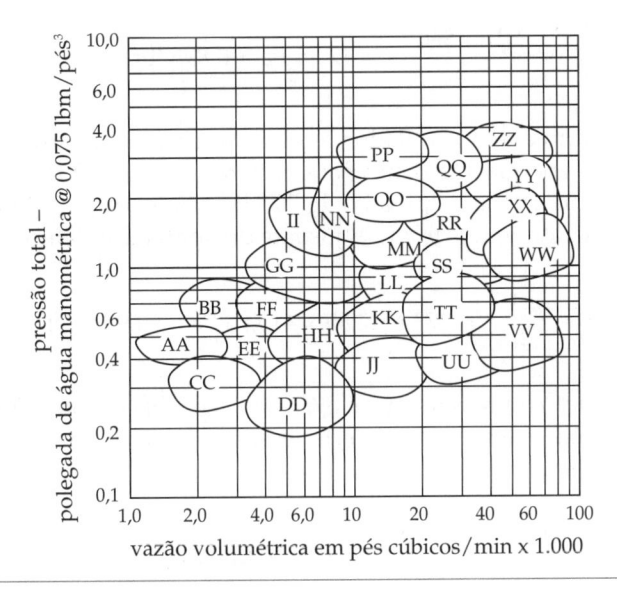

■ Figura 6.21 Gráfico de seleção do ventilador.

Solução: Como a figura está em unidades de engenharia, converteremos os dados fornecidos. As propriedades do ar em condições de temperatura ambiente são:

$\rho = 1{,}185$ kg/m³.

Também temos

$D = 1$ m
$Q = 6{,}667$ m³/s.

(Em algumas instalações, a vazão volumétrica é especificada, em termos de propriedades do ar, em **temperatura** e **pressão padrões**. Isso às vezes é feito porque a vazão é sensível às propriedades ambientes. Por exemplo, 14.000 cfm de ar a 10 psia, 45 °F não é o mesmo que 14.000 cfm a 14,7 psia, 90 °F. Os fabricantes costumam fornecer fatores de correção para a conversão das condições desejadas em condições padrões.)

A queda de pressão estática no sistema de tubulação é mostrada em cm de água; portanto, devemos convertê-la em dimensões de F/L². Assim

$$\frac{\Delta p}{\rho_{H_2O} g} = 38 \text{ mm of } H_2O = 1{,}5 \text{ pol., de } H_2O = 0{,}125 \text{ pés de } H_2O$$

$p = \rho_{H_2O} gh = 1.000(9{,}81)(0{,}038) = 373$ Pa $= 7{,}79$ lbf/ft².

A velocidade média do ar no sistema é

$$V = \frac{Q}{A} = \frac{6,667}{\pi(1)^2/4} = 8,49 \text{ m/s} = 27,9 \text{ ft/s}.$$

(A unidade ft/min costuma ser abreviada como fpm.) A pressão de velocidade ou dinâmica (= energia cinética do escoamento), então, é

$$\frac{\rho_{ar} V^2}{2} = \frac{1,185(8,49)^2}{2} = 42,85 \text{ Pa} = 0,895 \text{ lbf/ft}^2.$$

É necessário que o ventilador receba o ar na pressão atmosférica e velocidade zero e forneça energia suficiente para acelerar o ar a 27,9 ft/s (ou 8,49 m/s), enquanto supera uma queda de pressão de 7,79 lbf/ft² (ou seja, 373 Pa). Portanto, a montante do ventilador, temos $p_t = 0$. A jusante do ventilador, temos

$$p_t = p + \frac{\rho_{ar} V^2}{2} = 373 + 42,85 = 415,85 \text{ Pa} = 8,69 \text{ lbf/ft}^2.$$

A mudança na pressão total é 8,69 − 0 = 8,69 lbf/ft² (ou 415,85 Pa). Agora, para usar a Figura 6.20, devemos converter esse aumento de pressão para unidades de polegadas de água. Escrevemos

$$\Delta H = \frac{\Delta p_t}{\rho_{H_2O} g} = \frac{415,85}{1.000(9,81)} = 0,0424 \text{ m de } H_2O$$

ou $\Delta H = 1,67$ pol. de H_2O

Observe cuidadosamente em que pontos as densidades da água e ar são usadas nas equações precedentes.

Agora, em uma vazão de 14,130 ft³/min (ou seja, 6,67 m³/s) e aumento de pressão total ΔH de 1,67 pol. de água, a Figura 6.21 mostra que o ventilador a ser usado está rotulado com NN (ou OO – ambos funcionarão satisfatoriamente), com uma eficiência igual ou maior que 80%.

A potência transmitida ao fluido é calculada como

$$\frac{dW}{dt} = \Delta p_t Q = (415,85)(6,67) = 2.774 \text{ W}.$$

A potência do motor necessária para uma eficiência de 80% é

$$\frac{dW_a}{dt} = \frac{dW/dt}{\eta} = \frac{2.774}{0,8} = 3.465 \text{ W}$$

ou $\frac{dW_a}{dt} = 3.465$ W $= 4,65$ HP.

Esse cálculo de potência é apenas uma estimativa, e a curva de potência real do ventilador deve ser consultada.

6.8 Resumo

Neste capítulo, examinamos as bombas disponíveis comercialmente. Discutimos o teste de bombas e examinamos os métodos e resultados obtidos com o teste de bombas centrífugas. Vimos como esses resultados são usados para selecionar uma bomba. Os mapas de desempenho da bomba também foram discutidos, assim como operação em série e paralelo, cavitação e carga de sucção positiva líquida. A análise dimensional foi executada e foram deduzidas razões adimensionais para as bombas. A velocidade específica foi definida e usada para determinar o tipo de bomba mais apropriado para uma determinada configuração e, além disso, foram fornecidas orientações de projeto para que o sistema de tubulação pudesse ser projetado e os detalhes necessários, determinados. O capítulo foi concluído com uma breve discussão do desempenho de ventiladores e dos procedimentos de seleção.

6.9 Mostrar e contar

1. Consiga um catálogo (ou um modelo real) de **bombas de escoamento axial** e faça uma apresentação sobre a operação desse tipo de bomba, sobre os métodos de testes usados ao avaliar o seu desempenho e sobre as curvas de desempenho comuns.
2. Consiga um catálogo (ou um modelo real) de **bombas de escoamento misto** e faça uma apresentação sobre a operação desse tipo de bomba, sobre os métodos de testes usados ao avaliar o seu desempenho e sobre as curvas de desempenho comuns.
3. Consiga um catálogo (ou um modelo real) de **bombas de escoamento radial** ou **centrífugas** e faça uma apresentação sobre a operação desse tipo de bomba, sobre os métodos de testes usados ao avaliar o seu desempenho e sobre as curvas de desempenho comuns.
4. Consiga um catálogo (ou um modelo real) de **bombas alternativas de deslocamento positivo** e faça uma apresentação sobre a operação desse tipo de bomba, bem como métodos de testes usados para avaliar seu desempenho. Discuta as curvas de desempenho comuns.
5. Consiga um catálogo (ou um modelo real) de **bombas de engrenagens** e faça uma apresentação sobre a operação desse tipo de bomba, sobre os métodos de testes usados ao avaliar o seu desempenho e sobre as curvas de desempenho comuns.
6. Consiga um catálogo de bomba centrífuga e localize gráficos como os que foram apresentados neste capítulo.
7. Consiga um impulsor e/ou compartimento de bomba (talvez junto a um fornecedor) que tenha sido sujeito à erosão por cavitação e prepare uma apresentação sobre isso. Localize as posições em que o efeito corrosivo é maior e explique a sua formação.
8. O que é uma **bomba de palhetas**? Elabore um relatório a respeito de como uma bomba de palhetas funciona e cite as aplicações em que ela pode ser útil.
9. Consiga catálogos de ventiladores centrífugos e faça uma apresentação sobre a sua operação e sobre os procedimentos de testes e as curvas de desempenho comuns.
10. Consiga catálogos de ventiladores de escoamento axial e faça uma apresentação sobre a sua operação e sobre os procedimentos de teste e as curvas de desempenho comuns.
11. Obtenha informações a respeito de sopradores e faça uma apresentação discutindo as diferenças entre o desempenho de um soprador e de um ventilador.
12. Obtenha informações a respeito de compressores e faça uma apresentação discutindo diferenças entre o desempenho de um compressor e de um ventilador.

6.10 Problemas

Seleção e desempenho da bomba

1. Uma bomba de água foi testada em um laboratório e foram obtidos os seguintes dados:

Torque	=	T	= 2 N·m
Velocidade de rotação	=	ω	= 29,33 Hz
Pressão de entrada	=	p_1	= 75 kPa
Pressão de saída	=	p_2	= 210 kPa
Vazão volumétrica	=	Q	= 0,002 m³/s
Altura do sensor de entrada	=	z_1	= 0,4 m
Altura do sensor de saída	=	z_2	= 1 m
Linha de escoamento de entrada	=		nominal de 2½" schedule 40
Linha de escoamento saída	=		nominal de 2" schedule 40

Determine a eficiência da bomba.

2. Uma bomba foi testada em um laboratório e foram obtidos os seguintes dados:

Torque	=	T	= 47,46 N·m
Velocidade de rotação	=	ω	= 60 Hz
Pressão de entrada	=	p_1	= 17,24 kPa
Pressão de saída	=	p_2	= 206,8 kPa
Vazão volumétrica	=	Q	= 0,0631 m³/s
Altura do sensor de entrada	=	z_1	= 0,61 m
Altura do sensor de saída	=	z_2	= 1,52 m
Linha de escoamento de entrada	=		nominal de 10" schedule 40
Linha de escoamento saída	=		nominal de 8" schedule 40
Fluido	=		octano

Determine a eficiência da bomba.

3. Uma bomba foi testada em um laboratório e foram obtidos os seguintes dados:

Torque	=	T	= 8,14 N·m
Velocidade de rotação	=	ω	= 30 Hz
Pressão de entrada	=	p_1	= –24,13 kPa
Pressão de saída	=	p_2	= 55,2 kPa
Velocidade na linha de entrada	=	V	= 1,83 m/s
Altura do sensor de entrada	=	z_1	= 0,61 m
Altura do sensor de saída	=	z_2	= 1,52 m
Linha de escoamento de entrada	=		nominal de 4" schedule 40
Linha de escoamento saída	=		nominal de 3½" schedule 40
Fluido	=		octano

Determine a eficiência da bomba.

4. Uma bomba foi testada em um laboratório e foram obtidos os seguintes dados:

Torque	=	T	= 6,78 N·m
Velocidade de rotação	=	ω	= 20 Hz
Pressão de entrada	=	p_1	= 68,95 kPa
Pressão de saída	=	p_2	= 193 kPa
Velocidade na linha de entrada	=	V	= 2,44 m/s
Altura do sensor de entrada	=	z_1	= 0,61 m
Altura do sensor de saída	=	z_2	= 1,52 m
Linha de escoamento de entrada	=		nominal de 2" schedule 40
Linha de escoamento saída	=		nominal de 2" schedule 40
Fluido	=		água

a. Determine a eficiência da bomba.
b. Consulte um catálogo da bomba real e selecione uma para essas condições.

5. Uma bomba foi testada em um laboratório e foram obtidos os seguintes dados:

$$
\begin{aligned}
\text{Torque} &= T = 2{,}71 \text{ N·m} \\
\text{Velocidade de rotação} &= \omega = 30 \text{ Hz} \\
\text{Pressão de entrada} &= p_1 = 0 \text{ kPa} \\
\text{Pressão de saída} &= p_2 = 65{,}5 \text{ kPa} \\
\text{Velocidade na linha de entrada} &= V = 1{,}22 \text{ m/s} \\
\text{Altura do sensor de entrada} &= z_1 = 0 \text{ m} \\
\text{Altura do sensor de saída} &= z_2 = 30{,}5 \text{ mm} \\
\text{Linha de escoamento de entrada} &= \text{nominal de 3'' schedule 40} \\
\text{Linha de escoamento saída} &= \text{nominal de 2½'' schedule 40} \\
\text{Fluido} &= \text{água}
\end{aligned}
$$

a. Estime a potência entregue ao fluido.
b. Estime a eficiência.
c. Estime a potência necessária do motor.

6. Uma bomba foi testada em um laboratório e foram obtidos os seguintes dados:

$$
\begin{aligned}
\text{Torque} &= T = 4{,}07 \text{ N·m} \\
\text{Velocidade de rotação} &= \omega = 29{,}33 \text{ Hz} \\
\text{Pressão de entrada} &= p_1 = 0 \text{ kPa} \\
\text{Pressão de saída} &= p_2 = 52{,}4 \text{ kPa} \\
\text{Velocidade na linha de entrada} &= V = 1{,}83 \text{ m/s} \\
\text{Altura do sensor de entrada} &= z_1 = 0 \text{ m} \\
\text{Altura do sensor de saída} &= z_2 = 0{,}427 \text{ m} \\
\text{Linha de escoamento de entrada} &= \text{nominal de 3'' schedule 40} \\
\text{Linha de escoamento saída} &= \text{nominal de 2½'' schedule 40} \\
\text{Fluido} &= \text{água}
\end{aligned}
$$

a. Estime a eficiência.
b. Estime a potência necessária do motor.

7. Uma bomba foi testada em um laboratório e foram obtidos os seguintes dados:

$$
\begin{aligned}
\text{Torque} &= T = 10{,}85 \text{ N·m} \\
\text{Velocidade de rotação} &= \omega = 29{,}33 \text{ Hz} \\
\text{Pressão de entrada} &= p_1 = 27{,}58 \text{ kPa} \\
\text{Pressão de saída} &= p_2 = 82{,}73 \text{ kPa} \\
\text{Velocidade na linha de entrada} &= V = 2{,}44 \text{ m/s} \\
\text{Altura do sensor de entrada} &= z_1 = 0{,}61 \text{ m} \\
\text{Altura do sensor de saída} &= z_2 = 1{,}52 \text{ m} \\
\text{Linha de escoamento de entrada} &= \text{nominal de 4'' schedule 40} \\
\text{Linha de escoamento saída} &= \text{nominal de 3½'' schedule 40} \\
\text{Fluido} &= \text{água}
\end{aligned}
$$

Estime a eficiência da bomba.

8. A entrada de uma bomba centrífuga é nominal de 8'' schedule 40, enquanto a linha de descarga é nominal de 6'' schedule 40. As pressões de entrada e saída são 30 kPa (g) e 250 kPa (g), respectivamente. A vazão volumétrica na bomba é 0,04 m³/s, e sua eficiência é 0,8. Determine a potência da bomba. As diferenças de elevação são insignificantes e o fluido é água.

9. Consulte um catálogo de bomba real e selecione uma bomba para o problema anterior.
10. Um motor opera uma bomba cuja eficiência é 65%. As linhas de entrada e de saída são nominal de 1½" e de 1, respectivamente, ambas schedule 40. A pressão aumenta na bomba em 6,1 m de etilenoglicol. A vazão volumétrica de etilenoglicol na bomba é de 1,42 m³/s. O sensor de pressão na saída está 0,4 m mais alto que o da entrada. Encontre a potência necessária para a bomba e o motor.
11. Consulte um catálogo de bomba real e selecione uma para a o problema anterior.
12. Uma bomba opera a 30 Hz. A linha de entrada é nominal de 1½" e a de saída é nominal de 1", ambas de PVC schedule 40. A pressão na linha de entrada é 12 kPa, enquanto a pressão na linha de saída é 200 kPa. O sensor de pressão de saída está 0,7 m mais alto que o sensor de entrada. O torque exercido é medido como 4 N·m e o fluido é água. Determine a vazão volumétrica na bomba se a eficiência for 0,57.
13. Uma bomba opera a 60 Hz e apresenta um torque de entrada medido de 0,678 N·m. A vazão volumétrica na bomba é 0,00284 m³/s, e o sensor de pressão da saída está localizado 432 mm acima do sensor de pressão de entrada. Os tubos de entrada e de saída são nominal de 1½" e 1, respectivamente, ambos schedule 40. O fluido que está sendo bombeado é água. Determine o aumento de pressão na bomba para uma eficiência de 75%.
14. Os dados a seguir foram obtidos em uma bomba centrífuga que opera sob condições em que a eficiência é conhecida como 76%:

$$
\begin{aligned}
\text{Torque} = T &= 1\ \text{N·m} \\
\text{Velocidade de rotação} = \omega &= 30\ \text{Hz} \\
\text{Pressão de entrada} = p_1 &= 21\ \text{kPa (absoluta)} \\
\text{Vazão volumétrica} = Q &= 0{,}001\ 5\ \text{m}^3/\text{s} \\
\text{Altura do sensor de entrada} = z_1 &= 0{,}3\ \text{m} \\
\text{Altura do sensor de saída} = z_2 &= 1\ \text{m} \\
\text{Linha de escoamento de entrada} &= \text{nominal de 1½" schedule 40} \\
\text{Linha de escoamento saída} &= \text{nominal de 1" schedule 40} \\
\text{Fluido} &= \text{água}
\end{aligned}
$$

Determine a leitura esperada no sensor de pressão de entrada.

15. Uma bomba centrífuga apresenta eficiência de 71% a uma velocidade de rotação de 20 Hz. As leituras de pressão de entrada e de saída são 48,3 kPa e 138 kPa, respectivamente. A vazão volumétrica na bomba é 0,00126 m³/s. Os tubos de entrada e de saída são nominal de 2" e 1½", respectivamente, ambos schedule 40, de aço galvanizado. A elevação do medidor de saída em relação ao sensor de entrada é 610 mm. Qual o torque de entrada necessário se o fluido for tetracloreto de carbono?
16. Uma bomba foi testada em 57,5 mm. O torque de entrada foi 27,12 N·m e as leituras de pressão de entrada e de saída foram 48,3 kPa e 138 kPa, respectivamente. A linha de entrada é nominal de 12" schedule 40 e a linha de saída é nominal de 10" schedule 40. A vazão volumétrica é 0,0756 m³/s e o sensor de pressão de saída está 610 mm mais alto que o sensor de entrada. Determine a eficiência da bomba se o fluido for (a) água; (b) propano. Comente sobre como a densidade afeta a eficiência.

Cavitação e NPSH

17. Derive a Equação 6.8b para a carga de sucção positiva líquida, como aplicada na configuração da Figura 6.6b.
18. Repita o Exemplo 6.3 para acetona, em vez de água, presumindo que todas as outras condições permanecem as mesmas.
19. A linha de entrada de uma bomba é em tubo de PVC nominal de 4" schedule 40 com 9,14 m de comprimento, que inclui um cotovelo e uma entrada arredondada. A bomba conduz 0,0142 m³/s de água a 15,6 °C de um tanque e a carga de sucção positiva líquida requerida pela bomba é 2,44 m. Determine em que local o nível de água no tanque deve ficar com relação ao eixo do impulsor da bomba para evitar cavitação.

20. A linha de entrada de uma bomba centrífuga é feita de tubo de aço comercial nominal de 3" schedule 40 com 2 m de comprimento e inclui um filtro. A bomba entrega 0,008 m³/s de tetracloreto de carbono a 21,1 °C e a carga de sucção positiva líquida requerida pela bomba é 1 m de água. Determine em que local do nível de água no tanque deve ficar com relação ao eixo do impulsor da bomba para evitar cavitação.

Análise dimensional das bombas

21. Começando com a Equação 6.12, deduza a Equação 6.17.
22. Começando com a Equação 6.13, deduza a Equação 6.18.
23. Verifique se o coeficiente de transferência de energia é adimensional:

$$\frac{g \, \Delta H}{\omega^2 D^2} = \text{coeficiente de transferência de energia.}$$

24. Verifique se o coeficiente de vazão volumétrica é adimensional:

$$\frac{Q}{\omega D^3} = \text{coeficiente de vazão volumétrica.}$$

25. Verifique se o número de Reynolds de rotação é adimensional:

$$\frac{\rho \omega D^2}{\mu} = \text{número de Reynolds de rotação.}$$

26. Verifique se o coeficiente de potência é adimensional:

$$\frac{(dW/dt)}{\rho \omega^3 D^5} = \text{coeficiente de potência.}$$

27. Os dados de desempenho real de uma bomba centrífuga estão a seguir:

    Velocidade de rotação = 40 Hz
    Diferença de carga = 21,3 m
    Vazão volumétrica = 0,00631 m³/s
    Diâmetro do impulsor = 229 mm
    Fluido = água

    A velocidade de rotação dessa bomba foi alterada para 29,3 Hz. Qual é a vazão volumétrica esperada e a diferença de carga na nova velocidade?

28. Dados de desempenho real de uma bomba são os seguintes:

    Velocidade de rotação = 60 Hz
    Diferença de carga = 10 m
    Vazão volumétrica = 0,02 m³/s
    Diâmetro do impulsor = 200 mm

    A bomba é operada a seguir a 40 Hz com um impulsor cujo diâmetro é 180 mm. Qual a vazão e a diferença de carga esperadas para a nova configuração?

29. Uma bomba foi testada em um laboratório e foram obtidos os seguintes dados:

    Fluido = água
    Velocidade de rotação = 5 Hz
    Diferença de carga = 2,44 m
    Vazão volumétrica = 6,31 × 10⁻⁴ m³/s
    Diâmetro do impulsor = 101,6 mm

O impulsor é alterado para outro, cujo diâmetro é 88,9 mm, e a bomba funciona a 15 Hz. Encontre a nova vazão volumétrica e a diferença de carga. Calcule também a potência para ambas as configurações.

30. Os testes de uma bomba produziram o seguinte resultado:

$$\begin{aligned}
\text{Fluido} &= \text{água} \\
\text{Velocidade de rotação} &= 29{,}2 \text{ Hz} \\
\text{Vazão volumétrica} &= 0{,}008 \text{ m}^3/\text{s} \\
\text{Diferença de carga} &= 4{,}57 \text{ m} \\
\text{Diâmetro do impulsor} &= 152{,}4 \text{ mm}
\end{aligned}$$

Deseja-se operar a bomba com um impulsor de 127 mm. Determine suas características operacionais quando a diferença de carga é 6,1 m. Encontre a nova vazão volumétrica.

Velocidade específica

31. Quais são as dimensões reais da velocidade específica na Equação 6.23? (Lembre-se de que ela é dada **arbitrariamente** em unidades de rpm.)
32. Calcule a velocidade específica da bomba da Figura 6.3.
33. Calcule a velocidade específica da bomba da Figura 6.10.
34. Determine o tipo e a potência necessária para a bomba que corresponde à Figura 6.3, quando operada em seu nível de eficiência máxima.
35. Determine o tipo e a potência necessária para a bomba representada pela Figura 6.10, quando operada em seu nível de eficiência máxima.
36. Uma bomba de 20 HP (14,92 kW) move água a 0,0315 m³/s em uma tubulação. A velocidade de rotação da bomba é 30 Hz. Determine sua velocidade específica em rpm.

Ventiladores e potência do ventilador

37. Um ventilador de escoamento axial deve mover o ar em um duto cujo diâmetro interno é 0,61 m. A velocidade do ar é 9,14 m/s. Os cálculos no sistema de tubulação indicam que a queda de pressão estática é 38,1 mm de água. Selecione o ventilador apropriado para essa instalação, e estime a potência necessária para uma eficiência de 80%.
38. Um túnel subterrâneo de uma mina é retangular em seção transversal, 2,44 m de largura por 2,13 m de altura, aproximadamente, e é preciso fornecer ar para os trabalhadores no interior desse túnel. A vazão de ar é 15,57 m³/s. O túnel da mina é reto e tem 1,6 km de comprimento. Calcule a potência do ventilador e selecione um para usar nessa aplicação. (Observe que não se sabe a rugosidade; portanto, para resolver esse problema, a rugosidade deve ser estimada.)
39. Um ventilador de escoamento axial move o ar por um duto retangular de 1 m x 0,8 m, fornecendo 4 m³/s de ar. O duto serve como um distribuidor que fornece ventilação a várias salas, e a pressão estática que o ventilador deve superar é 10 mm de água. Determine o ventilador apropriado para essa instalação e estime a potência necessária para uma eficiência de 80%.
40. Um ventilador de escoamento axial com um motor 6 HP (4,48 kW) tem uma eficiência de 80% e fornece 4,72 m³/s de ar por um duto que possui 0,914 m de diâmetro interno. Calcule o aumento de pressão estática associado a esse ventilador.
41. Verifique se a Equação 6.25 é dimensionalmente correta.
42. Ar a 200 kPa, 25 °C, entra em um tubo de cobre padrão 2 tipo K, que é usado para suprimento de ar a vários laboratórios em um edifício. O tubo tem 125 m de comprimento e, na entrada, o fluxo de ar tem 0,02 m³/s. Determine a queda de pressão experimentada pelo ar; expresse-a em cm de água. Usando o catálogo de um fabricante, selecione um ventilador que funcione nessa instalação.
43. Afirmou-se, para um ventilador, que a potência pode ser determinada com

$$\frac{dW}{dt} = \Delta p_t Q.$$

Vamos deduzir essa equação neste problema. A Figura P6.43 mostra uma máquina generalizada. O volume de controle da seção 1 para a seção 2 inclui todo o fluido dentro do ventilador e do duto de saída. A entrada é rotulada como seção 1 e tem uma área (indica pela linha pontilhada) tão grande que a velocidade na seção 1 é insignificante em relação à velocidade na seção 2. A pressão em 1 é igual à pressão atmosférica. O ventilador, portanto, acelera o escoamento de uma velocidade 0 a uma velocidade identificada por V_2. A equação da continuidade é

$$\dot{m}_1 = \dot{m}_2.$$

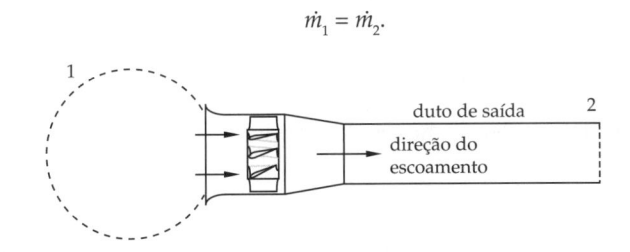

■ Figura P6.43

A equação da energia é

$$0 = -\frac{dW}{dt} + \dot{m}_1\left(h_1 + \frac{V_1^2}{2}\right) - \dot{m}_2\left(h_2 + \frac{V_2^2}{2}\right).$$

a. Combine as equações anteriores com a definição de entalpia ($h = u + pv$) e mostre que

$$\frac{dW}{dt} = \dot{m}(u_1 - u_2) + \dot{m}\left\{\left[\frac{p_1}{\rho} + \frac{V_1^2}{2}\right] - \left[\frac{p_2}{\rho} + \frac{V_2^2}{2}\right]\right\}.$$

b. Presumindo o comportamento do gás ideal, escrevemos

$$u_1 - u_2 = c_v(T_1 - T_2).$$

Com um ventilador, no entanto, presumimos um processo isotérmico, de forma que $T_1 \approx T_2$ e $\rho_1 \approx \rho_2$. Com $\dot{m} = \rho A V$ (avaliado na saída, seção 2), a equação da energia se torna

$$\frac{dW}{dt} = \rho A_2 V_2 \left\{\left[\frac{p_1}{\rho} + \frac{V_1^2}{2}\right] - \left[\frac{p_2}{\rho} + \frac{V_2^2}{2}\right]\right\}.$$

Lembre-se de que, nessa análise, definimos o volume de controle de modo que a velocidade de entrada $V_1 = 0$; na verdade $V_1 \ll V_2$. Assim

$$\left\{\left[\frac{p_1}{\rho} + \frac{V_1^2}{2}\right] - \left[\frac{p_2}{\rho} + \frac{V_2^2}{2}\right]\right\} \approx \left[\frac{p_1}{\rho} - \frac{p_2}{\rho} - \frac{V_2^2}{2}\right].$$

em que $p_1 - p_2$ é a queda de pressão associada ao sistema de tubulação. A quantidade na equação anterior é a mudança na pressão total $\Delta p_t/\rho$. Verifique que

$$\frac{dW}{dt} = \Delta p_t Q.$$

44. As equações fornecidas neste capítulo para prever o desempenho de ventilador baseiam-se na suposição do escoamento incompressível em um ventilador (veja Problema 6.43). Ou seja, para ventiladores, os efeitos compressíveis podem ser considerados insignificantes; as alterações na energia cinética são comparativamente baixas, o aumento de pressão é relativamente pequeno e o processo é presumido como isotérmico. Neste problema, porém, modelaremos o escoamento através de um soprador ou compressor, no qual os efeitos de compressibilidade não podem ser ignorados (a Figura P6.43 mostra um esboço

generalizado de um soprador). O volume de controle da seção 1 para a seção 2 inclui todo o fluido dentro do soprador e do duto de saída. A entrada é rotulada como seção 1 e tem uma área (indicada pela linha pontilhada) tão grande que a velocidade na seção 1 é insignificante em relação à velocidade na seção 2. Aplicando a equação da continuidade, temos

$$\dot{m}_1 = \dot{m}_2 = \dot{m}$$

a. Negligenciando as alterações de energia potencial e cinética, verifique que a equação de energia aplicada ao sistema é

$$0 = -\frac{dW}{dt} + \dot{m}_1 h_1 - \dot{m}_2 h_2.$$

Combine com a equação da continuidade e mostre que

$$\dot{m} = \frac{dW/dt}{h_1 - h_2}.$$

b. Para um gás ideal, a mudança de entalpia é $\Delta h = c_p \Delta T$. Também temos $\dot{m} = \rho A V$ (avaliado na saída, seção 2). Mostre que a equação anterior se torna

$$V_2 = \frac{dW/dt}{\rho_2 A_2 c_p (T_1 - T_2)}.$$

c. Para um gás ideal, $\rho = p/RT$ e $c_p = \gamma R(\gamma - 1)$, em que γ é a razão de calor específico c_p/c_v. Usando essas definições, mostre que

$$V_2 = \frac{dW/dt}{\dfrac{p_2 A_2 \gamma}{\gamma - 1}\left(\dfrac{T_1}{T_2} - 1\right)}.$$

d. Para uma compressão isentrópica das seções 1 até 2, temos

$$\frac{T_1}{T_2} = \left(\frac{p_1}{p_2}\right)^{(\gamma-1)/\gamma}.$$

Mostre que a velocidade de saída (ou potência) pode ser prevista com

$$V_2 = \frac{dW/dt}{\dfrac{p_2 A_2 \gamma}{\gamma - 1}\left\{\left(\dfrac{p_1}{p_2}\right)^{(\gamma-1)/\gamma} - 1\right\}}.$$

Assim, a velocidade de saída, ou a potência, é uma função da razão de pressão.

45. Uma soprador comercial (ventilador de escoamento radial) usado para limpar pedaços de grama é exibido esquematicamente na Figura P6.45. Ar a $1,01325 \times 10^5$ Pa, 21,1 °C é admitido na entrada e descarregado a 95,83 kPa, 21,1 °C. O tubo de saída tem um DI de 63,5 mm. O compartimento do soprador tem uma grande etiqueta, destacando em negrito: "1 HP". Presumindo que essa seja a potência do motor e que a eficiência do ventilador seja 80%, determine a velocidade no duto de saída. Use os resultados do problema 43 para obter um resultado. Considere $\gamma = 1,4$.

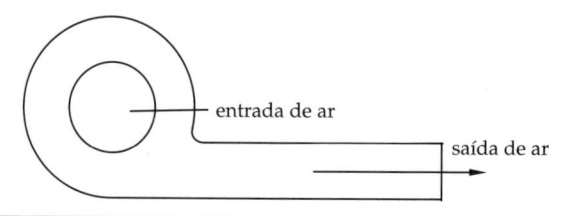

■ Figura P6.45

6.11 Problemas de grupo

G1. Uma série de testes foi conduzida em uma bomba centrífuga para verificar alguns resultados de teste de isoeficiência. A bomba possui uma linha de entrada nominal de 12" schedule 40 e uma linha de saída nominal de 10" schedule 40. A água era o líquido usado e o sensor de pressão na linha de saída estava 0,61 m mais alto que o sensor de pressão de entrada. Mais adiante, há um gráfico com os dados obtidos da bomba, todos com uma eficiência de 75%. Preencha os espaços em branco com o valor esperado:

Torque N·m	Velocidade de rotação, Hz	Pressão de entrada, kPa	Pressão de saída, kPa	Vazão volumétrica, m³/s
40,68	20	–	110,3	0,0505
34,58	–	48,26	117,2	0,0536
30,65	30	55,15	–	0,0568
22,24	40	41,36	110,3	–
17,50	–	34,5	103,4	0,0489
–	60	34,5	103,4	0,0394

G2. Uma bomba, testada no laboratório para obter dados e construir um mapa de desempenho, tinha linhas de entrada e de saída nominal de 1" schedule 40 e sua válvula de pressão de entrada estava 101,6 mm abaixo da válvula de pressão de saída. Os dados são fornecidos na tabela a seguir.

Construa um mapa de desempenho para os dados fornecidos nessa tabela. Trace ΔH versus Q para todos os diâmetros do impulsor. Mostre as linhas de isoeficiência para 30%, 35%, 40%, 43%, 45% e 46%. A bomba opera a 29,2 Hz, e todas as pressões estão em kPa, e o torque está em N·m.

		Diâmetro do impulsor								
Q,		123,8 mm		114,3 mm		101,6 mm		88,9 mm		76,2 mm	
m³/s	gpm	Δp	Torque	Δp	Torque	Δp	Torque	Δp	Torque	Δp	Torque
0	0	78,59	0	65,5	0	51,71	0	38,61	0	25,51	0
2,52 × 10⁻⁴	4	77,21	0,424	64,1	0,328	51,02	0,259	37,92	0,209	24,13	0,164
5,04 × 10⁻⁴	8	73,10	0,576	62,74	0,454	47,57	0,355	35,85	0,291	22,06	0,206
7,57 × 10⁻⁴	12	68,94	0,660	57,91	0,534	43,43	0,397	31,02	0,324	18,61	0,241
1,01 × 10⁻³	16	62,73	0,751	52,40	0,613	37,23	0,457	24,13	0,347	9,65	0,184
1,26 × 10⁻³	20	53,77	0,861	42,74	0,622	27,58	0,488	13,10	0,331		
1,51 × 10⁻³	24	42,74	0,926	33,10	0,778	17,92	0,549				
1,76 × 10⁻³	28	31,03	1,01	19,30	0,624						

G3. Para todos os dados da tabela fornecida no problema G2, calcule os valores dos seguintes grupos adimensionais:

$$\frac{g \Delta H}{\omega^2 D^2} = \text{coeficiente de transferência de energia}$$

$$\frac{Q}{\omega D^3} = \text{coeficiente de vazão volumétrica}$$

$$\frac{\rho \omega D^2}{\mu} = \text{número de Reynolds de rotação}$$

$$\frac{(dW/dt)}{\rho \omega^3 D^3} = \text{coeficiente de potência}$$

$$\eta = \text{eficiência.}$$

Construa gráficos de: (a) coeficiente de transferência de energia *versus* coeficiente de vazão volumétrica; (b) coeficiente de transferência de energia *versus* número de Reynolds de rotação; (c) coeficiente de potência *versus* coeficiente de vazão volumétrica; (d) coeficiente de potência *versus* número de Reynolds de rotação; (e) coeficiente de eficiência *versus* coeficiente de vazão volumétrica; (f) eficiência *versus* número de Reynolds de rotação. Em todos os casos, suponha que o fluido seja água.

G4. Em geral, quando se trabalha com seções transversais não circulares e com perdas secundárias, é preferível ter informações sobre a velocidade econômica. A velocidade econômica variará de acordo com os parâmetros econômicos, portanto, valores mínimos devem ser selecionados para fins de cálculos. Os valores resultantes da velocidade econômica mínima estão a seguir:

$C_2 = \$0,10/(kW \cdot h) = \$0,10/kWh;$
$C_1 = \$300/m^{2,2}$ \qquad $n = 1,4$
$t = 7.880$ h/ano \qquad $a = 1/(7 \text{ ano})$
$F = 6$ \qquad $b = 0,01$
$\eta = 75\% = 0,75$ \qquad $\varepsilon = 0,00025$

Para cinco fluidos atribuídos pelo instrutor, calcule (a) o diâmetro econômico e (b) a velocidade econômica, usando a equação da continuidade. Usando os dados acima, forneceremos um mínimo para velocidade econômica. Em todos os casos, considere a vazão volumétrica como $0,001$ m^3/s. Explique como modificar os resultados sem recalcular, se a vazão volumétrica, em um caso real, for diferente de $0,001$ m^3/s.

G5. Uma tubulação que tem 183 m de comprimento deve conduzir clorofórmio a uma vazão de $0,0536$ m^3/s. A linha deve ser suspensa a $0,61$ m (ou quase) de um teto. Determine: (a) o diâmetro econômico da linha e o material da tubulação; (b) a curva do sistema para $0,0631$ m^3/s; (c) os requisitos de potência da bomba; (d) a eficiência esperada para a bomba; (e) uma bomba apropriada para usar (consulte um catálogo em vez de uma curva deste capítulo); e, (f) o local e a configuração dos ganchos dos tubos. A tubulação é horizontal e as perdas secundárias podem ser ignoradas.

G6. Uma tubulação que conduz éter tem 80 m de comprimento e sua vazão é $0,1$ m^3/s. A linha é horizontal e contém três cotovelos regulares; todas as outras perdas secundárias podem ser ignoradas. Os primeiros 70 m da linha são retos e devem ser elevados a uma distância de $0,914$ m do solo. Determine: (a) o diâmetro econômico da linha e o material da tubulação; (b) a curva do sistema para $0,15$ m^3/s; (c) os requisitos de potência da bomba; (d) sua eficiência esperada; (e) uma bomba apropriada para usar (consulte um catálogo em vez de uma curva deste capítulo); e, (f) a colocação e a configuração dos suportes dos tubos para os primeiros 70 m da linha. Use pressão de entrada e de saída iguais.

G7. Uma tubulação deve ser projetada para conduzir $3,155 \times 10^{-4}$ m^3/s de glicerina a uma distância de $7,62$ m. A linha contém seis cotovelos e uma válvula globo (totalmente aberta). Determine: (a) o diâmetro econômico da linha e o material de tubulação; (b) a curva do sistema para $6,31 \times 10^{-4}$ m^3/s; (b) os requisitos de potência da bomba; (d) a eficiência esperada para a bomba; e, (e) uma bomba apropriada para se usar (consulte um catálogo em vez de uma curva deste capítulo). A pressão é a mesma tanto na entrada quanto na saída.

G8. Aguarrás é armazenada em um tanque com $7,62$ m de diâmetro. Dentro desse tanque, a profundidade da aguarrás é $5,49$ m. Um sistema de tubulação contendo uma bomba serve para mover a aguarrás para um tanque reservatório, que possui um diâmetro muito grande. A profundidade da aguarrás no tanque reservatório é constante em $1,83$ m. A tubulação contém um filtro, três cotovelos e uma válvula de esfera. Na saída, a extremidade da tubulação é submersa a $1,524$ m abaixo da superfície livre da aguarrás.

Para uma vazão volumétrica de $3{,}16 \times 10^{-3} \text{m}^3/\text{s}$, determine: (a) o diâmetro econômico da linha e o material da tubulação; (b) a curva do sistema para $4{,}73 \times 10^{-3} \text{m}^3/\text{s}$; (c) os requisitos de potência da bomba; (d) sua eficiência esperada; e, (e) uma bomba apropriada para se usar (consulte um catálogo em vez de uma curva deste capítulo). A tubulação tem 32,92 m de comprimento e é horizontal, com entrada e saída na mesma elevação.

G9. Uma tubulação que serve para conduzir água morro acima tem 20 m de comprimento e é enterrada no solo a 457 mm. A entrada da tubulação deve ficar submersa na água e deve conter um filtro, e sua saída fica submersa também na água, a uma elevação de 3 m acima da entrada. A tubulação deve conduzir a água a $1{,}58 \times 10^{-3} \text{m}^3/\text{s}$. A tubulação contém oito cotovelos, uma válvula de verificação de esfera e uma válvula gaveta. Determine: (a) o diâmetro econômico da linha e o material da tubulação; (b) a curva do sistema para $1{,}893 \times 10^{-3} \text{m}^3/\text{s}$; (c) os requisitos de potência da bomba; (d) sua eficiência esperada; e, (e) uma bomba apropriada para se usar (consulte um catálogo em vez de uma curva deste capítulo).

Problemas de projeto aberto

Os problemas a seguir foram obtidos de máquinas e dispositivos reais. Propositalmente, o enunciado deles não contém todas as informações necessárias para se determinar quais suposições devem ser feitas para se obter uma solução, e a solução pode não ser única.

G10. Considerando o sistema de tubulação da Figura P6G.10, execute cálculos para projetá-lo seguindo o procedimento sugerido na seção de prática do projeto. Use os seguintes parâmetros econômicos:

$C_2 = \$0{,}04/(\text{kW} \cdot \text{h}) = \$0{,}04/\text{kWh}$;
$C_1 = \$400/\text{m}^{2{,}2}$
$t = 7.880$ h/ano
$n = 1{,}2$
$b = 0{,}01$
fluido = octano

tubo de PVC schedule 40
$F = 7$
$a = 1/(7 \text{ anos})$
$\eta = 75\% = 0{,}75$
$Q = 1{,}893 \times 10^{-3} \text{m}^3/\text{s}$

1. 0,635 m
2. 0,965 m
3. 0,965 m
4. 0,864 m
5. 0,61 m
6. 0,533 m
7. 1,88 m
8. 0,559 m
9. 1,22 m
10. 1,27 m
11. 0,66 m
12. 1,22 m
13. 1,12 m
14. 1,98 m
15. 0,635 m
16. 1,524 m
17. 0,814 m
18. 0,94 m
19. 0,61 m
20. tampas da extremidade
21. união
22. válvula gaveta

■ Figura P6.G10

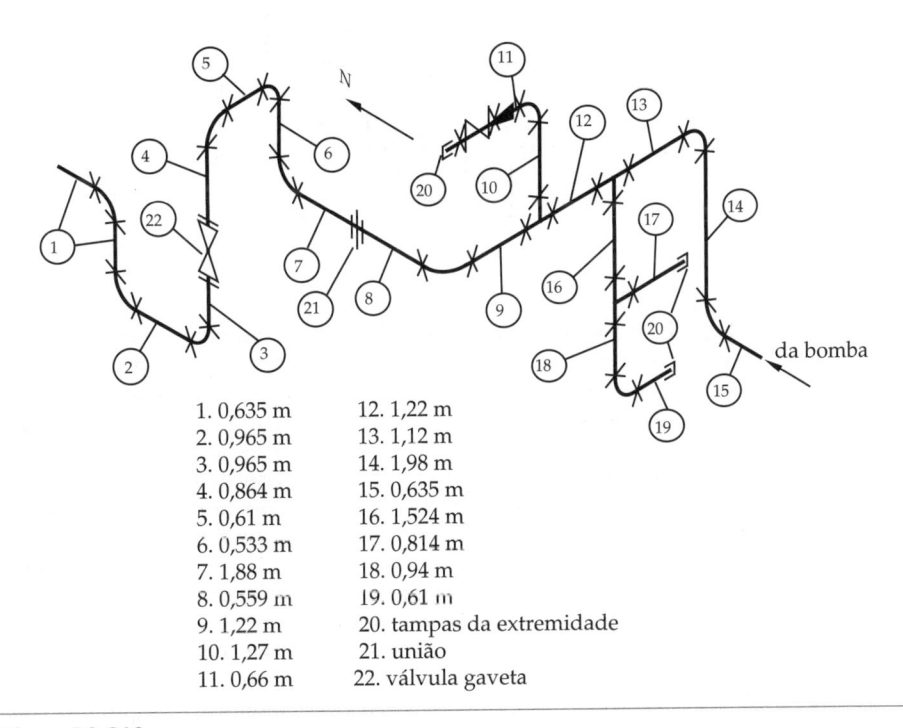

Há uma bomba no sistema que precisa ser selecionada e cuja posição deve ser determinada. Selecione uma bomba de um catálogo e assegure que ela não gere cavitação.

G11. Você trabalha para uma loja de máquinas que acabou de comprar uma fresadora usada. Infelizmente, em razão de má utilização pelo proprietário anterior, a máquina precisa de um novo sistema de resfriamento. A Figura P6.G11 mostra uma vista lateral da fresadora. Na base da máquina há um poço preenchido com óleo SAE 10. A bomba submersa move o óleo pelo sistema de tubulação para cima até o topo da máquina, onde o óleo é descarregado na fresa e usado como um refrigerante para a operação de fresagem. A vazão do óleo deve ser $5,91 \times 10^{-5}$ m^3 por segundo, ou, pelo menos, laminar quando for descarregada. A altura h é de 1,22 m, e o comprimento do tubo é 12,2 m. Depois que o refrigerante é descarregado, ele drena em uma calha de coleta e escoa por uma linha de retorno para o poço.

1. Selecione um tubo ou tubulação para usar na linha de refrigerante da bomba até o descarregamento. A tubulação deve ser de aço inoxidável ou uma de cobre é boa o suficiente?
2. Selecione um tubo ou tubulação para usar na linha de retorno. Que material deve ser usado?
3. Selecione um material para usar na calha e projete sua seção transversal. O óleo que é coletado na calha nunca deve preencher a calha de forma a transbordar.
4. Use o catálogo de um fabricante e selecione uma bomba.

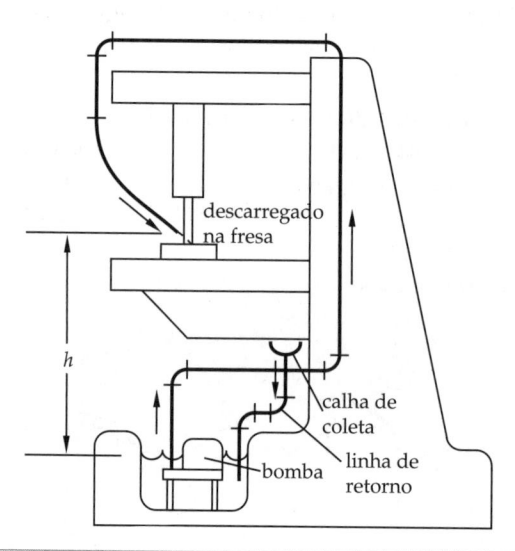

■ Figura P6.G11

G12. (Este problema tem por base um projeto encontrado em uma *delicatessen* em São Francisco.) Você contratou uma empresa de arquitetura para concluir um projeto de um sistema de tubulação proposto para instalação em um restaurante. A Figura P6.G12a mostra uma configuração projetada para produzir duchas de água simulando chuva e, conforme indicado, o sistema consiste em diversos componentes. Incorporado ao piso de concreto estão dois reservatórios, cada um revestido com placas de aço inoxidável e separados a uma distância de 915 mm. Os reservatórios são de 1,82 m × 0,915 m (na direção da página) e de 3,05 m × 0,915 m. A profundidade da água nos reservatórios é de 203 mm, e a tubulação da parte inferior de cada reservatório está ligada a uma bomba centrífuga. A bomba descarrega água em um tubo escondido atrás da parede, que leva ao topo de um teto rebaixado, e a tubulação passa pelo teto por um tubo flexível (rotulada como B no desenho), que descarrega água em três cubas idênticas.

Uma cuba está separada e as outras duas ficam juntas, mas todas ficam suspensas 152,4 mm abaixo do teto, embora isso não seja indicado na figura. As cubas têm 1,22 m de comprimento por 457 mm de largura e são feitas de Plexiglas, conforme mostrado no desenho em detalhes da cuba, na Figura P6.G12b. A parte inferior das cubas é no formato de telhado invertido e possui vários furos, de modo que, quando a água é descarregada nelas, ela drena pelos furos e escoa em jatos separados. O som é semelhante à chuva, à medida que os jatos de água atingem o reservatório. As cubas são centralizadas sobre os reservatórios. A altura do teto ao solo é de 3,66 m, e a distância da borda direita do reservatório com 3,05 m de comprimento até a parede é de 3,05 m. Esse sistema acrescenta atmosfera ao que, de outra forma, seria apenas um ambiente comum de refeições.

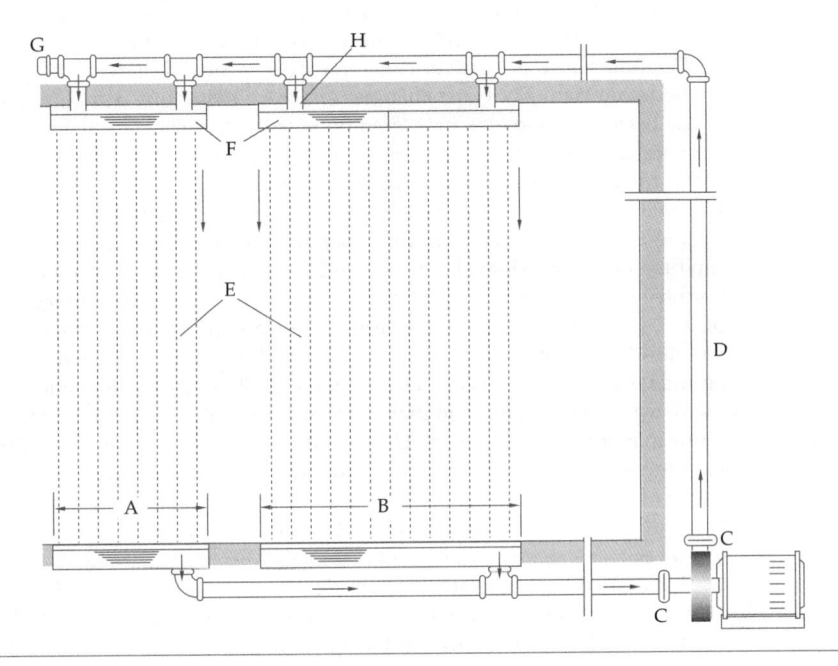

■ Figura P6.G12a

Observações:

A 1,83 m
B 3,05 m
C Conexões de união na bomba para facilitar a substituição, se necessário
D 3,96 m
E Água caindo como chuva
F Cubas
G Tampa da extremidade
H Tubo flexível

Comprimento total do tubo: 9,14 m; entradas de bordas quadradas nos reservatórios; comprimento total da cuba A até a bomba: 1,83 m

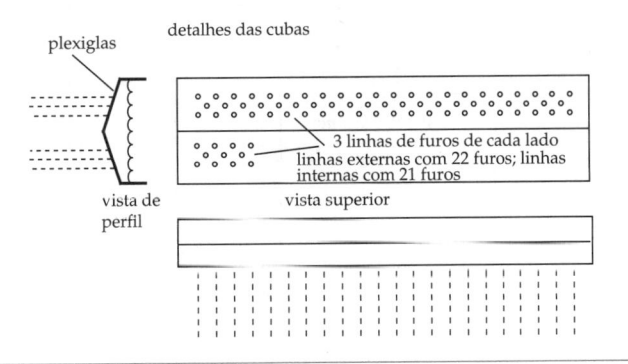

■ Figura P6.G12b

1. Selecione o diâmetro do tubo e o material para as linhas de entrada e de descarga da bomba.
2. Lembre-se de que, provavelmente, crianças irão a esse restaurante enquanto o sistema estiver funcionando e elas podem ser tentadas a jogar moedas ou comida nos reservatórios, e, além disso, alguns adultos podem se comportar como crianças. Faça recomendações sobre como a tubulação de entrada deve ser conectada aos reservatórios de forma a evitar problemas com detritos.
3. Selecione o diâmetro a ser usado na perfuração dos furos das cubas e projete a sua seção transversal (por exemplo, ângulo e profundidade da água esperada nelas).
4. Use o catálogo de um fabricante e selecione uma bomba.
5. Quando o sistema estiver funcionando, a profundidade da água nos reservatórios pode cair para 8 pol., mas não deveria, para evitar que o ar entre na linha de entrada da bomba. Como esse problema pode ser evitado?

G13. Você trabalha para uma empresa de consultoria que foi contratada para modificar o sistema de tubulação usado em uma fábrica de laticínios. O sistema de tubulação, mostrado na Figura P6.G13, contém uma bomba que conduz leite de um tanque para outro. O segundo tanque é de alimentação para uma máquina de engarrafamento. O sistema consiste em um tubo de aço inoxidável nominal de 2" schedule 40 com 7 m, da bomba até o tanque a jusante. A linha de entrada do tanque à esquerda até a bomba é de aço inoxidável nominal de 2½" schedule 40. A distância vertical do plano de referência até o medidor de pressão na entrada da bomba (= z_2) é 1,4 m. O medidor Venturi apresenta tubos nas linhas de entrada e de saída, com diâmetro nominal de 2" schedule 40, enquanto, na garganta, o diâmetro corresponde a nominal de ½" schedule 40. O medidor Venturi está conectado a um manômetro de tubo em U invertido com ar sobre o leite. A altura do líquido no tanque a montante (= z_1) não deve ser inferior a 2 m, e, dados os requisitos da máquina de engarrafamento, a altura z_3 sempre deve ser igual ou superior a 3 m.

1. Explique por que a tubulação, os tanques e a bomba devem ser todos de aço inoxidável.
2. A máquina de engarrafamento pode encher e tampar um certo número de garrafas por minuto. O requisito de vazão pode ser atendido se a velocidade do leite na linha nominal de 2" for 1,5 m/s. Sob essa condição, qual é a leitura esperada no sensor de pressão na saída da bomba?
3. Calcule a potência necessária da bomba.
4. Um manômetro de tubo U invertido com ar sobre leite é totalmente insatisfatório. Determine a melhor maneira de medir a diferença de pressão no medidor. Qual é a diferença de pressão esperada? Há um medidor melhor para se usar do que um Venturi?

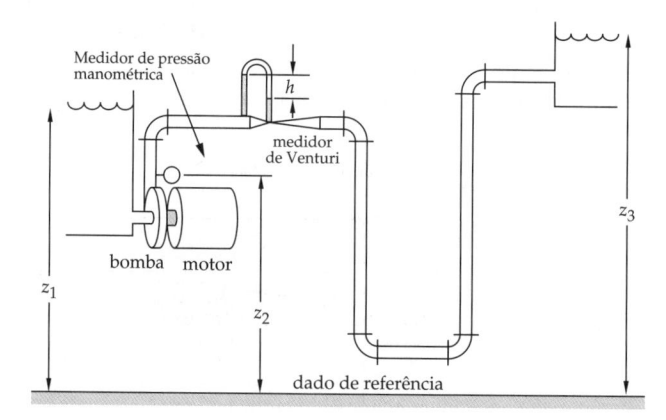

■ Figura P6.G13

Bombas e sistemas de tubulação | **311**

G14. Você trabalha para um fabricante de prensas hidráulicas e lhe foi atribuída a invejável tarefa de analisar o sistema de tubulação proposto na Figura P6.G14. Uma bomba move óleo hidráulico de um tanque de suprimento para a prensa, que precisa de, no mínimo, $1{,}262 \times 10^{-3}$ m^3/s para operar corretamente. A válvula na saída da bomba deve ser usada para reduzir a vazão caso, ela seja superior a $1{,}893 \times 10^{-3}$ m^3/s. Os diâmetros dos tubos já foram selecionados, não com base em uma análise de custo mínimo, mas porque "temos muitos tubos desses diâmetros em estoque". A linha de entrada da bomba é de PVC nominal de 2" schedule 40, com 2,5 m de comprimento. A linha de saída da bomba até a prensa é de PVC nominal de 1½" schedule 40, com 6 m de comprimento. A pressão do óleo hidráulico entregue à prensa deve ser de 206,8 kPa (abs).

Após ser usado na prensa, o óleo é descarregado em um tanque elevado no topo dela. A linha de retorno desse tanque para o tanque de suprimento é de 12 m e seu diâmetro não foi selecionado, mas também deve ser de PVC. As alturas são $H = 1{,}83$ m, $h = 203$ mm e $d = 305$ mm.

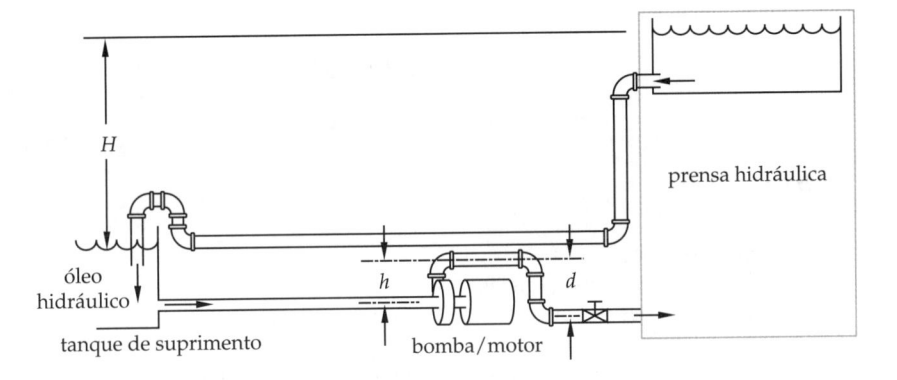

■ Figura P6.G14

1. Dimensione a bomba. Para essa aplicação, deve-se usar uma bomba de deslocamento positivo. Selecione uma dos catálogos de um fabricante.
2. O tanque elevado tem uma área de seção transversal de 0,232 m^2. Dadas as considerações estruturais, o óleo nesse tanque não deve ter mais de 10 galões. Dimensione a linha de retorno com base nesse requisito. Você acredita ser uma boa ideia modificar a entrada na linha de retorno para fazer dela uma entrada de transbordamento e, assim, manter 0,0379 m^3 ou mais de óleo no tanque elevado? (Essa modificação é levada em consideração para evitar que o ar entre na linha de retorno.)
3. A linha de retorno conduz o óleo de maneira rápida o suficiente? É necessário usar uma bomba na linha de retorno ou a gravidade é uma boa "força motora"?
4. Que diâmetros você recomendaria, de acordo com a análise de custo mínimo?
5. Que tipo de válvula você pretende especificar? Por quê?

G15. A Figura P6.G15 mostra uma bomba e o sistema de tubulação usados para drenar um tanque de 45,42 m^3 em três horas. O tanque é usado para preparar um líquido e, depois de fazê-lo, a bomba deve mover o líquido para um tanque reservatório ou para um caminhão-tanque (a saída é na pressão atmosférica). O líquido tem as mesmas propriedades que o querosene, e o comprimento total da tubulação no sistema é 18,3 m. O tanque em si contém serpentinas de aquecimento (não mostradas), que podem ser usadas para aquecer o fluido antes de bombeá-lo. Siga o procedimento do projeto sugerido e selecione uma bomba para o caso em que $z_1 = 1{,}83$ m e $z_2 = 3{,}66$ m.

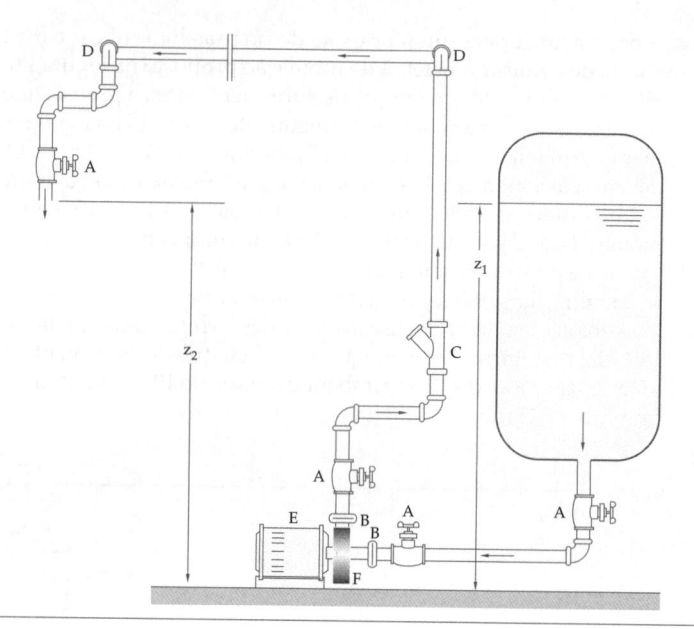

Figura P6G15

Observações:
A Válvulas globo (4 delas)
B Conexões de união(4 com 2 não mostradas)
C Filtro Y (K = 1)
D Cotovelo voltado para fora, com tubo conectado (na direção da página)
   (mais 2 obscurecidos pelos cotovelos em D)
   9 Cotovelos no total
E Motor
F Bomba

O tubo é todo de ferro forjado, com conexões rosqueadas, schedule 40.
O comprimento total do tubo é 18,3 m.
O tanque contém um produto químico, que é preparado, misturado e armazenado até ser enviado ou armazenado em outro tanque. Todos os tanques ventilam para a atmosfera.
O líquido tem as mesmas propriedades que querosene.
O volume do tanque é de 45,42 m³.
O tanque deve ser esvaziado em 3 horas.
Entrada da borda quadrada no tanque.
O comprimento total do tubo do tanque até a bomba é 1,83 m.

G16. A Figura P6.G16 mostra uma bomba e o sistema de tubulação. A bomba deve mover etilenoglicol a uma vazão de $3{,}155 \times 10^{-3}$ m³/s. Siga o procedimento do projeto sugerido e selecione uma bomba para o caso em que $z_1 = 1{,}22$ m e $z_2 = 3{,}66$ m.

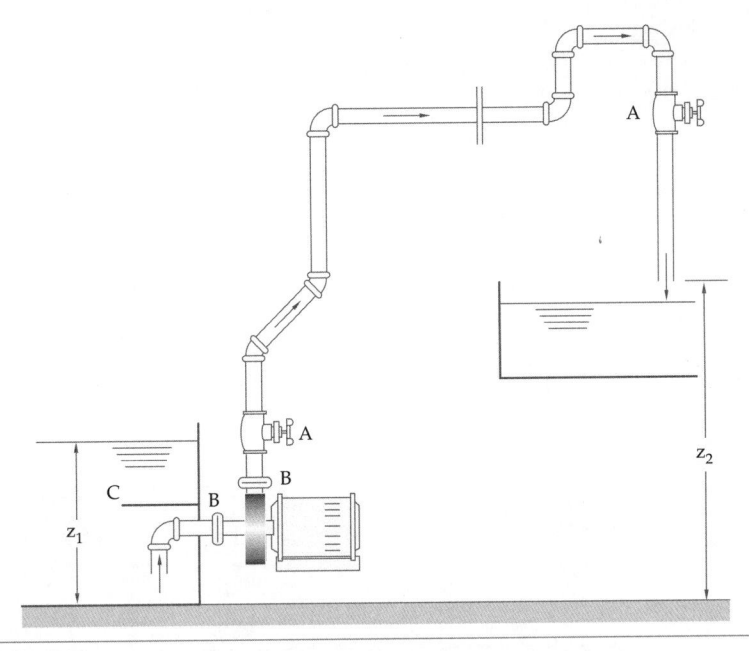

■ Figura P6.G16

Observações:
A Válvulas globo (2 delas)
B Conexões de união (4 com 2 não mostradas)
C Placa soldada no tanque para suprimir a entrada de ar na entrada da bomba
D 5 cotovelos de 90°
  2 cotovelos de 45°

O tubo é todo em ferro forjado, com conexões rosqueadas, schedule 40.
O comprimento total do tubo é 35,36 m.
O fluido é etilenoglicol.
A vazão necessária é $3{,}155 \times 10^{-3}$ m³/s.
O comprimento total do tubo do tanque até a bomba é 1,22 m.
$z_1 = 1{,}22$ m e $z_2 = 3{,}66$ m.

G17. A Figura P6.G17 mostra uma bomba e o sistema de tubulação. A bomba deve mover etilenoglicol a uma vazão de $3{,}155 \times 10^{-3}$ m³/s. Siga o procedimento do projeto sugerido e selecione uma bomba para o caso em que $z_1 = 1{,}22$ m e $z_2 = 3{,}66$ m.

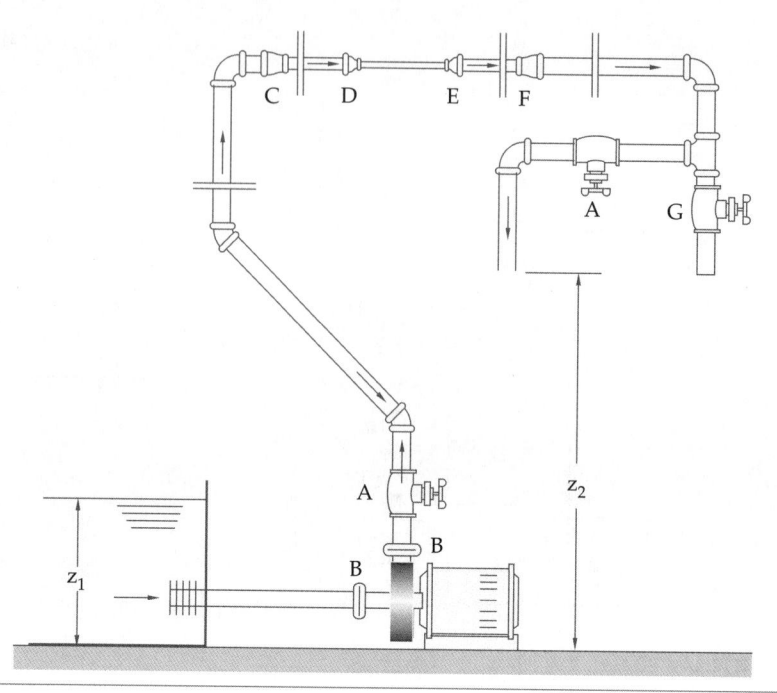

Figura P6.G17

Observações:
A   Válvulas globo
B   Conexões de união
C, F   Redutor concêntrico 3 × 2
D, E   Redutor concêntrico 2 × 1⅕
G   Válvula globo fechada

Tubos e conexões   Todos os tubos são de aço inoxidável schedule 10
Conexões soldadas, exceto as uniões em B

Entrada na bomba   3,35 m de nominal de 3, filtro, 1 conexão união

Saída da bomba para o redutor em C: 27,13 m de tubo nominal de 3, 1 cotovelo de 90°, 2 cotovelos de 45°, 1 conexão de união, 1 válvula globo

Redutor em C para redutor em D: 4,57 m de tubo nominal de 2, redutor concêntrico 3 × 2

Redutor em D para redutor em E: 0,61 m de nominal de 1⅕, 2 redutores concêntricos 2 × 1⅕

Redutor em E para redutor em F: Tubo de 182 m, nominal de 2, 20 cotovelos de 90° (não mostrados)

Redutor em F para saída em z_2:   Tubo de 3,05 m, nominal de 3, 20 cotovelos de 90°, 1 válvula globo, 1 junta T

G18. Pode parecer, no entender individual, que o diâmetro da linha selecionado no Exemplo 6.7 (nominal de 3) seja grande demais, de acordo com os limites da área na Etapa 1. Retrabalhe o problema usando o diâmetro menor (nominal de 2½). Complete a seguinte tabela:

Item		Exemplo 6.7	Seus resultados
Tamanho "econômico" de linha	=	nominal 3" sch 40	nominal 2½" sch 40
Layout	=	dado	dado
Curva do sistema	=		
Velocidade específica	=		
Eficiência esperada da bomba	=		
Tipo de bomba	=		
Potência do motor	≈		

G19. A Figura P6.G.19 mostra um sistema de tubulação usado como trocador de calor. O trocador tem aletas conectadas (como mostrado) e é feito de tubulação de cobre padrão ½ tipo M. Há 12,2 m de tubulação e, para transferir a quantidade necessária de calor, a velocidade do líquido não pode ser inferior a 2 m/s. Determine a potência da bomba necessária, caso o líquido seja benzeno. Todas as conexões são soldadas, e a queda de pressão da entrada para a saída é de 27.58 kPa.

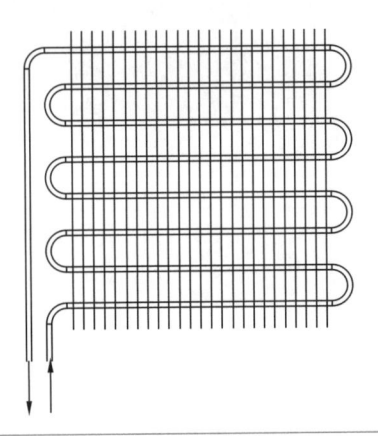

■ Figura P6G.19

CAPÍTULO 7

Alguns conceitos fundamentais sobre transferência de calor

O calor é transferido de uma fonte para um receptor de três maneiras distintas: condução, convecção e radiação. A maioria das aplicações de engenharia envolve a identificação de uma ou duas dessas maneiras dominantes e a aplicação de suposições simplificadoras a fim de resolver o problema em questão. Neste capítulo, vamos rever alguns conceitos fundamentais de transferência de calor e definir propriedades pertinentes de substâncias. Ilustraremos métodos de solução para problemas simples de condução e convecção, bem como apresentaremos equações para vários tipos de problemas de convecção. Serão discutidos conceitos de transferência de calor por radiação. O principal objetivo do capítulo, no entanto, é chamar a atenção para as propriedades de transferência de calor dos fluidos e para os métodos de solução de transferência de calor por convecção, a fim de reforçar uma fundamentação para a modelagem de trocadores de calor, que será fornecida nos capítulos subsequentes.

7.1 Condução de calor em uma parede plana

A Figura 7.1 mostra uma parede plana em contato com uma fonte de calor à esquerda (um banco de aquecedores) e um dissipador de calor à direita (uma camisa de água). A temperatura T *versus* o eixo x também é mostrada na geometria da parede. Os aquecedores fornecem um fluxo de calor constante por área de unidade e de tempo, q_x''. Depois que o sistema atinge o estado permanente, a temperatura dentro do material é medida e demonstrada em um gráfico. Como mostrado, a temperatura T varia linearmente com x, e a inclinação do perfil de temperatura é escrita como dT/dx. O fluxo de calor por unidade de área (normal à direção do fluxo de calor) e de tempo é proporcional ao gradiente de temperatura:

$$q_x'' \propto \left(-\frac{dT}{dx}\right) \tag{7.1}$$

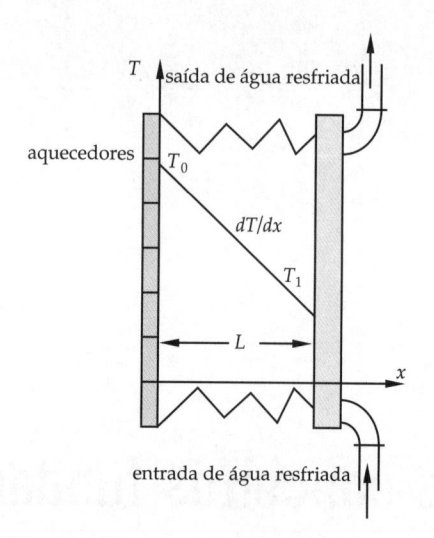

Figura 7.1 Condução de calor em uma parede plana.

Observe que, à medida que a distância x aumenta, a temperatura T diminui, portanto $-dT/dx$ realmente é uma quantidade positiva. Para tornar a Equação 7.1 uma igualdade, introduziremos uma constante de proporcionalidade:

$$q_x = kA\left(-\frac{dT}{dx}\right), \tag{7.2}$$

em que k é conhecida como **condutividade térmica** da substância, com dimensões de F·L/(T·L·t) [W/(m·K)]. A condutividade térmica k é uma propriedade das substâncias e, em geral, é avaliada experimentalmente; seus valores para vários metais e materiais de construção são fornecidos na Tabela 7.1. (Dados mais amplos podem ser encontrados em vários livros de referência.) Valores de condutividade térmica para os líquidos e gases selecionados são encontrados, no Apêndice, nas tabelas B.1 a B.5, para líquidos, e C.1 a C.6, para gases.

Para a parede plana da Figura 7.1, a Equação 7.2 pode ser integrada diretamente, para obter

$$q_x = kA\frac{T_0 - T_1}{L}, \tag{7.3}$$

em que $(T_0 - T_1)$ é a diferença de temperatura sobre a espessura L da parede. A Equação 7.3 pode ser reescrita como

$$q_x = \frac{T_0 - T_1}{L/kA} = \frac{T_0 - T_1}{R}, \tag{7.4}$$

em que $L/kA = R$ é introduzido como uma resistência, pela qual o calor q_x é transferido sob condições permanentes em razão da diferença de temperatura imposta $(T_0 - T_1)$. A resistência R tem dimensões de t·T/(F·L) (K/W).

Alguns conceitos fundamentais sobre transferência de calor

■ **Tabela 7.1** Propriedades térmicas dos metais e ligas selecionados.

Material	Gravidade específica	Calor específico C_p $\frac{J}{kg \cdot K}$	Condutividade térmica, k $\frac{W}{m \cdot K}$	Difusividade $m^2/s \times 10^6$
Metais selecionados a 293 K = 20 °C				
Alumínio	2,702	896	236	97,5
Bronze	8,666	343	26	8,59
Latão	8,522	385	111	34,12
Ferro fundido	7,272	420	52	17,02
Cobre	8,933	383	399	116,6
Ferro forjado	7,849	460	59	16,26
Aço carbono	7,801	473	43	11,72
Aço cromo	7,865	460	61	16,65
Aço silício	7,769	460	42	11,64
Aço inoxidável	7,817	461	14,3	3,87
Material	Gravidade específica	$\frac{J}{kg \cdot K}$	$\frac{W}{m \cdot K}$	$m^2/s \times 10^6$
Materiais de construção selecionados a 293 K = 20 °C				
Amianto	0,383	816	0,113	0,036
Asfalto	2,120		0,698	
Tijolo Comum	1,800	840	0,45	0,031
Alvenaria	1,700	837	0,658	0,046
Sílica	1,9		1,07	
Papelão			0,25	
Concreto	0,500	837	0,128	0,049
Cortiça	0,120	1880	0,042	0,03
Ebonite			0,163	
Fibra de vidro	0,220		0,035	
Lã de vidro			0,040	
Vidro (janela)	2,800	800	0,81	0,034
Gelo a 0 °C	0,913	1830	2,22	0,124
Fibra da paineira	0,025		0,035	
Madeira				
Pinheiro, pinho, abeto	0,444	2720	0,15	0,0124
Carvalho	0,705	2390	0,19	0 0113
Lã	0,200		0,038	

Observações: Dados de várias fontes; consulte as referências no final do texto.

Densidade = ρ = gravidade específica $\times$ 1.000 kg/m^3

Difusividade do alumínio = α = 97,5 $\times$ 10^{-6} m^2/s

Exemplo 7.1.

A Figura 7.2 mostra uma seção transversal de um instrumento com **placa de aquecimento protegida**. Ele é usado para medir a condutividade térmica de um material de formato plano, como compensado, isolamento, gesso etc. O instrumento com placa de aquecimento protegida consiste em um aquecedor principal e um de proteção, sendo que o de proteção circunda completamente o principal. São necessárias duas amostras do material a ser testado, e cada uma delas é colocada de cada lado dos aquecedores. As camisas de água de resfriamento são feitas para estar em contato com as amostras. Para operar o dispositivo, ambos os aquecedores são ativados. O calor do aquecedor principal deve fluir em uma dimensão, passando em cada amostra, até as camisas de água de resfriamento. O aquecedor de reserva fornece energia para o perímetro externo das amostras, de forma que o calor que flui do aquecedor principal não fluirá em nenhuma direção lateral, e, assim, um fluxo de calor unidimensional é construído do aquecedor principal para as camisas de água de resfriamento.

Ambos os aquecedores são aquecidos eletricamente, portanto, as leituras de tensão e de amperagem nos fios do aquecedor principal fornecem dados por meio dos quais a potência de entrada para *ambas* as amostras pode ser calculada. Termopares são usados para fazer leitura de temperatura, o que é necessário para vários propósitos. Para assegurar que exista um fluxo de calor unidimensional, a temperatura na superfície 1 (Figura 7.2) das amostras deve ser a mesma no aquecedor principal e no de proteção, uma vez que o estado é permanente. Em determinado momento, a temperatura nas superfícies 1 do aquecedor principal e nas superfícies 2 e 3 das camisas de água de resfriamento são registradas.

Um instrumento de placa de aquecimento protegida é usado para medir a condutividade térmica de compensado de 9,53 mm de espessura. A entrada elétrica do aquecedor principal é 110 V × 1 A. A temperatura na superfície do aquecedor principal é 98,9 °C, enquanto a temperatura da superfície das camisas de resfriamento é 26,7 °C. A área transversal pela qual o calor flui é 0,0697 m². (a) Determine a condutividade térmica do compensado e (b) calcule o valor da resistência, conforme definido na Equação 7.4.

Solução: Metade da potência elétrica de entrada irá para cada parte do compensado. O fluxo de calor em cada parte será dado pela Equação 7.4:

$$q_x = \frac{T_0 - T_1}{L/kA} = \frac{T_0 - T_1}{R}, \tag{7.4}$$

em que q_x é calculado como

$$q_x = 0{,}5(110)(1) = 55 \text{ W}.$$

O fator de conversão foi obtido a partir da Tabela A.2 do Apêndice. Reorganizando a Equação 7.4 para resolver a condutividade térmica e substituindo, temos

$$k = \frac{Lq_x}{A(T_0 - T_1)} = \frac{(9{,}53 \times 10^{-3})(55)}{0{,}0697(98{,}9 - 26{,}7)}$$

(a) $\underline{k = 0{,}104 \text{ W/mK}.}$

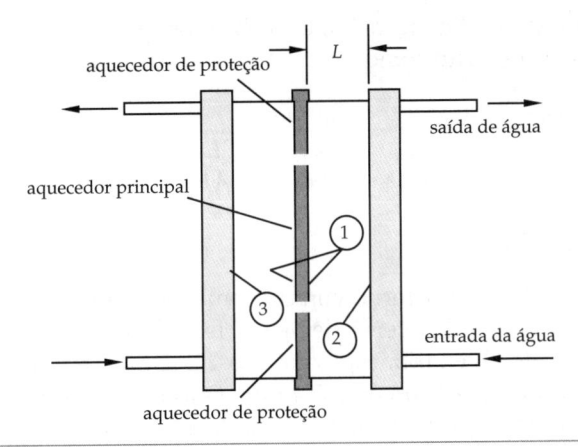

Figura 7.2 Esquema de um aquecedor de placa aquecida protegida para medir a condutividade térmica.

A resistência é encontrada na definição

$$R = \frac{L}{kA} = \frac{0{,}00953}{0{,}104(0{,}0697)}$$

(b) $R = 1{,}32\ \text{K/W}$.

O conceito de resistência para fluxo de calor em um material plano pode ser usado para aplicar a equação de fluxo de calor unidimensional em materiais em série. Considere a parede composta da Figura 7.3. Como mostrado, o calor flui da esquerda para a direita pelas três substâncias de diferentes condutividades térmicas em contato uma com a outra. Para a parede inteira, podemos escrever

$$q_x = \frac{T_0 - T_3}{R_{03}}. \tag{7.5}$$

O fluxo de calor em todos os materiais é igual e idêntico ao fluxo de calor pela parede; portanto, além da Equação 7.5, podemos escrever

$$q_x = \frac{T_0 - T_1}{R_{01}} = \frac{T_1 - T_2}{R_{12}} = \frac{T_2 - T_3}{R_{23}} = \frac{T_0 - T_3}{R_{03}}.$$

Portanto, concluímos que a resistência total é igual à soma das resistências individuais:

$$R_{03} = R_{01} + R_{12} + R_{23} \tag{7.6a}$$

ou

$$R_{03} = \frac{L_{01}}{Ak_{01}} + \frac{L_{12}}{Ak_{12}} + \frac{L_{23}}{Ak_{23}}. \tag{7.6b}$$

Substituindo na Equação 7.5, descobrimos que o fluxo de calor pela parede pode, portanto, ser escrito como

$$q_x = \frac{T_0 - T_3}{R_{03}} = \frac{T_0 - T_3}{\dfrac{L_{01}}{Ak_{01}} + \dfrac{L_{12}}{Ak_{12}} + \dfrac{L_{23}}{Ak_{23}}}. \tag{7.7}$$

Exemplo 7.2.

A parede de um forno consiste em três camadas de tijolo dispostas, como na Figura 7.3. A parede interna de tijolo é feita de sílica, espessura de 101,6 mm, coberta com tijolo de alvenaria, espessura de 203,2 mm, enquanto a camada externa é de tijolo comum, espessura de 152,4 mm. Durante a operação, a temperatura da parede interna do forno atinge 537,8 °C e a da parede externa é 54,45 °C. Calcule o calor transferido pela parede por pé quadrado. Determine também as temperaturas nas interfaces.

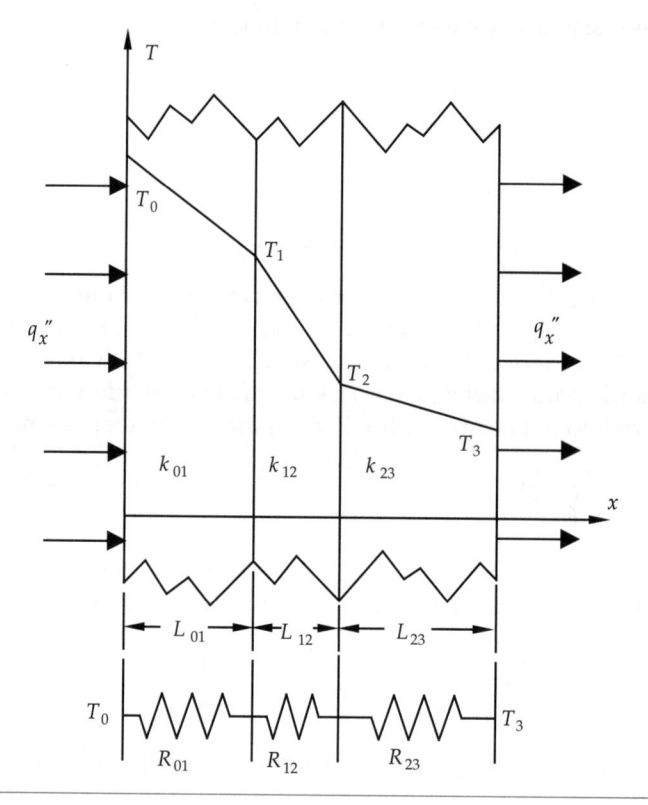

■ **Figura 7.3** Fluxo de calor em uma parede composta.

Solução: Podemos aplicar as equações da seção anterior. Calcularemos a resistência oferecida em cada camada e finalmente resolveremos para o calor transferido.

Pressupostos:

1. O sistema está em estado permanente.
2. As propriedades térmicas dos materiais são constantes (embora saibamos que elas podem variar com a temperatura).

A partir da Tabela 7.1, temos os seguintes valores para condutividade térmica:

tijolo de sílica $\quad k_{01} = 1{,}07 \text{ W/mK}$
tijolo de alvenaria $\quad k_{12} = 0{,}658 \text{ W/mK}$
tijolo comum $\quad k_{23} = 0{,}450 \text{ W/mK}$

Agora, calcularemos a resistência oferecida em cada camada, presumindo uma área transversal A de 1 m²:

tijolo de sílica $\quad R_{01} = L_{01}/Ak_{01} = (0{,}1016)/(1(1{,}07)) = 0{,}095 \text{ K/W}$
tijolo de alvenaria $\quad R_{12} = L_{12}/Ak_{12} = (0{,}2032)/(1(0{,}658)) = 0{,}309 \text{ K/W}$
tijolo comum $\quad R_{23} = L_{23}/Ak_{23} = (0{,}1524)/(1(0{,}45)) = 0{,}339 \text{ K/W}$

A resistência total para as três camadas é a soma destas:

$$R_{03} = R_{01} + R_{12} + R_{23} = 0{,}095 + 0{,}309 + 0{,}339 \tag{7.6a}$$

ou

$$R_{03} = 0{,}743 \text{ K/W}.$$

A perda de calor por pé quadrado da seção transversal de parede é

$$q_x = \frac{T_0 - T_3}{R_{03}} = \frac{537{,}8 - 54{,}45}{0{,}743} \tag{7.5}$$

ou $\quad \underline{q_x = 651 \text{ W}.}$

Para a primeira camada, podemos escrever

$$q_x = \frac{T_0 - T_1}{R_{01}}.$$

Reorganizando e resolvendo para T_1, temos

$$T_1 = T_0 - q_x R_{01} = 537{,}8 - 651(0{,}095).$$

Resolvendo,

$$\underline{T_1 = 476 \text{ °C}.}$$

Da mesma forma,

$$q_x = \frac{T_1 - T_2}{R_{12}}$$

e $\quad T_2 = T_1 - q_x R_{12} = 476 - 651(0{,}309).$

Resolvendo,

$$\underline{T_2 = 275 \text{ °C}.}$$

7.2 Condução de calor em uma parede cilíndrica

Como vimos na seção anterior, a área transversal pela qual o calor flui em uma geometria plana é constante. O modelo desenvolvido envolvia o conceito de resistência para fluxo de calor, a fim de se obter os cálculos apropriados. Agora, ampliaremos a discussão para uma geometria cilíndrica.

A Figura 7.4 mostra um cilindro circular com raios interno e externo de R_1 e R_2, respectivamente. A temperatura das superfícies interna e externa são T_1 e T_2. O comprimento do cilindro é L. A figura contém um esboço de temperatura *versus* raio (T versus r), bem como a resistência R_{12}, que corresponde à seção transversal. Para determinar uma equação para R_{12}, começaremos com a Equação 7.2, escrita na direção de r, que é

$$q_r = kA\left(-\frac{dT}{dr}\right), \qquad (7.2)$$

em que q_r representa o fluxo de calor na direção radial e $-dT/dr$ é o gradiente de temperatura na parede do tubo. Em qualquer raio $R_1 < r < R_2$, a área transversal é dada por

$$A = 2\pi rL.$$

Substituindo na Equação 7.2 e separando as variáveis para integração, temos

$$\int_{T_1}^{T_2} dT = \int_{R_1}^{R_2} -\frac{1}{2\pi kL}\frac{q_r dr}{r}.$$

Integrando, temos

$$T_2 - T_1 = -\frac{q_r}{2\pi kL}\ln\frac{R_2}{R_1}$$

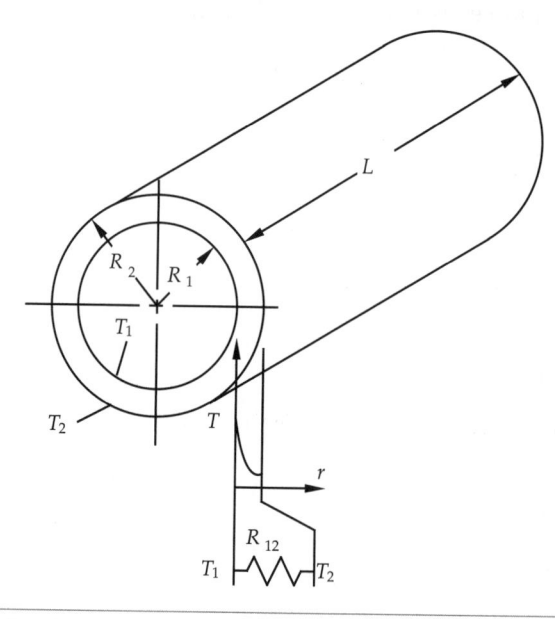

■ **Figura 7.4** Fluxo de calor em uma parede cilíndrica.

ou $T_1 - T_2 = \dfrac{q_r}{2\pi k L} \ln \dfrac{R_2}{R_1}.$ (7.8)

A Equação 7.8 pode ser reorganizada para resolver para uma resistência, como no problema da parede plana:

$$q_r = \dfrac{T_1 - T_2}{R_{12}} = \dfrac{T_1 - T_2}{\dfrac{1}{2\pi k L} \ln \dfrac{R_2}{R_1}}.$$

Portanto, concluímos que, em uma geometria cilíndrica, a resistência ao fluxo de calor é dada por

$$R_{ij} = \dfrac{1}{2\pi k L} \ln \dfrac{R_j}{R_i}.$$

em que os subscritos *i* e *j* referem-se a locais na superfície.

Em muitos casos práticos, como um tubo com isolamento, a geometria em questão será formada de dois cilindros em série, o que está ilustrado na Figura 7.5. Para calcular o fluxo de calor nessa geometria, usaremos a mesma abordagem da parede plana, conhecida como conceito de resistência ao fluxo de calor. Da superfície interna para a superfície externa, temos

$$q_r = \dfrac{T_1 - T_3}{R_{13}}.$$ (7.9)

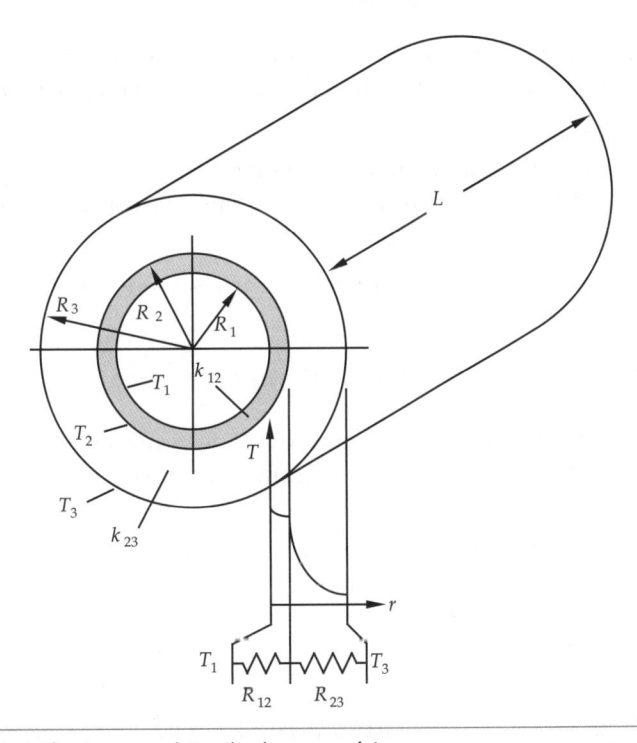

■ **Figura 7.5** Resistências para dois cilindros em série.

Além disso, para cada material,

$$q_r = \frac{T_1 - T_2}{R_{12}} = \frac{T_2 - T_3}{R_{23}}.$$

Portanto,

$$R_{13} = R_{12} + R_{23}$$

ou

$$R_{13} = \frac{1}{2\pi k_{12} L} \ln \frac{R_2}{R_1} + \frac{1}{2\pi k_{23} L} \ln \frac{R_3}{R_2}. \qquad (7.10)$$

A Equação (7.9) torna-se

$$q_r = \frac{T_1 - T_3}{\frac{1}{2\pi k_{12} L} \ln \frac{R_2}{R_1} + \frac{1}{2\pi k_{23} L} \ln \frac{R_3}{R_2}}. \qquad (7.11)$$

Exemplo 7.3.

Um tubo de aço [$k = 40$ W/(m·K)] é isolado com fibra da paineira, semelhante à seção transversal do esboço da Figura 7.5. O tubo conduz um fluido que mantém a superfície interna a 100 °C. A superfície externa do isolamento está a 25 °C. O tubo é um nominal de 4" schedule 40 e o isolamento tem 60 mm de espessura. Determine o calor transferido por unidade de comprimento na parede cilíndrica e a temperatura na interface dos dois materiais.

Solução: Podemos aplicar as equações da seção anterior. Calcularemos a resistência oferecida em cada camada e, finalmente, resolveremos para o calor transferido.

Pressupostos:
1. O sistema está em estado permanente.
2. As propriedades térmicas dos materiais são constantes, embora saibamos que podem variar com a temperatura.

A partir da Tabela D.1 do Apêndice, temos as seguintes dimensões de tubo nominal 4 schedule 40:

$$DE = 114,3 \text{ mm} \qquad DI = 102,3 \text{ mm}$$

De acordo com a Tabela 7.1, a condutividade térmica da fibra da paineira é 0,035 W/(m·K). Em termos da notação da Figura 7.5, temos, para cada raio

$R_1 = 102,3/2 = 51,2$ mm
$R_2 = 114,3/2 = 57,2$ mm
$R_3 = R_2 + 60 = 117,2$ mm

Também, para cada material,

aço $\qquad k_{12} = 40$ W/(m·K)
fibra da paineira $\qquad k_{23} = 0,035$ W/(m·K)

Presumindo uma unidade de comprimento, as resistências são calculadas como

aço $\quad R_{12} = \dfrac{1}{2\pi k_{12} L} \ln \dfrac{R_2}{R_1} = \dfrac{1}{2\pi (40)(1)} \ln \dfrac{57{,}2}{51{,}2} = 0{,}000\,44 \text{ K/W}$

fibra da paineira $R_{23} = \dfrac{1}{2\pi k_{23} L} \ln \dfrac{R_3}{R_2} = \dfrac{1}{2\pi (0{,}035)(1)} \ln \dfrac{11{,}72}{5{,}72} = 3{,}26 \text{ K/W}.$

Como se vê nessas figuras, o isolamento oferece muito mais resistência ao fluxo de calor que o aço. A resistência total, então, é

$R_{13} = R_{12} + R_{23} = 3{,}26 \text{ K/W}.$

A taxa de transferência de calor torna-se

$$q_r = \dfrac{T_1 - T_3}{R_{13}} = \dfrac{100 - 25}{3{,}26} \tag{7.9}$$

ou $\quad q_r = 23 \text{ W}.$

Para encontrar a temperatura da interface, aplicaremos a equação de fluxo de calor em qualquer material. Para aço,

$q_r = \dfrac{T_1 - T_2}{R_{12}}.$

Reorganizando e resolvendo para a temperatura da interface, temos

$T_2 = T_1 - q_r R_{12} = 100 - 23(0{,}000\,44).$

Resolvendo,

$T_2 \approx 100\ °\text{C}.$

A queda de temperatura através do aço é praticamente desprezível. Muitas vezes, em muitos problemas práticos, a temperatura em um metal é presumida como constante.

7.3 Transferência de calor por convecção: o problema geral

A transferência de calor por convecção ocorre quando uma superfície sólida está em contato com um fluido em movimento e existe uma temperatura diferente entre os dois. Nesses casos, a transferência de calor pode ocorrer de duas maneiras distintas: por **convecção forçada**, quando o movimento do fluido se deve a uma força motora externa, e por **convecção natural**, também conhecida como **convecção livre**, que ocorre se o movimento do fluido for induzido pela transferência de calor.

O calor transferido por convecção é calculado pelo uso de um **coeficiente de convecção** $\overline{h}$. As dimensões do coeficiente de convecção são F·L/(T·L²·t) [W/(m²·K)]. A barra superior indica que o coeficiente de convecção para o problema em questão é um valor médio, válido na superfície inteira ou na geometria. Neste texto, não usaremos a barra superior por dois motivos: para simplificar a notação e por que usaremos apenas o valor médio do coeficiente de convecção h.

Medidas de taxa de transferência de calor e de temperatura deverão ser feitas para calcular o coeficiente de convecção. Verificou-se que o coeficiente de convecção é uma função da diferença de temperatura e das temperaturas reais; portanto, o coeficiente de convecção, também chamado **coeficiente de superfície**, não pode ser calculado, exceto por métodos de tentativa e erro. Sabendo-se o coeficiente de convecção h, a taxa de transferência de calor pode ser encontrada com

$$q = hA(T_s - T_\infty). \tag{7.12}$$

O coeficiente de convecção na Equação 7.12 conta com as temperaturas de superfície e de corrente livre T_s e T_∞, respectivamente. Outras diferenças de temperatura podem ser usadas para resultar alternativas para a Equação 7.12.

Reescrevendo a Equação 7.12 de uma forma similar à Equação 7.9, podemos definir uma resistência à transferência de calor por convecção e tratar o problema de convecção como o de condução. A Equação 7.12 fica

$$q = \frac{T_s - T_\infty}{R_{s\infty}} = \frac{T_s - T_\infty}{1/hA}.$$

Assim, a resistência para a transferência de calor em uma superfície convectiva é dada por

$$R_{s\infty} = \frac{1}{hA}. \tag{7.13}$$

Propriedades de fluidos na transferência de calor

Nos capítulos anteriores, demos ênfase aos tipos de problemas de mecânica dos fluidos. As propriedades do fluido foram discutidas, mas tratava-se de propriedades isotérmicas. É sabido que, de fato, as propriedades dos fluidos variam de acordo com a temperatura. Embora as tabelas B.1 (Propriedades de líquidos em temperatura ambiente e pressão) e C.1 (Propriedades físicas de gases em temperatura e pressão ambiente) do Apêndice sejam suficientes para problemas isotérmicos, é melhor ter disponíveis dados mais amplos para a solução de problemas de transferência de calor, e estes podem ser obtidos nas tabelas B.1 a B.5, que mostram propriedades de líquidos, e nas tabelas C.1 a C.6, que mostram propriedades de gases (gravidade específica, condutividade térmica, viscosidade cinemática, difusividade térmica e número de Prandtl), todas no Apêndice.

7.4 Problemas de transferência de calor por convecção: formulação e solução

Já foram realizadas exaustivas pesquisas para se desenvolver relações para o coeficiente de convecção h em várias geometrias. Os resultados dessas medidas, em geral, são fornecidos em termos de grupos adimensionais. Por exemplo, o coeficiente de convecção é tradicionalmente representado pelo **número Nusselt**, definido como

$$\text{Nu} = \frac{hL}{k_f}, \tag{7.14}$$

em que L é um comprimento característico apropriado para a geometria em questão e k_f é a condutividade térmica do fluido. A Tabela 7.2 traz uma lista de alguns grupos adimensionais encontrados nos problemas de mecânica dos fluidos e transferência de calor. O exemplo a seguir ilustra o cálculo da taxa de transferência de calor usando uma equação do coeficiente de convecção.

■ **Tabela 7.2** Alguns grupos adimensionais encontrados normalmente.

Grupo	Símbolo	Nome
hL/k	Bi	Número de Biot
$\mu V^2/[k_f(T_s - T_\infty)]$	Br	Número de Brinkman
$2D_f/\rho V^2 D^2$	C_D	Coeficiente de resistência
$2\Delta p D/\rho V^2 L$	f	Fator de atrito
V^2/gL	Fr	Número de Froude
$g\beta(T_s - T_\infty)L^3/\nu^2$	Gr	Número de Grashof
hL/k_f	Nu	Número de Nusselt
VL/α	Pe = Re · Pr	Número de Peclet
$C_p\mu/k_f = \nu/\alpha$	Pr	Número de Prandtl
$2\Delta p/\rho V^2$	C_p	Coeficiente de pressão
$g\beta(T_s - T_\infty)L^3/\nu\alpha$	Ra = Gr · Pr	Número de Rayleigh
$\rho VD/\mu$	Re	Número de Reynolds
$h/\rho V C_p$	$St = \dfrac{Nu}{Re \cdot Pr}$	Número de Stanton
$\rho V^2 L/\sigma$	We	Número de Weber

Exemplo 7.4.

Desejamos determinar a quantidade de calor que é transferida por uma parede vertical de gesso com 12,7 mm de espessura, considerando que o gesso tem uma superfície de papel de ambos os lados. Conforme indicado na Figura 7.6, o lado esquerdo do material (por exemplo, papel) é mantido a 75 °C, enquanto o lado direito é exposto ao ar, a 25 °C. As propriedades do gesso são (Tipo X):

$\rho = 711 \text{ kg/m}^3 \qquad C_p = 1.089 \text{ J/(kg·K)} \quad k = 0{,}258 \text{ W/(m·K)}.$

Determine o calor transferido pelo gesso.

Solução: A Figura 7.6 mostra a seção transversal da parede, bem como um perfil de temperatura e as resistências para o fluxo de calor. O calor é conduzido pela parede e por convecção da superfície externa. Para a superfície externa, a transferência de calor ocorre por convecção natural. O calor também é transferido para os arredores por radiação.

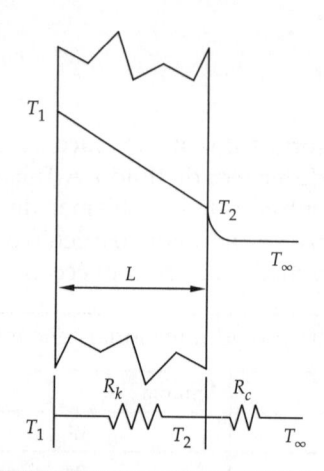

Figura 7.6 Fluxo de calor em uma parede.

Pressupostos:

1. O sistema está em estado permanente.
2. As propriedades dos materiais são constantes.
3. As propriedades do ar são constantes e são avaliadas nas temperaturas apropriadas.
4. A transferência de calor por radiação é desprezada.
5. A resistência do fluxo de calor pelo revestimento de papel é desprezível.

Podemos escrever a seguinte equação para a transferência de calor pela parede:

$$q = \frac{T_1 - T_\infty}{R_k + R_c}. \tag{i}$$

Cada resistência é encontrada como

$$R_k = R_{12} = \frac{L_{12}}{k_{12} A}$$

$$R_c = \frac{1}{h A}.$$

A espessura do gesso é 12,7 mm = 0,0127 m. A área é de 1 m², assim os resultados serão expressos na base do metro quadrado. As resistências, então, são

$$R_{12} = \frac{L_{12}}{k_{12} A} = \frac{0,012\ 7}{0,258(1)} = 0,049\ 22 \text{ K/W}$$

$$R_c = \frac{1}{h A} = \frac{1}{h}.$$

Combinando com a Equação i desse exemplo, e após substituir para as temperaturas, temos

$$q = \frac{75 - 25}{0,049\ 22\ + 1/h}. \tag{i}$$

A dificuldade, nesse ponto, está em calcular o coeficiente de convecção. Em geral, esse coeficiente é determinado, e definido, como uma função da temperatura da superfície, T_2, que, neste exemplo, é desconhecida. O coeficiente de convecção também é desconhecido.

Contamos com os resultados experimentais obtidos pela pesquisa realizada anteriormente. Usaremos a equação Churchill-Chu, determinada experimentalmente:

$$\mathrm{Nu} = \frac{hL}{k_f} = 0{,}68 + \frac{0{,}67\,\mathrm{Ra}^{1/4}}{\left(1 + \left[\frac{0{,}492}{\mathrm{Pr}}\right]^{9/16}\right)^{4/9}},$$

em que os números de Rayleigh e Prandtl são dados, respectivamente, como

$$\mathrm{Ra} = \frac{g\beta(T_s - T_\infty)L^3}{\nu\alpha} < 10^9,$$

$$0 < \mathrm{Pr} = \frac{\nu}{\alpha} = < \infty$$

e

$\beta = 1/T_\infty$ = coeficiente de expansão térmica.

É necessário lembrar que o comprimento L nessa equação é o comprimento vertical, ou a altura, da parede. O comprimento, na equação de resistência condutiva, refere-se à espessura do gesso, e é importante não confundir os dois.

Para a transferência de calor por convecção do lado direito do gesso precisaremos das propriedades do ar, a fim de calcular os números de Rayleigh e Prandtl. As propriedades do ar variam com a temperatura; portanto, nesse caso, teremos de decidir primeiro qual temperatura usar. Para o lado direito (Figura 1.6), a temperatura do ar é 25 °C (+ 273 = 298 K), mas, na superfície do gesso, a temperatura é sabida como um pouco superior. Assim, o lado direito, que está a 298 K, avaliamos as propriedades a 300 K (uma suposição):

$\rho = 1{,}177\ \mathrm{kg/m^3}$ $\qquad k_f = 0{,}026\ 24\ \mathrm{W/(m\cdot K)}$
$\nu = 15{,}68 \times 10^{-6}\ \mathrm{m^2/s}$ $\qquad C_p = 1\ 005{,}7\ \mathrm{J/(kg\cdot K)}$
$\alpha = 0{,}221\ 60 \times 10^{-4}\ \mathrm{m^2/s}$ $\qquad \mathrm{Pr} = 0{,}708$

O número de Rayleigh é calculado como

$$\mathrm{Ra} = \frac{g\beta(T_2 - T_\infty)L^3}{\nu\alpha},$$

em que $\beta = 1/T_\infty$, no qual a temperatura está em unidades absolutas e a altura da parede L é tomada como de 1 m. Temos $\beta = 1/T_\infty = 1/(25 + 273) = 0{,}003\ 356/\mathrm{K}$. O número de Rayleigh é calculado agora como

$$\mathrm{Ra} = \frac{(9{,}81)(0{,}003\ 356)(T_2 - 25)}{(15{,}68 \times 10^{-6})(0{,}221\ 60 \times 10^{-4})}$$

$$= 9{,}475 \times 10^7 (T_2 - 25). \qquad\qquad \text{(ii)}$$

Para encontrar o coeficiente de convecção, substituiremos na equação de Churchill-Chu:

$$\text{Nu} = \frac{hL}{k_f} = 0{,}68 + \frac{0{,}67\,\text{Ra}^{1/4}}{\left(1 + \left[\dfrac{0{,}492}{\text{Pr}}\right]^{9/16}\right)^{4/9}}$$

$$h = \frac{0{,}026\,24}{1}\left\{0{,}68 + \frac{0{,}67\,\text{Ra}^{1/4}}{\left(1 + \left[\dfrac{0{,}492}{0{,}708}\right]^{9/16}\right)^{4/9}}\right\}$$

ou

$$h = 0{,}017\,84 + 0{,}013\,49\,\text{Ra}^{1/4}. \tag{iii}$$

Agora, como o número de Rayleigh está em termos de T_2, será necessário desenvolver um esquema interativo para resolver isso e para o coeficiente de convecção. Além da Equação i, podemos escrever outra equação para o calor transferido pela parede, em termos da temperatura da superfície:

$$q = \frac{T_2 - T_\infty}{R_c}.$$

Reorganizando, para resolver para a temperatura na interface, temos

$$T_2 = T_\infty + q\,(R_c) = 25 + \frac{q}{h}. \tag{iv}$$

A temperatura da superfície pode ser determinada com essa equação quando a taxa de transferência de calor é conhecida.

Em seguida, formularemos um procedimento iterativo para determinar o calor transferido pela parede. As etapas são:

- Assuma uma temperatura para T_2 e calcule:
- o número de Rayleigh, com as Equações ii;
- o coeficiente de convecção h, com a Equação iii;
- a taxa de transferência de calor q, com a Equação i;
- os valores refinados de T_2, com a Equação iv;
- Calcule a nova temperatura de superfície.

O procedimento é repetido até que a convergência seja atingida dentro de um limite tolerável. A seguir, encontram-se os resultados desses cálculos:

$$\text{Ra} = 9{,}475 \times 10^7 (T_2 - 25) \tag{ii}$$

$$h = 0{,}01784 + 0{,}01349\,\text{Ra}^{1/4} \tag{iii}$$

$$q = \frac{75 - 25}{0{,}049\,22 + 1/h} \tag{i}$$

$$T_2 = T_\infty + q\,(R_c) = 25 + \frac{q}{h}. \tag{iv}$$

Tentativas:

	T_2 °C	Ra	h W/(m²·K)	q W	T_2 °C
1ª	30	$4,7 \times 10^8$	2	91,4	70
2ª	70	$4,2 \times 10^9$	3,46	148	67,7
3ª	67,7	$4,1 \times 10^9$	3,42	146	67,8

A solução, então, é:

$q = 146$ W   (para cada m² de superfície)

Exemplo 7.5.

Uma parede vertical de 1 m de altura de um forno de cozinha consiste de três materiais colocados em série: chapa metálica, isolamento e chapa metálica. As partes da chapa metálica são feitas de aço carbono e têm 1 mm de espessura, enquanto o isolamento (fibra de vidro) tem 4 cm de espessura. Dentro do forno, a temperatura do ar é 250 °C, e o calor é transferido para a parede por convecção. Determine o calor transferido pela parede se a superfície externa estiver em contato com o ar a 25 °C.

Solução: A Figura 7.6 mostra uma seção transversal da parede, bem como um perfil de temperatura e as resistências para o fluxo de calor. O calor é transferido por convecção para uma superfície, conduzido pela parede e por convecção da superfície externa. Para ambas as superfícies externas, o processo de transferência de calor é por convecção natural. O calor também é transferido para os arredores, por radiação.

Pressupostos:

1. O sistema está em estado permanente.
2. As propriedades dos materiais são constantes.
3. As propriedades do ar são constantes e são avaliadas em temperaturas apropriadas.
4. A transferência de calor por radiação é desprezada.
5. A resistência do fluxo de calor nas peças da chapa metálica é desprezível, pois a temperatura de cada uma é completamente uniforme.

Uma consulta a livros sobre transferência de calor mostra que algumas equações estão disponíveis para determinar o coeficiente de convecção natural de uma parede vertical. Aqui, usaremos a equação Churchill-Chu, determinada experimentalmente:

$$\text{Nu} = \frac{hL}{k_f} = 0{,}68 + \frac{0{,}67 \, \text{Ra}^{1/4}}{\left(1 + \left[\dfrac{0{,}492}{\text{Pr}}\right]^{9/16}\right)^{4/9}}, \tag{7.15}$$

em que

$$\text{Ra} = \frac{g\beta(T_s - T_\infty)L^3}{\nu\alpha} < 10^9; \qquad 0 < \text{Pr} = \frac{\nu}{\alpha} < \infty$$

e

$\beta = 1/T_\infty$ = coeficiente de expansão térmica.

Para a transferência de calor por convecção na parte externa de cada peça da chapa metálica, precisaremos das propriedades do ar, as quais variam de acordo com a temperatura; portanto, decidiremos primeiro sobre a temperatura a ser usada para ambos os casos. Para o lado esquerdo (Figura 7.7), a temperatura do ar é 250 °C (+ 273 = 523 K), mas perto da superfície da chapa metálica a temperatura é verificada como um pouco inferior. Assim, para o lado direito, escolheremos, *intuitivamente*, usar as propriedades avaliadas a 500 K. Da mesma forma, para o lado direito, temos uma temperatura do ar de 25 °C (= 298 K). Avaliaremos as propriedades em 300 K. Na Tabela C.2, do Apêndice, temos para o ar a 500 K:

$\rho = 0{,}705 \text{ kg/m}^3$ $C_p = 1\,029{,}5 \text{ J/(kg·K)}$
$k_f = 0{,}040\,38 \text{ W/(m·K)}$ $\alpha = 0{,}556\,4 \times 10^{-4} \text{ m}^2/\text{s}$
$\nu = 37{,}90 \times 10^{-6} \text{ m}^2/\text{s}$ $\text{Pr} = 0{,}68$

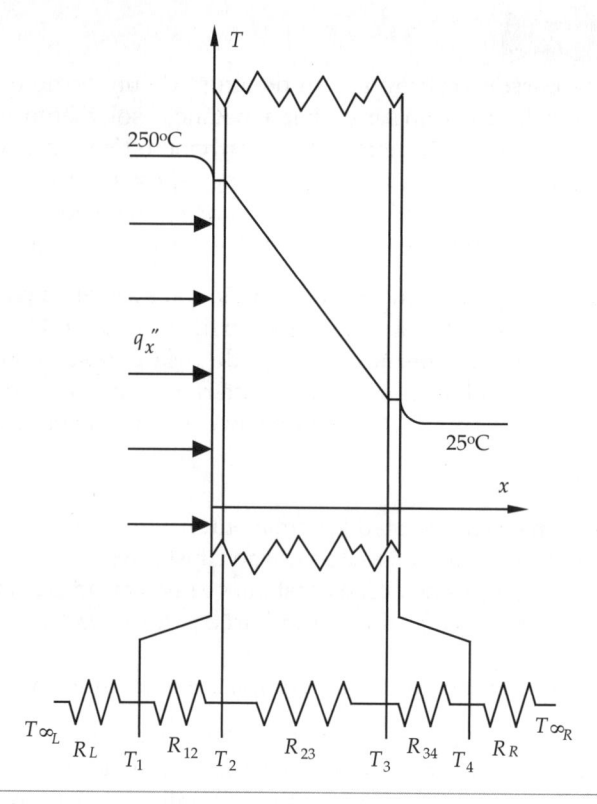

Figura 7.7 Transferência de calor em uma parede vertical.

Para ar a 300 K, temos

$\rho = 1{,}177 \text{ kg/m}^3$ $C_p = 1.005{,}7 \text{ J/(kg·K)}$
$k_f = 0{,}026\,24 \text{ W/(m·K)}$ $\alpha = 0{,}221\,60 \times 10^{-4} \text{ m}^2/\text{s}$
$\nu = 15{,}68 \times 10^{-6} \text{ m}^2/\text{s}$ $\text{Pr} = 0{,}708$

A Tabela 7.1 traz as condutividades térmicas dos seguintes materiais:

chapa de metal $k = 43 \text{ W/(m·K)}$
fibra de vidro $k = 0{,}035 \text{ W/(m·K)}$

As espessuras do material são:

chapa de metal $L = 0{,}001$ m
fibra de vidro $L = 0{,}04$ m

O calor é transferido pela parede; portanto, podemos escrever

$$q = \frac{T_{\infty L} - T_{\infty R}}{R_L + R_{12} + R_{23} + R_{34} + R_R}. \qquad (i)$$

Cada resistência é encontrada da seguinte maneira

$$R_L = \frac{1}{h_L A} \qquad R_{12} = \frac{L_{12}}{k_{12} A} \qquad R_{23} = \frac{L_{23}}{k_{23} A}$$

$$R_{34} = \frac{L_{34}}{k_{34} A} \qquad R_R = \frac{1}{h_R A}.$$

Podemos constatar que a temperatura nas peças da chapa metálica é uniforme em razão de sua pouca espessura; portanto

$$T_1 \approx T_2 \qquad T_3 \approx T_4 \qquad R_{12} = 0 \qquad R_{34} = 0.$$

Cada resistência contém um termo de área transversal A; como a área não está especificada, presumiremos uma área de 1 m² e faremos os cálculos por metro quadrado. As resistências, agora, são encontradas como

$$R_L = \frac{1}{h_L} \qquad \text{(avaliado com a Equação 7.15)} \qquad (ii)$$

$$R_{12} = 0 \qquad R_{23} = \frac{L_{23}}{k_{23} A} = \frac{0{,}04}{0{,}035(1)} = 1{,}143 \text{ K/W}$$

$$R_{34} = 0$$

$$R_R = \frac{1}{h_R} \qquad \text{(avaliado com a Equação 7.15).} \qquad (iii)$$

Para encontrar os coeficientes de convecção, substituiremos na equação de Churchill-Chu:

$$\text{Nu} = \frac{hL}{k_f} = 0{,}68 + \frac{0{,}67 \, \text{Ra}^{1/4}}{\left(1 + \left[\dfrac{0{,}492}{\text{Pr}}\right]^{9/16}\right)^{4/9}}. \qquad (7.15)$$

O termo comprimento na Equação 7.15 não se refere à espessura da parede, mas à altura dela. Isso foi dado como $L = 1$ m. Portanto, para o lado esquerdo da parede,

$$h_L = \frac{0{,}040\,38}{1}\left\{0{,}68 + \frac{0{,}67\,\text{Ra}^{1/4}}{\left(1 + \left[\frac{0{,}492}{0{,}68}\right]^{9/16}\right)^{4/9}}\right\}$$

ou $h_L = 0{,}027\,46 + 0{,}020\,66\,\text{Ra}^{1/4}$. (iv)

Da mesma forma, para o lado direito,

$$h_R = \frac{0{,}026\,24}{1}\left\{0{,}68 + \frac{0{,}67\,\text{Ra}^{1/4}}{\left(1 + \left[\frac{0{,}492}{0{,}708}\right]^{9/16}\right)^{4/9}}\right\}$$

ou $h_R = 0{,}017\,84 + 0{,}013\,49\,\text{Ra}^{1/4}$. (v)

O número de Rayleigh é calculado como

$$\text{Ra} = \frac{g\beta(T_s - T_\infty)L^3}{\nu\alpha}$$

em que $\beta = 1/T_\infty$.

Para o lado esquerdo, $\beta = 1/T_\infty = 1/(250 + 273) = 0{,}001\,912/\text{K}$, e para o lado direito, $\beta = 1/T_{\infty R} = 1/(25 + 273) = 0{,}003\,356/\text{K}$. Agora, o número de Rayleigh é calculado como

$$\text{Ra}_L = \frac{(9{,}81)(0{,}001\,912)(250 - T_1)}{(37{,}90 \times 10^{-6})(0{,}556\,4 \times 10^{-4})} = 8{,}895 \times 10^6(250 - T_1) \tag{vi}$$

$$\text{Ra}_R = \frac{(9{,}81)(0{,}003\,356)(T_4 - 25)}{(15{,}68 \times 10^{-6})(0{,}221\,60 \times 10^{-4})} = 9{,}475 \times 10^7(T_4 - 25). \tag{vii}$$

Além da Equação i, podemos escrever as outras equações para o calor transferido pela parede como

$$q = \frac{T_{\infty L} - T_2}{R_L + R_{12}} \qquad q = \frac{T_3 - T_{\infty R}}{R_{34} + R_R}.$$

Reorganizando essas equações, temos

$$T_2 = T_{\infty L} - q(R_L + R_{12}) \tag{viii}$$

$$T_3 = T_{\infty R} + q(R_{34} + R_R). \tag{ix}$$

As temperaturas nas interfaces poderão ser determinadas com as equações anteriores quando a taxa de transferência de calor for conhecida.

Agora, formularemos um procedimento iterativo para determinar o calor transferido pela parede. As etapas são as seguintes:

1. Assuma as temperaturas $T_1 (= T_2)$ e $T_3 (= T_4)$.

2. Números de Rayleigh Ra_L e Ra_R, com as Equações (vi) e (vii).
3. Coeficientes de convecção h_L e h_R, com as Equações (iv) e (v).
4. Resistências R_L e R_R, com as Equações (ii) e (iii).
5. Taxa de transferência de calor q, com a Equação (i).
6. Valores refinados de T_2 e T_4, com as Equações viii e ix.
7. Repita os cálculos com as novas temperaturas nas interfaces.

O procedimento é repetido até ser atingida a convergência dentro de um limite tolerável. A seguir, apresentamos os resumos dos resultados desses cálculos.

$T_1 = T_2$ (presumido)	Ra_L (Eq. vi)	h_L (Eq. iv)	R_L (Eq. ii)	q (Eq. i)	T_2 (Eq. vii)
225 °C	$2,224 \times 10^8$	2.550 W/(m²·K)	0,392 1 K/W	115,1 W	205 °C
205	$4,003 \times 10^8$	2.950	0,339 0	127,4	207
207	$3,825 \times 10^8$	2.917	0,342 9	125,6	207
207	$3,825 \times 10^8$	2.917	0,342 9	126,0	206,8
$T_3 = T_4$ (presumido)	Ra_R (Eq. vii)	h_R (Eq. v)	R_R (Eq. iii)	q (Eq. i)	T_3 (Eq. ix)
35 °C	$9,475 \times 10^8$	2.385 W/(m²·K)	0,419 4 K/W	115,1 W	73,3 °C
73,3	$4,576 \times 10^9$	3.527	0,238 6	127,4	61,1
61,1	$3,420 \times 10^9$	3.280	0,304 9	125,6	63,3
63,3	$3,630 \times 10^9$	3.329	0,300 4	126,0	62,8
(perto o suficiente)					

Então, a solução é:

$\underline{q = 126 \text{ W}}$ (para cada m² de superfície).

Exemplo 7.6.

Um tubo de aço nominal de 2" schedule 40 ($k = 43,3$ W/m·K), posicionado horizontalmente, é revestido com isolamento de fibra de vidro ($k = 0,0346$ W/m·K) de 25 mm de espessura. O tubo conduz vapor, que mantém a temperatura da superfície interna a 121 °C, e o ar fora do isolamento está a 26,7 °C. Determine a perda de calor pelo tubo e pelo isolamento.

Solução: A Figura 7.8 mostra uma seção transversal do tubo isolado, bem como um perfil de temperatura e as resistências apropriadas para o fluxo de calor. O calor é transferido por condução na parede do tubo e pelo revestimento, e por convecção natural da superfície externa do revestimento até o ar circundante. O calor também é transferido para os arredores, por radiação.

Pressupostos:

1. O sistema está em estado permanente.
2. As propriedades dos materiais são constantes.
3. As propriedades do ar são constantes e são avaliadas a 80 °F.
4. A transferência de calor por radiação é desprezada.

Uma pesquisa em livros sobre transferência de calor mostra que algumas equações estão disponíveis para determinar o coeficiente de convecção natural para um cilindro horizontal. Aqui, usaremos outra equação determinada experimentalmente, desenvolvida por Churchill-Chu:

$$\text{Nu} = \frac{hD}{k_f} = \left\{ 0{,}60 + \frac{0{,}387\,\text{Ra}^{1/6}}{\left(1 + \left[\frac{0{,}559}{\text{Pr}}\right]^{9/16}\right)^{8/27}} \right\}^2, \tag{7.16}$$

em que

$$10^{-5} < \text{Ra} = \frac{g\beta(T_s - T_\infty)L^3}{\nu\alpha} < 10^{12}\,; \qquad 0 < \text{Pr} = \frac{\nu}{\alpha} < \infty$$

e

$\beta = 1/T_\infty$ = coeficiente de expansão térmica.

Da Tabela D.1, do Apêndice, temos as seguintes medidas de tubo nominal de 2" schedule 40:

$DE = 60{,}33$ mm $\qquad DI = 52{,}5$ mm.

Em termos da notação deste problema,

$R_1 = 52{,}5 \times 10^{-3}/2 = 0{,}0263$ m
$R_2 = 60{,}33 \times 10^{-3}/2 = 0{,}0302$ m
$R_3 = (60{,}33 + 2 \times 25) \times 10^{-3}/2 = 0{,}0552$ m.

As propriedades do ar a 540 °R = (80 °F + 460) são obtidas na Tabela C.2, do Apêndice:

$\rho = 1{,}18$ kg/m³ $\qquad C_p = 1.005$ J/kg°K
$k_f = 0{,}0262$ W/m·K $\qquad \alpha = 2{,}22 \times 10^{-5}$ m²/s
$\nu = 1{,}57 \times 10^{-5}$ m²/s $\qquad \text{Pr} = 0{,}708$

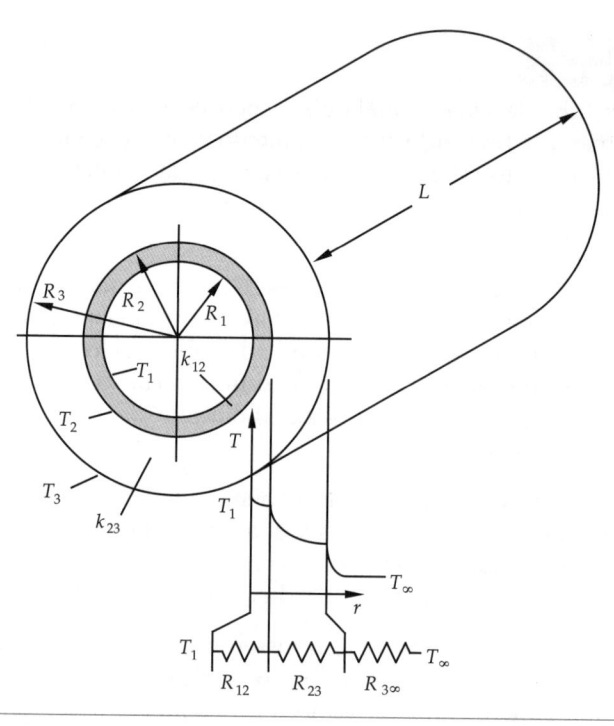

■ **Figura 7.8** Transferência de calor de um tubo isolado com convecção.

Calcularemos $\beta = 1/(26{,}7 + 273) = 3{,}34 \times 10^{-3}/°K$. O calor total transferido é

$$q = \frac{T_1 - T_\infty}{R_{12} + R_{23} + R_{3\infty}}.\qquad\text{(i)}$$

Além disso, escreveremos

$$q = \frac{T_1 - T_3}{R_{12} + R_{23}}.\qquad\text{(ii)}$$

Para condução em materiais sólidos, temos

$$R_{ij} = \frac{1}{2\pi k L} \ln \frac{R_j}{R_i}.$$

Presumindo um comprimento unitário, substituiremos, para obter

aço $\qquad R_{12} = \dfrac{1}{2\pi\,(43{,}3)(1)} \ln \dfrac{0{,}0302}{0{,}0263} = 5{,}08 \times 10^{-4}\ \text{K/W}$

fibra de vidro $\qquad R_{23} = \dfrac{1}{2\pi\,(0{,}0346)(1)} \ln \dfrac{0{,}0552}{0{,}0302} = 2{,}77\ \text{K/W}.$

Para a convecção na superfície externa do revestimento, calcularemos a resistência, usando

$$R_{3\infty} = \frac{1}{hA},$$

em que o coeficiente de convecção h é encontrado com a Equação 7.16 e a área da superfície externa do isolamento é

$$A = \pi(2R_3)L = \pi(2 \times 0{,}0552)(1) = 0{,}346\ \text{m}^2.$$

A Equação 7.16, no entanto, depende da temperatura da superfície externa do isolamento (T_3), que é desconhecida nesse ponto. Devemos, portanto, recorrer a um procedimento iterativo para encontrar o coeficiente de convecção h e, por fim, o calor transferido q. Começaremos substituindo todas as quantidades conhecidas nos parâmetros da Equação 7.16. O número de Rayleigh é

$$\text{Ra} = \frac{g\beta(T_s - T_\infty)L^3}{\nu\alpha}.$$

Agora, o comprimento L na equação anterior para o número de Rayleigh refere-se ao comprimento axial do tubo isolado. Como L não foi especificado, presumiremos um comprimento unitário (1 m); assim, nossos resultados se aplicarão com base por metro. Substituindo, temos

$$\text{Ra} = \frac{9{,}81(3{,}34 \times 10^{-3})(T_3 - 26{,}7)(1)^3}{1{,}57 \times 10^{-5}\,(2{,}22 \times 10^{-5})} = 1{,}9 \times 10^7\,(T_3 - 26{,}7).\qquad\text{(iii)}$$

O coeficiente de convecção é encontrado organizando-se um pouco a Equação 7.16:

$$\text{Nu} = \frac{hD}{k_f} = \left\{0{,}60 + \frac{0{,}387\,\text{Ra}^{1/6}}{\left(1 + \left[\dfrac{0{,}559}{\text{Pr}}\right]^{9/16}\right)^{8/27}}\right\}^2 \tag{7.16}$$

$$h = \frac{k_f}{2R_3}\left\{0{,}60 + \frac{0{,}387\,\text{Ra}^{1/6}}{\left(1 + \left[\dfrac{0{,}559}{\text{Pr}}\right]^{9/16}\right)^{8/27}}\right\}^2.$$

Substituindo, temos

$$h = \frac{0{,}0262}{2 \times 0{,}0552}\left\{0{,}60 + \frac{0{,}387\,\text{Ra}^{1/6}}{\left(1 + \left[\dfrac{0{,}559}{0{,}708}\right]^{9/16}\right)^{8/27}}\right\}^2$$

ou $h = 0{,}237\,(0{,}6 + 0{,}321\,\text{Ra}^{1/6})^2$. \hfill (iv)

O procedimento iterativo é o seguinte:

1. Suponha T_3; em seguida, calcule o seguinte:
2. Número de Rayleigh, Ra, da Equação iii.
3. Coeficiente de convecção, h, da Equação iv.
4. Resistência $R_{3\infty} = 1/hA = 1/(0{,}346h)$.
5. Resistência total $R_{1\infty} = R_{12} + R_{23} + R_{3\infty}$
   $R_{1\infty} = 5{,}08 \times 10^{-4} + 2{,}77 + R_{3\infty} = 2{,}77 + R_{3\infty}$.
6. Calor transferido $q = (T_1 - T_\infty)/R_{1\infty} = (121 - 26{,}7)/R_{1\infty} = 94{,}3/R_{1\infty}$.
7. Valor refinado da temperatura de superfície da Equação ii
   $T_3 = T_1 - q(R_{12} + R_{23}) = 121 - 2{,}77q$.
8. Repita os cálculos até a convergência ser obtida.

A seguir, apresentamos um resumo dos resultados:

T_3	Ra (Eq. iii)	h (Eq. iv)	$R_{3\infty} = 1/hA$	$R_{1\infty}$	q	T_3 (Eq. ii)
37,8 °C	$2{,}11 \times 10^8$	16,85	0,172	2,94	32,06	32,2
32,2 °C	$1{,}045 \times 10^8$	13,57	0,213	2,98	31,62	33,4
33,4 °C	$1{,}27 \times 10^8$	14,42	0,200	2,97	31,75	33,1
(perto o suficiente)						

Esses cálculos mostram que a taxa de transferência de calor q é comparativamente insensível a grandes variações de temperatura. Por exemplo, se o valor presumido de T_3 for 121 °C, então a taxa de transferência de calor será 9,6 W. Neste exemplo, a solução é

$q = 9{,}16$ W \hspace{2cm} (para cada m de tubo).

7.5 Espessura ideal do isolamento

Podemos ampliar os resultados da seção anterior para o problema destinado a encontrar uma espessura ideal de isolamento para uma tubulação isolada ou para um tubo. A espessura ideal pode ser determinada por meio do cálculo direto, com os dados de custo apropriados. O procedimento é calcular a perda de calor para várias espessuras de isolamento. O custo anual da perda de calor para cada espessura é expresso em unidades monetárias por unidade de perda de calor ($/J), e o custo anual da instalação do isolamento é encontrado a partir do custo inicial e da taxa de depreciação anual. Os resultados são muito semelhantes aos desenvolvidos anteriormente, para o diâmetro ideal do tubo.

A Figura 7.9 mostra um gráfico de custos para o problema de espessura ideal de isolamento. Nele se vê que, à medida que a espessura do isolamento aumenta, aumentam as despesas fixas e diminui o custo associado à perda de calor no isolamento. O custo total é a soma desses dois custos, e parece ter um valor mínimo que define a espessura ideal para o isolamento.

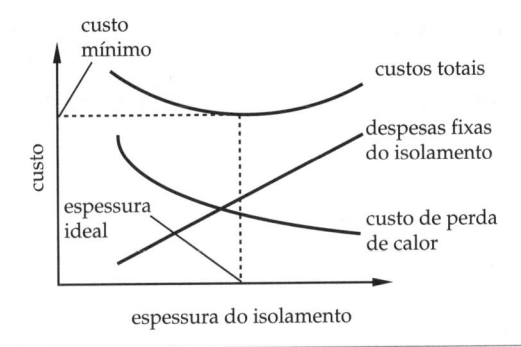

■ **Figura 7.9** Custos associados ao problema de espessura de isolamento ideal.

Raio crítico

Na verdade, sob certas condições, o aumento do isolamento em um tubo aquecido faz aumentar a perda por transferência de calor. Quando se adiciona mais isolamento, aumenta-se a resistência da condução e, também, aumenta-se a área da superfície. E uma maior área de superfície possibilita que mais calor seja transferido por convecção. Investigaremos esses efeitos por meio de um exemplo.

Considere um tubo nominal de 1" aquecido (DE = 33,4 mm; R = 16,7 mm), coberto com isolamento de fibra da paineira [k= 0,035 W/(m·K)]. O diâmetro externo do tubo é mantido a 100 °C. O isolamento transfere calor para o ambiente, que está a 20 °C, e o coeficiente de convecção é presumido constante a 1,7 W/(m²·K). Determinaremos o calor transferido para o ambiente para várias espessuras de isolamento.

A Figura 7.10 ilustra o tubo isolado. Definimos T_2 como a temperatura da superfície exposta ao ambiente. Sem nenhum isolamento, a perda de calor é obtida por

$$q = \frac{T_2 - T_\infty}{1/hA_2}. \tag{7.17a}$$

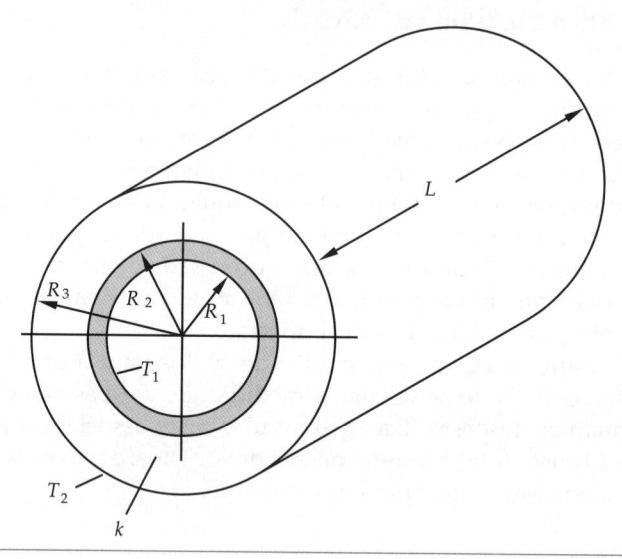

Figura 7.10 Esboço de um tubo isolado transferindo calor para o ambiente.

Com $A_2 = 2\pi R_2 L$, substituiremos, para obter a transferência de calor por unidade de comprimento como

$$\frac{q}{L} = \frac{T_2 - T_\infty}{1/h(2\pi R_2)} = 2\pi R_2 h(T_2 - T_\infty). \qquad (7.17b)$$

Substituindo

$$\frac{q}{L} = 2\pi(1{,}67 \times 10^{-2})(1{,}7)(100 - 20)$$

ou $\frac{q}{L} = 14{,}3\ \text{W/m}$ \qquad (sem isolamento).

Com o isolamento incluído, escreveremos

$$q = \frac{T_2 - T_\infty}{\dfrac{\ln(R_3/R_2)}{2\pi k L} + \dfrac{1}{hA_3}}. \qquad (7.18)$$

Com $A_3 = 2\pi R_3 L$, a Equação 7.18 fica

$$q = \frac{T_2 - T_\infty}{\dfrac{\ln(R_3/R_2)}{2\pi k L} + \dfrac{1}{h 2\pi R_3 L}} \qquad (7.19a)\ \text{ou}$$

$$\frac{q}{L} = \frac{2\pi(T_2 - T_\infty)}{\dfrac{\ln(R_3/R_2)}{k} + \dfrac{1}{hR_3}}. \qquad (7.19b)$$

Substituindo, temos

$$\frac{q}{L} = \frac{2\pi(100-20)}{\frac{\ln(R_3/0{,}016\,7)}{0{,}035} + \frac{1}{1{,}7R_3}}. \tag{7.20}$$

O raio externo R_3 foi deixado como uma variável. Agora, a espessura do isolamento é

$$t = R_3 - R_2 = R_3 - 0{,}016\,7 \tag{7.21}$$

ou $R_3 = t + 0{,}016\,7$.

Selecionaremos valores para a espessura do isolamento e calcularemos R_3 e q/L usando a Equação 7.20. Os resultados serão fornecidos no resumo, a seguir, e no gráfico da Figura 7.11.

Conforme mostrado na figura, adicionar isolamento com espessura inferior a 1 cm causa um aumento na taxa de transferência de calor – com essa espessura de isolamento, a taxa de transferência de calor quase se iguala àquela sem o isolamento. Para espessura superior a 1 cm, a taxa de transferência de calor diminui uniformemente. O q/L máximo ocorre a uma espessura de isolamento de aproximadamente 0,5 cm.

espessura t em m	R_3 em m	q/L em W/m
0	0,016 7	14,3
0,005	0,021 7	14,5
0,01	0,026 7	14,2
0,015	0,031 7	13,6
0,02	0,036 7	13,0
0,025	0,041 7	12,5

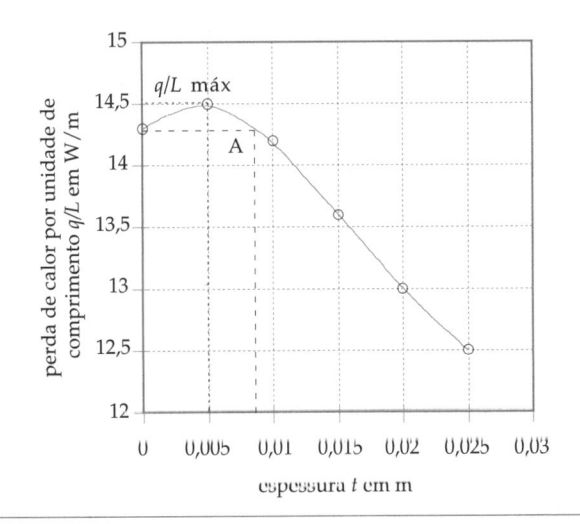

■ **Figura 7.11** Variação de transferência de calor com a espessura do isolamento.

Para obter uma relação geral entre espessura de isolamento e taxa de transferência de calor, consulte a Equação 7.19b:

$$\frac{q}{L} = \frac{2\pi(T_2 - T_\infty)}{\frac{\ln(R_3/R_2)}{k} + \frac{1}{hR_3}}. \qquad (7.19b)$$

Diferenciando com relação a R_3 e definindo o resultado igual a zero, teremos uma equação definida como o valor crítico de R_3, no qual q/L é um máximo. Esse raio é chamado **raio crítico**. Diferenciando a Equação 7.19b, temos

$$\frac{d(q/L)}{dR_3} = -\frac{2\pi(T_2 - T_\infty)\left(\frac{1}{k}\frac{1}{R_3} - \frac{1}{hR_3^2}\right)}{\left(\frac{\ln(R_3/R_2)}{k} + \frac{1}{hR_3}\right)^2} = 0.$$

Resolvendo para o raio crítico R_{cr} temos

$$R_{cr} = \frac{k}{h}. \qquad (7.22)$$

Est é o valor de R_3 (o raio externo do isolamento), que gera um valor máximo para o calor transferido. Para esse exemplo discutido,

$$R_{cr} = \frac{0{,}035}{1{,}7} = 0{,}020\,6\ \text{m} = 20{,}6\ \text{mm}.$$

A espessura do isolamento crítico é

$$t_{cr} = R_{cr} - R_2 = 0{,}020\,6 - 0{,}016\,7 = 0{,}003\,9\ \text{m}$$

ou $t_{cr} = 3{,}9$ mm.

A transferência de calor correspondente por unidade de comprimento é

$$\left.\frac{q}{L}\right|_{\text{máx}} = \frac{2\pi(100 - 20)}{\frac{\ln(0{,}020\,6/0{,}016\,7)}{0{,}035} + \frac{1}{1{,}7(0{,}020\,6)}}$$

$$\left.\frac{q}{L}\right|_{\text{máx}} = 14{,}5\ \text{W/m}.$$

Se o raio externo do isolamento for menor que k/h, então, adicionar isolamento aumenta o calor transferido. Inversamente, se o raio externo do isolamento for maior que k/h, então, adicionar isolamento diminui o calor transferido.

Uma maneira mais prática de olhar para esse problema é encontrando a espessura do isolamento que corresponde ao caso sem isolamento. Matematicamente, o valor crítico de R_3 é encontrado como k/h. Praticamente, porém, preferimos saber a espessura do isolamento necessária para q/L igualar ao caso sem isolamento. Com referência à Figura 7.10, estamos buscando a espessura do isolamento que corresponde ao ponto A; assim, para encontrar esse valor, definiremos a Equação 7.17b igual à Equação 7.19a:

$$q = \frac{T_2 - T_\infty}{1/h2\pi R_2 L} = \frac{T_2 - T_\infty}{\dfrac{\ln(R_3/R_2)}{2\pi k L} + \dfrac{1}{h 2\pi R_3 L}}.$$

Cancelando $2\pi L$ e a diferença de temperatura, temos

$$\frac{1}{hR_2} = \frac{\ln(R_3/R_2)}{k} + \frac{1}{hR_3}.$$

Limpando frações,

$$kR_3 = R_2 R_3 h \ln(R_3/R_2) + kR_2.$$

Reorganizando e resolvendo para R_3,

$$R_3 = \frac{R_2}{1 - (R_2 h/k) \ln(R_3/R_2)}. \tag{7.23}$$

Para o exemplo discutido anteriormente,

$$R_3 = \frac{0{,}016\,7}{1 - (0{,}016\,7(1{,}7)/0{,}035)[\ln(R_3/0{,}016\,7)]}.$$

À primeira vista, parece que essa equação poderia ser resolvida iterativamente, com a substituição de um valor para R_3 do lado direito para se obter um valor melhorado, que, novamente, seria substituído, e o procedimento seria repetido até que a convergência fosse atingida. Embora elegante, esse método não funciona. Uma abordagem bem-sucedida resume-se a presumir um valor de R_3 e substituí-lo do lado direito. O resultado, então, é comparado com o lado esquerdo e tira-se a diferença. Esse procedimento é repetido até que a diferença seja zero ou muito pequena. Apresentamos a seguir um resumo dos cálculos:

Tentativa	R_3 presumido em m	RHS em m	R_3 – RHS
1	0,03	0,031 8	0,001 8
2	0,029	0,030 2	–0,001 2
3	0,028	0,028 7	–0,000 7
4	0,026	0,027 3	0,000 056
5	0,025	0,026 0	0,000 17
6	0,025 5	0,024 8	0,000 6
7	0,025 7	0,025 4	0,000 2
8	0,025 8	0,025 8	0,000 004 (perto o suficiente)

Esse método utiliza apenas algumas iterações e nos dá um raio de isolamento necessário, de forma que q/L com isolamento excede q/L no caso sem isolamento. Definiremos esse raio como o **raio prático**. A espessura correspondente para esse exemplo, então, é

$$t = R_3 - R_2 = 0{,}025\ 8 - 0{,}016\ 7 = 0{,}009\ 1\ m$$

ou

$$t = 9{,}1\ mm.$$

É essa espessura que deve ser excedida para resultar uma redução na perda de calor.

O efeito de aumentar a transferência de calor pela adição de isolamento ocorre geralmente para diâmetros de tubo pequenos e valores baixos do coeficiente de convecção. Em geral, para o fluxo de vapor em um tubo, não é desejável que haja perda de energia através de sua parede. Portanto, a espessura crítica (ou prática) deve ser calculada e o tubo deve ser isolado de acordo com esse cálculo. Por outro lado, a corrente elétrica que passe por um fio pode gerar calor e aumentar sua temperatura; nesse caso, então, deve-se adicionar o isolamento para ajudar a dissipar o calor e proteger o fio contra aquecimento e curtos-circuitos.

7.6 Resumo

Neste capítulo, revisamos a transferência de calor por condução unidimensional, em coordenadas planar e cilíndrica. Definimos o conceito de resistência para transferência de calor e derivamos uma equação para o problema de condução. Além disso, introduzimos a transferência de calor por convecção, assim como as propriedades de fluido pertinentes aos problemas de convecção. O conceito de uma resistência para transferência de calor foi ampliado para problemas de convecção, e vários exemplos foram resolvidos.

7.7 Problemas

Condução plana unidimensional

1. Uma churrasqueira externa foi construída com tijolos de alvenaria. Considere uma de suas paredes feita de uma única camada de tijolo, com 101,6 mm de espessura. Durante a operação, a temperatura da superfície interna atinge 82,2 °C e a da superfície externa, 26,7 °C. Determine o calor transferido pela parede de tijolo.
2. Um cofre de aço inoxidável tem paredes de 60 mm de espessura. Ele foi projetado para que, sob condições de fogo, o calor transferido pela parede não seja superior a 3 15,2 W/m². A temperatura da superfície externa do cofre atingirá 400 °C. Sob essas condições, qual será a temperatura da superfície interna?
3. A parede de um forno deve ser feita de dois materiais colocados em série: tijolo comum e tijolo de alvenaria. A perda de calor pela parede deve ser reduzida para 1.000 W/m². O tijolo comum tem espessura de 203,2 mm e sua superfície esquerda atingirá 815,5 °C. O tijolo de alvenaria é colocado próximo ao tijolo comum, e sua superfície direita atingirá 37,8 °C. Determine a espessura necessária para o tijolo de alvenaria.
4. A Figura P7.4 mostra o perfil unidimensional de dois materiais. A temperatura da face esquerda é a mesma para ambos os materiais, o fluxo de calor nos dois casos é idêntico e as espessuras são iguais. Qual material apresenta maior condutividade térmica? Por quê?
5. Com referência à parede composta da Figura 7.3, qual material apresenta mais alta condutividade térmica para fluxo de calor constante em uma parede?

6. Uma parede de um forno de cozinha consiste de três materiais colocados em série: chapa metálica, isolamento e madeira compensada. A chapa metálica tem 1,02 mm de espessura, a madeira compensada tem 19 mm de espessura, e a espessura do isolamento deve ser determinada. Por motivos econômicos, a parede do forno deve transferir aproximadamente 189 W/m² de calor quando a temperatura da superfície interna da placa metálica estiver em 260 °C. Por motivos de segurança, a superfície externa da madeira compensada não deve exceder 37,8 °C. Qual é a espessura mínima necessária do isolamento de fibra de vidro para atender a esses critérios?

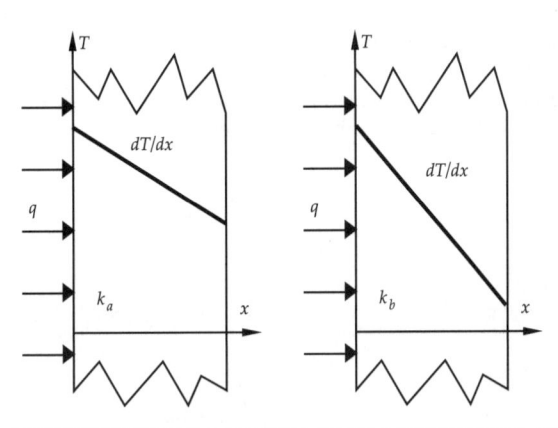

■ Figura P7.4

7. Uma parede de uma fornalha apresenta uma camada interna de tijolo de sílica [k= 1,07 W/(m·K)] e uma camada externa de tijolo de alvenaria [k= 0,66 W/(m·K)], conforme indicado na Figura P7.7. As condições da fornalha são T_i = 320 °C, h_i = 45 W/(m²·K), e o ar externo tem T_0 = 25 °C, h_0 = 25 W/(m²·K). Deseja-se limitar a perda de calor para 800 W/m², e a temperatura da interface T_2 não deve ser maior que 150 °C. Calcule a espessura L necessária para isso.

8. A Figura P7.8 mostra um perfil de temperatura para transferência de calor por uma peça de alumínio com 12 cm [k = 164 W/(m²·K)] de espessura. O coeficiente de convecção na face direita é 250 W/(m²·K). Determine a temperatura T_∞.

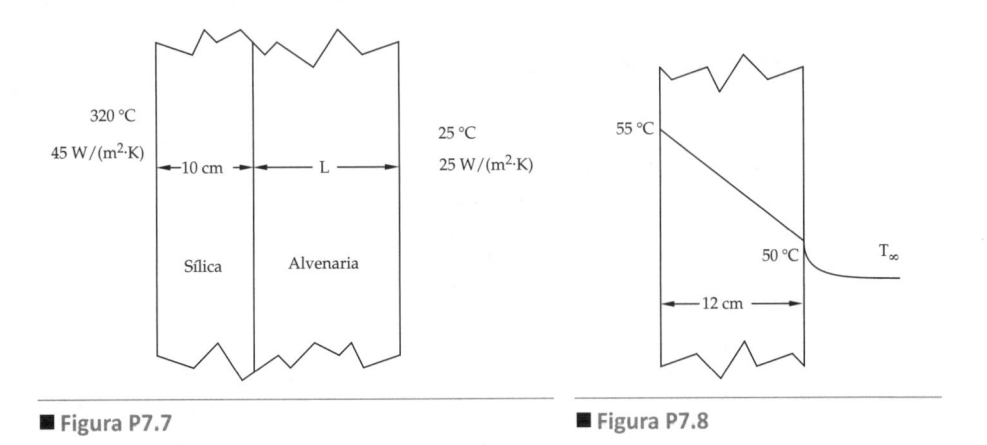

■ Figura P7.7

■ Figura P7.8

Condução cilíndrica unidimensional

9. Um tubo de aço nominal de 4" schedule 40 conduz vapor que mantém a temperatura da sua superfície interna em 232,2 °C. O tubo tem uma camada de isolamento de fibra da pai-

neira, com 25,4 mm de espessura. A temperatura da superfície externa da fibra da paineira é 21,1 °C. Determine o fluxo de calor pelo tubo.

10. Uma haste de alumínio tem 10 mm de diâmetro e é usada como puxador da tampa de uma churrasqueira. A temperatura uniforme da haste de alumínio atinge 80 °C e ela deve ser revestida com um plástico de alta temperatura, de forma que a superfície externa do plástico fique em 20 °C para um fluxo de calor de 50 W. Determine a condutividade térmica que o plástico deve ter se a sua espessura for 5 mm.

11. Suponha que o tubo do Exemplo 7.6 não seja isolado. Retrabalhe o problema para o caso sem isolamento e compare o fluxo de calor entre o tubo isolado e o não isolado.

12. O Exemplo 7.6 foi resolvido para um tubo posicionado horizontalmente. Supondo que o mesmo tubo seja posicionado verticalmente, retrabalhe o problema para uma configuração vertical e compare os resultados das duas soluções. Para um cilindro vertical aquecido que perde calor para o ambiente, temos

$$Nu = 0{,}6\left(Ra\ \frac{D}{L}\right)^{0{,}25} \qquad Ra\ \frac{D}{L} \geq 10^4$$

$$Nu = 1{,}37\left(Ra\ \frac{D}{L}\right)^{0{,}16} \qquad 0{,}05 \leq Ra\ \frac{D}{L} \leq 10^4$$

$$Nu = 0{,}93\left(Ra\ \frac{D}{L}\right)^{0{,}05} \qquad Ra\ \frac{D}{L} \leq 0{,}05$$

$$Ra = \frac{g\beta(T_s - T_\infty)L^3}{\nu\alpha}; \qquad Pr = \frac{\nu}{\alpha}$$

e $\beta = 1/T_\infty$ = coeficiente de expansão térmica.

13. Uma tubulação de vapor é feita de aço carbono nominal de 2" schedule 40. Ela é coberta por isolamento de fibra de vidro, com 25,4 mm de espessura, e a fibra de vidro é coberta com uma folha de alumínio com espessura de 0,203 mm. A temperatura do vapor dentro do tubo é de 149 °C, enquanto a temperatura externa é de 26,7 °C. O coeficiente de convecção entre o vapor e o tubo é 142 W/m²K, e o coeficiente de convecção entre a folha de alumínio e o ar é 68,2 W/m²K. O tubo tem 9,14 m de comprimento. Determine a perda de calor em W.

Problemas de condução-convecção

14. Considere uma parede vertical feita de aço inoxidável com 50,8 mm de espessura. A face esquerda do aço inoxidável é mantida a uma temperatura de 149 °C, enquanto a face direita transfere o calor por convecção para o ar circundante, cuja temperatura é 23,9 °C. Determine o calor transferido pela parede e a temperatura da face direita.

15. Uma parede vertical é feita de fibra de vidro (espessura de 50 mm) e conectada a outra de tijolo comum (espessura de 100 mm). O lado sem isolamento do tijolo está a –40 °C durante os meses de inverno. O isolamento recebe energia por convecção do ar circundante, cuja temperatura é 20 °C. Determine a temperatura da interface entre os dois materiais sob essas condições.

16. Um painel vertical da janela de vidro de uma casa tem 12,7 mm de espessura e 915 mm de altura. Do lado de fora, a temperatura do ar é 35 °C, e do lado de dentro, é 21,1 °C. Determine o fluxo de calor pelo vidro sob essas condições.

17. Uma janela com um único painel de vidro em uma casa aquecida é mostrada em secção transversal na figura a seguir. Fora da janela, a temperatura ambiente é 0 °C; dentro da residência, a temperatura é 22 °C. Um perfil da temperatura é dado na figura. A espessura do vidro é 5 mm e a altura da janela é 60 cm. Determine a perda de calor pelo vidro por unidade de área. Use as seguintes propriedades do ar nos dois lados do vidro:

$\rho = 1{,}177 \text{ kg/m}^3$

$c_p = 1\,005{,}7 \text{ J/(kg·K)}$

$\beta = 1/(295 \text{ K}) = 0{,}003\,38/\text{K}$

$k_f = 0{,}026\,24 \text{ W/(m·K)}$

$\nu = 15{,}68 \times 10^{-6} \text{ m}^2/\text{s}$

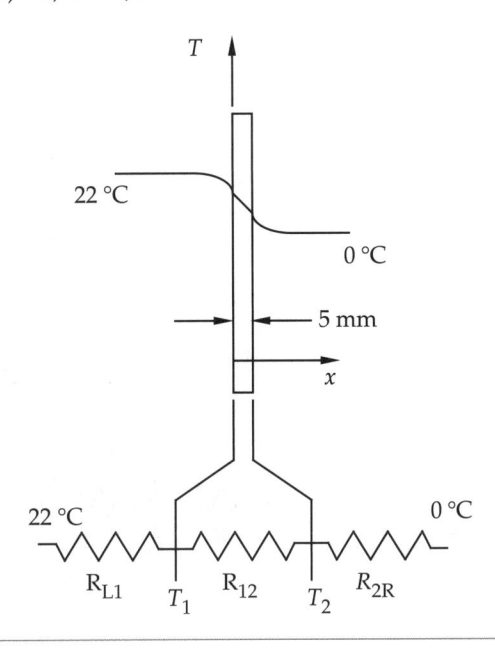

■ **Figura P7.17**

18. Um novo material de construção feito de compensado com isolamento de isopor colado nele está em teste. A espessura da madeira compensada é 20 mm e a do isopor é 70 mm. O teste deve ser executado enquanto a amostra está na configuração vertical. No lado do compensado, a amostra é exposta ao ar a 35 °C. No lado do isopor, a amostra fica em contato com o ar a 0 °C. Calcule a temperatura na interface entre os dois materiais e o calor transferido pela parede.

19. Uma parede de refrigerador consiste em aço de baixo carbono [$k = 43$ W/(m[SK])] com espessura de 1 mm do lado externo, poliestireno com espessura de 2 mm [$k = 0{,}157$ W(m·K)] do lado interno, e cortiça expandida com espessura de 20 mm [$k = 0{,}036$ W/(m·K)], como isolamento, no meio. Fora do refrigerador, a temperatura do ar é 25 °C, enquanto, dentro, a temperatura do ar é 10 °C. Determine o fluxo de calor pela parede por unidade de área. Use a seguinte equação (conhecida como equação de Churchill-Chu) para calcular o número de Nusselt e o coeficiente de convecção aplicável a ambos os lados da parede:

$$\text{Nu} = \frac{hL}{k_f} = 0{,}68 + \frac{0{,}67\,\text{Ra}^{1/4}}{\left[1 + \left(\dfrac{0{,}492}{\text{Pr}}\right)^{9/16}\right]^{4/9}},$$

em que $\text{Ra} = \text{Gr}\,\text{Pr} = \dfrac{g_x \beta (T_w - T_\infty) L^3}{\nu \alpha}$.

Use as seguintes propriedades do ar nos dois lados da parede:

$\rho = 1{,}177 \text{ kg/m}^3$

$C_p = 1\,005{,}7 \text{ J/(kg·K)}$

$\beta = 1/(295 \text{ K}) = 0{,}003\,38/\text{K}$

$k_f = 0{,}026\,24 \text{ W/(m·K)}$

$\nu = 15{,}68 \times 10^{-6} \text{ m}^2/\text{s}$

20. Um compensado de carvalho de 25 mm de espessura é usado temporariamente em uma janela para substituir o vidro quebrado. De um lado do compensado, o ar está a 0 °C; do lado de dentro, a superfície de madeira é mantida a 25 °C. O esboço descritivo para esse sistema é mostrado no diagrama a seguir. Qual é a temperatura da placa de compensado no lado de 0 °C?

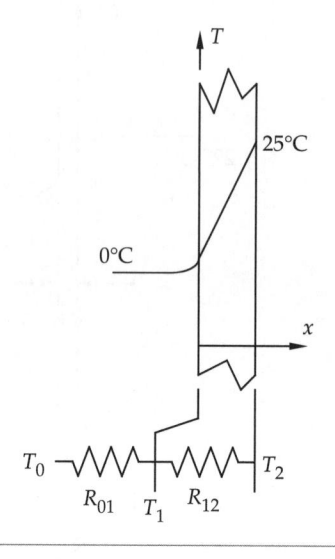

■ Figura P7.20

21. Um tubo de aço inoxidável nominal de 3" schedule 40 conduz óleo em alta temperatura de uma torre de craqueamento, na qual o petróleo é separado em componentes para uma operação de acondicionamento. O óleo mantém a superfície interna do tubo a 82,2 °C e a temperatura do ar ao redor do tubo é 15,6 °C. Determine o fluxo de calor pela parede do tubo para: (a) tubo não isolado, e (b) tubo isolado com fibra da paineira, com 25,4 mm de espessura.

22. Um tubo horizontal de aço inoxidável (nominal de 3" schedule 40) conduz óleo (mesmas propriedades do óleo de motor não usado), cuja temperatura é 100 °C e cuja velocidade é 0,1 m/s. Por convecção, o calor é transferido do escoamento para a superfície interna do tubo de aço inoxidável, o qual é isolado com fibra de vidro com 20 mm de espessura. O ar que circunda o tubo está em 25 °C. Determine o calor transferido do óleo pelo tubo e do isolamento para o ar. Para escoamento laminar de fluido em um cilindro, temos

$$\text{Nu} = \frac{hD}{k_f} = 1{,}86 \left(\frac{D \text{ Re Pr}}{L} \right)^{1/3}$$

$$\text{Re} = \frac{VD}{v} < 2.200$$

$$0{,}48 < \text{Pr} = \frac{v}{\alpha} < 16.700 \quad \text{mudança moderada de } \mu \text{ com a temperatura.}$$

Raio crítico

23. Calcule o raio crítico para o isolamento do Exemplo 7.6.
24. Um tubo de aço nominal de 1½" conduz vapor e sua superfície externa é mantida a 115,6 °C. O tubo deve ser isolado com um material que tenha condutividade térmica igual à do papelão. O ar na parte externa está a 21,1 °C e o coeficiente de convecção entre o isolamento e o ar é constante a 8,52 W/(m²K). Faça um gráfico da perda de calor como uma função da espessura do isolamento.

25. Um tubo nominal de 1" é coberto com isolamento de lã de vidro. A temperatura da parede externa do tubo é 120 °C, e o isolamento está exposto ao ar a 25 °C. O coeficiente de convecção entre o isolamento e o ar é de 1 W/(m²·K). Faça um gráfico de q/L como uma função da espessura do isolamento.
26. Um fio que conduz corrente elétrica possui 1 mm de diâmetro. Ele conduz 250 amps a 115 V e é feito de cobre (presuma as mesmas propriedades do cobre puro). O fio é isolado com um material cujas propriedades são as mesmas da borracha de ebonite, e o ar ambiente está a 18 °C. Para uma transferência máxima para o ambiente, qual deve ser a espessura do isolamento desse fio? Suponha um coeficiente de convecção de 1 W/(m²·K).
27. Um tubo nominal de ½" é revestido com um isolamento feito de uma mistura de fios cujas propriedades são as mesmas do amianto. O ar, na área da superfície externa do tubo, está a 65,6°C, e o coeficiente de convecção entre o isolamento e o ar é 6,8 W/(m² K). Determine o raio crítico e a espessura do isolamento prático caso a temperatura ambiente seja 4,5°C.
28. Como o valor de R_3 afeta a taxa de transferência de calor no Exemplo 7.3? Resolva esse exemplo para espessuras de isolamento que variam de 0 a 60 mm. Construa um gráfico de q/L versus espessura do isolamento.

CAPÍTULO 8

Trocadores de calor de tubos duplos

Trocador de calor é um dispositivo usado para transferir calor de um fluido para outro. Há vários tipos diferentes de trocador de calor, incluindo **tubo duplo**, **casco e tubo**, **fluxo cruzado** e **de placas**, os quais examinaremos neste capítulo e escreveremos equações para prever seu desempenho. Os métodos apresentados aqui podem ser aplicados para a avaliação de desempenho de qualquer trocador de calor.

8.1 Trocador de calor de tubos duplos

Um **trocador de calor de tubo duplo** (também chamado de **trocador de calor de tubo concêntrico**) consiste em dois tubos concêntricos de diâmetros diferentes com fluido escoando em cada um deles, conforme indicado nas figuras 8.1 e 8.2. Se os dois fluidos escoarem em direções opostas, conforme ilustrado na Figura 8.1, o trocador é do tipo **contracorrente**, já se escoarem na mesma direção, conforme mostrado na Figura 8.2, existe um **fluxo paralelo** (ou **fluxo unidirecional**). O mesmo dispositivo é usado para as duas configurações de fluxo. Nas figuras 8.1 e 8.2 também são mostrados os gráficos de temperatura *versus* distância, e esses perfis de temperatura serão abordados neste capítulo.

O objetivo, ao usar um trocador de calor, é transferir o máximo possível de calor com o menor custo necessário. Em muitos casos que envolvem o dimensionamento ou a seleção de um trocador de calor em particular, tudo o que se sabe são as propriedades físicas dos fluidos e suas temperaturas de entrada. Se o diâmetro do tubo e as áreas (área de superfície e seção transversal) forem conhecidos, então a quantidade de calor transferida poderá ser facilmente calculada. Por outro lado, se a taxa de troca de calor for especificada, a área da superfície necessária pode ser determinada.

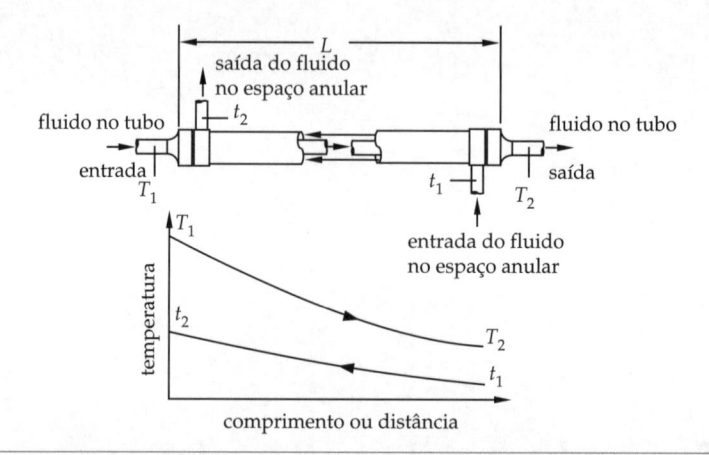

■ **Figura 8.1** Trocador de calor de tubo duplo configurado em contracorrente e perfil de temperatura correspondente.

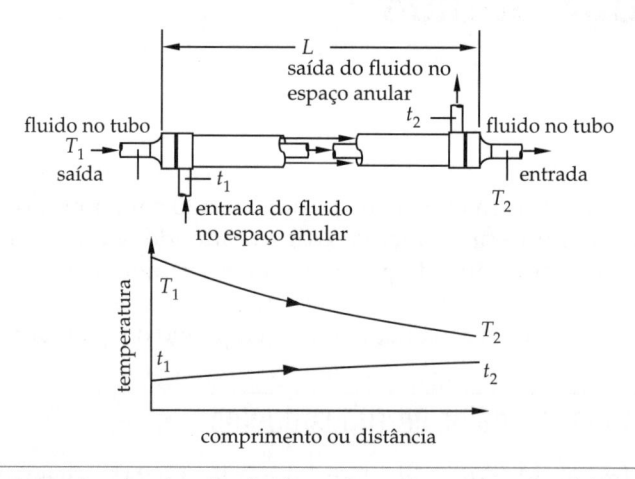

■ **Figura 8.2** Trocador de calor de tubo duplo configurado em fluxo paralelo e perfil de temperatura correspondente.

Conforme indicado nas figuras 8.1 e 8.2, um trocador de calor de tubo duplo reunirá dois fluxos de fluido, e à medida que cada fluido passa, a temperatura deste se altera. Além do mais, à medida que a temperatura muda, o coeficiente de convecção *local* entre o fluido e a parede também muda. Nosso interesse aqui, entretanto, está no coeficiente de transferência de calor *geral* e não necessariamente nos valores instantâneos ou locais.

A Figura 8.3 mostra uma seção transversal de um trocador de calor de tubo duplo e a variação de temperatura associada a qualquer posição axial. Para fins de discussão, assumiremos que o calor é transferido do fluido dentro do tubo para o fluido dentro do espaço anular. Também são mostradas na Figura 8.3 as resistências por meio das quais o calor passa. A soma das resistências é

$$\Sigma R = R_{12} + R_{23} + R_{34}$$

ou $\Sigma R = \dfrac{1}{h_i A_i} + \dfrac{1}{2\pi k L} \ln \dfrac{DE_p}{DI_p} + \dfrac{1}{h_o A_o},$ (8.1)

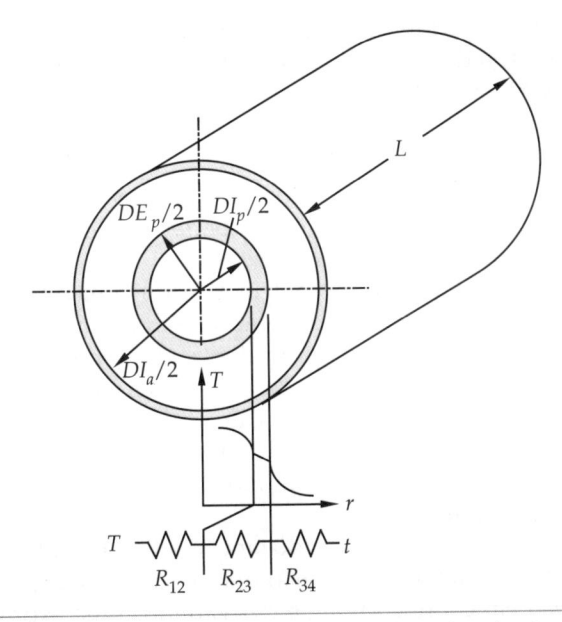

Figura 8.3 Perfil da temperatura e resistências para o fluxo de calor dentro de um trocador de calor de tubo duplo.

em que h_i é o coeficiente de convecção entre o fluido e a parede do tubo e h_o aplica-se entre o fluido no espaço anular e o tubo. Conforme mostrado no capítulo anterior, a queda de temperatura em um tubo metálico de parede fina é praticamente desprezível, e isso é verdadeiro também para um tubo. A implicação aqui é que a segunda resistência $[(1/2\pi kL)(\ln(DE_p/DI_p))]$ pode ser desprezada na Equação 8.1, com pequeno erro. Também, a área associada ao coeficiente de convecção h_i é a área da superfície *interna* do tubo A_i e a área associada ao coeficiente de convecção h_o é a área da superfície *externa* do tubo A_o. Na análise, é necessário que h_i e h_o sejam referidos com a mesma área de superfície. As áreas de superfície são:

$$A_i = \pi DI_p L$$
$$A_o = \pi DE_p L$$

É uma prática padrão ter por base a resistência na área de superfície externa A_o. Multiplicando-se a Equação 8.1 por A_o, temos

$$A_o \Sigma R = \frac{1}{U_o} = \frac{\pi DE_p L}{h_i \pi DI_p L} + \frac{1}{h_o}$$

$$A_o \Sigma R = \frac{1}{U_o} = \frac{DE_p}{h_i DI_p} + \frac{1}{h_o}, \tag{8.2}$$

em que o coeficiente global de transferência de calor U_o com base em A_o foi introduzido. O coeficiente global de transferência de calor tem as mesmas dimensões de h, a saber, $[F \cdot T/(T \cdot L^2 \cdot t)]$ $[W/(m^2 \cdot K)]$. (Observe também que $A_i U_i = A_o U_o$, e o desenvolvimento poderia continuar usando U_i.)

O calor transferido no trocador de calor iguala o produto do coeficiente global de transferência de calor U_o, da área da superfície externa do tubo interno A_o, e da diferença de temperatura. Assim

$$q = U_o A_o \Delta t \qquad \text{(ou } q = U_i A_i \Delta t\text{)}. \tag{8.3}$$

O coeficiente global de transferência de calor pode ser calculado se os coeficientes de película forem conhecidos, e eles podem ser calculados usando as correlações apropriadas para convecção forçada.

No entanto, a Equação 8.3 contém Δt, que é uma diferença de temperatura ainda indeterminada que se aplica ao trocador de calor inteiro. Voltaremos nossa atenção para avaliar Δt. Em qualquer local z dentro do trocador de calor (figuras 8.1 e 8.2), a diferença de temperatura é $T - t$. Essa diferença varia em todo o trocador. É vantajoso usar as temperaturas de entrada e de saída para avaliar Δt em vez de usar valores locais, pois essas temperaturas podem ser facilmente medidas. Assim, procuraremos uma expressão para Δt em termos de temperaturas de entrada e de saída em vez de valores locais.

Embora o calor seja transferido tanto em fluxo paralelo como em contracorrente, a diferença de temperatura Δt não é a mesma nos dois casos. Começaremos com a disposição em contracorrente e derivaremos uma expressão para a diferença de temperatura. Presumiremos o seguinte:

1. O coeficiente global de transferência de calor U_o (com base em A_o) é constante em todo o comprimento do trocador de calor.
2. As propriedades do fluido são constantes.
3. Existe um escoamento permanente.
4. Não há mudanças de fase no trocador de calor.
5. Não há perdas de calor; todo calor perdido pelo fluido mais aquecido é recebido pelo mais frio.

A magnitude do calor transferido em qualquer local ao longo do comprimento do trocador de calor (Figura 8.1) é dada por

$$dq = U_o(T - t)dA_o. \tag{8.4}$$

A perda de calor pelo fluido mais aquecido sobre um comprimento diferencial é

$$dq = \dot{m}_w C_{pw} dT, \tag{8.5}$$

em que $\dot{m}_w$ é a vazão mássica do fluido mais quente e C_{pw} é seu calor específico. Para o fluido mais frio, a magnitude do calor recebido é

$$dq = \dot{m}_c C_{pc} dt. \tag{8.6}$$

Em seguida, definiremos as equações 8.5 e 8.6 iguais entre si e integraremos desde a extremidade da entrada do fluido frio do trocador de calor até um local z:

$$\int_{T_2}^{T} \dot{m}_w C_{pw} dT = \int_{t_1}^{t} \dot{m}_c C_{pc} dt.$$

Observe que na entrada do fluido frio, onde a temperatura é t_1, a temperatura do fluido mais aquecido é T_2. Integrando,

$$\dot{m}_w C_{pw}(T - T_2) = \dot{m}_c C_{pc}(t - t_1).$$

Reorganizando e resolvendo para a temperatura do fluido mais aquecido, temos

$$T = T_2 + \frac{\dot{m}_c C_{pc}}{\dot{m}_w C_{pw}}(t - t_1). \tag{8.7a}$$

Se integrarmos no comprimento inteiro L do trocador de calor, teremos

$$T_1 = T_2 + \frac{\dot{m}_c C_{pc}}{\dot{m}_w C_{pw}}(t_2 - t_1). \tag{8.7b}$$

Substituindo a Equação 8.7a na Equação 8.4, temos

$$dq = U_o \left(T_2 + \frac{\dot{m}_c C_{pc}}{\dot{m}_w C_{pw}}(t - t_1) - t \right) dA_o.$$

Tendo eliminado a temperatura do fluido mais quente T como uma variável, em seguida definiremos a equação precedente igual à Equação 8.6 para o fluido mais frio:

$$\dot{m}_c C_{pc} dt = U_o \left(T_2 + \frac{\dot{m}_c C_{pc}}{\dot{m}_w C_{pw}}(t - t_1) - t \right) dA_o.$$

A temperatura do fluido mais frio t e a área de superfície são os únicos termos diferenciais. Separando os termos e integrando,

$$\int_0^{A_o} \frac{U_o dA_o}{\dot{m}_c C_{pc}} = \int_{t_1}^{t_2} \frac{dt}{\left(T_2 + \frac{\dot{m}_c C_{pc}}{\dot{m}_w C_{pw}}(t - t_1) - t \right)}$$

ou

$$\frac{U_o A_o}{\dot{m}_c C_{pc}} = \left[\frac{1}{(\dot{m}_c C_{pc}/\dot{m}_w C_{pw}) - 1} \right] \ln \left[\frac{T_2 - \frac{\dot{m}_c C_{pc}}{\dot{m}_w C_{pw}} t_1 + \left(\frac{\dot{m}_c C_{pc}}{\dot{m}_w C_{pw}} - 1 \right) t_2}{T_2 - \frac{\dot{m}_c C_{pc}}{\dot{m}_w C_{pw}} t_1 + \left(\frac{\dot{m}_c C_{pc}}{\dot{m}_w C_{pw}} - 1 \right) t_1} \right].$$

Resolvendo a Equação 8.7b para T_2, substituindo na equação anterior e simplificando (após um longo exercício algébrico), temos

$$\frac{U_o A_o}{\dot{m}_c C_{pc}} = \left[\frac{1}{(\dot{m}_c C_{pc}/\dot{m}_w C_{pw}) - 1} \right] \ln \frac{T_1 - t_2}{T_2 - t_1}. \tag{8.8}$$

Reorganizando a Equação 8.7b, temos

$$\frac{\dot{m}_c C_{pc}}{\dot{m}_w C_{pw}} = \frac{T_1 - T_2}{t_2 - t_1}.$$

Substituindo na Equação 8.8,

$$\frac{U_o A_o}{\dot{m}_c C_{pc}} = \frac{1}{[(T_1 - T_2)/(t_2 - t_1) - 1]} \ln \frac{T_1 - t_2}{T_2 - t_1}$$

$$= \frac{t_2 - t_1}{(T_1 - t_2) - (T_2 - t_1)} \ln \frac{T_1 - t_2}{T_2 - t_1}.$$

Reorganizando,

$$\dot{m}_c C_{pc}(t_2 - t_1) = U_o A_o \frac{(T_1 - t_2) - (T_2 - t_1)}{\ln [(T_1 - t_2)/(T_2 - t_1)]}. \tag{8.9a}$$

O lado esquerdo é identificado como o calor recebido pelo fluido mais frio. Assim

$$q = U_o A_o \frac{(T_1 - t_2) - (T_2 - t_1)}{\ln [(T_1 - t_2)/(T_2 - t_1)]} \quad \text{(contracorrente).} \tag{8.9b}$$

Comparando a Equação 8.3

$$q = U_o A_o \Delta t \tag{8.3}$$

vemos que a diferença de temperatura ou potencial condutor da transferência de calor em contracorrente dentro de um trocador de calor de tubo duplo é

$$\Delta t = \frac{(T_1 - t_2) - (T_2 - t_1)}{\ln [(T_1 - t_2)/(T_2 - t_1)]} = DTML \quad \text{(contracorrente).} \tag{8.10}$$

A Equação 8.10 muitas vezes é chamada de diferença de temperatura média logarítmica, abreviada como DTML. Às vezes, é escrita como

$$DTML = \frac{\Delta t_2 - \Delta t_1}{\ln (\Delta t_2 / \Delta t_1)}$$

em que Δt_2 é a diferença de temperatura entre os dois fluidos em uma extremidade do trocador de calor e Δt_1 é a diferença na outra extremidade. Para contracorrente,

$$\left. \begin{array}{l} \Delta t_2 = T_1 - t_2 \\ \Delta t_1 = T_2 - t_1 \end{array} \right\} \quad \text{contracorrente.}$$

Podemos repetir a dedução anterior para a disposição de fluxo paralelo. As equações básicas são as mesmas que aquelas já escritas. Os resultados são

$$q = U_o A_o \frac{(T_1 - t_1) - (T_2 - t_2)}{\ln[(T_1 - t_1)/(T_2 - t_2)]} \qquad \text{(fluxo paralelo)} \qquad (8.11)$$

$$DTML = \frac{\Delta t_2 - \Delta t_1}{\ln(\Delta t_2 / \Delta t_1)} = \frac{(T_1 - t_1) - (T_2 - t_2)}{\ln[(T_1 - t_1)/(T_2 - t_2)]} \qquad (8.12)$$

$$\left. \begin{array}{l} \Delta t_1 = T_1 - t_1 \\ \Delta t_2 = T_2 - t_2 \end{array} \right\} \text{ fluxo paralelo.}$$

Observe a diferença entre esses resultados e aqueles para o contracorrente. Nessas e nas equações que se seguem, a letra "T" maiúscula significa o fluido mais quente e um "1" subscrito indica uma condição de entrada. A letra "t" minúscula refere-se ao fluido mais frio e um número "2" subscrito indica uma condição de saída.

Comparação das configurações de contracorrente e fluxo paralelo

À primeira vista, parece que as disposições de contracorrente e fluxo paralelo poderiam resultar taxas de transferência de calor iguais. Para investigar esse ponto, é recomendado usar as equações para calcular a diferença de temperatura média logarítmica para diversos casos.

Exemplo 8.1.

Um fluido com uma temperatura de 100 °C entra em um trocador de calor de tubo duplo e é resfriado a 75 °C por um segundo fluido, que entra a 25 °C e é aquecido até 40 °C. Calcule a diferença de temperatura média logarítmica para contracorrente e fluxo paralelo.

Solução: Dadas as seguintes temperaturas,

$T_1 = 100$ °C $\qquad t_1 = 25$ °C
$T_2 = 75$ °C $\qquad t_2 = 40$ °C

substituiremos na Equação 8.10 para obter

$$DTML = \frac{(100 - 40) - (75 - 25)}{\ln[(100 - 40)/(75 - 25)]} = 54{,}8°C \qquad \text{(contracorrente).}$$

Da mesma forma,

$$DTML = \frac{(100 - 25) - (75 - 40)}{\ln[(100 - 25)/(75 - 40)]} = 52{,}5°C \qquad \text{fluxo (paralelo).}$$

Em um trocador de calor com essas temperaturas, usaremos a Equação 8.3 para calcular a taxa de transferência de calor. Se o coeficiente global de transferência de calor for constante para ambas as disposições de fluxo, então a configuração de fluxo paralelo exigirá uma área de superfície maior A_o do que a configuração de contracorrente para transferir a mesma energia.

Exemplo 8.2.

Um trocador de calor de tubo duplo deve ser usado para trocar calor entre dois fluidos, de forma que a temperatura de saída de ambos seja igual; especificamente, o fluido mais aquecido é resfriado de 148,9 °C para 93,3 °C, enquanto o mais frio é aquecido de 65,6 °C para 93,3 °C. Calcule a diferença de temperatura média logarítmica para contracorrente e para fluxo paralelo.

Solução: Fornecidas as seguintes temperaturas,

$T_1 = 148{,}9\ °C$ $\qquad\qquad t_1 = 65{,}6\ °C$
$T_2 = 93{,}3\ °C$ $\qquad\qquad t_2 = 93{,}3\ °C$

substituiremos na Equação 8.10 para obter

$$DTML = \frac{(148{,}9 - 93{,}3) - (93{,}3 - 65{,}6)}{\ln\,[(148{,}9 - 93{,}3)/(93{,}3 - 65{,}6)]} = 40{,}04\ °C \qquad \text{(contracorrente)}.$$

Da mesma forma, a Equação 8.12 resulta

$$DTML = \frac{(148{,}9 - 65{,}6) - (93{,}3 - 93{,}3)}{\ln\,[(148{,}9 - 65{,}6)/(93{,}3 - 93{,}3)]} = 0\ °C \qquad \text{(fluxo paralelo)}.$$

Assim, em fluxo paralelo, a área de superfície do trocador de calor deveria ser infinita para tornar as temperaturas de saída iguais (de acordo com a Equação 8.3, $q = U_o A_o \Delta t$). Mas isso não é viável; portanto, concluímos que há uma desvantagem térmica distinta ao usar fluxo paralelo. Consequentemente, a menos que seja especificado o contrário, todos os cálculos feitos em trocadores de calor de tubo duplo serão executados usando contracorrente. O contracorrente é considerado a "melhor configuração possível".

Exemplo 8.3.

O vapor, em condições de vapor saturado e com temperatura de 100 °C, entra em um trocador de calor de tubo duplo. O vapor é condensado por um segundo fluido, que entra a 25 °C. O processo de condensação ocorre isotermicamente, assim a temperatura de saída do condensado também é de 100 °C. A temperatura de saída do refrigerante é 50 °C. Calcule a diferença de temperatura média logarítmica para contracorrente e para fluxo paralelo.

Solução: Fornecidas as seguintes temperaturas,

$T_1 = 100\ °C$ $\qquad\qquad t_1 = 25\ °C$
$T_2 = 100\ °C$ $\qquad\qquad t_2 = 50\ °C$

substituiremos na Equação 8.10 para obter

$$DTML = \frac{(100 - 50) - (100 - 25)}{\ln\,[(100 - 50)/(100 - 25)]} = 61{,}7\ °C \qquad \text{(contracorrente)}.$$

Da mesma forma,

$$DTML = \frac{(100-25)-(100-50)}{\ln[(100-25)/(100-50)]} = 61,7\,°C \qquad \text{(fluxo paralelo)}.$$

Assim, quando um dos fluidos no trocador de calor estiver trocando de fase, com temperaturas de entrada e de saída iguais (ou seja, nenhum superaquecimento ou sub-resfriamento), então a diferença de temperatura média logarítmica para contracorrente se iguala à temperatura do fluxo paralelo.

Com referência às figuras 8.1 e 8.2, observe que as temperaturas de saída no fluxo paralelo podem apenas se aproximar uma da outra. Para o contracorrente, a temperatura de saída do líquido mais frio pode exceder a temperatura da saída do fluido mais aquecido. O dispositivo de contracorrente tem uma capacidade bem maior de transferir calor que o dispositivo de fluxo paralelo.

Pode-se fazer facilmente um trocador de calor de tubo duplo, usando tubos ou dutos com conexões apropriadas, ou pode-se comprá-lo pronto. Ele fornece uma maneira econômica de transferir calor entre dois fluidos, tendo vazões relativamente baixas. Os trocadores de calor de tubo duplo podem ser montados com o comprimento desejado e, muitas vezes, são usados dois, o que é conhecido como disposição de "grampo", conforme ilustrado na Figura 8.4. Muitos desses grampos podem ser montados para fornecer uma grande área de superfície para a transferência de calor.

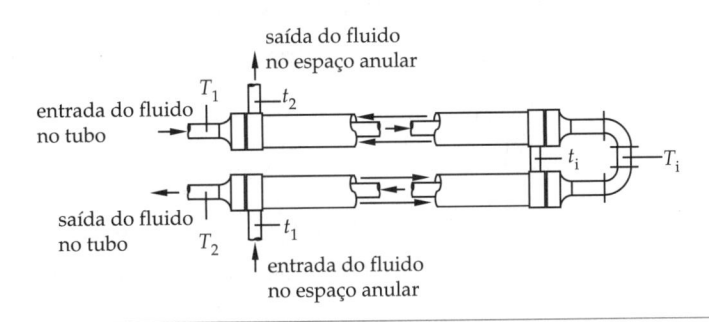

■ Figura 8.4 Esquema de um trocador de calor tipo grampo.

8.2 Análise de trocadores de calor de tubos duplos

A Equação 8.3 relaciona o calor transferido em um trocador de calor de tubo duplo com o coeficiente global de transferência de calor, a área de superfície externa do tubo interno, e a diferença de temperatura média logarítmica (*DTML*):

$$q = U_o A_o \Delta t. \tag{8.3}$$

A Equação 8.2 define o coeficiente de transferência de calor U_o em termos dos coeficientes de convecção h_i e h_o para as superfícies interna e externa do tubo interno. Os coeficientes de convecção são calculados a partir das equações para os números de Nusselt. As equações a serem usadas na análise foram desenvolvidas para o escoamento em um duto circular. Para encontrar o coeficiente de convecção do escoamento em um espaço anular, usaremos as mesmas equações, mas as modificaremos para a mudança na geometria; desse modo, usaremos um comprimento característico para substituir o diâmetro. Para os cálculos do fator de atrito, definiremos o diâmetro hidráulico como

$$D_h = \frac{4 \times \text{área de escoamento}}{\text{perímetro de atrito}} = \frac{4\pi(DI_a^2 - DE_p^2)}{4\pi(DI_a + DE_p)}$$

ou $D_h = DI_a - DE_p$ (8.13)

em que os diâmetros DI_a e DE_p são definidos na Figura 8.6.

Essa definição do diâmetro hidráulico aplica-se aos cálculos de atrito. Da mesma maneira, definiremos um **diâmetro equivalente** D_e como

$$D_e = \frac{4 \times \text{área de escoamento}}{\text{perímetro da transferência de calor}} = \frac{4\pi(DI_a^2 - DE_p^2)}{4\pi DE_p}$$

ou $D_e = \dfrac{DI_a^2 - DE_p^2}{DE_p}$. (8.14)

O perímetro de transferência de calor é a área da superfície externa do tubo interno. Observe cuidadosamente a diferença nos diâmetros equivalente e hidráulico. Quando esses diâmetros forem calculados, eles poderão ser usados nas equações para os números de Reynolds e de Nusselt. As equações são:

Equação de Sieder Tate para escoamento laminar

$$\text{Nu} = \frac{hD}{k_f} = 1{,}86 \left(\frac{D \text{Re} \text{Pr}}{L} \right)^{1/3}$$ (8.15)

$\text{Re} = \dfrac{VD}{\nu} < 2.200$ $D = DI_p$ se a seção transversal for tubular
$D = D_e$ se a seção transversal for anular

$0{,}48 < \text{Pr} = \dfrac{\nu}{\alpha} < 16.700$ μ muda moderadamente com a temperatura

Propriedades avaliadas na temperatura média do fluido [= (entrada + saída)/2].

Equação de Dittus-Boelter modificada para fluxo turbulento

$$\text{Nu} = \frac{hD}{k_f} = 0{,}023(\text{Re})^{4/5} \text{Pr}^n$$ (8.16)

n = 0,4 se o fluido estiver sendo aquecido $D = DI_p$ se a seção transversal for tubular
n = 0,3 se o fluido estiver sendo resfriado $D = D_e$ se a seção transversal for anular

$\text{Re} = \dfrac{VD}{\nu} \geq 10.000$; $0{,}7 \leq \text{Pr} = \dfrac{\nu}{\alpha} \leq 160$; $L/D \geq 60$.

Propriedades avaliadas na temperatura média do fluido [= (entrada + saída)/2]

Escoamento de transição

Quando o número de Reynolds ficar entre 2.200 e 10.000, então uma interpolação poderá ser usada para encontrar o número de Nusselt. A Equação 8.15 é usada para encontrar Nu em Re = 2.200. A Equação 8.16 é usada para encontrar Nu em Re = 10.000. A interpolação oferece uma estimativa útil do número de Nusselt para o número de Reynolds de transição. É recomendado, entretanto, que, na prática, o escoamento de transição seja evitado em razão da incerteza ao modelá-lo.

Uma quantidade conhecida como a **velocidade mássica** é amplamente usada em análises de trocador de calor. A velocidade mássica G é definida como

$$G = \frac{\dot{m}}{A} = \rho V$$

e tem dimensões de $M/(L^2 \cdot T)$ [$kg/(m^2 \cdot s)$].

Nas equações 8.15 e 8.16, o diâmetro equivalente D_e deve substituir D ao aplicar essas equações para um duto anular. Observe que, quando o número de Reynolds estiver sendo calculado para avaliar o fator de atrito, D_h será usado. Quando os efeitos de transferência de calor estiverem sendo modelados, D_e será usado. Assim, para escoamento em um espaço anular, haverá dois números de Reynolds: um com base no diâmetro hidráulico, para encontrar o fator de atrito, e outro com base no diâmetro equivalente, para calcular a taxa de transferência de calor.

Equações de temperatura de saída

Quando um tamanho específico do trocador de calor for selecionado, então a geometria será fixa. Os únicos controles que o operador terá serão a vazão e, talvez, a temperatura de entrada. Para determinar com que eficácia o trocador de calor funciona, será necessário calcular a temperatura de saída. As equações para calcular a temperatura de saída são derivadas aqui. Para o fluido mais frio, escrevemos

$$q = \dot{m}_c C_{pc}(t_2 - t_1), \tag{8.17}$$

em que $\dot{m}_c$ é a vazão mássica do fluido mais frio e C_{pc} é seu calor específico. Presumindo contracorrente, escrevemos

$$q = U_o A_o \Delta t = U_o A_o \frac{(T_1 - t_2) - (T_2 - t_1)}{\ln\left[(T_1 - t_2)/(T_2 - t_1)\right]}. \tag{8.9b}$$

Definido essas duas expressões iguais e reorganizando, temos

$$\ln \frac{(T_1 - t_2)}{(T_2 - t_1)} = \frac{U_o A_o}{\dot{m}_c C_{pc}} \left(\frac{T_1 - T_2}{t_2 - t_1} - 1 \right). \tag{8.18}$$

Para o fluido mais quente,

$$q = \dot{m}_w C_{pw}(T_1 - T_2), \tag{8.19}$$

em que $\dot{m}_w$ é a vazão mássica do fluido mais quente e C_{pw} é seu calor específico. Presumindo que todo calor cedido pelo fluido mais quente seja recebido pelo fluido mais frio, definiremos a Equação 8.17 igual à Equação 8.19:

$$\dot{m}_w C_{pw}(T_1 - T_2) = \dot{m}_c C_{pc}(t_2 - t_1).$$

Reorganizando e introduzindo uma nova variável, R, temos

$$\frac{\dot{m}_c C_{pc}}{\dot{m}_w C_{pw}} = \frac{T_1 - T_2}{t_2 - t_1} = R. \tag{8.20}$$

Substituindo na Equação 8.18 e removendo logaritmos, temos

$$\frac{T_1 - t_2}{T_2 - t_1} = \exp\left[\frac{U_o A_o}{\dot{m}_c C_{pc}}(R - 1)\right] = E_c, \tag{8.21}$$

em que a notação E_c foi introduzida e definida. A Equação 8.20 pode ser reorganizada para fornecer uma equação para a temperatura de saída do fluido mais frio:

$$t_2 = t_1 + \frac{T_1 - T_2}{R}. \tag{8.22}$$

Substituindo na Equação 8.21, temos uma equação para a temperatura de saída do fluido mais quente

$$T_2 = \frac{(1 - R)T_1 + (1 - E_c)R t_1}{1 - R E_c} \quad \text{(contracorrente)}. \tag{8.23}$$

A Equação 8.23 nos permite calcular a temperatura de saída do fluido aquecido, conhecendo a sua vazão, as propriedades do fluido e somente as temperaturas de entrada. Uma vez que a temperatura de saída do fluido aquecido T_2 for conhecida, então a Equação 8.22 poderá ser usada para se encontrar a temperatura de saída do fluido resfriado t_2.

Uma análise similar pode ser realizada para o fluxo paralelo. Começaremos definindo:

$$E_p = \exp\left[\frac{U_o A_o}{\dot{m}_c C_{pc}}(R + 1)\right]. \tag{8.24}$$

Seguindo a mesma linha de raciocínio do caso do contracorrente, a temperatura de saída do fluido mais quente torna-se

$$T_2 = \frac{(R + E_p)T_1 + (E_p - 1)R t_1}{(R + 1)E_p} \quad \text{(fluxo paralelo)}. \tag{8.25}$$

Novamente, depois que a temperatura de saída do fluido aquecido T_2 for conhecida, a temperatura de saída do fluido resfriado t_2 será identificada com a Equação 8.22.

Fatores de incrustação

Quando o trocador de calor opera por um determinado tempo, crostas e sujeira são depositadas nas superfícies dos tubos, formando acúmulos que reduzem a taxa de transferência de calor entre os fluidos e aumentando a resistência ao fluxo de calor pela parede do tubo interno. A Figura 8.5 mostra uma seção transversal do trocador de calor de tubo duplo com essas resistências adicionais.

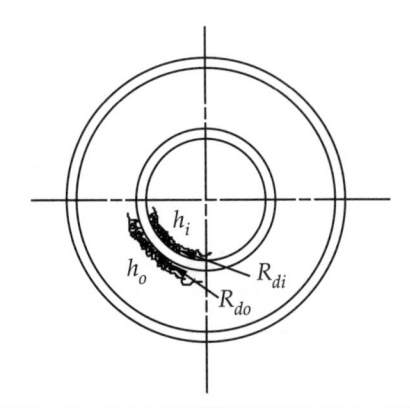

■ **Figura 8.5** Seção transversal do trocador de calor de tubo duplo, mostrando resistências adicionais em razão da incrustação.

As resistências adicionais nas superfícies internas e externas são identificadas como R_{di} e R_{do}, respectivamente. Elas afetam o coeficiente global de transferência de calor definido anteriormente na Equação 8.2, como

$$\frac{1}{U_o} = \frac{DE_p}{h_i\, DI_p} + \frac{1}{h_o} = \frac{1}{h_p} + \frac{1}{h_o}. \tag{8.2}$$

A Equação 8.2 aplica-se quando o trocador de calor for novo e os tubos estiverem limpos. Para refletir as resistências adicionais em razão do depósito na superfície, definiremos um coeficiente de sujeira ou de projeto U como

$$\frac{1}{U} = \frac{1}{U_o} + R_{di} + R_{do} \tag{8.26a}$$

ou

$$\frac{1}{U} = \frac{DE_p}{h_i\, DI_p} + \frac{1}{h_o} + R_{di} + R_{do}. \tag{8.26b}$$

Os valores de resistência para vários fluidos foram medidos como resultado de anos de experiência e são fornecidos na Tabela 8.1. Observe que as resistências se referem, de fato, a áreas específicas. Como os valores da resistência são apenas as melhores estimativas, uma correção da área não se faz necessária com R_{di} e R_{do} na Equação 8.26. Os fatores de incrustação representam a incrustação que seria criada no curso de aproximadamente um ano.

Tabela 8.1 Valores de fatores de incrustação para vários fluidos.

Fluido	Rd (m²·K/W)
Ar	0,000 4
Salmoura	0,000 2
Vapores de álcool	0,000 1
Escape do motor a diesel	0,002
Óleo do motor	0,000 2
Vapores orgânicos	0,000 1
Líquidos orgânicos	0,000 2
Líquido refrigerante	0,000 2
Vapor refrigerante	0,000 4
Vapor	0,000 1
Óleo vegetal	0,000 6
Água	
Água da cidade	0,000 2 – 0,000 4
Destilada	0,000 1 – 0,000 2
Água salgada	0,000 1 – 0,000 2
Água de poço	0,000 2 – 0,000 4

Queda de pressão em tubos e espaços anulares

A queda de pressão para escoamento em um tubo é facilmente calculada com os métodos apresentados nos capítulos anteriores. Para escoamento em um tubo, escrevemos

$$\Delta p_t = \frac{fL}{D_h}\frac{\rho V^2}{2} = \frac{fL}{DI_p}\frac{\rho V^2}{2} \quad \text{(escoamento em tubo)}, \tag{8.27}$$

em que o fator de atrito f é obtido a partir de números de Reynolds e dados ε/DI_p.

Usaremos a mesma equação para encontrar a queda de pressão em um espaço anular, exceto que substituirmos o diâmetro hidráulico na dimensão característica do número de Reynolds e nas expressões de rugosidade relativa. Além disso, consideraremos as perdas nas conexões de entrada e saída usando um termo de perda localizada, ou seja,

$$\Delta p_a = \left(\frac{fL}{D_h} + 1\right)\frac{\rho V^2}{2} \quad \text{(escoamento anular)}. \tag{8.28}$$

Para um bom projeto, a queda de pressão do escoamento (fluido no tubo ou fluido no espaço anular) deve ser inferior a 10 psi (70 kPa).

As equações para análise de um trocador de calor de tubo duplo foram descritas e estão resumidas em uma ordem sugerida para procedimentos de cálculos, como segue.

ANÁLISE DE TROCADORES DE CALOR DE TUBO DUPLO, ORDEM SUGERIDA PARA CÁLCULOS

Problema Descrição completa do problema.
Discussão Potenciais perdas de calor; outras fontes de dificuldades.

Pressupostos
1. Existem condições permanentes.
2. As propriedades do fluido permanecem constantes e são avaliadas a uma temperatura de _____.

Nomenclatura
1. T refere-se à temperatura do fluido aquecido.
2. t refere-se à temperatura do fluido resfriado.
3. w subscrito refere-se ao fluido aquecido.
4. h subscrito refere-se ao diâmetro hidráulico.
5. c subscrito refere-se ao fluido resfriado.
6. a subscrito refere-se à área ou dimensão do escoamento no espaço anular.
7. p subscrito refere-se à área ou dimensão do escoamento no tubo.
8. 1 subscrito refere-se a uma condição de entrada.
9. 2 subscrito refere-se a uma condição de saída.
10. e subscrito refere-se ao diâmetro equivalente.

A. Propriedades do fluido

$\dot{m}_w =$ $T_1 =$
$\rho =$ $C_p =$
$k_f =$ $\alpha =$
$\nu =$ $\mathrm{Pr} =$

$\dot{m}_c =$ $t_1 =$
$\rho =$ $C_p =$
$k_f =$ $\alpha =$
$\nu =$ $\mathrm{Pr} =$

B. Diâmetros do tubo

$DI_a =$
$DI_p =$ $DE_p =$

C. Áreas de escoamento

$A_p = \pi DI_p^2 / 4 =$
$A_a = \pi (DI_a^2 - DE_p^2)/4 =$

D. Velocidades do fluido
[Rota do fluido com vazão mais alta na seção transversal de escoamento com maior área.]

$V_p = \dot{m}/\rho A =$ $G_p = \dot{m}/A =$
$V_a = \dot{m}/\rho A =$ $G_a = \dot{m}/A =$

E. Diâmetros equivalentes do espaço anular

Atrito $D_h = DI_a - DE_p =$
Transferência de calor $D_e = (DI_a^2 - DE_p^2)/DE_p =$

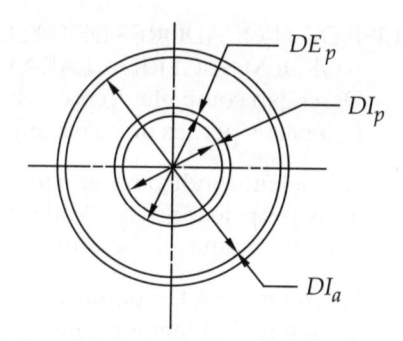

■ **Figura 8.6** Esboço da definição dos diâmetros associados a um espaço anular.

F. Números de Reynolds

$$Re_p = V_p DI_p/\nu =$$
$$Re_a = V_a D_e/\nu =$$

G. Números de Nusselt

Equação de Sieder Tate modificada para escoamento laminar:

$$Nu = \frac{hD}{k_f} = 1{,}86 \left(\frac{D\,Re\,Pr}{L}\right)^{1/3}$$

$Re = \dfrac{VD}{\nu} < 2.200$ $D = DI_p$ se a seção transversal for tubular
                     $D = D_e$ se a seção tranversal for anular

$0{,}48 < Pr = \dfrac{\nu}{\alpha} < 16.700$

μ alterações moderadas com a temperatura
Propriedades avaliadas a temperatura média do fluido [= (entrada + saída)/2]

Equação de Dittus-Boelter modificada para escoamento turbulento:

$$Nu = \frac{hD}{k_f} = 0{,}023 (Re)^{4/5} Pr^n$$

n = 0,4 se o fluido estiver sendo aquecido
n = 0,3 se o fluido estiver sendo resfriado

$Re = \dfrac{VD}{\nu} \geq 10.000$ $D = DI_p$ se a seção tranversal for tubular
                     $D = D_e$ se a seção transversal for anular

$0{,}7 \leq Pr = \dfrac{\nu}{\alpha} \leq 160$

$L/D \geq 60$

Propriedades avaliadas em temperatura média do fluido [= (entrada + saída)/2]

$Nu_p =$

$Nu_a =$

H. Coeficientes de convecção

$$h_i = \mathrm{Nu}_p k_f / DI_p = \qquad h_p = h_i DI_p / DE_p =$$
$$h_a = \mathrm{Nu}_a k_f / De =$$

I. Coeficiente do trocador de calor

$$\frac{1}{U_o} = \frac{1}{h_p} + \frac{1}{h_a} \qquad U_o =$$

J. Cálculos de temperatura de saída (comprimento do trocador de calor $L =$)

$$R = \frac{\dot{m}_c C_{pc}}{\dot{m}_w C_{pw}} = \qquad A_o = \pi DE_p L =$$

Contracorrente $\qquad E_{\text{contra}} = \exp[U_o A_o (R-1)/\dot{m}_c C_{pc}] =$

$$T_2 = \frac{T_1(R-1) - Rt_1(1 - E_{\text{contra}})}{RE_{\text{contra}} - 1}$$

$$t_2 = t_1 + \frac{T_1 - T_2}{R}$$

Fluxo paralelo $\quad E_{\text{para}} = \exp[U_o A_o (R+1)/\dot{m}_c C_{pc}] =$

$$T_2 = \frac{(R + E_{\text{para}})T_1 + Rt_1(E_{\text{para}} - 1)}{(R+1)E_{\text{para}}}$$

$$t_2 = t_1 + \frac{T_1 - T_2}{R}$$

$$T_2 =$$

$$t_2 =$$

K. Diferença de temperatura média logarítmica

Contracorrente $\quad DTML = \dfrac{(T_1 - t_2) - (T_2 - t_1)}{\ln[(T_1 - t_2)/(T_2 - t_1)]} =$

Fluxo paralelo $\quad DTML = \dfrac{(T_1 - t_1) - (T_2 - t_2)}{\ln[(T_1 - t_1)/(T_2 - t_2)]} =$

L. Balanço de calor

$$q_w = \dot{m}_w C_{pw}(T_1 - T_2) \quad =$$

$$q_c = \dot{m}_c C_{pc}(t_2 - t_1) \quad =$$

$$q = U_o A_o DTML \quad = \qquad \text{(limpo)}$$

M. Fatores de incrustação e coeficiente de projeto

$R_{di} = \quad\quad\quad\quad R_{do} =$

$$\frac{1}{U} = \frac{1}{U_o} + R_{di} + R_{do} \quad\quad U =$$

N. Área de transferência de calor e comprimento do tubo (a menos que já conhecida)

$$A_o = \frac{q}{U\,(DTML)} =$$

$$L = \frac{A_o}{\pi(DE_p)} =$$

O. Fatores de atrito

$\mathrm{Re}_p = V_p DI_p/\nu =$

$\dfrac{\varepsilon}{DI_p} =$ $\quad\quad\Bigg\}\quad f_p =$

$\mathrm{Re}_a = V_a D_h/\nu =$

$\dfrac{\varepsilon}{D_h} =$ $\quad\quad\Bigg\}\quad f_a =$

Equações de escoamento laminar

Escoamento laminar em um tubo $\quad\quad f_p = \dfrac{64}{\mathrm{Re}_p} \quad \mathrm{Re}_p = \dfrac{V_p DI_p}{\nu} \leq 2.200$

Escoamento laminar em um espaço anular $\quad \kappa = \dfrac{DE_p}{DI_a} \quad \mathrm{Re}_a = \dfrac{V_a D_h}{\nu} \leq 10.000$

$$\frac{1}{f_a} = \frac{\mathrm{Re}_a}{64}\left[\frac{1+\kappa^2}{(1-\kappa)^2} + \frac{1+\kappa}{(1-\kappa)\ln(\kappa)}\right]$$

Equações de escoamento turbulento
$D = DI_p$ (se a seção transversal for tubular)
$D = D_h$ (se a seção transversal for anular)

Equação de Chen

$$\frac{1}{\sqrt{f}} = -2{,}0\log\left\{\frac{\varepsilon}{3{,}7065\,D} - \frac{5{,}0452}{\mathrm{Re}}\log\left[\frac{1}{2{,}8257}\left(\frac{\varepsilon}{D}\right)^{1{,}1098} + \frac{5{,}8506}{\mathrm{Re}^{0{,}8981}}\right]\right\}$$

Equação de Churchill

$$f = 8\left[\left(\frac{8}{Re}\right)^{12} + \frac{1}{(B+C)^{1,5}}\right]^{1/12}$$

em que $B = \left[2,457 \ln \frac{1}{(7/Re)^{0,9} + (0,27\varepsilon/D)}\right]^{16}$

e $\quad C = \left(\frac{37\,530}{Re}\right)^{16}$

P. Cálculos de queda de pressão

$$\Delta p_p = \frac{f_p L}{DI_p} \frac{\rho_p V_p^2}{2} =$$

$$\Delta p_a = \left(\frac{f_a L}{D_h} + 1\right) \frac{\rho_a V_a^2}{2} =$$

Q. Resumo das informações solicitadas na descrição do problema

Exemplo 8.4.

Água, a uma temperatura de 79,45 °C e uma vazão mássica de 0,63 kg/s, deve ser usada para aquecer etilenoglicol. O etilenoglicol está disponível a 32,2 °C com uma vazão mássica de 3,78 kg/s. Deve-se usar um trocador de calor de tubo duplo, que consiste em tubo de cobre padrão 1¼ tipo M dentro de um tubo de cobre padrão 2 tipo M. O trocador de calor consiste de dois trocadores de calor duplos em grampo, cada um com 1,83 m de comprimento. A configuração do escoamento é tal, que ambos fluem em série por completo. Determine a temperatura de saída de ambos os fluidos usando contracorrente e, novamente, usando fluxo paralelo.

Solução: A água perde energia somente para etilenoglicol e, à medida que o calor é transferido, as propriedades do fluido mudam com as variações de temperatura. As temperaturas de saída são desconhecidas; então, para avaliar as propriedades, usaremos as temperaturas de entrada ou a média das temperaturas de entrada. O fluido com vazão mais alta deverá ser colocado na passagem (espaço anular ou tubular), tendo a área da seção tranversal maior, assim as perdas de pressão serão minimizadas. Com a disposição da tubulação toda em série, o sistema equivale a ter um trocador de calor de tubo duplo, com 7,315 m de comprimento.

Pressupostos
1. Existem condições permanentes.
2. As propriedades do fluido permanecem constantes e, como primeira tentativa, são avaliadas a 55,83 °C [≈(79,45 + 32,2)/2].

Nomenclatura
1. T refere-se à temperatura do fluido aquecido.
2. t refere-se à temperatura do fluido resfriado.
3. w subscrito refere-se ao fluido aquecido.
4. h subscrito refere-se ao diâmetro hidráulico.
5. c subscrito refere-se ao fluido resfriado.
6. a subscrito refere-se à área ou à dimensão do escoamento no espaço anular.

7. p subscrito refere-se à área ou à dimensão do escoamento no tubo.
8. 1 subscrito refere-se a uma condição de entrada.
9. 2 subscrito refere-se a uma condição de saída.
10. e subscrito refere-se ao diâmetro equivalente.

A. Propriedades do fluido (interpoladas das tabelas de propriedade no Apêndice)

Água
55,8 °C

$\dot{m}_w = 0{,}63$ kg/s
$\rho = 987$ kg/m³
$k_f = 0{,}646$ W/(mK)
$\nu = 5{,}17 \times 10^{-7}$ m²/s

$T_1 = 79{,}45°C$
$C_p = 4.183$ J/kg K
$\alpha = 1{,}56 \times 10^{-7}$ m²/s
$\text{Pr} = 3{,}31$

Etilenoglicol
132 °C

$\dot{m}_c = 3{,}78$ kg/s
$\rho = 1.090$ kg/m³
$k_f = 0{,}26$ W/(mK)
$\nu = 5{,}62 \times 10^{-6}$ m²/s

$t_1 = 32{,}2°C$
$C_p = 2.540$ J/kg K
$\alpha = 9{,}27 \times 10^{-8}$ m²/s
$\text{Pr} = 60{,}2$

B. Diâmetros do tubo

padrão 2 M $DI_a = 51$ mm
padrão 1¼ M $DI_p = 32{,}8$ mm $DE_p = 34{,}93$ mm

C. Áreas de escoamento

$A_p = \pi DI_p^2/4 = 8{,}44 \times 10^{-4}$ m²
$A_a = \pi(DI_a^2 - DE_p^2)/4 = 1{,}087 \times 10^{-3}$ m²

D. Velocidades do fluido
[Como $A_a > A_p$, passamos o etilenoglicol (o fluido com a maior vazão) pelo espaço anular.]

Água
Etilenoglicol

$V_p = \dot{m}_w/\rho A_p = 0.756$ m/s $G_p = \dot{m}_w/A_p = 746{,}5$ kg/(m²·s)
$V_a = \dot{m}_c/\rho A_a = 3.19$ m/s $G_a = \dot{m}_c/A_a = 3.478$ kg/(m²·s)

E. Diâmetros equivalentes do espaço anular

Atrito $D_h = DI_a - DE_p = 16{,}09$ mm
Transferência de calor $D_e = (DI_a^2 - DE_p^2)/DE_p = 39{,}6$ mm

F. Números de Reynolds

Água $\text{Re}_p = V_p DI_p/\nu = 4{,}8 \times 10^4$
Etilenoglicol $\text{Re}_a = V_a D_e/\nu = 2{,}25 \times 10^5$

G. Número de Nusselt

Água $\text{Nu}_p = 0{,}023(\text{Re}_p)^{4/5}\text{Pr}^{0{,}3} = 182$
Etilenoglicol $\text{Nu}_a = 0{,}023(\text{Re}_a)^{4/5}\text{Pr}^{0{,}4} = 359$

H. Coeficientes de convecção

Água $h_i = \text{Nu}_p k_f/DI_p = 3.585$ W/(m² K) $\quad h_p = h_i DI_p/DE_p = 3.366$ W/(m²K)
Etilenoglicol $h_a = \text{Nu}_a k_f/D_e = 2.357$ W/(m²K)

I. Coeficiente do trocador de calor

$$\frac{1}{U_o} = \frac{1}{h_p} + \frac{1}{h_a} \qquad U_o = 1.386 \text{ W/(m}^2\text{K)}$$

J. Cálculos de temperatura de saída (comprimento do trocador de calor $L = 7{,}315$ m)

$$R = \frac{\dot{m}_c C_{pc}}{\dot{m}_w C_{pw}} = 3{,}65 \qquad A_o = \pi DE_p L = 0{,}803 \text{ m}^2$$

Contracorrente $\quad E_{\text{contra}} = \exp[U_o A_o (R-1)/\dot{m}_c C_{pc}] = 1{,}358$

$$T_2 = \frac{T_1(R-1) - Rt_1(1 - E_{\text{contra}})}{RE_{\text{contra}} - 1} = 63{,}83°C$$

$$t_2 = t_1 + \frac{T_1 - T_2}{R} = 36{.}5°C$$

Fluxo paralelo $\quad E_{\text{para}} = \exp[U_o A_o (R+1)/\dot{m}_c C_{pc}] = 1{,}711$

$$T_2 = \frac{(R + E_{\text{para}})T_1 + Rt_1(E_{\text{para}} - 1)}{(R+1)E_{\text{para}}} = 64{,}1°C$$

$$t_2 = t_1 + \frac{T_1 - T_2}{R} = 36{.}45°C$$

Neste ponto, devemos reavaliar as propriedades do fluido nas novas temperaturas. Portanto, para a água e o etilenoglicol, obtemos as médias das temperaturas de entrada e de saída como

$$\text{Água} \quad T = \frac{79{,}45 + 63{,}83}{2} = 71{,}6°C$$

$$\text{Etilenoglicol} \quad t = \frac{32{,}2 + 36{,}5}{2} = 34{,}35°C$$

O sistema é analisado novamente, agora usando as propriedades avaliadas nessas temperaturas. Se necessário, uma terceira iteração deve ser feita para se obter uma estimativa melhor das temperaturas de saída. (Com uma planilha, muitas iterações podem ser feitas em muito pouco tempo.) Se isso for feito, as temperaturas que usaremos para encontrar as propriedades são (após várias iterações):

Água $\quad T = 72{,}2 °C$

Etilenoglicol $\quad t = 34{,}3 °C$

K. Informações Solicitadas

Coeficiente global	$U_o = 1.260$ W/(m² K)	(novo)
Água	$T_2 = 64{,}94 °C$	(contracorrente)
Etilenoglicol	$t_2 = 36{,}3 °C$	(contracorrente)
Água	$T_2 = 65{,}1 °C$	(fluxo paralelo)
Etilenoglicol	$t_2 = 36{,}3 °C$	(fluxo paralelo)

L. **Balanço de calor** (como uma verificação dos resultados)

Contracorrente

Água $\quad q_w = \dot{m}_w C_{pw}(T_1 - T_2) = 38,17$ KW
Etilenoglicol $\quad q_c = \dot{m}_c C_{pc}(t_2 - t_1) = 38,17$ KW
Global $\quad q = UA(DTML) = 38,17$ KW

M. **Fatores de incrustação e coeficiente do projeto** (m² · K/W)

Água $\quad R_{di} = 1,321 \times 10^{-4}$ (valor médio para água destilada)
Etilenoglicol $\quad R_{do} = 1,76 \times 10^{-4}$ (líquido orgânico)

Global $\quad \dfrac{1}{U} = \dfrac{1}{U_o} + R_{di} + R_{do} \qquad U = 908$ W/(m² K)

Retornaremos à etapa J e calcularemos as temperaturas de saída que correspondem ao valor do projeto do coeficiente global de transferência de calor. Os resultados para contracorrente são:

Coeficiente global $\quad U = 908$ W/(m² K) $\quad$ (1 ano)

Água $\quad T_2 = 68,4$ °C (contracorrente)
Etilenoglicol $\quad t_2 = 35,4$ °C (contracorrente)

Água $\quad q_w = \dot{m}_w C_{pw}(T_1 - T_2) = 29,1$ KW
Etilenoglicol $\quad q_c = \dot{m}_c C_{pc}(t_2 - t_1) = 29,1$ KW
Global $\quad q = UA(DTML) = 29,1$ KW

Resumo do desempenho do trocador de calor (contracorrente)

Novo	Após 1 ano
$U_o = 1.260$ W/(m² K)	$U = 980$ W/(m² K)
$T_2 = 64,94$ °C (água)	$T_2 = 68,4$ °C (água)
$t_2 = 36,3$ °C (E.G.)	$t_2 = 35,4$ °C (E.G.)
$q = 38,17$ KW	$q = 29,1$ KW

Comentários sobre os resultados:
- Os resultados mostram que existe pouca diferença entre fluxo paralelo e contracorrente para esse exemplo, mas nem sempre este é o caso. Em geral, contracorrente é a configuração de escoamento preferida.
- As temperaturas de saída para a primeira iteração foram: água $T = 63,83$ °C e etilenoglicol $t = 36,5$ °C para contracorrente. Quando as propriedades foram reavaliadas nas novas temperaturas, os resultados finais foram (após várias iterações): água $T = 64,94$ °C e etilenoglicol $t = 36,3$ °C.
- A temperatura em que as propriedades foram avaliadas teve uma influência comparativamente pequena nas temperaturas de saída. Isso ocorreu para esses fluidos sob as condições do enunciado do problema.
- Para alguns fluidos, no entanto (como óleos), as propriedades mudam mais drasticamente com a temperatura, e avaliar as propriedades em uma temperatura razoável torna-se muito importante.

- Quando os efeitos de incrustação foram considerados, o coeficiente global de transferência de calor foi reduzido de 1.260 W/(m² K) para 908 W/(m² K). Da mesma forma, as temperaturas de saída também foram afetadas. Os fatores de incrustação aplicam-se ao desempenho que existirá após um ano.
- O desempenho deste (e de qualquer) trocador de calor deveria ser avaliado pelo valor do projeto. Suponha que esse trocador de calor deva fornecer uma temperatura de saída de T_2 de 68,3 °C. Quando novo, esse trocador de calor funcionará melhor que o esperado, produzindo $T_2 = 65$ °C.

Perfil de temperatura

Cálculos feitos usando os dados do exemplo anterior revelam alguns detalhes importantes que merecem atenção. A fim de examinar o desempenho do trocador de calor, permitimos um aumento do comprimento e calculamos as temperaturas de saída nas duas configurações, fluxo paralelo e contracorrente. Os resultados são exibidos nos gráficos das Figuras 8.7 e 8.8.

A Figura 8.7 mostra a variação de temperatura com comprimento para uma disposição contracorrente. O comprimento no eixo horizontal pode variar até 112 pés, a distância necessária para os fluidos apresentarem temperaturas de saída iguais. A temperatura do fluido aquecido na entrada é 175 °F; à medida que o comprimento aumenta, a temperatura diminui, seguindo uma curva côncava para baixo. O fluido resfriado entra no trocador de calor a 90 °F; conforme o comprimento aumenta, a temperatura aumenta, seguindo uma curva que também é côncava para baixo. Em todo o trocador de calor, o fluido resfriado deve percorrer uma distância comparativamente considerável para um aumento cada vez menor de temperatura, ao passo que o fluido aquecido passa por uma mudança de temperatura maior. Isso é conhecido como as **capacitâncias** (ou seja, produto $\dot{m}C_p$) dos fluidos. Para os fluidos mostrados, $\dot{m}_c C_{pc} > \dot{m}_w C_{pw}$, o que significa que $(t_2 - t_1) < (T_1 - T_2)$, pois

$$\dot{m}_c C_{pc}(t_2 - t_1) = \dot{m}_w C_{pw}(T_1 - T_2) = q$$

Os formatos da curva são típicos para essa condição.

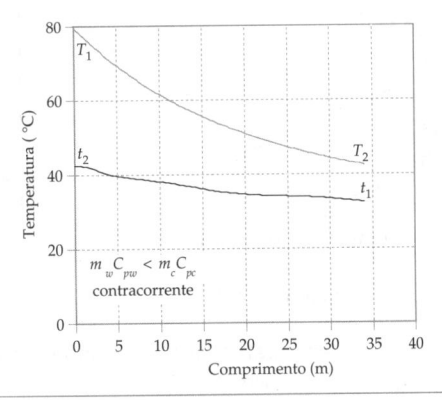

■ **Figura 8.7** Variação de temperatura (em °C) com comprimento (em m) para o trocador de calor de tubo duplo do Exemplo 8.3 em contracorrente.

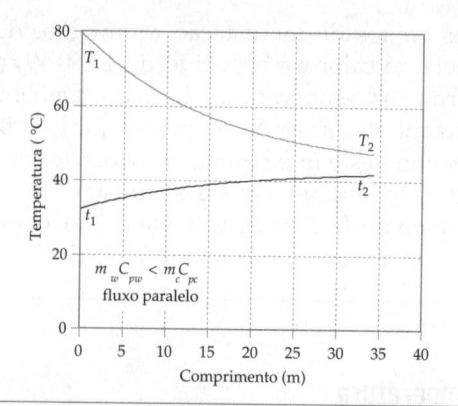

■ **Figura 8.8** Variação de temperatura (em °C) com comprimento (em m) para o trocador de calor de tubo duplo do Exemplo 8.3 em fluxo paralelo.

A Figura 8.8 mostra os perfis de temperatura para o mesmo trocador de calor operando em fluxo paralelo (ou unidirecional). Observe que, mesmo depois de 112 pés, as temperaturas de saída não são iguais e, teoricamente, nem podem ficar iguais, a menos que a área da superfície (proporcional ao comprimento) seja infinita. (Na verdade, para esse trocador de calor, as temperaturas de saída são iguais para um comprimento de 620 pés). Novamente, as variações de temperatura para cada fluido seguem as mesmas tendências que o caso contracorrente. Os cálculos e os perfis de temperatura apresentados indicam que o fluxo com a **capacidade térmica** menor ou **capacitância** de $\dot{m}Cp$ limita a quantidade de calor que pode ser transferida.

Outros casos de interesse são mostrados nas figuras 8.9 e 8.10. A Figura 8.9 mostra os perfis de temperatura versus comprimento (ou área) para um trocador de calor com $\dot{m}_c C_{pc} < \dot{m}_w C_{pw}$; ou seja, o fluido mais quente apresenta a maior capacitância. São mostrados casos contracorrente e fluxo paralelo. A Figura 8.9a mostra a disposição contracorrente, e, conforme indicado, os perfis de temperatura de ambos os fluidos são côncavos para cima. O fluido com maior variação de temperatura (o fluido resfriado) apresenta a capacitância mínima. A Figura 8.9b mostra o mesmo trocador de calor em uma configuração de fluxo paralelo. As tendências são justamente opostas àquelas ilustradas nas figuras 8.7 e 8.8.

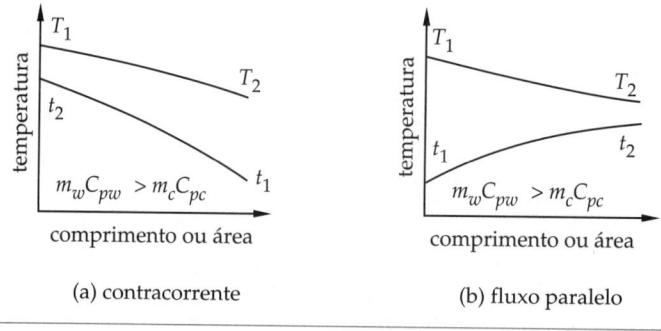

■ **Figura 8.9** Gráficos de temperatura versus comprimento para um trocador de calor de tubo duplo em disposições contracorrente e fluxo paralelo. O fluido resfriado apresenta capacitância mínima.

A Figura 8.10 mostra os perfis de temperatura versus comprimento para o caso em que o trocador de calor é usado como condensador ou como evaporador. Conforme mostrado, um fluido apresenta uma temperatura constante o tempo todo, já que a mudança de fase ocorre isotermicamente. A Figura 8.10a ilustra os perfis para um condensador com fluido aquecido mudando de fase; sua temperatura é mostrada como totalmente constante. É presumido que não ocorra superaquecimento ou sub-resfriamento, embora isso seja possível em uma situação real. A Figura 8.10b mostra um perfil de temperatura típico para o caso em que o trocador de calor é usado como evaporador. Observe que, em ambos os casos, o fluido que está mudando de fase apresenta uma capacitância infinita: $\dot{m}_w C_{pw}$ na Figura 8.10a e $\dot{m}_c C_{pc}$ na Figura 8.10b.

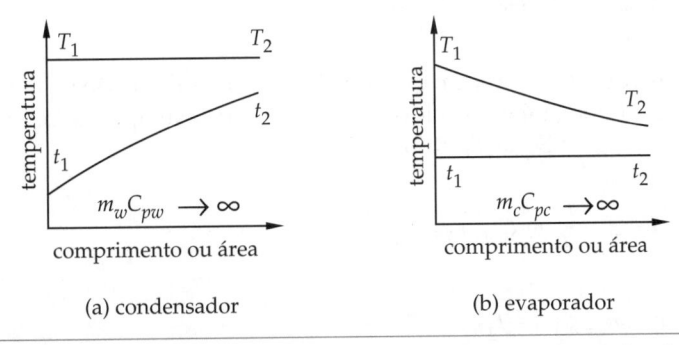

Figura 8.10 Gráficos de temperatura versus comprimento para um trocador de calor de tubo duplo usado como condensador ou como evaporador. O fluido mudando de fase apresenta capacitância infinita.

8.3 Análise da efetividade-NUT

A análise apresentada na seção anterior (o **método DTML**) é bastante tradicional. Um método de análise que parece mais popular (mas equivalente) é chamado de **método da efetividade – Número de Unidades de Transferência (efetividade--NUT)**. Conforme indicado na seção anterior, o fluxo com a capacidade térmica menor $\dot{m}C_p$ limita a quantidade de calor que pode ser transferida. Usaremos essa limitação para definir a efetividade.

A efetividade depende de qual dos dois fluidos apresenta o valor mínimo do produto vazão mássica × calor específico; ou seja, a **capacitância** mínima. A efetividade E é definida como

$$E = \frac{t_2 - t_1}{T_1 - t_1} \qquad (\text{se } \dot{m}_c C_{pc} < \dot{m}_w C_{pw}) \qquad (8.29a)$$

$$E = \frac{T_1 - T_2}{T_1 - t_1} \qquad (\text{se } \dot{m}_w C_{pw} < \dot{m}_c C_{pc}) \qquad (8.29b)$$

(A efetividade E não pode ser confundida com E_c ou E_p, definidos anteriormente nas Equações 8.21 e 8.24, respectivamente.) Uma consequência dessas definições é a seguinte equação:

$$E = \frac{q}{q_{\text{máx}}},$$

em que q é o calor real transferido, dado por

$$q = E\,(\dot{m}C_p)_{\text{mín}}(T_1 - t_1) \tag{8.30}$$

e $q_{\text{máx}}$ tem por base a capacitância mínima e a diferença de temperatura máxima, que é a diferença de temperatura entre os dois fluidos, quando entram no trocador de calor. Assim $q_{\text{máx}}$ é definido como

$$q_{\text{máx}} = (\dot{m}C_p)_{\text{mín}}(T_1 - t_1). \tag{8.31}$$

Essas equações parecem estranhas, mas na verdade são justamente uma versão reescrita do que já é conhecido. Considere, por exemplo, a Equação 8.30. Se $(\dot{m}C_p)_{\text{mín}} = \dot{m}_c C_{pc}$, então a Equação 8.30 torna-se

$$q = \frac{t_2 - t_1}{T_1 - t_1}\,\dot{m}_c C_{pc}(T_1 - t_1)$$

ou $q = \dot{m}_c C_{pc}(t_2 - t_1)$

que é justamente a energia obtida pelo fluido resfriado.

Diversos aspectos importantes dessas definições devem ser observados:

- O denominador nas Equações 8.29 é a diferença de temperatura máxima (temperaturas de entrada) associada ao trocador de calor.
- O numerador nas Equações 8.29 é a diferença de temperatura do fluido apresentando a capacitância mínima.
- A efetividade E varia de 0 a 1.
- As definições de efetividade são independentes do tipo do trocador de calor e, portanto, podem ser aplicadas para trocadores de calor de tubo duplo, de casco e tubo, de fluxo cruzado, entre outros.

Se a efetividade for conhecida para o trocador de calor em questão, a taxa de transferência de calor poderá ser encontrada com a Equação 8.30. Tudo o que for necessário nesse desenvolvimento será uma equação ou gráfico de efetividade E para o trocador de calor que estiver sendo analisado.

As equações de efetividade foram derivadas para muitos tipos de trocadores de calor e, normalmente, contêm um termo chamado de número de **unidades de transferência**, N, definido como

$$N = \frac{UA}{(\dot{m}C_p)_{\text{mín}}}. \tag{8.32}$$

Também definimos o que é conhecido como **razão de capacitâncias** C, que é sempre menor que 1:

$$C = \frac{(\dot{m}C_p)_{\text{mín}}}{(\dot{m}C_p)_{\text{máx}}} < 1.$$

Essa definição é similar à definição de R fornecida na Equação 8.20, porém não pode ser confundida com ela.

Usando essas definições, podemos deduzir uma equação para a efetividade de um trocador de calor de tubo duplo. Considere uma disposição contracorrente, para a qual se aplica a Equação 8.18:

$$\ln\frac{(T_1 - t_2)}{(T_2 - t_1)} = \frac{UA}{\dot{m}_c C_{pc}}\left(\frac{T_1 - T_2}{t_2 - t_1} - 1\right). \tag{8.18}$$

Agora, se $(\dot{m}C_p)_{mín} = \dot{m}_c C_{pc}$, então a Equação 8.18 torna-se

$$\ln\frac{(T_1 - t_2)}{(T_2 - t_1)} = N\left(\frac{(\dot{m}C_p)_{mín}}{(\dot{m}C_p)_{máx}} - 1\right) = N(C - 1)$$

ou $\ln\dfrac{(T_1 - t_2)}{(T_2 - t_1)} = -N(1 - C)$.

Tomando-se o exponente de ambos os lados,

$$\frac{(T_1 - t_2)}{(T_2 - t_1)} = \exp[-N(1 - C)]. \tag{8.33}$$

A equação de balanço de calor é

$$\dot{m}_c C_{pc}(t_2 - t_1) = \dot{m}_w C_{pw}(T_1 - T_2) = q.$$

Reorganizando e resolvendo para t_2, temos

$$t_2 = t_1 + \frac{\dot{m}_w C_{pw}}{\dot{m}_c C_{pc}}(T_1 - T_2) = t_1 + \frac{T_1 - T_2}{C}$$

ou $t_2 = \dfrac{Ct_1 + T_1 - T_2}{C}$.

Substituindo na Equação 8.33, temos

$$\frac{T_1 - \dfrac{Ct_1 + T_1 - T_2}{C}}{T_2 - t_1} = \exp[-N(1 - C)].$$

Simplificando,

$$\frac{CT_1 - Ct_1 - T_1 + T_2}{C(T_2 - t_1)} = \exp[-N(1 - C)]$$

ou $\dfrac{T_1 - t_1}{T_2 - t_1} - \dfrac{T_1 - T_2}{C(T_2 - t_1)} = \exp[-N(1 - C)]$.

Após demoradas, porém diligentes manipulações algébricas, o lado esquerdo torna-se igual a

$$\frac{1}{1-EC} - \frac{1}{C}\frac{EC}{1-EC} = \exp[-N(1-C)].$$

Combinando,

$$\frac{1-E}{1-EC} = \exp[-N(1-C)].$$

Nosso objetivo é resolver a efetividade. Reorganizando e resolvendo,

$$E = \frac{1-\exp[-N(1-C)]}{1-C\exp[-N(1-C)]} \quad \text{(contracorrente).} \tag{8.34}$$

A Equação 8.34 foi deduzida presumindo que $(\dot{m}C_p)_{mín} = \dot{m}_c C_{pc}$. Se, em vez disso, presumíssemos que $(\dot{m}C_p)_{mín} = \dot{m}_w C_{pw}$, obteríamos a mesma equação.

Para fluxo paralelo, podemos executar uma análise similar e mostrar que

$$E = \frac{1-\exp[-N(1+C)]}{1+C} \quad \text{(fluxo paralelo).} \tag{8.35}$$

(Para obter uma dedução dessa equação, consulte a seção Problemas.)

A tabela de resumo no final do capítulo (Tabela 8.4) relaciona equações de efetividade em termos do número de unidades de transferência **N** e razão de capacitâncias **C** para alguns tipos de trocador de calor.

Ao analisar um trocador de calor da maneira como foi feito no Exemplo 8.4, a efetividade pode ser usada para calcular as temperaturas de saída. O procedimento é o mesmo que o adotado no exemplo, exceto que a efetividade E, em vez de E_c ou E_p, é calculada na Etapa J. Uma vez conhecida a efetividade, as temperaturas de saída são encontradas com

$$\left. \begin{array}{l} t_2 = t_1 + E(T_1 - t_1) \\ T_2 = T_1 - C(t_2 - t_1) \end{array} \right\} \quad \left(\text{se } \dot{m}_c C_{pc} < \dot{m}_w C_{pw} \text{ com } E = \frac{t_2 - t_1}{T_1 - t_1} \right)$$

ou, no caso oposto,

$$\left. \begin{array}{l} T_2 = T_1 - E(T_1 - t_1) \\ t_2 = t_1 + C(T_1 - T_2) \end{array} \right\} \quad \left(\text{se } \dot{m}_w C_{pw} < \dot{m}_c C_{pc} \text{ com } E = \frac{T_1 - T_2}{T_1 - t_1} \right).$$

Ao analisar trocadores de calor de tubo duplo, nenhum método (isto é, o método DTML ou o método de efetividade – NUT) é superior ao outro. Ambos dão resultados idênticos para temperatura de saída.

Trocadores de calor de tubos duplos | 381

Exemplo 8.5.

Óleo deve ser aquecido em um trocador de calor de tubo duplo de 32,2 °C para 37,8 °C. A vazão do óleo é 0,0504 kg/s. Água a 65,6 °C está disponível a 0,63 kg/s. O trocador de calor é feito de tubulação de cobre padrão 2 × 1¼ tipo M com 4,57 m de comprimento. Analise completamente a configuração proposta. Use o método de efetividade-NUT e coloque o óleo no espaço anular. As propriedades do óleo a 35 °C são

$\rho = 878 \text{ kg/m}^3 \qquad C_p = 1.943 \text{ J/kg K}$
$\nu = 3{,}97 \times 10^{-4} \text{ m}^2/\text{s} \qquad \alpha = 8{,}44 \times 10^{-8} \text{ m}^2/\text{s}$

Solução: Para trocar calor de líquido para líquido, usaremos um trocador de calor de tubo duplo. As dimensões do tubo serão obtidas da tabela apropriada no Apêndice. As propriedades do óleo serão fornecidas no enunciado do problema. As propriedades da água serão obtidas das tabelas de propriedades e serão interpoladas na média das temperaturas de entrada e saída. Diversas iterações serão necessárias. Os números apresentados a seguir são aqueles calculados após a iteração final.

Pressupostos
1. Existem condições permanentes.
2. As propriedades da água permanecem constantes e são avaliadas a uma temperatura de 65,6 °C para a água.

Nomenclatura
1. T refere-se à temperatura do fluido aquecido.
2. t refere-se à temperatura do fluido resfriado.
3. w subscrito refere-se ao fluido aquecido.
4. h subscrito refere-se ao diâmetro hidráulico.
5. c subscrito refere-se ao fluido resfriado.
6. a subscrito refere-se à área ou à dimensão do escoamento anular.
7. p subscrito refere-se à área ou à dimensão do escoamento no tubo.
8. 1 subscrito refere-se a uma condição de entrada.
9. 2 subscrito refere-se a uma condição de saída.
10. e subscrito refere-se ao diâmetro equivalente.

A. Propriedades do fluido

Água
$\dot{m}_w = 0{,}63 \text{ kg/s}$ $\qquad T_1 = 65{,}6°\text{C}$
$\rho = 982 \text{ kg/m}^3$ $\qquad C_p = 4.187 \text{ J/kg K}$
$k_f = 0{,}656 \text{ W/mK}$ $\qquad \alpha = 1{,}595 \times 10^{-7} \text{ m}^2/\text{s}$
$\nu = 4{,}47 \times 10^{-7} \text{ m}^2/\text{s}$ $\qquad \text{Pr} = 2{,}8$

Óleo
$\dot{m}_c = 0{,}0504 \text{ kg/s}$ $\qquad t_1 = 32{,}2°\text{C}$
$\rho = 878 \text{ kg/m}^3$ $\qquad C_p = 1.943 \text{ J/kg K}$
$k_f = 0{,}144 \text{ W/mK}$ $\qquad \alpha = 8{,}44 \times 10^{-8} \text{ m}^2/\text{s}$
$\nu = 3{,}97 \times 10^{-4} \text{ m}^2/\text{s}$ $\qquad \text{Pr} = 4{,}699$

B. Diâmetros do tubo

$DI_a = 51 \text{ mm}$
$DI_p = 32{,}8 \text{ mm} \qquad\qquad DE_p = 34{,}93 \text{ mm}$

C. Áreas de escoamento

$A_p = \pi DI_p^2/4 = 8{,}44 \times 10^{-4} \text{ m}^2$
$A_a = \pi(DI_a^2 - DE_p^2)/4 = 1{,}087 \times 10^{-3} \text{ m}^2$

D. Velocidades do fluido

Água $V_p = \dot{m}/\rho A = 0{,}759 \text{ m/s}$
Óleo $V_a = \dot{m}/\rho A = 0{,}0527 \text{ m/s}$

E. Diâmetros equivalentes do espaço anular

Atrito $D_h = DI_a - DE_p = 0{,}0161 \text{ m}$

Transferência de Calor $D_e = (DI_a^2 - DE_p^2)/DE_p = 0{,}0396 \text{ m}$

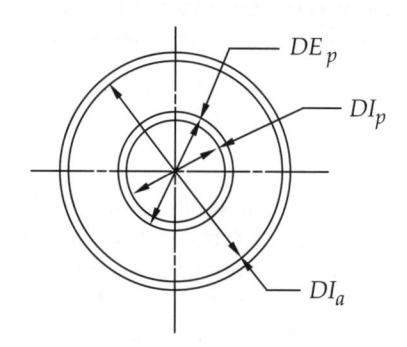

■ **Figura 8.6.** Esboço da definição dos diâmetros associados a um espaço anular.

F. Números de Reynolds

Água $\text{Re}_p = V_p DI_p/\nu = 55.694$
Óleo $\text{Re}_a = V_a D_e/\nu = 5{,}26$ (equações de escoamento laminar)

G. Números de Nusselt

Água $\text{Nu}_p = 196$
Óleo $\text{Nu}_a = 11$

H. Coeficientes de convecção (em W/m² K)

Água $h_i = \text{Nu}_p k_f/DI_p = 3.920 \text{ W/m}^2 \text{ K}$ $h_p = h_i DI_p/DE_p = 3.681 \text{ W/m}^2\text{K}$
Óleo $h_a = \text{Nu}_a k_f/D_e = 40$

I. Coeficiente do trocador de calor

$$\frac{1}{U_o} = \frac{1}{h_p} + \frac{1}{h_a} \qquad U_o = 39{,}57 \text{ W}/(\text{m}^2 \text{ K})$$

J. Cálculos de temperatura de saída (comprimento do trocador de calor $L = 4{,}57$ m)

$$C = \frac{\dot{m}_c C_{pc}}{\dot{m}_w C_{pw}} = 0{,}037 \qquad A_o = \pi DE_p L = 0{,}502 \text{ m}^2$$

$$N = \frac{UA}{(\dot{m}C_p)_{\text{mín}}} = 0{,}205$$

Efetividade em contracorrente (contracorrente)

$$E = \frac{1 - \exp[-N(1-C)]}{1 - C\exp[-N(1-C)]} = 0{,}1849$$

$$t_2 = t_1 + E(T_1 - t_1) \qquad \dot{m}_c C_{pc} < \dot{m}_w C_{pw}$$
$$T_2 = T_1 - C(t_2 - t_1)$$

Água $T_2 = 65{,}6\ °C$
Óleo $t_2 = 38{,}3\ °C$

K. Diferença de temperatura média logarítmica

$$\text{Contracorrente} \qquad DTML = \frac{(T_1 - t_2) - (T_2 - t_1)}{\ln[(T_1 - t_2)/(T_2 - t_1)]} = 30{,}1\ °C$$

L. Balanço de calor

Água $q_w = \dot{m}_w C_{pw}(T_1 - T_2) = 603{,}1$ W
Óleo $q_c = \dot{m}_c C_{pc}(t_2 - t_1) = 603{,}1$ W

$$q = U_o A_o DTML = 603{,}1 \text{ W}$$

M. Fatores de incrustação e coeficiente do projeto (presumido para o óleo)

$R_{di} = 3{,}52 \times 10^{-5}$ $\qquad R_{do} = 3{,}52 \times 10^{-5}$ m²K/W

$$\frac{1}{U} = \frac{1}{U_o} + R_{di} + R_{do} \qquad U = 39{,}46 \text{ W}/(\text{m}^2 \text{K})$$

N. Área de transferência de calor e comprimento do tubo

$$A_o = \frac{q}{U(DTML)} = 0{,}503 \text{ m}^2$$
$$L = \frac{A_o}{\pi(DE_p)} = 4{,}88 \text{ m}$$

O. Fatores de atrito

$$\left.\begin{array}{l} \text{Re}_p = V_p DI_p/\nu = 55\,694 \\ \\ \dfrac{\varepsilon}{DI_p} = 0{,}000047 \end{array}\right\} \quad f_p = 0{,}021$$

$$\left.\begin{array}{l} \text{Re}_a = V_a D_h/\nu = 2{,}14 \\ \\ \dfrac{\varepsilon}{D_h} = 0{,}000095 \end{array}\right\} \quad f_a = 29{,}9$$

P. Cálculos de queda de pressão

Água $\quad \Delta p_p = \dfrac{f_p L}{DI_p} \dfrac{\rho_p V_p^{\,2}}{2} = 869\ \text{Pa}$

Óleo $\quad \Delta p_a = \left(\dfrac{f_a L}{D_h} + 1\right) \dfrac{\rho_a V_a^{\,2}}{2} = 11{,}1\ \text{kPa}$

Q. Resumo de informações solicitadas no enunciado do problema

As temperaturas de saída são 65,6 °C para a água e 38,3 °C para o óleo. Quedas de pressão são 869 Pa para a água e 11,1 kPa para o óleo, ambos estão sob 10 psi, que é o máximo permitido. O comprimento dado foi 4,57 m. O comprimento calculado na Etapa N inclui os efeitos dos fatores de incrustação. Como o coeficiente global de transferência de calor não muda, as temperaturas de saída serão as mesmas após um ano. O trocador de calor selecionado deve ter 4,88 m de comprimento.

8.4 Considerações de projeto do trocador de calor de tubo duplo

Em muitos dos problemas discutidos até então, somente um número mínimo de variáveis fica sem resposta. Os problemas são, portanto, fáceis de resolver e requerem somente algumas suposições para se obter a solução. Quando não é esse o caso, devemos recorrer às informações de custo para determinar o projeto em particular que poderá resultar no menor custo total por ano. O projeto ideal poderia envolver especificação do comprimento do tubo dentro do trocador de calor ou a modificação das vazões dos fluidos. Além do mais, o dispositivo normalmente é projetado para atender certos códigos de segurança, como aqueles estabelecidos pela ASME e por uma organização chamada Associação de Fabricantes de Trocador de Calor Tubular (TEMA – Tubular Exchanger Manufacturers Association).

O trocador de calor em questão neste capítulo é o trocador de calor de tubo duplo. Nos capítulos a seguir, consideraremos os trocadores de calor de casco e tubo, de fluxo cruzado e de placa (compacto). Cada um é apropriado para determinadas aplicações. Um trocador de tubo duplo é usado para vazões de baixa a moderada e taxa de transferência de calor de baixa a moderada. Os fluidos geralmente são de líquidos para líquido ou de vapor para vapor ou de gás para gás. Um trocador de calor de casco e tubo é usado para altas vazões e alta taxa de transferência de calor (vazões acima de 10 vezes aquela do trocador de calor de tubo duplo). As combinações mais apropriadas são de líquido para líquido, gás para gás ou vapor para vapor. O trocador de calor de fluxo cruzado pode ser dimensionado para trocar calor a vazões baixas, médias ou altas e taxas de transferência de calor baixas, médias ou altas. Ele é apropriado para troca de calor de líquido para vapor, líquido para gás, gás para gás e vapor para vapor. Todos os trocadores de calor mencionados acima podem ser usados como condensadores ou evaporadores, embora alguns dispositivos sejam mais apropriados para tais serviços. Muitos outros tipos de trocadores de calor estão disponíveis comercialmente; no entanto, eles não são discutidos aqui por motivo de espaço. Os métodos de análise são idênticos.

Considere um problema em que as temperaturas de entrada e de saída e as vazões mássicas são especificadas, e no qual é interessante usar o trocador de calor que transferirá a carga térmica necessária e que minimizará os custos. Quando as vazões mássicas são conhecidas, é aconselhável fixar as velocidades do fluido nos valores ideais. Os valores de velocidade ideal para vários fluidos foram apresentados no Capítulo 6 e, por conveniência, estão novamente descritos na Tabela 8.2. Devemos lembrar que, quando a velocidade ideal é usada, o custo total (custos iniciais mais

■ Tabela 8.2 Velocidades razoáveis para vários fluidos.

Fluido	Intervalo econômico de velocidade m/s
Acetona	1,5 – 3,0
Álcool etílico	1,5 – 3,0
Álcool metílico	1,5 – 3,0
Álcool propil	1,4 – 2,8
Benzeno	1,4 – 2,8
Dissulfeto de carbono	1,3 – 2,6
Tetracloreto de carbono	1,2 – 2,4
Óleo de rícino	0,5 – 1,0
Clorofórmio	1,2 – 2,4
Decano	1,5 – 3,0
Éter	1,5 – 3,0
Etilenoglicol	1,2 – 2,4
R-11	1,2 – 2,4
Glicerina	0,43 – 0,86
Heptano	1,5 – 3,0
Hexano	1,6 – 3,2
Querosene	1,4 – 2,8
Óleo de linhaça	1,5 – 3,0
Mercúrio	0,64 – 1,3
Octano	1,5 – 3,0
Propano	1,7 – 3,4
Propileno	1,7 – 3,4
Propileno glicol	1,4 – 2,8
Terebentina	1,4 – 2,8
Água	1,4 – 2,8

os custos operacionais) de movimentação do fluido é minimizado. Quando a vazão e a velocidade são conhecidas, a área da seção transversal necessária pode ser facilmente calculada.

Considere a seguir um trocador de calor de tubo duplo que desejamos dimensionar para um determinado serviço. Nesse problema, uma tabela mostrando os fatores geométricos para várias combinações de tubulação é um dispositivo que poupa trabalho. Uma tabela desse tipo é fornecida na Tabela 8.3.

Tendo em conta a discussão anterior, o problema que procuramos resolver é o seguinte: quando as temperaturas de entrada e as vazões são conhecidas, e certas temperaturas de saída são desejadas, que tamanho de trocador de calor de tubo duplo irá transferir a energia necessária por um custo mínimo? Sem uma reformulação de todos os parâmetros econômicos apropriados, esse problema pode ser resolvido com as informações já disponíveis. O método está ilustrado no próximo exemplo, seguindo uma versão um pouco modificada da ordem sugerida dos cálculos para trocadores de calor de tubo duplo fornecidos anteriormente. (Uma análise econômica foi formulada e pode ser encontrada em "Thermoeconomically Optimum Counterflow Heat Exchanger Effectiveness" por D. K. Edwards e R. Matavosian. *J Heat Transfer*, v. 104, p. 191–193, 1982.)

■ **Tabela 8.3** Combinações de tubo do trocador de calor de tubo duplo.

Tubulação tipo M (unidades de engenharia)							
Diâmetro	DI_a ft	DI_p ft	DE_p ft	A_p ft²	A_a ft²	D_h ft	D_e ft
2 × 1¼	0,1674	0,1076	0,1146	0,009093	0,01169	0,0528	0,1299
2½ × 1¼	0,2079	0,1076	0,1146	0,009093	0,02363	0,0933	0,2625
3 × 2	0,2484	0,1674	0,1771	0,02201	0,02382	0,0713	0,1713
4 × 3	0,3279	0,2484	0,2604	0,04846	0,03118	0,0675	0,1524
Tubulação tipo M (unidades SI)							
Diâmetro	DI_a m	DI_p m	DE_p m	A_p m²	A_a m²	D_h m	D_e m
2 × 1¼	0,051 02	0,032 79	0,034 93	0,000 844 4	0,001 086	0,016 09	0,039 59
2½ × 1¼	0,063 38	0,032 79	0,034 93	0,000 844 4	0,002 196	0,028 45	0,080 07
3 × 2	0,075 72	0,051 02	0,053 98	0,002 044	0,002 214	0,021 74	0,052 23
4 × 3	0,099 98	0,075 72	0,079 38	0,004 503	0,002 901	0,020 6	0,046 54

Exemplo 8.6.

Benzeno é usado para fabricação de detergente. Um trocador de calor de tubo duplo deve ser dimensionado para trocar calor entre benzeno e água. A vazão do benzeno é 1,26 kg/s, e deve ser aquecido de 23,9 °C para 37,8 °C. A água está disponível a 60 °C. Selecione um trocador de calor apropriado e determine a vazão de água necessária.

Propriedades do benzeno:

T em °C	sp. gr.	C_p em J/kg K	ν em m²/s	k_f em W/mK
67,2 °C	0,828	1.842	4,4 × 10⁻⁷	0,131
27,2 °C	0,872	1.729	7,1 × 10⁻⁷	0,143

Outras propriedades são calculadas usando $\alpha = k_f/\rho C_p$ e $\Pr = \nu/\alpha$.

Solução: Para troca de calor de líquido para líquido, podemos usar um trocador de calor de tubo duplo, de casco e tubo ou um de placa (compacto). A vazão de benzeno de 1,26 kg/s é pequena o suficiente para que o trocador de calor de tubo duplo funcione corretamente. (Se não soubéssemos isso por experiência, começaríamos experimentando dimensionar um trocador de calor de tubo duplo primeiro. Caso esse não fosse apropriado, então, tentaríamos outro tipo de trocador de calor.)

A vazão do benzeno é conhecida e a velocidade ideal encontra-se na Tabela 8.2. Se não estiver listada, a velocidade ideal pode ser determinada a partir das equações do Capítulo 4. Conhecendo a velocidade ideal, é possível calcular a área da seção transversal necessária para condições de custo mínimo.

Para o benzeno, o intervalo de velocidade ideal é 1,4 a 2,8 m/s, enquanto para água é 1,34 a 2,68 m/s. Além do mais, o calor específico da água é maior do que do benzeno, assim a água não terá uma variação de temperatura tão grande como o benzeno para vazões iguais.

Como o intervalo de velocidade é fornecido, diversas escolhas precisam ser feitas. Por exemplo, é possível tentar operar o mais perto possível da velocidade máxima, sem exceder a queda de pressão máxima permitida de 10 psi (72,4 kPa). Uma velocidade alta resulta em um número de Reynolds alto, um número de Nusselt alto e um coeficiente de convecção alto. Ao mesmo tempo, é prudente lembrar que os intervalos de velocidade fornecidos são meramente guias, portanto, ficar próximo do valor médio pode ser a melhor opção.

Os fatores de inscrustação para o benzeno e a água influenciarão a escolha de qual fluxo colocar no tubo e qual colocar no espaço anular. Para o benzeno (um líquido orgânico) o fator de inscrustação da Tabela 8.1 é $1,76 \times 10^{-4}$ m² K/W, enquanto para a água destilada, o fator de inscrustação é $1,32 \times 10^{-4}$ m² K/W. O benzeno, portanto, tem uma tendência maior de causar inscrustação nas superfícies de contato, o que afeta a queda de pressão ocorrida no fluido. Se colocado no espaço anular, o benzeno formará depósitos na superfície externa do tubo interno e na superfície interna do tubo externo. Assim, nosso objetivo neste momento é passar o benzeno pelo tubo, ou pelo tubo interno, do trocador de calor de tubo duplo que selecionamos.

Pressupostos
1. Existem condições permanentes.
2. As propriedades do benzeno são avaliadas a $(37,8 + 23,9)/2 = 30,85$ °C. As propriedades da água são avaliadas na média das temperaturas de entrada e saída. Os cálculos foram feitos interativamente, e os resultados finais aparecem como seguem.

Nomenclatura
1. T refere-se à temperatura do fluido aquecido.
2. t refere-se à temperatura do fluido resfriado.
3. w subscrito refere-se ao fluido aquecido.
4. h subscrito refere-se ao diâmetro hidráulico.
5. c subscrito refere-se ao fluido resfriado.
6. a subscrito refere-se à área ou à dimensão do escoamento anular.
7. p subscrito refere-se à área ou à dimensão do escoamento no tubo.
8. 1 subscrito refere-se a uma condição de entrada.
9. 2 subscrito refere-se a uma condição de saída.
10. e subscrito refere-se ao diâmetro equivalente.

A. Propriedades do fluido

H_2O @ 58.2°C
$\dot{m}_w$ = SELECIONADO
ρ = 986 kg/m³
k_f = 0,649 W/mK
ν = 4,94 x 10⁻⁷ m²/s

T_1 = 60°C
C_p = 4.187 J/kg K
α = 1,55 x 10⁻⁷ m²/s
Pr = 3,14

$1,34 \le V_{ideal} \le 2,68$ m/s

Benzeno @31°C
$\dot{m}_c$ = 1,26 kg/s
ρ = 868 kg/m³
k_f = 0,142 W/mK
ν = 6.85 x 10⁻⁷ m²/s
$1,4 \le V_{ideal} \le 2,8$ m/s

t_1 = 23,9°C
C_p = 1.742 J/kgK
α = 9,37 x 10⁻⁸ m²/s
Pr = 7,28
t_2 = 37,8°C necessário

Benzeno Área mínima de escoamento = $\dot{m}_c/\rho V_{máx}$ = 1.26/[868(2,8)] = 5,18 x 10⁻⁴ m²

Benzeno Área máxima de escoamento = $\dot{m}_c/\rho V_{mín}$ = 1.26/[868(1,4)] = 1.05 x 10⁻³ m²

Com referência à Tabela 8.3 e presumindo que os diâmetros dados estejam todos disponíveis, vemos que a área máxima de escoamento corresponde aproximadamente a A_p para um trocador de calor de tubo duplo de 2 x 1 ¼ ou de 2½ x 1 ¼. Selecionamos o tamanho 2 x 1 ¼ pois é o menor, e continuamos com os cálculos com base em uma primeira tentativa.

B. Tamanhos do tubo

2 x 1¹/₄ DI_a = 51 mm
            DI_p = 32,8 mm DE_p = 34,93 mm

C. Áreas de escoamento

$A_p = \pi DI_p^2/4 = 8,45 \times 10^{-4}$ m²
$A_a = \pi(DI_a^2 - DE_p^2)/4 = 1,086 \times 10^{-3}$ m²

D. Velocidades do fluido [Passar o benzeno pelo tubo ou pelo tubo interno.]

Benzeno $V_p = \dot{m}/\rho A = 1,707$ m/s
H_2O $V_a = \dot{m}/\rho A = 1,83$ m/s

A velocidade da água é arbitrariamente selecionada no intervalo correto; a vazão mássica agora é calculada como:

$\dot{m}_w = \rho A_a V_a = 985(1,086 \times 10^{-3})(1,83) = 1,96$ kg/s

E. Diâmetros equivalentes do espaço anular

Atrito $D_h = DI_a - DE_p = 16,09$ mm
Transferência de calor $D_e = (DI_a^2 - DE_p^2)/DE_p = 39,59$ mm

F. Números de Reynolds

Benzeno $Re_p = V_p DI_p/\nu = 8,2 \times 10^4$
H_2O $Re_a = V_a D_e/\nu = 1,47 \times 10^5$

G. Números de Nusselt

Benzeno $\quad Nu_p = 357$
$H_2O \quad\quad Nu_a = 495$

H. Coeficientes de convecção

Benzeno $\quad h_i = Nu_p k_f / DI_p = 1.545 \text{ W}/(m^2 \text{ K}) \quad h_p = h_i DI_p / DE_p = 1.454 \text{ W}/(m^2 \text{ K})$
$H_2O \quad\quad h_a = Nu_a k_f / D_e = 8.108 \text{ W}/(m^2 \text{ K})$

I. Coeficiente do trocador de calor

$$\frac{1}{U_o} = \frac{1}{h_p} + \frac{1}{h_a} \quad\quad U_o = 1.232 \text{ W}/(m^2 K)$$

J. Balanço de calor

Benzeno $\quad q_c = \dot{m}_c C_{pc}(t_2 - t_1) = 3{,}05 \times 10^4 \text{ W}$

$H_2O \quad\quad q_w = \dot{m}_w C_{pw}(T_1 - T_2)$
com $\dot{m}_w = 1{,}96$ kg/s, encontramos

$T_2 = 56{,}3 \text{ °C}$

K. Cálculos das temperatura de saída (comprimento L do trocador de calor deve ser encontrado)

$H_2O \quad\quad T_2 = 56{,}3 \text{ °C}$
Benzeno $\quad t_2 = 37{,}8 \text{ °C} \quad$ (necessário)

L. Diferença de temperatura média logarítmica

$$\text{Contracorrente} \quad DTML = \frac{(T_1 - t_2) - (T_2 - t_1)}{\ln\left[(T_1 - t_2)/(T_2 - t_1)\right]} = 27\text{°C}$$

M. Fatores de incrustação e coeficiente do projeto

$R_{di} = 1{,}76 \times 10^{-4} \text{ (m}^2 \text{ K)/W} \quad\quad R_{do} = 1{,}32 \times 10^{-4} \text{ (m}^2 \text{ K)/W}$

$$\frac{1}{U} = \frac{1}{U_o} + R_{di} + R_{do} \quad\quad U = 891{,}5 \text{ W}/(m^2 \text{ K}) \quad\quad \text{(projeto)}$$

N. Área de transferência de calor e comprimento do tubo (a menos que já conhecida)

$$A_o = \frac{q}{U(DTML)} = \frac{3{,}05 \times 10^4}{891{,}5(27)} = 1{,}267 \text{ m}^2$$

$$L = \frac{A_o}{\pi(DE_p)} = 11{,}52 \text{ m (3 trocadores de calor, cada um com 4,57 m de comprimento)}$$

O. Fatores de atrito

Benzeno
$$\left. \begin{array}{l} \mathrm{Re}_p = V_p DI_p/\nu = 8{,}2 \times 10^4 \\ \dfrac{\varepsilon}{DI_p} = \text{liso} \end{array} \right\} \quad f_p = 0{,}019$$

H$_2$O
$$\left. \begin{array}{l} \mathrm{Re}_a = V_a D_h/\nu = 6{,}0 \times 10^4 \\ \dfrac{\varepsilon}{D_h} = \text{liso} \end{array} \right\} \quad f_a = 0{,}020$$

P. Cálculos de queda de pressão

Benzeno $\quad \Delta p_p = \dfrac{f_p L}{DI_p} \dfrac{\rho_p V_p^2}{2} = 8{,}5 \text{ kPa}$

H$_2$O $\quad \Delta p_a = \left(\dfrac{f_a L}{D_h} + 1\right) \dfrac{\rho_a V_a^2}{2} = 26 \text{ kPa}$

Q. Resumo das informações solicitadas no enunciado do problema

Tudo que é necessário para aquecer o benzeno de 23,9 °C para 37,8 °C é um comprimento de 11,52 m sob as condições desse problema, particularmente a seleção arbitrária de 1,83 m/s para a velocidade da água. Observe que se a vazão da água for aumentada, o comprimento necessário será reduzido, mas não muito. Por exemplo, se a vazão for aumentada de 1,96 kg/s para 2,9 kg/s; isso resultaria na velocidade máxima permitida de água no intervalo ideal. Entretanto, o comprimento do trocador de calor necessário deveria diminuir de 11,52 m para 11 m. A queda de pressão correspondente aumentaria para mais de 48 kPa.

Entretanto, se precisamos usar três trocadores de calor de tubo duplo de 2 × 1 ¼ para cobrir um comprimento geral de 13,72 m, a velocidade da água pode ser tão baixa quanto 0,915 m/s.

Observe que o comprimento de 11,52 m calculado nesse exemplo é baseado em U, o coeficiente do projeto. Os fatores de incrustação são estimativas da situação das paredes do tubo após um ano. Portanto, o comprimento do projeto fornecerá as temperaturas de saída necessárias após um ano de operação. Quando o trocador de calor for novo, entretanto, ele funcionará até melhor do que o necessário. Espera-se que seu desempenho piore num período de um ano até atingir a condição do projeto. Nesse ponto, ele deve ser desmontado, limpo e retornado ao serviço (ou substituído).

Passar o benzeno no tubo interno e a água pelo espaço anular. Definir a vazão da água em 1,96 kg/s.

Resumo de desempenho do trocador de calor (contracorrente)

Novo	Após 1 ano
$U_0 = 1.232 \text{ W/(m}^2 \text{ K)}$	$U = 891 \text{ W/(m}^2 \text{ K)}$
$T_2 = 56{,}3 \text{ °C (água)}$	$T_2 = 55{,}8 \text{ °C}$
$t_2 = 43{,}4 \text{ °C (benzeno)}$	$t_2 = 39{,}7 \text{ °C}$
$q_w = 43 \text{ KW}$	$q = 34{,}7 \text{ KW}$

8.5 Resumo

Neste capítulo, descrevemos trocadores de calor de tubo duplo nas disposições contracorrente e fluxo paralelo. O método DTML de análise foi apresentado e foram fornecidos os perfis de temperatura para várias configurações de escoamento. O método de efetividade – NUT também foi descrito. Foram discutidas as considerações de projeto associadas ao dimensionamento dos trocadores de calor de tubo duplo.

■ Tabela 8.4. Equações da efetividade para vários trocadores de calor. (De Janna, W. S., *Engineering Heat Transfer 3. Ed.*, CRC Press, 2009.)

Tubo duplo	Contracorrente	$E = \dfrac{1 - \exp[-N(1 - C)]}{1 - C\exp[-N(1 - C)]}$
	Fluxo paralelo	$E = \dfrac{1 - \exp[-N(1 + C)]}{1 + C}$
Casco e tubo 1 passagem no casco; 2, 4, 6, etc., passagens no tubo		$E = 2\left\{1 + C + \dfrac{1 + \exp[-N(1 + C^2)^{1/2}]}{1 - \exp[-N(1 + C^2)^{1/2}]}(1 + C^2)^{1/2}\right\}^{-1}$
Fluxo cruzado	misturado-não misturado com $(\dot{m}C_p)_{mín}$ não misturado	$E = C\{1 - \exp[-C(1 - \exp[-N])]\}$
Fluxo cruzado	misturado-não misturado com $(\dot{m}C_p)_{máx}$ não misturado	$E = 1 - \exp{-C(1 - \exp[-N \cdot C])}$
Fluxo cruzado	não misturado-não misturado	$E \approx 1 - \exp[CN^{0,22}\{\exp[-CN^{0,78}] - 1\}]$

$$N = \frac{UA}{(\dot{m}C_p)_{mín}} \qquad C = \frac{(\dot{m}C_p)_{mín}}{(\dot{m}C_p)_{máx}} < 1$$

8.6 Mostrar e contar

1. Obtenha dois diâmetros diferentes de tubulação de cobre e as conexões apropriadas e mostre como um trocador de calor de tubo duplo seria construído.
2. Obtenha um trocador de calor de tubo duplo e ilustre como ele funciona.
3. Obtenha um catálogo de trocadores de calor de tubo duplo e discuta os diversos projetos que foram implementados.

8.7 Problemas

Resistência da parede

1. Em muitos problemas, a resistência da parede do tubo (ou duto) é considerada desprezível quando se calcula o coeficiente global de transferência de calor. Para os dados a seguir, determine se essa é uma boa suposição:

   $h_i = 1.200$ W/(m²·K) $h_o = 1.100$ W/(m²·K)

   tubo em aço inoxidável nominal de 2" schedule 40

2. Em muitos problemas, a resistência da parede do tubo (ou duto) é considerada desprezível quando se calcula o coeficiente global de transferência de calor. Para os dados a seguir, determine se essa é uma boa suposição:

   $h_i = 994$ W/(m²·K) $h_o = 1.136$ W/(m²·K)

   tubulação de cobre padrão 3 tipo K

3. Em muitos problemas, a resistência da parede do tubo (ou duto) é considerada desprezível quando se calcula o coeficiente global de transferência de calor. Para os dados a seguir, determine se essa é uma boa suposição:

   $h_i = 8.500$ W/(m²·K) $h_o = 500$ W/(m²·K)

   tubulação de cobre padrão 2 tipo K

4. Calcule o coeficiente global de transferência de calor para o seguinte:

   $h_i = 1.100$ W/(m²·K) $h_o = 200$ W/(m²·K)

   Tubo de cobre padão 1¼ tipo M

   Faça os cálculos presumindo que a resistência da parede seja desprezível e, novamente, presumindo que ela não seja. Compare os resultados.

5. Calcule o coeficiente global de transferência de calor para o seguinte:

   $h_i = 1.136$ W/(m²·K) $h_o = 1.704$ W/(m²·K)

   Tubulação de cobre padrão 2 tipo M

   Faça os cálculos presumindo que a resistência da parede seja desprezível e, novamente, presumindo que ela não seja. Compare os resultados.

6. Calcule o coeficiente global de transferência de calor para os seguintes casos:
   a) $h_i = 1.500$ W/(m²·K) $h_o = 1.200$ W/(m²·K)
   b) $h_i = 1.500$ W/(m²·K) $h_o = 200$ W/(m²·K)

   Que conclusões podem ser tiradas a partir desses dois casos, especificamente em relação a quão próximos os coeficientes estão na parte a e quão diferentes estão na parte b? Use as dimensões do tubo de cobre padrão 2 tipo M.

7. Calcule o coeficiente global de transferência de calor para os seguintes casos:
   a) $h_i = 2.271$ W/(m²·K) $h_o = 1.647$ W/(m²·K)
   b) $h_i = 2.271$ W/(m²·K) $h_o = 426$ W/(m²·K)

   Ques conclusões podem ser tiradas a partir desses dois casos, especificamente em relação a quão próximos os coeficientes, estão na parte a e o quão diferentes estão na parte b? Use as dimensões do tubo de cobre padrão 2 tipo M.

Diferença de temperatura média logarítmica

8. Um fluido quente a 65 °C é resfriado em um trocador de calor de tubo duplo para 30 °C. Um fluido frio é aquecido em um trocador de calor de 15 °C para 20 °C. Calcule a diferença de temperatura média logarítmica para (a) contracorrente e (b) fluxo paralelo.

9. Um fluido frio entra em um trocador de calor de tubo duplo e é aquecido de 18,3 °C a 65,6 °C. Um fluido mais quente é resfriado no trocador de calor de 93,3 °C para 82,2 °C. Calcule DTML para (a) contracorrente e (b) fluxo paralelo.

10. Um fluido passa por um trocador de calor de tubo duplo e muda de fase, mas não altera a temperatura. Um fluido aquecido a uma temperatura de 104,4 °C entra em um trocador de calor de tubo duplo e sai ainda a uma temperatura de 104,4 °C. Um fluido mais frio entra no trocador de calor a 37,8 °C e é aquecido para 65,6 °C. Determine o DTML para (a) contracorrente e (b) fluxo paralelo.

11. Repita o Problema 8 para um fluido que muda de fase em uma temperatura de 5 °C e um fluido mais quente que muda de temperatura de 45 °C (entrada) para 10 °C (saída).

12. Calcule o DTML para (a) contracorrente e (b) fluxo paralelo para as seguintes temperaturas de fluido:

Fluido mais quente	Fluido mais frio
$T_1 = 110$ °C	$t_1 = 25$ °C
$T_2 = 70$ °C	$t_2 = 40$ °C

13. Começando com a Equação 8.10, deduza a Equação 8.17.
14. Começando com a Equação 8.10, deduza a Equação 8.19.
15. As equações a seguir foram deduzidas para um trocador de calor de tubo duplo em contracorrente:

$$T_2 = \frac{(1-R)T_1 + (1-E_c)Rt_1}{1 - RE_c}$$

em que $R = \dfrac{\dot{m}_c C_{pc}}{\dot{m}_w C_{pw}} = \dfrac{T_1 - T_2}{t_2 - t_1}$.

e $E_c = \exp\left[\dfrac{UA_o}{\dot{m}_c C_{pc}}(R-1)\right]$.

Como essas equações são afetadas quando um dos fluidos no trocador de calor muda de fase, de forma que sua temperatura permanece a mesma na entrada e na saída? Simplifique essas equações para o caso em que $T_1 = T_2$.

16. As equações a seguir aplicam-se para um trocador de calor de tubo duplo em fluxo paralelo:

$$T_2 = \frac{(R + E_p)T_1 + (E_p - 1)Rt_1}{(R+1)E_p}$$

em que $R = \dfrac{\dot{m}_c C_{pc}}{\dot{m}_w C_{pw}} = \dfrac{T_1 - T_2}{t_2 - t_1}$

e $E_p = \exp\left[\dfrac{UA_o}{\dot{m}_c C_{pc}}(R+1)\right]$

Como essas equações são afetadas quando um dos fluidos no trocador de calor muda de fase, de forma que sua temperatura permanece a mesma na entrada e na saída? Simplifique essas equações para o caso em que $T_1 = T_2$.

17. O parâmetro E_c foi deduzido como

$$E_c = \exp\left[\frac{UA_o}{\dot{m}_c C_{pc}}(R-1)\right]$$

e em termos de temperatura,

$$E_c = \frac{T_1 - t_2}{T_2 - t_1}.$$

O parâmetro E_p é

$$E_p = \exp\left[\frac{UA_o}{\dot{m}_c C_{pc}}(R+1)\right].$$

Mostre que E_p, em termos de temperaturas, é $(T_1 - t_1)/(T_2 - t_2)$.

DTML e efetividade

18. As medidas de temperatura de entrada e saída dos fluidos que percorrem um trocador de calor são

$T_1 = 76{,}7\ °C$ $T_2 = 21{,}1\ °C$
$t_1 = 10\ °C$ $t_2 = 37{,}8\ °C$

a. Qual fluido apresenta maior capacitância?
   b. Calcule E_c.
   c. Calcule a efetividade.
19. As medidas de temperatura de entrada e saída dos fluidos que percorrem um trocador de calor são

$T_1 = 80\ °C$ $\qquad\qquad T_2 = 60\ °C$
$t_1 = 40\ °C$ $\qquad\qquad t_2 = 50\ °C$

   a. Qual fluido apresenta maior capacitância?
   b. Calcule E_c.
   c. Calcule a efetividade.
20. As medidas de temperatura de entrada e saída dos fluidos que percorrem um trocador de calor são

$T_1 = 90\ °C$ $\qquad\qquad T_2 = 90\ °C$
$t_1 = 25\ °C$ $\qquad\qquad t_2 = 40\ °C$

   a. Qual fluido apresenta maior capacitância?
   b. Calcule E_c.
   c. Calcule a efetividade.
21. Um trocador de calor de tubo duplo consiste em quatros trocadores tipo grampo com 1,83 m de comprimento cada. O tubo interno desses trocadores é tubulação padrão 1¼, enquanto o tubo externo é padrão 2, ambos tipo M. As temperaturas de entrada são 37,8 °C e 93,3 °C. Para as seguintes condições, determine as temperaturas de saída esperadas:

   Razão de capacitância $\qquad\qquad\qquad\qquad$ = 1,5
   Capacitância para fluido resfriado $\qquad\qquad$ = 5.271 W/K
   Coeficiente global de transferência de calor $\quad$ = 1.050 W/(m²·K)
   Calcule a efetividade do trocador de calor.

22. Um trocador de calor de tubo duplo consiste em dois trocadores tipo grampo com 1,83 m de comprimento cada. O tubo interno desses trocadores é tubulação padrão 1¼, enquanto o tubo externo é padrão 2, ambos tipo M. As temperaturas de entrada são 32,22 °C e 82,2 °C. Para as seguintes condições, determine as temperaturas de saída esperadas:

   Razão de capacitância $\qquad\qquad\qquad\qquad$ = 3,5
   Capacitância para fluido resfriado $\qquad\qquad$ = 9.489 W/K
   Coeficiente global de transferência de calor $\quad$ = 1.278 W/(m²·K)

23. Para o trocador de calor descrito no Exemplo 8.4, calcule os parâmetros a seguir:
   a. Efetividade
   b. O número de unidades de transferência
   c. A razão das capacitâncias

Cálculos do trocador de calor (Use o método DTML ou o E-NUT.)

24. Água é usada para resfriar etilenoglicol em um trocador de calor de tubo duplo de 18,3 m feito de tubulação de cobre padrão 4 e padrão 2 (ambos tipo M). A temperatura de entrada da água é 15,6 °C e a temperatura de entrada do etilenoglicol é 82,2 °C.
    A vazão do etilenoglicol é 9,07 kg/s, enquanto a vazão da água é 13,6 kg/s. Calcule a temperatura de saída esperada do etilenoglicol e determine a queda de pressão esperada para ambos os escoamentos. Assuma contracorrente, e coloque o etilenoglicol no tubo interno. Crie um diagrama de Resumo de Desempenho.
25. No problema 24, inverta a direção do fluido e repita os cálculos para fluxo paralelo, novamente com etilenoglicol no tubo interno. Crie um diagrama de Resumo de Desempenho.
26. O problema 24 foi resolvido com água no espaço anular e etilenoglicol no tubo interno. Repita os cálculos colocando água no tubo e etilenoglicol no espaço anular. Crie um diagrama de Resumo de Desempenho.

27. Quatro trocadores de calor de tubo duplo com 2 m, feitos de tubulação de cobre padrão 4 tipo M e padrão 3 tipo M, são conectados em série para formar um trocador de calor de 8m de comprimento que é usado para resfriar óleo de motor (não usado). O trocador de calor conduz água a 20 °C com uma vazão de 30 kg/s e óleo a uma temperatura de 140 °C com uma vazão de 0,2 kg/s. Determine a temperatura de saída esperada do óleo e a queda de pressão encontrada por ambos os escoamentos. Assuma contracorrente. Crie um diagrama de Resumo de Desempenho.

28. Amônia é usada na forma líquida para um processo e é necessário ter uma temperatura de 15 °C. Ela está disponível a 0 °C. Dióxido de carbono líquido é usado no lugar da água como fonte de calor (o uso de água pode gerar problemas). Dióxido de carbono líquido está disponível a 5 °C com uma vazão de massa de 1,25 kg/s. Um trocador de calor de tubo duplo com 15 m de comprimento, feito de tubulação de cobre 2½ × 1¼ tipo K está disponível para esse serviço. Para uma vazão de amônia de 1,2 kg/s, calcule as temperaturas de saída e as quedas de pressão. Essa configuração funcionará? Crie um diagrama de Resumo de Desempenho.

29. Em uma fábrica de separação de ar, o ar é resfriado e seus componentes são separados da mistura. Oxigênio resfriado a uma temperatura de 20 °C deve ser aquecido para uma temperatura de 30 °C para medição precisa. A vazão do oxigênio a 30 °C é de 0,01 kg/s e ar (disponível a 35 °C e 0,015 kg/s) é usado como meio de aquecimento. Estão disponíveis alguns trocadores de calor de tubo duplo 3 × 2 padrão 40 com 2 m de comprimento e feitos de aço galvanizado. Determine quantos são necessários. Calcule as temperaturas de saída e as quedas de pressão. Crie um diagrama de Resumo de Desempenho.

30. Um trocador de calor de tubo duplo 4 × 3, com 4,57 m de comprimento e feito de tubulação de cobre tipo M é usado para resfriar ar com uma temperatura de entrada de 48,9 °C e uma vazão de 31,8 g/s. Cloreto de metilo é o meio de arrefecimento, e está disponível a −9,4 °C e a uma vazão de 22,7 g/s. Calcule as temperaturas de saída e as quedas de pressão. Crie um diagrama de Resumo de Desempenho.

31. Uma bomba de calor acoplada na terra consiste de um dispositivo com bomba de calor, que transfere calor de um poço (cavado no solo) até uma residência. Nesse dispositivo está um trocador de calor de tubo duplo que troca calor entre água e refrigerante-22. Quando está operando em regime permanente, o refrigerante entra no trocador de calor como um líquido saturado a 5 °C e sai com a mesma temperatura, mas como um vapor saturado. A água entra no trocador de calor a 18 °C. A vazão mássica do refrigerante é 0,1 kg/s e o trocador da calor é feito de tubulação de cobre 4 × 3 tipo M. A vazão da água é de 48,5 kg/s. O comprimento do trocador de calor é 0,5 m e a entalpia de vaporização do R-22 é tomada como 200 kj/kg.
   a. Faça um esboço do diagrama da temperatura esperada versus o comprimento desse trocador de calor.
   b. Calcule o coeficiente global de transferência de calor.
   c. Quais são as quedas de pressão para cada escoamento?
   Crie um diagrama de Resumo de Desempenho.

Perfil da temperatura

32. A Figura 8.7 mostra temperatura versus comprimento para um trocador de calor de contracorrente com $\dot{m}_c C_{pc} > \dot{m}_w C_{pw}$. Neste problema, desenvolvemos um perfil de temperatura versus comprimento para o caso em que $\dot{m}_c C_{pc} < \dot{m}_w C_{pw}$. O etilenoglicol entra no trocador de calor a 30 °C e a uma vazão mássica de 5 kg/s, e a água entra a 10 °C e a uma vazão de 2 kg/s. O trocador de calor é feito de tubulação de cobre 2½ × 1¼ tipo M. Determine as temperaturas de saída versus comprimento até o ponto em que as temperatura de saída são iguais. Faça um gráfico de temperatura versus comprimento e compare os resultados com os da Figura 8.7. Use contracorrente.

33. Figura 8.8 mostra temperatura versus comprimento para um trocador de calor de fluxo paralelo com $\dot{m}_c C_{pc} > \dot{m}_w C_{pw}$. Neste problema, desenvolvemos um perfil de temperatura versus comprimento para o caso em que $\dot{m}_c C_{pc} < \dot{m}_w C_{pw}$. O etilenoglicol entra no trocador de calor a 30 °C e a uma vazão mássica de 5 kg/s e a água entra a 10 °C e a uma vazão de 2 kg/s. O trocador de calor é feito de tubulação de cobre 2½ × 1¼ tipo M. Determine as temperaturas de saída versus comprimento para comprimentos que variam até 100 m.

Faça um gráfico de temperatura versus comprimento e compare os resultados com os dados da Figura 8.7. Use fluxo paralelo.

Deduções de efetividade – NUT

34. A dedução de efetividade para um trocador de calor de tubo duplo operando em contracorrente continua no ponto em que a equação a seguir foi deduzida:

$$\frac{T_1 - t_1}{T_2 - t_1} - \frac{T_1 - T_2}{C(T_2 - t_1)} = \exp[-N(1 - C)].$$

O texto, então, diz que o lado esquerdo dessa equação é

$$\frac{1}{1 - EC} - \frac{1}{C}\frac{EC}{1 - EC} = \exp[-N(1 - C)].$$

Investigaremos este resultado neste problema. Para contracorrente, a Equação 8.28 é

$$E = \frac{1 - \exp[-N(1 - C)]}{1 - C\exp[-N(1 - C)]} = \frac{t_2 - t_1}{T_1 - t_1} \quad \text{se } \dot{m}_c C_{pc} < \dot{m}_w C_{pw}.$$

Da mesma forma,

$$C = \frac{(\dot{m}C_p)_c}{(\dot{m}C_p)_w} = \frac{T_1 - T_2}{t_2 - t_1}.$$

a. Avalie EC em termos de temperatura.
b. Avalie $1 - EC$.
c. Avalie $1/(1 - EC)$.
d. Avalie $EC/(1 - EC)$.
e. As substituições estavam corretas?

35. A efetividade de um trocador de calor contracorrente foi deduzida no texto. Faça a dedução de uma equação similar para fluxo paralelo, completando as seguintes etapas:

a. Defina equações de balanço de calor iguais umas às outras, nomeadamente,

$$q = UA(DTML) = \dot{m}_c C_{pc}(t_2 - t_1)$$

e mostre que, para fluxo paralelo

$$\ln\frac{T_1 - t_1}{T_2 - t_2} = \frac{UA}{\dot{m}_c C_{pc}}\left(\frac{T_1 - T_2}{t_2 - t_1} + 1\right).$$

b. Com $(\dot{m}C_p)_{\text{mín}}$ sendo para o fluido mais frio, substituir

$$N = \frac{UA}{\dot{m}_c C_{pc}}$$

e

$$C = \frac{\dot{m}_c C_{pc}}{\dot{m}_w C_{pw}} = \frac{T_1 - T_2}{t_2 - t_1}.$$

Mostre que

$$\frac{T_2 - t_2}{T_1 - t_1} = \exp[-N(1 + C)].$$

c. Resolva a equação para C (dada na parte b) para T_2, e substitua no numerador da equação precedente. Reorganize e mostre que

$$\frac{(T_1 - t_1) - (1 + C)(t_2 - t_1)}{(T_1 - t_1)} = \exp[-N(1 + C)].$$

(*Dica*: Adicione e subtraia t_1 do numerador do lado esquerdo depois de substituir para T_2.)

d. A definição de efetividade para esse sistema é

$$E = \frac{t_2 - t_1}{T_1 - t_1} \quad \text{se } \dot{m}_c C_{pc} < \dot{m}_w C_{pw}.$$

Substitua no resultado da parte c e simplifique. Mostre que

$$E = \frac{1 - \exp[-N(1 + C)]}{1 + C} \quad \text{(fluxo paralelo)}.$$

36. Sob quais condições C, a razão das capacitâncias no método de efetividade-NUT, é igual a R no método DTML?
37. Um trocador de calor **equilibrado** é aquele em que as capacitâncias para ambos os fluidos são iguais, ou seja, $\dot{m}_c C_{pc} = \dot{m}_w C_{pw}$. Como a efetividade é afetada? Mostre que a efetividade para um trocador de calor equilibrado em contracorrente é

$$E = \frac{N}{1 + N}.$$

38. Um trocador de calor **equilibrado** é aquele em que as capacitâncias para ambos os fluidos são iguais; ou seja, $\dot{m}_c C_{pc} = \dot{m}_w C_{pw}$. Como a efetividade é afetada? Mostre que a efetividade para um trocador de calor equilibrado em fluxo paralelo é:

$$E = \frac{1}{2}(1 - \exp(-2N)).$$

39. Com referência à Tabela 8.3, desejamos adicionar à lista um trocador de calor de tubo duplo 6 × 4. Faça todos os cálculos dessa nova combinação para cada coluna na tabela.

Problemas de projetos

40. Água não tratada é usada para resfriar a água destilada de uma pequena usina de energia elétrica usando um trocador de calor de tubo duplo. A água não tratada é tirada de uma corrente das proximidades e está disponível em uma temperatura que varia de 0 °C a 12,8 °C no período de um ano. A água destilada deve ser resfriada de 9,9 °C para o mais frio possível. A vazão da água não tratada é de 1,07 kg/s, enquanto a da água destilada é 1,01 kg/s. O trocador de calor tem 5,49 m de comprimento e é feito de tubulação de cobre padrão 2 e padrão 1¼, ambos tipo M. Preveja as temperaturas de saída no curso de um ano, ou seja, para a entrada da água não tratada as temperaturas variam de 0 °C a 12,8 °C.
41. Água a uma temperatura de 65,6 °C deve ser usada para aquecer glicerina em um trocador de calor de tubulação de cobre padrão 4 × 3, tipo M, com 3,05 m de comprimento. A vazão da água é de 4,54 kg/s. Glicerina está disponível a uma temperatura de 23,9 °C. Determine as temperaturas de saída da água e da glicerina como uma função da vazão de glicerina, que varia de 4,54 g a 454 g/s.
42. Querosene [$\rho = 0{,}73(1.000)$ kg/m³, $C_p = 2.470$ J/(kg·K), $\mu = 0{,}40$ cp, $k_f = 0{,}132$ W/(m·K), e $1{,}5 \le V_{ideal} \le 3$ m/s] deve ser pré-aquecido em um trocador de calor de tubo duplo antes de ser bombeado para uma instalação de destilação. A vazão do querosene é 8.000 kg/h e deve ser aquecido de 24 °C a 35 °C. Água está disponível desde a exaustão de condensado de uma pequena turbina de vapor, e sua vazão pode ser controlada. A água está disponível a 95 °C. Selecione um trocador de calor apropriado.
43. Petróleo bruto e armazenado em um tanque e mantido a 30 °C. Ele deve ser bombeado para uma coluna de destilação para separação em produtos utilizáveis. O querosene sai

da coluna a 200 °C, e a proposta é que o calor seja transferido dele para o petróleo, a fim de reduzir o custo associado ao aquecimento do petróleo por outros meios. O petróleo apresenta uma vazão de 12.000 kg/h, e podem ser feitas boas economias se ele for aquecido a pelo menos 50 °C. Determine um trocador de calor apropriado para esse uso e analise-o completamente. Use as seguintes propriedades para ambos os fluidos:

Querosene		Petróleo bruto
42	°API	34
0,73	sp. gr.	0,83
0,4 cp	viscosidade	3,6 cp[†]
2470 J/(kg·K)	calor específico	2050 J/(kg·K)
0,132 W/(m·K)	condição térmica	0,133 W/(m·K)
1,5 a 3 m/s	velocidade ideal	1,50 a 3 m/s

[†] cp é uma abreviação para centipoise, uma unidade da viscosidade.

44. Uma solução de fosfato [Sp. Gr. = 1,3, C_p = 3.170 J/kg K, μ = 1,2 × 10^{-3} Pa·s, e k_f = 0,519 W/m K] é usada na produção de fertilizantes. A solução deve ser resfriada de 65,6 °C para 60 °C usando água de poço, disponível a 12,8 °C. A solução de fosfato escoa a uma vazão de 0,88 kg/s e apresenta um fator de incrustação de 1,76 × 10^{-4} m² K/W. Selecione um trocador de calor apropriado e analise-o completamente.

45. Óleo de motor é usado como lubrificante, e em razão de um "ponto quente" imprevisível no sistema, a temperatura desse óleo atingiu 95 °C. O óleo tem uma vazão de 500 kg/h, e deve ser resfriado a 75 °C. Água não tratada está disponível a uma temperatura de 25 °C. Selecione um trocador de calor apropriado para esse serviço e analise-o completamente.

46. Acetona é usada como solvente para graxas e outros produtos derivados do petróleo. Ela é bombeada para uma máquina de engarrafamento, que pode encher 9.000 garrafas de 16 onças por hora. O óleo é armazenado em tanques e é mantido a 45 °C. Um medidor de vazão da tubulação do tanque até a máquina requer que o óleo esteja a 30 °C, por questão de exatidão na medição. A água da cidade está disponível a 15 °C para o resfriamento da acetona. Selecione um trocador de calor apropriado e analise-o completamente.

47. O processo de impressão de um folheto de propaganda envolve o uso de quatro cores de tinta. A tinta em si é uma mistura de solvente (tolueno) e de tintas sólidas (pigmentos). Em geral, a tinta é armazenada em tanques e alimentada diretamente nas impressoras, mas ocorreu um problema. Se a mistura de tinta for deixada parada por um tempo no tanque, os sólidos tendem a decantar, o que resulta uma cor não uniforme no momento de alimentar as impressoras. O uso de um misturador no tanque de tinta como uma solução aceitável foi eliminado deste problema. Em vez disso, a tinta circula na instalação por meio de um sistema de bombeamento e tubulação e depois retorna ao tanque. Esse movimento aquece a tinta no tanque a aproximadamente 54,4 °C. Então, o tolueno tende a evaporar muito rapidamente; no entanto, a temperatura da tinta pode exceder 48,9 °C, causando perigo à saúde. Além do mais, o processo de impressão em si requer que a tinta seja fornecida a uma vazão de 7,56 kg/s. A água está disponível para o resfriamento da tinta a 18,3 °C. Determine o tipo de trocador de calor para ser usado para resfriar a tinta até 43,3 °C e analise-o completamente. Use as propriedades da tinta como as mesmas do tolueno:

$\rho = 870$ kg/m³ $C_p = 1.842$ J/kg K
$\mu = 4,1 \times 10^{-4}$ Pa·s $k_f = 0,147$ W/m K
$1,34 \leq V_{ideal} \leq 2,9$ m/s

CAPÍTULO 9

Trocadores de calor casco e tubo

Neste capítulo, continuaremos a discussão iniciada no capítulo anterior, considerando os trocadores de calor casco e tubo, os quais serão descritos, e seus métodos de modelagem e desempenho, discutidos. Ambos os métodos de DTML e efetividade-NUT serão usados na análise. Em seguida, apresentaremos métodos de projeto, que incluem o dimensionamento e a seleção de trocadores de calor casco e tubo. Apresentaremos ainda uma análise para determinar a temperatura de saída ideal e mostraremos como usá-la para minimizar os custos associados ao dimensionamento de um trocador de calor.

9.1 Trocador de calor casco e tubo

Um trocador de calor de tubo duplo consiste em dois tubos concêntricos com uma área de transferência de calor igual à área de superfície externa do tubo interno. A vazão e a taxa de transferência de calor nesses trocadores são moderadas, pois o dispositivo é comparativamente menor. Para vazão de grande porte em aplicações em que são necessárias altas as taxas de transferência de calor, também são exigidas áreas de seção transversal e de superfícies maiores. Essas condições são atendidas com o uso do que é conhecido como **trocador de calor casco e tubo**.

A Figura 9.1 é um esboço de um trocador de calor casco e tubo, que consiste em um casco que, basicamente, é um cilindro com diâmetro que varia de menos de 300 mm até mais de 1 m. O casco, que pode ser feito com o comprimento necessário para fornecer a taxa de transferência de calor desejada, é usado para alojar vários tubos, chamados de **feixe de tubos** (até 1.200 em um casco com diâmetro interno de 39 pol.), que são prensados nas chamadas **chapas de tubo**. As chapas de tubo mantêm os tubos na posição, e a conexão do tubo à chapa deve ser à prova de vazamento. Conectados às extremidades do casco estão os **canais**, e dentro do casco estão as **chicanas**, para controlar o escoamento do fluido que passa pelo casco e ao redor dos tubos.

Cascos

O casco de um trocador de calor casco e tubo costuma ser feito de ferro forjado ou tubo de aço, mas podem-se usar metais especiais, quando houver um problema de corrosão. Pressões operacionais influenciam muito na espessura da parede. A Tabela D.1 do Apêndice registra as dimensões dos tubos que se aplicam aos cascos. Em algumas aplicações, a superfície interna do casco é usinada.

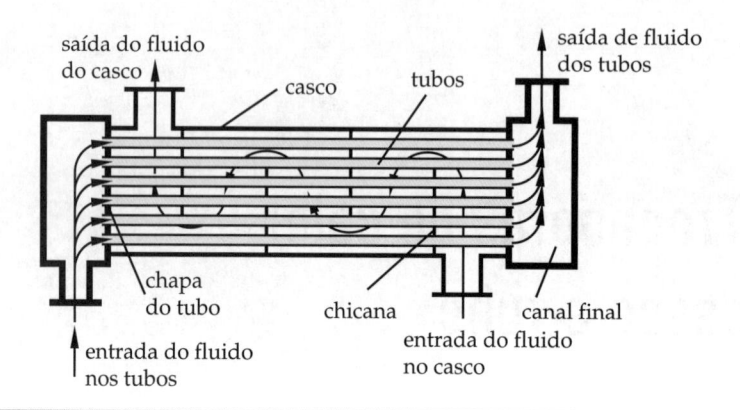

■ **Figura 9.1** Esboço de um trocador de calor casco e tubo.

Tubos

A maneira de se especificar os tubos usados em um trocador de calor casco e tubo é diferente daquela utilizada em tubulação de água. As especificações dos **tubos do trocador de calor**, também conhecidos como **tubos dos condensadores**, seguem uma norma denominada **Birmingham Wire Gage**, abreviada BWG. Um tubo do condensador de 1 pol. terá um diâmetro externo de 1 pol. (a Tabela 9.1 apresenta as dimensões dos tubos dos condensadores).

Os tubos do trocador de calor estão disponíveis em uma variedade de metais, e eles são mantidos em posição dentro do casco por meio de furos em suas chapas. Os furos não podem ficar muito próximos uns dos outros, pois isso faria a chapa ficar estruturalmente enfraquecida, embora o objetivo seja empregar o máximo de tubos possível. A distância entre os centros dos tubos adjacentes, chamada **passo dos tubos**, foi padronizada. Os tubos são dispostos de forma que os centros dos tubos adjacentes formem padrões quadrados ou triangulares.

A Figura 9.2 mostra tubos dispostos em um padrão de passo quadrado, enquanto a Figura 9.3 mostra uma configuração triangular. Formações quadradas comuns são feitas de tubos com diâmetro externo de 3/4 pol. com um passo quadrado de 1 pol. e diâmetro externo de 1 pol. com um passo quadrado de 1-¼ pol. Formações triangulares comuns são feitas com diâmetro externo de 3/4 pol. com passo triangular de 15/16 pol., diâmetro externo de 3/4 pol. com passo triangular de 1 pol. e diâmetro externo de 1 pol. com passo triangular de 1-¼ pol.

Contagens do tubo

A Tabela 9.2 apresenta o que chamamos de **contagem dos tubos**. Para um determinado diâmetro de casco, a contagem dos tubos é o número máximo de tubos que podem ser colocados nele e que não enfraqueça a chapa dos tubos.

■ **Tabela 9.1** Dimensões físicas de tubos condensadores em termos de BWG*.

Tubo DE			Tubo DI	
polegadas	mm	BWG	polegadas	mm
3/4	19,1	10	0,482	12,2
		11	0,510	12,9
		12	0,532	13,5
		13	0,560	14,2
		14	0,584	14,8
		15	0,606	15,4
		16	0,620	15,7
		17	0,634	16,1
		18	0,652	16,6
1	25,4	8	0,670	17
		9	0,704	17,9
		10	0,732	18,6
		11	0,760	19,3
		12	0,782	19,9
		13	0,810	20,6
		14	0,834	21,2
		15	0,856	21,7
		16	0,870	22,1
		17	0,884	22,5
		18	0,902	22,9

*De: *Transferência de calor em processos*, por D. Q. Kern, McGraw-Hill Book Co., p. 843, 1950

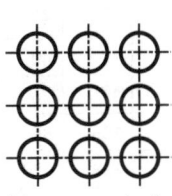

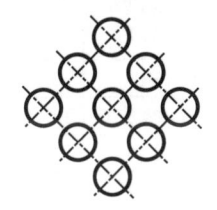

(a) passo quadrado   (b) passo quadrado girado

■ **Figura 9.2** Layout de passo quadrado.

■ **Figura 9.3** Layout de passo triangular.

Configuração de fluxo

Na Figura 9.1 também são mostradas as linhas de escoamento do fluido. Os dois escoamentos de fluido transferem calor dentro do trocador. Um dos fluidos, referido como **fluido dos tubos**, entra por um canal na extremidade, é direcionado por todos os tubos e, então, sai pelo outro canal na extremidade. O segundo fluido, referido como **fluido do casco**, passa pela entrada do fluido no casco e é encaminhado em torno do exterior dos tubos, pelas chicanas. O trocador de calor pode ser configurado de forma que o movimento de vaivém do fluido no casco fique lado a lado ou de cima para baixo. O fluido do casco pode passar várias vezes sobre os tubos pela presença do que se chama **chicanas segmentais**.

■ **Tabela 9.2** Número máximo de tubos (contagem de tubos) para equipamento casco e tubo.

DE de 3/4 pol. em um passo quadrado de 1 pol.					
DI do casco em mm	DI do casco em pol.	1-P	2-P	4-P	6-P	8-P
203,2	8	32	26	20	20	
254	10	52	52	40	36	
304,8	12	81	76	68	68	60
336,6	13¼	97	90	82	76	70
387,4	15¼	137	124	116	108	108
438,2	17¼	177	166	158	150	142
489	19¼	224	220	204	192	188
539,8	21¼	77	270	246	240	234
590,6	23¼	341	324	308	302	292
635	25	413	394	470	356	346
685,8	27	481	460	432	420	408
736,6	29	553	526	480	468	456
787,4	31	657	640	600	580	560
838,2	33	749	718	688	676	648
889	35	845	824	780	766	748
939,8	37	934	914	886	866	838
990,6	39	1049	1024	982	968	948

DE de 3/4 pol. em um passo quadrado de 1¼ pol.					
DI do casco em mm	DI do casco em pol.	1-P	2-P	4-P	6-P	8-P
203,2	8	21	16	14		
254	10	32	32	26	24	
304,8	12	48	45	40	38	36
336,6	13¼	61	56	52	48	44
387,4	15¼	81	76	68	68	64
438,2	17¼	112	112	96	90	82
489	19¼	138	132	128	122	116
539,8	21¼	177	166	158	152	148
590,6	23¼	213	208	192	184	184
635	25	260	252	238	226	222
685,8	27	300	288	278	268	260
736,6	29	341	326	300	294	286
787,4	31	406	398	380	368	358
838,2	33	465	460	432	420	414
889	35	522	518	488	484	472
939,8	37	596	574	562	544	532
990,6	39	665	644	624	612	600

DE de 3/4 pol. em um passo triangular de $^{15}/_{16}$ pol.					
DI do casco em mm	DI do casco em pol.	1-P	2-P	4-P	6-P	8-P
203,2	8	36	32	26	24	18
254	10	62	56	47	42	36
304,8	12	109	98	86	82	78
336,6	13¼	127	114	96	90	86
387,4	15¼	170	160	140	136	128
438,2	17¼	239	224	194	188	178
489	19¼	301	282	252	244	234
539,8	21¼	361	342	314	306	290
590,6	23¼	442	420	386	378	364
635	25	532	506	468	446	434
685,8	27	637	602	550	536	524
736,6	29	721	692	640	620	594
787,4	31	847	822	766	722	720
838,2	33	974	938	878	852	826
889	35	1102	1068	1004	988	958
939,8	37	1240	1200	1144	1104	1072
990,6	39	1377	1330	1258	1248	1212

DE de 3/4 pol. em um passo triangular de 1 pol.					
DI do casco em mm	DI do casco em pol.	1-P	2-P	4-P	6-P	8-P
203,2	8	37	30	24	24	
254	10	61	52	40	36	
304,8	12	92	82	76	74	70
336,6	13¼	109	106	86	82	74
387,4	15¼	151	138	122	118	110
438,2	17¼	203	196	178	172	166
489	19¼	262	250	226	216	210
539,8	21¼	316	302	278	272	260
590,6	23¼	384	376	352	342	328
635	25	470	452	422	394	382
685,8	27	559	534	488	474	464
736,6	29	630	604	556	538	508
787,4	31	745	728	678	666	640
838,2	33	856	830	774	760	732
889	35	970	938	882	864	848
939,8	37	1074	1044	1012	986	870
990,6	39	1206	1176	1128	1100	1078

■ **Tabela 9.2** Número máximo de tubos (contagem de tubos) para equipamento casco e tubo.

(*Continuação*)

DE de 1 pol. em um passo triangular de ¼ pol.						
DI do casco em mm	DI do casco em pol.	1-P	2-P	4-P	6-P	8-P
203,2	8	21	16	16	14	
254	10	32	32	26	24	
304,8	12	55	52	48	46	44
336,6	13¼	68	66	58	54	50
387,4	15¼	91	86	80	74	72
438,2	17¼	131	118	106	104	94
489	19¼	163	152	140	136	128
539,8	21¼	199	188	170	164	160
590,6	23¼	241	232	212	212	202
635	25	294	282	256	252	242
685,8	27	349	334	302	296	286
736,6	29	397	376	338	334	316
787,4	31	472	454	430	424	400
838,2	33	538	522	486	470	454
889	35	608	592	562	546	532
939,8	37	674	664	632	614	598
990,6	39	766	736	700	688	672

Chicanas

As chicanas são colocadas dentro do casco do trocador de calor para direcionar o escoamento do fluido e para dar suporte aos tubos. A distância entre chicanas adjacentes costuma ser uma constante e é chamada **passo de chicana** ou **espaçamento de chicana**. Em geral, nunca é maior que o diâmetro do casco ou menor que 1/5 deste. As chicanas são mantidas seguras pelos espaçadores (não mostrados na Figura 9.1). As figuras 9.4, 9.5 e 9.6 mostram três tipos de chicanas: a chicana segmental, a chicana disco e furo concêntrico e a chicana de orifício; aqui, analisaremos somente a chicana segmental. (Muitas das informações conhecidas sobre trocadores de calor casco e tubo têm propriedade; os fabricantes obtêm seus próprios dados ou precisam obtê-los de um consultor externo, e os resultados normalmente são confidenciais.)

A Figura 9.1 é um trocador de calor de contracorrente. O fluido passa somente uma vez pelo casco e o outro fluido passa somente uma vez pelos tubos. Tradicionalmente, esse trocador é referido como **trocador de calor casco e tubo 1-1**. A Figura 9.7 mostra um trocador de calor similar, com as extremidades modificadas. Uma partição foi colocada na extremidade esquerda e o fluido passa somente uma vez pelo casco. O fluido dos tubos entra em uma das extremidades e é direcionado somente para metade dos tubos, enquanto, na outra extremidade, o fluido dos tubos vira e é direcionado para a outra metade dos tubos. O fluido então sai pela mesma extremidade em que entrou, tendo passado duas vezes pelo trocador de calor. Esse trocador de calor, então, é chamado **trocador de calor casco e tubo 1-2**. Modificações nas extremidades controlam o número de vezes em que o fluido passa pelo trocador de calor. Nesse sentido, há trocadores de calor 1-4, 1-6 e 1-8. Raramente é usado um número ímpar de passagens pelo tubo. Os gráficos de contagem do tubo (Tabela 9.2), relacionam o número máximo de tubos que podem ser colocados em um trocador de calor. No topo das colunas aparece "1-P", "2-P" etc. Essas designações referem-se ao número de passagens do fluido nos tubos. À medida que o número de passagens aumenta, a contagem dos tubos diminui.

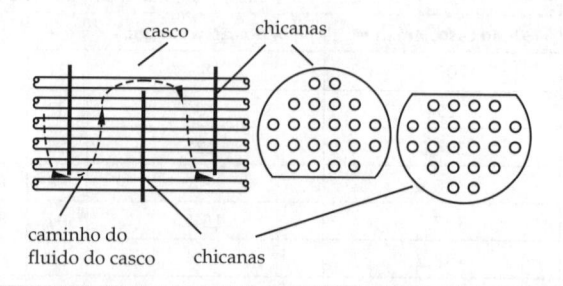

■ **Figura 9.4** Esboço do corte segmental de chicanas e localização no casco.

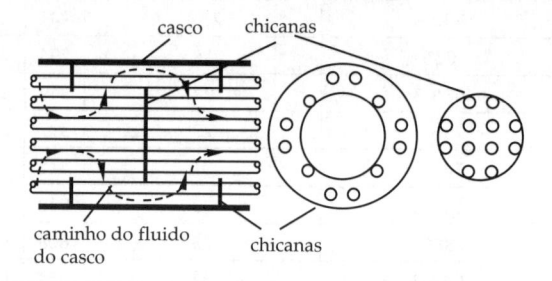

■ **Figura 9.5** Esboço de chicanas de disco e furo concêntrico e localização no casco.

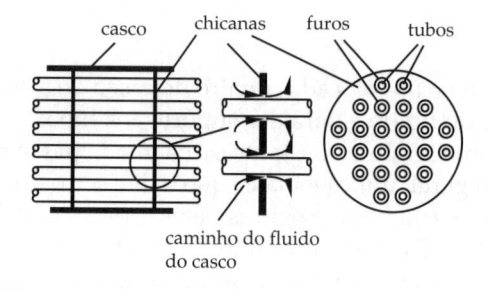

■ **Figura 9.6** Esboço da chicana de orifício e localização no casco.

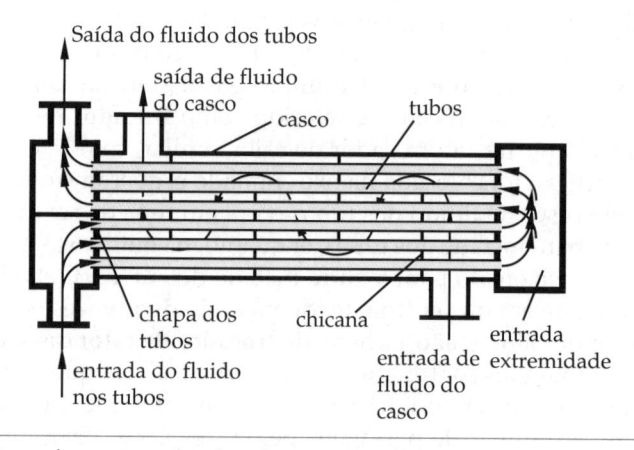

■ **Figura 9.7** Esboço de um trocador de calor casco e tubo 1-2.

É provável que, em algumas aplicações, ocorra a tendência dos tubos se expandirem mais que o suportável pelo casco. Então, consequentemente, será preciso usar formas modificadas do trocador de calor casco e tubo para acomodar os efeitos da expansão térmica. As figuras 9.8 e 9.9 ilustram apenas dois dos muitos projetos alternativos que foram usados com êxito para resolver esse problema.

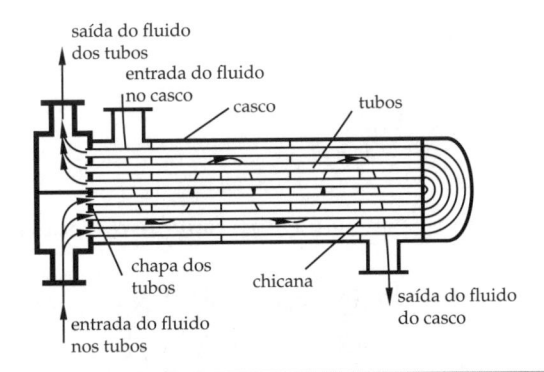

■ **Figura 9.8** Esboço de um trocador de calor casco e tubo 1-2, em curva U.

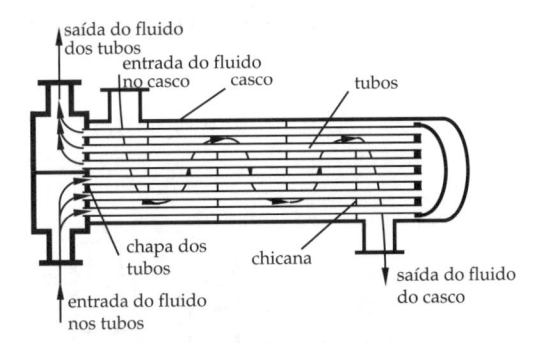

■ **Figura 9.9** Esboço de um trocador de calor casco e tubo 1-2, de passe e cabeçote flutuante.

9.2 Análise dos trocadores de calor casco e tubo

As figuras 9.10 e 9.11 mostram a variação de temperatura de dois fluidos à medida que escoam por um trocador de calor casco e tubo 1-2. A quantidade de calor trocada é dada por

$$q = U_o A_o \Delta t = \dot{m}_w C_{pw}(T_1 - T_2) = \dot{m}_c C_{pc}(t_2 - t_1) \tag{9.1}$$

em que U_o é o coeficiente global de transferência de calor, A_o é a área da superfície externa de todos os tubos e Δt é a diferença de temperatura que se aplica ao trocador de calor casco e tubo 1-2. Se o escoamento que passa pelo trocador de calor for totalmente em contracorrente ou em fluxo paralelo, então Δt será a diferença de temperatura média logarítmica para contracorrente ou fluxo paralelo, respectivamente.

No entanto, o trocador de calor casco e tubo 1-2 é uma combinação dos dois escoamentos, conforme indicado nas figuras 9.10 e 9.11. O método de análise estabelecido envolve o uso da diferença de temperatura média logarítmica (DTML) para contracorrente, como um caso "melhor possível", e um fator de correção, F. Uma equação para o fator de correção, no lugar da sua dedução, será fornecida aqui.

Começaremos introduzindo um novo parâmetro, chamado **fator de temperatura**, definido como

$$S = \frac{t_2 - t_1}{T_1 - t_1}. \qquad (9.2)$$

Observe que o denominador de S é a diferença de temperatura máxima associada ao trocador de calor. Lembre-se da definição de R fornecida anteriormente como

$$R = \frac{\dot{m}_c C_{pc}}{\dot{m}_w C_{pw}} = \frac{(T_1 - T_2)}{(t_2 - t_1)}. \qquad (9.3)$$

Em seguida, temos (sem dedução) o **fator de correção** que envolve S e R, dado como

$$F = \frac{\sqrt{R^2 + 1}\,\ln\,[(1-S)/(1-RS)]}{(R-1)\ln\left[\dfrac{2 - S(R + 1 - \sqrt{R^2 + 1}\,)}{2 - S(R + 1 + \sqrt{R^2 + 1}\,)}\right]}. \qquad (9.4)$$

A diferença de temperatura da Equação 9.1 agora torna-se

$$\Delta t = F\,(DTML_{\text{contracorrente}}) = F\,\frac{(T_1 - t_2) - (T_2 - t_1)}{\ln\,[(T_1 - t_2)/(T_2 - t_1)]}. \qquad (9.5)$$

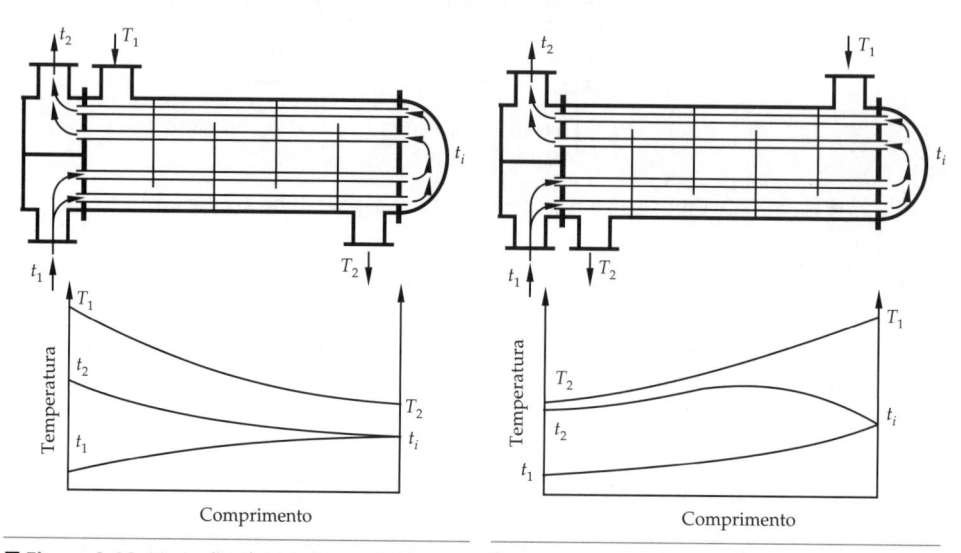

■ **Figura 9.10** Variação de temperatura com o comprimento para fluidos percorrendo um trocador de calor casco e tubo 1-2.

■ **Figura 9.11.** Variação de temperatura com o comprimento para fluidos percorrendo um trocador de calor casco e tubo 1-2; uma configuração alternativa para a Figura 9.10.

O fator de correção F é ilustrado na Figura 9.12 como uma função de S, com R como parâmetro independente. A Figura 9.12 aplica-se ao trocador de calor casco e tubo com uma passagem pelo casco e duas ou mais passagens pelos tubos. Do ponto de vista prático, o fator de correção F é indicativo da eficiência térmica do trocador de calor. Se F for inferior a 0,75, então o trocador de calor estará funcionando em um modo oneroso e com baixa eficiência. Assim, para boa prática, $F \geq 0{,}75$.

Coeficiente global de transferência de calor

A equação para a transferência de calor em um trocador de calor casco e tubo 1-2 é escrita como

$$q = U_o A_o F \frac{(T_1 - t_2) - (T_2 - t_1)}{\ln\left[(T_1 - t_2)/(T_2 - t_1)\right]}. \tag{9.6}$$

O coeficiente global de transferência de calor é encontrado com

$$\frac{1}{U_o} = \frac{DE_t}{h_i DI_t} + \frac{1}{h_o} = \frac{1}{h_t} + \frac{1}{h_o}, \tag{9.7}$$

em que DE_t e DI_t são os diâmetros externo e interno, respectivamente, dos tubos usados.

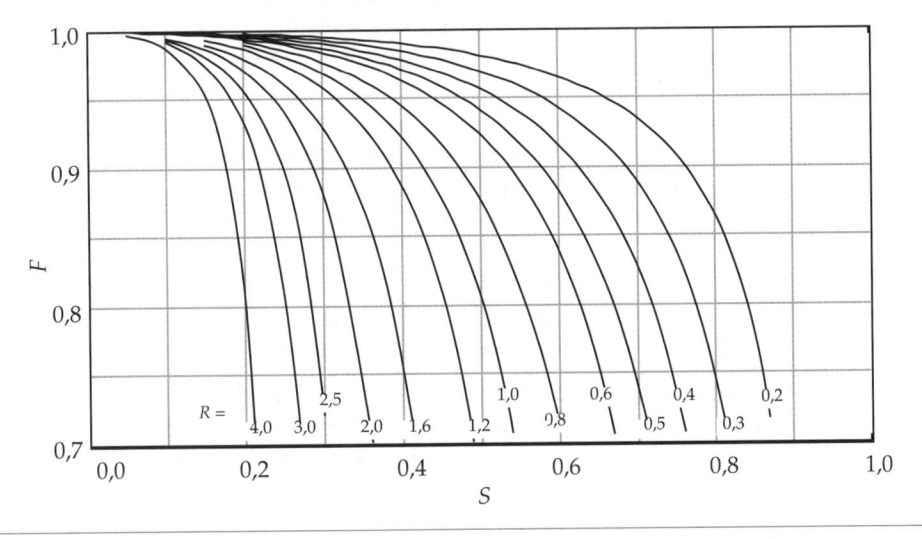

■ **Figura 9.12** Gráfico do fator de correção para o trocador de calor casco e tubo com um passe no casco e dois ou mais passes nos tubos.

Coeficiente de convecção e queda de pressão do lado dos tubos

Para calcular o coeficiente global de transferência de calor na Equação 9.7, precisaremos de equações para h_i e h_o. Esses coeficiente de superfície são encontrados com as equações descritas anteriormente para trocadores de calor de tubo duplo, que se encontram no Capítulo 8.

A queda de pressão encontrada pelo fluido fazendo N_p passagens pelo trocador de calor é um múltiplo da energia cinética do escoamento:

$$\Delta p_{\text{tubos}} = N_p \frac{fL}{DI_t} \frac{\rho V^2}{2}, \tag{9.8}$$

em que f é o fator de atrito e L é o comprimento dos tubos. Além disso, o fluido dos tubos experimenta uma queda de pressão quando é forçado a retornar pelo trocador de calor — ele passa por uma expansão e por uma contração repentinas. A queda de pressão do retorno do fluido na passagem N_p é tratada como perda localizada e é dada em

$$\Delta p_{\text{retorno}} = 4N_p \frac{\rho V^2}{2}, \tag{9.9}$$

em que 4 é encontrado a partir de medidas empíricas. O fluido dos tubos, portanto, experimenta uma queda de pressão fornecida como

$$\Delta p_t = \Delta p_{\text{tubos}} + \Delta p_{\text{retorno}} = N_p \left(\frac{fL}{DI_t} + 4 \right) \frac{\rho V^2}{2}. \tag{9.10}$$

Coeficiente de convecção e queda de pressão no lado do casco

A velocidade do fluido que passa pelo casco varia continuamente, pois a área do escoamento não é constante. O fluido do casco passa em volta dos tubos e das chicanas, e, embora não seja constante, desejamos identificar uma única velocidade representativa. Para isso, usaremos um único comprimento característico ou dimensão para a geometria do casco.

A Figura 9.13 mostra uma seção transversal de um *layout* de passo quadrado. O passo do tubo P_T e o espaço entre os tubos adjacentes C são ambos definidos. Agora, desenvolveremos uma equação para o comprimento equivalente, como fizemos para o trocador de calor de tubo duplo:

$$D_e = \frac{4 \times \text{área}}{\text{perímetro de transferência de calor}}.$$

A área da equação anterior é aquela de um quadrado menos a área de quatro quartos de círculo; ou seja, a área sombreada na Figura 9.13. O perímetro da transferência de calor é aquele de quatro quartos de círculo. Assim, para o passo quadrado,

$$D_e = \frac{4(P_T^2 - \pi DE_t^2/4)}{\pi DE_t}$$

ou $\quad D_e = \dfrac{4P_T^2}{\pi DE_t} - DE_t \quad$ (passo quadrado). $\tag{9.11}$

A Figura 9.14 mostra uma seção transversal de um *layout* de passo triangular. Substituindo na expressão do diâmetro equivalente, temos

$$D_e = \frac{3{,}46 P_T^2}{\pi DE_t} - DE_t \quad \text{(passo triangular).} \tag{9.12}$$

Em seguida, definiremos uma área de escoamento característica para a geometria do casco. Lembremo-nos de que a área do casco não é constante, mas definir uma área é útil para encontrar o coeficiente da película. A área característica A_s do casco é definida como

$$A_s = \frac{D_s CB}{P_T}. \tag{9.13}$$

em que D_s é o diâmetro interno do casco, C é o espaço entre tubos adjacentes (não confundir com razão de capacitância), B é o espaçamento das chicanas e P_T é o passo do tubo. A velocidade do fluido do casco é encontrada com

$$V_s = \frac{\dot{m}}{\rho A_s}. \tag{9.14}$$

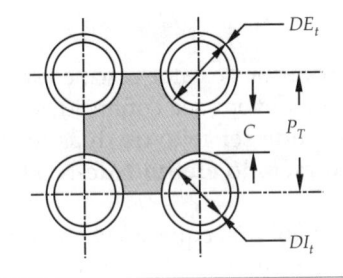

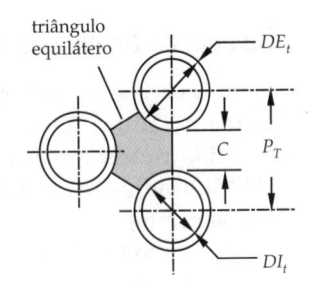

■ **Figura 9.13** Layout de passo quadrado.   ■ **Figura 9.14** Layout de passo triangular.

Além disso, a velocidade mássica do fluido do casco é fornecida por

$$G = \frac{\dot{m}}{A_s} = \rho V_s. \tag{9.15}$$

O número de Nusselt para o fluido do casco é fornecido por uma equação baseada em resultados experimentais obtidos em alguns testes de trocador de calor como

$$\mathrm{Nu} = \frac{h_o D_e}{k_f} = 0{,}36 \mathrm{Re}^{0{,}55} \mathrm{Pr}^{1/3} \tag{9.16}$$

válido para $\quad 2 \times 10^3 \leq \mathrm{Re}_s = V_s D_e/\nu \leq 1 \times 10^6 \quad\quad \mathrm{Pr} = \nu/\alpha > 0$
μ muda moderadamente com temperatura e propriedades avaliadas na temperatura média do fluido
[= (entrada + saída)/2].

O fluido no casco sofre uma queda de pressão quando passa pelo trocador de calor, sobre os tubos e em torno das chicanas. Se os bocais do fluido do casco (portas de entrada e saída) estiverem do mesmo lado do trocador de calor, então o fluido percorrerá um número par de cruzamentos nos feixes de tubos. Se os bocais do casco estiverem em lados opostos, o fluido percorrerá um número ímpar de cruzamentos nos feixes de tubos. O número de cruzamentos no feixe de tubos influencia a queda de pressão. De acordo com o experimento, a queda de pressão sofrida pelo fluido do casco é

$$\Delta p_s = f(N_b + 1) \frac{D_s}{D_e} \frac{\rho V_s^2}{2}, \tag{9.17}$$

em que N_b é o número de chicanas e $N_b + 1$ é o número de vezes em que o fluido do casco cruza o feixe de tubos. O fator de atrito na Equação 9.17 é dado por

$$f = \exp(0{,}576 - 0{,}19 \ln Re_s) \tag{9.18}$$

válido para $\qquad 400 \leq Re_s = V_s D_e / \nu \leq 1 \times 10^6.$

As equações 9.17 e 9.18 são formuladas para incluir perdas de entrada e de saída sofridas pelo fluido do casco. Para um trocador de calor bem projetado, a queda de pressão sofrida por ambos os escoamentos deve ser inferior a 10 psi (70 kPa).

Cálculo de temperatura de saída

Em várias aplicações em que um trocador de calor casco e tubo pode ser usado, as temperaturas de entrada e as vazões devem ser conhecidas e as temperaturas de saída precisam ser calculadas. Isso pode ser feito de duas maneiras: o **método DTML** tradicional (fornecido aqui) e o **método efetividade-NUT** (fornecido na seção seguinte).

No método DTML, continuaremos com uma equação (sem dedução) que foi desenvolvida para prever temperaturas de saída em termos das quantidades R e S definidas anteriormente:

$$\frac{UA_o}{\dot{m}_c C_{pc}} = \frac{1}{\sqrt{R^2 + 1}} \ln \left[\frac{2 - S(R + 1 - \sqrt{R^2 + 1})}{2 - S(R + 1 + \sqrt{R^2 + 1})} \right], \tag{9.19a}$$

em que (como definido anteriormente nesta seção):

$$S = \frac{t_2 - t_1}{T_1 - t_1} \tag{9.2}$$

$$R = \frac{\dot{m}_c C_{pc}}{\dot{m}_w C_{pw}} = \frac{T_1 - T_2}{t_2 - t_1}. \tag{9.3}$$

O parâmetro S deve ser determinado para calcular as temperaturas de saída. Primeiro, definiremos as seguintes quantidades:

$$C_1 = \exp\left[\frac{UA_o}{\dot{m}_c C_{pc}} \sqrt{R^2 + 1} \right]$$

$$C_2 = (R + 1 - \sqrt{R^2 + 1})$$

$$C_3 = (R + 1 + \sqrt{R^2 + 1}).$$

Reorganizando a Equação 9.19a, resolvemos para S, para obter:

$$S = \frac{2(1 - C_1)}{C_2 - C_1 C_3}. \tag{9.19b}$$

A temperatura de saída do fluido resfriado é então determinada resolvendo-se para S, usando 9.19b, e então combinando o resultado com a Equação 9.2, que é reorganizada para dar:

$$t_2 = (T_1 - t_1)S + t_1.$$

A temperatura de saída do fluido aquecido é finalmente calculada com a Equação 9.3, reorganizada para resultar

$$T_2 = T_1 - R(t_2 - t_1). \tag{9.20}$$

Assim como para trocadores de calor de tubo duplo, os trocadores de calor casco e tubo estão sujeitos a depósitos minerais nas superfícies dos tubos e do casco, e o efeito disso é que o calor deve ser transferido por meio de resistências adicionais. Definiremos um coeficiente global de transferência de calor "sujo" ou "de projeto" como

$$\frac{1}{U} = \frac{1}{U_o} + R_{di} + R_{do}. \tag{9.21}$$

O coeficiente de projeto U é usado ao determinar a área necessária para a transferência de calor.

As equações anteriores foram organizadas em uma ordem sugerida, que agora segue.

ORDEM SUGERIDA DE CÁLCULOS PARA
UM TROCADOR DE CALOR CASCO E TUBO

Problema   Enunciado completo do problema.
Discussão   Perdas de calor potenciais; outras fontes de dificuldades.
Pressupostos
1. Existem condições de regime permanente.
2. As propriedades do fluido permanecem constantes e são avaliadas a uma temperatura de _____.

Nomenclatura
1. T refere-se à temperatura do fluido aquecido.
2. t refere-se à temperatura do fluido resfriado.
3. w subscrito refere-se ao fluido aquecido.
4. h subscrito refere-se ao diâmetro hidráulico.
5. c subscrito refere-se ao fluido resfriado.
6. s subscrito refere-se à área ou à dimensão do escoamento no casco.
7. t subscrito refere-se à área ou à dimensão do escoamento nos tubos.
8. 1 subscrito refere-se a uma condição de entrada.
9. 2 subscrito refere-se a uma condição de saída.
10. e subscrito refere-se ao diâmetro equivalente.

A. Propriedades do fluido

$\dot{m}_w =$ $T_1 =$
$\rho =$ $C_p =$
$k_f =$ $\alpha =$
$\nu =$ $\text{Pr} =$

$\dot{m}_c =$ $t_1 =$
$\rho =$ $C_p =$
$k_f =$ $\alpha =$
$\nu =$ $Pr =$

B. Diâmetros dos tubos

$DI_t =$ $DE_t =$
$N_t =$ número de tubos = $N_p =$ número de passagens =

C. Dados do casco

$D_s =$ diâmetro interno do casco =
$B =$ espaçamento das chicanas =
$N_b =$ número de chicanas =
$P_T =$ passo do tubo =
$C = P_T - DE_t =$ (espaço entre tubos adjacentes) =

D. Áreas de escoamento $A_t = N_t \pi (DI_t^2)/4N_p =$
$A_s = D_s CB/P_T =$

E. Velocidades dos fluidos [Passar o fluido com vazão mais alta na seção transversal com maior área.]

$V_t = \dot{m}/\rho A =$ $G_t = \dot{m}/A =$
$V_s = \dot{m}/\rho A =$ $G_s = \dot{m}/A =$

F. Diâmetro equivalente do casco

$$D_e = \frac{4P_T^2 - \pi DE_t^2}{\pi DE_t} = \qquad \left(\begin{array}{c}\text{Passo}\\ \text{quadrado}\end{array}\right)$$

$$D_e = \frac{3{,}46 P_T^2 - \pi DE_t^2}{\pi DE_t} = \qquad \left(\begin{array}{c}\text{Passo}\\ \text{triangular}\end{array}\right)$$

G. Números de Reynolds

$Re_t = V_t DI_t/\nu =$

$Re_s = V_s D_e/\nu =$

H. Números de Nusselt

<u>No lado dos tubos</u>

Equação de Sieder-Tate modificada para escoamento laminar:

$$Nu_t = \frac{h_i DI_t}{k_f} = 1{,}86 \left(\frac{DI_t Re_t Pr}{L}\right)^{1/3}$$

$Re_t < 2.200 \qquad 0{,}48 < Pr = \nu/\alpha < 16.700$

Equação de Dittus-Boelter modificada para escoamento turbulento:

$$Nu_t = \frac{h_i DI_t}{k_f} = 0{,}023 Re_t^{4/5} Pr^n$$

n = 0,4 se o fluido estiver sendo aquecido
n = 0,3 se o fluido estiver sendo resfriado

$Re_t > 10.000;$ $\quad 0{,}7 < Pr = \nu/\alpha < 160;$ $\quad L/D > 60$

Condições:
μ muda moderadamente com temperatura
Propriedades avaliadas na temperatura média do fluido [= (entrada + saída)/2]

<u>No lado do casco</u>

$$Nu_s = \frac{h_o D_e}{k_f} = 0{,}36 Re_s^{0{,}55} Pr^{1/3}$$

$2 \times 10^3 < Re_s = V_s D_e/\nu < 1 \times 10^6$ $Pr = \nu/\alpha > 0$

μ muda moderadamente com a temperatura
Propriedades avaliadas na temperatura média do fluido [= (entrada + saída)/2]

$Nu_t =$

$Nu_s =$

I. Coeficientes de convecção

$h_i = Nu_t k_f / DI_t =$ $\qquad h_t = h_i DI_t / DE_t =$

$h_o = Nu_s k_f / D_e =$

J. Coeficiente do trocador de calor

$\dfrac{1}{U_o} = \dfrac{1}{h_t} + \dfrac{1}{h_o}$ $\qquad U_o =$

K. Cálculos das temperaturas de saída (comprimento do trocador de calor L =   )

$R = \dfrac{\dot{m}_c C_{pc}}{\dot{m}_w C_{pw}} =$ $\qquad A_o = N_t \pi DE_t L =$

$\dfrac{U_o A_o}{\dot{m}_c C_{pc}} =$ $\qquad S =$ $\qquad$ (Equação 9.19b)

$t_2 = S(T_1 - t_1) + t_1 =$

$T_2 = T_1 - R(t_2 - t_1) =$

L. Diferença de temperatura média logarítmica

$$\text{Contracorrente} \quad DTML = \frac{(T_1 - t_2) - (T_2 - t_1)}{\ln\left[(T_1 - t_2)/(T_2 - t_1)\right]} =$$

M. Balanço de calor para os fluidos

$$q_w = \dot{m}_w C_{pw}(T_1 - T_2) =$$

$$q_c = \dot{m}_c C_{pc}(t_2 - t_1) =$$

N. Balanço de calor geral para o trocador de calor

$F =$ (Figura 9.12)

$q = U_o A_o F \, (DTML) =$

O. Fatores de incrustação e coeficiente do projeto

$R_{di} =$ $\qquad R_{do} =$

$\dfrac{1}{U} = \dfrac{1}{U_o} + R_{di} + R_{do} =$ $\qquad U =$

P. Área necessária para transferir calor

$$A_o = \frac{q}{UF \, (DTML)} =$$

$$L = \frac{A_o}{N_t \pi DE_t} =$$

Q. Fatores de atrito

<u>Do lado dos tubos</u>

Escoamento laminar em um tubo:

$$f_t = \frac{64}{\text{Re}_t} \qquad \text{Re}_t < 2.200 \text{ (Etapa G acima)}$$

Escoamento turbulento em um tubo:

Equação de Swamee-Jain

$$f = \frac{0{,}250}{\left\{\log\left[\dfrac{\varepsilon}{3{,}7D} - \dfrac{5{,}74}{(\text{Re})^{0{,}9}}\right]\right\}^2}$$

Do lado do casco

$f_s = \exp(0{,}576 - 0{,}19 \ln \text{Re}_s)$ Re_s da etapa G

$\text{Re}_t =$
$\dfrac{\varepsilon}{DI_t} =$ $\Bigg\}$ $f_t =$

$\text{Re}_s =$ $f_s =$

R. Cálculos de queda de pressão

$$\Delta p_t = \frac{\rho V_t^2}{2}\left(\frac{f_t L}{DI_t} + 4\right) N_p =$$

$$\Delta p_s = \frac{\rho V_s^2}{2}\frac{D_s}{D_e} f_s (N_b + 1) =$$

S. Resumo das informações solicitadas no enunciado do problema

EXEMPLO 9.1

Em uma instalação em que eletricidade é gerada, água condensada (destilada) deve ser refrigerada por meio de um trocador de calor casco e tubo. A água destilada entra no trocador de calor a 43,3 °C, a uma vazão de 21,4 kg/s, e é desejável resfriá-la até 35 °C. O calor será transferido para a água não tratada (de um lago nas imediações), que está disponível a 18,3 °C e a 18,88 kg/s. Cálculos preliminares indicam que pode ser apropriado usar um trocador de calor que tenha um casco com diâmetro interno de 17-¼ pol. (438,2 mm) e tubos de 3/4 pol. (19,05 mm) de DE, 18 tubos BWG com 4,88 m de comprimento. Os tubos são dispostos em um passo triangular de 1 pol. (25,4 mm) e o fluido deles fará duas passagens. O trocador de calor contém chicanas espaçadas de 304,8 mm umas das outras. Analise o trocador de calor proposto para determinar sua conformidade. Passe a água destilada pelos tubos.

Solução: As vazões são maiores aqui do que nos trocadores de calor de tubo duplo. É fundamental, neste problema, avaliar as propriedades na média das temperaturas de entrada e de saída, o que foi feito nos resultados a seguir. Assim, os números desse exemplo foram obtidos após diversas iterações.

Pressupostos
1. Existem condições de regime permanente.
2. As propriedades da água não tratada e da água destilada podem ser obtidas na mesma tabela de propriedades.
3. As propriedades da água não tratada são avaliadas inicialmente a 20 °C, e após diversas iterações, as propriedades são avaliadas a 24,8 °C.
4. As propriedades da água destilada são avaliadas inicialmente a 40 °C, e depois de diversas iterações, a 37,7 °C.
5. Toda perda de calor pela água destilada é transferida para a água não tratada.

Nomenclatura
1. T refere-se à temperatura do fluido aquecido.
2. t refere-se à temperatura do fluido resfriado.

3. w subscrito refere-se ao fluido aquecido.
4. h subscrito refere-se ao diâmetro hidráulico.
5. c subscrito refere-se ao fluido resfriado.
6. s subscrito refere-se à área ou à dimensão do escoamento no casco.
7. t subscrito refere-se à área ou à dimensão do escoamento nos tubos.
8. 1 subscrito refere-se a uma condição de entrada.
9. 2 subscrito refere-se a uma condição de saída.
10. e subscrito refere-se ao diâmetro equivalente.

A. Propriedades do fluido

Água destilada a 37,7 °C
$\dot{m}_w = 21{,}4$ kg/s $T_1 = 43{,}3$ °C
$\rho = 995$ kg/m³ $C_p = 4{,}179$ J/kgK
$k_f = 0{,}625$ W/mK $\alpha = 1{,}5 \times 10^{-7}$ m²/s
$\nu = 7{,}05 \times 10^{-7}$ m²/s Pr = 4,69

Água não tratada a 24,8 °C
$\dot{m}_c = 18{,}88$ kg/s $t_1 = 18{,}3$ °C
$\rho = 62{,}3$ lbm/ft³ $C_p = 4{,}181$ J/kgK
$k_f = 0{,}606$ W/mK $\alpha = 1{,}45 \times 10^{-7}$ m²/s
$\nu = 9{,}16 \times 10^{-7}$ m²/s Pr = 6,32

B. Diâmetro dos tubos

$DI_t = 16{,}55$ mm $DE_t = 19{,}07$ mm
N_t = número de tubos = 196 N_p = número de passagens = 2

C. Dados do casco

D_s = diâmetro interno do casco = 17,25 pol. = 438,2 mm
B = espaçamento das chicanas = 304,8 mm
N_b = número de chicanas = 15
P_T = passo do tubo = 1 pol. = 25,4 mm
C = (espaço entre tubos adjacentes) = $P_T - DE_t$ = 6,33 mm

D. Áreas de escoamento

$A_t = N_t \pi (DI_t^2)/4N_p = 2{,}108 \times 10^{-2}$ m²
$A_s = D_s CB/P_T = 0{,}0333$ m² $A_s > A_t$

E. Velocidades dos fluidos

Água destilada $V_t = \dot{m}/\rho A = 1{,}02$ m/s $G_t = \dot{m}/A = 1015{,}2$ kg/m²·s
Água não tratada $V_s = \dot{m}/\rho A = 0{,}57$ m/s $G_s = \dot{m}/A = 571{,}3$ kg/m²·s

F. Diâmetro equivalente do casco

$$D_e = \frac{3{,}46 P_T^2 - \pi DE_t^2}{\pi OD_t} = 17{,}99 \text{ m} \quad \left(\begin{array}{c}\text{passo} \\ \text{triangular}\end{array}\right)$$

G. Números de Reynolds

Água destilada $\text{Re}_t = V_t DI_t / \nu = 23{,}945$
Água não tratada $\text{Re}_s = V_s D_e / \nu = 11{,}193$

H. Números de Nusselt

Água destilada $\quad Nu_t = 117$

Água não tratada $\quad Nu_t = 127$

I. Coeficientes de convecção

Água destilada $\quad h_i = Nu_t k_f / DI_t = 4.418 \quad\quad h_t = h_i DI_t / DE_1 = 3.837 \, W/(m^2 \, K)$

Água não tratada $\quad h_o = Nu_s k_f / D_e = 4.264 \, W/(m^2 K)$

J. Coeficiente do trocador de calor

$$\frac{1}{U_o} = \frac{1}{h_t} + \frac{1}{h_o} \quad\quad U_o = 2.016 \, W/(m^2 \, K)$$

K. Cálculos das temperaturas de saída (comprimento do trocador de calor $L = 4{,}88$ m)

$$R = \frac{\dot{m}_c C_{pc}}{\dot{m}_w C_{pw}} = 0{,}8831 \quad\quad A_o = N_t \pi \, DE_t \, L = 57{,}25 \, m^2$$

$$\frac{U_o A_o}{\dot{m}_c C_{pc}} = 1{,}460 \quad\quad S = 0{,}546 \quad\quad \text{(Equação 9.19b)}$$

Água destilada $T_2 = T_1 - R(t_2 - t_1) = 31{,}28 \, °C$ (novo)

Água não tratada $t_2 = S(T_1 - t_1) + t_1 = 32 \, °C$ (novo)

L. Diferença de temperatura média logarítmica

$$Contracorrente \; DTML = \frac{(T_1 - t_2) - (T_2 - t_1)}{\ln{[(T_1 - t_2)/(T_2 - t_1)]}} = 12{,}1°C$$

M. Balanço de calor para os fluidos

Água destilada $\quad q_w = \dot{m}_w C_{pw}(T_1 - T_2) = 1{,}075 \times 10^6 \, W$

Água não tratada $\quad q_c = \dot{m}_c C_{pc}(t_2 - t_1) = 1{,}075 \times 10^6 \, W$

N. Balanço de calor geral para o trocador de calor

$$F = 0{,}772 \quad\quad \text{(Equação 9.4)}$$

$$q = U_o A_o F \, (DTML) = 1{,}075 \times 10^6 \, W$$

O. Fatores de incrustação e coeficiente do projeto

$R_{di} = 1{,}32 \times 10^{-4} \, m^2 K/W \quad\quad R_{do} = 1{,}32 \times 10^{-4} \, m^2 K/W$

$$\frac{1}{U} = \frac{1}{U_o} + R_{di} + R_{do} \quad\quad U = 1.317 \, W/(m^2 K)$$

P. Temperaturas de saída para o coeficiente de projeto

Sem detalhar os cálculos, as temperaturas de saída para $U = 1317$ W/(m² K) são calculadas como

Água destilada $\quad T_2 = T_1 - R(t_2 - t_1) = 32{,}94\ °C \quad$ (após 1 ano)

Água não tratada $\quad t_2 = S(T_1 - t_1) + t_1 = 30{,}1\ °C \quad$ (após 1 ano)

Q. Fatores de atrito

Água destilada
$$\left.\begin{array}{l} Re_t = 2{,}4 \times 10^4 \\ \dfrac{\varepsilon}{DI_t} = \text{liso} \end{array}\right\} \quad f_t = 0{,}025$$

Água não tratada $\quad Re_s = 1{,}11 \times 10^4 \quad\quad f_s = 0{,}303$

R. Cálculos de queda de pressão

Água destilada $\quad \Delta p_t = \dfrac{\rho V_t^2}{2}\left(\dfrac{f_t L}{DI_t} + 4\right) N_p = 11{,}7$ kPa

Água não tratada $\quad \Delta p_s = \dfrac{\rho V_s^2}{2}\dfrac{D_s}{D_e} f_s (N_b + 1) = 19$ kPa

S. Resumo do desempenho

$T_2 = 35\ °C$ (necessária)

$T_1 = 43{,}3\ °C$ (destilada)	$t_1 = 18{,}3\ °C$ (não tratada)
$\Delta p = 11{,}7$ kPa (destilada)	$\Delta p = 19$ kPa (não tratada)
$R_d = 1{,}32 \times 10^{-4}$ m² K/W (destilada)	$R_d = 1{,}32 \times 10^{-4}$ m²K/W (não tratada)
Novo	**Após 1 ano**
$U_0 = 2.016$ W/(m² K)	$U = 1.317$ W/(m² K)
$T_2 = 31{,}28\ °C$ (destilada)	$T_2 = 32{,}94\ °C$ (destilada)
$T_2 = 32\ °C$ (não tratada)	$t_2 = 30{,}1\ °C$ (não tratada)
$q = 1.075$ MW	$q = 1.075$ MW

A temperatura de saída necessária é 35 °C ($= T_2$), e esse trocador de calor excede esse requisito quando incrustado. O trocador de calor é apropriado: ambas as quedas de pressão são inferiores a 69 kPa, e F é superior a 0,75.

9.3 Análise da efetividade-NUT

Assim como com os trocadores de calor de tubo duplo, o método de efetividade--NUT pode ser aplicado para trocadores de calor casco e tubo. Com os trocadores de calor de tubo duplo, o método de efetividade-NUT era tão fácil quanto utilizar o método DTML; já com os trocadores de calor casco e tubo, – esse método oferece uma nítida vantagem.

No exemplo anterior, o cálculo da temperatura de saída exigia que se encontrasse primeiro o fator de temperatura S. Agora, S é encontrado na Equação 9.19b, que foi informada anteriormente como

$$S = \frac{2(1 - C_1)}{C_2 - C_1 C_3}. \tag{9.19b}$$

A temperatura de saída do fluido resfriado é então calculada com a Equação 9.2, reorganizada para resultar:

$$t_2 = (T_1 - t_1)S + t_1.$$

A temperatura de saída do fluido aquecido é finalmente calculada com a Equação 9.3, reorganizada para resultar:

$$T_2 = T_1 - R(t_2 - t_1). \tag{9.20}$$

O método de efetividade-NUT oferece uma alternativa para avaliar as temperaturas de saída do trocador de calor casco e tubo. As equações para esse método, estabelecidas inicialmente no Capítulo 7, são repetidas aqui.

A efetividade E é definida como

$$E = \frac{t_2 - t_1}{T_1 - t_1} \qquad \text{(se } \dot{m}_c C_{pc} < \dot{m}_w C_{pw}\text{)} \tag{9.22}$$

$$E = \frac{T_1 - T_2}{T_1 - t_1} \qquad \text{(se } \dot{m}_w C_{pw} < \dot{m}_c C_{pc}\text{)} \tag{9.23}$$

e

$$E = \frac{q}{q_{\text{máx}}},$$

em que q é o calor real transferido, dado por

$$q = E\,(\dot{m}C_p)_{\text{mín}}\,(T_1 - t_1). \tag{9.24}$$

e $q_{\text{máx}}$ é

$$q_{\text{máx}} = (\dot{m}C_p)_{\text{mín}}\,(T_1 - t_1). \tag{9.25}$$

Se a efetividade do trocador de calor em questão for conhecida, a taxa de transferência de calor poderá ser encontrada com a Equação 9.24. As equações de efetividade foram deduzidas para muitos tipos de trocadores de calor e, normalmente, contêm um termo chamado **número de unidades de transferência**, N, definido como

$$N = \frac{UA}{(\dot{m}C_p)_{\text{mín}}}. \tag{9.26}$$

Também definimos o que é conhecido como **razão de capacitâncias** C, que é sempre menor que 1:

$$C = \frac{(\dot{m}C_p)_{\text{mín}}}{(\dot{m}C_p)_{\text{máx}}} < 1.$$

Com referência à Tabela 8.4, a efetividade para um trocador de calor casco e tubo 1-2 é dada por:

$$E = 2\left\{1 + C + \frac{1 + \exp[-N(1 + C^2)^{1/2}]}{1 - \exp[-N(1 + C^2)^{1/2}]}(1 + C^2)^{1/2}\right\}^{-1}. \tag{9.27}$$

Essa equação aplica-se a um trocador de calor que apresenta 1 passagem no casco, e 2, 4, 6 passagens nos tubos, e assim por diante. A Figura 9.15 é um gráfico dessa equação, com o número de unidades de transferência N no eixo horizontal. A efetividade, que varia de 0 a 1, é apresentada no gráfico no eixo vertical.

Ao analisar um trocador de calor da mesma forma que no Exemplo 9.1, a efetividade pode ser usada para calcular as temperaturas de saída. O procedimento é o mesmo realizado no exemplo, exceto que a efetividade E é calculado antes de S; quando se conhece a efetividade, as temperaturas de saída são encontradas com

$$\left.\begin{array}{l} t_2 = t_1 + E(T_1 - t_1) \\ T_2 = T_1 - C(t_2 - t_1) \end{array}\right\} \quad \left(\text{se } \dot{m}_c C_{pc} < \dot{m}_w C_{pw} \text{ com } E = \frac{t_2 - t_1}{T_1 - t_1}\right)$$

ou, no caso oposto,

$$\left.\begin{array}{l} T_2 = T_1 - E(T_1 - t_1) \\ t_2 = t_1 + C(T_1 - T_2) \end{array}\right\} \quad \left(\text{se } \dot{m}_w C_{pw} < \dot{m}_c C_{pc} \text{ com } E = \frac{T_1 - T_2}{T_1 - t_1}\right).$$

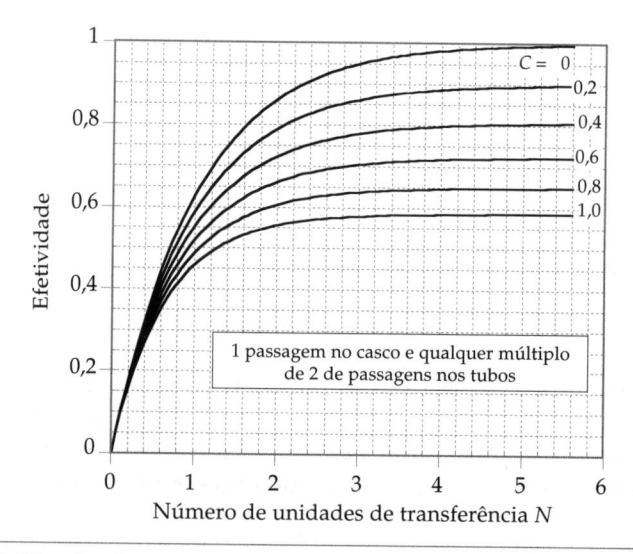

■ **Figura 9.15** Gráfico de efetividade-NUT para trocador de calor casco e tubo com uma passagem no casco e qualquer múltiplo de duas passagens nos tubos.

Encontrar S ainda é necessário para avaliar o fator de correspondência F, mas após as temperaturas de saída serem conhecidas, podemos usar $S = (t_2 - t_1)/(T_1 - t_1)$.

Como afirmado anteriormente, o método DTML é difícil (mas não impossível) de aplicar em razão da natureza da Equação 9.19, que não pode ser resolvida na forma fechada para S. O método de efetividade-NUT é mais conveniente, porque o uso da Equação 9.27 para efetividade é mais fácil de ser aplicado. Ambos os métodos dão resultados idênticos para a temperatura de saída.

EXEMPLO 9.2

Em uma instalação em que se fabrica detergente, benzeno deve ser resfriado de 51,7 °C usando água, que está disponível a 18,3 °C. Condições de processo requerem uma vazão do benzeno de 18,9 kg/s. A vazão da água é de 22,68 kg/s. Está disponível para esse serviço um trocador de calor casco e tubo que apresenta um casco com DI de 17¼ pol. (438,2 mm) e contém 13 tubos BWG DE ¾, com 4,88 m de comprimento. Os tubos são dispostos em um passo triangular de 1 pol. (25,4 mm) e o fluido dos tubos fará duas passagens. O trocador de calor contém 10 chicanas espaçadas de maneira uniforme. Analise o sistema proposto e faça uma previsão das temperaturas de saída, bem como das quedas de pressão. Passe o benzeno pelos tubos e use as seguintes propriedades para o benzeno:

47 °C	$\rho = 850$ kg/m³	$C_p = 1.781$ J/kg K
	$k_f = 0{,}129$ W/mK	$v = 5{,}33 \times 10^{-7}$ m²/s
27 °C	$\rho = 876$ kg/m³	$C_p = 1.731$ J/kg K
	$k_f = 0{,}143$ W/mK	$v = 6{,}71 \times 10^{-7}$ m²/s

Solução: Aqui, as vazões são superiores com as de trocadores de calor de tubo duplo. É fundamental neste problema avaliar as propriedades na média das temperaturas de entrada e de saída, o que foi feito no caso a seguir e reflete o resultado de várias iterações.

Pressupostos
1. Existem condições permanentes.
2. As propriedades do benzeno são avaliadas após várias iterações a 40,55 °C.
3. As propriedades da água são avaliadas após várias iterações a 22,2 °C.
4. Toda perda de calor pelo benzeno é transferida para a água.

Nomenclatura
1. T refere-se à temperatura do fluido aquecido.
2. t refere-se à temperatura do fluido resfriado.
3. w subscrito refere-se ao fluido aquecido.
4. h subscrito refere-se ao diâmetro hidráulico.
5. c subscrito refere-se ao fluido resfriado.
6. s subscrito refere-se à área ou à dimensão do escoamento no casco.
7. t subscrito refere-se à área ou à dimensão do escoamento nos tubos.
8. 1 subscrito refere-se a uma condição de entrada.
9. 2 subscrito refere-se a uma condição de saída.
10. e subscrito refere-se ao diâmetro equivalente.

A. Propriedades do fluido

Benzeno a 40,55 °C
$\dot{m}_w = 18{,}9$ kg/s
$\rho = 859$ kg/m³
$k_f = 0{,}134$ W/mK
$v = 5{,}78 \times 10^{-7}$ m²/s

$T_1 = 51{,}7$ °C
$C_p = 1.763$ J/kgK
$\alpha = 8{,}83 \times 10^{-8}$ m²/s
$\Pr = 6{,}54$

Água a 22,2 °C
$\dot{m}_c = 22{,}68$ kg/m³
$\rho = 1.000$ kg/m³
$k_f = 0{,}6$ W/mK
$v = 9{,}66 \times 10^{-7}$ m²/s

$t_1 = 18{,}3$ °C
$C_p = 4.182$ J/kgK
$\alpha = 1{,}49 \times 10^{-7}$ m²/s
$\Pr = 6{,}72$

B. Diâmetros do tubo
$DI_t = 16{,}55$ mm $\qquad DE_t = 19{,}07$ mm
N_t = número de tubos = 196 $\quad N_p$ = número de passagens = 2

C. Dados do casco
D_s = diâmetro interno do casco = 17,25 pol. = 438,2 mm
B = espaçamento da chicana = 0,445 m
N_b = número de chicanas = 10
P_T = passo do tubo = 1 pol. = 25,4 mm
C = (espaçamento entre tubos adjacentes) = $P_T - DE_t$ = 6,33 mm

D. Áreas de escoamento
$A_t = N_t \pi (DI_t^2)/4N_p = 2{,}108 \times 10^{-2}$ m²
$A_s = D_s C B / P_T = 0{,}05$ m²

E. Velocidades do fluido

Benzeno $V_t = \dot{m}/\rho A = 1{,}04$ m/s $\qquad G_t = \dot{m}/A = 896{,}5$ kg/m²·s
Água não tratada $V_s = \dot{m}/\rho A = 0{,}454$ m/s $\qquad G_s = \dot{m}/A = 453{,}6$ kg/m²·s

F. Diâmetro equivalente do casco

$$D_e = \frac{3{,}46 P_T^2 - \pi DE_t^2}{\pi DE_t} = 17{,}99 \text{ mm} \qquad \left(\begin{array}{c}\text{passo}\\\text{triangular}\end{array}\right)$$

G. Números de Reynolds

Benzeno $\mathrm{Re}_t = V_t DI_t / v = 29.933$
Água $\mathrm{Re}_s = V_s D_e / v = 8.453$

H. Números de Nusselt

Benzeno $\mathrm{Nu}_t = 154$
Água $\mathrm{Nu}_s = 111$

I. Coeficientes de convecção

Benzeno $h_i = \mathrm{Nu}_t k_f / DI_t = 1.244$ W/(m² K) $\qquad h_t = h_i DI_t / DE_t = 1.079$ W/(m²K)
Água $h_o = \mathrm{Nu}_s k_f / D_e = 3.725$ W/(m² K)

J. Coeficiente do trocador de calor

$$\frac{1}{U_o} = \frac{1}{h_t} + \frac{1}{h_o} \qquad U_o = 835 \text{ W/(m}^2\text{K)}$$

K. Cálculos da temperatura de saída (comprimento do trocador de calor $L = 4,88$ m)

$$R = \frac{\dot{m}_c C_{pc}}{\dot{m}_w C_{pw}} = 2,843 \qquad A_o = N_t \pi\, DE_t\, L = 57,25\ \text{m}^2$$

$$C = \frac{(\dot{m}C_p)_{\text{mín}}}{(\dot{m}C_p)_{\text{máx}}} = 0,352 \qquad N = \frac{UA}{(\dot{m}C_p)_{\text{mín}}} = 1,44$$

$$E = 2\left\{1 + C + \frac{1 + \exp[-N(1+C^2)^{1/2}]}{1 - \exp[-N(1+C^2)^{1/2}]}(1+C^2)^{1/2}\right\}^{-1} = 0,666$$

$$\dot{m}_w C_{pw} < \dot{m}_c C_{pc} \qquad T_2 = T_1 - E(T_1 - t_1)$$

$$t_2 = t_1 + C(T_1 - T_2)$$

Benzeno $T_2 = 29,4\ °C$
Água $t_2 = 26,1\ °C$

L. Diferença de temperatura média logarítica

$$\text{Contracorrente DTML} = \frac{(T_1 - t_2) - (T_2 - t_1)}{\ln[(T_1 - t_2)/(T_2 - t_1)]} = 17,33\ °C$$

M. Balanço de calor para os fluidos

Benzeno $q_w = \dot{m}_w C_{pw}(T_1 - T_2) = 7,4 \times 10^5$ W
Água $q_c = \dot{m}_c C_{pC}(t_2 - t_1) = 7,4 \times 10^5$ W

N. Balanço de calor geral para o trocador de calor

$$S = \frac{t_2 - t_1}{T_1 - t_1} = 0,234$$

$F = 0,772$ (Figura 9.12)

$q = U_o A_o F\,(DTML) = 7,4 \times 10^5$ W

O. Fatores de incrustação e coeficiente do projeto

$R_{di} = 1,76 \times 10^{-4}\ \text{m}^2\text{K/W} \qquad R_{do} = 1,32 \times 10^{-4}\ \text{m}^2\text{K/W}$

$\dfrac{1}{U} = \dfrac{1}{U_o} + R_{di} + R_{do} \qquad U = 664\ \text{W/(m}^2\text{K)}$

Repetindo os cálculos de temperatura de saída com o coeficiente do projeto, as temperaturas de saída são calculadas como:

Benzeno $T_2 = T_1 - R(t_2 - t_1) = 31,7\ °C$ (após 1 ano)
Água não tratada $t_2 = S(T_1 - t_1) + t_1 = 25,55\ °C$ (após 1 ano)

P. Área necessária para transferir calor – NA

Q. Fatores de atrito

Benzeno $\left. \begin{array}{l} Re_t = 2{,}99 \times 10^4 \\ \dfrac{\varepsilon}{DI_t} = \text{liso} \end{array} \right\}$ $f_t = 0{,}024$

Água $Re_s = 8453$ $f_s = 0{,}319$

R. Cálculos de queda de pressão

Benzeno $\Delta p_t = \dfrac{\rho V_t^2}{2} \left(\dfrac{f_t L}{DI_t} + 4 \right) N_p = 10{,}2 \text{ kPa}$

Água $\Delta p_s = \dfrac{\rho V_s^2}{2} \dfrac{D_s}{D_e} f_s (N_b + 1) = 8{,}8 \text{ kPa}$

S. Resumo das informações

$T_1 = 51{,}7$ °C (benzeno)	$t_1 = 18{,}3$ °C (água)
$\Delta p = 10{,}2$ kPa (benzeno)	$\Delta p = 8{,}8$ kPa (água)
$R_d = 1{,}76 \times 10^{-4}$ m²K/W (benzeno)	$R_d = 1{,}32 \times 10^{-4}$ m²K/W (água)
Novo	**Após 1 ano**
$U_0 = 835$ W/(m²K)	$U = 664$ W/(m²K)
$T_2 = 29{,}4$ °C (benzeno)	$T_2 = 31{,}7$ °C (benzeno)
$t_2 = 26{,}1$ °C (água)	$t_2 = 25{,}55$ °C (água)
$q = 7{,}4 \times 10^5$ W	$q = 7{,}4 \times 10^5$ W

O trocador de calor é apropriado. Ambas as quedas de pressão são inferiores a 70 kPa. F é superior a 0,75.

9.4 Recuperação de calor aumentada em trocadores de calor casco e tubo

Os termos **aproximação** e **cruzamento** costumam ser usados quando analisamos trocadores de calor, para referir-se à relação entre as temperaturas de saída de ambos os fluidos. A **aproximação** é definida como a diferença nas temperaturas de saída, mais quente menos mais fria $T_2 - t_2$, e tem significância se $T_2 > t_2$. Costumamos dizer que, no percurso do fluido pelo trocador de calor, ele apresenta temperaturas de saída "em aproximação" uma da outra. Por outro lado, se $t_2 > T_2$, então $t_2 - T_2$ é chamada de **temperatura cruzada**, ou seja, à medida que os fluidos escoam pelo trocador de calor, suas temperaturas de saída (na verdade perfis de temperaturas) "cruzam" uma com a outra.

Cálculos executados em equipamentos de casco e tubo mostram que o fator de correção F diminui com a aproximação decrescente. Assim, quanto mais próximas as temperaturas de saída estiverem uma da outra, menor será o fator de correção F. Isso é um ponto importante quando se considera que F deve ser igual ou maior que 0,75 para uma operação eficiente. Em geral, F será igual a 0,75 para uma temperatura cruzada no intervalo de 0° a 10 °C. O exemplo a seguir ilustra o efeito que a aproximação e o cruzamento exercem sobre o fator de correção.

EXEMPLO 9.3

Determine o fator de correção F dos casos a seguir.

a. $T_1 = 270\ °C$ $t_1 = 20\ °C$
    $T_2 = 170\ °C$ $t_2 = 120\ °C$
    (a aproximação é $170 - 120 = 50\ °C$)

b. $T_1 = 220\ °C$ $t_1 = 20\ °C$
    $T_2 = 120\ °C$ $t_2 = 120\ °C$
    (a aproximação é $120 - 120 = 0\ °C$)

c. $T_1 = 200\ °C$ $t_1 = 20\ °C$
    $T_2 = 100\ °C$ $t_2 = 120\ °C$
    (o cruzamento é $120 - 100 = 20\ °C$)

Solução: Observe que, em todos os casos, as temperaturas do fluido resfriado mantêm-se as mesmas, enquanto as temperaturas do fluido aquecido são modificadas. Além disso, as diferenças para cada fluido (ou seja, $T_1 - T_2$ e $t_1 - t_2$) são 100 °C, novamente para todos os casos. Para encontrar o fator de correção, primeiro calcularemos R e S. Para as referidas temperaturas, temos

a. 50 °C temperatura de aproximação

$$R = \frac{T_1 - T_2}{t_2 - t_1} = \frac{100}{100} = 1,0$$

$$S = \frac{t_2 - t_1}{T_1 - t_1} = \frac{100}{250} = 0,4$$

$F = 0,925$ (Figura 9.12)

b. 0 °C temperatura de aproximação

$R = 1,0$
$S = 0,5$

$F = 0,8$ (Figura 9.12)

c. 20 °C temperatura de cruzamento

$R = 1,0$
$S = 0,556$

$F = 0,64$ (Equação 9.4)

O fator R é constante para essas combinações, mas o fator de temperatura S não. A diferença nas temperaturas de entrada $T_1 - t_1$ foi alterada nos cálculos, de forma que os efeitos da temperatura de aproximação em F poderiam ser investigados. Vemos que, à medida que S aumenta, F diminui; principalmente, à medida que a aproximação diminui, o fator de correção também diminui. Concluímos que a efetividade de um trocador de calor casco e tubo 1-2 aumenta com o aumento na diferença de temperaturas de entrada ou com a diminuição das temperaturas de aproximação.

Quando um trocador de calor casco e tubo 1-2 apresenta um fator de correção F inferior a 0,75, então ele está operando em uma aplicação inferior à desejável. É possível melhorar o desempenho conectando dois trocadores de calor em série, conforme ilustrado esquematicamente na Figura 9.16.

A configuração apresentada na Figura 9.16 mostra que o fluido do casco passa duas vezes pelos trocadores de calor *combinados*, enquanto o fluido dos tubos passa por eles quatro vezes. Essa configuração é chamada de trocador de calor casco e tubo 2-4. A análise dessa combinação é idêntica àquela para o trocador 1-2, exceto que o fator de correção F é diferente. A Figura 9.17 mostra uma configuração alternativa para um trocador de calor casco e tubo 2-4 que usa um único casco. A presença de uma chicana longitudinal faz o fluido do casco passar duas vezes, e modificações nas extremidades fazem o fluido dos tubos passar quatro vezes. A Figura 9.18 é um gráfico do fator de correção F para o trocador de calor 2-4, similar ao da Figura 9.12. Caso um trocador de calor casco e tubo 1-2 apresente um fator de correção F baixo demais, um trocador de calor 2-4 geralmente será aceitável.

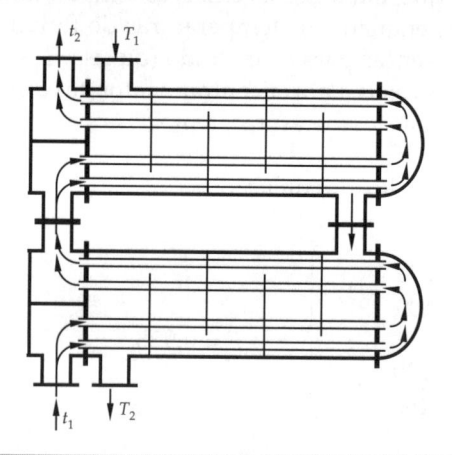

■ **Figura 9.16** Dois trocadores de calor casco e tubo 1-2 conectados em série para formar um trocador de calor 2-4.

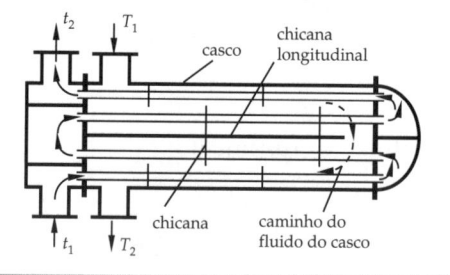

■ **Figura 9.17** Um trocador de calor casco e tubo 2-4 usando um único casco.

Para modelar um trocador de calor casco e tubo 2-4 usando o método de efetividade-NUT, é necessária uma equação de efetividade. Para essa disposição, temos

$$E_{2\text{-}4} = \left[\left(\frac{1-E_{1\text{-}2}C}{1-E_{1\text{-}2}}\right)^2 - 1\right]\left[\left(\frac{1-E_{1\text{-}2}C}{1-E_{1\text{-}2}}\right)^2 - C\right]^{-1}, \qquad (9.28)$$

em que $E_{2\text{-}4}$ é a efetividade do trocador de calor 2-4 e $E_{1\text{-}2}$ é a efetividade do trocador de calor 1-2, conforme indicado na Equação 9.27. A Figura 9.19 é um gráfico da Equação 9.28.

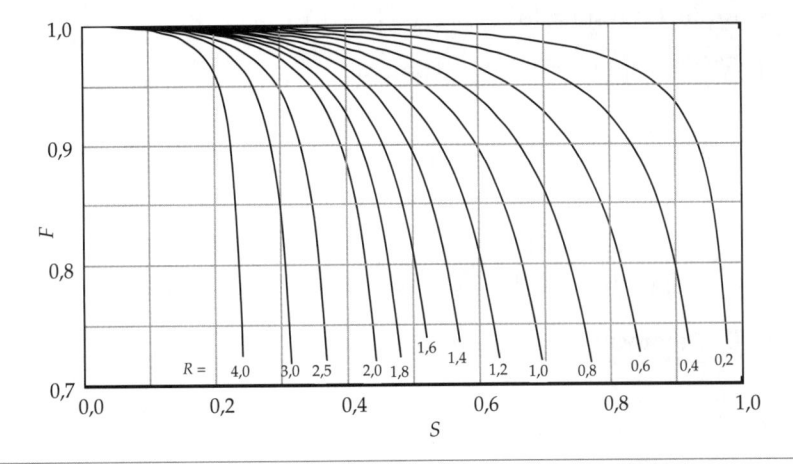

■ **Figura 9.18** Gráfico do fator de correção para um trocador de calor casco e tubo 2-4.

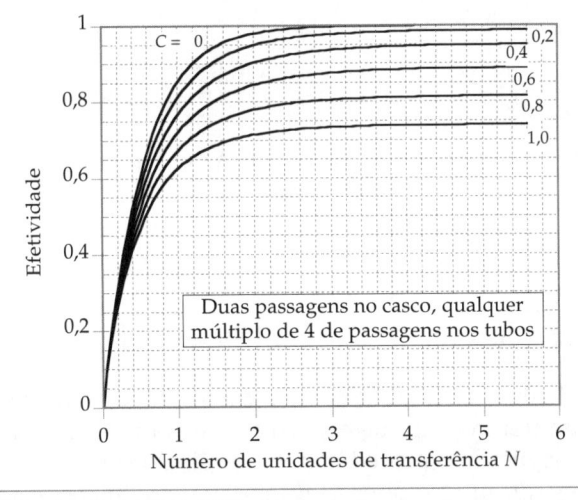

■ **Figura 9.19** Gráfico de efetividade-NUT para trocador de calor casco e tubo com duas passagens no casco e qualquer múltiplo de quatro de passagens nos tubos.

EXEMPLO 9.4

Repita os cálculos do Exemplo 9.3 para encontrar o fator de correção F para um trocador de calor casco e tubo 2-4. Os dados desse exemplo são os seguintes:

a. $T_1 = 270\ °C$ $t_1 = 20\ °C$
      $T_2 = 170\ °C$ $t_2 = 120\ °C$
      (a aproximação é $170 - 120 = 50\ °C$)

b. $T_1 = 220\ °C$ $t_1 = 20\ °C$
      $T_2 = 120\ °C$ $t_2 = 120\ °C$
      (a aproximação é $120 - 120 = 0\ °C$)

c. $T_1 = 200\ °C$ $t_1 = 20\ °C$
      $T_2 = 100\ °C$ $t_2 = 120\ °C$
      (o cruzamento é $120 - 100 = 20\ °C$)

Solução: Os resultados para cada caso são:

a. 50 °C temperatura de aproximação

$$R = \frac{T_1 - T_2}{t_2 - t_1} = \frac{100}{100} = 1,0$$
$$S = \frac{t_2 - t_1}{T_1 - t_1} = \frac{100}{250} = 0,4$$

$F = 0,98$ (Figura 9.19)

b. 0 °C temperatura de aproximação

$R = 1,0$
$S = 0,5$

$F = 0,96$ (Figura 9.19)

c. 20 °C temperatura de cruzamento

$R = 1,0$
$S = 0,556$

$F = 0,93$ (Figura 9.19)

Como mostrado, o fator de correção é maior para o trocador de calor 2-4 do que para o 1-2 com as mesmas temperaturas.

9.5 Considerações do projeto do trocador de calor casco e tubo

Os cálculos do trocador de calor casco e tubo realizados na seção anterior foram feitos para um trocador de calor real. Esses problemas são relativamente fáceis de resolver, seguindo o procedimento do cálculo sugerido. Existe outra classe de problemas em que um trocador de calor deve ser dimensionado para executar determinada tarefa. Por exemplo, dadas as temperaturas de entrada, vazões e temperaturas de saída desejadas, qual o tamanho do trocador de calor necessário para realizar a tarefa? Os cálculos para um determinado problema podem ser feitos como no capítulo anterior, presumindo um determinado tamanho de trocador de calor e avaliando o seu desempenho. Deve-se observar, entretanto, que vários trocadores de calor podem fazer a tarefa, e uma análise por meio de tentativa e erro para encontrar um ideal pode levar um tempo considerável. Apresentaremos aqui um método de tentativa e erro estruturado capaz de economizar tempo.

Considerações do lado dos tubos

Vazões mais altas em um trocador de calor casco e tubo 1-2 fornecem uma taxa de transferência de calor maior (maior velocidade → número de Reynolds mais alto → número de Nusselt mais alto → coeficiente de convecção mais alto). No entanto, à medida que a vazão aumenta, aumenta também a queda de pressão. No Capítulo 8, a equação do número de Nusselt para escoamento turbulento em um duto circular é

$$\text{Nu}_t = \frac{h_i DI_t}{k_f} = 0,023 \text{Re}^{4/5} \text{Pr}^n, \qquad (9.29)$$

em que $Re = VD/\nu$ e $Pr = \nu/\alpha$. Assim, o coeficiente de convecção varia com $V^{0,8}$. A queda de pressão no tubo é fornecida por

$$\Delta p_t = \frac{\rho V^2}{2} \times \text{(fatores geométricos)}. \tag{9.30}$$

A queda de pressão varia com o quadrado da velocidade média no duto V^2. Um aumento na velocidade aumentará o coeficiente de convecção, que é acompanhado por um aumento maior na queda de pressão.

O número de passagens do fluido nos tubos pode variar de um a oito, embora raramente se utilize uma única passagem e, em cascos maiores, o número de passagens chegue a 16. Em trocadores de calor casco e tubo 1-2, o pior desempenho é obtido com o máximo de espaçamento das chicanas e duas passagens nos tubos. Como indicado nas equações anteriores, o coeficiente de convecção do fluido nos tubos e a queda de pressão para escoamento turbulento variam de acordo com

$$h_i \propto V_t^{0,8}$$
$$\Delta p_t \propto V_t^2 L.$$

Para efeito de comparação, calculamos a razão entre os coeficientes de convecção de oito passagens de fluido nos tubos para duas passagens do fluido como

$$\frac{h_{i(8 \text{ passagens})}}{h_{i(2 \text{ passagens})}} = \frac{[8V_t]^{0,8}}{[2V_t]^{0,8}} = 3{,}03.$$

Da mesma forma, para a queda de pressão,

$$\frac{\Delta p_{t(8 \text{ passagens})}}{\Delta p_{t(2 \text{ passagens})}} = \frac{[8V_t]^2 \cdot 8}{[2V_t]^2 \cdot 2} = 64.$$

Assim, aumentando de duas para oito passagens nos tubos, o coeficiente de convecção para o fluido dos tubos aumenta em um fator de 3, enquanto a queda de pressão aumenta em um fator de 64.

Outro fator a ser considerado quando se dimensiona um trocador de calor é o comprimento do tubo. A tubulação está disponível em vários tamanhos, mas devem ser usados os tamanhos padrões (2,44, 3,66 ou 4,88 m). O tamanho do trocador é ditado pelos custos associados à limpeza, pelo espaço disponível e pelos tamanhos normalmente usados em outros trocadores de calor na instalação.

Considerações do lado do casco

Com base na experiência com equipamento casco e tubo, o espaçamento das chicanas varia de acordo com:

Espaçamento máximo da chicana $B = DI$ do casco

$$\left.\begin{array}{l} \text{Espaçamento mínimo da chicana } B = \dfrac{DI \text{ do casco}}{5} \\[2mm] \phantom{\text{Espaçamento mínimo da chicana }} B = 57{,}2 \text{ mm} \end{array}\right\} \begin{pmatrix} \text{o que for} \\ \text{maior} \end{pmatrix}.$$

Assim, o espaçamento das chicanas pode ser alterado por um fator de 5 entre os valores mínimo e máximo. Para um espaçamento amplo das chicanas, o escoamento do fluido no casco tende a ser mais axial do que transversal ao feixe de tubos. Para um espaçamento menor, existe vazamento excessivo entre as chicanas e o casco e entre as chicanas e os tubos.

Considere também a variação no coeficiente de convecção do lado do casco. Das equações para o número de Nusselt, o coeficiente de convecção do lado do casco e a queda de pressão variam de acordo com

$$h_o \propto V^{0,55}$$

$$\Delta p_s \propto V_s^2 (N_b + 1),$$

em que N_b é o número de chicanas e $N_b + 1$ é o número de vezes que o fluido do casco cruza o feixe de tubos e o número de espaços entre as chicanas de uma extremidade a outra dentro do trocador de calor. Para a variação no espaçamento das chicanas entre o máximo e o mínimo, calculamos

$$\frac{h_{o\,\text{mín}}}{h_{o\,\text{máx}}} = \frac{[5V_s]^{0,55}}{[V_s]^{0,55}} = 2,24.$$

Da mesma forma, para a queda de pressão,

$$\frac{\Delta p_{s\,\text{mín}}}{\Delta p_{s\,\text{máx}}} = \frac{[5V_s]^2 \cdot 5}{[V_s]^2 \cdot 1} = 125.$$

Assim, alterando o espaçamento das chicanas de seu valor mínimo para o máximo, a queda de pressão no casco é aumentada em um fator de 125, enquanto o coeficiente de convecção é alterado por um fator de apenas 2,24.

Fatores e procedimentos diversos

Outros fatores participam do processo de especificação de um trocador de calor para uma determinada tarefa. Por exemplo, se um dos fluidos tiver a tendência de incrustar mais as superfícies do que o outro, este deverá passar pelos tubos. Caso esse fluido mais facilmente incrustante escoe no casco, ele incrustará as superfícies externas dos tubos e a superfície interna do casco; todavia, ao passar pelos tubos, ele incrustará somente a superfície interna deles, que é mais fácil de limpar. Diâmetros maiores de tubo devem ser usados para fluidos que os incrustam rapidamente. Da mesma forma, um fluido corrosivo que requeira um metal especial deve passar pelos tubos, porque, do contrário, o metal especial deve ser usado para o casco também. Por fim, se ambos os fluidos não apresentarem tendência a incrustar, o fluido de pressão mais alta deverá passar pelos tubos, evitando a necessidade de um casco de parede mais grossa e as despesas decorrentes disso.

O método de dimensionamento é iniciado presumindo-se um tamanho para o trocador de calor, e esse tamanho estimado deve ser pequeno, a fim de selecionar o menor trocador de calor possível, que trabalhará sujeito às seguintes restrições:

- O trocador de calor deve ser o **menor** possível.
- O **fator de correção** F deve ser igual ou maior do que 0,75.
- A **velocidade** do fluido dos tubos deve estar dentro da variação **ideal**, como foi calculada com os métodos do Capítulo 4 ou da Tabela 8.3.

- O trocador de calor, quando incrustado, ainda deverá **fornecer a troca de energia necessária**; portanto, o coeficiente global limpo deverá ser maior que o valor do projeto. Assim, quando o trocador de calor for novo, ele excederá o desempenho necessário, ou seja, as temperaturas de saída serão maiores que as esperadas, e quando incrustado, seu desempenho será como projetado ou melhor. A tabela de fator de incrustação fornece as melhores aproximações para a incrustação que existirá após 1 ano.
- A **queda de pressão total** para os dois fluidos deve ser menor do que 10 psi (70 kPa).

Encontrar um trocador de calor que atenda a esses critérios envolve um procedimento de tentativa e erro. Realizar cálculos à mão pode representar um gasto de tempo significativo; no entanto, uma planilha pode ser usada para obter grande vantagem nessa aplicação. O método é ilustrado no próximo exemplo.

EXEMPLO 9.5

Gasolina [$\rho = 701$ kg/m^3, $\mu = 5{,}12 \times 10^{-4}$ Pa·s, $C_p = 2.094$ J/kgK, e $k_f = 0{,}138$ W/mK] fluindo a 8,82 kg/s deve ser resfriada de 93,3 °C para 48,9 °C usando água canalizada a uma temperatura de entrada de 26,7 °C. Determine as especificações para um trocador de calor que executará esse serviço.

Solução: A vazão da água é necessária para continuar resolvendo esse problema. Podemos obter uma estimativa fazendo um balanço de calor como um cálculo preliminar.

Balanço de calor para os fluidos

Gasolina $q_w = \dot{m}_w C_{pw}(T_1 - T_2) = 8{,}82(2.094)(93{,}3 - 48{,}9) = 8{,}2 \times 10^5$ W

H$_2$O $q_c = \dot{m}_c C_{vc}(t_2 - t_1) = \dot{m}_c(4.179)(t_2 - 26{,}7) = 8{,}2 \times 10^5$ W

Algumas combinações de $\dot{m}_c$ e t_2 podem ser selecionadas para atender à equação acima. Usaremos o fator correção para ajudar a encontrar t_2. Primeiro iremos calcular as razões R e S:

$$R = \frac{\dot{m}_c C_{pc}}{\dot{m}_w C_{pw}} = \frac{T_1 - T_2}{t_2 - t_1} \qquad S = \frac{t_2 - t_1}{T_1 - t_1}.$$

Substituindo,

$$R = \frac{93{,}3 - 48{,}9}{t_2 - 26{,}7} \qquad S = \frac{t_2 - 26{,}7}{93{,}3 - 26{,}7}.$$

Com referência à Figura 9.12, podemos compor a seguinte tabela para diversos valores da temperatura de saída t_2 do fluido resfriado:

t_2 (°C)	R	S	F
32,2	8	0,0833	~0,98
37,8	4	0,1667	~0,95
43,3	2,67	0,25	~0,88
48,9	2	0,333	~0,83

Valores de F são obtidos com a Figura 9.12 ou a Equação 9.4. Para essa tentativa, usaremos arbitrariamente uma temperatura de saída da água de $t_2 = 35{,}6\ °C$, e isso será feito apenas para obtermos um valor útil para a vazão da água (gostaríamos de evitar uma pequena temperatura de aproximação). A vazão da água de resfriamento, então, torna-se

$$\dot{m}_c = \frac{8{,}2 \times 10^5}{4.179(35{,}6 - 26{,}7)} = 22{,}05\ kg/s.$$

Alguns projetistas tornam a velocidade mássica ($G = \rho V$) de ambos os fluidos iguais, a fim de obter uma estimativa da vazão da água. Usando 22,05 kg/s, agora podemos continuar com os cálculos.

DI do casco e roteamento do fluido

Começaremos presumindo um diâmetro para o casco, selecionado aleatoriamente. Neste exemplo, iniciaremos com um casco com DI de 13¼ (336,6 mm). Se ele for muito grande, a temperatura de saída de 48,9 °C será excedida e poderemos rejeitá-lo. Se o trocador de calor for muito pequeno, o requisito da temperatura de saída não será atingido. Selecionaremos o número de passagens com base na queda de pressão do fluido nos tubos. Tanto a gasolina (um líquido orgânico) quanto a água incrustam as superfícies a uma taxa aproximada de $1{,}76 \times 10^{-4}\ m^2 K/W$. Então, arbitrariamente, escolhemos passar a gasolina pelos tubos, embora pudéssemos ter escolhido passar a água. A velocidade ideal da gasolina é presumida como aproximadamente 1,83 m/s.

Diâmetro dos tubos

Para essa primeira tentativa, usaremos DI de ¾ pol., tubos 13 BWG com um passo quadrado de 1 pol. Esse é o menor diâmetro nas tabelas (diâmetros menores de tubulação estão disponíveis comercialmente). O tamanho 13 BWG é comum, e o passo quadrado de 1 pol. emprega menos tubos que um passo triangular.

Número de tubos

Consultamos as tabelas de contagem de tubos para um casco com DI de 13¼. Para uma primeira tentativa, selecionaremos quatro passagens para uma contagem de 82 tubos. Os cálculos mostram que a queda de pressão do fluido nos tubos excederá ~70 kPa; portanto, usaremos duas passagens. A contagem dos tubos torna-se 90 para uma queda de pressão do fluido nos tubos de 20 kPa.

Comprimento do trocador de calor e número de chicanas

Selecionamos o número de chicanas com base no comprimento do trocador de calor. Na primeira tentativa, usaremos o menor comprimento de tubo padrão de 2,44 m. Comprimentos de 2,44 m, 3,66 m e 4,88 m são padrões, embora qualquer comprimento possa ser adquirido. O número máximo de chicanas que usaremos será aquele que tornará o espaçamento delas igual ou inferior ao DI do casco. Nesse caso, usaremos sete chicanas, com um espaçamento de 305 mm (DI do casco é 13¼ = 1,104 pés = 336,6 mm).

Quando o trocador de calor é selecionado, são feitos cálculos para determinar as temperaturas de saída, o fator de correção e as quedas de pressão. Calculamos que, para essa configuração, a temperatura de saída da gasolina é 60,55 °C, o fator de correção é 0,982, a queda de pressão em ambos é inferior a ~70 kPa, e a velocidade da gasolina (fluido dos tubos) é 1,77 m/s. Assim, esse trocador de calor é rejeitado porque não pode atender ao requisito da temperatura de saída.

Continuaremos, em seguida, presumindo um comprimento de 3,66 m, e depois tentaremos 4,88 m como o trocador de calor mais longo com casco desse diâmetro. Prosseguiremos com um casco de maior diâmetro, e tentaremos os comprimentos de 2,44 m, 3,66 m e 4,88 m. Continuaremos dessa maneira, até que todos os requisitos sejam atendidos. A Tabela 9.3 resume todas as tentativas e fornece a solução final. Os cálculos foram feitos com uma planilha, e os valores de propriedade foram interpolados para todos os casos usando uma média das temperaturas de entrada e de saída para cada fluido.

Comentários sobre os resultados

Com referência à Tabela 9.3, vimos que o sexto trocador de calor atende a quase todos os critérios, exceto que, após a ocorrência de incrustação, a temperatura de saída é de 49,45 °C, quando o necessário seria 48,9 °C, e essa é uma circunstância infeliz.

O trocador de calor da tentativa 8 atende a todos os critérios. Enquanto novo, esse trocador de calor entregará gasolina a uma temperatura de saída de 41,1 °C com um coeficiente global de transferência de calor de 1.027 W/m²s, e depois de um ano, terá ocorrido incrustação e o coeficiente global de transferência de calor terá se tornado 755 W/m²s. A temperatura de saída da gasolina, então, torna-se 46,67 °C.

■ Tabela 9.3 Solução do exemplo 9.5.

Tentativa	D_s mm	N_t	N_p	L m	N_b	t_2 °C	F	Δp_t kPa	Δp_s kPa	adequado
1	336,6	90	2	2,44	7	60,55	0,98	20	11,03	R1
2	336,6	90	2	3,66	10	52,22	0,961	26,2	12,41	R1
3	336,6	90	2	4,88	14	46,11	0,931	31,7	17,93	R2
4	387,4	124	2	2,44	6	58,89	0,979	11,03	6,21	R1
5	387,4	124	2	3,66	9	50,00	0,954	13,79	8,27	R1
6	387,4	124	2	4,88	12	44,44	0,919	17,24	10,34	R2
7	438,2	158	4	2,44	5	48,33	0,946	17,24	3,59	R2
8	438,2	158	4	3,66	8	41,11	0,882	66,20	5,52	S

Observações: Todas as tentativas com DI de ¾ pol, tubos 13 BWG em um passo quadrado de 1 pol. R_d = 1,76 × 10^{-4}m²K/W para ambos os líquidos. Coluna "adequado": R1 = não atende ao requisito de temperatura. R2 = funciona quando novo, mas não após ocorrer incrustação. S = satisfatório.

É interessante considerar o caso em que se seleciona um trocador de calor muito grande. Por exemplo, suponha que iniciamos com um casco com diâmetro interno de 31 pol. (787,4 mm), três chicanas, oito passagens, 560 tubos e um comprimento de 2,44 m. Nessa configuração, a temperatura de saída da gasolina, quando o trocador de calor for novo, será de 36,67 °C, com um fator de correção F de 0,779, e, após um ano, a temperatura de saída da gasolina seria 38,33 °C. Ambas as quedas de pressão são inferiores a ~70 kPa. Assim, esse trocador de calor também atende a todos os critérios, embora seja maior do que precisamos. O trocador de calor com DI de 17¼ pol. (438,2 mm) é menor e funciona de maneira satisfatória, sem acrescentar despesa de mais 402 tubos e um casco maior.

Resumo das informações solicitadas na descrição do problema

Especificações do trocador   Diâmetro do casco = 438,2 mm
Passagens do fluido do casco =1
Passagens do fluido dos tubos = 4
Número de tubos = 158, 3,66 m de comprimento
Número de chicanas = 8
Tubos = DE de ¾ pol., 13 BWG passo quadrado de 25 mm
Vazão mássica de água resfriada = 22,05 kg/s

Previsão de desempenho	Novo	Parâmetro	Após 1 ano
	41,1 °C	T_2	46,67 °C
	0,882	F	0,935
	66,2 kPa	Δp_t	63 kPa
	5,52 kPa	Δp_s	5,52 kPa
	37,2 °C	t_2	36,11 °C

9.6 Análise da temperatura ideal de saída da água

Considere uma usina elétrica convencional, que faz uso de água não tratada de uma fonte próxima como meio de resfriamento. Essa aplicação é bastante comum; portanto, é desejável formular um modelo para otimizar tal sistema. Embora o modelo seja para um problema em que a água é o meio de resfriamento, os resultados podem ser aplicados a outros fluidos se os custos do fluido de resfriamento forem conhecidos. O processo de otimização torna-se o de minimizar os custos e determinar a temperatura ideal da água (ou fluido) de resfriamento. Esse conceito está ilustrado na Figura 9.20.

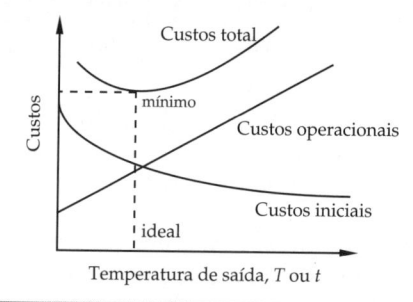

■ **Figura 9.20** Relações de custos no equipamento casco e tubo que tem uma função de temperatura de saída.

Por outro lado, é possível usar uma grande quantidade de água de resfriamento para obter um pequeno aumento de temperatura. Se fizermos isso, precisaremos de menos área de superfície menor e poderemos usar um trocador de calor menor; assim, o investimento original será menor, mas teremos um custo operacional maior. No entanto, uma pequena vazão da água de resfriamento exigirá uma área de superfície maior e será necessário usar um trocador de calor maior, o que representará um investimento original maior, mas os custos operacionais serão reduzidos. Diante desses dois extremos, a conclusão é que deve haver um ponto operacional ideal, que minimize os custos iniciais mais os operacionais.

O modelo que formularemos resultará um custo anual para o trocador de calor — o custo anual total é a soma do custo anual da água (fluido de resfriamento) e dos custos fixos, como manutenção, depreciação, amortização e assim em diante. Com relação a essa discussão, a compensação está entre a área de superfície A_o e a vazão mássica $\dot{m}_c$. É apropriado incluir essas quantidades como variáveis primárias na análise. Assim, para a água de resfriamento,

$$q = \dot{m}_c C_{pc}(t_2 - t_1) = UA_o F \,(DTML). \tag{9.31}$$

Da Equação 9.31,

$$\dot{m}_c = \frac{q}{C_{pc}(t_2 - t_1)}$$

e

$$A_o = \frac{q}{UF(DTML)}.$$

O custo anual da água é dado por

$$C_{H_2O} = C_W \dot{m}_c t, \tag{9.32}$$

em que: C_{H_2O} é o custo de água por ano, com dimensões de MU/ano ($/ano);
C_W é o custo da água por massa em unidade com dimensões de MU/M ($/lbm ou $/kg);
$\dot{m}_c$ é a vazão mássica da água (o meio de resfriamento) com dimensões de M/T (lbm/s ou kg/s); e,
t é o número de horas por ano em que o trocador de calor está em operação (h/ano).

O custo operacional ou anual do trocador de calor incluirá amortização, custos de bombeamento e manutenção. Essas quantidades poderão ser todas incluídas em um único termo, que é expresso por unidade de área. Assim,

$$C_A = C_f A_o, \tag{9.33}$$

em que: C_A é o custo do trocador por ano, com dimensões de MU/ano ($/ano);
C_F é o custo anual do trocador de calor em uma base por unidade de pé quadrado com dimensões de MU/L² ($/ft² ou $/m²); e,
A_o é a área da superfície de transferência de calor do trocador de calor (a área da superfície externa de todos os tubos) com dimensões de L² (ft² ou m²).

O custo total do trocador de calor por ano, então, torna-se

$$C_T = C_{H_2O} + CA = C_W \dot{m}_c t + C_F A_O.$$

Substituindo a vazão mássica e a área, temos

$$C_T = \frac{C_W t q}{C_{pc}(t_2 - t_1)} + \frac{C_F q}{UF(DTML)}.$$

Em termos de temperatura de entrada e de saída, a equação precedente torna-se

$$C_T = \frac{C_W tq}{C_{pc}(t_2 - t_1)} + \frac{C_F q}{UF\left(\frac{(T_1 - t_2) - (T_2 - t_1)}{\ln[(T_1 - t_2)/(T_2 - t_1)]}\right)}. \qquad (9.34)$$

A etapa seguinte envolve diferenciar essa expressão com relação à temperatura de saída t_2 do líquido de resfriamento (água), a fim de minimizar o custo total. Tomando a derivada parcial $\partial C_T / \partial t_2$ e fazendo o resultado igual a zero, após considerável manipulação,

$$\frac{UFtC_W}{C_F C_{pc}} \left(\frac{(T_1 - t_2) - (T_2 - t_1)}{t_2 - t_1}\right)^2 = \ln\frac{T_1 - t_2}{T_2 - t_1} - \left(1 - \frac{T_2 - t_1}{T_1 - t_2}\right). \qquad (9.35)$$

Essa equação é representada graficamente na Figura 9.21 (veja Problema 9.11 para o procedimento). A razão $UFtC_W/C_F C_{pc}$ é indicada no eixo horizontal, que varia de 0,1 a 10. A razão de temperatura $(T_1 - t_2)/(T_2 - t_1)$, que varia de 0,1 a 10, é indicada no eixo vertical, com $(T_1 - T_2)/(T_2 - t_1)$ aparecendo no gráfico como uma variável independente. É mais fácil usar o gráfico da Figura 9.21 para encontrar a temperatura de saída ideal da água do que resolvê-la (estilo tentativa e erro) com a Equação 9.35.

EXEMPLO 9.6

Um trocador de calor casco e tubo utiliza água como meio de resfriamento. Dados sobre esse trocador de calor em particular são fornecidos a seguir. Use-os para calcular a temperatura de saída ideal da água de resfriamento. Presuma que o trocador de calor esteja em operação 7.800 h/ano, que os custos da água sejam $1,32/(100 m³) e que o custo anual de operação do trocador de calor some $ 215,30/(m² de área de superfície-ano).

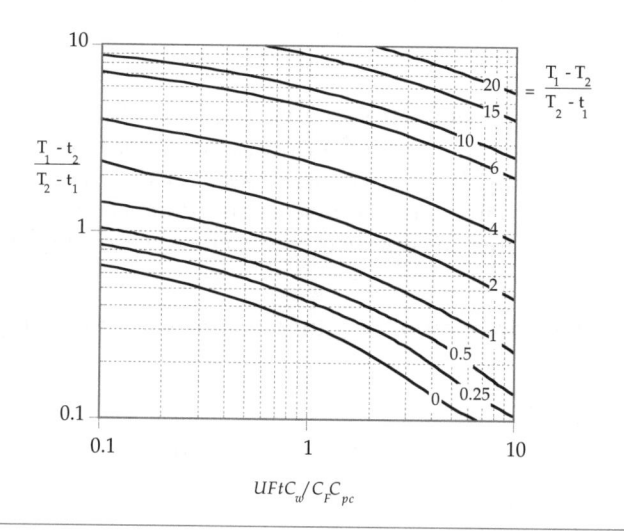

■ **Figura 9.21** Gráfico para encontrar a temperatura de saída ideal do fluido de resfriamento.

$A_0 = 99,8 \text{ m}^2$
$C_{pc} = 4179 \text{ J/kg K}$
$U = 613 \text{ W/m}^2 \text{ K}$
$F = 0,817$

$T_1 = 93,3 \text{ °C}$
$T_2 = 37,8 \text{ °C}$
$t_1 = 26,7 \text{ °C}$
$\rho = 994 \text{ kg/m}^3$

Solução: O custo da água, dado como $\$1,32/(100 \text{ m}^3)$, deverá ser convertido de unidades monetárias por volume para unidades monetárias por unidade de massa. Assim,

$$C_W = \frac{\$1,32}{100 \text{ m}^3} \frac{1}{994}$$

ou $C_W = \$1,33 \times 10^{-5}/\text{kg}$.

Agora, calcularemos a razão adimensional:

$$\frac{UFtC_W}{C_F C_{pc}} = \frac{613(0,817)(7.800)(1,33 \times 10^{-5})}{215,3(4.179)(1/3.600)} = 0,208.$$

A razão de temperatura que precisamos é encontrada como

$$\frac{T_1 - T_2}{T_2 - t_1} = \frac{93,3 - 37,8}{37,8 - 26,7} = 5.$$

Na Figura 9.21, lemos

$$\frac{T_1 - t_2}{T_2 - t_1} \approx 5,0.$$

A temperatura de saída ideal da água, então, é

$$t_2 = T_1 - 5,0(T_2 - t_1) = 93,3 - 5,0(37,8 - 26,7)$$

ou $t_2 = 37,8 \text{ °C}$.

Nesse ponto, é esclarecedor calcular o fator de correção F, como uma verificação dos resultados. Primeiro, determinaremos S e R:

$$S = \frac{t_2 - t_1}{T_1 - t_1} = \frac{37,8 - 26,7}{93,3 - 26,7} = 0,1667$$

$$R = \frac{\dot{m}_c C_{pc}}{\dot{m}_w C_{pw}} = \frac{(T_1 - T_2)}{(t_2 - t_1)} = \frac{93,3 - 37,8}{37,8 - 26,7} = 5.$$

Para um trocador de calor casco e tubo 1-2, a Equação 9.4 dá

$$F \approx 0,817.$$

9.7 Mostrar e contar

1. Obtenha um catálogo de trocadores de calor casco e tubo e faça uma apresentação dos vários projetos que estão disponíveis. Discuta especialmente aqueles que foram usados para resolver problemas de expansão.
2. Como os trocadores de calor casco e tubo são limpos? Faça uma apresentação sobre os dispositivos usados para essa finalidade.
3. Diversos fabricantes, como Dow Chemical e Monsanto, comercializam o que é conhecido comercialmente como "fluidos de transferência de calor". O que são esses fluidos e para que são projetados? Faça uma apresentação sobre fluidos de transferência de calor e suas propriedades.

9.8 Problemas

Análise de trocadores de calor existentes

1. Durante uma fase de separação dos componentes do petróleo bruto, o óleo deve ser aquecido por água em um trocador de calor casco e tubo 1-4. O óleo apresenta uma vazão de 13,86 kg/s e entra no trocador de calor a 48,9 °C, enquanto a água entra no trocador de calor a uma vazão de 8,32 kg/s e a uma temperatura de 82,2 °C. É recomendado usar um trocador de calor que tenha um casco com DI de 23¼ pol. (590,6 mm), contendo tubos 13 BWG, com diâmetro externo de 1 pol., dispostos em passo quadrado de 1¼ pol. Os 192 tubos têm 3,66 m de comprimento e o trocador de calor contém seis chicanas. Determine as temperaturas de saída esperadas e as quedas de pressão quando o trocador de calor é novo. Passe o óleo pelos tubos e suponha que o óleo apresente as seguintes propriedades:

   $C_p = 2.050$ J/(kg-K) $\rho = 740$ kg/m³
   $\mu = 0,0034$ Pa·s $k_f = 0,132$ W/(m·K)

2. Um trocador de calor casco e tubo de DI de 12 pol. (305 mm) 1-2 é usado com água como meio de resfriamento. Querosene [$C_p = 2.530$ J/(kg·K), $\rho = 800$ kg/m³, $\mu = 4 \times 10^{-4}$ Pa·s, e $k_f = 0,133$ W/(m·K)] a uma temperatura de entrada de 104,4 °C e uma vazão de 12,6 kg/s deve ser resfriado com água disponível a 21,1 °C e uma vazão de 12,1 kg/s. O trocador de calor contém 45 tubos com DE de 1 pol., comprimento de 1,83 m, 13 BWG, dispostos em passo quadrado de 1¼ pol. Analise completamente o trocador de calor e determine se ele é apropriado para esse serviço, considerando que ele contém 6 chicanas espaçadas de maneira uniforme. Determine as temperaturas de saída esperadas e as quedas de pressão quando o trocador de calor é novo. Passe a água pelos tubos.
3. Dióxido de carbono líquido a uma vazão de 110.000 kg/h deve ser aquecido de 0 °C a 20 °C em um trocador de calor casco e tubo 1-2. A água está disponível a uma vazão de 112.500 kg/h e a uma temperatura de 40 °C. À disposição está um trocador de calor casco e tubo 1-2 com DI de 25 pol. (635 mm) composto de tubos 10 BWG de ¾ pol. dispostos em passo triangular de 1 pol. Os tubos têm 2 m de comprimento e o trocador de calor contém três chicanas. Determine as temperaturas de saída esperadas e as quedas de pressão quando o trocador de calor é novo. Passe o dióxido de carbono pelos tubos e suponha que as propriedades do CO_2 sejam

   A 0 °C: $Cp = 2.470$ J/(kg·K)   Sp. Gr. = 0,926
             $kf = 0,104\ 5$ W/(m·K) $\nu = 1,08 \times 10^{-7}$ m²/s
   A 10 °C: $Cp = 3.140$ J/(kg·K)   Sp. Gr. = 0,860
             $kf = 0,097\ 1$ W/(m·K) $\nu = 1,01 \times 10^{-7}$ m²/s

4. Querosene a 93,3 °C escoa a uma taxa de 18,9 kg/s e deve ser resfriado para 87,8 °C. Petróleo bruto está disponível a 21,1 °C e escoa a uma taxa de 18,9 kg/s. É proposto o uso de um trocador de calor casco e tubo com DI de 21¼ pol. (540 mm), contendo tubos 13 BWG com diâmetro externo de 1 pol., dispostos em um passo quadrado de 1¼ pol. Os 166 tubos

têm 4,57 m de comprimento, o espaçamento entre as chicanas é de 305 mm e o fluido dos tubos fará quatro passagens pelo trocador de calor. Determine as temperaturas de saída esperadas e as quedas de pressão quando o trocador de calor é novo. Passe o petróleo bruto pelos tubos e suponha que as propriedades do fluido sejam

Querosene:
$C_p = 2.470$ J/kg K $\rho = 730$ kg/m³
$k_f = 0{,}132$ W/m K $\mu = 4 \times 10^{-4}$ Pa·s

Petróleo bruto:
$C_p = 2.052$ J/Kg K $\rho = 830$ kg/m³
$k_f = 0{,}133$ W/m K $\mu = 3{,}6 \times 10^{-3}$ Pa·s

5. Uma solução de açúcar ($\rho = 1.080$ kg/m³, $C_p = 3.601$ J/(kg·K), $k_f = 0{,}576\ 4$ W/(m·K) e $\mu = 1{,}3 \times 10^{-3}$ N·s/m²) escoa a uma vazão de 60.000 kg/h e deve ser aquecida de 25 °C para 40 °C. Água a 95 °C está disponível a uma vazão de 75.000 kg/h. É proposto o uso de um trocador de calor casco e tubo 1-2 com DI de 12 pol., contendo tubos 16 BWG com DE de ¾ pol., 1 m de comprimento e dispostos em um passo quadrado de 1 pol. O trocador de calor contém três chicanas espaçadas uniformemente. O trocador de calor será apropriado? Se não for, ele poderá ser usado com vazão de água duplicada? Encontre as temperaturas de saída para a configuração que funciona quando o trocador de calor é novo.

6. As medidas de temperaturas de entrada e saída dos fluidos que percorrem um trocador de calor são

$T_1 = 82{,}2$ °C $T_2 = 26{,}7$ °C
$t_1 = 10$ °C $t_2 = 37{,}8$ °C

Qual fluido apresenta maior capacitância? Calcule E_c para esse trocador de calor.

7. As medidas de temperaturas de entrada e saída dos fluidos que percorrem um trocador de calor são

$T_1 = 35$ °C $T_2 = 32{,}2$ °C
$t_1 = -3{,}9$ °C $t_2 = 4{,}44$ °C

Determine o fator de correção F se essas temperaturas existirem nos seguintes trocadores de calor:
a. Um trocador de calor de tubo duplo operando em contracorrente.
b. Um trocador de calor casco e tubo 1-2.

Deduções

8. Usando a definição de diâmetro equivalente D_e, mostre que, para um *layout* de passo triangular,

$$D_e = \frac{3.46 P_T^2}{\pi DE_t} - DE_t$$

9. Para escoamento turbulento, o desenvolvimento na Seção 9.5 mostrou que o coeficiente de convecção aumenta em um fator de 3,03 diante do aumento de duas para oito passagens em um trocador de calor casco e tubo 1-2. A queda de pressão correspondente aumenta em um fator de 64. Repita esses cálculos para condições de escoamento laminar.

10. Inicie com a Equação 9.34 e deduza a Equação 9.35.

11. A equação para temperatura de saída ideal da água de resfriamento foi deduzida como

$$\frac{UFtC_W}{C_F C_{pc}}\left(\frac{(T_1-t_2)-(T_2-t_1)}{t_2-t_1}\right)^2 = \ln\frac{T_1-t_2}{T_2-t_1}-\left(1-\frac{T_2-t_1}{T_1-t_2}\right)$$

Diante de certas condições operacionais e parâmetros econômicos, essa equação pode ser resolvida para t_2. Agora, t_2 aparece em ambos os lados dessa equação e é difícil resolvê-la diretamente, mas um gráfico que nos permitisse resolver para t_2 seria conveniente. A tarefa torna-se identificar razões para uso dos parâmetros do gráfico. Para o eixo horizontal, definimos

$$x = \frac{UFtC_W}{C_F C_{pc}}.$$

Para o eixo vertical, definimos

$$y = \frac{T_1 - t_2}{T_2 - t_1}.$$

a. Verifique se a equação a ser resolvida se torna

$$x\left(\frac{(T_1 - t_2) - (T_2 - t_1)}{t_2 - t_1}\right)^2 = \ln y - (1 - 1/y).$$

Se pudermos expressar o termo entre parênteses do lado esquerdo com uma expressão linear em termos de y e algum outro parâmetro, poderemos determinar as escalas para um gráfico. Definiremos um novo termo independente que não contenha t_2 (encontrado por tentativa e erro) como

$$A = \frac{T_1 - T_2}{T_2 - t_1}.$$

b. Mostre que

$$\frac{(T_1 - t_2) - (T_2 - t_1)}{t_2 - t_1} = \frac{y - 1}{A - y + 1}.$$

Assim, A poderá ser usado como um parâmetro independente, com x e y, para produzir um gráfico.

Temperatura de saída ideal da água de resfriamento

12. Calcule a temperatura de saída ideal da água para as condições dadas a seguir. Presuma que o trocador de calor esteja em operação há 7.800 h/ano, que os custos de água sejam \$1,32/(100 m³) e que as despesas fixas anuais somem \$215,30/(m²·ano).

$A_o = 57{,}25 \text{ m}^2$ $\quad T_1 = 54{,}4 \text{ °C}$
$C_{pc} = 4.182 \text{ J/kg K}$ $\quad T_2 = 36{,}9 \text{ °C}$
$U = 1.277 \text{ W/m}^2 \text{ K}$ $\quad t_1 = 18{,}3 \text{ °C}$
$F = 0{,}775$ $\quad \rho = 1.000 \text{ kg/m}^3$

13. Quanto muda a temperatura de saída do fluido de resfriamento t_2 se o trocador de calor do problema anterior estiver em operação por apenas 4.000 h/ano?

14. Calcule a temperatura de saída ideal da água para as condições dadas a seguir. Presuma que o trocador de calor esteja em operação por 7.800 h/ano, que os custos de água sejam \$0,05/(4 m³) e que as despesas fixas anuais somem \$150/(m²·ano).

$A_o = 6{,}6 \text{ m}^2$ $\quad T_1 = 121 \text{ °C}$
$C_{pc} = 4.179 \text{ J/(kg·K)}$ $\quad T_2 = 103 \text{ °C}$
$U = 1.073 \text{ W/(m}^2\text{·K)}$ $\quad t_1 = 24 \text{ °C}$
$F = 0{,}995$ $\quad \rho = 1.000 \text{ kg/m}^3$

15. Calcule a temperatura de saída ideal da água para as condições dadas a seguir. Presuma que o trocador de calor esteja em operação por 7.800 h/ano, que os custos de água sejam $0,04/(4 m^3) e que as despesas fixas anuais somem $160/(m^2·ano).

$A_o = 23,1$ m^2 $T_1 = 93$ °C
$C_{pc} = 4,179$ J/(kg·K) $T_2 = 48$ °C
$U = 1.030$ W/(m^2-K) $t_1 = 27$ °C
$F = 0,946$ $\rho = 1.000$ kg/m^3

Problemas de projeto

Na maioria dos problemas a seguir, as propriedades dos fluidos não são fornecidas; portanto, é necessário localizar um texto de referência que contenha as propriedades necessárias.

16. Octano a 21,1 °C deve ser aquecido a 43,3 °C usando etilenoglicol, que está disponível a 73,9 °C. A vazão de ambos os fluidos é 13,86 kg/s. Dimensione um trocador de calor para esse serviço, lembrando-se de considerar os efeitos da incrustação.
17. Metanol aquecido é usado como solvente em uma operação de limpeza. O metanol está a 25 °C e deve ser aquecido para 40 °C a uma vazão de 50.000 kg/h. Água a 80 °C e vazão de 40.000 kg/h está disponível para aquecer o metanol. Selecione o trocador de calor para esse serviço. Não negligencie os efeitos da incrustação e presuma tubos com comprimentos de 1 m, 2 m, 3 m, 4 m ou 5 m.
18. Em geral, vapor é usado como meio de aquecimento. Algumas empresas, no entanto, fabricam e comercializam o que é conhecido como "fluido de transferência de calor", que funciona tão bem quanto vapor a um custo mais baixo. Um desses fluidos, fabricados pela Monsanto, chama-se Therminol e está disponível em muitas fórmulas diferentes, cada uma delas projetada para funcionar a uma faixa de temperatura específica.

    Acetona deve ser aquecida com Therminol 60 em uma fábrica. A acetona apresenta temperatura de 10 °C e deve ser aquecida a 30 °C a uma vazão de 80.000 kg/h. Therminol 60 (um líquido orgânico) é usado na instalação, absorvendo o calor rejeitado em uma área e fornecendo calor em outra. Therminol 60 aquecido está disponível a 100 °C e em 100.000 kg/h para aquecer a acetona. Selecione um trocador de calor para esse serviço e considere os efeitos da incrustação. O tubo está disponível em comprimentos de 1, 2, 3 e 4 m.

    Propriedades do Therminol 60:

    A 80 °C:
    $C_p = 1.830$ J/(kg·K)   Sp. Gr. = 0,958
    $k_f = 0,125$ W/(m·K) $\mu = 2,05 \times 10^{-3}$ N·s/m^2

    A 100 °C:
    $C_p = 1.900$ J/(kg·K)   Sp. Gr. = 0,944
    $k_f = 0,123$ W/(m·K) $\mu = 1,52 \times 10^{-3}$ N·s/m^2

19. Amônia é usada em um sistema que produz água refrigerada. Amônia a 4 °C deve ser aquecida para, no mínimo, 40 °C usando vapor. O vapor está saturado a 15 kPa e deve sair do trocador de calor como líquido saturado. A vazão do vapor é variável. Dimensione um trocador de calor para esse serviço e considere os efeitos da incrustação. Qual a vazão de vapor necessária quando o trocador de calor é novo e qual será após um ano de uso? A vazão de amônia é de 150.000 kg/h.
20. Vapor saturado a 34,5 kPa (abs) entra em um condensador a uma vazão de 4,4 kg/s e, na saída, o fluido sai como líquido saturado. Água de resfriamento a 12,8 °C de um rio próximo é usada para condensar o vapor. Por questões ambientais, é recomendado nunca retornar a água ao rio em temperatura superior a 26,7 °C, se possível. Dimensione o trocador de calor para esse serviço, considerando os efeitos da incrustação.

Problemas de grupo

Um sistema água-água é usado para testar os efeitos de mudanças de comprimento de tubos, espaçamento de chicanas, passagem dos tubos, *layout* do passo e diâmetro do tubo. Água fria a 25 °C e 100.000 kg/h é aquecida por água quente a 100 °C, também a 100.000 kg/h. O trocador de calor tem um casco com *DI* de 12 pol. Faça os cálculos sobre esse trocador de calor casco e tubo 1-2 para as seguintes condições, conforme destacado nos problemas, e reúna os dados em uma tabela geral de comparação. Determine as tendências que são substanciadas pelos cálculos. Por exemplo, se o comprimento do tubo aumentar: a queda de pressão do fluido no tubo aumenta; a temperatura de saída do fluido resfriado aumenta; a temperatura de saída do fluido aquecido diminui etc.

PG1. Tubos com *DE* de ¾ pol., 16 BWG, dispostos em um passo triangular de 1 pol.; três chicanas por metro de comprimento do tubo. Analise o trocador de calor para tubos com comprimentos de 1 m, 1,5 m, 2 m, 2,5 m e 3 m.

PG2. Tubos com *DE* de ¾ pol., 16 BWG, dispostos em um passo triangular de 1 pol.; 2 m de comprimento. Analise para 2, 3, 4 e 5 chicanas.

PG3. Tubos com *DE* de ¾ pol., 16 BWG; 2 m de comprimento e quatro chicanas. Analise o trocador de calor para *layouts* de tubos de passo triangular de 15/16 pol., passo triangular de 1 pol. e passo quadrado de 1 pol.

PG4. Tubos com *DE* de 1 pol., 16 BWG; 2 m de comprimento e quatro chicanas. Analise o trocador de calor para *layouts* de tubos de passo triangular de 1¼ pol. e passo quadrado de 1¼ pol.

PG5. Tubos com *DE* de ¾ pol., 16 BWG dispostos em um passo triangular de 1 pol.; comprimento de 2 m; e quatro chicanas. Analise o trocador de calor para 2, 4, 6 e 8 passagens de tubos e compare ao caso de verdadeiro contracorrente (isto é, uma passagem de tubos).

CAPÍTULO 10

Trocadores de calor de placas e escoamento cruzado

Neste capítulo, nossa discussão sobre trocadores de calor abordará o trocador de calor de placas e o de escoamento cruzado. Descreveremos cada um deles, bem como as aplicações em que poderão ser usados. Na análise desses trocadores de calor, aplicaremos o método de efetividade-NUT, e para mostrar como eles são modelados, forneceremos problemas de exemplo.

10.1 Trocador de calor de placas

O trocador de calor de placas foi introduzido originalmente nos anos 1930 e usado amplamente em indústrias de alimentos, dado que apresenta muitas características significativas para indústrias de processamento.

Um trocador de calor de placas consiste em diversas placas metálicas com superfícies onduladas que são mantidas juntas. A Figura 10.1 mostra uma vista frontal de uma placa com padrão corrugado, mas usam-se também outros padrões, como o referido como "tábua de lavar". No padrão corrugado, o ângulo entre nervuras adjacentes e a vertical é chamado de **ângulo chevron**, θ. As placas podem ser feitas com ângulos chevron pequenos (placas com θ baixo) ou grandes (placas com θ alto), o que tem relação direta com o desempenho do trocador de . Placas com θ alto (ângulos grandes) fornecem altas taxas de transferência de calor com altas perdas de pressão, e o inverso também é verdadeiro.

As placas têm gaxetas de borracha, que são coladas nelas de acordo com o padrão mostrado na Figura 10.1 ou seguindo algum outro padrão semelhante. A figura em questão também mostra uma vista de perfil, que indica como os dois fluidos percorrem as placas adjacentes. Já a Figura 10.2 mostra como as placas são organizadas e como os dois fluidos são direcionados, enquanto passam pelo próprio trocador de calor. Como indicado nessas duas figuras, cada placa separa o fluido quente do frio, e o escoamento pode ser em contracorrente (Figura 10.1) ou em um padrão de fluxo paralelo (Figura 10.2).

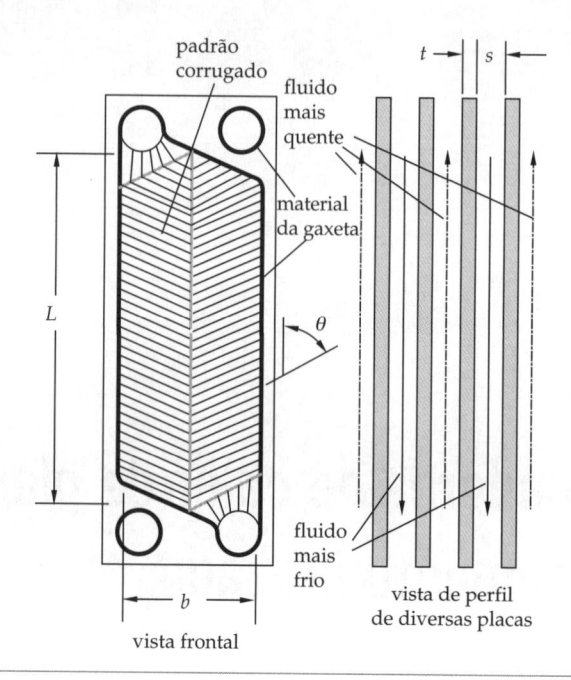

Figura 10.1 Vista frontal de uma placa e vista em perfil de várias placas mostrando uma configuração de contracorrente. (O escoamento contracorrente está representado.)

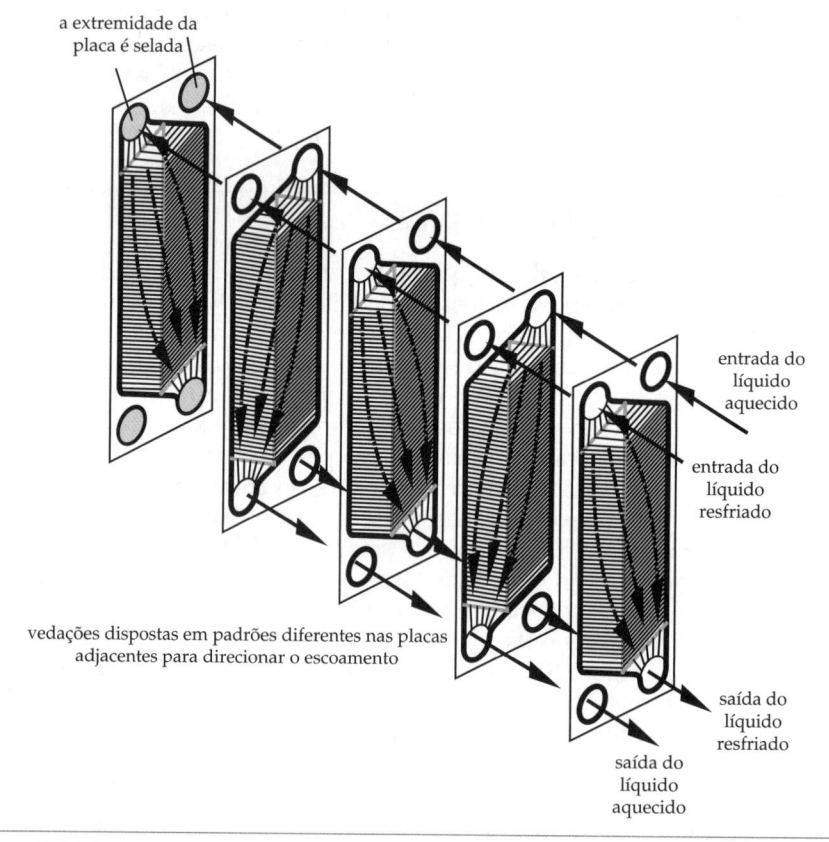

Figura 10.2(a) Escoamento em um trocador de calor de placas. (O escoamento paralelo está representado.)

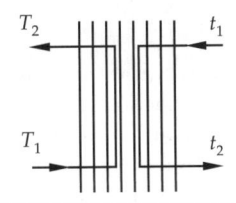

■ **Figura 10.2(b)** Esquema de um trocador de calor de placas. (Configuração de contracorrente.)

Trocadores de calor de placas são bem apropriados para escoamentos liquido-líquido sob condições turbulentas, mas também são usados como unidades de condensação, operando a vazões e pressões moderadas (até 60 psia). Vale ressaltar que, para grandes vazões volumétricas em uma aplicação de condensador, os trocadores de calor de casco e tubo são mais apropriados. O trocador de placas é pequeno e pode ser modificado prontamente, sendo estas suas maiores vantagens. Se um trocador existente não puder transferir a quantidade de calor necessária, por exemplo, uma ou mais placas podem ser facilmente adicionadas, de acordo com a necessidade.

Construção da placa e materiais

A superfície de cada placa é importante, porque essa é a área de transferência de calor. A ondulação nas placas gera um certo grau de rigidez e oferece pontos de contato entre as placas adjacentes, quando elas são mantidas juntas. Além do mais, uma superfície com reentrâncias ou corrugada em cada placa faz que a mistura fique turbulenta, o que aumenta o calor transferido. A espessura da placa pode ser tão pequena quanto 0,6 mm (0,024 pol.).

Pouca ou nenhuma solda é empregada na produção de uma placa. Em geral, elas são apenas estampadas; assim, qualquer metal que possa ser moldado a frio pode ser usado como material da placa. Aço inoxidável (18/10, mesmo que AISI 304, ou 18/2/2.5 Mo, mesmo que AISI 316) é, provavelmente, o material mais frequentemente usado. Titânio também é popular para sistemas que contêm soluções de cloro ou água salobra de resfriamento, em razão da sua resistência à corrosão. Placas também podem ser feitas de ligas de níquel, de cobre, de alumínio, de latão ou de zircônio, bem como de metais puros, como cobre, alumínio, níquel e prata.

Gaxetas

Ao menos duas gaxetas separam os fluidos. Se houver falha na gaxeta, o fluido que vazar será descartado para a atmosfera e os dois fluidos dificilmente se misturam. Os materiais da gaxeta incluem estireno de borracha natural, nitrilo de resina curada, silicone e borrachas de butil. Usam-se também neoprene e folhas de amianto comprimido.

Quadros

As placas de folha metálica são mantidas juntas com porcas e parafusos longos em um quadro que contém conexões de tubo para ambos os fluidos. Os quadros costumam ser autossuportados; pela forma como são construídos, o trocador de calor inteiro pode ser separado rapidamente. Os quadros costumam ser feitos de aço carbono, pintado ou revestido para protegê-lo contra a corrosão. As conexões costumam ser do mesmo material das placas, para evitar problemas eletroquímicos.

Limitações

A pressão máxima permitida dos fluidos é determinada pela resistência do quadro, pelos limites de deformação das placas ou pela capacidade de vedação da gaxeta. A resistência do quadro, em geral, é o parâmetro restritivo. Pressões operacionais variam de 85 psig (586 kPa) para mais de 200 psig (1.380 kPa), e, em alguns casos, podem ser tão altas quanto 300 psig (2.070 kPa).

As temperaturas operacionais costumam ser limitadas pela resistência da gaxeta ou por sua tendência à decomposição. Uma gaxeta de estireno, normalmente, é indicada para temperaturas até 70 °C (160°F), ao passo que folhas de amianto comprimido podem ser usadas para até 200 °C (390 °F).

10.2 Análise de trocadores de calor de placas

A Figura 10.3 mostra uma vista de perfil de uma placa dentro de um trocador de calor e as resistências associadas à transferência de calor. Para efeito da discussão, o fluido mais quente está à esquerda, e o calor é transferido pela placa para o fluido resfriado. As resistências incluem a de convecção no lado mais quente, a de condução pela placa e a de convecção do lado mais frio. A área de *transferência de calor* A_o é a mesma que a área da superfície, e iguala a largura da placa b vezes a altura L. A soma das resistência é

$$\Sigma R = R_{12} + R_{23} + R_{34}$$

que fica

$$\Sigma R = \frac{1}{h_i A_o} + \frac{t}{k A_e} + \frac{1}{h_o A_o}, \qquad (10.1)$$

em que t é a espessura da placa, h_i é o coeficiente de convecção entre o fluido mais quente e a placa, e h_o é aplicado entre o fluido mais frio e a placa. Em geral, a queda de temperatura através de uma parede metálica fina é quase desprezível, mas, para o trocador de calor de placas, esse definitivamente não é o caso. Os coeficientes

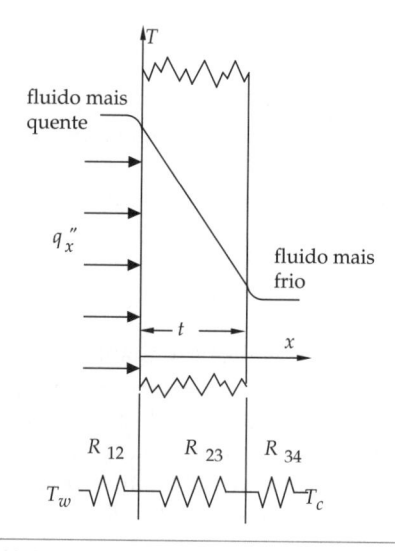

■ **Figura 10.3** Vista de perfil de uma placa e as resistências para transferência de calor.

de convecção costumam ser tão altos que a resistência de condução está na mesma ordem de magnitude que as de convecção. Com esse fator em mente, definimos o coeficiente global de transferência de calor U_o que existirá quando o trocador de calor for novo:

$$A_o \Sigma R = \frac{1}{U_o} = \frac{1}{h_i} + \frac{t}{k} + \frac{1}{h_o} \qquad \text{(uma placa)}, \tag{10.2}$$

em que o coeficiente global de transferência de calor U_o tem por base a área $A_o = bL$. Como afirmado anteriormente, o coeficiente global de transferência de calor tem as mesmas dimensões de h, a saber, $[F \cdot T/(T \cdot L^2 \cdot t)]$ $[W/(m^2 \cdot K)]$.

O calor transferido no trocador de calor iguala o produto do coeficiente global de transferência de calor U_o, pela área de superfície total de N_s placas, que é $A_o N_s$, e pela diferença de temperatura. A quantidade de calor trocado é dada por

$$q = U_o A_o N_s \Delta t = \dot{m}_w C_{pw}(T_1 - T_2) = \dot{m}_c C_{pc}(t_2 - t_1), \tag{10.3}$$

em que Δt é a diferença de temperatura que se aplica ao trocador de calor de placas. Se fôssemos examinar o perfil de temperatura dos fluidos à medida que passam pelo trocador de calor, descobriríamos que o contracorrente puro não existe. Se o escoamento que passa pelo trocador de calor for totalmente em contracorrente ou em fluxo paralelo, então Δt será a diferença de temperatura média logarítmica para contracorrente ou fluxo paralelo, respectivamente. Entretanto, o trocador de calor de placas apresenta esse aspecto para ambos os fluidos. O método de análise estabelecido envolve o uso da diferença de temperatura média logarítmica para contracorrente, como o caso "melhor possível", e um fator de correção, F. Uma equação para o fator de correção que se aplica ao trocador de calor de placas (no lugar da dedução) será fornecida aqui. Iniciaremos com o **número de unidades de transferência** N, definido como

$$N = \frac{U_o A_o N_s}{(\dot{m} C_p)_{\text{mín}}}, \tag{10.4}$$

em que $(\dot{m} C_p)_{\text{mín}}$ é o valor mínimo do produto do calor específico pela vazão mássica para ambos os fluidos. Algumas configurações de escoamento podem ser usadas com trocadores de calor de placas. Elas podem ser vinculadas de várias maneiras. Por exemplo, considere quatro trocadores de calor com o fluido mais quente passando por todos eles em série, enquanto o fluido mais frio passa em paralelo – poderíamos chamar essa disposição de sistema de passagem de 4/1. Equações do fator de correção e gráficos estão disponíveis para sistemas de passagem 1/1, 2/1, 3/1, 2/2, 3/3 e 4/4. Para os nossos objetivos, consideraremos somente um sistema de passagem 1/1. O fator de correção para um trocador de calor de placas 1/1 é fornecido em termos de número de unidades de transferência como

$$F \approx 1 - 0{,}016\,6N. \tag{10.5}$$

A diferença de temperatura condutora na equação de balanço de calor, então, torna-se

$$\Delta t = F\,(DTML_{\text{contracorrente}}) = F\,\frac{(T_1 - t_2) - (T_2 - t_1)}{\ln\left[(T_1 - t_2)/(T_2 - t_1)\right]}.$$

Do ponto de vista prático, o fator de correção F é indicativo da eficiência térmica do trocador de calor. A equação para transferência de calor em um trocador de calor de placas é escrita como

$$q = U_o A_o N_s F \frac{(T_1 - t_2) - (T_2 - t_1)}{\ln\left[(T_1 - t_2)/(T_2 - t_1)\right]}.$$

Coeficiente de convecção e queda de pressão

Para calcular o coeficiente global de transferência de calor U_o na Equação 10.3, precisaremos de equações para h_i e h_o. Esses coeficientes de superfície são encontrados com equações que foram desenvolvidas por meios experimentais. No entanto, antes de utilizá-las, é importante considerar a geometria do escoamento e desenvolver uma equação para o comprimento característico. As placas são colocadas próximas para formar o que é essencialmente um canal de escoamento bidimensional para cada fluido. A passagem do escoamento, então, fica delimitada pela distância entre as placas (s) e a largura das placas (b, gaxeta a gaxeta). O diâmetro hidráulico da seção de escoamento retangular é

$$D_h = \frac{4 \times \text{área}}{\text{perímetro}} = \frac{4sb}{2s + 2b},$$

em que a área é normal à direção do escoamento entre as placas adjacentes. Para uma passagem do escoamento bidimensional em que $b \gg s$, o diâmetro hidráulico torna-se

$$D_h \approx \frac{4sb}{2b}$$

ou

$$D_h = 2s. \tag{10.6}$$

O espaçamento s entre as placas normalmente varia de 2 a 5 mm.

Para escoamento laminar em um trocador de calor de placas pode-se usar a equação de Sieder-Tate:

$$\text{Nu} = \frac{hD_h}{k_f} = 1{,}86 \left(\frac{D_h \text{RePr}}{L}\right)^{1/3}, \tag{10.7}$$

em que Re = VD_h/ν. A dificuldade na aplicação da Equação 10.7 é que a transição do escoamento laminar para o turbulento ocorre em uma variação de números Reynolds de 10 a 400. Para os nossos objetivos, presumiremos que a transição ocorra a Re = 100.

Em geral, para escoamento turbulento, uma das relações mais amplamente usadas é

$$\text{Nu} = \frac{hD_h}{k_f} = 0{,}374 \text{Re}^{0{,}668} \text{Pr}^{1/3} \tag{10.8}$$

válida para $100 \leq \text{Re} = VD_h/\nu$ $\text{Pr} = \nu/\alpha > 0$
 μ muda moderadamente com a temperatura
 as propriedades são avaliadas na temperatura média do fluido
 [= (entrada + saída)/2]

A queda de pressão encontrada pelos fluidos enquanto passam pelo trocador de calor é um número múltiplo da energia cinética do escoamento:

$$\Delta p_{\text{placas}} = \frac{fL}{D_h} \frac{\rho V^2}{2}, \tag{10.9}$$

em que f é o fator de atrito e L é o comprimento da placa. O fator de atrito varia com o intervalo de números de Reynolds, de acordo com os dados a seguir:

Intervalo do número de Reynolds	Fator de atrito de Darcy-Weisbach
1-10	$f = \dfrac{280}{\text{Re}}$
10-100	$f = \dfrac{100}{\text{Re}^{0,589}}$
> 100	$f = \dfrac{12}{\text{Re}^{0,183}}$

A velocidade entre as placas será igual à vazão mássica dividida pela densidade, pela área de escoamento $A = sb$ e pelo número de passagens do escoamento do fluido em questão. Se houver número ímpar de placas, então haverá número igual de passagens do fluxo; ou seja, os fluidos aquecido e resfriado percorrerão o mesmo número de passagens. Se houver um número par de placas, então um dos fluidos percorrerá uma passagem a mais que o outro. Para o número ímpar de placas, a velocidade do escoamento entre as placas é fornecida por

$$V = \frac{\dot{m}/\rho A}{(N_s + 1)/2} \tag{10.10}$$

em que N_s é o número de placas. Assim, para um trocador de calor com, digamos, três placas, o trocador de calor é dividido em $N_s + 1 = 4$ passagens do escoamento. Um fluido fará somente duas dessas passagens; assim, a velocidade desse fluido por uma passagem é o escoamento total dividido por 2:

$$V = \frac{\dot{m}/\rho A}{(N_s + 1)/2} = \frac{\dot{m}/\rho A}{(3 + 1)/2} = \frac{\dot{m}/\rho A}{2}.$$

Essa equação se aplicaria a ambos os fluidos.

Para um número par de placas, um dos fluidos terá uma velocidade dada por

$$V = \frac{\dot{m}/\rho A}{N_s/2}. \tag{10.11a}$$

O outro fluido passará por mais uma passagem e sua velocidade será encontrada com

$$V = \frac{\dot{m}/\rho A}{(N_s + 2)/2}. \tag{10.11b}$$

Para um trocador de calor com um número par de placas, digamos, quatro, o trocador de calor será dividido em $N_s + 1 = 5$ passagens do fluxo. Um dos fluidos passará por duas dessas passagens, e seu escoamento total será dividido na metade:

$$V = \frac{\dot{m}/\rho A}{N_s/2} = \frac{\dot{m}/\rho A}{4/2} = \frac{\dot{m}/\rho A}{2}.$$

Agora, o outro fluido passará por três das passagens; portanto, seu escoamento total será dividido em três. A Equação 10.11b resulta

$$V = \frac{\dot{m}/\rho A}{(N_s + 2)/2} = \frac{\dot{m}/\rho A}{(4+2)/2} = \frac{\dot{m}/\rho A}{3}.$$

Precisaremos das velocidades para calcular o número de Reynolds e as perdas de pressão.

Os fluidos entram e saem do trocador de calor por conexões padrões de tubulação, e a perda associada a essas repentinas mudanças na geometria é tratada como perda localizada, chamada **perda de porta**. A perda de porta é calculada como um coeficiente de perda ($K = 1,3$ normalmente) multiplicado pela energia cinética do próprio escoamento na porta (entrada ou saída)

$$\Delta p_{\text{porta}} = 1{,}3 \, \frac{\rho V_p^2}{2}, \tag{10.12}$$

em que V_p é a velocidade na porta ou na conexão de entrada/saída. A perda de pressão total associada ao escoamento de cada fluido pelo trocador de calor, então, é a soma de Δp_{placas} e Δp_{porta}.

Cálculo de temperatura de saída

Em muitas aplicações, as temperaturas de entrada e vazões são conhecidas, enquanto as de saída devem ser calculadas. De modo geral, precisaríamos de uma análise separada para um trocador de calor de placas para prever a temperatura de saída. No entanto, como o fator de correção F está muito próximo de 1, é possível usar a equação desenvolvida para trocador de calor de tubo duplo em contracorrente para prever a temperatura de saída. A única modificação é que o fator de correção F deve ser incluído na equação. Novamente, usaremos o parâmetro R, primeiro definido no Capítulo 8:

$$R = \frac{\dot{m}_c C_{pc}}{\dot{m}_w C_{pw}} = \frac{T_1 - T_2}{t_2 - t_1}. \tag{10.13}$$

O parâmetro E_c terá o fator de correção F, modificado da equação fornecida originalmente no Capítulo 7:

$$E_c = \frac{T_1 - t_2}{T_2 - t_1} = \exp\left[\frac{U_o A_o N_s F}{\dot{m}_c C_{pc}}(R - 1)\right]. \tag{10.14}$$

Reorganizando a Equação 10.13, temos uma equação da temperatura de saída do fluido resfriado:

$$t_2 = t_1 + \frac{T_1 - T_2}{R}. \tag{10.15}$$

Substituindo em outra equação emprestada do Capítulo 8, temos uma equação para a temperatura de saída do fluido mais quente:

$$T_2 = \frac{(1-R)T_1 + (1-E_c)Rt_1}{1-RE_c}.$$ (10.16)

Fatores de incrustação

Como outros trocadores de calor, os de placas estão sujeitos a incrustação nas superfícies da placa, e o efeito disso é que o calor deve ser transferido por meio de resistências adicionais. Definimos um coeficiente global de transferência de calor "sujo" ou de "projeto" como

$$\frac{1}{U} = \frac{1}{U_o} + R_{di} + R_{do}.$$ (10.17)

O coeficiente de projeto U é usado ao determinar a área necessária para transferir calor.

Comparado a outros trocadores de calor, os de placas apresentam fatores de incrustação menores por alguns motivos:

1. Um alto grau de turbulência é mantido no escoamento, o que tende a manter os sólidos em suspensão; portanto, eles dificilmente serão depositados nas superfícies da placa.
2. As superfícies da placa são bem lisas, assim não há pontos de depósito para minerais e outros sólidos.
3. Não há espaços "mortos" ou de estagnação dentro do trocador de calor.
4. Altos coeficientes de convecção são acompanhados por temperaturas mais baixas na superfície das placas que ficam em contato com o fluido resfriado (é o fluido resfriado que apresenta a maior tendência a deixar depósitos em uma superfície).

O trocador de calor de placas é simples de limpar; os métodos de limpeza química são rápidos e altamente eficientes, e a limpeza mecânica é realizada facilmente, pois ele pode ser facilmente desmontado.

A Tabela 10.1 fornece valores das resistências para vários fluidos, que foram medidos como resultado de anos de experiência. Observe que essas resistências são diferentes daquelas na Tabela 8.1; aqui, as resistências aplicam-se somente a trocadores de calor de placas.

■ Tabela 10.1 Valores de fatores de incrustação para vários fluidos de um trocador de calor de placas.

Fluido	Rd m²·K/W
Óleo de motor	$4 \times 10^{-6} - 1 \times 10^{-5}$
Líquidos orgânicos	$2 \times 10^{-6} - 6 \times 10^{-6}$
Fluidos de processo, em geral	$2 \times 10^{-6} - 1,2 \times 10^{-5}$
Vapor	2×10^{-6}
Óleo vegetal	$4 \times 10^{-6} - 1,2 \times 10^{-5}$
Água	
Água da cidade	$4 \times 10^{-6} - 1 \times 10^{-5}$
Destilada ou mineral	2×10^{-6}
Água salgada	$6 \times 10^{-6} - 1 \times 10^{-5}$
Água de poço	1×10^{-5}

As equações para análise de um trocador de calor de placas foram descritas e estão resumidas em uma ordem sugerida para procedimentos de cálculos, como segue.

ORDEM SUGERIDA DE CÁLCULOS
PARA UM TROCADOR DE CALOR DE PLACAS

Problema   Descrição completa do problema.
Discussão   Potenciais perdas de calor; outras fontes de dificuldades.

Pressupostos   1. Existem condições de regime permanente.
2. As propriedades do fluido permanecem constantes e são avaliadas a uma temperatura de ____.

Nomenclatura   1. T refere-se à temperatura do fluido aquecido.
2. t refere-se à temperatura do fluido resfriado.
3. w subscrito refere-se ao fluido aquecido.
4. h subscrito refere-se ao diâmetro hidráulico.
5. c subscrito refere-se ao fluido resfriado.
6. 1 subscrito refere-se a uma condição de entrada.
7. 2 subscrito refere-se a uma condição de saída.

A. Propriedades do fluido

$\dot{m}_w =$ $\qquad$ $T_1 =$
$\rho =$ $\qquad$ $C_p =$
$k_f =$ $\qquad$ $\alpha =$
$v =$ $\qquad$ $\Pr =$
$\dot{m}_c =$ $\qquad$ $t_1 =$
$\rho =$ $\qquad$ $C_p =$
$k_f =$ $\qquad$ $\alpha =$
$v =$ $\qquad$ $\Pr =$

B. Dimensões da placa e propriedades

b = largura da placa =
L = altura da placa =
s = espaçamento da placa =
t = espessura da placa =
A_o = área de superfície da placa = bL =
A = área do escoamento = sb =
D_h = diâmetro hidráulico da passagem do escoamento = $2s$ =
N_s = números de placas =
k = condutividade térmica da placa =

Material da placa =

C. Velocidades dos fluidos

Número ímpar de placas

$$V = \frac{\dot{m}/\rho A}{(N_s + 1)/2} \quad \text{(para ambos os fluidos)}$$

Para um número par de placas: um dos fluidos terá uma velocidade dada de

$$V = \frac{\dot{m}/\rho A}{N_s/2} \quad \text{(para um fluido)}$$

e

$$V = \frac{\dot{m}/\rho A}{(N_s + 2)/2} \quad \text{(para outro fluido)}$$

D. Números de Reynolds

$Re_w = V_w D_h/\nu =$

$Re_c = V_c D_h/\nu =$

E. Números de Nusselt

Equação de Sieder-Tate modificada para escoamento laminar:

$$Nu = \frac{hD_h}{k_f} = 1{,}86 \left(\frac{D_h Re\ Pr}{L} \right)^{1/3}$$

Re < 100   0,48 < Pr = ν/α < 16.700

Equação Dittus-Boelter modificada para escoamento turbulento:

$$Nu = \frac{hD_h}{k_f} = 0{,}374 Re^{0{,}668}\ Pr^{1/3}$$

Re > 100;   Pr = ν/α > 0;

Condições:

μ muda moderadamente com a temperatura

Propriedades avaliadas na temperatura média do fluido [= (entrada + saída)/2]

$Nu_w =$
$Nu_c =$

F. Coeficientes de convecção

$h_i = Nu_w k_f/D_h =$

$h_o = Nu_c k_f/D_h =$

G. Coeficiente do trocador de calor

$$\frac{1}{U_o} = \frac{1}{h_i} + \frac{t}{k} + \frac{1}{h_o} \qquad U_o =$$

H. Capacitâncias

$(\dot{m}C_p)_w =$
$(\dot{m}C_p)_w =$
$(\dot{m}C_p)_{mín} =$

I. Número de unidades de transferência e fator de correção

$$N = \frac{U_o A_o N_s}{(\dot{m}C_p)_{\text{mín}}} =$$

$F = 1 - 0{,}016\,6\,N =$

J. Cálculos das temperaturas de saída

$$R = \frac{\dot{m}_c C_{pc}}{\dot{m}_w C_{pw}} =$$

$$E_{\text{contra}} = \exp[U_o A_o N_s F(R-1)/\dot{m}_c C_{pc}] =$$

$$T_2 = \frac{T_1(R-1) - Rt_1(1 - E_{\text{contra}})}{RE_{\text{contra}} - 1} =$$

$t_2 = (T_1 - T_2)/R + t_1 =$

K. Diferença de temperatura média logarítmica

$$\text{Contrafluxo} \quad DTML = \frac{(T_1 - t_2) - (T_2 - t_1)}{\ln[(T_1 - t_2)/(T_2 - t_1)]} =$$

L. Balanço de calor para os fluidos

$q_w = \dot{m}_w C_{pw}(T_1 - T_2) =$

$q_c = \dot{m}_c C_{pc}(t_2 - t_1) =$

M. Balanço de calor geral para o trocador de calor

$q = U_o A_o N_s F\,(DTML) =$

N. Fatores de incrustação e coeficiente do projeto

$R_{di} = \qquad\qquad R_{do} =$

$\dfrac{1}{U} = \dfrac{1}{U_o} + R_{di} + R_{do} = \qquad U =$

O. Área necessária para transferir calor (determinação da área da placa)

$$A_o = \frac{q}{UFN_s\,(DTML)} =$$

$A_o = bL = \qquad b = \qquad L =$

P. Fatores de atrito

Intervalo do número de Reynolds	Fator de atrito de Darcy-Weisbach
1-10	$f = \dfrac{280}{\text{Re}}$
10-100	$f = \dfrac{100}{\text{Re}^{0,589}}$
> 100	$f = \dfrac{12}{\text{Re}^{0,183}}$

$f_w =$
$f_w =$

Q. Cálculos de queda de pressão

$$\Delta p_w = \frac{f_w L}{D_h} \frac{\rho_\omega V_w^2}{2} + 1{,}3 \frac{\rho_w V_p^2}{2}$$

$$\Delta p_c = \frac{f_c L}{D_h} \frac{\rho_c V_c^2}{2} + 1{,}3 \frac{\rho_c V_p^2}{2}$$

R. Resumo das informações solicitadas na descrição do problema

EXEMPLO 10.1

Uma fábrica de cereais utiliza dois rolos ocos grandes para achatar grãos umedecidos, tornando-os "flocos" de cereais, como indicado na Figura 10.4. Os dois rolos giram com velocidades rotacionais diferentes para fornecer um achatamento e um estiramento das partículas de alimento.

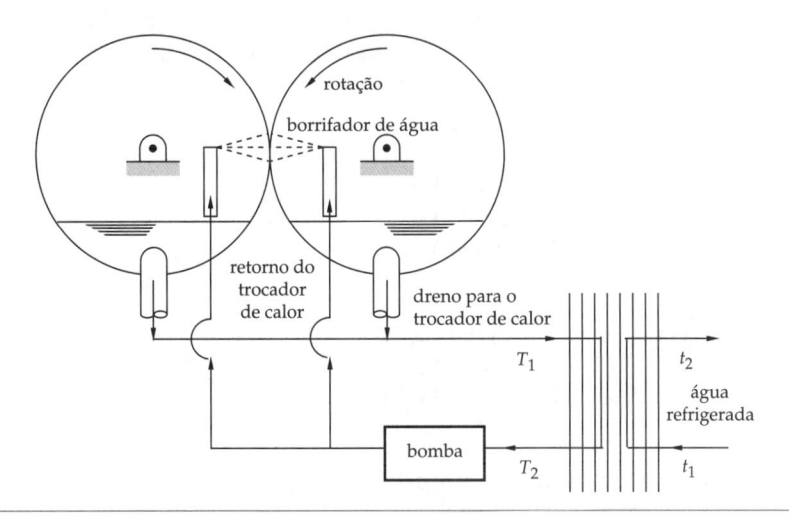

■ **Figura 10.4** Rolos usados para achatar e estirar partículas de cereais em flocos.

O atrito no ponto de contato entre os dois rolos gera muito calor, por isso foi introduzido um sistema de resfriamento dentro de cada rolo, sistema este que consiste em uma série de bicos que borrifam água na superfície interna do rolo no ponto de contato. O plano original era alimentar os bicos com água da cidade e, depois, simplesmente descartar a água no sistema de drenagem das vias públicas, mas esse plano foi trocado por um plano de reciclagem da água de resfriamento. Assim, a água de resfriamento é borrifada dentro dos rolos e depois é bombeada por um trocador de calor de placas, em que a água refrigerada absorverá a energia da água de resfriamento.

Após sair dos rolos, a água de resfriamento entra no trocador de calor de placas a $T_1 = 23,9\ °C$ com uma vazão de 0,975 kg/s. Ela deve ser resfriada a uma temperatura de $T_2 = 15,55\ °C$ (ou menos). A água refrigerada está disponível a 7,2 °C (= t_1) a uma vazão de 0,983 kg/s. O trocador de calor em uso apresenta uma placa com 457 mm de largura (b) e 914 mm de altura (L). As placas são espaçadas de 5,08 mm (s) e tem 1,016 mm de espessura (t). A condutividade térmica do material da placa é 14,3 W/m K. Cálculos preliminares mostram que são necessárias sete placas. Determine as temperaturas de saída dos dois fluidos se esse trocador de calor for utilizado.

Solução: Os cálculos para esse problema são simples, seguindo o procedimento sugerido. As propriedades do fluido serão avaliadas na média das temperaturas de entrada e de saída para cada fluido. Serão necessárias diversas iterações e o que se segue é o resultado final.

A resistência ao fluxo de calor oferecida pela placa será considerada, assim como os efeitos da incrustação. O coeficiente de incrustação para os dois fluidos é considerado como sendo $3,52 \times 10^{-6}\ m^2\ K/W$.

Pressupostos
1. Existem condições de regime permanente.
2. A perda de calor pela água aquecida é transferida totalmente para a água fria.

Nomenclatura
1. T refere-se à temperatura do fluido aquecido.
2. t refere-se à temperatura do fluido resfriado.
3. w subscrito refere-se ao fluido aquecido.
4. h subscrito refere-se ao diâmetro hidráulico.
5. c subscrito refere-se ao fluido resfriado.
6. 1 subscrito refere-se a uma condição de entrada.
7. 2 subscrito refere-se a uma condição de saída.

A. Propriedades do fluido

H_2O quente
@ 15,4 °C

$\dot{m}_w = 0,975\ kg/s$
$\rho = 1.000\ kg/m^3$
$k_f = 0,594\ W/m\ K$
$\nu = 1,04 \times 10^{-6}\ m^2/s$

$T_1 = 23,9\ °C$
$C_p = 4.183\ J/kg\ K$
$\alpha = 1,42 \times 10^{-7}\ m^2/s$
$Pr = 7,34$

H_2O fria
@ 10 °C

$\dot{m}_c = 0,983\ kg/s$
$\rho = 1.016\ kg/m^3$
$k_f = 0,578\ W/m\ K$
$\nu = 1,32 \times 10^{-6}\ m^2/s$

$t_1 = 7,2\ °C$
$C_p = 4.187\ J/kg\ K$
$\alpha = 1,36 \times 10^7\ m^2/s$
$Pr = 9,7$

B. Dimensões da placa e propriedades

b = largura da placa = 457 mm

L = altura da placa = 0,914 m

s = espaçamento da placa = 5,08 mm

t = espessura da placa = 1,016 mm
A_o = área de superfície da placa = bL = 0,418 m²
A = área de escoamento = sb = 0,00232 m²
D_h = diâmetro hidráulico da passagem do escoamento = $2s$ = 10,16 mm
Ns = números de placas = 7
k = condutividade térmica da placa = 14,3 W/m K

Material da placa = metal

C. Velocidades dos fluidos

Número ímpar de placas (N_s = 7) $V = \dfrac{\dot{m}/\rho A}{(N_s + 1)/2}$

H₂O quente V_w = 0,12 m/s
H₂O fria V_c = 0,12 m/s

D. Números de Reynolds

$\text{Re}_w = V_w D_h/\nu = 1.170$

$\text{Re}_c = V_c D_h/\nu = 927$

E. Números de Nusselt

Equação de Dittus-Boelter modificada para escoamento turbulento:

$$\text{Nu} = \frac{hD_h}{k_f} = 0{,}374 \text{Re}^{0{,}668} \text{Pr}^{1/3}$$

Re > 100;   Pr = ν/α > 0

H₂O quente Nu_w = 81,5
H₂O fria Nu_c = 76,5

F. Coeficientes de convecção

H₂O quente $h_i = \text{Nu}_w k_f/D_h$ = 4.770 W/(m² K)
H₂O fria $h_o = \text{Nu}_c k_f/D_h$ = 4.361 W/(m² K)

G. Coeficiente do trocador de calor

$\dfrac{1}{U_o} = \dfrac{1}{h_i} + \dfrac{t}{k} + \dfrac{1}{h_o}$ U_o = 1.959 W/(m² K)

H. Capacitâncias

H₂O quente $(\dot{m}C_p)_w$ = 4.088,4 W/K
H₂O fria $(\dot{m}C_p)_c$ = 4.166 W/K
                $(\dot{m}C_p)_{\text{mín}}$ = 4.088,4 W/K

I. Número de unidades de transferência e fator de correção

$N = \dfrac{U_o A_o N_s}{(\dot{m}C_p)_{\text{mín}}} = 1{,}403$

$F = 1 - 0{,}0166 N = 0{,}977$

J. Cálculos das temperaturas de saída

$$R = \frac{\dot{m}_c C_{pc}}{\dot{m}_w C_{pw}} = 1{,}019$$

$$E_{contra} = \exp[U_o A_o N_s F(R-1)/\dot{m}_c C_{pc}] = 1{,}026$$

H₂O quente $\quad T_2 = \dfrac{T_1(R-1) - Rt_1(1 - E_{contra})}{RE_{contra} - 1} = 14{,}1°C$

H₂O fria $\quad t_2 = (T_1 - T_2)/R + t_1 = 16{,}78\ °C$

K. Diferença de temperatura média logarítmica

$$\text{Contracorrente} \quad DTML = \frac{(T_1 - t_2) - (T_2 - t_1)}{\ln[(T_1 - t_2)/(T_2 - t_1)]} = 7\ °C$$

L. Balanço de calor para os fluidos

H₂O quente $\quad q_w = \dot{m}_w C_{pw}(T_1 - T_2) = 39.854\ W$

H₂O fria $\quad q_c = \dot{m}_c C_{pc}(t_2 - t_1) = 39.854\ W$

M. Balanço de calor geral para o trocador de calor

$$q = U_o A_o N_s F (DTML) = 39.222\ W \text{(perto o suficiente)}$$

N. Fatores de incrustação e coeficiente do projeto

$R_{di} = 3{,}52 \times 10^{-6}\ m^2 K/W \qquad R_{do} = 3{,}52 \times 10^{-6}\ m^2 K/W$

$\dfrac{1}{U} = \dfrac{1}{U_o} + R_{di} + R_{do} \qquad U = 1.959\ W/(m^2 K)$

O. Área necessária para transferir calor (determinação da área da placa) *Não necessária*

P. Fatores de atrito

H₂O quente $\quad f_w = 3{,}29$
H₂O fria $\quad f_c = 3{,}44$

Q. Cálculos das quedas de pressão (com $V_p = 0$)

H₂O quente $\quad \Delta p_w = \dfrac{f_w L}{D_h} \dfrac{\rho_\omega V_w^2}{2} + 1{,}3\ \dfrac{\rho_w V_p^2}{2} = 2{,}15\ kPa$

H₂O fria $\quad \Delta p_c = \dfrac{f_c L}{D_h} \dfrac{\rho_c V_c^2}{2} + 1{,}3\ \dfrac{\rho_c V_p^2}{2} = 2{,}28\ kPa$

R. Resumo de informações solicitadas na descrição do problema

H_2O quente $\qquad T_2 = 14,1\ °C$

H_2O fria $\qquad t_2 = 16,78\ °C$

Essas são as temperaturas de saída quando o trocador de calor é novo. Após ter ficado incrustado (um ano), o coeficiente de projeto permanece inalterado em relação ao coeficiente novo, ou seja, 1.959 W/(m² K). O trocador de calor deve entregar uma temperatura de saída T_2 de 15,6 °C ou menos, e o faz; portanto, o trocador de calor deve funcionar.

10.3 Trocadores de calor de escoamento cruzado

Um trocador de calor de escoamento cruzado, como todos os outros tipos, traz dois fluidos juntos, de forma que a energia é transferida do mais quente para o mais frio. Os menores trocadores de calor desse tipo, em geral, são referidos como *trocadores de calor compactos*; em muitos deles, a área de superfície de transferência do calor é aumentada pela adição de aletas, e ocorrem muitas variações de projeto.

Os trocadores de calor de escoamento cruzado são amplamente usados na indústria. Eles podem ser usados em aplicações como gás-gás, gás-vapor, gás-líquido, líquido-líquido. Exemplos são radiadores automotivos, condensadores e evaporadores em sistemas de condicionamento de ar e refrigeração, resfriadores de óleo, aquecedores de ar, *intercoolers* em compressores, sistemas eletrônicos, processos criogênicos e muito mais.

O objetivo no projeto de um trocador calor compacto é produzir uma unidade que transfira calor com custo e espaço mínimos, e é por isso que geralmente se encontram aletas nesses trocadores de calor.

O termo "escoamento cruzado" significa que, enquanto passam pelo trocador de calor, os fluidos escoam em ângulo reto um em relação ao outro. Cada escoamento pode atravessar e permanecer **não misturado** ou **misturado**. A Figura 10.5 ilustra as definições de escoamentos misturados *versus* não misturados que passam por dutos similares. Em uma situação de escoamento não misturado, o canal de escoamento ou de passagem deve conter canais internos (tubos ou paredes) que restrinjam o movimento lateral do fluido. Em uma passagem de escoamento misturado, os canais internos não estão presentes e as partículas do fluido ficam livres para se movimentar (e misturar) na seção transversal. A Figura 10.6 mostra exemplos de trocadores de calor de escoamento cruzado que contêm passagem de fluxo misturado e não misturado.

É importante poder modelar a transferência de energia que ocorre dentro de um trocador de calor de escoamento cruzado. Já foram realizados testes em muitos trocadores de calor de escoamento cruzado (consulte *Compact Heat Exchangers* por W. M. Kays e A. L. London, McGraw-Hill Book Co., 1964) e os resultados sobre as características de atrito e transferência de calor foram registrados para muitos equipamentos e muitos projetos. Por economia de espaço, não reproduziremos os resultados desses testes; nos concentraremos em somente um tipo de trocador de calor de escoamento cruzado e faremos cálculos ilustrativos para mostrar como eles podem ser analisados.

A Figura 10.7 mostra um tipo trocador de calor de escoamento cruzado não misturado-não misturado, em que os metais usados assumem um formato remanescente de onda sinusoidal; o qual é usado principalmente em alguns resfriadores de óleo. A Figura 10.8 mostra um tipo de projeto com tubos aletados, em que os tubos (normalmente de cobre) são prensados contra finas aletas metálicas, as quais, podendo ser presas aos tubos de uma variedade de formas (solda, por exemplo), atuam para aumentar a área de superfície para a transferência de calor. A Figura 10.9a mostra as

(a) escoamento misturado

(b) escoamento não misturado

escoamento do fluido

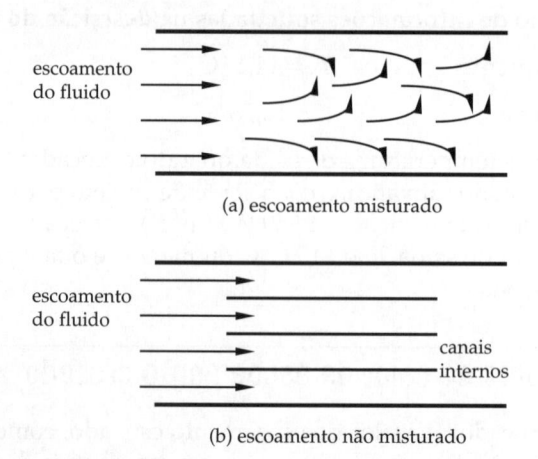

canais internos

■ **Figura 10.5** Passagens de escoamento misturado e não misturado.

(a) misturado-não misturado

(b) não misturado-não misturado

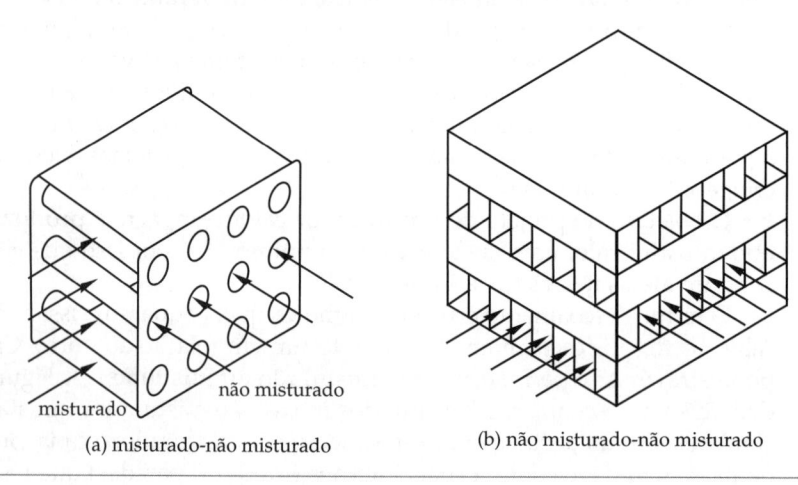

■ **Figura 10.6** Trocadores de calor de escoamento cruzado com passagens misturadas e não misturadas.

caminhos do escoamento do fluido não misturado-não misturado

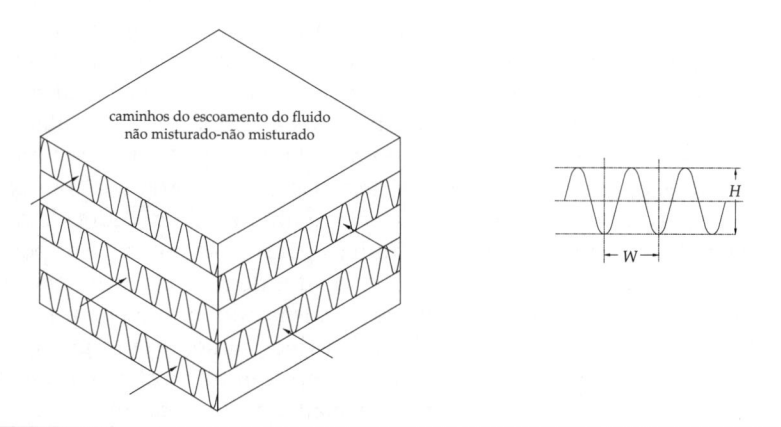

■ **Figura 10.7** Trocador de calor de escoamento cruzado em um projeto com metais em forma de onda sinusoidal.

vistas frontal e de perfil de um mesmo trocador; a vista de perfil mostra que os tubos são escalonados e que os centros de três tubos adjacentes formam um triângulo isósceles. Um projeto alternativo é mostrado na Figura 10.9b; a vista de perfil mostra que as passagens do escoamento são tubos achatados que se encontram alinhados.

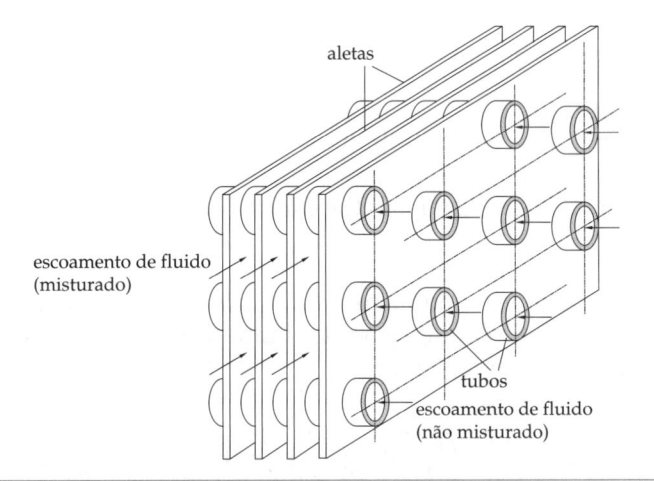

■ Figura 10.8 Trocador de calor de escoamento cruzado de tubos aletados.

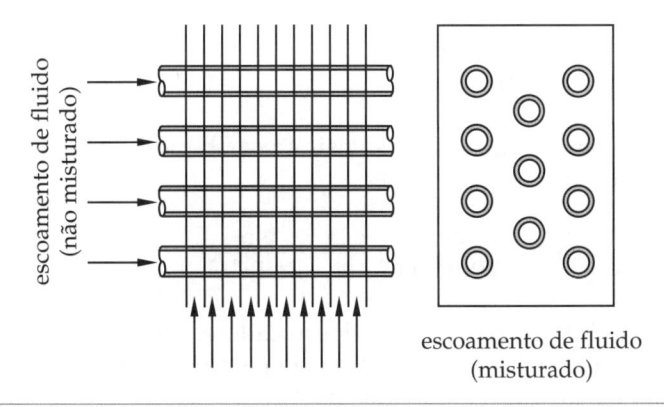

■ Figura 10.9a Vistas frontal e de perfil de um trocador de calor de escoamento cruzado de tubos aletados-tubos circulares em uma configuração escalonada.

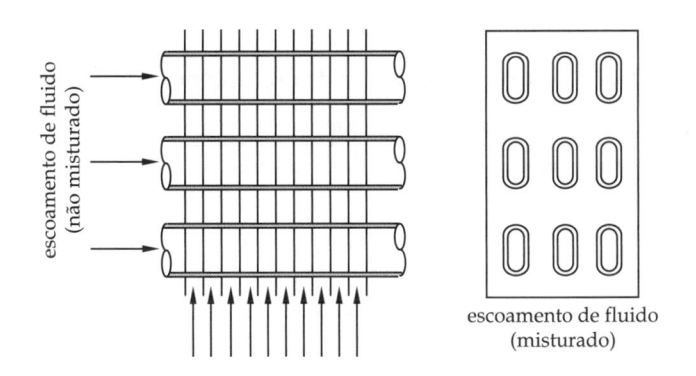

■ Figura 10.9b Vistas frontal e de perfil de um trocador de calor de escoamento cruzado de tubos aletados-tubos achatados e alinhados.

Os dados de transferência de calor e atrito foram reunidos para muitos tipos de trocadores de calor de escoamento cruzado. Os dados de transferência de calor para esse tipo de trocador de calor são expressos em termos de um parâmetro conhecido como módulo de Colburn j, como uma função do número de Reynolds. Da mesma forma, as perdas por atrito são fornecidas também como fator de atrito *versus* número de Reynolds.

O módulo de Colburn é definido como

$$j = \frac{h}{GC_p} \Pr{}^{2/3}, \tag{10.18}$$

em que G foi introduzido no Capítulo 8 como fluxo de massa:

$G = \rho V$.

O módulo Colburn é adimensional e pode ser manipulado para formar grupos adimensionais mais familiares multiplicando-se o primeiro termo do lado direito da Equação 10.18, como segue:

$$\frac{h}{\rho V C_p} \frac{D}{D} \frac{\mu}{\mu} \frac{\rho}{\rho} \frac{k}{k} = \left(\frac{hD}{k}\right)\left(\frac{\mu}{\rho VD}\right)\left(\frac{k}{\rho C_p}\right)\left(\frac{\rho}{\mu}\right) = \text{Nu} \frac{1}{\text{Re}} \alpha \frac{1}{v'}$$

que se torna

$$\frac{h}{\rho V C_p} = \frac{\text{Nu}}{(\text{Re})(\text{Pr})} = \text{St}.$$

Essa razão de grupos dimensionais é reconhecida como número de Stanton. O módulo Colburn, então, torna-se

$$j = \frac{h}{GC_p} \Pr{}^{2/3} = \frac{\text{Nu}}{(\text{Re})(\text{Pr})} \Pr{}^{2/3} = \frac{\text{Nu}}{\text{Re}\,\Pr{}^{1/3}}.$$

O módulo Colburn para vários trocadores de calor tipo gás-líquido foi obtido experimentalmente e depois catalogado para uso na previsão de desempenho desses trocadores de calor. Focaremos no tipo de tubos aletados ilustrado na Figura 10.8, para o qual muitas geometrias de superfície podem ser fabricadas.

Considere um desses trocadores de calor com os seguintes parâmetros (em KAYS, W. M.; LONDON, A. L. *Compact Heat Exchangers*, 3. ed., McGraw-Hill Book Co., 1984, e identificado como 8.0-3/8T):

Dados do trocador de calor de escoamento cruzado típico – Figura 10.8

Passo triangular
Passo entre as aletas ou número de aletas por cm = 3,15 aletas/cm
Espessura da aleta = 0,33 mm
Área de escoamento livre/área frontal = A/A_f = 0,534
Diâmetro hidráulico de passagem de ar = D_h = 0,3633
Área de transferência de calor/volume total = 587 m²/m³
Diâmetro externo de tubos = DE_t = 1,02 cm
Área de aletas/área total = 0,839

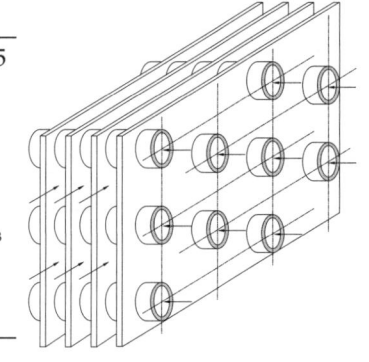

O módulo Colburn para esse trocador de calor é fornecido em gráfico, e os resultados experimentais são fornecidos como:

$$j = \frac{h}{GC_p} \Pr^{2/3} = \frac{\mathrm{Nu}}{\mathrm{Re}\,\Pr^{1/3}} = 0{,}178\,\mathrm{Re}^{-0{,}4085}$$

ou

$$\mathrm{Nu} \approx 0{,}178\,\mathrm{Re}^{0{,}59}\,\Pr^{1/3}. \qquad (10.19)$$

Essa equação permite encontrar o coeficiente de convecção para o lado do ar do trocador de calor. Em geral, o coeficiente de transferência de calor do lado do ar é muito menor que aquele do lado do líquido; portanto, a contribuição do coeficiente do líquido para o coeficiente global de transferência de calor é desprezível.

O fator de atrito para o coeficiente do ar também é fornecido em gráfico, e a equação de ajuste da curva correspondente é

$$f = 0{,}121\,\mathrm{Re}^{-0{,}205}. \qquad (10.20)$$

Nessas equações, o número de Reynolds tem por base uma velocidade máxima atingida pelo ar, à medida que ele flui pelo trocador de calor:

$$\mathrm{Re} = \frac{V_{\text{máx}} D_h}{\nu},$$

em que D_h é o diâmetro hidráulico da passagem do escoamento. A presença dos tubos no trocador de calor reduz a área do escoamento e faz a velocidade aumentar em torno deles. A velocidade máxima é encontrada aplicando-se a equação de continuidade da região a montante do trocador de calor até o local em que a área é mínima:

$$(\rho A_f V_{\text{escoamento livre}}) = (\rho A V_{\text{máx}}).$$

Presumindo densidade constante, a equação anterior pode ser resolvida para a velocidade máxima, como

$$V_{\text{máx}} = \frac{A_f}{A} V_{\text{escoamento livre}}.$$

Para o trocador de calor da Figura 10.8, o recíproco da razão da área é 0,534.

O procedimento para se analisar um trocador de calor de escoamento cruzado ar-líquido é o mesmo usado em trocadores de calor de outros tipos: usam-se as equações apropriadas para encontrar os coeficientes de convecção e, depois, calcula-se o coeficiente global de transferência de calor do trocador. A taxa de transferência de calor é calculada com

$$q = UAF\,(\mathrm{DTML}), \qquad (10.21)$$

em que U é o coeficiente global de transferência de calor com dimensões de [F·L/(T·L²·t); W/(m²·K)]; A é a área de transferência de calor do trocador de calor; F é um fator de correção; e DTML é a diferença de temperatura média logarítmica para o contracorrente

$$\mathrm{DTML} = \frac{(T_1 - t_2) - (T_2 - t_1)}{\ln\,[(T_1 - t_2)/(T_2 - t_1)]}. \qquad (10.22)$$

A área de transferência de calor de um trocador de calor de escoamento cruzado é extremamente difícil de ser determinada em razão dos métodos de construção usados. Não é raro apenas informar o produto UA. Em quase todas as aplicações, teremos de calcular o tamanho do trocador de calor necessário para transferir uma determinada carga térmica ou entregar uma temperatura de saída desejada. Assim, nesse caso, é mais conveniente usar a *área frontal* (em oposição à área de transferência de calor A).

Equações para o fator de correção foram deduzidas para trocadores de calor de escoamento cruzado (consulte KERN, D. Q. *Process Heat Transfer*, McGraw-Hill Book Co., 1950, Capítulo 16). Conforme já afirmamos, o fator de correção é uma função da razão de capacitância R e do fator de temperatura S:

$$R = \frac{T_1 - T_2}{t_2 - t_1} = \frac{\dot{m}_c C_{pc}}{\dot{m}_w C_{pw}} \tag{10.23}$$

e

$$S = \frac{t_2 - t_1}{T_1 - t_1}. \tag{10.24}$$

A Figura 10.10 é um esboço da variação de temperatura dos dois fluidos, à medida que eles passam por um trocador de calor de escoamento cruzado. Conforme indicado, usaremos a letra "t" minúscula para indicar o fluido resfriado e a letra "T" maiúscula para nos referirmos ao fluido mais quente. E o número "1" subscrito indica uma condição de entrada, enquanto o número "2" refere-se a uma condição de saída.

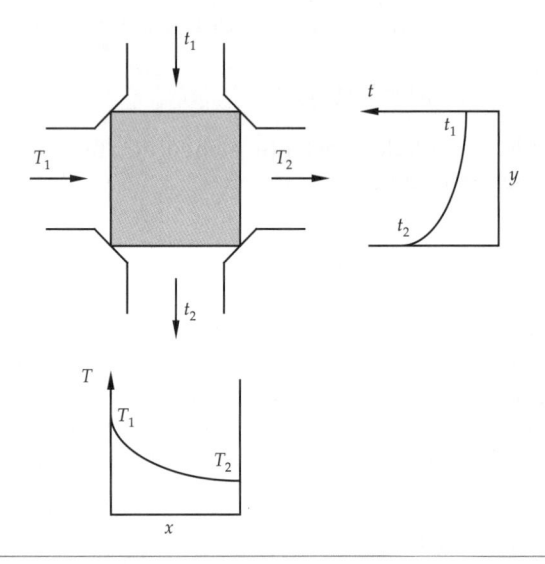

■ **Figura 10.10** Variação de temperatura dos fluidos resfriado e aquecido à medida que passam por um trocador de calor de escoamento cruzado.

Os resultados da avaliação de desempenho de um trocador de calor de escoamento mostram que um trocador de calor de tubo duplo em contracorrente é mais eficiente. Portanto, o padrão de comparação é o trocador de calor de contracorrente, é por isso que DTML na Equação 10.22 é para contracorrente.

Trocadores de calor de placas e escoamento cruzado

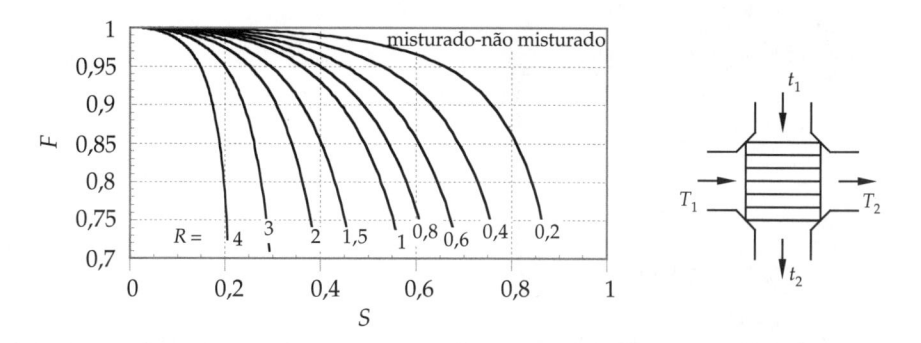

Figura 10.11 Gráfico do fator de correção para um trocador de calor de escoamento cruzado **misturado-não misturado**.

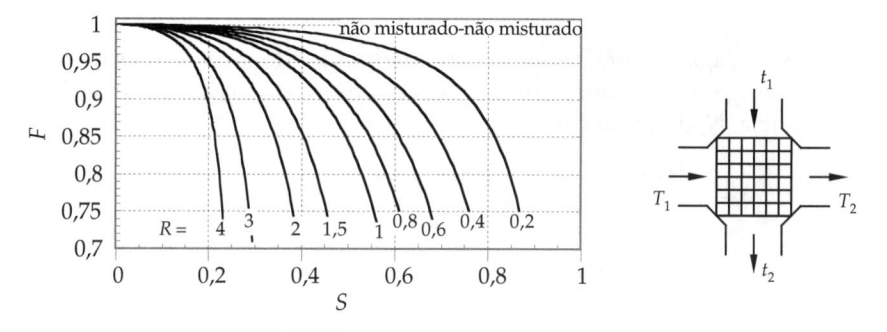

Figura 10.12 Gráfico do fator de correção para um trocador de calor de escoamento cruzado **não misturado-não misturado**.

A Figura 10.11 é um gráfico do fator de correção F como uma função de S para vários valores de R para um trocador de calor de escoamento cruzado misturado-não misturado. A Figura 10.12 é um gráfico do fator de correção F *versus* S para vários valores de R para um trocador de calor de escoamento cruzado não misturado-não misturado. A Figura 10.11 é um gráfico da equação original, enquanto a Figura 10.12 é um gráfico da aplicação de um fator de escala para a Figura 10.11. A Figura 10.12 é, portanto, somente uma aproximação (em 5%) do gráfico obtido da equação original correspondente para escoamentos não misturados-não misturados.

Cálculo de temperatura de saída

Em muitas aplicações, apenas as temperaturas de entrada do fluido são conhecidas, sendo necessário calcular as temperaturas de saída para um determinado trocador de calor. Isso pode ser feito de diversas maneiras, mas o método de **efetividade-NUT**, aqui apresentado, é o mais conveniente. A efetividade E depende de qual dos dois fluidos apresenta o valor mínimo do produto vazão mássica *versus* calor específico, ou seja, a **capacitância** mínima. As equações de efetividade E e de temperatura de saída correspondentes são

$$\left.\begin{array}{l} E = \dfrac{t_2 - t_1}{T_1 - t_1} \\[6pt] t_2 = t_1 + E(T_1 - t_1) \\[6pt] T_2 = T_1 - C(t_2 - t_1) \end{array}\right\} \quad (\text{se } \dot{m}_c C_{pc} < \dot{m}_w C_{pw}) \tag{10.25a}$$

e

$$E = \frac{T_1 - T_2}{T_1 - t_1}$$

$$T_2 = T_1 - E(T_1 - t_1)$$

$$t_2 = t_1 + C(T_1 - T_2)$$

(se $\dot{m}_w C_{pw} < \dot{m}_c C_{pc}$). (10.25b)

Caso se saiba a efetividade do trocador de calor em questão, a taxa de transferência de calor pode ser encontrada com

$$q = E(\dot{m}C_p)_{mín} (T_1 - t_1). \tag{10.26}$$

As equações de efetividade foram deduzidas de muitos tipos de trocadores de calor e, em geral, costumam ser escritas em termos de **número de unidades de transferência**, N, definido como

$$N = \frac{UA}{(\dot{m}C_p)_{mín}}. \tag{10.27}$$

A **razão de capacitância** C definida como

$$C = \frac{(\dot{m}C_p)_{mín}}{(\dot{m}C_p)_{máx}} < 1. \tag{10.28}$$

As efetividades dos trocadores de calor misturado-não misturado e não misturado-não misturado são:

Escoamento cruzado, misturado-não misturado com $(\dot{m}C_p)_{mín}$ não misturado (veja a Figura 10.13a)

$$E = C\{1 - \exp[-C(1 - \exp[-N])]\}$$

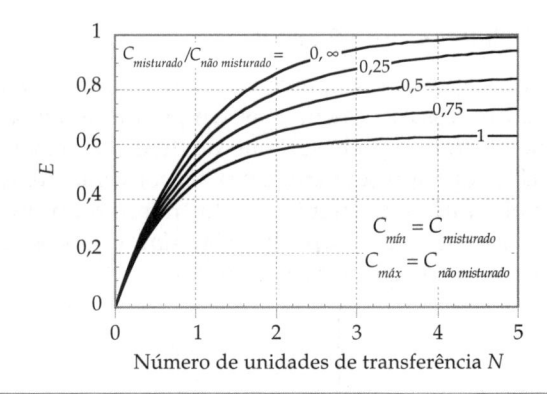

■ **Figura 10.13a** Efetividade como função do número de unidades de transferência para um trocador de calor de escoamento cruzado **misturado-não misturado**. O fluido com capacitância mínima é misturado.

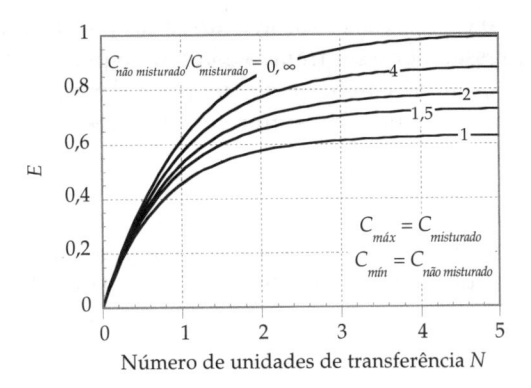

■ **Figura 10.13b** Efetividade como uma função do número de unidades de transferência para um trocador de calor de escoamento cruzado **misturado-não misturado**. O fluido com capacitância mínima é não misturado.

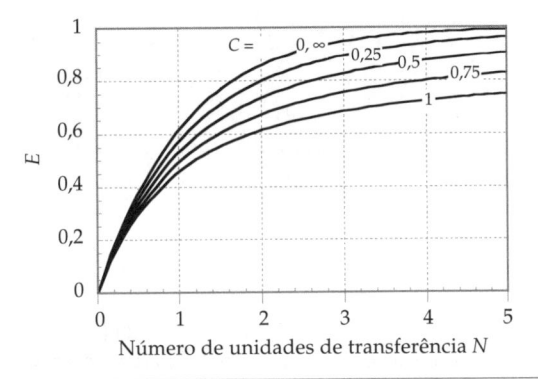

■ **Figura 10.14** Efetividade como uma função do número de unidades de transferência para um trocador de calor de escoamento cruzado **não misturado-não misturado**.

Escoamento cruzado, misturado-não misturado com $(\dot{m}C_p)_{máx}$ não misturado (veja a Figura 10.13b)

$$E = 1 - \exp[-C(1 - \exp[-N \cdot C])].$$

Escoamento cruzado, não misturado-não misturado (veja Figura 10.14)

$$E \approx 1 - \exp[C(N)^{0,22}\{\exp[-C(N)^{0,78}] - 1\}].$$

As Figuras 10.13a e 10.13b são gráficos das duas primeiras equações (E versus N) para trocadores de calor misturados-não misturados. A Figura 10.13a é aplicável quando o fluido com a capacitância mínima é misturado, e a Figura 10.13b aplica-se quando o fluido com a capacitância mínima é não misturado. A Figura 10.14 é um gráfico de efetividade E versus número de unidades de transferência N para trocadores de calor de escoamento cruzado não misturado-não misturado.

Como outros tipos de trocadores de calor, os de escoamento cruzado estão sujeitos à incrustação; porém, como nesse caso é difícil aplicar os dados do fator de incrustação com precisão, não consideraremos os efeitos de incrustação em tais trocadores de calor. Igualmente difícil de determinar são as quedas de pressão dos fluidos enquanto percorrem o trocador de calor. Em casos em que é possível calcular, a queda de pressão pode ser tratada como uma perda localizada no sistema global de escoamento do fluido, perda essa que pode variar muito para ambos os escoamentos. Para o nosso estudo, presumiremos uma perda localizada de $K = 10$ para cada escoamento.

É importante saber a área frontal (ou seja, para o escoamento de ar) necessária para transferir uma determinada quantidade de energia. A Figura 10.15 é um gráfico empírico relacionando a área frontal com o produto UA de um trocador de calor de escoamento cruzado. Esse gráfico é o resultado de cálculos feitos em vários trocadores de calor.

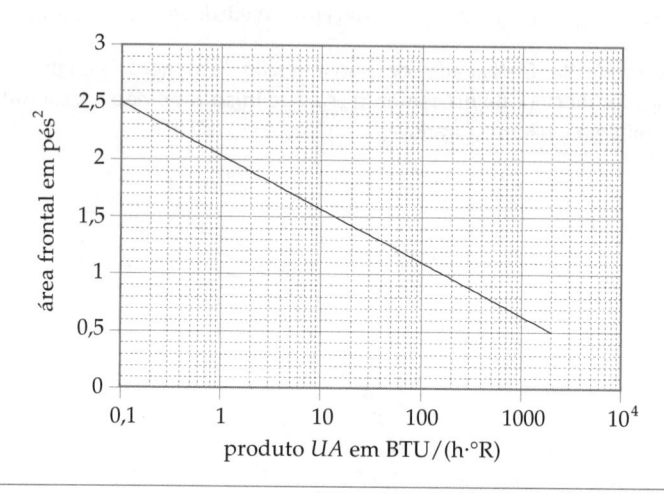

■ **Figura 10.15** Relação empírica entre a área frontal (normal ao escoamento de ar) e o produto UA para um trocador de calor de escoamento cruzado de ar-líquido.

O método de análise para trocadores de calor de escoamento cruzado foi organizado em uma ordem sugerida para a execução dos cálculos, conforme segue.

ORDEM SUGERIDA DE CÁLCULOS PARA TROCADORES DE CALOR DE ESCOAMENTO CRUZADO

Problema   Descrição completa do problema.

Discussão   Potenciais perdas de calor; outras fontes de dificuldades.

Pressupostos 1. Existem condições de regime permanente.
2. As propriedades do fluido permanecem constantes e são avaliadas a uma temperatura de_____.

Nomenclatura 1. T refere-se à temperatura do fluido aquecido.
2. t refere-se à temperatura do fluido resfriado.
3. w subscrito refere-se ao fluido aquecido.
4. h subscrito refere-se ao diâmetro hidráulico.
5. c subscrito refere-se ao fluido resfriado.
6. 1 subscrito refere-se a uma condição de entrada.
7. 2 subscrito refere-se a uma condição de saída.

A. Propriedades dos fluidos

$\dot{m}_w =$ $\qquad$ $T_1 =$
$\rho =$ $\qquad$ $C_p =$
$K_f =$ $\qquad$ $\alpha =$
$\nu =$ $\qquad$ $\Pr =$

$\dot{m}_c =$ $\qquad$ $t_1 =$
$\rho =$ $\qquad$ $C_p =$
$k_f =$ $\qquad$ $\alpha =$
$\nu =$ $\qquad$ $\Pr =$

B. Balanço de calor

$q_w = \dot{m}_w C_{pw}(T_1 - T_2) =$

$q_c = \dot{m}_c C_{pc}(t_2 - t_1) =$

C. Diferença de temperatura média logarítmica

$$\text{Contracorrente } DTML = \frac{(T_1 - t_2) - (T_2 - t_1)}{\ln[(T_1 - t_2)/(T_2 - t_1)]} =$$

D. Fator de correção (se necessário)

$$S = \frac{t_2 - t_1}{T_1 - t_1} =$$

$$R = \frac{T_1 - T_2}{t_2 - t_1} = \frac{\dot{m}_c C_{pc}}{\dot{m}_w C_{pw}} =$$

$F =$

$$\begin{pmatrix} \text{Figura 10.11 misturado-não misturado} \\ \text{Figura 10.12 não misturado-não misturado} \end{pmatrix}$$

E. Produto UA

$$UA = \frac{q}{F(DTML)} =$$

F. Capacitâncias

Misturado-não misturado

$(\dot{m}C_p)_{\text{misturado}} =$

$(\dot{m}C_p)_{\text{não misturado}} =$

$$C = \frac{(\dot{m}C_p)_{\text{misturado}}}{(\dot{m}C_p)_{\text{não misturado}}} =$$

Não misturado-não misturado

$$(\dot{m}C_p)_w =$$

$$(\dot{m}C_p)_c =$$

$$C = \frac{(\dot{m}C_p)_{\text{mín}}}{(\dot{m}C_p)_{\text{máx}}} =$$

G. Número de unidades de transferência

$$N = \frac{UA}{(\dot{m}C_p)_{\text{mín}}} =$$

H. Efetividade, E

$$\left.\begin{array}{l} N = \\ C = \end{array}\right\} \quad E = \quad \left(\begin{array}{l}\text{Figura 10.13 misturado-não misturado} \\ \text{Figura 10.14 não misturado-não misturado}\end{array}\right)$$

I. Cálculos das temperaturas de saída

$$\left.\begin{array}{l} E = \dfrac{t_2 - t_1}{T_1 - t_1} \\ t_2 = t_1 + E(T_1 - t_1) \\ T_2 = T_1 - C(t_2 - t_1) \end{array}\right\} \quad (\text{se } \dot{m}_c C_{pc} < \dot{m}_w C_{pw})$$

ou

$$\left.\begin{array}{l} E = \dfrac{T_1 - T_2}{T_1 - t_1} \\ T_2 = T_1 - E(T_1 - t_1) \\ t_2 = t_1 + C(T_1 - T_2) \end{array}\right\} \quad (\text{se } \dot{m}_w C_{pw} < \dot{m}_c C_{pc})$$

$$T_2 =$$

$$t_2 =$$

J. Velocidades em tubos/dutos de conexão

$$V_w =$$

$$V =$$

K. Cálculos das quedas de pressão (usar $K = 10$)

$$\Delta p_w = K \frac{\rho_w V_w^2}{2} =$$

$$\Delta p_c = K \frac{\rho_c V_c^2}{2} =$$

L. Área frontal necessária

$UA =$ $\qquad$ $A =$ $\qquad$ (Figura 10.15)

M. Resumo das informações solicitadas na descrição do problema

EXEMPLO 10.2

Um trocador de calor de escoamento cruzado (não misturado-não misturado) é usado para resfriar água na realização de teste de um motor diesel. A água entra no trocador de calor a 93,3 °C; ar na temperatura ambiente (~21,1 °C) é usado para resfriar o fluido. O ventilador disponível pode mover o ar a 0,315 g/s. A área frontal do trocador de calor, ou seja, normal ao escoamento de ar, é 0,186 m². Determine as temperaturas de saída esperadas de ambos os fluidos se a vazão da água for 0,088 g/s.

Solução: A menos que se tenha algumas informações bem específicas sobre o trocador, as equações para o coeficiente global de transferência de calor estão indisponíveis; no entanto, é possível obter o produto UA para esse trocador usando a Figura 10.15. Para um determinado produto UA, o número de unidades de transferência pode ser calculado e a efetividade, determinada. Então, sabendo-se a efetividade, as temperaturas de saída são calculadas.

Pressupostos 1. Existem condições de regime permanente.
2. As propriedades do fluido permanecem constantes e são avaliadas nas temperaturas médias (entrada + saída)/2 para cada fluido. São necessárias diversas iterações, e o que se segue são os resultados finais.

Nomenclatura 1. T refere-se à temperatura do fluido aquecido.
2. t refere-se à temperatura do fluido resfriado.
3. w subscrito refere-se ao fluido aquecido.
4. h subscrito refere-se ao diâmetro hidráulico.
5. c subscrito refere-se ao fluido resfriado.
6. 1 subscrito refere-se a uma condição de entrada.
7. 2 subscrito refere-se a uma condição de saída.

A. Propriedades dos fluidos

H$_2$O
a 84,5 °C
$\dot{m}_w = 0{,}088$ g/s
$\rho = 976$ kg/m³
$k_f = 0{,}666$ W/m K
$\nu = 3{,}71 \times 10^{-7}$ m²/s
$T_1 = 93{,}3$ °C
$C_p = 4.195$ J/kg K
$\alpha = 1{,}63 \times 10^{-7}$ m²/s
Pr = 2,27

Ar
a 34,4 °C
$\dot{m}_c = 0{,}315$ g/s
$\rho = 1{,}12$ kg/m³
$k_f = 0{,}0277$ W/m K
$\nu = 1{,}75 \times 10^{-5}$ m²/s
$t_1 = 21{,}1$ °C
$C_p = 1.005$ J/kg K
$\alpha = 2{,}45 \times 10^{-5}$ m²/s
Pr = 0,71

B. Capacitâncias – *Não misturado-Não misturado*

$H_2O \quad (\dot{m}C_p)_w = (0{,}088 \times 10^{-3})(4.195) = 0{,}369 \text{ W/K}$

$Ar \quad (\dot{m}C_p)_c = (0{,}315 \times 10^{-3})(1.005) = 0{,}317 \text{ W/K}$

$$C = \frac{(\dot{m}C_p)_{\text{mín}}}{(\dot{m}C_p)_{\text{máx}}} = 0{,}856$$

C. Produto UA (Figura 10.15 para $A_{\text{frontal}} = 0{,}186 \text{ m}^2$) = 1 BTU/(hr°R), ou seja, 0,527 W/K

D. Número de unidades de transferência

$$N = \frac{UA}{(\dot{m}C_p)_{\text{mín}}} = 1{,}665$$

E. Efetividade, E (não misturado-não misturado)

$\left. \begin{array}{l} N = 1{,}665 \\ \\ C = 0{,}856 \end{array} \right\} \quad E = 0{,}494$

F. Temperaturas de saída $\dot{m}_c C_{pc} < \dot{m}_w C_{pw}$

$H_2O \quad T_2 = T_1 - C(t_2 - t_1) = 62{,}8 \text{ °C}$

$Ar \quad t_2 = (T_1 - t_1)E + t_1 = 56{,}7 \text{ °C}$

G. Diferença de temperatura média logarítimica

$$\text{Contracorrente } DTML = \frac{(T_1 - t_2) - (T_2 - t_1)}{\ln\left[(T_1 - t_2)/(T_2 - t_1)\right]} = 39{,}06\text{°C}$$

H. Resumo das informações necessárias

$H_2O \quad T_2 = 62{,}8 \text{ °C}$

$Ar \quad t_2 = 56{,}7 \text{ °C}$

10.4 Resumo

Neste capítulo, descrevemos os trocadores de calor de placas, bem como os de escoamento cruzado. Analisamos esses dois tipos, fornecendo problemas de exemplo, e incluímos gráficos úteis para dimensionar esses trocadores de calor.

10.5 Mostrar e contar

1. Consiga um catálogo de trocadores de calor de placas e faça uma apresentação sobre eles. Mostre, especificamente, como são montados, e explique as vantagens que possuem sobre os demais.

Trocadores de calor de placas e escoamento cruzado   473

2. Consiga peças (junto a fabricantes, talvez) de um radiador automotivo. Faça uma apresentação sobre como ele é feito e se os escoamentos são misturados ou não misturados.
3. Obtenha as peças de um trocador de calor de tubos aletados, como aqueles de uma unidade de ar-condicionado. Faça uma apresentação sobre como ele é feito e se os escoamentos são misturados ou não misturados.

10.6 Problemas

Trocadores de calor de placas

1. Um trocador de calor de placas é usado para trocar calor em um sistema de escoamento água-água. A água quente entra no trocador a 32,2 °C, a uma vazão de 0,0126 m^3/s, e a água fria entra a 12,8 °C e, também, com uma vazão de 0,0126 m^3/s. O trocador contém 27 placas com espaçamento de 5,08 mm. As placas têm as seguintes especificações: material 304SS (aço inoxidável), 1,016 mm de espessura, 381 mm de largura e 0,914 m de altura. Determine as temperaturas de saída de ambos os escoamentos líquidos.
2. Um trocador de calor de placas tem 15 placas de aço inoxidável (316SS) com 1 m de altura, 1 mm de espessura por 0,6 m de largura, e estão espaçadas a 4,8 mm. O trocador de calor é usado para resfriar uma solução fraca de ácido sulfúrico (suponha que tenha as mesmas propriedades da água). A vazão volumétrica desse líquido é 0,011 m^3/s, e sua temperatura de entrada é de 30 °C. A água é o meio de resfriamento; ela entra no trocador de calor a 6 °C, com uma vazão volumétrica de 0,02 m^3/s. Quais temperaturas de saída podem ser esperadas nessas condições?
3. Água quente, a 82,2 °C e 0,0063 m^3/s, entra em um trocador de calor de placas e é resfriada para 57,2 °C. Água fria entra nesse mesmo trocador de calor a 0,00756 m^3/s e a 37,8 °C. As placas são de aço inoxidável (316SS), com uma área de transferência de calor de 0,316 m^2 por placa. O espaçamento entre elas é de 5,08 mm e elas têm 381 mm de largura e 1,016 mm de espessura. Determine o número de placas necessárias para esse trocador de calor funcionar.
4. Diversos coletores solares são usados para obter energia do sol para aquecer etilenoglicol. O etilenoglicol escoa a 0,006 m^3/s dos coletores para um trocador de calor de placas. O produto entra no trocador de calor a 24 °C, onde ele transfere calor para a água doce. A água entra no trocador de calor a 0,005 m^3/s, com uma temperatura de 10 °C. A altura das placas é 1,5 m, e o espaçamento entre elas é de 4,3 mm. Há 15 placas de 304SS (aço inoxidável), com 0,8 mm de espessura por 0,5 m de largura. Calcule a temperatura de saída de ambos os fluidos.
5. Óleo (assuma óleo de motor) usado em uma operação de extinção deve ser resfriado com um trocador de calor de placas. O óleo escoa no trocador de calor a $1,262 \times 10^{-3}$ m^3/s, 79,4 °C, e deve ser resfriado para 71,1 °C. Água entra no trocador de calor a 32,2 °C e deve sair a uma temperatura que não seja mais quente que 40,55 °C. O trocador de calor contém placas de 304SS (aço inoxidável), com 152,4 mm de largura, 0,61 mm de espessura e o espaçamento entre elas é de 3,56 mm. A área de transferência de calor de uma placa é de 0,0873 m^2. Quantas placas seriam necessárias para resfriar o óleo até a temperatura necessária? A condição da temperatura de saída da água é obtida com esse trocador de calor? Utilize a vazão da água como sendo $9,46 \times 10^{-4}$ m^3/s.
6. Água residual em 0,01 m^3/s entra no trocador de calor de placas a 60 °C. Água doce entra no mesmo trocador de calor a 0,017 m^3/s, 2 °C. O trocador de calor possui 19 placas (0,609 6 m × 1,24 m de altura) feitas de 316SS (aço inoxidável), com 0,6 mm de espessura e um espaçamento de 4 mm entre elas. Calcule as temperaturas de saída esperadas de ambos os fluidos.

Trocadores de calor de escoamento cruzado

7. Suponha que o trocador de calor de escoamento cruzado do Exemplo 10.2 seja do tipo misturado-não misturado. Como seriam afetadas as temperaturas de saída?

8. Um trocador de calor de escoamento cruzado (misturado-não misturado) é usado para recuperar calor do escape de um motor a diesel. Os gases de escape entram no trocador de calor a 204,4 °C. Água está disponível a 10 °C, 0,126 g/s, e ela não é muito útil, a não ser que possa ser aquecida a 26,7 °C. Determine o tamanho do trocador de calor necessário caso a vazão mássica de escape do motor diesel seja 0,5 g/s. Suponha que os gases do escape do motor diesel tenham as mesmas propriedades do dióxido de carbono e que a água seja não misturada.
9. Um trocador de calor de escoamento cruzado (não misturado-não misturado) é comercializado como um resfriador de óleo (mesmas propriedades do óleo de motor não usado). O óleo entra no resfriador a uma vazão de 1,008 g/s e temperatura de 76,7 °C e deve ser resfriado para 65,55 °C. O ar é usado para resfriar o óleo. A velocidade de entrada do ar é de 0,406 m/s e a área frontal pela qual o ar escoa é de 254 mm × 254 mm. A temperatura de entrada do ar é de 21,1 °C. Esse trocador de calor é grande o suficiente?
10. Água entra em um trocador de calor de escoamento cruzado a uma temperatura de 85 °C e a uma vazão de 2,5 kg/s. Ar entra no trocador de calor a 20 °C, sai a 40 °C e apresenta uma vazão de 12 kg/s. Que tipo de trocador de calor de escoamento cruzado demonstrará a maior efetividade: misturado-não misturado ou não misturado-não misturado? O fluido a ser misturado faz diferença?
11. Para as informações fornecidas no problema anterior, que tipo de trocador de calor de escoamento cruzado será necessário para ter a maior área frontal: misturado-não misturado ou não misturado-não misturado?

CAPÍTULO 11

Descrições do projeto

Cada um dos projetos descritos neste capítulo foi formulado para ser resolvido em um curso de um semestre por uma equipe de engenharia. Os projetos são descritos com um número recomendado de membros da equipe.

Os alunos que desejarem trabalhar nesses projetos devem retomar o Capítulo 1 para uma revisão do processo de projeto, da natureza do projeto de engenharia, das fases do projeto, bem como de suas normas e padrões, economia, segurança do produto, o processo de licitação e, especialmente, gerenciamento do projeto, planejamento do projeto, documentação interna e preparação de relatórios. É aconselhável que passem por cada um desses tópicos, aplicando-os apropriadamente no processo de solução.

Também é preciso considerar os outros parâmetros não discutidos no Capítulo 1, como processos de produção, fatores econômicos, segurança, confiabilidade, estética, questões éticas e impacto social, pois eles são importantes. Igualmente importante é considerar o ciclo de vida total do projeto. Especificamente, como o projeto funcionará depois de um, de cinco ou de vinte anos? Como será a sua manutenção? Como será utilizado? Como será comercializado? Como se determinará a satisfação do consumidor? Essas coisas merecem atenção, como uma parte da solução.

O relatório escrito

Em seguida, suponha que a fase de engenharia do projeto tenha sido concluída e que, então, é necessário comunicar os resultados. Em geral, um **relatório escrito** e uma **apresentação oral** devem ser oferecidos ao cliente pelo consultor. O relatório escrito deve conter vários itens, e o formato de um exemplo *sugerido* é mostrado na figura correspondente. A seguir, apresentamos a descrição de cada item:

Carta de transmissão — Escrita para a informação do cliente de que o projeto foi concluído e que os resultados estão apresentados no relatório correspondente.
Página de título — Relaciona o título do projeto, sua data de conclusão, os engenheiros que trabalharam nele e o nome da empresa de consultoria. Observe que

todas as páginas do relatório precisam ser numeradas, datadas e, de alguma forma, identificadas com a empresa de consultoria.

Descrição do problema — Repete sucintamente o problema, de forma que todos os interessados possam saber qual projeto foi concluído.

Resumo das constatações — Apresenta os detalhes da solução de forma resumida. Esta seção pode apresentar uma lista que mostre, por exemplo, que bomba comprar, que diâmetro de linha usar, qual a rota da tubulação, que trocador de calor usar, quais os fornecedores sugeridos e o custo de todos os componentes. As plantas do sistema também devem ser incluídas nesse resumo, que deve ser completo o suficiente para que o cliente possa enviá-lo a um empreiteiro habilitado para que faça a instalação de todos os componentes.

Índice — Traz orientações ao leitor para qualquer parte do relatório.

Narrativa — Apresenta os detalhes de todos os componentes especificados no resumo, explicando cada um deles. Detalhes de como a bomba foi escolhida, por exemplo, devem estar contidos aqui. O grau de detalhamento deve ser suficiente para que o leitor possa seguir *cada* etapa do desenvolvimento do projeto. A organização da narrativa e os títulos de todas as seções podem variar de acordo com quem tiver escrito; no entanto, *se o público a que o relatório se destina o ler e não conseguir compreender tudo o que foi escrito, é porque você não conseguiu se fazer claro o suficiente*. Escreva para o público.

A seguir, relacionamos os tópicos que devem receber consideração especial, embora nem todos se apliquem a todos os projetos. Entretanto, os tópicos que se aplicam ao seu projeto devem ser indicados no final da narrativa:

- Restrições
- Fatores econômicos
- Fatores ambientais

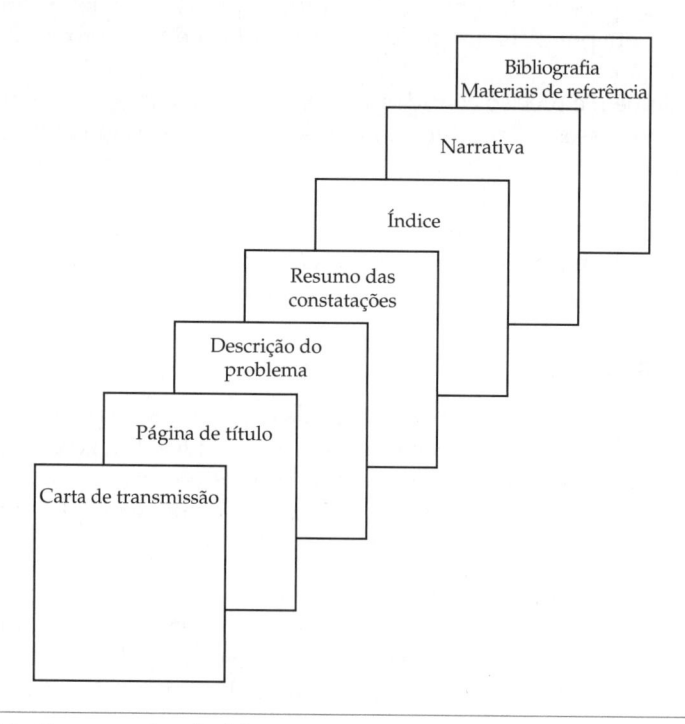

■ **Figura 11.1** Elementos do relatório escrito.

- Sustentabilidade
- Capacidade de fabricação
- Questões éticas
- Questões de saúde e segurança
- Questões sociais
- Questões políticas

Bibliografia/Materiais de referência — Relaciona títulos de textos e publicações usadas para chegar às particularidades do projeto. Esta seção também deve incluir informações dos catálogos de fornecedores, como curvas de desempenho da bomba, se apropriado.

O relatório escrito deve ter uma aparência profissional em todos os sentidos. Uma apresentação bem escrita mostrará que o escritor é meticuloso e convincente, mostrando ao cliente uma boa dose de cuidado na elaboração do trabalho. Texto, gráficos, plantas e fluxogramas, tudo é feito por computador, nada é feito à mão. O relatório inteiro deve estar encadernado, e o cliente deve receber mais de uma cópia.

O relatório oral

O relatório oral deve ser curto e não precisa ser detalhado. Bastam uma declaração do problema e um resumo das constatações, incluindo os custos iniciais e operacionais. Se surgirem perguntas, o apresentador deve referir-se aos detalhes encontrados na narrativa. Portanto, o apresentador deve estar preparado para fornecer detalhes do estudo *inteiro*, mas só deve apresentar a declaração do problema e o resumo.

Título dos projetos

Projetos com três engenheiros	Mecânica dos fluidos	Transferência de calor
1. Dinamômetro de bicicleta	√	
2. Leitura de pressão do pneu	√	
3. Sistema automático de aspersor de gramado	√	
4. Sistema doméstico de parede de limpeza a vácuo	√	
5. Suprimento de ar desumidificado	√	
6. Sinalização de funil	√	
7. Paleta de artista	√	
8. Sistema a vácuo para limpeza de ônibus	√	
9. Sistema de ventilação para cabine de pulverização	√	
10. Assento pneumático	√	
11. Quebra-nozes pneumático	√	
12. Recuperação de calor da lareira	√	√
13. Recuperação de calor em uma fábrica de placas de gesso	√	√
14. Projeto de um aquecedor de rodapé	√	√
15. Jateador que utiliza gelo	√	√
16. Chapa de aquecimento para alimentos	√	√
17. Fabricante de gelo raspado	√	√

Projetos com quatro engenheiros	Mecânica dos fluidos	Transferência de calor
18. Dique inflável	√	
19. Medição de impulso do pé-de-pato	√	
20. Grau de eficiência do aspirador de pó	√	
21. Projeto de roda de pás	√	
22. Processo de acabamento do quadro da bicicleta	√	
23. Projeto de pás do ventilador de teto	√	
24. Medidor de consumo para um automóvel convencional	√	
25. Projeto de um sistema de lava-jato portátil	√	
26. Composteira assistida por energia solar	√	
27. Barreira armazenada no subsolo	√	
28. Ambiente controlado para metais especiais	√	
29. Projeto de amortecedor para elevador	√	
30. Depósito com laje aquecida	√	√
31. Bomba de água quente	√	√
32. Máquina de gelo portátil	√	√
33. Condições climáticas de estufa	√	√
34. Piscina aquecida por energia solar	√	√
35. Economia de isolamento de tanque de combustível	√	√
36. Fonte de ar refrigerado de três toneladas	√	√
37. Entrada de garagem com piso aquecido	√	√
38. Fonte portátil de ar refrigerado para carrinhos de golfe	√	√

Projetos com cinco engenheiros	Mecânica de fluido	Transferência de calor
39. Sistema de acabamento para cercas de madeira	√	
40. Tubulação de transporte pneumático	√	
41. Estudo de viabilidade e dimensionamento de moinho de vento	√	
42. Elementos aquáticos	√	
43. Um túnel de vento vertical de brinquedo	√	
44. Tanque de separação de óleo e água — Análise e Teste	√	
45. Testador de mangueira de alta pressão	√	
46. Determinação de coeficiente de válvula	√	
47. Sistema de refrigeração para uma série de fontes de calor	√	
48. Lago de pessoa excêntrica	√	
49. O miado do gato: um lavador de gato	√	
50. Tobogã de parque de diversão	√	
51. Congelamento rápido de frango	√	√

52. Fogão solar automático para cachorro-quente	√	√
53. Torre de resfriamento para um motor de combustão interna	√	√
54. Unidade de destilação por tração humana	√	√
55. Máquina de fazer espuma quente	√	√
56. Dispositivo para ilustrar a Primeira Lei da Termodinâmica	√	√
57. Unidade de teste de chuveiro	√	√
58. Pista de patinação no gelo	√	√
59. Análise de métodos de "energia-eficiente" na construção de casas	√	√
60. Unidade de ar-condicionado acoplado à terra	√	√
61. Sistema de aquecimento para um vagão-tanque	√	√
62. Recuperação de energia de uma usina elétrica	√	√
63. Lago de refrigeração de uma usina elétrica	√	√
64. Aquecimento de uma arquibancada portátil	√	√
65. Análise de uma rede de tubulação	√	√
66. Sistemas de suprimento de vapor e ar	√	√

1. Dinamômetro de bicicleta (três engenheiros)

Dinamômetro é um dispositivo para medir a potência de saída de um sistema. Eles foram usados amplamente para medir a potência de motores de combustão interna, de turbinas e de automóveis. Os dinamômetros podem ser do tipo elétrico, em que a potência de saída é usada para produzir energia elétrica, ou do tipo de fluido, em que a potência de saída é usada para bombear um líquido (geralmente a água) ou movimentar o ar.

Em uma escala menor (do que motores CI), o objetivo é medir a potência de saída de uma pessoa ao pedalar uma bicicleta. Os resultados desses testes são de interesse dos estudos da educação física, sobre a potência de saída e a resistência humana, e também das fábricas de bicicletas. Consequentemente, é preciso ter um dinamômetro no qual uma bicicleta completa possa ser conectada e pedalada, a partir do qual a potência de saída possa ser calculada.

A ser projetado, selecionado ou determinado:

1. Um sistema para suportar o peso da bicicleta e do ciclista enquanto ela é conectada a um dinamômetro.
2. Um sistema de fluido para medir a potência de saída do ciclista em uma ampla variação de condições.
3. Materiais para a construção e projeto do dispositivo inteiro.
4. Custos de construção desse tipo de dispositivo.

2. Leitura de pressão de um pneu (três engenheiros)

Caminhões tipo trator-reboque são muito usados para transportar mercadorias em longas distâncias. Um caminhão pode ser dirigido por muitas milhas antes de precisar parar para abastecer e fazer uma inspeção no veículo. A pressão do pneu, entretanto, é fundamental, pois, a alta velocidade, a perda de pressão no pneu pode representar um perigo ao motorista e ao veículo. Assim, existe a necessidade de um sistema que permita medir a pressão dos pneus várias vezes enquanto o veículo está em movimento. Esse sistema também pode ser usado em ônibus.

A ser projetado, selecionado ou determinado:

1. Um sensor que terá um sinal que variará com a pressão no pneu.
2. Um sistema de envio que transmita o sinal do sensor ao trator.
3. Custo total do sensor e do transmissor.

Observações: Presuma que uma caixa eletrônica no trator possa aceitar o sinal e exibir a leitura digital de um detector de pressão em psig ou kPa. Seu projeto e custos excluirão a caixa eletrônica.

Se esses dispositivos forem projetados, seu projeto não poderá infringir os direitos de patentes de terceiros.

3. Sistema automático de aspersor de gramado (três engenheiros)

Uma planta de uma residência térrea com gramado será fornecida pelo instrutor. A intenção é instalar um sistema subterrâneo automático do aspersor do gramado. Em momentos apropriados, o sistema distribuirá a quantidade certa de água ou mistura de água e fertilizante uniformemente sobre o gramado e sob arbustos e flores. A água da chuva é coletada pelo proprietário em dois tambores de 55 galões, provisões devem ser feitas usando água de chuva em vez de água da cidade. A casa já existe, e essa é uma instalação de reforma. (Alternativamente, a casa ainda será construída e essa será uma nova instalação, a ser decidida pelo instrutor.)

A ser projetado, selecionado ou determinado:

1. Localização, tamanho e tipo de bomba se necessário. (Utilize a pressão da água da cidade como sendo de 65 psig.)
2. Percurso dos tubos e dutos subterrâneos e dos materiais de construção.
3. Previsão para o usuário aspergir fertilizante líquido ou dissolvido no gramado, em momento especificados por você, via sistema aspersor. (A grama é Santo Agostinho.)
4. Previsão para o sistema distribuir água coletada da chuva em vez de água da cidade. Quando não houver água de chuva, o sistema deve usar água da cidade, e essa mudança deve ser feita automaticamente.
5. Quanto de água fornecer para a grama, arbustos e flores e quando fazê-lo.
6. Tipo(s) de bico do aspersor, número e localização.
7. Dispositivo de regulagem automática para a correta operação do sistema.
8. Custo total, incluindo instalação, vida útil e manutenção.

Nota: Há fabricantes e instaladores de tais sistemas; portanto, antes de consultar um deles, execute um projeto preliminar para expressar as suas ideias e desenvolver a sua intuição para o projeto de tal sistema.

4. Sistema doméstico de parede de limpeza a vácuo (três engenheiros)

Uma planta de uma residência térrea será fornecida pelo instrutor. A intenção é instalar um sistema de parede de aspirador de pó. Um aspirador de pó localizado centralmente fornece a potência para a limpeza. Várias mangueiras o conectam a várias tomadas nas paredes por toda a residência, e o usuário conecta uma mangueira e um bocal para piso (fornecido pelo fabricante dos aspiradores portáteis) a qualquer conector de tomada desejado e limpa o piso. A casa já existe e essa é uma instalação de reforma. (Alternativamente, a casa ainda será construída e essa será uma nova instalação, a ser decidida pelo instrutor.)

A ser projetado, selecionado ou determinado:

1. Localização, tamanho e tipo de aspirador de pó. (Considere que esse aspirador coleta sujeira em um saco e que este deve ser trocado com o uso regular do sistema.)
2. Locais das tomadas nas paredes (preste muita atenção a locais em que a acessibilidade não é conveniente, como atrás de sofás ou poltronas, por exemplo).
3. Diâmetro da tubulação, material e percurso do aspirador até as tomadas nas paredes. (Todos os tubos devem ter o mesmo diâmetro?)
4. O comprimento da mangueira e as conexões de bocal para piso. Além disso, como a mangueira e os bocais serão armazenados?
5. Custo total do sistema, incluindo a instalação. Compare esse custo com o custo de um aspirador de pó portátil e determine se o sistema na parede é econômico.

Nota: Há fabricantes e instaladores de tais sistemas; portanto, antes de consultar um deles, execute um projeto preliminar para expressar as suas ideias e desenvolver a sua intuição do projeto de tal sistema.

5. Suprimento de ar desumidificado (três engenheiros)

Um motor de combustão interna de 150 HP deve ser testado para determinar suas características operacionais em um ambiente seco, como um deserto. O principal requisito é que um suprimento permanente de ar desumidificado esteja disponível para o motor e, além disso, que o ar desumidificado seja fornecido em uma faixa de temperatura para uma simulação apropriada de condições semelhantes ao deserto.

A ser projetado, selecionado ou determinado:

1. O consumo de ar de um motor de quatro tempos de 150 HP (112 kW).
2. Um desumidificador para remover o máximo de umidade possível do ar de entrada, para simular condições do deserto.
3. Quais são as condições do deserto.
4. Um meio de controlar a temperatura do ar desumidificado.
5. Como o ar deve ser disponibilizado; por exemplo: em situação de escoamento permanente ou de um tanque de armazenamento.
6. Custo total do sistema, incluindo todos os componentes que o deixam pronto para conexão na entrada do motor.

6. Sinalização de funil (três engenheiros)

Pessoas que usam funis para preencher tanques muitas vezes descrevem o problema de transbordamento do recipiente e derramamento do líquido no topo, o que é especialmente comum no preenchimento de tanques de cortador de grama. A visualização da parte interna do tanque pelo usuário é obstruída pelo funil; assim, quando o tanque está cheio, a gasolina é derramada, criando um risco à segurança, bem como uma sujeira indesejada. É proposto projetar um funil que indique ao usuário quando o tanque estiver cheio, a fim de que ele pare o derramamento.

A ser projetado, selecionado ou determinado:

1. O material apropriado para um funil projetado para uso com gasolina.
2. O dispositivo de sinalização ou método.
3. Um método de ajuste do sinal para acomodar os diferentes tempos de reação, já que um indivíduo pode precisar de menos tempo para parar do que outro.
4. O custo total para fabricar a sinalização de funil.

7. Paleta de artista

Considere uma paleta de artista: ela contém sete cavidades nas quais são colocadas sete cores diferentes. Nesse caso, é desejável ter uma paleta de oito cavidades, de forma que giz de cera derretido possa ser usado pelo artista. Os gizes são feitos pela Crayola®, fornecidos em embalagem de oito unidades.

Um giz de cada cor deve ser colocado em cada cavidade, e a paleta deve ser aquecida para derreter todos os gizes simultaneamente. O artista, então, poderá mergulhar um pincel (ou esponja ou qualquer aplicador) na cor de sua escolha e aplicá-la no papel, em telas etc. A paleta deve ser portátil e deve usar baterias de alguma forma para derreter os gizes e mantê-los derretidos o máximo de tempo possível.

A ser projetado, selecionado ou determinado:

1. Em que temperatura o giz será derretido? Todas as cores serão derretidas na mesma temperatura? Quais cores são fornecidas em uma embalagem de oito unidades? Por que essas cores são escolhidas? (É aconselhável medir a temperatura de derretimento em vez de usar dados publicados.)
2. Um sistema com baterias que possa ser usado para derreter os gizes. A paleta foi feita de um metal que viabilize a eficácia do projeto? Ela poderia ser feita de plástico? Entre plástico ou metal, qual seria a melhor opção para fins de transferência de calor? Se os gizes fossem mantidos em temperatura alta, o usuário deveria usar luvas para manipulá-los?
3. Uma paleta de oito cavidades.
4. Mergulhar um pincel em temperatura ambiente em uma cavidade com giz derretido pode solidificar o giz. Para aliviar esse problema, deve-se aquecer um pouco o pincel antes de usá-lo? Em caso positivo, projete um método para aquecer o pincel.
5. Uma paleta de sete cavidades feita de plástico custa $3,75. Uma paleta com nove cavidades é vendida por $5,25 e uma com onze cavidades é vendida por $6,75. Por que são ímpares os números de cavidades nessas paletas?
6. Determine o custo da paleta em seu projeto.

8. Sistema a vácuo para limpeza de ônibus (três engenheiros)

A autoridade local de trânsito é responsável por operar e manter veículos usados no transporte público, especialmente ônibus. Uma das tarefas de manutenção inclui a limpeza dos ônibus à noite, quando eles retornam para a garagem. Atualmente, os veículos são limpos por uma pessoa que recolhe os resíduos maiores e passa aspirador de pó. Esse procedimento consome tempo e seu custo é em pessoa-hora.

É proposto usar um grande sistema de movimento do ar para limpar os ônibus. Duas grandes mangueiras são conectadas a um ônibus: uma fornece ar em alta pressão e alta velocidade, enquanto a outra retira o ar de exaustão do compartimento de passageiros. O uso de tal sistema elimina a necessidade de uma pessoa caminhar pelo ônibus para limpá-lo, e esse recurso levaria menos tempo para completar a tarefa.

A ser projetado, selecionado ou determinado:

1. O projeto total do sistema.
2. O diâmetro das mangueiras de ar, o material de construção e o método de conexão.
3. O tamanho da unidade de movimentação de ar e a origem da compra.
4. O custo total do sistema.
5. A economia de tempo e despesas de mão de obra (se houver) com uma indicação de custo-benefício.

9. Sistema de ventilação para cabine de pulverização (três engenheiros)

Um fabricante de pequenos itens de mobília decidiu instalar uma cabine de pulverização na loja para que os itens de madeira possam ser revestidos de verniz por aspersão em vez de usar um pincel. A sala para isso tem 3,66 m × 3,66 m × 3,05 m de altura.

O verniz deve ser aplicado por um operador usando uma pistola de pintura; no entanto, gotículas de verniz transportadas pelo ar causam problemas de saúde, de modo que a cabine precisa ser muito bem ventilada. Além disso, a ventilação não deve inibir o processo de aplicação ou de secagem.

A ser projetado, selecionado ou determinado:

1. Se o tamanho da cabine é adequado.
2. O sistema de dutos para a introdução e a exaustão do ar da cabine.
3. O ventilador necessário para mover o ar.
4. O custo total da tubulação, das conexões e do ventilador.
5. O efeito desse escoamento de ar pela cabine sobre o processo de aplicação e de secagem.

10. Assento pneumático (três engenheiros)

Pessoas idosas e aquelas com determinadas deficiências muitas vezes têm dificuldade de se levantar a partir de uma posição sentada. Propõe-se projetar um dispositivo inflável no qual uma pessoa possa se sentar e que a ajude a levantar-se do assento. O dispositivo, que deve ser inflado com um pequeno compressor e deve ser confortável para se sentar, pode ser parte de uma cadeira ou algo portátil, para ser colocado na cadeira.

A ser projetado, selecionado ou determinado:

1. O assento inflável em si.
2. O material a ser usado para isso.
3. Um compressor apropriado e tubos de conexão.
4. O custo total do sistema.

11. Quebra-nozes pneumático (três engenheiros)

Durante os meses mais frios do ano, vários tipos de nozes são colhidas e vendidas em mercearias; o consumidor que as compra usa um quebra-nozes para abrir as cascas e separar a parte comestível das nozes, e a maioria desses quebradores funciona manualmente. Em um projeto, o quebra-nozes tem duas pernas conectadas por uma dobradiça em um cavalete comum. A noz é colocada entre as pernas, que são apertadas até que as cascas se quebrem, e o usuário então trabalha atentamente, às vezes impacientemente, para retirar o conteúdo da casca.

Em outro projeto, a noz é colocada na extremidade de um trilho contra um batente metálico. Uma peça móvel metálica que desliza sobre o trilho é empurrada contra a noz por um braço de alavanca giratório e a força exercida é suficiente para quebrar a casca. Alternativamente, a peça metálica é acelerada em direção à noz por uma mola: a peça metálica é afastada da noz para comprimir a mola e, quando liberada, a mola empurra o metal em direção à noz, e a força de impacto é suficiente para quebrar a casca.

Uma empresa de marketing decidiu que seria interessante comercializar um quebra-nozes pneumático. Em vez de usar a energia potencial em uma mola, a energia potencial em uma câmara de ar que contém ar comprimido seria usada para acelerar uma peça metálica em direção à noz. Agora, a empresa de marketing (e engenheiros que podem trabalhar neste projeto) percebe que, talvez, esse dispositivo não seja o mais eficiente dos quebradores de nozes, mas acredita que a ideia seja inédita, que o projeto deva ser cativante o suficiente, e que o comprador impulsivo poderá comprar um em razão de seus recursos exclusivos. Assim, aparência e novidade são extremamente importantes neste projeto.

A ser projetado, selecionado ou determinado:

1. Um método para determinar a força necessária para quebrar diversas nozes do tipo disponível nos meses frios.
2. Um quebra-nozes pneumático mostrando detalhes do projeto e cálculos indicando as forças de impacto geradas.
3. Uma descrição que mostre a natureza exclusiva e atrativa do projeto.
4. O custo total do quebra-nozes pneumático.

12. Recuperação de calor de lareira (três engenheiros)

Lareiras de chapa metálica podem ser incluídas em uma sala depois de a estrutura ser construída, ou seja, a lareira não precisa ser construída com a casa. Para aprimorar a utilidade de uma lareira de chapa metálica, foi proposto um dispositivo para recuperar calor que normalmente é descartado na chaminé com os gases de escape. Acredita-se que a maneira mais eficiente de transferir mais calor da combustão seja pela convecção; assim, mais ar da sala pode ser aquecido.

A ser projetado, selecionado ou determinado:

1. Uma lareira de chapa metálica para seu estudo (com a aprovação do seu instrutor).
2. Um trocador de calor para ela. (Se um já tiver sido projetado, seu projeto deve ser substancialmente diferente. Além do mais, será necessário analisar a unidade existente.)
3. O custo total do dispositivo.

13. Recuperação de calor em uma fábrica de placas de gesso (três engenheiros)

Um dos componentes necessários na fabricação de placas de gesso é a água. O processo requer 4,42 m^3/s de água em temperatura de aproximadamente 29,4 °C. Durante os meses de verão, o fornecimento de água da cidade disponibiliza água em temperaturas que podem chegar a 32,2 °C. Durante os outros meses, a temperatura média da água fornecida pela cidade é de aproximadamente 7,2 °C. Essa água deve ser aquecida, assim poderá ser usada para o processo. A água é aquecida por queimadores de gás natural, enquanto está em um tanque de armazenamento.

Uma das fases finais da produção de placas de gesso é o estágio de secagem. Um ventilador faz o ar aquecido circular em torno das placas de gesso em um forno. O ar então é esgotado. Espera-se recuperar energia do ar de exaustão quente e úmido e usa-se a energia para aquecer a água de entrada da cidade de 7,2 °C (pior caso) para o mais aquecido possível. A energia recuperada reduziria a necessidade de se usar gás natural como principal meio de aquecimento. As condições indicam que o sistema de recuperação de calor estará em operação 24 horas por dia (seis dias por semana) durante oito meses.

A Figura 11.2 mostra a posição do forno de secagem e o tanque de armazenamento. Como mostrado, o tanque de água está a 91,5 m do forno. A vazão volumétrica de ar em cada chaminé é medida como 6,61 m^3/s, e, na saída de cada chaminé, a temperatura do ar é de aproximadamente 110 °C.

```
         |  chaminés de    ↑
         |  alumínio de  4,88 m
         |   1,1 m DI     ↓
                          1,22 m
                          ↑
                         9,15 m        tanque de
                                       armazenamento
                                       de água
   queimadores    ←——91,5 m——→
   de gás                         ∧∧∧
   ///////////////////      //////////
                   forno de secagem
                             linha de água da cidade,
                             p = 379 kPa (medida)
```

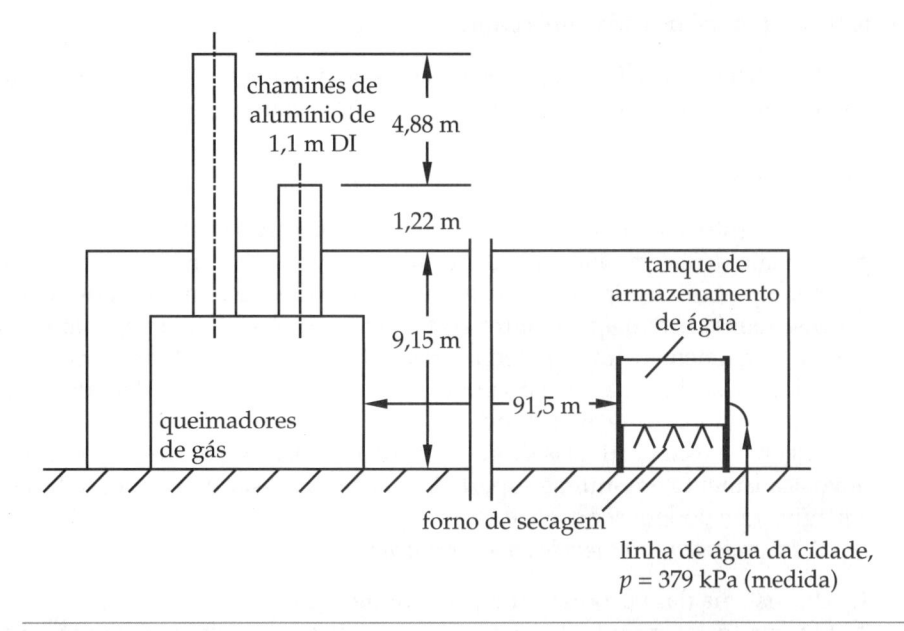

■ **Figura 11.2** Layout mostrando o forno de secagem e o tanque de armazenamento.

A ser projetado, selecionado ou determinado:

1. Tipo apropriado de trocador de calor, tamanho, local e material de construção.
2. O tamanho da bomba (se necessário), sua localização e material de construção.
3. Tubulações, conexões da tubulação, diâmetro, percurso e material. (Considere que o uso de um medidor de vazão e/ou isolamento da tubulação pode ser desejável.)
4. O custo total do sistema, incluindo instalação, operação e manutenção.
5. O período de retorno do investimento.

14. Projeto de um aquecedor de rodapé (três engenheiros)

Um aquecedor de rodapé consiste em uma tubulação de cobre hermética (poderia ser outro metal) com aletas conectadas. Água quente ou óleo deve passar pelo tubo e as aletas ajudam a transferir calor do líquido para o ar ao redor, por convecção natural. Um fabricante de dispositivos de aquecimento deseja expandir sua linha de itens adicionando três trocadores de calor desse tipo. No entanto, em vez de circular um fluido pelo tubo, ele decidiu preenchê-lo com um líquido, conectá-lo a um aquecedor elétrico de algum tipo e vedá-lo. Assim, um usuário poderá comprar o aquecedor necessário, conectá-lo à parede no rodapé e a uma fonte de 110 V CA, e o aquecedor converterá a energia elétrica em calor. O fabricante deseja comercializar aquecedores de 1.000 (293 W), 2.000 (586 W) e 3.000 (878 W) BTU/h (W), pois são usados normalmente em residências convencionais.

A ser projetado, selecionado ou determinado:

1. O diâmetro do tubo necessário para cada aquecedor.
2. Quando comprar tubos aletados "prontos" ou construí-los.
3. O tamanho e o tipo do dispositivo de aquecimento necessário a cada aquecedor.
4. O invólucro protetor, embora decorativo, disponível para cada aquecedor.
5. O tipo de líquido do trocador de calor (ou gás) para preencher o tubo.

6. O custo total de cada aquecedor.

Tais dispositivos foram projetados e estão atualmente disponíveis. Seu projeto não poderá infringir os direitos de patentes de terceiros.

15. Jateador que utiliza gelo (três engenheiros)

Jateamento é uma operação em que finas partículas de areia são impulsionadas por um jato de ar em alta velocidade contra um objeto, como uma parede de tijolo ou metal pintado. A areia atua como um abrasivo que remove parte da superfície e, consequentemente, aplica outro acabamento ao objeto. A areia, então, se espalha pelo ar, juntamente com o material removido, em torno do local (a menos que seja fechado), e isso é condenável do ponto de vista da segurança. Além disso, a areia se acumula no solo, o que exige limpeza.

Sugere-se usar partículas de gelo como um substituto da areia, pois este aplicará novo acabamento em muitas superfícies e, com o passar do tempo, se transformará em água, que poderá ser drenada.

A ser projetado, selecionado ou determinado:

1. Um sistema para produzir um jateador de "gelo".
2. O formato apropriado das partículas de gelo e como elas serão produzidas.
3. O método para impulsionar as partículas de gelo. (Há uma velocidade ideal?)
4. Se gelo pode ser um substituto da areia em um jateador convencional.
5. Custo total do sistema.
6. Uma comparação com um jateador convencional em desempenho e custo.

16. Chapa de aquecimento para alimentos (três engenheiros)

A Figura 11.3 é um esboço de uma chapa de aquecimento como as que são usadas em aplicações de preparo de alimentos, para aquecer carnes sem cozinhá-las. Em um restaurante, carnes, por exemplo, podem ser armazenadas em um *freezer*; quando um consumidor amante de carnes deseja um bife, a carne deve ser descongelada antes de ser cozida. O objetivo aqui é projetar um dispositivo que descongelará a carne sem cozinhá-la. A Figura 11.3 mostra um projeto preliminar desse tipo de dispositivo.

A ser projetado, selecionado ou determinado:

1. O projeto da fonte de energia para uma chapa de aquecimento.
2. O material a ser usado. Deve ser de aço inoxidável?
3. A temperatura "apropriada" da superfície da chapa de aquecimento, a fim de que aqueça o alimento sem cozinhá-lo.
4. Outros alimentos podem ser usados com esse dispositivo. Carnes e vegetais podem ser usados ao mesmo tempo na chapa de aquecimento?

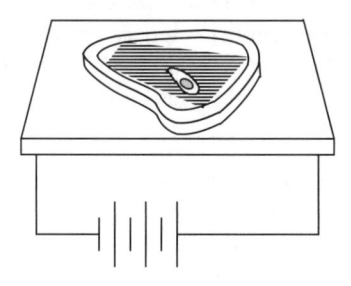

■ Figura 11.3 Uma chapa de aquecimento.

5. Qual o tamanho da superfície de aquecimento?
6. Projete o dispositivo e determine quanto ele deveria custar.

17. Fabricante de gelo raspado (três engenheiros)

Em muitas cidades do sul dos Estados Unidos, "bola de neve" é um regalo de verão muito comum. Uma bola de neve, às vezes chamada cone de neve, neve meio derretida ou raspadinha, como a conhecemos no Brasil, consiste em 225 g ou 340 g de gelo sobre o qual é despejado um xarope aromatizado, que nada mais é que uma mistura de água, açúcar e aromatizante, como morango, chocolate ou limão.

Um fabricante de produtos alimentícios deseja comercializar um dispositivo que produz gelo raspado ou amassado, que seja apropriado para produzir essa bola de neve. Em geral, um bloco de gelo de 300 mm × 300 mm × 300 mm é fornecido, e a máquina raspa esse bloco ou, de alguma forma, o reduz a gelo amassado.

A ser projetado, selecionado ou determinado:

1. Projete uma máquina que produz gelo raspado ou amassado. Quanto de energia é necessário para raspar gelo? Que tipo de "lâminas" serão usadas, se houver necessidade delas? Especifique todos os materiais de construção.
2. Como é a qualidade do gelo raspado ou amassado? (Qualidade não se refere a uma propriedade termodinâmica, mas ao fato de o gelo estar bem raspado.) Estabeleça uma escala de qualidade definindo qualidade alta, média ou baixa do gelo raspado.
3. Há uma norma padrão da ASTM para gelo raspado ou amassado?
4. De acordo com o padrão de qualidade (ou algum outro) definido, qual deveria ser a qualidade do gelo usado para uma bola de neve?
5. Quanto custa sua máquina de raspagem/amassamento de gelo? Qual é o custo de outras máquinas atualmente no mercado?

18. Dique inflável (quatro engenheiros)

Inundação em áreas de baixa elevação é desastrosa e muito onerosa. Vítimas de inundação enfrentam enormes custos com limpeza e reconstrução e, além disso, as seguradoras hesitam em fornecer apólices de inundação para residentes cuja moradia estejam abaixo do nível do mar. Consequentemente, um certo tipo de segurança contra inundações é algo muito desejado.

Propõe-se que um material inflável bem reforçado seja enterrado ao redor de casas que tenham sido construídas sobre uma laje, para que, quando houver inundação por águas subterrâneas, o dispositivo seja inflado. (Veja Figura 11.4.) O dique deverá estender-se completamente em torno da casa e fornecer ampla proteção contra inundações que possam se elevar em até 254 mm acima da laje, com base nas experiências passadas nos piores casos. Também, quando não estiver em uso, o dique deve ser capaz de ser esvaziado e enterrado no solo. O solo superficial, então, será ajardinado e nenhum traço do dique poderá ser visto.

A ser projetado, selecionado ou determinado:

1. Um dique inflável que se estenda completamente em torno da casa. (O material do dique deve ser estendido sob a laje? O material deve ser inflado com ar ou um líquido pode ser satisfatório?)
2. O material a ser usado para o dique e como ele será construído.
3. O método para inflar o dique (ou preenchê-lo com líquido).
4. Custo total instalado do sistema inteiro e sua operação.

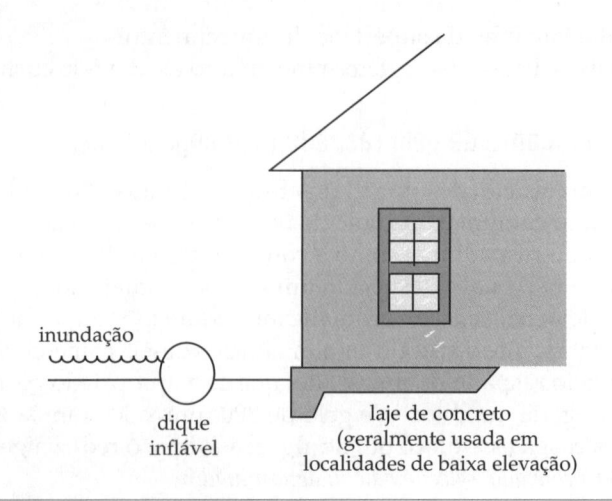

Figura 11.4 Visão de conceito de dique inflável.

19. Medição de impulso de pé-de-pato (quatro engenheiros)

Uma empresa que fabrica pés-de-pato está interessada em modificar seu projeto tradicional e comercializar um par de pés-de-pato que forneça maior impulso. Primeiro, é necessário ser capaz de medir o impulso desenvolvido por um mergulhador que use pés-de-pato, a fim de que possa ser feita uma comparação. Sugere-se a construção de um túnel de água de canal aberto, que seria instrumentado de modo que um mergulhador pudesse realizar os movimentos de natação subaquática, embora mantendo-se estacionário, e seria medida a força desenvolvida pelos pés-de-pato.

A ser projetado, selecionado ou determinado:

1. Uma instalação para um mergulhador (real ou mecânico) nadar submerso sem se movimentar para a frente. Se for mecânico, então o dispositivo mecânico também deve ser projetado.
2. A instrumentação necessária para se obter as medições apropriadas.
3. Os materiais para a construção da instalação, bem como seu projeto, layout e operação.
4. O custo total da construção da instalação toda e o custo operacional.

20. Grau de eficiência do aspirador de pó (quatro engenheiros)

Muitos dispositivos que são fabricados para o consumidor são graduados. Por exemplo, refrigeradores são graduados pelos fabricantes, que os fazem passar por testes padrões que revelam o custo de seu funcionamento por ano. Automóveis são classificados em testes padrões e os dados são registrados em quilômetros por litro pelo fabricante. A chave para desenvolver graduações está em estabelecer testes padrões, os quais costumam ser desenvolvidos com o auxílio ou a supervisão de organizações de profissionais técnicos ou, alternativamente, por engenheiros que trabalham e adquirem experiência considerável na indústria.

Fabricantes de aspirador de pó decidiram permitir que uma empresa de consultoria projetasse métodos padronizados para testá-los. Os parâmetros importantes considerados devem ser selecionados pelos consultores e os procedimentos devem ser escritos em um formato aceitável ou tradicional.

A ser projetado, selecionado ou determinado:

1. Estudo dos métodos e técnicas existentes para se testar aspiradores de pó.
2. O desenvolvimento de um método e de procedimentos para avaliar o desempenho do aspirador de pó.
3. Consulte os padrões ASTM e escreva os seus procedimentos no mesmo estilo.
4. Seguindo os seus próprios procedimentos, selecione três aspiradores de pó diferentes e avalie-os. Expresse os resultados em uma classificação de fatores de desempenho desenvolvidos por você.

21. Projeto de roda de pás (quatro engenheiros)

Por um tempo, barcos a vapor foram muito usados para transportar mercadorias e passageiros. Pistões a vapor forneciam potência para girar grandes rodas de pás, que impulsionavam os barcos na água. As pás, tradicionalmente, são pranchas lisas aparafusadas em um suporte, e o impulso se desenvolve à medida que cada prancha é girada sob a água. O formato das pranchas era plano, mas parece que um formato diferente ou um método diferente de rotação sob água é capaz de fornecer uma maior transferência de energia.

A ser projetado, selecionado ou determinado:

1. Analise o projeto de pá tradicional, incluindo material, velocidade rotacional típica, impulso desenvolvido por uma roda e sua eficiência.
2. Proponha um novo projeto, incluindo material, número de pás, impulso esperado e eficiência. (A velocidade rotacional deve ser igual à do estilo tradicional.)
3. Custos atuais de uma roda tradicional.
4. Custos atuais da roda recém-projetada.

22. Processo de acabamento do quadro de bicicleta (quatro engenheiros)

Um fabricante de quadros de bicicleta, que antes os enviava para serem finalizados, decidiu criar uma instalação de pintura na fábrica para pegar os quadros que foram tratados e aplicar neles uma primeira camada de tinta e um revestimento final. Foi decidido que pinturas esmaltadas eram satisfatórias para o acabamento dos quadros, uma vez que a do tipo "casca de laranja" (um revestimento que lembra a superfície de uma casca de laranja) é inaceitável.

A ser projetado, selecionado ou determinado:

1. As operações necessárias para produzir um revestimento atrativo, duradouro e protetor contra ferrugem nos quadros de bicicleta (aço).
2. Se as operações de acabamento devem ser executadas em um processo em lote ou em linha de montagem.
3. Os sistemas necessários para cada operação. Por exemplo: uma operação de tratamento químico executada em um tanque exige o projeto do tanque e a seleção dos produtos químicos; uma cabine de pulverização de pintura requer o projeto e a seleção do equipamento de pulverização, e assim por diante.
4. Os requisitos de segurança, como ventilação adequada, por exemplo, quando uma cabine de pulverização for usada.
5. Custo total da instalação, incluindo custos operacionais e de manutenção.

23. Projeto de pás do ventilador de teto (4 engenheiros)

Ventiladores de teto têm sido usados há muitos anos para fazer o ar circular em uma sala, tornando-a mais confortável aos que a utilizam. Os ventiladores consistem em um motor e quatro pás ou mais, e estas, em geral, são planas e mais largas na ponta do que na raiz. Um grau de desempenho da capacidade de movimentação do ar por pás convencionais ainda não existe, pois ainda não se estabeleceu um método padronizado para as medições necessárias.

A ser projetado, selecionado ou determinado:

1. Faça uma descrição para um teste padronizado de ventiladores de teto convencionais.
2. Selecione um ventilador e crie uma análise das pás, conforme destacado.
3. Determine se o projeto das pás pode ser melhorado, ou seja, se a mesma força pode mover mais ar simplesmente alterando-se seu projeto.

24. Medidor de consumo para um automóvel convencional (quatro engenheiros)

As estimativas de um medidor de consumo de combustível são úteis para fins comparativos na hora de escolher um carro, mas muitos motoristas gostariam de ter um medidor barato, que fornecesse uma leitura instantânea de consumo no formato digital, de modo que, enquanto dirige, eles pudessem saber imediatamente quantos quilômetros (ou milhas) foram percorridos por litro (ou galão) de combustível. Um método, então, pode ser desenvolvido para gerar economia no gasto com combustível.

A ser projetado, selecionado ou determinado:

1. Uma técnica para medir a vazão (massa ou volume) do combustível. (Uma obstrução na linha de escoamento pode levar a uma queda de pressão excessiva; então, quaisquer obstruções devem ser selecionadas e posicionadas com cuidado.)
2. Um método para transmitir a vazão medida para a "caixa eletrônica". (Suponha que o projeto dos eletrônicos que processam sinais de entrada fosse realizado em outro lugar. Basta dizer que o microprocessador envolvido pode adicionar, subtrair, multiplicar e/ou dividir quaisquer sinais de entrada, analógicos ou digitais, e fornecer uma leitura digital. Além disso, a exibição pode ler em milhas/galão ou quilômetros/litro, e essa conversão também é tratada eletronicamente.)
3. Uma técnica para medir a velocidade do automóvel e transmiti-la à caixa eletrônica.
4. Materiais, localização e construção dos dispositivos complementares.
5. Custo total de todos os componentes, exceto da unidade de microprocessador, incluindo custos iniciais, operacionais e de manutenção.

25. Projeto de um sistema de lava-jato portátil (quatro engenheiros)

Lavar um carro manualmente com mangueira de jardim e secá-lo, talvez um tecido acamurçado, é muito cansativo e demanda tempo; todavia, esse é o método mais barato. Alternativamente, proprietários de automóveis costumam apelar para estabelecimentos comerciais para realizar essa tarefa, mas isso também demanda muito tempo, às vezes mais do que feito em casa, além de ser caro. Entre esses dois extremos está a operação de captação de recursos, que custa pouco, mas que, muitas vezes, é uma atividade desorganizada que, novamente, demanda muito tempo.

A proposta é a criação de um sistema portátil, para que esses grupos que buscam captar recursos ou proprietários de automóveis possam usá-lo. Ele consiste em: (a) um tipo de estrutura conectada à mangueira do jardim para molhar o carro; (b) um método de aplicar um agente de limpeza e lavar o carro; e (c) um sistema de secagem do carro que utilize soprador de alta velocidade, o tipo usado na limpeza de calçadas e passarelas. O sistema portátil utiliza uma mangueira de jardim para conectar o suprimento de água e um soprador de jardim para secar, presumindo que esses itens já existam em muitas moradias. É previsto, também, que o custo real de uso desse sistema seja comparável ao de lavar o carro manualmente. O objetivo desse sistema, todavia, é poupar tempo sem envolver custo operacional adicional.

A ser projetado, selecionado ou determinado:

1. Uma estrutura de distribuição de água sobre rodas, que possa se mover em torno do carro e possa ser desmontada.
2. As conexões da mangueira no suporte e o sistema de aplicação de água.
3. Um método de aplicar um agente de limpeza (talvez outra estrutura que forneça sabão e água) e lavar o carro.
4. Um sistema para conectar um soprador para secar o carro.
5. O custo total do sistema, incluindo peças, operação e manutenção.
6. O tempo total envolvido no uso do sistema comparado à lavagem manual.

26. Composteira assistida por energia solar

Uma pessoa empreendedora e consciente sobre o meio ambiente deseja criar uma composteira para seu uso pessoal. O empreendimento consiste em um barril para receber materiais residuais apropriados e um sistema para girar o barril, a fim de manter o conteúdo bem misturado. O topo do barril deve permitir que se depositem materiais dentro dele, e ele também deve ter previsão para a remoção do composto depois de pronto.

Conforme mencionado, o barril terá de ser girado ou virado e isso deve ser feito usando energia solar. Um coletor solar converterá a luz solar em energia elétrica que pode ser usada para manter a bateria carregada, e a bateria alimentará um motor que girará o barril quando necessário.

A ser projetado, selecionado ou determinado:

1. Qual deve ser o tamanho do barril ou tambor? Pode ser usado um tambor metálico de 208 litros (55 galões) ou um menor, de plástico?
2. O interior do barril deve ter palhetas ou alguma outra obstrução cuja função seja manter o resíduo bem misturado? O aquecimento da mistura tem algum efeito?
3. Com que frequência o barril deve ser girado?
4. Projete um método para colocar produtos residuais e remover compostos.
5. Quais são os produtos residuais que podem ser utilizados com esse dispositivo?
6. Projete um método para girar o barril.
7. Qual o tamanho do motor necessário para girar o barril e qual deve ser a sua velocidade rotacional?
8. Qual o tamanho necessário do coletor solar e da bateria? É necessária uma bateria?
9. Projete um dispositivo capaz de alcançar os objetivos do projeto.
10. Além de escrever um relatório final, escreva um manual de instrução para o usuário desse dispositivo.

Nota: Caso esse dispositivo já exista e estiver no mercado, o seu dispositivo não deve copiar esse projeto, de forma alguma.

Enviado pelo Prof. Paul J. Palazolo

27. Barreira armazenada no subsolo (quatro engenheiros)

Algumas ruas da cidade são usadas para o tráfego de automóveis em horário comercial e somente por pedestres à noite. A fim de impedir que os automóveis a utilizem no horário noturno, são colocados postes em orifícios no meio da rua, e mover esses postes e armazená-los durante o horário comercial é uma tarefa complicada, que requer mão de obra. A proposta, então, é usar postes subterrâneos para esse fim: quando o tráfego de automóveis na rua for liberado, os postes são "retraídos" em uma cavidade vertical sob a superfície da rua, e quando o tráfego for exclusivo para pedestres, eles ficarão aparentes, sendo elevados por um sistema pneumático ou hidráulico, conforme indicado na Figura 11.5, em que um fluido hidráulico ou pneumático enche e expande a câmara inflável, fazendo o poste levantar. Observe que, em vez de expandir a câmara, um cilindro telescópico pode ser usado.

A ser projetado, selecionado ou determinado:

1. O material do poste e as dimensões dele para oferecer uma barricada eficaz. (Qual o peso que esse poste pode suportar na posição armazenada e na posição elevada?)
2. O material da câmara expansível e o modo de operação.
3. As dimensões da cavidade. (A cavidade deve ser alinhada com um tubo ou algum outro material?)
4. O local do dispositivo usado para inflar ou bombear a câmara expansível. (Observe que, se for usado óleo, não será permitido vazamento do local de armazenamento ou da câmara no solo.)
5. O custo total de um conjunto de postes para uma rua de duas pistas, incluindo todas as peças e instalação.

28. Ambiente controlado para metais especiais (quatro engenheiros)

Um museu herdou recentemente alguns relógios feitos durante o século XIX e foi decidido que eles seriam expostos em um recipiente com vidro nas laterais e na parte superior, e cujas dimensões internas seriam de 1,83 m de comprimento × 0,61 m de altura × 0,61 m de largura. É necessário, entretanto, controlar o ambiente gasoso próximo aos relógios para maximizar seu tempo de vida útil. Por exemplo, é suficiente desumidificar o ar para manter os relógios em boas condições, ou mantê-lo em ambiente de vácuo seria uma melhor solução? A dificuldade é que a composição dos metais usados pelos fabricantes dos relógios é desconhecida; além disso, o gestor do museu não permitirá que teste destrutivo de nenhum tipo ou magnitude seja realizado em qualquer um dos relógios a fim de estabelecer a composição dos metais.

A ser projetado, selecionado ou determinado:

1. A provável composição dos relógios. (Existe um teste não destrutivo para determinar sua composição exata?)
2. O ambiente mais favorável para os relógios.

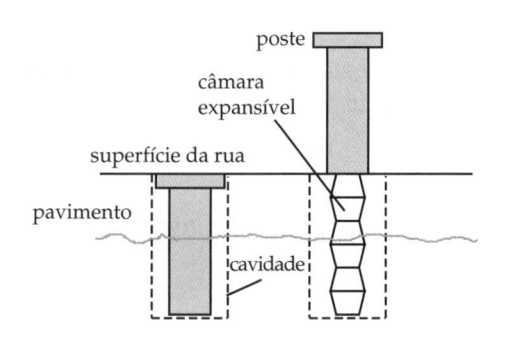

■ Figura 11.5 Uma barreira armazenada no subsolo.

3. Um meio para se manter esse ambiente no compartimento de vidro com 1,83 m × 0,61 m × 0,61 m.
4. Um material apropriado para ser usado como base do compartimento, a fim de manter os relógios (feltro sobre madeira, por exemplo).
5. Custo total do sistema usado para manter o ambiente dentro do compartimento, incluindo tubulação (se houver, deve ficar oculto da vista), ventiladores etc., e a vida útil estimada para esse sistema. (Se for mantido vácuo parcial ou total dentro do compartimento de vidro, determine como vedar as bordas e os cantos das peças de vidro, e também considere a fixação apropriada do vidro.)
6. Estime a vida útil dos relógios dentro do compartimento e a necessidade de cuidados especiais, como limpeza regular, para que esta seja prolongada.

29. Projeto de amortecedor para elevador (quatro engenheiros)

Os códigos de segurança de um elevador requerem o uso de um dispositivo chamado "amortecedor", que deve ser localizado na base do vão do elevador, em uma região chamada "fosso". Esse dispositivo deve ser capaz de parar um elevador com carga completa ou quase vazio caindo em velocidade total no solo. A taxa desaceleração deve ser inferior a 9,81 m/s². Existem alguns projetos de amortecedores que estão em uso há mais de 40 anos, e uma empresa de elevador deseja projetar novamente amortecedores, usando métodos modernos, de alta tecnologia.

A ser projetado, selecionado ou determinado:

1. Reveja os códigos apropriados de elevadores a respeito dos amortecedores.
2. Examine os projetos de amortecedores existentes e familiarize-se com o modo que eles funcionam.
3. Projete um amortecedor e analise como ele funciona em toda a sua fase operacional.
4. Crie procedimentos de testes para o amortecedor, a fim de determinar se ele atende aos requisitos de conformidade.

30. Depósito com laje aquecida (quatro engenheiros)

Um depósito a ser construído consistirá em uma laje de concreto sobre a qual será fixada uma estrutura de chapa metálica. A laje terá 203 mm de espessura e medirá 15,25 m × 30,5 m e a estrutura metálica será parafusada nela com ganchos e será muito bem isolada. As paredes desse depósito, de 3,66 m de altura, terão isolamento de 102 mm, enquanto o teto terá 152,5 mm de isolamento. O interior desse depósito será como uma caixa com as seguintes dimensões: 3,66 m × 15,25 m × 30,5 m (nominalmente).

O depósito será localizado em uma região em que as temperaturas diurnas são 18,3 °C e as noturnas, 4,45 °C, temperaturas essas que se mantêm durante todo o ano. No depósito deve-se armazenar tinta e, para isso, é recomendado que a temperatura interna seja mantida a 21,1 °C. A proposta é usar um método de aquecimento no prédio, que envolva tubulação integrada na laje, ou seja, os tubos serão dispostos e, sobre eles, o concreto será depositado diretamente. O fluido aquecido então circulará pela tubulação, aquecendo assim a laje por efeito convectivo, que, por sua vez, aquecerá o interior do depósito por convecção e por radiação.

A ser projetado, selecionado ou determinado:

1. A carga de aquecimento para o depósito, presumindo que 60% (por volume) dele seja ocupado por latas de tinta com 20 litros (5 galões), de acordo com o espaço nos corredores etc.

2. Um layout apropriado para a tubulação na laje. (Será suficiente uma espessura de 203 mm para a laje? Deve ser usada uma disposição de escoamento em serpentina ou algum outro layout?)
3. O fluido de transferência de calor e como ele é aquecido.
4. O método de circulação do fluido pela tubulação.
5. O custo total da instalação. (Quais são os custos adicionais decorrentes desse método de aquecimento comparado com os outros?)
6. Vantagens desse método sobre outros métodos convencionais, como aquecedores radiantes, aquecedores por convecção forçada, aquecedores de rodapé etc.

31. Bomba de água quente (quatro engenheiros)

Café instantâneo, chocolate quente, sopa e chá são exemplos de bebidas que precisam de água quente para seu preparo. A água quente é preparada por aquecimento em um fogão ou em um forno de micro-ondas, métodos que utilizam uma quantidade finita de tempo. A ideia é colocar um aquecedor em linha junto a uma linha de água, a fim de disponibilizar água quente na torneira da pia da cozinha; assim, bastará colocar café instantâneo em uma xícara, por exemplo, acrescentar água quente diretamente da torneira e pronto, a bebida estará pronta para consumo.

A ser projetado, selecionado ou determinado:

1. A temperatura ideal da água quente e a justificativa dessa temperatura, se houver uma.
2. Um aquecedor em linha para aquecer a água de uma temperatura baixa, esperada em torno de 12,8 °C a 21,1 °C, até a temperatura desejada. (O tubo deve ser isolado? É necessário usar um termostato para controlar a temperatura da água quente entregue?)
3. Um meio de distribuir a água a uma vazão selecionada.
4. Considerações de segurança para evitar queimaduras.
5. Custo total do sistema instalado e de sua operação.

32. Máquina de gelo portátil (quatro engenheiros)

Em geral, pessoas que empreendem longas viagens de carro gostam de carregar bolsas térmicas para conservar alimentos e bebidas geladas. Nessas viagens, as noites são passadas em hotéis, e os proprietários não costumam fornecer gelo para os hóspedes usarem nas suas bolsas térmicas, o que leva a crer que há necessidade de uma alternativa para o suprimento de gelo. Uma fonte pode ser os postos de gasolina ou mercados, e a outra fonte possível é o uso de uma máquina de gelo portátil.

A máquina de gelo portátil parece ser uma alternativa interessante: ao chegar ao hotel o hóspede encheria a máquina de gelo com água e a ligaria na tomada elétrica, e, de manhã, a máquina teria produzido uma quantidade de gelo suficiente para as suas necessidades.

A ser projetado, selecionado ou determinado:

1. Uma máquina portátil de gelo para produzir e armazenar gelo suficiente (na forma de cubos) para preencher um volume de 305 mm × 305 mm × 305 mm.
2. Todos componentes internos, incluindo compressor (se apropriado), evaporador e condensador.
3. O compartimento e a montagem de todos os componentes.
4. O material usado no compartimento etc.
5. O custo de produção de uma máquina de gelo.
6. O custo de funcionamento para fazer gelo.

33. Condições climáticas de uma estufa (quatro engenheiros)

A fim de proteger e alimentar suas plantas, os proprietários de uma estufa desejam controlar a aplicação de água (ou mistura de fertilizante e água) e a temperatura dentro da estrutura durante o inverno. A estufa tem 10 m de largura por 30 m de comprimento; suas paredes têm 2,5 m de altura e a inclinação do telhado longitudinalmente é definida a 40° com relação ao plano horizontal. Plantas altas, em vasos, podem ser colocadas no piso. Plantas baixas, em vasos, podem ser colocadas em mesas com 0,915 m de altura. A estufa deve produzir plantas para venda em lotes, para distribuidores, e não para atender o público em geral. Assim, apenas alguns tipos diferentes de plantas estarão presentes na estufa em determinados momentos.

A ser projetado, selecionado ou determinado:

1. Um sistema para irrigar as plantas, preferencialmente automático. (Considere que toda a área do solo seja capaz de receber água ou mistura de fertilizante e água. Também, pode ser desejado que algumas áreas recebam pouca ou nenhuma água, conforme necessário, a ser definido pelo operador.)
2. Tubulação (se houver), material da tubulação e percurso. (Considere que, se for usada uma mistura de fertilizante e água, o fertilizante pode ter efeito corrosivo em determinados materiais.)
3. Tamanho da bomba, se for usada alguma, bem como seu tipo e localização. (Suponha que a água da cidade esteja disponível a 38 kPa.)
4. Um sistema de drenagem, se necessário, que pode ser colocado sobre a laje antes de esta ser concretada.
5. Um sistema de aquecimento da estufa durante o inverno, quando a temperatura pode ser inferior a 4,4 °C.
6. Ventilador, duto e fonte de calor para fins de aquecimento ou técnica de aquecimento alternativa.
7. Custo total de todos os itens, incluindo instalação e vida útil esperada.

34. Piscina aquecida por energia solar (quatro engenheiros)

A piscina de um hotel, atualmente, é externa, mas o gerente deseja erguer uma estrutura sobre ela e usar energia solar para aquecer a água. A piscina tem 10 m de comprimento, 7 m de largura, e uma profundidade que varia na direção longitudinal de 1 m a 3 m. A proposta é posicionar coletores com placas planas para receber a energia do sol e usá-la para manter a água a uma temperatura agradável durante todo o ano.

Existe um fabricante de aquecedores de água que comercializa aquecedores para piscinas, mas o processo de aquecimento é feito com queimadores de gás natural.

A ser projetado, selecionado ou determinado:

1. Uma temperatura de água confortável para a piscina.
2. O número necessário de coletores solares. (Suponha que o hotel esteja na cidade a ser especificada pelo instrutor.)
3. A disposição desses coletores, sua orientação, localização e número necessário.
4. Bomba, tubulação e materiais de construção.
5. O custo total do sistema, incluindo custo inicial, de operação e de manutenção.
6. Compare esses custos com os associados ao uso de um sistema de aquecimento de água por gás natural.

35. Economia de isolamento de tanque de combustível (quatro engenheiros)

Tanques de combustível contêm óleo combustível aquecido ou óleo cru. O líquido é aquecido para diminuir sua viscosidade e tornar seu bombeamento mais barato, mas custos associados manterá manutenção do líquido aquecido em tanques de armazenamento, e são esses custos que serão investigados neste projeto.

Deseja-se analisar as características de transferência de calor a partir de tanques não isolados e a forma como eles seriam afetados se fossem isolados. Três tanques devem ser considerados e dois tipos de isolamento serão comparados.

Um tanque não isolado que contenha um líquido aquecido perde calor por condução, através de sua parte inferior que fica em contato com o chão; por convecção natural, através de suas laterais e telhado que ficam em contato com o ar ambiente; e por radiação. Referindo-se à Figura 11.6, vemos que a perda de calor total é composta de:

A = perda de calor do líquido pela parede lateral
B = perda de calor do vapor pela parede lateral
C = perda de calor do vapor pelo teto
D = perda de calor para o solo

A parede do tanque é desprezada, não sendo um isolante significativo que apresenta uma alta resistência para transferência de calor.

A ser projetado, selecionado ou determinado:

1. A perda de calor em cada tanque não isolado, descrito a seguir.
2. A perda de calor em uma camada com espessura de 50 mm de uretano adicionada à parede lateral.
3. A perda de calor em uma camada com espessura de 50 mm de fibra de vidro adicionada à parede lateral.
4. De acordo com um período de 20 anos de vida útil, calcule a taxa de retorno sobre o investimento, incluindo primeiros custos, custos de manutenção e economias em custos de combustível para cada tipo de isolamento. (Use um custo de combustível de $2,18 para cada 10^6 kJ.)
5. Faça uma recomendação.

Descrições do tanque

1. O tanque 1 tem 51,82 m de diâmetro e 12,2 m de altura e contém óleo combustível 6 mantido a 60 °C. Suponha que este tanque contenha, em média, 0,85 (× altura do tanque) quando completo. Além disso, suponha uma emissividade de superfície de 0,9, uma velocidade do vento de 4,5 m/s e uma temperatura ambiente de 21,1 °C.
2. O tanque 2 tem 21,34 m de diâmetro e 12,2 m de altura. Ele contém óleo combustível 6 a 60 °C. Suponha que este tanque contenha em média 0,85 (× altura do tanque) quando completo de líquido, que a emissividade da superfície seja 0,9, que a velocidade do vento seja 4,5 m/s e que a temperatura ambiente seja 21,1 °C.
3. O tanque 3 tem 30,5 m de diâmetro e 12,2 m de altura. Ele contém paraxileno mantido a 26,7 °C. O tanque contém em média 0,85 (× altura) quando completo de líquido, e sua emissividade de superfície é de 0,9. A velocidade média do vento é 4,5 m/s, e a temperatura do ar ambiente é 21,1 °C.

Informações do isolamento

Uretano apresenta uma conectividade térmica de 0,242 W/mK e fibra de vidro apresenta uma conectividade térmica de 0,467 W/mK. O uretano custa $ 27,45/m²

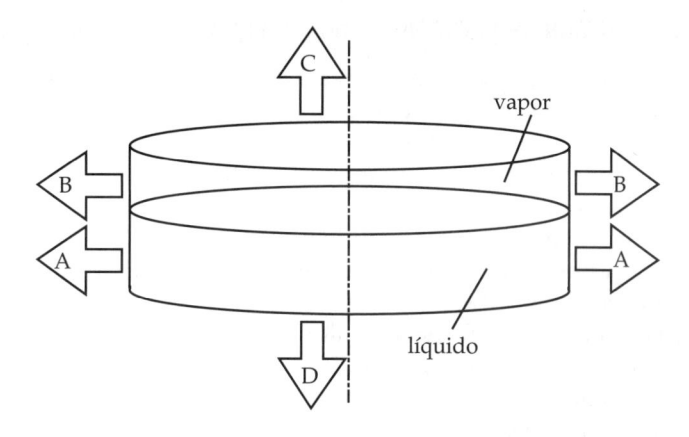

■ **Figura 11.6** Esboço de perdas de calor de um tanque de combustível.

e ele deve ser recondicionado após 10 anos, a um custo de $ 16,15/m². A fibra de vidro, embora apresente uma condutividade térmica maior, não precisa ser recondicionada após 10 anos e representa um custo inicial de $ 35/m². O custo inicial do uretano e da fibra de vidro são baseados na espessura de 50 mm, na qual os cálculos devem ser baseados. (Para obter mais informações e os cálculos envolvidos neste projeto, consulte "Insulation Saves Energy" de R. Hughes e V. Deumaga, *Chemical Engineering*, 27, maio, 1974, p. 95-100.)

36. Fonte de ar refrigerado de três toneladas (quatro engenheiros)

Um edifício com um conjunto de escritórios localizado remotamente foi convertido em uma igreja. Um condicionador de ar de 1 t, originalmente usado para refrigerar apenas os escritórios, é o único sistema disponível para tornar agradável a temperatura de todo o prédio por algumas horas nas manhãs de domingo. Acredita-se que as finanças não permitem a compra e a instalação de uma ou mais unidades adicionais. Ficou determinado que são necessárias 3 t de refrigeração aos domingos para acomodar o público atual.

Foi sugerido que o condicionador de ar poderia ficar ligado a semana toda para formar um grande bloco de gelo ou refrescar algum outro tipo de "armazenamento", e depois, aos domingos, o ar poderia escoar sobre o gelo e resfriar o ar usado para o conforto do público.

Deseja-se projetar uma unidade de "armazenamento" apropriada, usando um espaço mínimo e que possa, posteriormente, ser usada para fornecer ar refrigerado. O gelo não é necessariamente a resposta, embora a água seja barata.

A ser projetado, selecionado ou determinado:

1. Uma unidade (líquido, gás, sólido) que possa ser resfriada durante um período de 6½ dia por um condicionador de ar de 1 t para resultar 3 t de resfriamento para meio dia.
2. As dimensões da unidade necessária (devem ser as menores possíveis).
3. Custo total da unidade, presumindo que o espaço interno esteja disponível. O custo também deve incluir todos os itens necessários, como isolamento, se houver, e operação da unidade de 1 t.
4. Compare esses custos com aqueles associados à compra do sistema de resfriamento de tamanho apropriado, incluindo instalação e operação.
5. Faça uma recomendação com base em seus cálculos.

37. Entrada de garagem com piso aquecido (quatro engenheiros)

Não raro vemos entradas de garagem de concreto dispostas em declive, em cujas superfícies neve e gelo se acumulam durante os meses de inverno. Se a neve e o gelo permanecerem ali, será difícil controlar o automóvel na entrada da garagem. O proprietário pode limpar manualmente a entrada da garagem ou instalar um sistema de aquecimento dentro da laje, quando esta estiver sendo concretada. O sistema de aquecimento proposto é o assunto deste projeto.

Considere uma entrada da garagem com 6,1 m de largura e 12,2 m de comprimento. Deseja-se integrar à entrada da garagem um sistema de tubulação no qual circule água. A água fornecerá calor à entrada da garagem de concreto, a fim de que o gelo e a neve se derretam e escoem. Os tubos integrados não devem prejudicar a durabilidade da entrada da garagem.

A ser projetado, selecionado ou determinado:

1. Um layout para os tubos sobre o qual o concreto será colocado, incluindo cintas, se necessárias.
2. O material da tubulação, o diâmetro e o método de junção. (Uma tubulação de refrigeração deve ser usada para ter o mínimo possível de juntas?)
3. O método usado na circulação da água pela tubulação. (É preferível uma bomba?)
4. A fonte de água. (A água deve ser bombeada e depois descartada em uma drenagem ou deve ser bombeada para dentro e fora do tanque reservatório?)
5. A fonte de calor necessária para aquecer a água, se necessária.
6. O fluido apropriado a se usar. (Água foi sugerida no projeto acima, mas uma mistura de água e anticongelante seria melhor? Óleo seria uma boa escolha?)
7. Determine o custo total do sistema, incluindo a instalação.

38. Fonte portátil de ar refrigerado para carrinhos de golfe (quatro engenheiros)

Um fabricante de carrinhos de golfe deseja comercializar um dispositivo que, montado atrás dos carrinhos, produza ar refrigerado para o conforto dos esportistas que os utilizarem. Um condicionador de ar seria desejado, mas o compressor consome muita energia para tornar o projeto viável. Foi sugerido usar caixa de gelo isolada ou um *cooler* com um ventilador para produzir ar refrigerado. A caixa de gelo seria preenchida com gelo e ar ou líquido circularia por ela; então, à medida que fosse refrigerado, o fluido poderia ser usado para resfriar o ar que seria direcionado aos esportistas. Uma cobertura de abrir e fechar sobre o carrinho ajudaria a manter o ar refrigerado dentro dele e a unidade toda seria autônoma. Se possível, o interior da caixa (ou *cooler*) deveria ter espaço adicional para armazenar bebidas.

A ser projetado, selecionado ou determinado:

1. Um *cooler* para armazenar gelo.
2. Um método para usar o derretimento do gelo para trocar calor com o ar a ser refrigerado. (O interior da caixa de gelo deveria conter tubos para circular água ou ar? Em caso positivo, dimensione apropriadamente os tubos e o ventilador ou bomba.)
3. Dimensione o ventilador que será usado para direcionar ar refrigerado aos golfistas.
4. Determine a fonte de energia necessária para esse serviço. Observe que é desejável para que o sistema funcione satisfatoriamente no tempo de uma partida de nove buracos. Mais gelo pode ser adicionado, se necessário.
5. Determine o custo desse dispositivo.

6. Conduza uma pesquisa entre os golfistas e determine quantos comprariam esse dispositivo a um preço acordado.

39. Sistema de acabamento para cercas de madeira (cinco engenheiros)

Cercas de madeira são populares entre proprietários de casas residenciais. Elas podem ser facilmente instaladas, são eficientes e atrativas. Uma cerca de madeira pode ser deixada em seu estado natural, inacabada, ou pode ser acabada e protegida com ou sem aplicação de tinta.O assunto aqui é projetar um dispositivo para preparar a superfície e a madeira para acabamento e um dispositivo que possa aplicar o revestimento de proteção. Tais dispositivos seriam valiosos a fabricantes de acabamentos de madeira, a empreiteiros que fazem a pintura e a empresas de instalação de cercas.

A superfície da cerca deve ser limpa antes da aplicação do acabamento, a fim de garantir uma aderência apropriada à madeira. Um fabricante de revestimento recomenda que se limpe a cerca usando uma bucha dura e uma mistura de água, alvejante e fosfato trissódico. (Deve ser observado que uma cerca construída com madeira "verde", recentemente colhida, pode conter um pouco de umidade, que levaria um ano ou mais para secar totalmente. A madeira seca encolhe um pouco. Se a cerca for construída com as madeiras novas colocadas bem próximas umas das outras, haveria um pequeno espaço entre as tábuas depois de secarem. Depois de seca, a cerca poderia ser limpa e acabada.) Depois da limpeza, a cerca é lavada e leva no mínimo três dias para secar. O acabamento é então aplicado usando uma pistola de *spray* ou uma brocha de pintura.

As operações de limpeza e revestimento podem ser feitas à mão, mas são tarefas cansativas. Deseja-se projetar um sistema automático para realizar essas tarefas para o tipo de cerca mostrado na Figura 11.7. Essa figura mostra tábuas de cerca de 1 pol. × 6 pol. (normalmente cedro ou pinho) pregadas em vigotes 2 pol. × 4 pol. Os vigotes de 2 pol. × 4 pol., por sua vez, são pregados em vigas de 4 pol. × 4 pol., que, então, são cimentadas no solo. Foi decidido projetar um dispositivo que limpe as superfícies da madeira e um segundo dispositivo que aplique o revestimento nela. No entanto, o mesmo dispositivo pode ser usado para as duas tarefas, caso isso seja vantajoso.

Para a operação de limpeza: O operador do dispositivo automático que limpa a superfície da madeira deve preparar a solução de limpeza e assegurar que ela seja aplicada continuamente nas buchas de limpeza que esfregam a cerca. O enxágue pode ser feito manualmente.

Para a operação de revestimento: Posteriormente, o operador fornecerá recipientes de revestimento para madeira ao dispositivo, os quais serão aplicados na operação de revestimento da cerca. A Figura 11.7 mostra bicos de *spray* e um sistema de corda e polia *sugerido* para movimentá-los. Assim, em caso de limpeza ou acabamento, o operador fornece tudo o que for necessário aos dispositivos e assegura que os sistemas permaneçam ajustados durante a operação.

A ser projetado, selecionado ou determinado:

1. Métodos atuais (manual ou automático) para limpeza e acabamento de cercas de madeira.
2. O projeto de um dispositivo automático para limpar a parte da frente e a de trás de uma cerca do tipo mostrado na Figura 11.7.
3. O projeto de um dispositivo automático para aplicar revestimento na parte da frente e na de trás de uma cerca do tipo mostrado na Figura 11.7.
4. Procedimentos recomendados e manual de instruções para uso dos dispositivos.

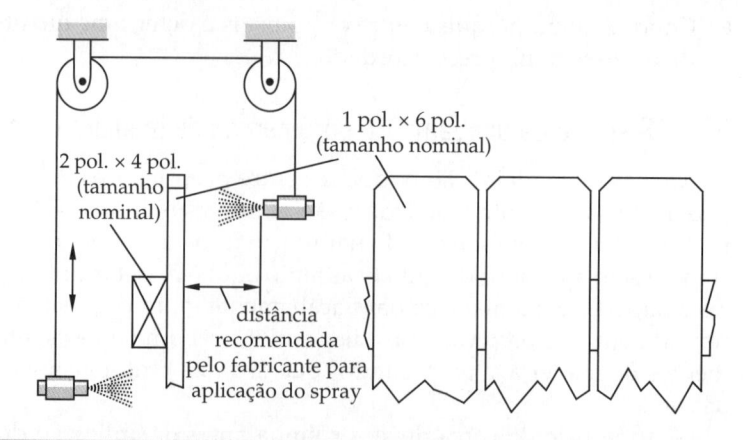

Figura 11.7 Vistas frontal e perfil das tábuas da cerca.

5. Custo de construção dos dispositivos.
6. Custo aproximado de alugá-los ao público por uma empresa de locação de equipamentos; o retorno esperado sobre o investimento deve ser de cinco anos.
7. Recomendações a respeito de quão econômicos esses dispositivos podem ser.

40. Tubulação de transporte pneumático (cinco engenheiros)

Uma tubulação de transporte pneumático envolve o uso de um fluido que se movimenta por ela para transportar um sólido ou substâncias líquidas em determinada distância; em outras palavras, o fluido em movimento transporta uma "carga". O fluido em si, em muitos casos, é simplesmente descartado no final.

Considere a tubulação de transporte pneumático indicada na Figura 11.8. Na entrada, o ar é inserido na tubulação por um ventilador, e logo a jusante está um funil pelo qual a substância a ser transportada é alimentada no escoamento de ar em movimento. A mistura então flui pela tubulação até encontrar um separador. O ar é descartado na atmosfera e a carga é coletada na parte inferior do separador, onde pode ser descarregada em um tanque receptor.

O sistema da Figura 11.8 destina-se ao transporte de ervilhas verdes para uma máquina de empacotamento onde, depois de empacotadas, elas serão congeladas e enviadas ao mercado. As ervilhas são transportadas a uma taxa de 3.000 kg/h, que é a capacidade máxima da máquina empacotadora. O caminho a ser seguido é indicado na figura.

A ser projetado, selecionado ou determinado:

1. As propriedades (densidade da partícula e tamanho médio da partícula) da ervilha.
2. O material do qual a tubulação deve ser feita.
3. A vazão necessária para conduzir as ervilhas em capacidade máxima.
4. A queda de pressão total do sistema.
5. Os requisitos de potência e o tipo e ventilador (deslocamento positivo ou alternativo ou centrífugo etc.).
6. O funil alimentador e o separador.
7. A configuração dos cotovelos, ou seja, o raio de cada um. Se os cotovelos tiverem um raio muito acentuado, então será formada uma pressão relativamente alta.[1]

---

[1] Referência: MARCUS, R. D.; LEUNG, L. S.; KLINZING, G.E.; RIZK, F. P*neumatic Conveying of Solids*. New York: Chapman and Hall, 1990.

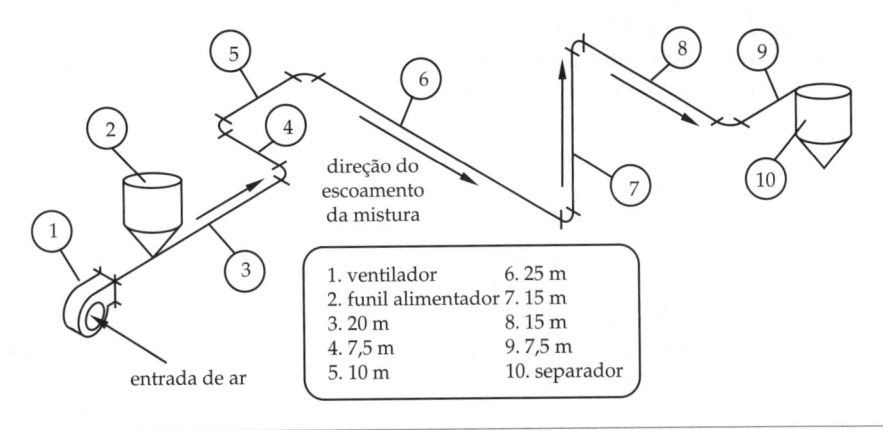

■ **Figura 11.8** Uma tubulação de transporte pneumático que usa ar para transportar ervilhas.

1. ventilador
2. funil alimentador
3. 20 m
4. 7,5 m
5. 10 m
6. 25 m
7. 15 m
8. 15 m
9. 7,5 m
10. separador

41. Estudo de viabilidade e dimensionamento de um moinho de vento[2]
(cinco engenheiros)

As vantagens da tecnologia de captura da energia do vento levaram a muitos e melhores projetos de moinho de vento. Agora, é possível gerar quantidades significativas de energia elétrica a partir do vento, a fim de complementar a energia fornecida pelas empresas públicas de energia elétrica. Mas é primordial que o custo da energia gerada pelo vento seja baixo o suficiente para justificar uma instalação.

Um estudo sobre a viabilidade do moinho de vento consiste em quatro partes: (1) determinar as características do vento, ou seja, velocidade e direção, no local de instalação proposto; (2) estudar alguns sistemas de energia eólica comercialmente disponíveis; (3) executar uma análise de recuperação de energia para determinar quanta energia poderá ser gerada pelos sistemas em questão; e (4) executar uma análise econômica. Com base nos resultados, pode-se chegar a conclusões significativas e a recomendações importantes.

A ser projetado, selecionado ou determinado:

1. A menos que recomendado o contrário, obtenha a velocidade do vento e dados de sua direção em um aeroporto nas proximidades. (Será presumido que esses dados serão válidos para qualquer que seja o local selecionado para instalação do moinho de vento.) Prevemos que os dados disponíveis terão velocidade do vento e direção obtidos de hora em hora. Será necessário obter dados de hora em hora por um período de três anos.
2. Reduza os dados usando um esquema de média apropriado para produzir tabelas de resumo do vento, as quais mostrarão as porcentagens da direção e da velocidade do vento sobre os diversos intervalos de velocidade. Uma tabela deve ser criada para cada um dos três anos selecionados.
3. A partir da tabela de resumo do vento, produza um gráfico que mostre a velocidade média do vento *versus* mês. A velocidade média incluirá todos os três anos.
4. Estude as características de quatro moinhos de vento de 10 kW ou menor.

---

[2] Referências: PARK, J.; SCHWIND, D. "Wind Power for Farms, Homes, and Small Industry", *National Technical Information Service*, U.S. Dept. of Commerce, 5285 Port Royal Rd, Springfield VA 22151, 1978.
WEGLEY, H. L.; ORGILL, M. M.; DRAKE, R. L. "Siting Handbook for Small Wind Energy Conversion Systems", *National Technical Information Service*, U.S. Dept. of Commerce, 5285 Port Royal Rd, Springfield VA 22151, 1978.
JUSTUS, C. G. *Winds and Wind Systems Performance*. Franklin Institute Press, 1978.

5. Usando as tabelas de resumo do vento e as curvas de potência de saída dos moinhos de vento, determine quanta energia poderia ser produzida (energia média) por cada máquina, se instalada no local sugerido.
6. Obtenha os dados econômicos, como taxa de inflação, valores de juros de empréstimos, custo com eletricidade, e determine, em termos de economia de energia, quanto tempo cada máquina levaria para se pagar.
7. Consulte a empresa de utilidade pública para aprender como os moinhos de vento poderiam ser ajustados ao seu esquema de geração de energia. Se um moinho de vento gerar mais energia que o necessário ao seu usuário, o excedente poderá ser vendido para a concessionária de energia elétrica local?
8. Faça recomendações com base nesse estudo e esteja preparado para responder às seguintes perguntas:

Um proprietário de uma casa (3.000 pés quadrados ou 279 m², família de quatro pessoas) deveria considerar a compra de um moinho de vento e sua instalação no quintal para gerar eletricidade? Isso é rentável?

Uma comunidade de 100 ou mais pessoas com casas de 3.000 pés quadrados (ou 279 m², em média) deveria considerar a aplicação de suas economias na compra de um grande moinho de vento para gerar energia para todos? Essa seria uma compra rentável?

Uma concessionária de energia elétrica deveria considerar a compra de vários moinhos de vento grandes para geração de eletricidade, a fim de complementar a energia que atualmente vende a seus consumidores? Esse é um empreendimento rentável?

No que diz respeito a qualquer uma dessas três instalações, qual deveria ser o custo da eletricidade para que o moinho de vento seja uma opção rentável?

42. Recursos de água[3] (cinco engenheiros)

Arquitetos paisagistas e projetistas de jardins usam o termo "recursos de água" para referir-se a uma ampla gama de piscinas, poços, cascatas, córregos, cachoeiras e nascentes. Historicamente, esses itens eram movidos pela gravidade, mas nos projetos mais recentes, bombas estão sendo usadas para mover a água.

Exemplos de recursos de água podem ser encontrados em aeroportos, parques de diversão ou em *shopping centers*. Sua função é fornecer um ambiente atrativo a um observador casual.

O objetivo desse projeto é criar uma combinação decorativa de estrutura e escoamento de água, atualmente muito comum em residências e escritórios. Exemplos incluem: queda de água de uma plataforma para outra, água corrente sobre pedras e um plano de queda de água; em geral, algo que possa decorar um departamento de uma empresa.

A ser projetado, selecionado ou determinado:

1. Identifique e visite no mínimo três dispositivos considerados "recursos de água".
2. Analise os projetos para determinar (a) como a água é movida pelo sistema; (b) o que torna cada sistema atrativo ou o que neles chama a atenção do público; e (c) o custo aproximado, incluindo mão de obra e instalação.
3. Produza um relatório resumido de cada dispositivo, detalhando as informações coletadas em resposta à pergunta anterior. Esse relatório deve ser escrito para um público leigo.

---

[3] Enviado pelo Professor John I. Hochstein.

4. Projete um recurso de água convidativo, que incorpore as coisas identificadas como bonitas e atrativas.
5. Determine como a água deve ser movida pelo sistema.
6. Dimensione a bomba ou outra forma de movimentação, se houver movimentação.
7. Determine o custo da instalação.

43. Túnel de vento vertical de brinquedo[4] (cinco engenheiros)

O objetivo deste projeto é criar um túnel de vento vertical (VWT) que possa ser usado como um brinquedo. Um fabricante de brinquedos deseja fabricar um túnel de vento vertical para ser usado com seus outros produtos, como aqueles anunciados como "bonecos". O boneco de ação seria colocado em uma posição inicial, o ar seria direcionado para cima, para movê-lo a uma altura máxima de 1,83 m, e então o ar seria desligado. Aí o boneco começaria a cair, um paraquedas seria aberto, e o boneco seria trazido lentamente ao chão.

De acordo com as restrições do projeto, o VWT deveria:

- Ser o menor possível.
- NÃO apresentar riscos, pois seria destinado a crianças.
- Ser operado em ambiente externo, tanto em clima frio quanto em clima quente.
- Não poderia fazer barulho excessivo (se possível).
- Oferecer ao operador a possibilidade de ajustar finamente a velocidade do ar.
- Não seria oneroso.
- Sem manutenção, pelo menos no primeiro ano.
- Ser capaz de fazer levitar um boneco a uma altura de 1,83 m.

A ser projetado, selecionado ou determinado:

1. Projete um dispositivo que possa ser usado como um túnel de vento vertical para levitar um boneco. O boneco deve ser orientado de uma certa maneira, ou seja, com braços e pernas estendidos, como em uma configuração de salto de paraquedas?
2. Selecione um ventilador para mover o ar pelo sistema. Que tipo de ventilador é melhor para esse fim? Que tipo de ventilador é mais indicado: um de alta vazão ou um de alta pressão? Prove que o seu sistema funcionará conforme projetado usando cálculos da engenharia.
3. Qual é a velocidade necessária para mover o boneco? Como a velocidade se altera com a altura à media que o ar sobe? Se o seu sistema contiver um duto conectado a um ventilador, por exemplo, esse duto deve ter um diâmetro constante ou deve ter formato cônico?
4. Quais problemas de segurança devem ser abordados em seu projeto? Mostre o que é possível fazer para minimizar os riscos de segurança.
5. De que tamanho a unidade deve ser?
6. Determine o custo da construção do dispositivo.
7. Determine quanto pode ser cobrado do consumidor pelo seu brinquedo de túnel de vento vertical.

---

[4] Enviado pelo professor Julie Mathis.

44. Tanque de separação de óleo e água — análise e teste (cinco engenheiros)

Um tanque de separação de óleo e água executa o que o próprio nome diz: bombeada uma mistura de água e óleo (ou outros dois líquidos imiscíveis e densidade diferente) em uma extremidade do tanque, a água sai em um local e o óleo em outro. Esses tanques estão disponíveis em vários tamanhos, de 1.000 galões (3,785 m^3) a 20.000 galões (75,7 m^3). A Figura 11.9 é um esboço de um tanque de separação.

Os tanques de separação podem funcionar em regime contínuo, mas operações em lote prevalecem. Por exemplo, considere que em uma área em que há muitas atividades ocorrendo e na qual são armazenados tambores de óleo, uma empilhadeira, acidentalmente, fura um tambor de 55 galões (0,208 m^3), provocando vazamento de óleo. Então, alguém com uma mangueira de água lava a área e o óleo escorre para um sistema de dreno, que leva a mistura para um tanque, no qual grande parte do óleo pode ser recuperada e separada da água.

O tanque, primeiro, recebe uma mistura de água e óleo, que poderia ser em qualquer proporção (50% óleo e 50% água, por exemplo). Em seguida, enquanto a lavagem continua, o tanque recebe uma mistura com uma porcentagem maior de água.

A ser projetado, selecionado ou determinado:

1. Redija um procedimento para testar os tanques de separação de água e óleo que reflita precisamente o cenário descrito no parágrafo anterior. Existem alguns outros cenários de limpeza que devam ser considerados?
2. Há alguns padrões da ASTM que se aplicam ao teste desses tanques?
3. Se possível, execute testes com quaisquer tanques disponíveis.
4. Como é a qualidade da separação? Se for usada água potável na limpeza, a água que sai do tanque é apropriada para beber? Consulte um químico sobre esse aspecto.
5. Quando uma separação é considerada boa? Como é determinada a pureza da água que sai do tanque?
6. Localize catálogos e elabore estatísticas de pelo menos três tanques de diferentes fabricantes. Explique como esses tanques funcionam. Reúna dados em uma tabela de comparação dos tanques.
7. Esses tanques são rentáveis? Quanto custa um tanque e quantas limpezas ele deve fazer para se pagar? Forneça estudos de casos de economia de custo.
8. Quanto de óleo, querosene, óleo combustível, gasolina etc. é desperdiçado anualmente?

45. Testador de mangueira de alta pressão (cinco engenheiros)

Uma empresa produz mangueiras flexíveis para sistemas de condicionamento de ar automotivo, as quais podem ter 12,7 mm, 19,05 mm ou 22,23 mm *de DI*. O ma-

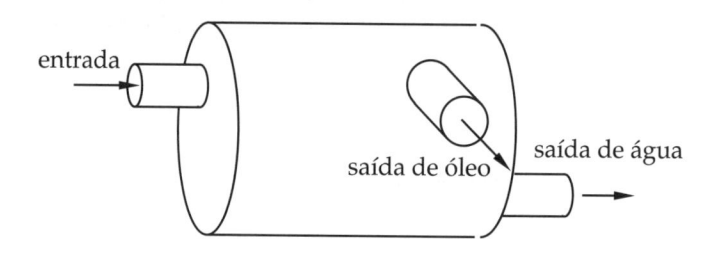

■ **Figura 11.9** Tanque de separação de óleo e água.

terial da mangueira em si é cortado no comprimento (geralmente 915 mm) e uma conexão de alumínio de ½" NPT é prensada em cada extremidade: em uma extremidade, a conexão tem rosca macho e na outra, rosca fêmea.

A empresa precisa ter a garantia de que seu produto não falhará na conexão da mangueira; portanto, para testá-la, ela é conectada a uma máquina que bombeará ciclicamente óleo hidráulico nela. O óleo será bombeado em alta pressão por 15 segundos e, então, a direção do escoamento do óleo será invertida, com o óleo sendo novamente bombeado por mais 15 segundos.

A ser projetado, selecionado ou determinado:

1. Projete uma máquina com uma mangueira conectada e que forneça um escoamento de fluido conforme descrito. A máquina deve ser projetada levando-se em conta as considerações de segurança.
2. Qual pressão deve ser usada durante o teste? Quais pressões existem em uma aplicação automotiva de condicionamento de ar? A pressão do teste deve ser maior que essa pressão? Explique por que sim e por que não.
3. O óleo hidráulico é o fluido "certo" para passar pela mangueira? Há um fluido melhor para essa finalidade?
4. Se a empresa produz 100 mil mangueiras por ano, quantas devem ser testadas? Quanto tempo levará o teste? Quantos ciclos são necessários antes de uma mangueira ser classificada como aceitável?
5. É uma boa ideia testar a mangueira sob condições de vácuo?
6. Quinze segundos é um tempo "bom" para o intervalo de tempo do teste? Projete a máquina para ter um tempo variável no intervalo de teste, de um pequeno valor até 60 segundos.
7. Determine o custo do sistema inteiro.

46. Determinação do coeficiente da válvula (cinco engenheiros)

Válvulas são usadas em sistemas de tubulação para o controle de escoamento (ligar-desligar) ou de vazão. Válvulas globo são boas para controlar a vazão de maneira mais precisa que válvulas esféricas, mas causam alta queda de pressão quando colocadas em uma tubulação. Além disso, fechar uma válvula globo depois de ela ter sido totalmente aberta requer girar umas sete ou oito voltas.

Válvulas esféricas, por outro lado, apresentam um coeficiente de perda baixo e podem ser fechadas com uma rotação de 90° na alça da válvula, mas não são boas para controlar vazões.

A questão é sempre a mesma: como dimensionar uma válvula? Na indústria, as válvulas são dimensionadas usando o que é conhecido como coeficiente da válvula C_v (não confunda com o coeficiente do medidor de Venturi C_v). O coeficiente da válvula é definido como a sua vazão (expressa em galões por minuto, gpm) dividida pela raiz quadrada da queda de pressão (expressada em psi). O coeficiente da válvula deve ser obtido experimentalmente, configurando-se um sistema de escoamento de tal forma que a queda de pressão pela válvula seja 1 psi. A vazão correspondente é então igualada ao coeficiente da válvula. Esse valor é reportado em catálogos e é projetado para ser usado por engenheiros ao dimensionarem uma válvula para um sistema.

Obviamente, o coeficiente da válvula não é adimensional, mas, em vez disso, apresenta unidade de $gpm/\sqrt{psi}$. Embora isso não seja aceitável academicamente, é muito útil quando usado assim.

Várias válvulas esféricas foram testadas para se determinar seus coeficientes, mas foram feitos testes limitados em válvulas de três vias.

A ser projetado, selecionado ou determinado:

1. Pesquise a literatura e reveja como se chegou ao coeficiente da válvula e como ele é usado para dimensioná-la.
2. Quais são os valores típicos do coeficiente da válvula para os vários tipos? Mostre por meio de exemplos como o coeficiente da válvula é usado para dimensionar uma válvula para um determinado sistema de tubulação.
3. Há muitos dados publicados para válvulas de três vias?
4. Descreva em detalhes o método experimental desenvolvido para medir o coeficiente da válvula.
5. Projete um aparato para determinar o coeficiente da válvula que seja capaz de acomodar medidas de coeficiente de válvula para válvulas de ½ (13 mm), ¾ (19 mm), 1 (25 mm), 1,5 (37 mm) e 2 pol. (50 mm).
6. Avalie a utilidade do coeficiente da válvula.
7. Há um número adimensional relacionado ao coeficiente da válvula?
8. Há uma maneira melhor de dimensionar uma válvula para uma tubulação?

47. Sistema de refrigeração para uma série de fontes de calor
(cinco engenheiros)

A Figura 11.10 mostra um sistema de tubulação e algumas bombas. O sistema de tubulação consiste em quatro máquinas de moldagem por injeção (rotuladas como **fonte de calor do processo**), através das quais o óleo SAE 10W-40 é bombeado. O óleo mantém as máquinas frias e, ao fazer isso, é aquecido de 10 °C. A vazão de óleo em cada máquina é de $1{,}58 \times 10^{-3}$ m³/s.

A bomba move o óleo através da fonte de calor do processo e, depois, para um trocador de calor. Água também é circulada pelos trocadores de calor, e sua função é resfriar o óleo.

Água é alimentada por uma bomba principal em uma tubulação rotulada como **cabeçote de suprimento**. A água é bombeada para o trocador de calor e direcionada de volta para um **cabeçote de retorno**. A água aquecida é direcionada para uma **unidade externa de rejeição de calor**.

O sistema é projetado para remover o calor da fonte de calor do processo e para descartar o calor externamente.

A ser projetado, selecionado ou determinado:

1. Dimensione as bombas usadas para mover o óleo através da fonte de calor do processo e do trocador de calor.
2. Dimensione as linhas de escoamento para transportar o óleo (suponha que sejam de 10,7 m de comprimento). Esse óleo, em particular, é bom para uso nessa aplicação ou existe algo melhor?
3. Dimensione a bomba que move a mistura de água-etilenoglicol (suponha que ela seja uma mistura 50-50).
4. Dimensione os cabeçotes de suprimento e retorno. (Eles devem ter o mesmo tamanho? A disposição do escoamento mostrada é a "melhor possível" ou há um layout melhor para os cabeçotes?) Os cabeçotes apresentam 30,5 m de comprimento com uma distância de 7,62 m entre as máquinas adjacentes.
5. Determine o tipo de trocador de calor a ser usado para a transferência de calor da mistura água-para-óleo.
6. Determine o que deve ser usado para uma unidade de rejeição de calor externa (ao edifício).
7. Determine o custo do sistema inteiro.

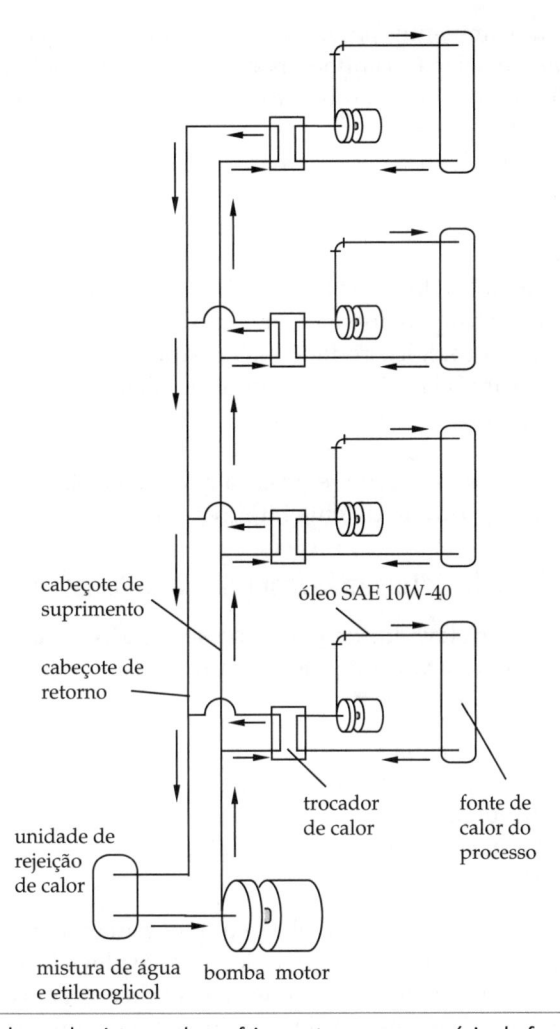

■ **Figura 11.10** Esboço do sistema de resfriamento para uma série de fontes de calor.

48. "Lago de pessoa excêntrica"[5] (cinco engenheiros)

Imagine uma pessoa rica e excêntrica que gostaria de estocar peixe como comida fresca em um lago localizado em sua propriedade, o que poderia ser em qualquer parte da América do Norte.

Os peixes teriam de ser alimentados regularmente e de estar em um ambiente apropriado para se manterem vivos, e precisariam também ser capazes de se reproduzir, de se desenvolver e, ainda, proporcionar distração para o proprietário. Os peixes deveriam ser alimentados com carnes disponíveis localmente, sem a necessidade de importar nenhum alimento especial.

O ambiente do lago deveria ser um local semelhante àquele de origem dos peixes, com muito verde, atmosfera semelhante a um parque, e bancos para que as pessoas pudessem se sentar e apreciar a luz do sol.

A ser projetado, selecionado ou determinado:

---

[5] Uma forma alterada de um projeto que foi enviado pelo Professor Julie Mathis.

1. Projete um ambiente convidativo para essa instalação.
2. Qual seria o peixe (ou animal) bom para viver nesse lago? As piranhas são peixes ideais para esse fim? E tubarões ou enguias? Quais as leis aplicáveis para ter e alimentar tais peixes?
3. Dimensione o lago necessário para esse fim. O lago deveria ter uma profundidade específica? Suponha que uma pessoa caia nesse lago: a profundidade deveria ser tal que essa pessoa pudesse caminhar na base do lago com a cabeça fora d'água?
4. Qual o tamanho do lago? Lembre-se de que ele deve ser amplo o bastante para que a vida selvagem possa viver confortavelmente e se desenvolver.
5. Que sistema ecológico poderia haver para suporte à vida selvagem que você pretende estocar no lago? Quais os tipos de plantas para flutuar nele?
6. A água deveria ser salgada ou doce? A água precisaria ser bombeada para passar por um filtro regularmente?
7. Determine os recursos de segurança que uma instalação desse tipo precisaria ter.
8. Determine o custo do sistema inteiro.

49. O miado do gato: um lavador de gato[6] (cinco engenheiros)

Considere um lavador de gato para ser usado em um *petshop* que faça mais do que simplesmente lavar um gato. Com uma lista mais ampla de objetivos, projete um dispositivo que também:

- Lave o gato com água e xampu líquido.
- Aplique até dois aditivos solúveis após a lavagem, como condicionador, desodorante e antipulgas.
- Remova pelos soltos das costas do gato.
- Seque o gato.

O lavador deve ser adaptável a qualquer tamanho de gato, deve procurar minimizar o trauma do animal e, preferencialmente, deve lavar todas as partes do gato.

O lavador de gato deve ser confiável e resistente, bem como econômico. Ele deve funcionar silenciosamente, ser de fácil limpeza e manutenção e, de preferência, deve funcionar automaticamente, para minimizar as ações necessárias do operador.

Se necessário o uso de eletricidade, o dispositivo deve operar com 120 VAC. O lavador de gato precisa ser seguro tanto para o gato quanto o operador e deve ser projetado para uso interno.

A ser projetado, selecionado ou determinado:

1. Projete um dispositivo que possa ser usado efetivamente para lavar um gato e para aplicar aditivos pós-lavagem. Supondo que seja usada água da torneira, ela deve ser aquecida ou fria? Qual é a temperatura confortável da água para o animal? É necessário algum tanque de armazenamento para água, xampu ou aditivos?
2. Especifique os componentes fluido/térmicos para todo o equipamento.
3. De que tamanho a unidade deve ser? Ela deveria ser montada em um caminhão ou puxada em um *trailer*?
4. Determine o custo do lavador de gato, bem como o número de gatos que podem ser lavados em um dia normal de trabalho de oito horas.
5. Quanto custaria para lavar um gato, condicioná-lo, desodorizá-lo e protegê-lo contra pulgas?

---

[6] Enviado pelo professor Julie Mathis.

50. Tobogã de parque de diversão (cinco engenheiros)

O objetivo é construir um tobogã em um parque de diversão. Pessoas de todas as idades e tamanhos subirão as escadas ou uma rampa até o topo do tobogã e escorregarão em uma esteira de borracha ou algo parecido. Pode-se empregar um lote de terra reservado para o tobogã e suas operações associadas, como cabine de venda de ingressos, escadas ou rampas.

A ser projetado, selecionado ou determinado:

1. Altura, largura, trajeto e material de construção do escorregador.
2. Estrutura de suporte e material de construção, incluindo apoio no solo.
3. Bacia coletora ou método para os indivíduos deixarem o escorregador na sua base.
4. Tamanho da bomba, tipo e localização.
5. Tubulação, material da tubulação e seu percurso.
6. Aditivos necessários para manter a água (considere a possibilidade de a água congelar durante os meses de inverno).
7. Tamanho da esteira, material, cor e número a ser disponibilizado.
8. Layout do escorregador e seu modo de operação no lote de terra.
9. Custo total do escorregador, tempo de vida útil esperado e estimativa da parte dos custos com ingressos a serem usados durante sua vida útil esperada.

51. Congelamento rápido de frango (cinco engenheiros)

Frangos recém-abatidos são cortados e armazenados em caixas que contêm 20 kg de frango (peso bruto). A carne de frango na caixa deve ser congelada em 24 horas para atender às regulamentações da FDA, mas o fornecedor deseja congelá-la em 16 horas, assim poderá comercializá-la em menor tempo. Uma câmara fria é usada para o congelamento inicial, e, depois, as caixas de frangos são armazenadas em um freezer a $-28,9\ °C$. Elas são tampadas, por isso, podem ser empilhadas.

A ser projetado, selecionado ou determinado:

1. Um método para se congelar as caixas no período de tempo desejado. É melhor congelar as caixas enquanto são transportadas na esteira, por exemplo, ou depois de serem empilhadas em um depósito?
2. Um sistema que fornecerá o resfriamento necessário.
3. Quanto de resfriamento é necessário? Uma peça de carne de frango cru, à temperatura ambiente, é colocada em um freezer. Qual é o registro de temperatura *versus* tempo resultante? Isso pode ser previsto com equações ou deve ser medido?
4. Materiais para a construção e o projeto do dispositivo.
5. Custos de construção desse tipo de dispositivo.
6. Uma instrução exata com exigência da FDA a respeito desse procedimento.

52. Fogão solar automático para cachorro-quente (cinco engenheiros)

Fogões solares para cozinhar cachorro-quente estão no mercado há algum tempo. Esses dispositivos consistem em um refletor solar que reflete e concentra a energia do sol, que é direcionada ao local em que o usuário deve colocar o cachorro-quente. A energia cozinha a carne e, em minutos, o cachorro-quente estará pronto para o consumo.

Neste projeto, pretende-se construir uma versão modificada do fogão solar. O novo fogão solar para cachorro-quente deve ter um recurso automático, em que o usuário coloca a salsicha crua de um lado do dispositivo e a remove cozida do outro, à taxa de cozimento de 15 segundos por salsicha – uma velocidade máxima. (Quinze segundos é o tempo estimado necessário para se colocar condimentos em um pão de cachorro-quente.) O dispositivo que move a salsicha de um lado para outro também será operado pela energia solar. Esse novo fogão solar deverá conter uma bateria ou outro dispositivo de armazenamento de energia, bem como um sistema automatizado para aquecer os pães de cachorro-quente, tudo funcionando a partir da energia solar.

A ser projetado, selecionado ou determinado:

1. Procure na literatura e reveja projetos existentes de fogões solares de cachorro-quente.
2. Qual é a temperatura central a ser alcançada antes que a salsicha possa ser considerada cozida?
3. Qual é o formato necessário para o refletor solar? Quanto tempo leva para se cozinhar uma salsicha com energia solar? Quais as dimensões físicas necessárias para o refletor cozinhar na proporção necessária?
4. Como o fogão será apoiado? É necessário que fique em qual altura acima do solo?
5. Qual será o método usado para mover a salsicha pelo refletor?
6. Como os pães serão aquecidos e a que temperatura?
7. Existe risco à segurança, ou seja, risco de o usuário queimar-se?
8. Determine o custo do sistema inteiro.

53. Torre de resfriamento para um motor de combustão interna[7]
(cinco engenheiros)

Um motor de combustão interna é instalado em um laboratório e, durante a operação do motor, é necessário rejeitar calor para o ambiente. Um radiador comum (um trocador de calor de fluxo transversal) é parte do sistema, e ele rejeitará calor para o ar. A potência desenvolvida pelo motor é absorvida por um dinamômetro de freio hidráulico (similar a uma bomba), no qual a água é movida sob pressão por um sistema de palhetas, canos e válvulas. A água receberá energia em forma de calor e esse calor deve ser rejeitado com segurança para o ambiente. A proposta é rejeitar esse calor por meio de uma torre de resfriamento, que resfriará a água até quase a temperatura ambiente.

Conforme indicado na Figura 11.11, uma torre de resfriamento é um resfriador evaporativo, que faz a evaporação de uma pequena parte da água para transferir calor do sistema. Torres de resfriamento podem ser pequenas unidades em telhados ou estruturas bem grandes, e elas podem ser classificadas de acordo com o tamanho, de acordo com a forma como o ar flui pelo sistema ou, ainda, de acordo com o alinhamento dos percursos de ar e água entre si.

Torres de resfriamento úmidas transferem calor para o ar ao redor por evaporação de uma pequena fração do escoamento de água, e *torres de resfriamento secas* contêm um trocador de calor, no qual a água e o ar são mantidos separados – nestas, o calor é transferido pelas superfícies do trocador de calor. Já em uma *torre de resfriamento de corrente de ar natural*, usa-se uma chaminé alta para melhorar o movimento de uma corrente aquecida de ar; assim, o ar move-se em razão dos efeitos de flutuação, de maneira contrária à *torre de corrente de ar mecânica*, em que o ar é movimentado por um ventilador.

---

[7] Enviado pelo professor John I. Hochstein.

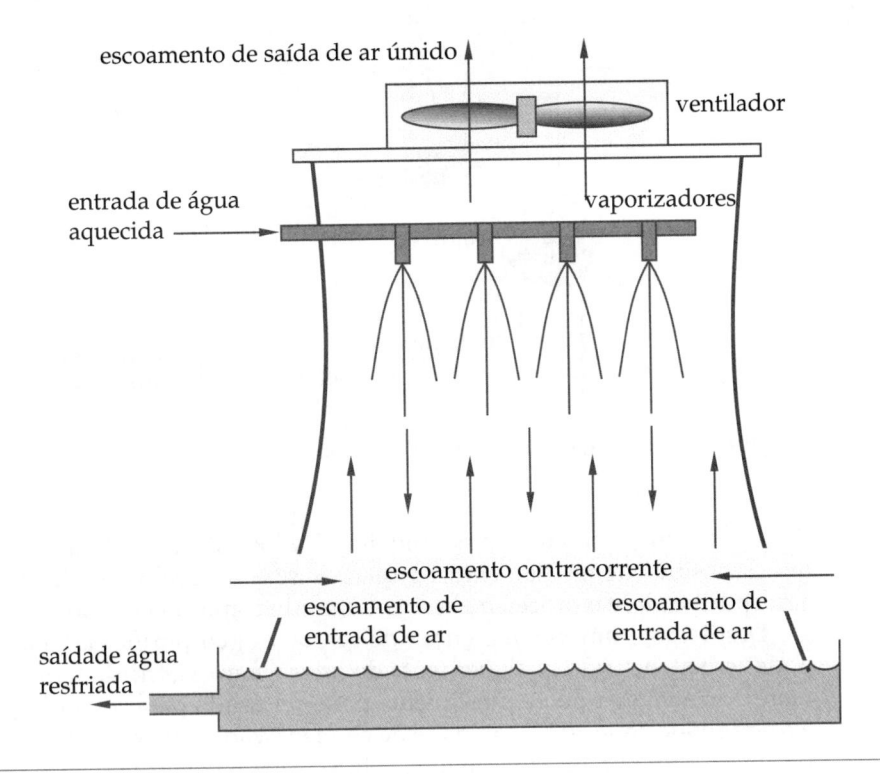

Figura 11.11 Esboço de uma torre de resfriamento.

A ser projetado, selecionado ou determinado:

1. Prepare uma descrição para um público leigo explicando como funciona uma torre de resfriamento úmida.
2. O que é "respingar"?
3. Quais os problemas possíveis de ser encontrados se uma torre de resfriamento for usada durante o inverno? Quais são as preocupações de segurança quando torres de resfriamento são usadas?
4. Projete uma torre de resfriamento de corrente de ar mecânica de escoamento em contracorrente para rejeitar calor de um motor de combustão interna para o ambiente. As especificações do motor serão fornecidas pelo instrutor.
5. Use materiais normalmente disponíveis, sempre que possível.
6. Determine o custo desse dispositivo.
7. É necessário ter uma bomba para mover a água pela torre? Qual é a vazão da água?
8. É necessário ter um ventilador para mover o ar pela torre? Qual é a vazão do ar?

54. Unidade de destilação por tração humana[8] (cinco engenheiros)

A ebulição da água pode ser usada para separá-la de outras substâncias que podem estar misturadas ou dissolvidas na própria água, e se a água em ebulição for condensada, obtém-se água purificada. A Figura 11.12 mostra como esse sistema pode ser configurado. A água é aquecida à temperatura de ebulição em uma caldeira e vaporizada, de modo que as substâncias que possuem um ponto de ebulição infe-

---

[8] Enviado pelo professor John I. Hochstein.

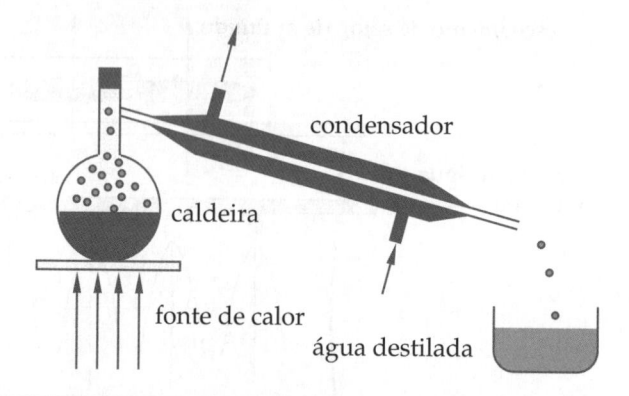

Figura 11.12 Esboço do processo de destilação.

rior ao da água permanecem na caldeira. O vapor sai da caldeira e é direcionado a um dispositivo de resfriamento, no qual ele se condensa. O produto condensado é água purificada, e o processo em si é conhecido como "destilação".

Destilação é um método eficaz de se obter água purificada, que, obviamente, pode ser feito usando qualquer fonte de calor – fogo, eletricidade, sol ou tração humana –, e qualquer pote ou recipiente pode ser usado para conter a água enquanto ela está sendo aquecida. A unidade de condensação pode ser uma variedade de dispositivos, como um grande tubo de cobre curvado em espiral, desde que haja algo disponível para condensar o vapor.

O processo de destilação remove a água de quase qualquer outra substância, como metais pesados, venenos, bactérias e vírus. Substâncias com pontos de ebulição inferiores, porém, não serão removidas, tais substâncias como óleos, álcool e derivados de petróleo em geral. Além disso, aquelas substâncias que não vaporizam permanecem na caldeira; portanto, é necessário lavá-la periodicamente. O assunto deste projeto envolve o uso de tração humana como fonte de calor para ferver água.

A ser projetado, selecionado ou determinado:

1. Reveja uma amostra de dispositivos de destilação e determine uma relação entre a energia necessária para ferver a água e o volume do destilado obtido.
2. Projete uma unidade de destilação, que consiste em uma caldeira e um condensador. O esboço apresentado é um sistema que produz lotes de água destilada. Em vez de um processo em lote, o projeto deveria ser de um sistema que produzisse água destilada em uma base contínua?
3. Projete uma fonte de energia por tração humana que possa ser usada para ferver um líquido.
4. Determine quanto de energia uma pessoa é capaz de produzir, e quanto dessa energia servirá para a ebulição do líquido.
5. Elabore um manual de instrução, destinado ao um público leigo, para a operação do dispositivo. Preste muita atenção às questões de segurança.
6. Determine o volume por unidade de tempo esperado de líquido destilado que pode ser obtido.
7. Se o corpo humano for incapaz de fornecer a energia necessária, será apropriado acrescentar ajuda solar ao projeto.
8. Determine o custo do sistema.

55. Máquina de fazer espuma quente (cinco engenheiros)

Barbear-se pode ser mais agradável quando se usa espuma aquecida; então, um dispositivo para aquecer espuma deve ser projetado. O dispositivo deve ser capaz de ser afixado na parte superior de *qualquer* recipiente disponível comercialmente e, além disso, a espuma deve ser aquecida no dispositivo sem diminuir (muito) a vazão volumétrica do recipiente.

A ser projetado, selecionado ou determinado:

1. O que é uma vazão "típica" de espuma de um recipiente? Qual é a pressão existente em um recipiente novo e como a pressão pode variar com a quantidade de espuma descarregada? Quais os tamanhos dos recipientes disponíveis no mercado?
2. Qual é uma temperatura "confortável" para a espuma aquecida? Com que rapidez a espuma aquecida esfria até a temperatura ambiente? É necessário saber as propriedades físicas da espuma para projetar esse dispositivo?
3. O uso de um aquecedor elétrico é uma boa ideia para aquecer espuma? Quanta energia é necessária para aquecer a espuma até uma temperatura "confortável"?
4. Projete o sistema e produza desenhos funcionais, que possam ser usados para construir um protótipo.
5. Calcule o custo esperado (para o consumidor) do dispositivo. Quem provavelmente o utilizaria?

Tais dispositivos foram projetados e estão atualmente disponíveis, de modo que o seu projeto não pode infringir os direitos de patentes de terceiros.

56. Dispositivo para ilustrar a Primeira Lei da Termodinâmica (cinco engenheiros)

Entre as empresas que fabricam e comercializam equipamentos de laboratório para escolas de engenharia, considere uma que esteja interessada em comercializar um equipamento para ilustrar a Primeira Lei da Termodinâmica usando um tipo comum de equipamento industrial.

A proposta é construir um experimento em que os alunos possam investigar o desempenho de um motor a ar e de uma bomba de engrenagem. A análise do motor a ar envolve a aplicação da Primeira Lei de Termodinâmica para um gás ideal, enquanto na bomba de engrenagem, a Primeira Lei é aplicada para um fluido incompressível.

A Figura 11.13 é um esboço do equipamento, que consiste em um motor a ar, um medidor de torque/tacômetro e uma bomba de engrenagem. O ar de um compressor existente é direcionado através de um regulador de pressão para chegar a uma pressão predeterminada p_0. O ar, então, passa por um medidor de vazão e pelo motor a ar e, depois de passar pelo motor a ar, ele é descartado para a atmosfera.

A potência do motor a ar é monitorada por um medidor de torque/tacômetro, que fornece uma leitura do torque exercido pelo motor a ar e sua velocidade rotacional. Essa potência é usada para girar a bomba de engrenagem, que bombeia a água de um tanque, através de um medidor de vazão e uma válvula, e, depois, a devolve para o tanque.

O sistema está instrumentado apropriadamente. Leituras de pressão, temperatura e vazão são obtidas de forma que possam ser feitos os cálculos da potência.

A ser projetado, selecionado ou determinado:

1. Aplique a Primeira Lei da Termodinâmica no motor a ar e escreva uma equação para a potência, em termos da vazão e das entalpias. Presumindo um gás ideal, simplifique a equação para obter a potência em termos das temperaturas. Escre-

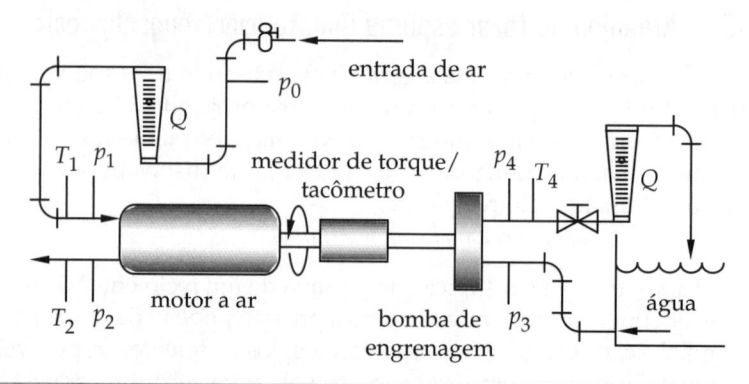

■ **Figura 11.13** Esboço do experimento da Primeira Lei da Termodinâmica.

va uma equação para a potência em termos do torque e da velocidade rotacional. Em vista dessas equações, o esboço mostra instrumentação suficiente conectada ao sistema para se fazer os cálculos necessários da potência? Qual é a eficiência do motor a ar em termos dessas equações de potência?

2. Aplique a Primeira Lei da Termodinâmica na bomba e escreva uma equação para a potência, em termos da vazão e alterações de energia. Presumindo um fluido incompressível, simplifique a equação para obter a potência em termos das alterações na pressão, energia cinética e energia potencial. A potência medida no medidor de torque é a potência de entrada na bomba escrita anteriormente em termos de torque e velocidade rotacional. Em vista dessas equações, o esboço mostra instrumentação suficiente conectada ao sistema para se fazer os cálculos necessários de potência? Qual é a eficiência da bomba de engrenagens em termos dessas equações de potência?
3. Execute uma análise dimensional para o motor a ar e para a bomba de engrenagem. Quais grupos adimensionais se aplicam a essas turbomáquinas?
4. Projete o equipamento e, em seguida, com a aprovação do instrutor, obtenha os componentes e o construa.
5. Obtenha os dados dos equipamentos, o suficiente para realizar os cálculos significativos. Determine a potência para cada dispositivo, bem como a eficiência. Construa gráficos dos grupos adimensionais derivados anteriormente.
6. Mantenha um registro de todas as aquisições. Elabore um relatório escrito e oral.

57. Unidade de teste de chuveiro (cinco engenheiros)

Chuveiros encontrados em residências ou chuveiros institucionais são fabricados de acordo com padrões específicos; no entanto, cada projeto deve ser testado para assegurar que ele funcione corretamente.

Chuveiros pulsantes consistem na mesma carcaça que um chuveiro normal e as pulsações são causadas por um disco interno, logo acima dos orifícios de saída, e esse disco giratório integra efetivamente 1/3 a 1/2 dos orifícios em uma posição. A água que flui, saindo pelos orifícios não obstruídos, pode ser vista com uma luz estroboscópica, e o escoamento parece correntes de comprimento finito em movimento.

A fim de avaliar um projeto, o chuveiro deve ser instalado em uma unidade de teste, a qual deve ter diversos recursos, como: capacidade de instalar e remover um chuveiro rapidamente, fonte de água quente, luz estroboscópica, para ver o escoamento de água pulsante, e uma maneira de controlar a vazão volumétrica da água no chuveiro.

A ser projetado, selecionado ou determinado:

1. Determine uma temperatura de água confortável para uma pessoa tomar banho no chuveiro. Determine também o tempo de um banho normal de chuveiro.
2. Obtenha pelo menos três chuveiros pulsantes, desmonte cada um deles e determine como funcionam, observando especificamente o método pelo qual as pulsações são produzidas.
3. Determine a vazão da água em um chuveiro convencional. Qual é a pressão da água nesse chuveiro?
4. Projete um sistema para testar os chuveiros, que pode ser um tanque contendo água quente, um sistema que aqueça água sob demanda ou algum outro método.
5. O chuveiro pode ser instalado e removido rapidamente?
6. Determine a fonte de água quente, observando o tempo necessário e a temperatura da água encontrada normalmente.
7. Determine como as pulsações serão vistas a olho nu.
8. Determine o custo do dispositivo.
9. Elabore um manual de instruções para uso desse equipamento, o qual deve ser escrito para um público leigo.

58. Pista de patinação no gelo (cinco engenheiros)

Uma pista de patinação no gelo deve ser construída e deve ocupar uma área de 25 m × 15 m, e ela deve ser removível, de modo que o espaço do solo possa ser usado para outros fins.

A ser projetado, selecionado ou determinado:

1. O sistema de resfriamento para produzir uma pista de patinação no gelo.
2. Todos os componentes do sistema, como tubulação, incluindo materiais de construção.
3. A subestrutura do solo para suportar a pista.
4. Um meio de drenagem da água quando a pista for desmontada. (Considere que uma drenagem simples pode não ser suficiente e que uma bomba pode ser necessária.)
5. Custo total do projeto, incluindo qualquer pavimentação especial necessária.

59. Análise de métodos de "energia eficiente" na construção de casas (cinco engenheiros)

Uma pessoa que deseja construir uma nova residência deve investigar os custos associados ao funcionamento dela depois de ser construída. Os custos operacionais devem ser equilibrados com os custos iniciais para fornecer uma análise de custo total da estrutura. Alguns dispositivos e métodos de "energia eficiente" foram disponibilizados nos últimos anos e são recomendados. Neste projeto, a comparação de custos deve ser feita com vários itens, a fim de determinar o período de retorno do investimento. A comparação deve ser feita entre as técnicas de construção convencionais e as modificações e métodos projetados para conservar energia. A planta de uma casa proposta com sua localização será fornecida pelo instrutor. O proprietário decidiu investigar as modificações relacionadas na Tabela 11.1.

A ser projetado, selecionado ou determinado:

1. Faça uma comparação de custo de cada um dos itens relacionados na Tabela 11.1.
2. Determine o custo inicial adicional associado a cada uma das modificações propostas.

3. Determine a redução no custo operacional associado a cada uma das modificações propostas.
4. Se a modificação fornecer economia de custos, realize uma análise econômica mostrando a taxa de retorno sobre o investimento proposto.

■ Tabela 11.1 Modificações a serem investigadas.

Convencional		Modificação proposta
Todas as paredes exteriores feitas com vigas de 2 pol. × 4 pol., espaçadas a 406,4 mm de centro a centro, são preenchidas com 101,6 mm (nominal) de isolamento.	(1)	Todas as paredes exteriores feitas com estacas de 2 × 6, espaçadas a 610 mm de centro a centro, são preenchidas com 152 mm (nominal) de isolamento.
Teto feito com vigas de 2 pol. × 10 pol., espaçadas a 610 mm de centro a centro, e preenchidas com 101,6 mm (nominal) de isolamento.	(2)	Teto feito com estacas de 2 × 12, espaçadas a 610 mm de centro a centro, e preenchidas com 305 mm (nominal) de isolamento.
Tetos com altura de 2,44 m.	(3)	Tetos com altura de 2,74 m, 3,05 m ou 3,66 m.
Condicionador de ar central para ar refrigerado no verão e aquecedor a gás (em uma unidade) para o inverno.	(4)	Condicionador de ar com água refrigerada, usando água do lago como um reservatório para verão, e bomba de calor (em uma unidade), usando água do lago como uma fonte para o inverno.
Aquecedor de água a gás de 150 litros (40 galões).	(5)	Gás "tankless" ou aquecedor de água elétrico.
—	(6)	Um sistema de pulverização de água no teto para impedir que ele fique excessivamente quente.
—	(7)	Abertura(s) no teto.

60. Unidade de ar condicionado acoplado à terra (cinco engenheiros)

Durante os meses do verão, as moradias são resfriadas por uma unidade de ar condicionado. A Figura 11.14 é um esboço de unidade de condicionamento de ar convencional. O fluido dentro do sistema é refrigerante, que sai do compressor como um vapor superaquecido e entra no condensador. Um ventilador faz o ar externo passar no condensador, onde o ar absorve a energia do refrigerante, fazendo-o condensar. A pressão do refrigerante cai apenas um pouco (em razão do atrito da parede), e ele passa por uma válvula de expansão ou um tubo capilar (dispositivos de expansão); depois disso, a pressão do refrigerante é bem reduzida. Nesse ponto, o líquido refrigerante fica bem frio (1,67 °C não é raro) e ele, então, passa pelo evaporador e absorve a energia do ar interno. O refrigerante vaporiza devido a essa adição de energia (ou calor) e também experimenta uma leve redução na pressão (em razão do atrito). Com a baixa pressão, o refrigerante vaporizado agora retorna ao compressor e completa o ciclo. Embora tenhamos seguido o caminho por uma massa finita de refrigerante, devemos nos lembrar de que o processo é contínuo.

Em muitas unidades convencionais, o condensador, na verdade, é um trocador de calor do refrigerante para o ar de escoamento transversal. Recentemente, foi proposto substituir o condensador por um trocador de calor de tubo duplo, no qual o refrigerante flui no tubo interno e a água flui no espaço anular. A água absorveria a energia (calor) do refrigerante. A água então é bombeada no subterrâneo, e, por transferência de calor para o solo, a água perde a energia que ganhou do refrigerante. A Figura 11.15a mostra o sistema de água refrigerada. Alguns fabricantes produzem e comercializam esses sistemas, referidos normalmente como *condicionadores de ar acoplados à terra*. Eles podem operar em inversão (alterando a direção do escoamento do refrigerante) e podem ser usados para aquecer a moradia durante os meses de inverno.

A Figura 11.15b mostra uma configuração alternativa para se enterrar a tubulação de água. A vantagem da configuração na Figura 11.15b, em relação à Figura 11.15a, é que a profundidade do poço teoricamente não precisa ser grande. Deseja-se executar uma análise do sistema na Figura 11.15a ou b, conforme atribuído.

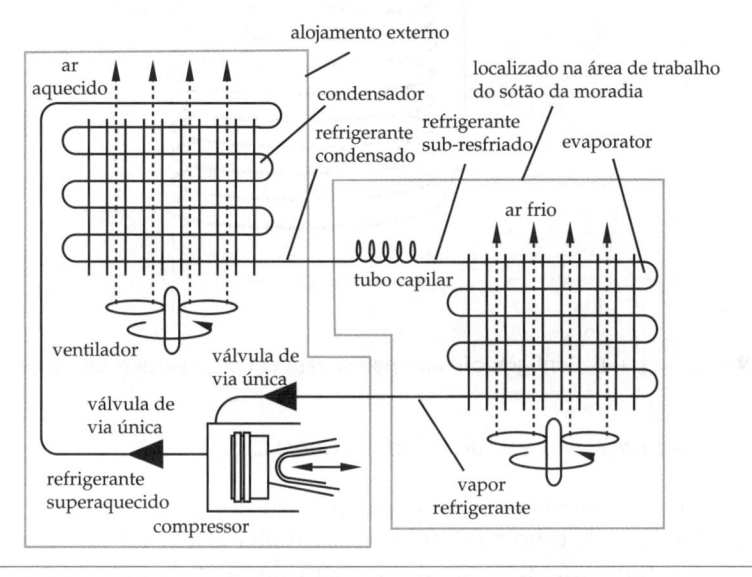

■ **Figura 11.14** Um sistema de condicionamento de ar convencional.

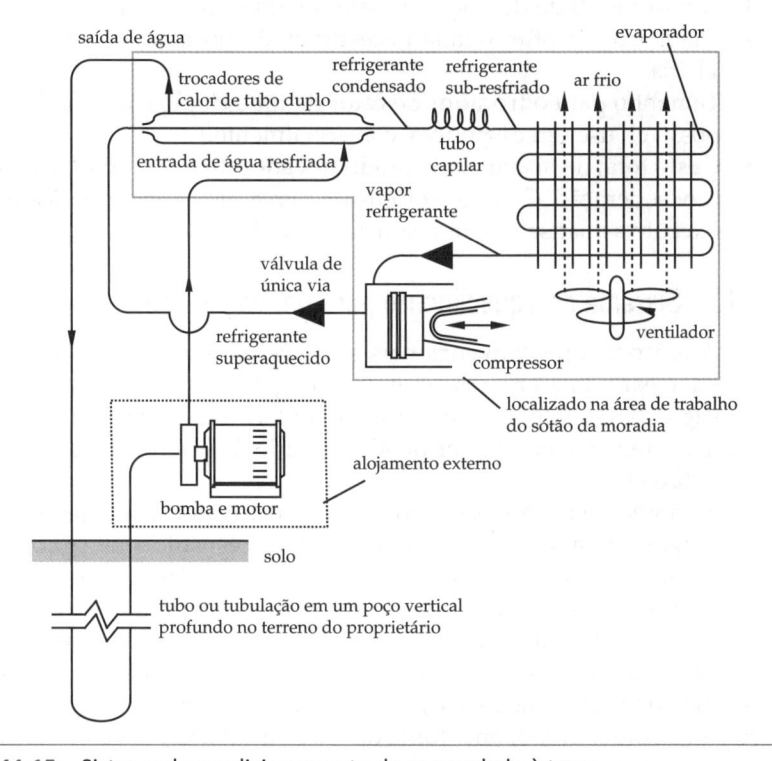

■ **Figura 11.15a** Sistema de condicionamento de ar acoplado à terra.

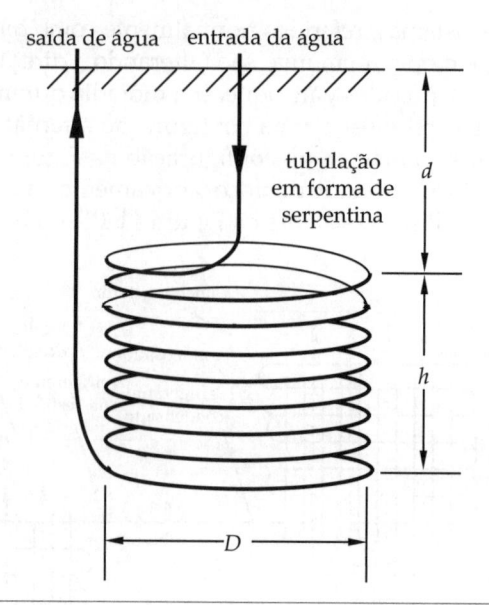

■ **Figura 11.15b** Configuração alternativa para um poço vertical profundo.

A ser projetado, selecionado ou determinado:

1. Bomba, tamanho e materiais de construção.
2. Diâmetro do tubo ou da tubulação e material. (Use no mínimo 7,5 m de tubo para cada tubulação de água do trocador de calor de tubo duplo até a superfície do solo.)
3. A profundidade do poço necessária para o sistema da Figura 11.14.
4. Diâmetro e profundidade necessários do poço se for usar o sistema da Figura 11.15a.
5. Tamanho para o trocador de calor de tubo duplo e o material de construção. (Se possível, use um disponível comercialmente.)
6. Custo total do sistema, incluindo trocador de calor, bomba, tubulação, manutenção e operação. Compare os custos com aqueles encontrados na Figura 11.18.
7. Execute a análise de um condicionador de ar de 3 t.

61. Sistema de aquecimento para um vagão-tanque (cinco engenheiros)

Vagões-tanque convencionais são usados para transportar glicose de um fornecedor para uma empresa que produz geleias e compotas. Na chegada, a glicose no vagão-tanque deve ser aquecida para facilitar o bombeamento, e o aquecimento pode ser feito usando vapor ou eletricidade. Esses dois métodos serão comparados neste projeto.

Se a glicose for aquecida com vapor, o vagão-tanque deverá ser fabricado com tubos internos; assim, quando o tanque for preenchido com glicose, os tubos estarão completamente submersos, e uma fonte de vapor externa será conectada à entrada dos tubos, de modo que o vapor seja bombeado para dentro. Os tubos devem ser completamente vedados para que o vapor não possa vazar internamente.

Se a glicose for aquecida eletricamente, aquecedores de resistência elétrica, que ficarão submersos na glicose, deverão ser instalados no vagão-tanque quando este for construído. Então, uma fonte de energia externa será conectada aos aquecedores e a glicose será aquecida.

A ser projetado, selecionado ou determinado:

1. Um *layout* para os tubos de vapor dentro do tanque.
2. O diâmetro dos tubos.
3. Materiais para serem usados na tubulação.
4. Vazão do vapor e temperatura de entrada. (Depois da passagem, o vapor deve ser descartado na atmosfera ou coletado e reaquecido?)
5. Custo do sistema de aquecimento do vapor (custo da tubulação, da mão de obra associada à instalação hermética e custos operacionais).
6. Um *layout* ou posicionamento do(s) aquecedor(es) de imersão.
7. Energia elétrica necessária.
8. Custo do sistema de aquecimento elétrico (custo do aquecimento, da mão de obra associada à instalação e custos operacionais).
9. A temperatura ideal na qual a glicose deve ser mantida, conforme definido pela análise de custo mínimo.
10. Execute todos os cálculos para um vagão-tanque convencional, de 12,2 m (40 pés). O tanque deve ser isolado? Quais são as dimensões exatas?

62. Recuperação de energia de uma usina elétrica (cinco engenheiros)

Quatro motores diesel de 250-HP são usados para gerar eletricidade em uma usina, situada em local onde o custo da energia elétrica pela concessionária local é muito alto. O uso de geradores para que a usina obtenha a sua própria energia pode ser uma solução econômica, mas é importante que haja o mínimo de desperdício possível. Um *layout* proposto para esse sistema é mostrado na Figura 11.16.

Conforme indicado, as unidades motor-gerador são espaçadas de 2 m de distância, embora esse espaçamento possa ser alterado, se necessário, e todas são alimentadas com uma linha comum, que traz combustível de um tanque localizado a uma distância desconhecida (nesse momento) L.

Os gases de exaustão desses motores devem ser usados para aquecer água à temperatura mais alta possível. A vazão da água é a normal da cidade, embora uma bomba possa ser usada, caso se necessite de uma vazão mais alta. Qualquer tipo de trocador de calor pode ser usado.

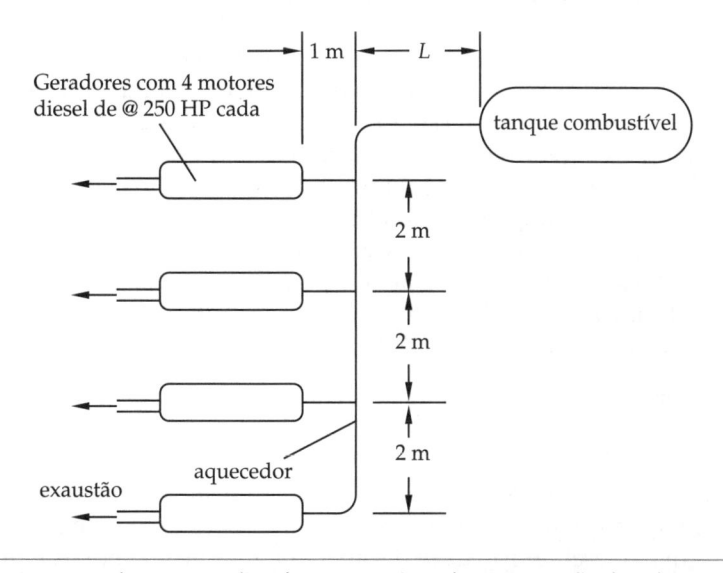

■ **Figura 11.16** Layout de motores diesel para o projeto de recuperação de calor.

Também foi sugerido que até o calor perdido nos radiadores seja recuperado. A mistura água-anticongelante que circula pelos quatro radiadores deve ser usada para aquecer a água em um ou mais trocadores de calor, novamente à temperatura mais alta possível. A água a ser aquecida nos radiadores pode ser combinada de alguma maneira com a água que está sendo aquecida pelos gases de exaustão.

A ser projetado, selecionado ou determinado:

1. Qual é o combustível normalmente exigido para um motor diesel de 250 HP? Qual é a potência entregue por um motor de 250 HP? Projete a tubulação de entrada de combustível para cada motor. Especifique o material a ser usado.
2. Quanto da energia do combustível é usada para gerar eletricidade? Quanto de energia é descartada na exaustão desses motores? Em qual temperatura? Quanto de energia é rejeitada nos radiadores? Em qual temperatura?
3. O calor disponível no escape dos quatro motores pode ser transferido para a água, em uma disposição de escoamento paralelo ou em série dentro de um ou mais trocadores de calor, e isso também pode ser considerado para o calor rejeitado pelos motores em seus radiadores. Selecione as disposições de escoamento para aumentar a recuperação de calor e determine um esquema ideal de aquecimento de água. Lembre-se de que o objetivo é obter a temperatura mais alta possível de saída da água. A água da cidade deve ser usada com ou sem uma bomba. Qual é a pressão normal e a vazão entregue pela cidade e a que custo?
4. Calcule o custo do sistema de tubulação do combustível e o custo dos trocadores de calor. Elabore um cálculo para estimar a economia envolvida no sistema de recuperação de calor.

63. Lago de refrigeração de uma usina elétrica (cinco engenheiros)

O projeto de uma usina elétrica está em seus estágios preliminares e, em razão de preocupações ambientais, recomenda-se usar um reservatório de resfriamento em vez de um rio por perto, para dissipar o calor rejeitado do sistema. Um reservatório de resfriamento é um reservatório feito pelo homem, quase do tamanho de um pequeno lago, que contém pulverizadores que flutuam na superfície da água, espalhando-a para cima, e uma parte da água vaporizada transfere calor para o ar acima do reservatório. Outros modos de transferência de calor também podem estar presentes.

A Figura 11.17 mostra a planta de um condensador de usina de energia e um reservatório de resfriamento, sendo o condensador a fonte de calor para a água que o reservatório deve resfriar. O condensador deve condensar 3,78 kg/s de água tratada que é usada na usina. A água que entra no condensador é vapor saturado a 0,01 MPa. A temperatura do ar ambiente varia no curso de um ano de 1,7 °C a 35 °C. Para qualquer temperatura do ar, é desejado resfriar a água à temperatura mais baixa possível com o reservatório de resfriamento.

O reservatório de resfriamento pode ser de qualquer dimensão viável, e ele é localizado a, no máximo, 183 m do condensador.

A ser projetado, selecionado ou determinado:

1. Qual é a temperatura mais baixa possível em que podemos resfriar a água com um reservatório de resfriamento? Essa é uma função da temperatura do solo, da temperatura do ar, ou de ambas?
2. Dimensione o condensador, ou seja, projete uma unidade que possa condensar o requerido de 3,78 kg/s. Usando o seu projeto, determine a quantidade de calor que o reservatório deve dissipar, analisando o condensador sobre uma varieda-

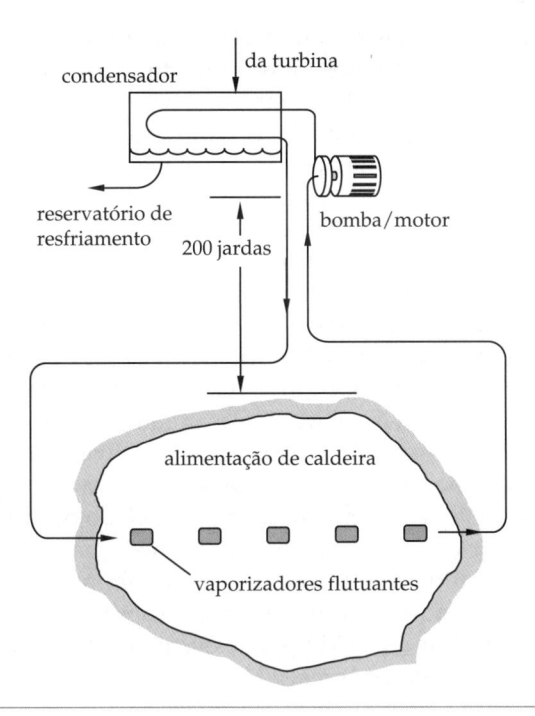

Figura 11.17 Esboço de uma instalação de reservatório de resfriamento.

de de temperaturas de entrada da água de resfriamento. Calcule a temperatura esperada da água de resfriamento após ela deixar o condensador e ir para o reservatório de resfriamento.

3. Quais são as dimensões do reservatório de resfriamento (comprimento × largura × profundidade)? O formato pode ser retangular, semelhante a, digamos, uma piscina? Quantos pulverizadores são necessários? A quantidade de água vaporizada durante a operação é significativa a ponto de água de reposição ter de ser fornecida ao reservatório? A água deve ser tratada antes de ir para o condensador?
4. Posicione o sistema de tubulação de ida e volta do reservatório. Qual diâmetro de tubulação deve ser usado e de que material ela deve ser feita? O esboço mostra uma bomba. São necessárias duas bombas? Dimensione-a(s).
5. Há algum benefício em se usar um tubo aletado na tubulação do condensador até o reservatório? A tubulação deve ser enterrada ou apoiada por suporte acima do solo? Deve haver duas linhas de tubulação até o reservatório?
6. Avalie o custo total, incluindo a escavação do reservatório.

64. Aquecimento de uma arquibancada portátil[9] (cinco engenheiros)

Uma arquibancada portátil é uma estrutura que pode ser montada ao ar livre, para que as pessoas se sentem para assistir a passagem de um desfile. Quando faz frio, porém, o fato de permanecer imóvel por um tempo, seja sentado, seja em pé, acenando, parece bastante desconfortável. Uma empresa que fabrica plataformas de observação deseja comercializar um sistema de aquecimento opcional em seus produtos.

---

[9] Sugerido pelo Professor Emérito Prasanna V. Kadaba, do Instituto de Tecnologia da Georgia.

A Figura 11.18 mostra uma vista de perfil de uma arquibancada portátil com quatro camadas de assentos, mas o projeto modular permite qualquer número de camadas, inclusive oito. Os assentos são bancos sem encosto, de alumínio anodizado, com 2,44 m de comprimento. (O comprimento de 2,44 m usado deve-se às considerações de armazenamento e manuseio, que são funções de portabilidade.) Uma arquibancada portátil padrão contém duas seções de 2,44 m com um corredor entre elas, e os assentos são suportados por estrutura de aço revestida de compensado com 12,7 mm; o piso de cada banco é de compensado de 19 mm, e a diferença de altura entre dois bancos adjacentes é de 405 mm. Uma tenda de proteção contra chuva também está disponível, como item opcional. Para o aquecimento dessa arquibancada, sugere-se que tubos aletados sejam colocados embaixo de cada banco e que um fluido aquecido (como vapor ou água quente) circule por eles, o que aqueceria os pés dos observadores, e a elevação do ar aquecido produziria maior conforto. (Esse método será referido como a **disposição de convecção natural**.)

Outra sugestão é usar um sistema de convecção forçada para aquecimento do ar, em que uma fonte de calor forneceria ar aquecido produzido, por exemplo, em uma "caixa". Esse ar aquecido, então, seria movido para os tubos localizados sob cada banco, os quais teriam orifícios, ou seja, seriam perfurados em locais selecionados, a fim de que o ar aquecido seja entregue pelos orifícios aos observadores. Um ventilador moveria o ar aquecido para esses tubos. (Esse método será referido como a **disposição** de **convecção forçada**.)

A ser projetado, selecionado ou determinado:

Preliminares

1. Determine a carga térmica para essa arquibancada. Quantas pessoas podem se sentar nela confortavelmente? Quanto de calor deve ser fornecido? Defina o conforto com relação à quantidade de calor necessário. A quantidade de calor entregue deveria ser uma função da temperatura ambiente?

Disposição de convecção natural

1. Projete um sistema de tubos aletados para ser colocado na arquibancada, especificando precisamente seus locais. Em geral, as aletas dos tubos desse tipo são feitas de alumínio e são muito finas, o que as torna muito delicadas. O uso desse tipo de aleta deve ser evitado?
2. Selecione uma fonte de calor, como um gerador de vapor, um aquecedor de água quente ou um aquecedor elétrico, por exemplo, e determine qual fluido deve circular pelos tubos. É necessário o uso de uma bomba nesse sistema? Se sim,

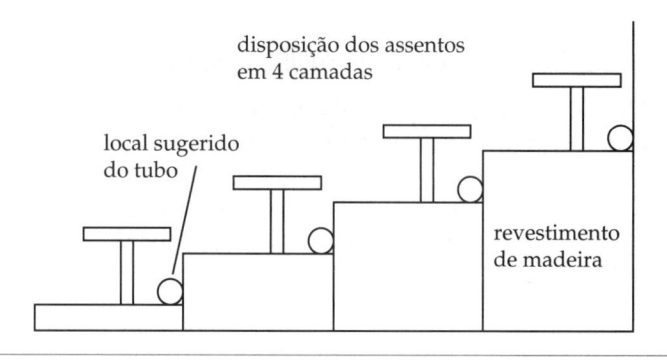

■ **Figura 11.18** Vista de perfil de uma arquibancada portátil de assentos em quatro camadas.

dimensione a bomba apropriada. O sistema de aquecimento deve ser localizado no espaço embaixo da arquibancada, escondido pelo seu compensado.
3. É necessário usar uma tenda nesse projeto? E quanto ao isolamento: quanto é necessário e onde deve ser colocado?
4. Determine o custo do sistema.

Disposição de convecção forçada

1. Projete um sistema de tubos perfurados para ser colocado na arquibancada, especificando precisamente seus locais. Onde essas perfurações devem ser posicionadas? Quantas devem ser e de que tamanho?
2. Selecione um método de aquecimento do ar apropriado e determine a vazão do ar pelos tubos. Dimensione a caixa em que a fonte de calor deve ser localizada. Obviamente, esse sistema necessitará de um ventilador; dimensione-o apropriadamente. Onde o ventilador deve ser posicionado em relação à caixa? O sistema de aquecimento deve ser localizado no espaço embaixo da arquibancada, escondido pelo seu compensado.
3. É necessário usar uma tenda nesse projeto? E quanto ao isolamento: quanto é necessário e onde deve ser colocado?
4. Determine o custo do sistema.

Conclusão

Qual método de aquecimento você recomendaria e por quê? Ou você recomendaria abandonar essa ideia?

65. Análise de uma rede de tubulação (cinco engenheiros)

Os jornais matinais de domingo contêm muitos folhetos publicitários; eles são muito coloridos e consistem em várias páginas. A impressão desses folhetos envolve o uso de tinta fornecida de um tanque e bombeada para uma ou mais impressoras rotativas. Nessa operação, a tinta sobe para um sistema de tubulação, que fica suspenso no teto da sala, e o sistema consiste em uma rede de tubos que suprem cinco impressoras diferentes.

A tinta, que consiste em um solvente no qual é misturado um corante, é bombeada continuamente pela rede de tubulação e chega às impressoras, onde é usada, e a tinta que não é usada volta para o tanque. O bombeamento contínuo da tinta dessa forma a mantém bem misturada, mas as medições de temperatura feitas no tanque indicam que ela fica quente, o que é condenável do ponto de vista ambiental; então, a tinta deve permanecer fria, pois, enquanto circula, sofre um efeito de aquecimento.

A Figura 11.19a é um esboço de um *layout* de tubos que pode ser encontrado em uma gráfica. Conforme indicado, a rede consiste em uma série de tubos que entregam tinta nos locais em que são necessárias. Na entrada, uma bomba fornece 0,005 m³/s de tinta à rede e cada impressora extrai 0,001 m³/s. A rede deve ser modificada pela adição de várias linhas internas para reduzir a quantidade de energia fornecida pela bomba. A Figura 11.19b mostra uma modificação sugerida.

A ser projetado, selecionado ou determinado:

1. Quantas cores de tinta devem ser manipuladas para se produzir um folheto de anúncio típico de jornais de domingo?
2. Em que consiste exatamente a tinta usada nesses processos? Ela é prejudicial ao ambiente? Quais são as propriedades (densidade, viscosidade etc.) dessas tintas? Todas as tintas são à base de solvente ou existem tintas à base de água no mercado?

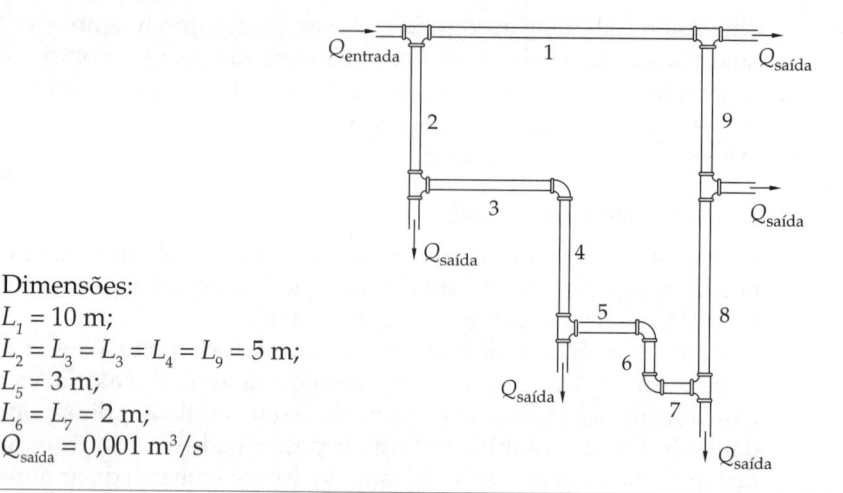

Dimensões:
$L_1 = 10$ m;
$L_2 = L_3 = L_3 = L_4 = L_9 = 5$ m;
$L_5 = 3$ m;
$L_6 = L_7 = 2$ m;
$Q_{saída} = 0{,}001$ m³/s

■ **Figura 11.19a** Vista plana da rede de tubulação para transporte de tinta.

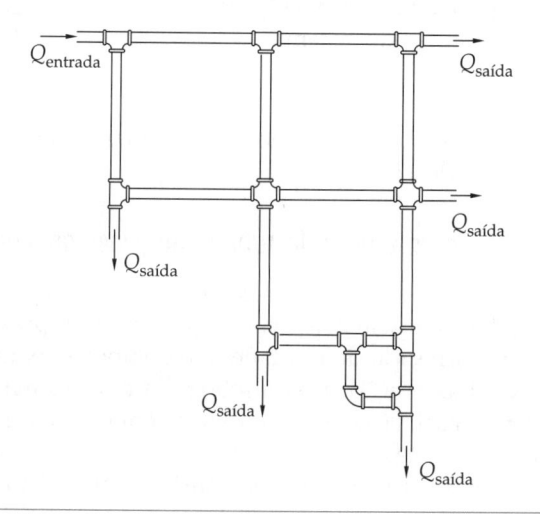

■ **Figura 11.19b** Vista plana da rede de tubulação modificada para transporte de tinta.

3. Trabalhando somente com a tinta preta, dimensione a tubulação na Figura 11.19b, usando o diâmetro ideal para minimizar os custos. Deve ser usado um metal especial para o tubo? Determine a vazão em cada linha interna.
4. Existem outras modificações que devem ser consideradas e analisadas?
5. Qual é a potência fornecida na entrada? Qual é a pressão necessária?
6. Em um movimento contínuo da tinta pela rede, sua temperatura é elevada em aproximadamente 10 °C. Dimensione ou selecione um trocador de calor que poderá transferir esse calor para a água, cuja temperatura de entrada seja 25 °C. Selecione o tipo de trocador de calor, as vazões necessárias de ambos os fluidos e antecipe as temperaturas de saída.

66. Sistemas de suprimento de vapor e ar (cinco engenheiros)

Uma pequena fábrica apresenta algumas operações em lote e em série que exigem fornecimento de vapor e de ar para vários locais dentro do prédio, prédio este cuja planta é mostrada na Figura 11.20. Um gerador de vapor e um compressor estão localizados dentro de uma "sala mecânica" isolada. A tubulação de cada uma dessas fontes deve ser posicionada de forma que o vapor e o ar sejam distribuídos nos pontos em que são necessários. Os locais são:

Localização	Fluido	Condição	Vazão mínima
1	Vapor seco	125 °C	0,01 kg/s
2	Vapor seco	125 °C	0,005 kg/s
3	Vapor seco	125 °C	0,007 kg/s
4	Ar seco	30 psig	0,004 kg/s
5	Ar seco	25 psig	0,004 kg/s
6	Ar seco	30 psig	0,003 kg/s
7	Ar seco	30 psig	0,002 kg/s

Esses locais ficam junto de paredes e devem ter válvulas nos locais em que as linhas terminam. A gerência não permite que as paredes sejam perfuradas; portanto, toda tubulação deve seguir apenas em torno das paredes. O teto está a 3,66 m de altura em toda a estrutura. Layouts de tubulação sugeridos para ambos os fluidos são fornecidos nas Figuras 11.21 e 11.22.

A ser projetado, selecionado ou determinado:

1. Dimensione o gerador de vapor e as linhas de escoamento para cada local. O que é um "purgador"? Essa instalação precisa de um? Há outros dispositivos que precisem ser instalados em uma linha de escoamento?

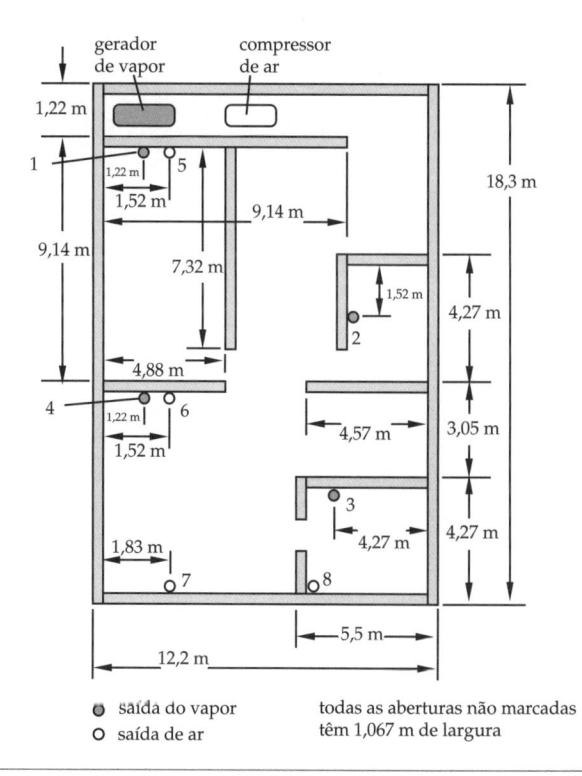

■ Figura 11.20 Planta de solo de uma pequena fábrica.

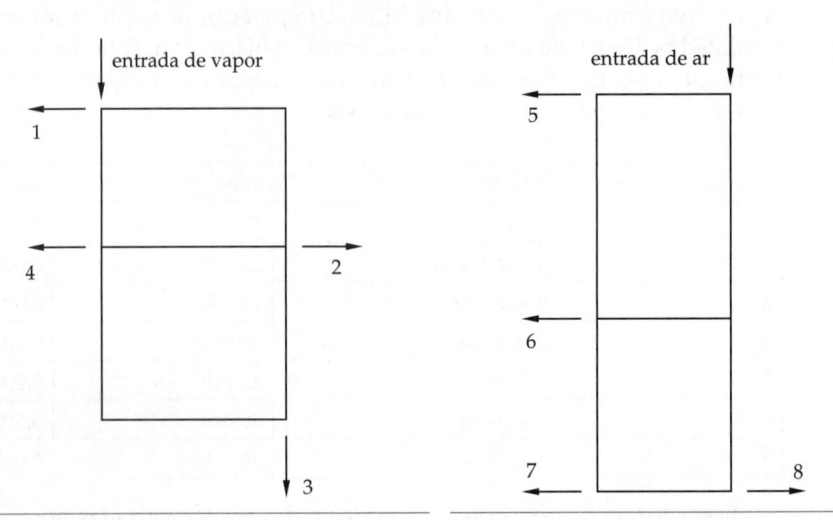

Figura 11.21 Rede de tubulação de vapor.   **Figura 11.22** Rede de tubulação de ar.

2. Dimensione o compressor e as linhas de escoamento para cada local. O que é um regulador de pressão? Como é o ar "seco" (as especificações requerem isso)? Há outros dispositivos que tenham de ser instalados em uma linha de ar? Como as linhas de ar e de vapor podem ser distinguidas?
3. Como cada tubulação é suportada? É preferível usar ganchos de parede ou ganchos de teto?
4. Qual é o custo da instalação inteira para vapor e ar?
5. Se possível, dimensione as tubulações de acordo com os requisitos de diâmetro ideal.

Apêndice – Tabelas

Tabela A.1 Prefixos aplicáveis a unidades no SI.
Tabela A.2 Fatores para converter para unidades SI, relacionadas pela grandeza física.
Tabela A.3 Fatores de conversão mistos.
Tabela A.4 Conversões de temperatura.
Tabela A.5 O alfabeto grego.
Tabela B.1 Propriedades de líquidos em temperatura e pressão ambiente.
Tabela B.2 Propriedades de líquidos saturados: óleo de motor não usado.
Tabela B.3 Propriedades dos líquidos saturados: etilenoglicol $C_2H_4(OH_2)$.
Tabela B.4 Propriedades dos líquidos saturados: glicerina $C_3H_5(OH)_3$.
Tabela B.5 Propriedades dos líquidos saturados: água H_2O.
Tabela C.1 Propriedades físicas de gases à temperatura e pressão ambiente.
Tabela C.2 Propriedades de gases na pressão atmosférica (101,3 kPa = 14,7 psia). Ar (constante de *gás* = 286,8 J/(kg·K) = 53,3 ft·lbf/(lbm·°R); $\gamma = C_p/C_v = 1,4$).
Tabela C.3 Propriedades de gases na pressão atmosférica (101,3 kPa = 14,7 psia). Dióxido de carbono *(constante de gás* = 188,9 J/(kg·K) = 35,11 ft·lbf/(lbm·°R); $\gamma = C_p/C_v = 1,3$).
Tabela C.4 Propriedades de gases na pressão atmosférica (101,3 kPa = 14,7 psia). Nitrogênio (constante de *gás* = 296,8 J/(kg·K) = 55,16 ft·lbf/(lbm·°R); $\gamma = C_p/C_v = 1,4$).
Tabela C.5 Propriedades de gases na pressão atmosférica (101,3 kPa = 14,7 psia). Oxigênio (constante de *gás* = 260 J/(kg·K) = 48,3 ft·lbf/(lbm·°R); $\gamma = C_p/C_v = 1,4$).
Tabela C.6 Propriedades de gases na pressão atmosférica (101,3 kPa = 14,7 psia). Vapor de água *(constante de gás* = 461,5 J/(kg·K) = 85,78 ft·lbf/(lbm·°R); $\gamma = C_p/C_v = 1,333$).
Tabela D.1 Dimensões dos tubos.
Tabela D.2 Dimensões da tubulação de cobre contínua.

■ **Tabela A.1** Prefixos aplicáveis a unidades no SI.

Fator pelo qual a unidade é multiplicada	Prefixo	Símbolo
10^{12}	tera	T
10^{9}	giga	G
10^{6}	mega	M
10^{3}	quilo	kg
10^{2}	hecto	h
10	deca	da
10^{-1}	deci	d
10^{-2}	centi	c
10^{-3}	mili	m
10^{-6}	micro	μ
10^{-9}	nano	n
10^{-12}	pico	p
10^{-15}	femto	f
10^{-18}	atto	a

Fonte: MECHTLY, E. A. *NASA SP* 7012, 1973.

■ **Tabela A.2** Fatores para converter para unidades SI, relacionadas pela grandeza física.

Para converter de	Para	Multiplicar por
Aceleração (L/T^2)		
pés/segundo^2	*metro/segundo^2	3,048 x 10^{-1}
pol./segundo^2	*metro/segundo^2	2,54 x 10^{-2}
Área (L^2)		
pés^2	*metro^2	9,290304 x 10^{-2}
polegada^2	*metro^2	6,4516 x 10^{-4}
milha^2 (estatuto dos EUA)	*metro^2	2,589988110336 x 10^{6}
jarda^2	*metro^2	8,3612736 x 10^{-1}
Coeficiente de convecção ou Condutância de filme [F·L/(T·L^2·t)]		
BTU/hora·ft^2·°R	W/(m^2·K)	5,678 x 10^{0}
Densidade (M/L^3)		
gram/centímetro^3	*quilograma/metro^3	1,00 x 10^{3}
lbm/pol.^{3}	quilograma/metro^3	2,7679905 x 10^{4}
lb/pés^3	quilograma/metro^3	1,6018463 x 10^{1}
slug/pol.^{3}	quilograma/metro^3	8,9129294 x 10^{5}
slug/pés^3	quilograma/metro^3	5,15379 x 10^{2}

* Indica uma conversão exata. Caso contrário, as conversões são representações aproximadas de definições e são resultados de medições físicas. Fonte: MECHTLY, E. A. *NASA SP* 7012, 1973.

■ **Tabela A.2** (*continuação*) Fatores para converter para unidades SI.

Para converter de	Para	Multiplicar por
Energia (F·L)		
BTU	joule	$1,054350 \times 10^3$
calorias	*joule	$4,184 \times 10^0$
força pé-libra	joule	$1,3558179 \times 10^0$
quilocaloria	*joule	$4,184 \times 10^3$
quilowatt-hora	*joule	$3,60 \times 10^6$
hora-watt	*joule	$3,60 \times 10^3$
Energia/(área·tempo) ou Fluxo de calor [F·L/(L²·T)]		
BTU/(pés² segundo)	watt/metro²	$1,1348931 \times 10^4$
BTU/(pés² minuto)	watt/metro²	$1,8914885 \times 10^2$
BTU/(pés² hora)	watt/metro²	$3,1524808 \times 10^0$
BTU/(pol.² segundo)	watt/metro²	$1,6342462 \times 10^6$
caloria/(cm² minuto)	watt/metro²	$6,9733333 \times 10^2$
watt/centímetro²	*watt/metro²	$1,00 \times 10^4$
Força (F)		
lbf	*newton	$4,4482216152605 \times 10^0$
Comprimento (L)		
pés	*metro	$3,048 \times 10^{-1}$
polegada	*metro	$2,54 \times 10^{-2}$
milha (estatuto dos EUA)	*metro	$1,609344 \times 10^3$
milha (náutica americana)	*metro	$1,852 \times 10^3$
jarda	*metro	$9,144 \times 10^{-1}$
Massa (M)		
grama	*quilograma	$1,00 \times 10^{-3}$
lbm (massa-libra)	*quilograma	$4,5359237 \times 10^{-1}$
slug	quilograma	$1,45939029 \times 10^1$
Potência ou fluxo de calor (F·L/T)		
BTU/segundo	watt	$1,054350264488 \times 10^3$
BTU/hora	watt	$2,9287507 \times 10^{-1}$
caloria/segundo	*watt	$4,184 \times 10^0$
caloria/minuto	watt	$6,9733333 \times 10^{-2}$
pés lbf/hora	watt	$3,7661610 \times 10^{-4}$
pés lbf/minuto	watt	$2,2596966 \times 10^{-2}$
pés lbf/segundo	watt	$1,3558179 \times 10^0$
cavalo-vapor	watt	$7,4569987 \times 10^2$
quilocaloria/minuto	watt	$6,9733333 \times 10^1$

* Indica uma conversão exata. Caso contrário, as conversões são representações aproximadas de definições e são resultados de medições físicas. Fonte: MECHTLY, E. A. *NASA SP* 7012, 1973.

■ Tabela A.2 *(continuação)* Fatores para converter para unidades SI.

Para converter de	Para	Multiplicar por
Pressão (F/L²)		
atmosférica	*newton/metro²	$1,01325 \times 10^5$
bar	*newton/metro²	$1,00 \times 10^5$
centímetro Hg (0°C)	*newton/metro²	$1,33322 \times 10^{3}$*
centímetro H_2O (4°C)	*newton/metro²	$9,80638 \times 10^1$
dina/centímetro²	*newton/metro²	$1,00 \times 10^1$
pés de H_2O (39,2°F)	newton/metro²	$2,98898 \times 10^3$
polegada de Hg (32°F)	newton/metro²	$3,386389 \times 10^3$
polegada de Hg (60°F)	newton/metro²	$3,37685 \times 10^3$
polegada de água (39,2°F)	newton/metro²	$2,49082 \times 10^2$
polegada de água (60°F)	newton/metro²	$2,4884 \times 10^2$
lbf/pés²	newton/metro²	$4,7880258 \times 10^1$
lbf/pol.² (psi)	newton/metro²	$6,8947572 \times 10^3$
pascal	*newton/metro²	$1,00 \times 10^0$
torr (0 °C)	newton/metro²	$1,33322 \times 10^2$
Capacidade de calor específica [F·L/(M·t)]		
BTU/(lbm·F)	joule/(quilograma·K)	$4,187 \times 10^3$
Velocidade (L/T)		
pés/hora	metro/segundo	$8,4666666 \times 10^{-5}$
pés/minuto	*metro/segundo	$5,08 \times 10^{-3}$
pés/segundo	*metro/segundo	$3,048 \times 10^{-1}$
pol./segundo	*metro/segundo	$2,54 \times 10^{-1}$
quilômetro/hora	metro/segundo	$2,7777778 \times 10^{-1}$
knot (internacional)	metro/segundo	$5,144444444 \times 10^{-1}$
milha/hora	*metro/segundo	$4,4704 \times 10^{-1}$
milha/minuto	*metro/segundo	$2,68224 \times 10^1$
milha/segundo	*metro/segundo	$1,609344 \times 10^3$
Temperatura (t)		
Celsius	Kelvin	$t_K = t_c + 273,15$
Fahrenheit	Kelvin	$t_K = (5/9)(t_F + 459,67)$
Fahrenheit	Celsius	$t_c = (5/9)(t_F - 32)$
Rankine	Kelvin	$t_K = (5/9)t_R$
Condutividade térmica [F·L/(T·L·t)]		
BTU/(hora·pé·°R)	watt/(metro·K)	$1,731 \times 10^0$
Difusividade térmica (L²/T)		
pés²/segundo	metro²/segundo	$9,29 \times 10^{-2}$
pés²/hora	metro²/segundo	$2,581 \times 10^{-5}$

* Indica uma conversão exata. Caso contrário, as conversões são representações aproximadas de definições e são resultados de medições físicas. Fonte: MECHTLY, E. A. *NASA SP* 7012, 1973.

■ **Tabela A.2** (*continuação*) Fatores para converter para unidades SI.

Para converter de	Para	Multiplicar por
Resistência térmica [T·t/(F·L)]		
Hora·°R/BTU	K/watt	$1,8958 \times 10^0$
Tempo (T)		
dia	*segundo	$8,64 \times 10^4$
hora	*segundo	$3,60 \times 10^3$
minuto	*segundo	$6,00 \times 10^1$
mês	*segundo	$2,628 \times 10^6$
ano	*segundo	$3,1536 \times 10^7$
Viscosidade cinemática (L^2/T)		
centistoke	*metro^2/segundo	$1,00 \times 10^{-6}$
stoke	*metro^2/segundo	$1,00 \times 10^{-4}$
pés^2/segundo	*metro^2/segundo	$9,290304 \times 10^{-2}$
Viscosidade absoluta ($F \cdot T/L^2$)		
centipoise	*newton·segundo/metro^2	$1,00 \times 10^{-3}$
lbm/(pés·segundo)	newton·segundo/metro^2	$1,4881639 \times 10^0$
lbf·segundo/pés^2	newton·segundo/metro^2	$4,7880258 \times 10^1$
poise	*newton·segundo/metro^2	$1,00 \times 10^{-1}$
Volume (L^3)		
acre·pés	metro^3	$1,2334819 \times 10^{-3}$
barril (42 galões)	metro^3	$1,589873 \times 10^{-1}$
xícara	*metro^3	$2,365882365 \times 10^{-4}$
pés^3	*metro^3	$2,8316846592 \times 10^{-2}$
galão (seco EUA)	*metro^3	$4,40488377086 \times 10^{-3}$
galão (líquido EUA)	*metro^3	$3,785411784 \times 10^{-3}$
polegada^3	*metro^3	$1,6387064 \times 10^{-5}$
litro	*metro^3	$1,00 \times 10^{-3}$
onça (fluido EUA)	*metro^3	$2,95735295625 \times 10^{-5}$
pinta (seco EUA)	*metro^3	$5,506104713575 \times 10^{-4}$
pinta (líquido EUA)	*metro^3	$4,73176473 \times 10^{-4}$
quart (seco EUA)	*metro^3	$1,101220942715 \times 10^{-3}$
quart (líquido EUA)	metro^3	$9,4635295 \times 10^{-4}$
colher de sopa	*metro^3	$1,478676478125 \times 10^{-5}$
colher de chá	*metro^3	$4,92892159375 \times 10^{-6}$
jarda^3	*metro^3	$7,64554857984 \times 10^{-1}$

*Indica uma conversão exata. Caso contrário, as conversões são representações aproximadas de definições e são resultados de medições físicas. Fonte: MECHTLY, E. A. *NASA SP* 7012, 1973.

■ Tabela A.3 Fatores de conversão mistos.

Para converter de	Para	Multiplicar por
acres	pés quadrados	$4,356 \times 10^4$
acres	milhas quadradas	$1,562 \times 10^{-2}$
atmosfera	cm de Hg	$7,6 \times 10$
BTU	cavalo-vapor-horas	$3,931 \times 10^{-4}$
BTU	quilowatt-horas	$2,928 \times 10^{-4}$
BTU/h	watts	$2,928 \times 10^{-1}$
calorias	BTU	$3,9685 \times 10^{-3}$
centímetros	pés	$3,281 \times 10^{-2}$
centímetros	polegadas	$3,937 \times 10^{-1}$
chain	polegadas	$7,92 \times 10^2$
galões por minuto	pés cúbicos por segundo	$2,228 \times 10^{-3}$

■ Tabela A.4 Conversões de temperatura.

K	°C	°R	°F
250	-23,15	450	-10
260	-13,15	468	8
270	-3,15	486	26
280	6,85	504	44
290	16,85	522	62
295	21,85	531	71
300	26,85	540	80
310	36,85	558	98
320	46,85	576	116
330	56,85	594	134
340	66,85	612	152
350	76,85	630	170
360	86,85	648	188
370	96,85	666	206
380	106,85	684	224
390	116,85	702	242
400	126,85	720	260
410	136,85	738	278
420	146,85	756	296

- **Tabela A.5** O alfabeto grego.

Ortografia inglesa	Letras maiúsculas gregas	Letras minúsculas gregas	Ortografia inglesa	Letras maiúsculas gregas	Letras minúsculas gregas
Alpha	A	α	Nu	N	ν
Beta	B	β	Xi	Ξ	ξ
Gama	Γ	γ	Omicron	O	o
Delta	Δ	δ	Pi	Π	π
Epsilon	E	ε	Rho	P	ρ
Zeta	Z	ζ	Sigma	Σ	σ
Eta	H	η	Tau	T	τ
Theta	Θ	θ	Upsilon	Y	υ
Iota	I	ι	Phi	ϑ	φ
Kappa	K	κ	Chi	X	χ
Lambda	Λ	λ	Psi	Ψ	ψ
Mu	M	μ	Omega	Ω	ω

Tabela B.1 Propriedades de líquidos em temperatura ambiente e pressão.

Fluido	Gravidade específica	Viscosidade absoluta $(N \cdot s/m^2) \times 10^3$	$(lbf \cdot s/ft^2) \times 10^5$	Tensão superficial $(N/m) \times 10^3$
Acetona	0,787	0,316	0,659	23,1
Benzeno	0,876	0,601	1,26	28,18
Dissulfeto de carbono	1,265	0,36	0,752	32,33
Tetracloreto de carbono	1,59	0,91	1,90	26,3
Óleo de rícino	0,96	650	1356	–
Clorofórmio	1,47	0,53	1,11	27,14
Decano	0,728	0,859	1,79	23,43
Éter	0,715	0,223	0,466	16,42
Álcool etílico	0,787	1,095	2,29	22,33
Etilenoglicol	1,100	16,2	33,8	48,2
Glicerina	1,263	950	1983	63,0
Heptano	0,681	0,376	0,786	19,9
Hexano	0,657	0,297	0,622	18,0
Querosene	0,823	1,64	3,42	–
Óleo de linhaça	0,93	33,1	69,0	–
Mercúrio	13,6	1,53	3,20	484
Álcool metílico	0,789	0,56	1,17	22,2
Octano	0,701	0,51	1,07	21,14
Propano	0,495	0,11	0,23	6,6
Álcool propil	0,802	1,92	4,01	23,5
Propileno	0,516	0,09	0,19	7,0
Propilenoglicol	0,968	42	88	36,3
Terebentina	0,87	1,375	2,87	–
Água	1,00	0,89	1,9	71,97

Fonte: Reimpresso com permissão de CRC Handbook of Tables for Applied Engineering Science (2. ed.), p. 90 e 92, Tabelas 1-44 e 1-46, 1973. Copyright CRC Press, Inc., Boca Raton, FL.

Observe na leitura da tabela:

Densidade ρ = (Sp.Gr. × 1,94) slug/ft^3 = (Sp.Gr. × 1000) kg/m^3 = (Sp.Gr. × 62,4) lbm/ft^3

Viscosidade da acetona: $\mu \times 10^3 = 0,316$ N·s/m^2; $\mu = 0,316 \times 10^{-3}$ N·s/m^2

Tabela B.2 Propriedades de líquidos saturados: **óleo de motor** não usado.

Temperatura		Gravidade específica	Calor específico C_p		Viscosidade cinemática v		Condutividade térmica k		Difusividade térmica α		Número de Prandtl Pr
°C	°F		J kg·K	BTU lbm·°R	$m^2/s \times 10^4$	$ft^2/s \times 10^3$	W m·K	BTU hr·ft·°R	$m^2/s \times 10^8$	$ft^2/hr \times 10^3$	
0	32	0,899	1796	0,429	42,8	46,1	0,147	0,085	9,11	3,53	47100
20	68	0,888	1880	0,449	9,0	9,7	0,145	0,084	8,72	3,38	10 400
40	104	0,876	1964	0,469	2,4	2,6	0,144	0,083	8,34	3,23	2 870
60	140	0,864	2 047	0,489	0,839	0,903	0,140	0,081	8,00	3,10	1.050
80	176	0,852	2131	0,509	0,375	0,404	0,138	0,080	7,69	2,98	490
100	212	0,840	2 219	0,530	0,203	0,219	0,137	0,079	7,38	2,86	276
120	248	0,828	2 307	0,551	0,124	0,133	0,135	0,078	7,10	2,75	175
140	284	0,816	2 395	0,572	0,080	0,086	0,133	0,077	6,86	2,66	116
160	320	0,805	2 483	0,593	0,056	0,060	0,132	0,076	6,63	2,57	84

$\beta = 0{,}70 \times 10^{-3}/K = 0{,}39 \times 10^{-3}/°R$

Exemplo de valores de leitura: viscosidade cinética a 0°C é $v = 42{,}8 \times 10^{-4}\ m^2/s$

Fonte: *Analysis of Heat and Mass Transfer*, de Eckert. Copyright 1986 por Taylor & Francis Group LLC-Books. Reproduzido com permissão de Taylor & Francis Group LLC-Books, no formato de livro didático. Copyright Clearance Center.

■ Tabela B.3 Propriedades dos líquidos saturados: **etilenoglicol** $C_2H_4(OH_2)$.

Temperatura		Gravidade específica	Calor específico C_p		Viscosidade cinemática v		Condutividade térmica k			Difusividade térmica α		Número de Prandtl Pr
°C	°F		J/kg·K	BTU/lbm·°R	$m^2/s \times 10^6$	$ft^2/s \times 10^5$	W/m·K		BTU/hr·ft·°R	$m^2/s \times 10^8$	$ft^2/hr \times 10^3$	
0	32	1,130	2.294	0,548	57,53	61,92	0,242		0,140	9,34	3,62	615
20	68	1,116	2.382	0,569	19,18	20,64	0,249		0,144	9,39	3,64	204
40	104	1,101	2.474	0,591	8,69	9,35	0,256		0,148	9,39	3,64	93
60	140	1,087	2.562	0,612	4,75	5,11	0,260		0,150	9,32	3,61	51
80	176	1,077	2.650	0,633	2,98	3,21	0,261		0,151	9,21	3,57	32,4
100	212	1,058	2.742	0,655	2,03	2,18	0,263		0,152	9,08	3,52	22,4

$\beta = 0{,}65 \times 10^{-3}/K = 0{,}36 \times 10^{-3}/°R$

Exemplo de valores de leitura: viscosidade cinética a 0°C é v = $57{,}53 \times 10^{-6}$ m^2/s

Fonte:*Analysis of Heat and Mass Transfer*, de Eckert. Copyright 1986 por Taylor & Francis Group LLC-Books.Reproduzido com permissão de Taylor & Francis Group LLC-Books, no formato de livro didático. Copyright Clearance Center.

■ Tabela B.4 Propriedades dos líquidos saturados: **glicerina** $C_3H_5(OH)_3$.

Temperatura		Gravidade específica	Calor específico C_p		Viscosidade cinemática v		Condutividade térmica k			Difusividade térmica α		Número de Prandtl Pr
°C	°F		J kg·K	BTU lbm·°R	$m^2/s \times 10^3$	$ft^2/s \times 10^2$	W m·K	BTU hr·ft·°R		$m^2/s \times 10^8$	$ft^2/hr \times 10^3$	
0	32	1,276	2.261	0,540	8,31	8,95	0,282	0,163		9,83	3,81	84.700
10	50	1,270	2.319	0,554	3,00	3,23	0,284	0,164		9,65	3,47	31.000
20	68	1,264	2.386	0,570	1,18	1,27	0,286	0,156		9,47	3,67	12.500
30	86	1,258	2.445	0,584	0,50	0,54	0,286	0,165		9,29	3,60	5.380
40	104	1,252	2.512	0,600	0,22	0,24	0,286	0,165		9,14	3,54	2.450
50	122	1,244	2.583	0,617	0,15	0,16	0,287	0,166		8,93	3,46	1.630

$\beta = 0{,}50 \times 10^{-3}/K = 0{,}28 \times 10^{-3}/°R$

Exemplo de valores de leitura: viscosidade cinética a 0°C é v = 8,31 × 10^{-3} m^2/s

Fonte:*Analysis of Heat and Mass Transfer*, de Eckert. Copyright 1986 por Taylor & Francis Group LLC-Books. Reproduzido com permissão de Taylor & Francis Group LLC-Books, no formato de livro didático. Copyright Clearance Center.

Tabela B.5. Propriedades dos líquidos saturados: **água** H_2O.

Temperatura		Gravidade específica	Calor específico C_p		Viscosidade cinemática ν		Condutividade térmica k			Difusividade térmica α		Número de Prandtl Pr
°C	°F		J/kg·K	BTU/lbm·°R	$m^2/s \times 10^7$	$ft^2/s \times 10^6$	W/m·K		BTU/hr·ft·°R	$m^2/s \times 10^8$	$ft^2/hr \times 10^3$	
0	32	1,002	4.217	1,0074	17,88	19,25	0,552		0,319	1,308	5,07	13,6
20	68	1,000	4.181	0,9988	10,06	10,83	0,597		0,345	1,430	5,54	7,02
40	104	0,994	4.178	0,9980	6,58	7,08	0,628		0,363	1,512	5,86	4,34
60	140	0,985	4.184	0,9994	4,78	5,14	0,651		0,376	1,554	6,02	3,02
80	176	0,974	4.196	1,0023	3,64	3,92	0,668		0,386	1,636	6,34	2,22
100	212	0,960	4.216	1,0070	2,94	3,16	0,680		0,393	1,680	6,51	1,74
120	248	0,945	4 250	1,015	2,47	2,66	0,685		0,396	1,708	6,62	1,446
140	284	0,928	4.283	1,023	2,14	2,30	0,684		0,395	1,724	6,68	1,241
160	320	0,909	4 342	1,037	1,90	2,04	0,670		0,393	1,729	6,70	1,099
180	356	0,889	4 417	1,055	1,73	1,86	0,675		0,390	1,724	6,68	1,004
200	392	0,866	4.505	1,076	1,60	1,72	0,665		0,384	1,706	6,61	0,937
220	428	0,842	4.610	1,101	1,50	1,61	0,572		0,377	1,680	6,51	0,891
240	464	0,815	4.756	1,136	1,43	1,54	0,635		0,367	1,639	6,35	0,871
260	500	0,785	4 949	1,182	1,37	1,48	0,611		0,353	1,577	6,11	0,874
280	537	0,752	5.208	1,244	1,35	1,45	0,580		0,335	1,481	5,74	0,910
300	572	0,714	5.728	1,368	1,35	1,45	0,540		0,312	1,324	5,13	1,109

β = 0,18 x 10^{-3}/K = 0,10 x 10^{-3}/°R
Exemplo de valores de leitura: viscosidade cinética a 0°C é ν = 17,88 x 10^{-7} m^2/s

Fonte: *Analysis of Heat and Mass Transfer*, de Eckert. Copyright 1986 por Taylor & Francis Group LLC-Books. Reproduzido com permissão de Taylor & Francis Group LLC-Books, no formato de livro didático. Copyright Clearance Center.

Tabela C.1 Propriedades físicas de gases à temperatura e pressão ambiente.

Gás	Densidade ρ		Calor específico C_p		Viscosidade cinemática v		Constante de gás R		$\gamma = C_p/C_v$
			J	BTU			J	ft·lbf	
	kg/m³	lbm/ft³	kg·K	lbm·°R	m²/s × 10⁶	ft²/s × 10⁵	kg·K	lbm·°R	
Ar	1,177	0,0735	1.005,7	0,240	15,68	16,88	0,026 24	0,01516	1,4
Dióxido de carbono	1,797	0,1122	871	0,208	8,321	8,957	0,016 572	0,009575	1,3
Nitrogênio	1,142	0,0713	1.040,8	0,2486	15,63	16,82	0,02620	0,01514	1,4
Oxigênio	1,300	0,0812	920,3	0,2198	15,86	17,07	0,02676	0,01546	1,4

Exemplo de valores de leitura: viscosidade cinética de ar é $v = 15{,}68 \times 10^{-6}$ m²/s
MW = peso molecular (unidades de engenharia) = massa molecular (unidades SI)
Constante dos gases $R = R_u/MW$; $R_u = 1545$ ft·lbf/lbmol·°R = 49.700 ft·lbf/slugmol·°R = 8.312 N·m/(mol·K)
1 BTU = 778 ft·lbf

Fonte: Dados obtidos de várias fontes; consulte as Referências bibliográficas no final do texto.

■ Tabela C.2 Propriedades de gases na pressão atmosférica (101,3 kPa = 14,7 psia).
Ar *(constante de gás = 286,8 J/(kg·K) = 53,3 ft·lbf/(lbm·°R); $\gamma = C_p/C_v = 1,4$).*

Temperatura		Densidade ρ		Calor específico C_p		Viscosidade cinemática ν		Condutividade térmica k			Difusividade térmica α		Número de Prandtl Pr
°C	°F	kg/m³	lbm/ft³	J/kg·K	BTU/lbm·°R	m²/s × 10⁶	ft²/s × 10⁵	W/m·K	BTU/hr·ft·°R		m²/s × 10⁴	pés²/h	
100	180	3,601	0,225	1.026,6	0,245	1,923	2,070	0,009246	0,005342		0,02501	0,0969	0,770
150	270	3,268	0,148	1.009,9	0,241	4,343	4,674	0,013735	0,007936		0,05745	0,223	0,753
200	360	1,768	0,110	1.006,1	0,240	7,490	8,062	0,01809	0,01045		0,10165	0,394	0,739
250	450	1,413	0,0882	1.005,3	0,240	9,49	10,2	0,02227	0,01287		0,13161	0,510	0,722
300	540	1,177	0,0735	1.005,7	0,240	15,68	16,88	0,02624	0,01516		0,22160	0,859	0,708
350	630	0,998	0,0623	1.009,0	0,241	20,76	22,35	0,03003	0,01735		0,2983	1,156	0,697
400	720	0,883	0,0551	1.104,0	0,242	25,90	27,88	0,03365	0,01944		0,3760	1,457	0,689
450	810	0,783	0,0489	1.020,7	0,244	28,86	31,06	0,03707	0,02142		0,4222	1,636	0,683
500	900	0,705	0,0440	1.029,5	0,245	37,90	40,80	0,04038	0,02333		0,5564	2,156	0,680
550	990	0,642	0,0401	1.039,2	0,248	44,34	47,73	0,04360	0,02519		0,6532	2,531	0,680
600	1080	0,589	0,0367	1.055,1	0,252	51,34	55,26	0,04659	0,02692		0,7512	2,911	0,680
650	1170	0,543	0,0339	1.063,5	0,254	58,51	62,98	0,04953	0,02862		0,8578	3,324	0,682
700	1260	0,503	0,0314	1.075,2	0,257	66,25	71,31	0,05230	0,03022		0,9672	3,748	0,684
750	1350	0,471	0,0294	1.085,6	0,259	73,91	79,56	0,05509	0,03183		1,0774	4,175	0,686
800	1440	0,441	0,0275	1.097,8	0,262	82,29	88,58	0,05779	0,03339		1,1951	4,631	0,689
850	1530	0,415	0,0259	1.109,5	0,265	90,75	97,68	0,06028	0,03483		1,3097	5,075	0,692
900	1620	0,393	0,0245	1.121,2	0,268	99,3	107,0	0,06279	0,03628		1,4271	5,530	0,696
950	1710	0,372	0,0232	1.132,1	0,270	108,2	116,5	0,06525	0,03770		1,5510	6,010	0,699
1.000	1800	0,352	0,0220	1.141,7	0,273	117,8	126,8	0,06752	0,03901		1,6779	6,502	0,702
1.100	1980	0,320	0,0120	1.160	0,277	138,6	149,2	0,0732	0,0423		1,969	7,630	0,704

Exemplo de valores de leitura: viscosidade cinemática a 100 K é $\nu = 1,923 \times 10^{-6}$ m²/s

Apêndice – Tabelas

■ **Tabela C.2** (*continuação*) Propriedades de gases na pressão atmosférica (101,3 kPa = 14,7 psia).
Ar (constante de gás = 286,8 J/(kg·K) = 53,3 ft·lbf/(lbm·°R); $\gamma = C_p/C_v = 1,4$).

Temperatura		Densidade ρ		Calor específico C_p			Viscosidade cinemática v		Condutividade térmica k		Difusividade térmica α		Número de Prandtl Pr
°C	°F	kg/m³	lbm/ft³	J/kg·K	BTU/lbm·°R		m²/s × 10⁶	ft²/s × 10⁵	W/m·K	BTU/hr·ft·°R	m²/s × 10⁴	pés²/h	
1.200	2.160	0,295	0,0184	1.179	0,282		159,1	171,3	0,0782	0,0452	2,251	8,723	0,707
1.300	2.340	0,271	0,0169	1.197	0,286		182,1	196,0	0,0837	0,0484	2,583	10,01	0,705
1.400	2.520	0,252	0,0157	1.214	0,290		205,5	221,2	0,0891	0,0515	2,920	11,32	0,705
1.500	2.700	0,236	0,0147	1.230	0,294		229,1	246,6	0,0946	0,0547	3,262	12,64	0,705
1.600	2.880	0,221	0,0138	1 248	0,298		254,5	273,9	0,100	0,0578	3,609	13,98	0,705
1.700	3.060	0,208	0,0130	1.267	0,303		280,5	301,9	0,105	0,0607	3,977	15,41	0,705
1.800	3.240	0,197	0,0123	1.287	0,307		308,1	331,6	0,111	0,0641	4,379	16,97	0,704
1.900	3.420	0,186	0,0115	1.309	0,313		338,5	364,4	0,117	0,0676	4,811	18,64	0,704
2.000	3600	0,176	0,0110	1.338	0,320		369,0	397,2	0,124	0,0716	5,260	20,38	0,702
2.100	3.780	0,168	0,0105	1.372	0,328		399,6	430,1	0,131	0,757	5,715	22,15	0,700
2.200	3.960	0,160	0,0100	1.419	0,339		432,6	465,6	0,139	0,0803	6,120	23,72	0,707
2.300	4140	0,154	0,00955	1.482	0,354		464,0	499,4	0,149	0,0861	6,540	25,34	0,710
2.400	4.320	0,146	0,00905	1.574	0,376		504,0	542,5	0,161	0,0930	7,020	27,20	0,718
2.500	4.500	0,139	0,00868	1.688	0,403		543,5	585,0	0,175	0,101	7,441	28,83	0,730

Exemplo de valores de leitura: viscosidade cinemática a 100 K é $v = 1,923 \times 10^{-6}$ m²/s

Fonte: *Analysis of Heat and Mass Transfer*, de Eckert. Copyright 1986 por Taylor & Francis Group LLC-Books. Reproduzido com permissão de Taylor & Francis Group LLC-Books, no formato de livro didático. Copyright Clearance Center.

■ Tabela C.3 Propriedades de gases na pressão atmosférica (101,3 kPa = 14,7 psia).
Dióxido de carbono (constante de gás = 188,9 J/(kg·K) = 35,11 ft·lbf/(lbm·°R); $\gamma = C_p/C_v = 1,3$).

Temperatura		Densidade ρ		Calor específico C_p		Viscosidade cinemática v		Condutividade térmica k			Difusividade térmica α		Número de Prandtl Pr
°C	°F	kg/m³	lbm/ft³	J kg·K	BTU lbm·°R	m²/s × 10⁶	ft²/s × 10⁵	W m·K	BTU h·ft·°R		m²/s × 10⁸	pés²/h	
220	396	2,473	0,1544	783	0,187	4,490	4,833	0,010805	0,006243		0,05920	0,2294	0,818
250	450	2,165	0,1352	804	0,192	5,813	6,257	0,012884	0,007444		0,07401	0,2868	0,793
300	540	1,797	0,1122	871	0,208	8,321	8,957	0,016572	0,009575		0,10588	0,4103	0,770
350	630	1,536	0,0959	900	0,215	11,19	12,05	0,02047	0,01183		0,14808	0,5738	0,755
400	720	1,342	0,0838	942	0,225	14,39	15,49	0,02461	0,01422		0,19463	0,7542	0,738
450	810	1,191	0,0744	980	0,234	17,90	19,27	0,02897	0,01674		0,24813	0,9615	0,721
500	900	1,073	0,067	1.013	0,242	21,67	23,33	0,03352	0,01937		0,3084	1,195	0,702
550	990	0,973	0,0608	1.047	0,250	25,74	27,72	0,03821	0,02208		0,3750	1,453	0,685
600	1.080	0,893	0,0558	1.076	0,257	30,02	32,31	0,04311	0,02491		0,4483	1,737	0,668

Exemplo de valores de leitura: viscosidade cinemática a 100 K é $v = 4,490 \times 10^{-6}$ m²/s

Fonte: *Analysis of Heat and Mass Transfer*, de Eckert. Copyright 1986 por Taylor & Francis Group LLC-Books.Reproduzido com permissão de Taylor & Francis Group LLC-Books, no formato de livro didático. Copyright Clearance Center.

Apêndice – Tabelas 543

■ **Tabela C.4** Propriedades de gases na pressão atmosférica (101,3 kPa = 14,7 psia).
Nitrogênio (constante de gás = 296,8 J/(kg·K) = 55,16 ft·lbf/(lbm·°R); $\gamma = C_p/C_v = 1,4$).

Temperatura		Densidade ρ		Calor específico C_p			Viscosidade cinemática v		Condutividade térmica k			Difusividade térmica α		Número de Prandtl Pr
°C	°F	kg/m³	lbm/ft³	J kg·K	BTU lbm·°R		m²/s × 10⁶	ft²/s × 10⁵	W m·K	BTU hr·ft·°R		m²/s × 10⁴	pés²/h	
100	180	3,480	0,2173	1.072,2	0,2571		1,971	2,122	0,009450	0,005460		0,025319	0,09811	0,786
200	360	1,710	0,1068	1.042,9	0,2491		7,568	8,146	0,01824	0,01054		0,10224	0,3962	0,747
300	540	1,142	0,0713	1.040,8	0,2486		15,63	16,82	0,02620	0,01514		0,22044	0,8542	0,713
400	720	0,853	0,0533	1.045,9	0,2498		25,74	27,71	0,03335	0,01927		0,3734	1,447	0,691
500	900	0,682	0,0426	1.055,5	0,2521		37,66	40,54	0,03984	0,02302		0,5530	2,143	0,684
600	1.080	0,568	0,0355	1.075,6	0,2569		51,19	55,10	0,04580	0,02646		0,7486	2,901	0,686
700	1.260	0,493	0,0308	1.096,9	0,2620		65,13	70,10	0,05123	0,02960		0,9466	3,668	0,691
800	1.440	0,427	0,0267	1.122,5	0,2681		81,46	87,68	0,05609	0,03241		1,1685	4,528	0,700
900	1.620	0,379	0,0237	1.146,4	0,2738		91,06	98,02	0,06070	0,03507		1,3946	5,404	0,711
1.000	1.800	0,341	0,0213	1.167,7	0,2789		117,2	126,2	0,06475	0,03741		1,6250	6,297	0,724
1.100	1.980	0,310	0,0194	1.185,7	0,2382		136,0	146,4	0,06850	0,03958		1,8591	7,204	0,736
1.200	2.160	0,285	0,0178	1.203,7	0,2875		156,1	168,0	0,07184	0,04151		2,0932	8,111	0,748

Exemplo de valores de leitura: viscosidade cinemática a 100 K é $v = 1,971 \times 10^{-6}$ m²/s

Fonte: Dados obtidos de *Analysis of Heat and Mass Transfer*, de E. R. G. Eckert e R. M. Drake, Jr., Taylor & Francis Group – Hemisphere Publishing Corp., New York, © 1987. Usado com permissão do edito[r].

■ **Tabela C.5** Propriedades de gases na pressão atmosférica (101,3 kPa =14,7 psia).
Oxigênio (constante de gás = 260 J/(kg·K) = 48,3 ft·lbf/(lbm·°R); $\gamma = C_p/C_v = 1,4$).

Temperatura		Densidade ρ		Calor específico C_p			Viscosidade cinemática ν		Condutividade térmica k			Difusividade térmica α		Número de Prandtl Pr
					J	BTU			W	BTU				
°C	°F	kg/m³	lbm/ft³	kg·K		lbm·°R	m²/s × 10⁶	ft²/s × 10⁵	m·K	hr·ft·°R		m²/s × 10⁴	pés²/h	
100	180	3,992	0,2492	947,9		0,2264	1,946	2,095	0,00903	0,00522		0,023876	0,09252	0,815
150	270	2,619	0,1635	917,8		0,2192	4,387	4,722	0,013 67	0,00790		0,05688	0,2204	0,773
200	360	1,955	0,1221	913,1		0,2181	7,593	8,173	0,01824	0,01054		0,10214	0,3958	0,745
250	450	1,561	0,0975	915,7		0,2187	11,45	12,32	0,02259	0,01305		0,15794	0,6120	0,725
300	540	1,300	0,0812	920,3		0,2198	15,86	17,07	0,02676	0,01546		0,22353	0,8662	0,709
350	630	1,113	0,0695	929,1		0,2219	20,80	22,39	0,03070	0,01774		0,2968	1,150	0,702
400	720	0,975	0,0609	942,0		0,2250	26,18	28,18	0,03461	0,02000		0,3768	1,460	0,695
450	810	0,868	0,0542	956,7		0,2285	31,99	34,43	0,03828	0,02212		0,4609	1,786	0,694
500	900	0,780	0,0487	972,2		0,2322	38,34	41,27	0,04173	0,02411		0,5502	2,132	0,697
550	990	0,709	0,0443	988,1		0,2360	45,05	48,49	0,04517	0,02610		0,6441	2,496	0,700
600	1.080	0,650	0,0406	1.004,4		0,2399	52,15	56,13	0,04882	0,02792		0,7399	2,867	0,704

Exemplo de valores de leitura: viscosidade cinemática a 100 K é ν = 1,946 × 10⁻⁶ m²/s

Fonte: *Analysis of Heat and Mass Transfer*, de Eckert. Copyright 1986 por Taylor & Francis Group LLC-Books.Reproduzido com permissão de Taylor & Francis Group LLC-Books., no formato de livro didático. Copyright Clearance Center.

■ **Tabela C.6** Propriedades de gases na pressão atmosférica (101,3 kPa = 14,7 psia).
Vapor de água (*constante de gás* = 461,5 J/(kg·K) = 85,78 ft·lbf/(lbm·°R); $\gamma = C_p/C_v = 1{,}333$).

Temperatura		Densidade ρ		Calor específico C_p			Viscosidade cinemática v		Condutividade térmica k			Difusividade térmica α		Número de Prandtl Pr
°C	°F	kg/m³	lbm/ft³	J kg·K	BTU lbm·°R		m²/s × 10⁵	ft²/s × 10⁴	W m·K	BTU hr·ft·°R		m²/s × 10⁴	pés²/h	
380	684	0,586	0,0366	2.060	0,492		2,16	2,33	0,0246	0,0142		0,2936	0,789	1,060
400	720	0,554	0,0346	2.014	0,481		2,42	2,61	0,0261	0,0151		0,2338	0,906	1,040
450	810	0,490	0,0306	1.980	0,473		3,11	3,35	0,0299	0,0173		0,307	1,19	1,010
500	900	0,440	0,0275	1.985	0,474		3,86	4,16	0,0339	0,0196		0,386	1,50	0,996
550	990	0,400	0,0250	1.997	0,477		4,70	5,06	0,0379	0,0219		0,475	1,84	0,991
600	1.080	0,0365	0,0228	2.026	0,484		5,66	6,09	0,0422	0,0244		0,573	2,22	0,986
650	1.170	0,338	0,0211	2.056	0,491		6,64	7,15	0,0464	0,0268		0,666	2,58	0,995
700	1.260	0,314	0,0196	2.085	0,498		7,72	8,31	0,0505	0,0292		0,772	2,99	1,000
750	1.350	0,293	0,0183	2.119	0,506		8,88	9,56	0,0549	0,0317		0,883	3,42	1,005
800	1.440	0,274	0,0171	2.152	0,514		10,20	10,98	0,0592	0,0342		1,001	3,88	1,010
850	1.530	0,258	0,0161	2.186	0,522		11,52	12,40	0,0637	0,0368		1,130	4,38	1,019

Exemplo de valores de leitura: viscosidade cinemática a 100 K é $v = 2{,}16 \times 10^5$ m²/s

Fonte: *Dados obtidos de várias referências.*

■ Tabela D.1 Dimensões dos tubos.

Diâmetro nominal	Diâmetro externo				Diâmetro interno		Área de escoamento	
	pol. (pés)	cm	Schedule		pé	cm	pé²	cm²
⅛	0,405	1,029	40	(std)	0,02242	0,683	0,0003947	0,366 4
	(0,03375)		80	(xs)	0,01792	0,547	0,0002522	0,235 0
¼	0,540	1,372	40	(std)	0,03033	0,924	0,0007227	0,670 6
	(0,045)		80	(xs)	0,02517	0,768	0,0004974	0,463 2
⅜	0,675	1,714	40	(std)	0,04108	1,252	0,001326	1,233
	(0,05625)		80	(xs)	0,03525	1,074	0,0009759	0,905 9
½	0,840	2,134	40	(std)	0,05183	1,580	0,002110	1,961
	(0,070)		80	(xs)	0,04550	1,386	0,001626	1,508
			160		0,03867	1,178	0,001174	1,090
				(xxs)	0,02100	0,640	0,0003464	0,321 7
¾	1,050	2,667	40	(std)	0,06867	2,093	0,003703	3,441
	(0,0875)		80	(xs)	0,06183	1,883	0,003003	2,785
			160		0,05100	1,555	0,002043	1,898
				(xxs)	0,03617	1,103	0,001027	0,955 5
1	1,315	3,340	40	(std)	0,08742	2,664	0,006002	5,574
	(0,1095)		80	(xs)	0,07975	2,430	0,004995	5,083
			160		0,06792	2,070	0,003623	3,365
				(xxs)	0,04992	1,522	0,001957	1,815
1¼	1,660	4,216	40	(std)	0,1150	3,504	0,01039	9,643
	(0,1383)		80	(xs)	0,1065	3,246	0,008908	8,275
			160		0,09667	2,946	0,007339	6,816
				(xxs)	0,07467	2,276	0,004379	4,069
1½	1,900	4,826	40	(std)	0,1342	4,090	0,01414	13,13
	(0,1583)		80	(xs)	0,1250	3,810	0,01227	11,40
			160		0,1115	3,398	0,009764	9,068
				(xxs)	0,09167	2,794	0,007700	6,131

Observações: std = padrão; xs = extraforte; xxs = extraforte duplo.

■ **Tabela D.1** (*continuação*) Dimensões dos tubos.

Diâmetro nominal	Diâmetro externo		Schedule		Diâmetro interno		Área de escoamento	
	pol. (pés)	cm			pé	cm	pé²	cm²
2	2,375	6,034	40	(std)	0,1723	5,252	0,02330	21,66
	(0,1979)		80	(xs)	0,1616	4,926	0,02051	19,06
			160		0,1406	4,286	0,01552	14,43
				(xxs)	0,1253	3,820	0,01232	11,46
2½	2,875	7,303	40	(std)	0,2058	6,271	0,03325	30,89
	(0,2396)		80	(xs)	0,1936	5,901	0,02943	27,35
			160		0,1771	5,397	0,02463	22,88
				(xxs)	0,1476	4,499	0,01711	15,90
3	3,500	8,890	40	(std)	0,2557	7,792	0,05134	47,69
	(0,2917)		80	(xs)	0,2417	7,366	0,04587	42,61
			160		0,2187	6,664	0,03755	34,88
				(xxs)	0,1917	5,842	0,02885	26,80
3½	4,000	10,16	40	(std)	0,2957	9,012	0,06866	63,79
	(0,3333)		80	(xs)	0,2803	8,544	0,06172	57,33
4	4,500	11,43	40	(std)	0,3355	10,23	0,08841	82,19
	(0,375)		80	(xs)	0,3198	9,718	0,07984	74,17
			120		0,3020	9,204	0,07163	66,54
			160		0,2865	8,732	0,06447	59,88
				(xxs)	0,2626	8,006	0,05419	50,34
5	5,563	14,13	40	(std)	0,4206	12,82	0,1389	129,10
	(0,4636)		80	(xs)	0,4011	12,22	0,1263	117,30
			120		0,3803	11,59	0,1136	105,50
			160		0,3594	10,95	0,1015	94,17
				(xxs)	0,3386	10,32	0,09004	83,65
6	6,625	16,83	40	(std)	0,5054	15,41	0,2006	186,50
	(0,5521)		80	(xs)	0,4801	14,64	0,1810	168,30
			120		0,4584	13,98	0,1650	153,50
			160		0,4823	13,18	0,1467	136,40
				(xxs)	0,4081	12,44	0,1308	121,50

Observações: std = padrão; xs = extraforte; xxs = extraforte duplo.

■ Tabela D.1 (*continuação*) Dimensões dos tubos.

Diâmetro nominal	Diâmetro externo		Schedule		Diâmetro interno		Área de escoamento	
	pol. (pés)	cm			pé	cm	pé²	cm²
8	8,625	21,91	20		0,6771	20,64	0,3601	334,60
	(0,7188)		30		0,6726	20,50	0,3553	330,10
			40	(std)	0,6651	20,27	0,3474	322,70
			60		0,6511	19,85	0,3329	309,50
			80	(xs)	0,6354	19,37	0,3171	294,70
			100		0,6198	18,89	0,3017	280,30
			120		0,5989	18,26	0,2817	261,90
			140		0,5834	17,79	0,2673	248,60
				(xxs)	0,5729	17,46	0,2578	239,40
			160		0,5678	17,31	0,2532	235,30
10	10,750	27,31	20		0,8542	26,04	0,5730	332,60
	(0,8958)		30		0,8446	25,75	0,5604	520,80
			40	(std)	0,8350	25,46	0,5476	509,10
			60	(xs)	0,8125	24,77	0,5185	481,90
			80		0,7968	24,29	0,4987	463,40
			100		0,7760	23,66	0,4730	439,70
			120		0,7552	23,02	0,4470	416,20
			140	(xxs)	0,7292	22,23	0,4176	388,10
			160		0,7083	21,59	0,3941	366,10
12	12,750	32,39	20		1,021	31,12	0,8185	760,60
	(1,058)		30		1,008	30,71	0,7972	740,71
				(std)	1,000	30,48	0,7854	729,70
			40		0,9948	30,33	0,773	722,50
				(xs)	0,9792	29,85	0,7530	699,80
			60		0,9688	29,53	0,7372	684,90
			80		0,9478	28,89	0,7056	655,50
			100		0,9218	28,10	0,6674	620,20
			120	(xxs)	0,8958	27,31	0,6303	585,80
			140		0,8750	26,67	0,6013	558,60
			160		0,8438	25,72	0,5592	519,60
14	14,000	35,57	30	(std)	1,104	33,65	0,9575	889,30
	(1,1667)		160		0,9323	28,42	0,6827	634,40

Observações: std = padrão; xs = extraforte; xxs = extraforte duplo.

■ Tabela D.1 (*continuação*) Dimensões dos tubos.

Diâmetro nominal	Diâmetro externo			Diâmetro interno		Área de escoamento	
	pol. (pés)	cm	Schedule	pé	cm	pé^2	cm^2
16	16,000	40,64	30 (std)	1,271	38,73	1,268	1 178,00
	(1,333)		160	1,068	32,54	0,8953	831,60
18	18,000	45,72	(std)	1,438	43,81	1,623	1.507,00
	(1,500)		160	1,203	36,67	1,137	1.056,00
20	20,000	50,80	20 (std)	1,604	48,89	2,021	1.877,00
	(1,6667)		160	1,339	40,80	1,407	1.307,00
22	22,000	55,88	20 (std)	1,771	53,97	2,463	2.288,00
	(1,8333)		160	1,479	45,08	1,718	1.596,00
24	24,000	60,96	20 (std)	1,938	59,05	2,948	2.739,00
	(2,00)		160	1,609	49,05	2,034	1.890,00
26	26,000 (2,167)	66,04	(std)	2,104	64,13	3,477	3.230,00
28	28,000 (2,333)	71,12	(std)	2,271	69,21	4,050	3.762,00
30	30,000 (2,500)	76,20	(std)	2,438	74,29	4,666	4.335,00
32	32,000 (2,667)	81,28	(std)	2,604	79,34	5,326	4.944,00
34	34,000 (2,833)	86,36	(std)	2,771	84,45	6,030	5.601,00
36	36,000 (3,000)	91,44	(std)	2,938	89,53	6,777	6 295,00
38	38,000 (3,167)	96,52		3,104	94,61	7,568	7.030,00
40	40,000 (3,333)	101,6	–	3,271	99,69	8,403	7.805,00

Observações: std = padrão; xs = extraforte; xxs = extraforte duplo.

Fonte: *Dimensões em unidades inglesas obtidos de ANSI B36.10-79*, American National Standard Wrought Steel and Wrought Iron Pipe. Reimpresso com permissão do editor da Sociedade Americana de Engenheiros Mecânicos.

■ Tabela D.2 Dimensões da tubulação de cobre contínua.

Tamanho padrão	Diâmetro externo			Diâmetro interno		Área de escoamento	
	pol. (pés)	cm	Tipo	pé	cm	pé²	cm²
¼	0,375	0,953	K	0,02542	0,775	0,0005074	0,471 7
	(0,03125)		L	0,02625	0,801	0,0005412	0,503 9
⅜	0,500	1,270	K	0,03350	1,022	0,0008814	0,820 3
	(0,04167)		L	0,03583	1,092	0,001008	0,936 6
			M	0,03750	1,142	0,001104	1,024
½	0,625	1,588	K	0,04392	1,340	0,001515	1,410
	(0,05208)		L	0,04542	1,384	0,001620	1,505
			M	0,04742	1,446	0,001766	1,642
⅝	0,750	1,905	K	0,05433	1,657	0,002319	2,156
	(0,0625)		L	0,05550	1,691	0,002419	2,246
¾	0,875	2,222	K	0,06208	1,892	0,003027	2,811
	(0,0729)		L	0,06542	1,994	0,003361	3,123
			M	0,06758	2,060	0,003587	3,333
1	1,125	2,858	K	0,08292	2,528	0,005400	5,019
	(0,09375)		L	0,08542	2,604	0,005730	5,326
			M	0,08792	2,680	0,006071	5,641
1¼	1,375	3,493	K	0,1038	3,163	0,008454	7,858
	(0,1146)		L	0,1054	3,213	0,008728	8,108
			M	0,1076	3,279	0,009090	8,444
1½	1,625	4,128	K	0,1234	3,762	0,01196	11,12
	(0,1354)		L	0,1254	3,824	0,01235	11,48
			M	0,1273	3,880	0,01272	11,82
2	2,125	5,398	K	0,1633	4,976	0,02093	11,95
	(0,1771)		L	0,1654	5,042	0,02149	19,97
			M	0,1674	5,102	0,02201	20,44
2½	2,625	6,668	K	0,2029	6,186	0,03234	30,05
	(0,21875)		L	0,2054	6,262	0,03314	30,80
			M	0,2079	6,338	0,03395	40,17

■ Tabela D.2 (*continuação*) Dimensões da tubulação de cobre contínua.

Tamanho padrão	Diâmetro externo		Tipo	Diâmetro interno		Área de escoamento	
	pol. (pés)	cm		pé	cm	pé²	cm²
3	3,125	7,938	K	0,2423	7,384	0,04609	42,82
	(0,2604)		L	0,2454	7,480	0,04730	43,94
			M	0,2484	7,572	0,04847	45,03
3½	3,625	9,208	K	0,2821	8,598	0,06249	58,06
	(0,3021)		L	0,2854	8,700	0,06398	59,45
			M	0,2883	8,786	0,06523	60,63
4	4,125	10,48	K	0,3214	9,800	0,08114	75,43
	(0,34375)		L	0,3254	9,922	0,08317	77,32
			M	0,3279	9,998	0,08445	78,51
5	5,125	13,02	K	0,4004	12,21	0,1259	117,10
	(0,4271)		L	0,4063	12,38	0,1296	120,50
			M	0,4089	12,47	0,1313	112,10
6	6,125	15,56	K	0,4784	14,58	0,1798	167,00
	(0,5104)		L	0,4871	14,85	0,1863	173,20
			M	0,4901	14,93	0,1886	175,30
8	8,125	20,64	K	0,6319	19,26	0,3136	291,50
	(0,6771)		L	0,6438	19,62	0,3255	302,50
			M	0,6488	19,78	0,3306	307,20
10	10,125	25,72	K	0,7874	24,00	0,4870	452,50
	(0,84375)		L	0,8021	24,45	0,5053	469,50
			M	0,8084	24,64	0,5133	476,80
12	12,125	30,80	K	0,9429	28,74	0,6983	648,80
	(1,010)		L	0,9638	29,38	0,7295	677,90
			M	0,9681	29,51	0,7361	684,00

Observação: Tipo K = para serviço subterrâneo e tubulação geral; tipo L = para tubulação interna; tipo M = para uso somente com conexões soldadas.
Fonte: Dimensões em unidades inglesas obtidas de ANSI/ASTM B88-78, *Standard Specifications for Seamless Copper Water Tube*. Copyright ASTM. Reimpresso com permissão.

Nomenclatura

Símbolo	Definição	Unidade SI	Unidade Engenharia
A	área	m²	ft²
a	aceleração	m/s²	ft/s²
C_p	calor específico	J/(kg·K)	BTU/(lbm·°R)
C	razões de capacitâncias	—	—
C_o	coeficiente de orifício	—	—
C_v	coeficiente de venturi	—	—
D	diâmetro	m	ft
$D_h = 4A/P$	diâmetro hidráulico	m	ft
D_e	dimensão característica de transferência de calor	m	ft
D_{eff}	diâmetro efetivo	m	ft
F	força	N	lbf
g	aceleração gravitacional	m/s²	ft/s²
g_c	fator de conversão	—	32,17 lbm·ft/(lbf·s²)
h	entalpia	J/kg	BTU/lbm
h_c	coeficiente de convecção	W/(m²·K)	BTU/(ft²·hr·°R)
k_f	condutividade térmica	W/(m·K)	BTU/(ft·hr·°R)
L	comprimento	m	ft
m	massa	kg	lbm
$\dot{m}$	vazão mássica	kg/s	lbm/s
Nu	Número de Nusselt	—	—
N	número de unidades de transferência	—	—
P_T	passo do banco de tubos	m	ft

(Continuação)

Símbolo	Definição	Unidade SI	Unidade Engenharia
P	perímetro	m	ft
Pr	Número de Prandtl	—	—
p	pressão	$Pa = N/m^2$	lbf/in^2
Q	vazão volumétrica	m^3/s	ft^3/s
Q_{ac}	vazão real	m^3/s	ft^3/s
Q_{th}	vazão teórica	m^3/s	ft^3/s
q	calor transferido	W	BTU/hr
q''	calor transferido/área	W/m^2	$BTU/(ft^2 \cdot hr)$
R	constante do gás	—	—
R	raio	m	ft
R	razão de capacitâncias	—	—
R_h	raio hidráulico	m	ft
r	raio ou coordenada radial	m	ft
Ra	Número de Rayleigh	—	—
Re	Número de Reynolds	—	–
T	temperatura	K ou °C	°R ou °F
t	tempo	s	s
U	Coeficiente global de transferência de calor	$W/(m^2 \cdot K)$	$BTU/(ft^2 \cdot hr \cdot °R)$
V	velocidade	m/s	ft/s
$\forall$	volume	m^3	ft^3
dW/dt	potência	J/s	ft-lbf/s ou HP
Letras gregas			
$\alpha = k_f/\rho C_p$	difusividade térmica	m^2/s	ft^2/s
η	efetividade	—	—
μ	viscosidade	$N \cdot s/m^2$	$lbf \cdot s/ft^2$
$\nu = \mu g_c/\rho$	viscosidade cinética	m^2/s	ft^2/s
ρ	densidade	kg/m^3	lbm/ft^3
σ	tensão superficial	N/m	lb/ft

Conversão entre unidades usuais norte-americanas e unidades SI

Unidade usual norte-americana		Vezes o fator de conversão		Igual a unidade SI	
		Preciso	Prático		
Aceleração (linear)					
pés por segundo ao quadrado	ft/s^2	0,3048*	0,305	metros por segundo ao quadrado	m/s^2
polegada por segundo ao quadrado	in/s^2	0,0254*	0,0254	metros por segundo ao quadrado	m/s^2
Área					
mil circular	cmil	0,0005067	0,0005	milímetro quadrado	mm^2
pé quadrado	ft^2	0,09290304*	0,0929	metro quadrado	m^2
polegada quadrada	in^2	645,16*	645	milímetro quadrado	mm^2
Densidade (massa)					
slug por pés cúbicos	slug/ft^3	515,379	515	quilograma por metro cúbico	kg/m^3
Densidade (peso)					
libra por pé cúbico	lb/ft^3	157,087	157	newton por metro cúbico	N/m^3
libra por polegada cúbica	lb/in^3	271,447	271	quilonewton por metro cúbico	kN/m^3
Energia; trabalho					
libra-pé	ft-lb	1,35582	1,36	joule (N·m)	J
libra-polegada	in-lb	0,112985	0,113	joule	J
quilowatt-hora	kWh	3,6*	3,6	megajoule	MJ
Unidade térmica britânica	Btu	1055,06	1055	joule	J
Força					
libra	lb	4,44822	4,45	newton (kg·m/s^2)	N
kip (1000 libras)	k	4,44822	4,45	quilonewton	kN
Força por unidade de comprimento					
libra por pé	lb/ft	14,5939	14,6	newton por metro	N/m
libra por polegada	lb/in	175,127	175	newton por metro	N/m
kip por pé	k/ft	14,5939	14,6	quilonewton por metro	kN/m
kip por polegada	k/in	175,127	175	quilonewton por metro	kN/m
Comprimento					
pé	ft	0,3048*	0,305	metro	m
polegada	in	25,4*	25,4	milímetro	mm
milha	mi	1,609344*	1,61	quilômetro	km
Massa					
slug	lb-s^2/ft	14,5939	14,6	quilograma	kg

(*Continuação*)

Unidade usual norte-americana		Vezes o fator de conversão		Igual a unidade SI	
		Preciso	Prático		
Momento de uma força: torque					
libra-pé	lb-ft	1,35582	1,36	newton metro	N·m
libra-polegada	lb-in	0,112985	0,113	newton metro	N·m
kip-pé	k-ft	1,35582	1,36	quilonewton metro	kN·m
kip-polegada	k-in	0,112985	0,113	quilonewton metro	kN·m

Propriedade	SI	USCS
Água (doce)		
densidade (peso)	9,81 kN/m^3	62,4 lb/ft^3
densidade (massa)	1000 kg/m^3	1,94 slugs/ft^3
Água do mar		
densidade (peso)	10,0 kN/m^3	63,8 lb/ft^3
densidade (massa)	1020 kg/m^3	1,98 slugs/ft^3
Alumínio (ligas estruturais)		
densidade (peso)	28 kN/m^3	175 lb/ft^3
densidade (massa)	2800 kg/m^3	5,4 slugs/ft^3
Aço		
densidade (peso)	77,0 kN/m^3	490 lb/ft^3
densidade (massa)	7850 kg/m^3	15,2 slugs/ft^3
Concreto armado		
densidade (peso)	24 kN/m^3	150 lb/ft^3
densidade (massa)	2400 kg/m^3	4,7 slugs/ft^3
Pressão atmosférica (nível do mar)		
Valor recomendado	101 kPa	14,7 psi
Valor padrão internacional	101,325 kPa	14.6959 psi
Aceleração da gravidade (no nível do mar, aproximadamente 45° de latitude)		
Valor recomendado	9,81 m/s^2	32,2 ft/s^2
Valor padrão internacional	9,80665 m/s^2	32,1740 ft/s^2

PREFIXOS SI

Prefixo	Símbolo	Fator de multiplicação		
tera	T	10^{12}	=	1.000.000.000.000
giga	G	10^9	=	1.000.000.000
mega	M	10^6	=	1.000.000
quilo	k	10^3	=	1.000
hecto	h	10^2	=	100
deca	da	10	=	10
deci	d	10^{-1}	=	0,1
centi	c	10^{-2}	=	0,01
mili	m	10^{-3}	=	0,001
micro	μ	10^{-6}	=	0,000001
nano	n	10^{-9}	=	0,000000001
pico	p	10^{-12}	=	0,000000000001

Observações: O uso do prefixos hecto, deca, deci e centi não é recomendado no SI.

Referências bibliográficas

Referências gerais

BIRD, R. B.; STEWART, W. E.; LIGHTFOOT, E. N. *Transport Phenomena*. New York: John Wiley and Sons, Inc., 1960.

BEYER, W. H. ed. *Standard Mathematical Tables*, 28. ed. Boca Raton, FL: CRC Press, Inc., 1987.

American Society for Testing and Materials. *Standard for Metric Practice*. Philadelphia, PA, Designation: E 380-76, 1976.

ASME Orientation and Guide for Use of SI (Metric) Units, 8. ed. New York: ASME Guide SI-1.

MECHTLY, E. A. NASA SP-7012. (Contém fatores de conversão de muitas unidades para unidades SI), 1969.

SAATDJIAN, E. *Transport Phenomena, Equations and Numerical Solutions*. West Sussex, England: John Wiley & Sons, 2000.

ROLLE, K. C. *Heat and Mass Transfer*. New Jersey: Prentice-Hall, 2000.

Referências de mecânica dos fluidos

JANNA, W. S. *Introduction to Fluid Mechanics* 3. ed. Boca Raton, FL: CRC Press, Inc., 2009.

JOHN, J. E. A.; HABERMAN, W. *Introduction to Fluid Mechanics*, 3. ed. Englewood Cliffs, NJ: Prentice-Hall, Inc., 1988.

ROBERSON,; J. A. CROWE, C. T. (1990). *Engineering Fluid Mechanics*, 4. ed. Boston, MA: Houghton-Mifflin Co., 1990.

JOHNSON, R. W. ed. *The Handbook of Fluid Dynamics*. Inc., Boca Raton, FL: CRC Press, 1998.

CHEN, N. H. "An Explicit Equation for Friction Factor in Pipe", American Chemical Society Communication, 1979.

ENGINEERING Data Book. Hydraulic Institute, Cleveland, OH, 1979.

MOODY, L. F. "Friction Factors for Pipe Flow", *Trans ASME*, v. 66, p. 671, 1944.

Referências de transferência de calor

JANNA, W. S. *Engineering Heat Transfer*, 3. ed. Boca Raton, FL: CRC Press, Inc., 2009.
YENER,Y.; KAKAÇ, S. *Heat Conduction*, 4. ed., New York, NY: Taylor and Francis Group, 2008.
KREITH,F.; BOHN, M. S. *Principles of Heat Transfer*, 5. ed. Boston, MA: PWS Publishing, 1977.

Propriedades das substâncias

BOLZ, R. E.; TUVE, G. L., eds.. *Handbook of Tables for Applied Engineering Science*. 2. ed. Boca Raton, FL: CRC Press, Inc., 1973.
GEANKOPLIS, C. J. *Transport Processes and Unit Operations*. Boston, MA: Allyn and Bacon, Inc., 1978.
ECKERT, E. R. G.; DRAKE, R. M. *Heat and Mass Transfer*, 2. ed. New York: McGraw-Hill Book Co., 1958.
U. S. National Bureau of Standards Circular 564, 1955.

Referências do trocador de calor

YOKELL, S.. *A Working Guide to Shell-and-Tube Heat Exchangers*. New York: McGraw-Hill Publishing Co., 1990.
KERN, Don Q. *Process Heat Transfer*. New York: McGraw-Hill Publishing Co., 1990.
FRAAS, A. P. *Heat Exchanger Design*. New York: John Wiley and Sons, Inc., 1989.
SAUNDERS, E. A. D. *Heat Exchangers – Selection, Design and Construction*. New York: Longman Scientific and Technical Publishers; co-published with John Wiley and Sons, Inc., 1988.
KAYS, W. M.; LONDON, A. L. *Compact Heat Exchangers*. New York: McGraw-Hill Book Co., 1964.
KALININ, E. K. et al. *Efficient Surfaces for Heat Exchangers*. New York: Begell House, Inc., 2002.
KAKAÇ, S.; LIU, H. *Heat Exchangers: Selection, Rating and Thermal Design*, 2. ed. Boca Raton, FL: CRC Press, Inc., 2002.

Especificações dos tubos e tubulações

ANSI B36.10. *National Standard Wrought Steel and Wrought Iron Pipe*. New York: ASME, 1979.
ANSI/ASTM B88-78. *Standard Specifications for Seamless Copper Water Tube*. New York: ASTM,1972.

Índice remissivo

A
abordagem do volume de controle, 43
acetona, 125
agência contratante, 8
aguarrás, 125
álcool
 metanol, 107
 propílico, 170
Amca (Air Moving and Conditioning Association), 288
amortecedor para elevador 493
amortizado, 150
análise/método
 da efetividade-NUT, 377, 410, 418, 419, 465
 dimensional, 264
ângulo chevron, 443
Ansi (American National Standards Institute), 139
Ansi Z32.2.3, 172
anuidade, 150
anular, 73, 110-111
 aletado, 121, 123
aproximação, 424
aquecedor de rodapé, 485
ar
 -condicionado acoplado à terra, 516
 refrigerado 497
ASHRAE (American Society of Heating, Refrigerating and Air Conditioning Engineers), 289
aspereza do tubo, 76
aspirador de pó, 488

B
barômetro, 38
barreira, 491, 492
benefícios complementares, 13
bicicleta, 589
bomba, 53, 54, 251, 252
 alternativa, 252
 centrífuga, 252
 de água quente, 494
 de deslocamento positivo, 252
 de engrenagens giratórias, 252
 de escoamento axial, 113, 251
 de escoamento misto, 251
 de escoamento radial, 251
 de turbina, 252
 propulsora, 252

C
cabine de pulverização, 483
capacitância, 465
carga, 253, 254
 de sucção positiva líquida, 261
 ou energia, 154
cavitação, 261
cercas de madeira, 499
chapas de tubos, 399
chicanas, 399
 segmental, 403
clorofórmio, 83
coeficiente
 da válvula, 505
 de convecção, 328
 de descarga, 212-213
 de vazão volumétrica, 266
 de perda, 90, 91
 de potência, 266
 de pressão, 329
 de resistência, 329
 de superfície, 328
 de transferência de energia, 266
 e transferência de calor geral, 354

compensado, 320
comportamento do sistema, 173, 192
compressível, 42
comprimento equivalente, 167, 169-170, 189
condição de não deslizamento, 26
condução, 317
condutividade térmica, 318
conexão
 de compressão, 71
 de extremidade brazada, 71
congelamento rápido, 509
considerações de projeto, 384
contagem do tubo, 400
contracorrente, 353, 358
convecção, 327, 328
 forçada, 327
 livre, 327
 natural, 327
curva
 de calibração, 213
 de isoeficiência, 257
 do sistema, 173
custos
 de instalação de tubulação, 151
 indiretos, 13

D
densidade, 25
desempenho do ventilador, 288
desenho spool, 173
diagrama
 de Moody, 79, 80, 81
 de atrito de tubo modificado, 80, 81
 reológico, 26
diâmetro
 do tubo econômico, 149
 econômico, 186

econômico ideal, 150, 157
efetivo, 72
equivalentes, 71
hidráulico, 69, 72
nominal, 70
padrão, 70
diferença de temperatura média logarítmica (DTML), 358, 463
dimensões e unidades, 18, 19
dinamômetro de bicicleta, 477, 479
dique, 487, 488
diretor do projeto, 14
duto(s)
   de tratamento de ar, 147
   retangulares, 117

E

economia, 8
eficiência, 253
energia
   eficiente, 515
   interna, 30
entalpia, 30
equação
   da quantidade de movimento, 48
   de Bernoulli, 57, 76
   de Bernoulli modificada, 90
   de Chen, 79, 79, 202
   de Churchill, 79
   de Churchill-Chu, 335
   de continuidade, 43
   de Dittus-Boelter, 362
   de energia, 51
   de Haaland, 79
   de restrição, 9
   de Sieder-Tate, 362
   de Stolz, 220
   de Swamee-Jain, 79
escoamento
   compressível, 225
   de canal aberto, 42
   em duto fechado, 42
   em um duto, 74
   irrestritos, 42
   não misturado, 459
   turbulento, 77
estética, 475
estufa, 495
etileno-glicol, 87

F

fábrica de placa de gesso, 10
fabricante de gelo, 487, 494
fator
   de atrito, 75, 76, 329
   de atrito de Darcy-Weisbach, 75
   de atrito de Fanning, 75
   de compressibilidade, 29, 225
   de rugosidade, 78
   de temperatura, 406
   de utilização, 406
   de incrustação, 365, 451
   econômico, 475
feixe de tubos, 399
ferragens para suporte de tubos, 179
fluido
   dilatantes, 28
   incompressível, 42
   reopético, 28
   tixotrópico, 28
   viscoelástico, 28
escoamento paralelo, 353, 359
escoamento unidirecional, 353
fogão para cachorro-quente, 509
frango, 509
função objetiva, 9, 140
funil, 481

G

ganchos de tubo, 178
gc, 19
gerente do projeto, 14
gráfico do sistema de tubulação, 190
gravidade
   API, 26
   específica, 25
grupos adimensionais, 329
guia
   de seleção de válvula, 124
   para selecionar um medidor, 230

H-I

hexano, 126
impulsores
   fechados 252
   semiabertos, 252
índice
   de comportamento de escoamento, 28
   de consistência, 28
   de preço ao consumidor, 151
isolamento, 320, 641
   do tanque de combustível, 496
juros, 150, 151

L

laminar, 69
lareira, 484
lavador de gato, 508
lava-jato, 490
leis
   de afinidade, 267
   de similaridade, 267
leitura de pressão do pneu, 479
licitação, 12

M

manômetro, 39
mapa de desempenho, 257
máquina
   de engarrafamento, 310
   de fazer espuma quente, 513
massa de tomate, 28
materiais em séries, 321
medição de vazão, 210
medida
   de pressão, 37
   de viscosidade, 31
medidor
   de área variável, 210, 2211
   de consumo, 490
   de cotovelo, 211, 222
   de orifício, 211, 217, 218
   de pressão, 37, 38
   de turbina, 211
   de vazão, 210
   de Venturi, 40, 210, 211, 212
   do bocal, 247
   totalizante, 211
método
   de custo anual mínimo, 150
   de Hardy Cross, 198
   de Newton, 198
   de porcentagem, 210
   de teste da bomba, 252
   de teste de ventilador, 288
   DTML, 410
misturado-não misturado, 466
   calor, 466
   escoamento cruzado, 466
módulo de Colburn, 462
moinho de vento, 501
motor a ar, 513

N

newtoniano, 26
número
   de Biot, 329
   de Brinkman, 329
   de Froude, 329
   de Grashof, 329
   de Nusselt, 329
   de Peclet, 329
   de Prandtl, 329
   de Rayleigh, 329
   de Reynolds, 69, 329
   de Reynolds de rotação, 266
   de rugosidade, 81
   de Stanton, 329
   de unidades de transferência, 378, 419, 447, 466
   de Weber, 329
schedule, 70

O

octano, 126
óleo
 de linhaça 158
 de rícino, 82, 126
orifício
 de tipo universal, 36
 Furol, 36
otimização, 140
 sem restrições, 140

P-Q

padrões, 7
parede
 cilíndrica, 324
 plana, 317
pás de passo variável, 294
passo
 dos tubos, 400
 quadrado, 400
pé-de-pato, 488
perda(s)
 de porta, 450
 localizadas, 90
perfil de temperatura, 375
peso específico, 25
piscina, 495
pista de patinação no gelo, 515
placa
 curva, 50
 de aquecimento protegida, 320
 de gesso, 484
 de orifício, 217, 218
 plana, 49
plástico de Bingham, 27
potência, 253
práticas de projeto, 271
pressão absoluta, 38
pressão, 30
 atmosférica, 38
 dinâmica, 289
 manométrica, 38
problemas de otimização, 180
processo
 de licitação, 8
 do projeto, 4-5
propileno, 126
propriedades
 do fluido, 25
 térmicas, 319
pseudoplástico, 27
PVC, 70
quebrador de nozes, 483, 484
queda de pressão, 366
querosene, 126
questões éticas 475

R

raio hidráulico, 72
razão de capacitância, 378, 420, 466
recuperação de energia, 519
recurso de água
rede, 523, 524
 de tubulação, 195
relógio, 492
reservatório de resfriamento, 3, 520, 521
restrição, 140
roda de pás, 489
rotâmetro, 210, 211

S

seções
 transversais diversas, 120
 transversais não circulares, 110
segmento circular, 122
Segundos de Saybolt Universal (SSU), 36
segurança, 8
seleção do ventilador, 295
setor circular, 122
símbolos gráficos, 172
sistema
 automático de aspersor de gramado, 480
 de limpeza a vácuo, 480
 de suporte para tubos, 178
 de tubulação em série, 104
 para limpeza de ônibus, 482
Sociedade de Padronização dos Fabricantes, 179
superfície de controle, 43
suprimento de ar, 481, 524, 525

T

tanque de drenagem transiente, 231
tanque de separação, 504
taxa de amortização, 150
temperatura
 cruzada, 424
 de saída, 363
 ideal de saída da água, 434
testador de mangueira, 504
tinta, 523
tipo bocal, medidor, 211
tobogã, 509
torque, 253
torre de resfriamento, 510
triângulo
 isóscele, 122
 reto, 122
trocador
 de calor casco e tubo, 399
 de calor de escoamento cruzado, 459
 de calor de placas, 443
 de calor de tubo concêntrico, 353
 de calor de tubo duplo, 353
 de calor não misturado, 466
 de calor tipo grampo, 361
tubo, 69
 aletado, 461
 de condensador, 400
 de pitot, 289
 de pitot estático, 289
 em paralelo, 205, 206
 sino e espigão, 71
tubulação, 69
 de água, 70
 de transporte pneumático, 1
túnel de vento vertical, 503

U

unidade
 de destilação, 511
 de Krebs, 37
 de refrigeração, 2
usina de energia, 3

V

válvula
 borboleta, 124
 esférica, 124
 gaveta, 124
 globo, 124
 oscilante, 124
 reguladora, 124
vazão
 mássica, 43
 volumétrica 43, 77
velocidade
 de rotação, 252
 econômica, 273
 econômica ideal, 167
 específica, 268
 média, 69, 291
 razoável, 385
 terminal, 34
ventilador
 de janela, 56
 de teto, 489
viscosidade, 26, 27
 cinemática, 28
viscosímetro, 31
 capilar, 32
 de cilindro concêntrico, 36
 de cone e placa, 36
 de queda de esfera, 34
Saybolt, 36
Stormer, 37
vulcanização, 71